책장을 넘기며 느껴지는
몰입의 기쁨

노력한 만큼 빛이 나는
내일의 반짝임

새로운 배움, 더 큰 즐거움

미래엔이 응원합니다!

올리드
중등 과학 3-2

BOOK CONCEPT
개념 이해부터 내신 대비까지 완벽하게 끝내는 필수 개념서

BOOK GRADE

구성 비율	개념				문제
개념 수준	간략		알참		상세
문제 수준	기본		표준		발전

WRITERS
미래엔콘텐츠연구회
No.1 Content를 개발하는 교육 전문 콘텐츠 연구회

COPYRIGHT
인쇄일 2024년 5월 1일(1판10쇄)
발행일 2020년 2월 3일

펴낸이 신광수
펴낸곳 ㈜미래엔
등록번호 제16-67호

교육개발1실장 하남규
개발책임 오진경
개발 여은경, 서규석, 최진경, 최진호, 권태정, 정도윤, 지해나

디자인실장 손현지
디자인책임 김기욱
디자인 이진희, 유성아

CS본부장 강윤구
CS지원책임 강승훈

ISBN 979-11-6841-132-6

머리말 **Introduction**

만화경

여러분은 혹시 만화경을 만들어 본 적이 있나요?
만화경은 거울로 된 통에 여러 가지 색깔의
종잇조각이나 유리구슬을 넣어서 만드는데요.
한쪽 끝으로 가만히 만화경을 들여다보며 조금씩 돌리다 보면
반대쪽으로 들어온 빛이 거울에서 계속 반사되어
여러 가지 무늬를 볼 수 있는 신기한 물건이죠.
보는 방향에 따라 모양도 무늬도 훨씬 다양하게 아름다워진답니다.

새학년이 되고 보니 작년보다 조금 더 어려운 듯도 하고
또다시 잘할 수 있을까 걱정이 되기도 하겠지요.
하지만 그동안 올리드로 다져진 탄탄한 기본기를 바탕으로
이리저리 다양한 시각으로 과학을 들여다보면
어느새 우리 눈앞에 쉽고 흥미로운 과학의 세계가 펼쳐질 거예요.

올리드가 여러분의 만화경에 빛을 담아드리겠습니다.
함께 신나고 재미있는 과학의 세계로 떠나 볼까요?

구성과 특징 Structure

쉽게쉽게!
4종 과학 교과서를 친절하게 설명한 올리드로 쉽게 **개념을 잡아 보자!**

꼼꼼하게!
개념 다지기 문제 → 실력 확인하기 문제 → 단원 마무리하기 문제로 꼼꼼하게 **실력을 쌓자!**

확실하게!
개념학습편을 공부한 후 시험대비편으로 반복 학습하여 확실하게 **성적을 올려 보자!**

개념 학습편

1 개념 강화 학습

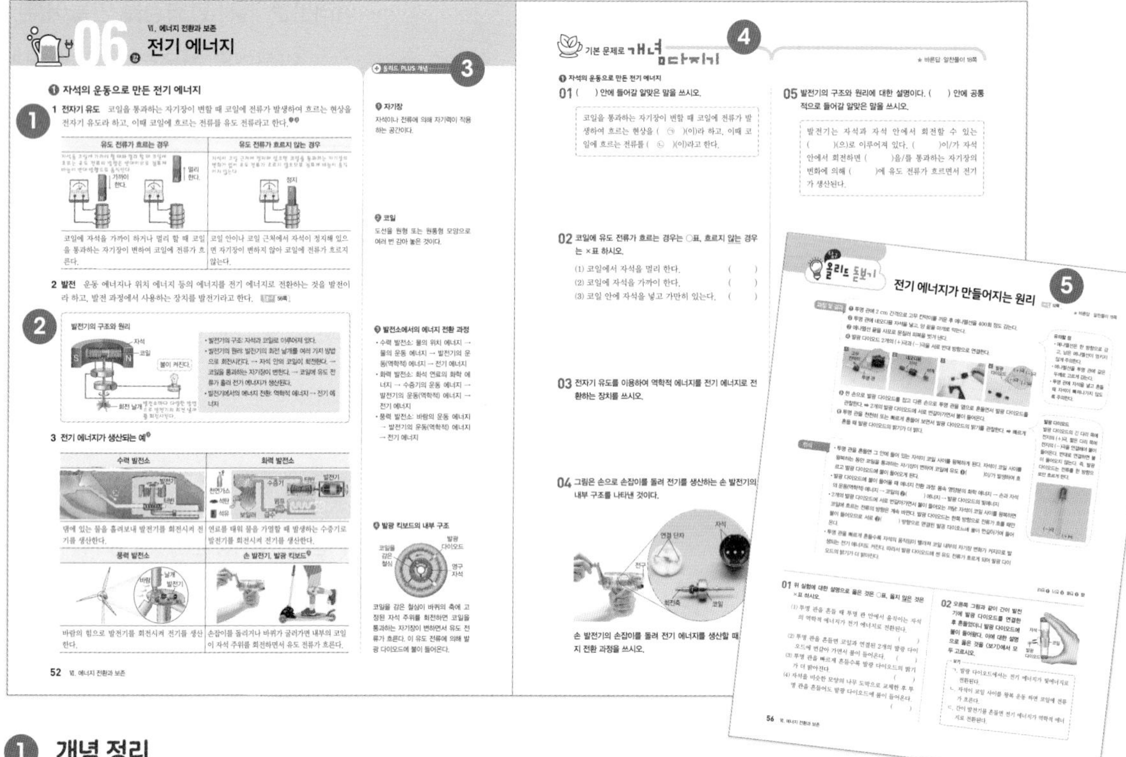

1 개념 정리
교과서 핵심 내용을 다양한 그림과 자료를 이용하여 이해하기 쉽게 정리하였습니다.

2 자료 분석
개념을 익히며 꼭 필요한 알짜 자료만 엄선하여 알기 쉽게 자료를 분석하여 정리하였습니다.

3 올리드 PLUS 개념
개념을 이해하는 데 더 필요한 보충과 심화 자료, 꼭 알아야 하는 용어를 쉽게 정리하였습니다.

4 기본 문제로 개념 다지기
학습한 기본 개념을 빠르게 확인할 수 있도록 빈칸 채우기, 선 연결, OX 문제 등 다양한 유형의 쉬운 문제로 구성하였습니다.

5 올리드 돋보기
탐구/자료/개념 돋보기로 핵심 개념과 탐구를 집중 학습할 수 있으며, 문제로 개념을 이해했는지 바로 확인할 수 있습니다.

시험 대비편

2 마무리 학습

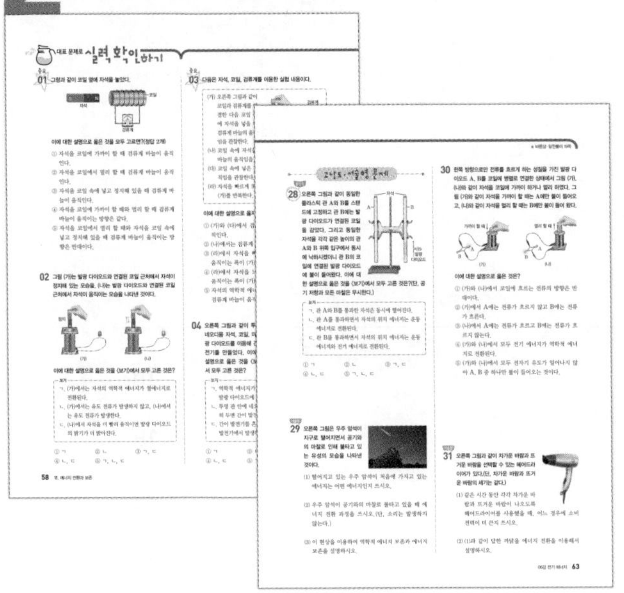

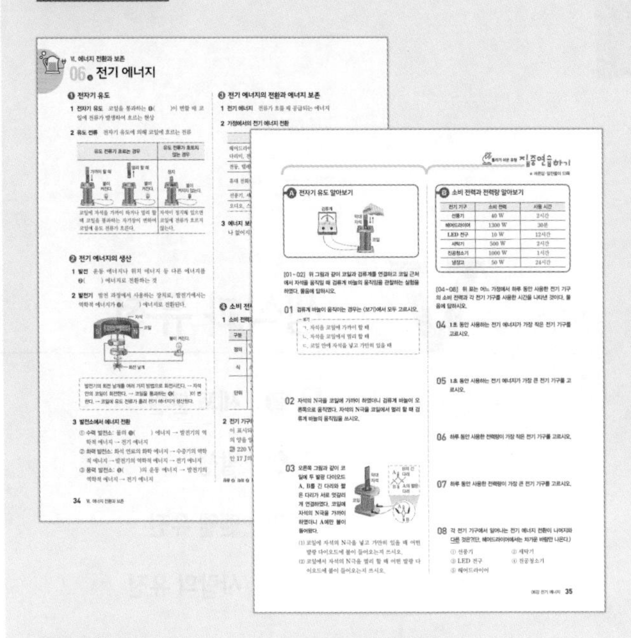

강별 대표 문제로 실력 확인하기

시험에 꼭 나올 만한 다양한 실전 문제와 함께 최신 경향의 변별력 있고 차별화된 고난도와 서술형 문제로 강별 학습 내용을 종합적으로 마무리할 수 있습니다.

핵심 정리 + 틀리기 쉬운 유형 집중연습하기

빈칸을 채우며 강별 핵심 개념을 확인할 수 있으며, 강별 계산력 강화, 탐구 자료 강화, 함정이 있는 유형 등의 문제를 집중 연습할 수 있습니다.

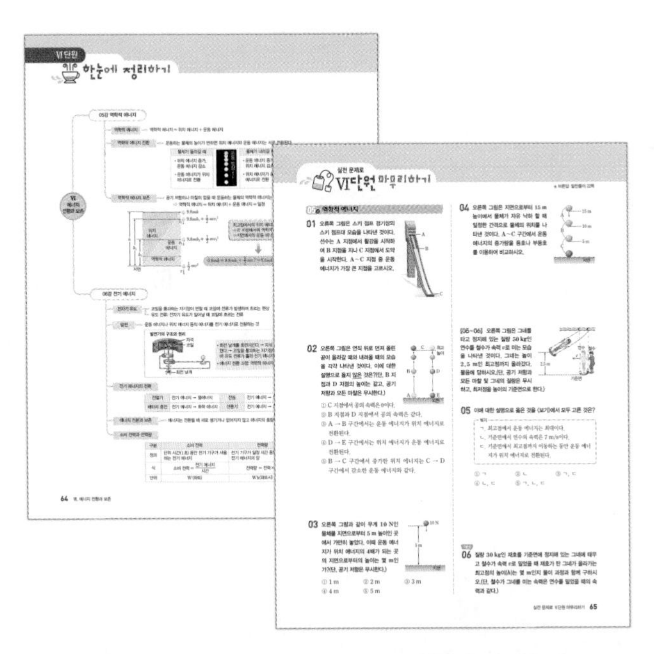

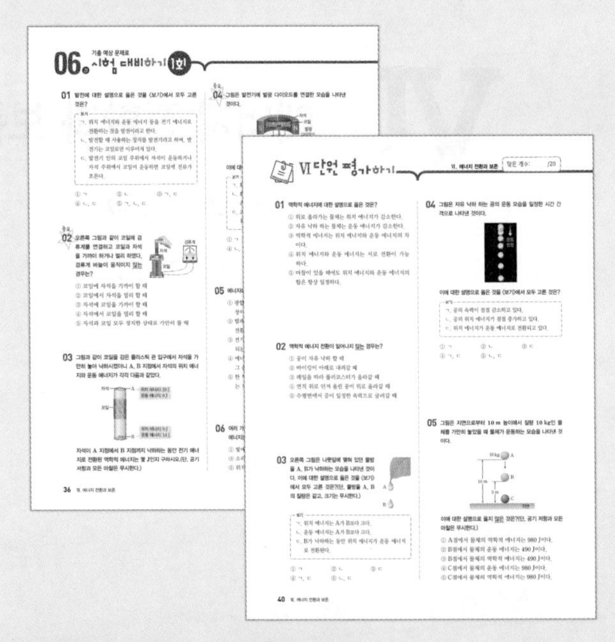

대단원별 한눈에 정리하기 + 단원 마무리하기

핵심 개념만 뽑아 한눈에 정리하였으며, 단원을 총정리하는 문제로 꼼꼼하게 실력을 쌓을 수 있습니다.

시험 대비하기 + 단원 평가하기

학교 시험 출제 범위에 맞춰 강별, 대단원별로 학교 시험과 유사한 유형과 난이도의 문제를 구성하여 확실하게 시험에 대비할 수 있습니다.

차례 Contents

V 생식과 유전

VI 에너지 전환과 보존

VII 별과 우주

VIII 과학기술과 인류 문명

단원 찾기 Search

손쉽게 단원 찾는 방법

1. 내가 가지고 있는 교과서의 출판사명과 학교 시험 범위를 확인한다.
2. 올리드의 해당 쪽수를 찾아서 공부한다.

예 학교 시험 범위가 미래엔 과학 교과서 198~209쪽일 경우, 올리드의 30~41쪽을 공부하면 된다.

미래엔	비상교육	천재교과서	동아출판
174~186	160~169	180~195	168~181
188~189	170~173	196~201	182~187
190~197	174~181	202~212	188~195
198~209	182~193	213~227	196~211
214~219	196~205	230~237	214~223
220~241	206~221	238~251	224~245
246~255	224~235	254~263	248~259
256~264	236~249	264~269	260~265
266~277	250~261	270~283	266~279
282~289	264~271	286~291	282~289
290~299	272~279	292~299	290~297

운동선수들의 고통

전진을 원한다면 고통을 환영해야 한다.
진정으로 나아지고 싶다면
더 힘들고 고통스러운 훈련을 원해야 한다.
고통스럽고 힘든 훈련은 성과 개선에 필수 불가결한 요소다.
따라서 이런 어려움이 사라지길 바라는 건
어리석은 생각이다. 다시 말해,
최고 기록을 경신하고 싶다면 때로는 부상을 감내해야 한다.

— 스탠 비첨, 『엘리트 마인드』 중에서 —

운동선수는 훈련의 양이 선수의 정신과 신체 상태를 결정합니다. 그래서 중요한 대회를 앞두고 있는 운동선수는 극강의 고통과 부상 등을 감내하며, 지옥 훈련이라고 부르는 훈련을 하게 됩니다. 이런 과정을 통해 운동선수는 경기에 대한 자신감과 스스로에 대한 높은 자존감을 무장한 채 경기에 나서며 자신감을 갖고 경기에 임할 수 있습니다.

V

생식과 유전

01강 세포 분열
학습일

❶ 세포의 분열	□월□일
❷ 염색체	□월□일
❸ 체세포 분열	□월□일
❹ 생식세포 형성 과정	□월□일

02강 발생
학습일

❶ 수정과 발생	□월□일
❷ 사람의 발생 과정	□월□일

03강 멘델 유전
학습일

❶ 멘델의 유전 연구	□월□일
❷ 분리의 법칙	□월□일
❸ 독립의 법칙	□월□일

04강 사람의 유전
학습일

❶ 사람의 유전 연구	□월□일
❷ 상염색체 유전	□월□일
❸ 성염색체 유전	□월□일

01강 세포 분열

❶ 세포의 분열 돋보기 14쪽

1 세포 분열 일정 크기에 도달한 하나의 세포가 2개의 세포로 나누어지는 것이다. ➡ 새로운 세포는 세포 분열에 의해 생긴다.

대부분의 동물과 식물을 구성하는 세포의 크기는 현미경을 이용해야 관찰할 수 있을 정도로 크기가 작다.

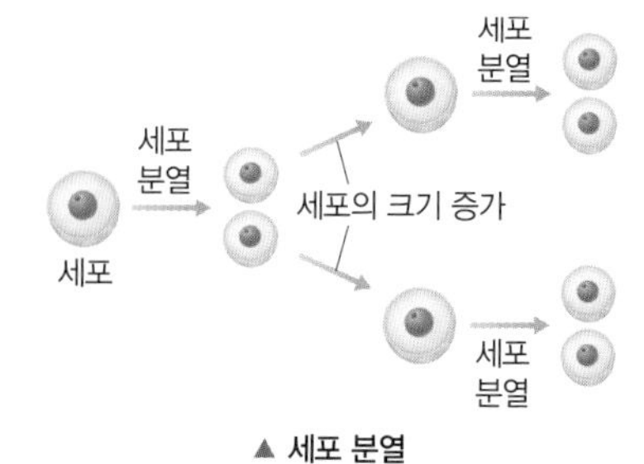

▲ 세포 분열

2 세포 분열이 일어나는 까닭 세포의 크기가 작을수록 부피에 대한 표면적의 비가 크므로, 세포의 크기가 계속 커지는 것보다 하나의 세포가 여러 개의 작은 세포로 나누어지는 것이 물질 교환에 더 유리하기 때문이다.❶❷

세포의 크기가 클수록 부피가 증가한 만큼 표면적이 늘어나지 않기 때문에 세포는 표면적을 늘리기 위해 세포 분열을 한다.

3 세포 분열의 의의

생장과 재생❸	다세포 생물은 몸을 구성하는 체세포가 분열하여 생장하고, 상처가 생기거나 손실된 부분의 세포나 조직이 새로 생긴다.
생식❹	• 다세포 생물은 세포 분열을 통해 생식세포를 만든다. • 단세포 생물은 세포 분열을 통해 개체 수를 늘린다.

(다세포 생물: 몸이 여러 개의 세포로 이루어진 생물 / 상처가 생기거나 손실된 부분의 세포나 조직이 새로 생긴다: 재생 / 단세포 생물: 몸이 한 개의 세포로 이루어진 생물 / 단세포 생물은 세포 분열이 곧 생식이다.)

❷ 염색체

1 염색체, DNA, 유전자의 관계

• 염색체: 세포가 분열할 때 나타나는 막대나 끈 모양의 구조물로, DNA와 단백질로 구성된다. ➡ 염색체는 세포가 분열하지 않을 때에는 핵 속에 가는 실처럼 풀어져 있다.(세포가 분열하기 시작하면 굵고 짧게 뭉쳐진다.)
• DNA: 생물의 특징을 결정하는 여러 유전 정보를 저장하고 있는 유전 물질이다.
• 유전자: DNA에서 특정 유전 정보를 저장하고 있는 부위이다.

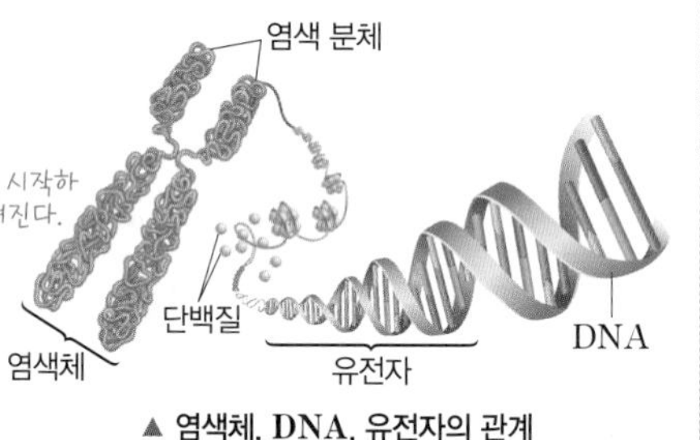

▲ 염색체, DNA, 유전자의 관계

2 염색 분체와 상동 염색체

염색 분체	하나의 염색체를 이루는 각각의 가닥으로, 세포가 분열하기 전에 유전 물질(DNA)이 복제되어 형성된 것이다. ➡ 두 가닥의 염색 분체는 유전 정보가 같다.
상동 염색체	체세포에서 쌍을 이루고 있는 크기와 모양이 같은 2개의 염색체로, 부모로부터 하나씩 물려받은 것이다. ➡ 상동 염색체를 이루고 있는 염색체는 유전 정보가 서로 다르다.❺

3 사람의 염색체 사람의 체세포에는 46개(23쌍)의 염색체가 들어 있다.

상염색체	남녀에게 공통적으로 들어 있는 염색체로, 1~22번까지 22쌍이 상염색체에 해당한다.
성염색체	성을 결정하는 한 쌍의 염색체로, 여자는 X 염색체를 2개, 남자는 X 염색체와 Y 염색체를 각각 1개씩 가진다.

1 2 3 4 5 6 7 8 9 10 11 12 13 14 15 16 17 18 19 20 21 22 XX
▲ 여자의 염색체 구성

1 2 3 4 5 6 7 8 9 10 11 12 13 14 15 16 17 18 19 20 21 22 XY
▲ 남자의 염색체 구성

올리드 PLUS 개념

❶ 물질 교환
세포에서 세포막을 통해 외부로부터 생명 활동에 필요한 산소와 영양소를 받아들이고, 생명 활동 결과 생긴 노폐물을 외부로 내보내는 것이다.

❷ 동물의 몸집이 차이 나는 까닭
몸집이 큰 동물이든 작은 동물이든 세포의 크기는 거의 비슷하다. 다만 몸집이 큰 동물은 작은 동물에 비해 세포 수가 많다.

❸ 생장과 재생의 예
• 생장의 예: 식물의 뿌리, 줄기, 잎이 자란다. 동물의 키가 자라고 몸집이 커진다.
• 재생의 예: 새살이 돋아 상처가 아문다. 잘린 도마뱀의 꼬리가 새로 자란다.

❹ 생식과 생식세포
• 생식: 생물이 살아 있는 동안 자신과 닮은 자손을 만드는 것
• 생식세포: 생물이 자손을 만들 때 자손에게 유전 물질을 전달하는 역할을 하는 세포로, 정자와 난자가 있다.

❺ 상동 염색체

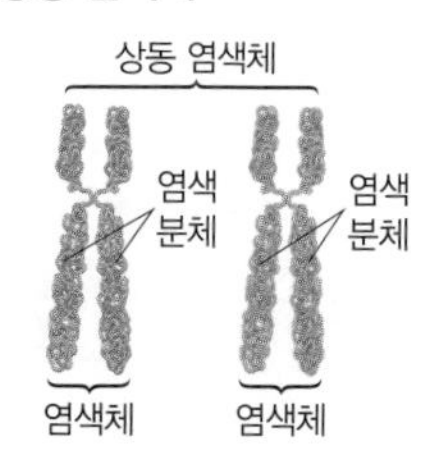

상동 염색체 중 하나는 어머니로부터, 다른 하나는 아버지로부터 물려받은 것이다.

기본 문제로 개념 다지기

★ 바른답·알찬풀이 4쪽

❶ 세포의 분열

01 다음은 세포의 분열에 대한 설명이다. (   ) 안에 들어갈 알맞은 말을 쓰시오.

> 다세포 생물에서 일정 크기에 도달한 하나의 세포가 어느 정도 커지면 2개의 세포로 나누어지는데, 이 과정을 (   )(이)라고 한다.

02 다음은 세포 분열이 일어나는 까닭에 대한 설명이다. (   ) 안에 들어갈 알맞은 말을 고르시오.

> 세포의 크기가 ㉠(작을수록, 클수록) 부피에 대한 표면적의 비가 크므로, 세포의 크기가 계속 ㉡(작아지는, 커지는) 것보다 하나의 세포가 여러 개의 작은 세포로 나누어지는 것이 물질 교환에 더 유리하다.

03 세포 분열에 대한 설명으로 옳은 것은 ○표, 옳지 않은 것은 ×표 하시오.

(1) 몸집이 큰 동물은 작은 동물에 비해 세포의 크기가 크지만 세포의 수는 같다. (   )

(2) 단세포 생물은 세포 분열을 통해 개체 수를 늘리고, 다세포 생물은 세포 분열을 통해 생식세포를 만든다. (   )

(3) 다세포 생물은 몸을 구성하는 체세포가 분열하여 생장하고, 상처가 생긴 부분의 세포나 조직이 새로 생긴다. (   )

(4) 식물의 뿌리, 도마뱀의 꼬리, 사람의 뼈 등 생물의 몸을 구성하는 체세포가 분열하면 세포의 크기가 커져 몸집이 커진다. (   )

❷ 염색체

04 그림은 염색체, DNA, 유전자의 관계를 나타낸 것이다.

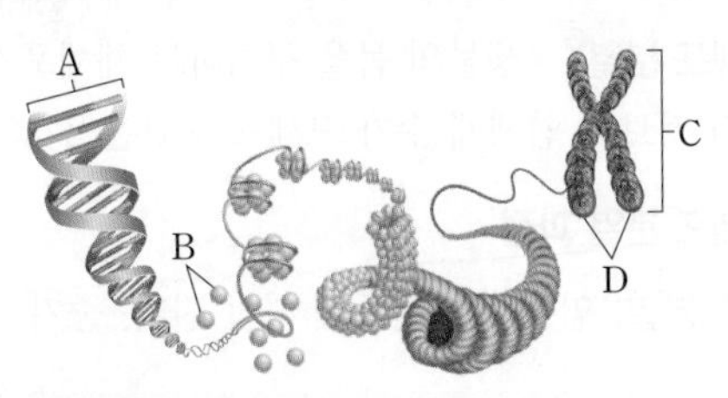

A~D의 이름을 각각 쓰시오.

05 염색체에 대한 설명으로 옳은 것은 ○표, 옳지 않은 것은 ×표 하시오.

(1) 염색체는 DNA와 단백질로 구성된다. (   )

(2) 하나의 염색체를 이루는 두 가닥의 염색 분체는 유전 정보가 같다. (   )

(3) 세포가 분열하지 않을 때에는 굵고 짧게 뭉쳐져 막대나 끈 모양으로 나타나고, 세포가 분열하기 시작하면 핵 속에 가는 실처럼 풀어진다. (   )

(4) 염색체를 구성하는 물질 중 생물의 특징을 결정하는 여러 유전 정보를 저장하고 있는 것은 단백질이다. (   )

06 사람의 체세포에서 쌍을 이루고 있는 크기와 모양이 같은 2개의 염색체를 무엇이라고 하는지 쓰시오.

07 다음은 사람의 염색체에 대한 설명이다. (   ) 안에 들어갈 알맞은 말을 쓰시오.

> • 사람의 체세포에는 (㉠)개의 염색체가 들어 있으며, (㉡)염색체와 (㉢)염색체로 구분한다.
> • (㉡)염색체는 남녀에게 공통적으로 들어 있고, (㉢)염색체는 성을 결정한다.

01강 세포 분열

❸ 체세포 분열 돋보기 15쪽

세포가 분열하기 전 모세포의 핵 속에 들어 있는 유전 물질(DNA)이 복제되어 유전 정보가 같은 두 가닥의 염색 분체가 형성된 후, 세포 분열 과정에서 염색 분체가 분리되어 2개의 딸세포로 들어간다.

1 체세포 분열[6] 생물의 몸을 구성하는 체세포가 둘로 나누어지는 과정이다. ➡ 분열 결과 유전 정보와 염색체 수가 모세포와 같은 2개의 딸세포가 형성된다.

2 체세포 분열 과정

① 핵분열: 염색체의 행동에 따라 전기, 중기, 후기, 말기로 구분한다.

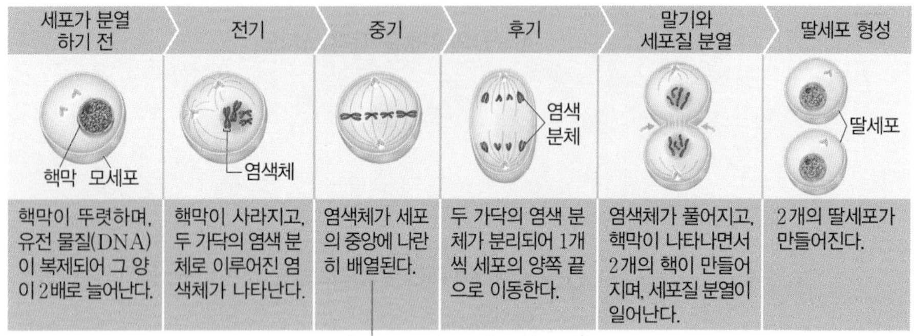

세포가 분열하기 전	전기	중기	후기	말기와 세포질 분열	딸세포 형성
핵막이 뚜렷하며, 유전 물질(DNA)이 복제되어 그 양이 2배로 늘어난다.	핵막이 사라지고, 두 가닥의 염색 분체로 이루어진 염색체가 나타난다.	염색체가 세포의 중앙에 나란히 배열된다.	두 가닥의 염색 분체가 분리되어 1개씩 세포의 양쪽 끝으로 이동한다.	염색체가 풀어지고, 핵막이 나타나면서 2개의 핵이 만들어지며, 세포질 분열이 일어난다.	2개의 딸세포가 만들어진다.

염색체의 수와 모양이 가장 뚜렷하게 관찰된다.

② 세포질 분열: 동물 세포와 식물 세포에서 다르게 나타난다.

동물 세포	식물 세포
세포막이 바깥쪽에서 안쪽으로 잘록하게 들어가면서 세포질이 나누어진다.	새로운 2개의 핵 사이에 안쪽에서 바깥쪽으로 세포판이 만들어지면서 세포질이 나누어진다.

세포판: 나중에 새로운 세포벽과 세포막이 된다.

❹ 생식세포 형성 과정

1 감수 분열[7] 생식 기관에서 생식세포를 형성할 때 일어나는 세포 분열이다. ➡ 분열 결과 염색체 수가 모세포의 절반으로 줄어든 4개의 딸세포가 형성된다.

분열하기 전 유전 물질(DNA)이 복제된 후, 감수 1분열과 감수 2분열의 연속적인 세포 분열 과정을 거쳐 4개의 딸세포가 형성된다.

2 감수 분열 과정[8][9][10]

감수 1분열이 끝난 후 유전 물질(DNA)의 복제 없이 감수 2분열이 진행된다.

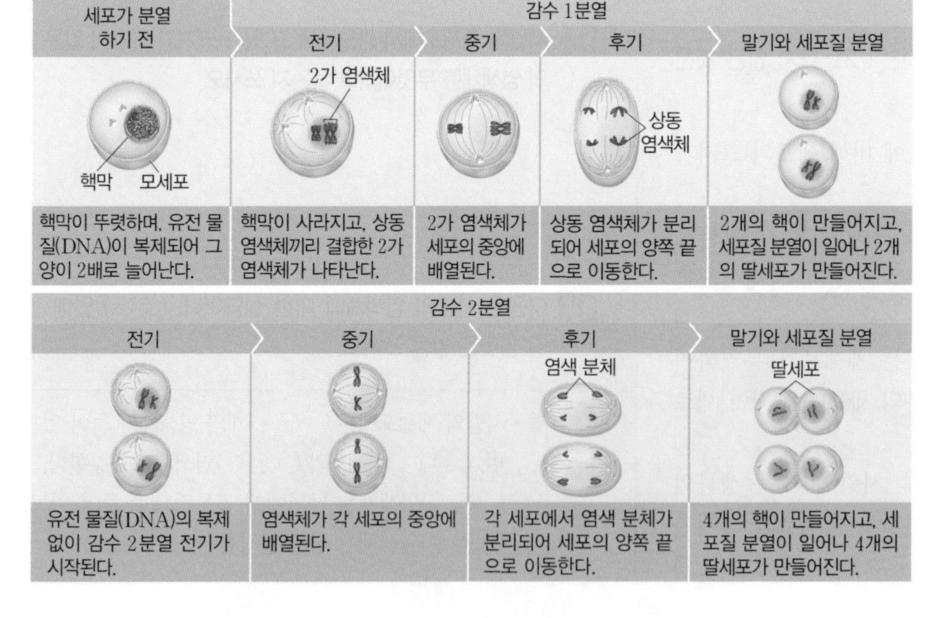

세포가 분열하기 전	감수 1분열 전기	감수 1분열 중기	감수 1분열 후기	감수 1분열 말기와 세포질 분열
핵막이 뚜렷하며, 유전 물질(DNA)이 복제되어 그 양이 2배로 늘어난다.	핵막이 사라지고, 상동 염색체끼리 결합한 2가 염색체가 나타난다.	2가 염색체가 세포의 중앙에 배열된다.	상동 염색체가 분리되어 세포의 양쪽 끝으로 이동한다.	2개의 핵이 만들어지고, 세포질 분열이 일어나 2개의 딸세포가 만들어진다.

감수 2분열 전기	감수 2분열 중기	감수 2분열 후기	감수 2분열 말기와 세포질 분열
유전 물질(DNA)의 복제 없이 감수 2분열 전기가 시작된다.	염색체가 각 세포의 중앙에 배열된다.	각 세포에서 염색 분체가 분리되어 세포의 양쪽 끝으로 이동한다.	4개의 핵이 만들어지고, 세포질 분열이 일어나 4개의 딸세포가 만들어진다.

올리드 PLUS 개념

❻ 체세포 분열 장소

- 동물은 몸 전체에서 체세포 분열이 일어나 생장한다.
- 식물은 생장점이나 형성층과 같은 특정 부위에서 체세포 분열이 활발하게 일어나 생장한다.

❼ 감수 분열의 의의

감수 분열 결과 염색체 수가 체세포의 절반인 생식세포가 형성되므로 세대를 거듭하여도 생물의 염색체 수가 일정하게 유지될 수 있다.

❽ 2가 염색체

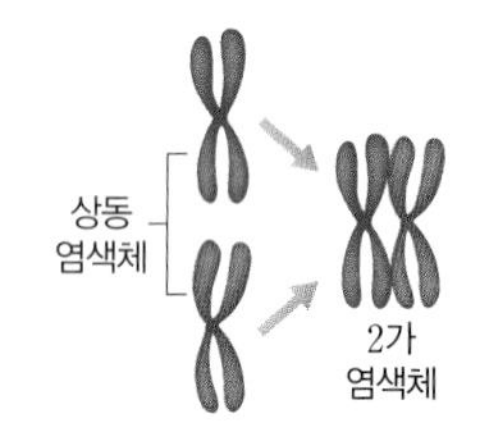

감수 1분열 전기에 2가 염색체가 형성되며, 감수 1분열 중기까지 관찰된다.

❾ 감수 1분열과 감수 2분열의 비교

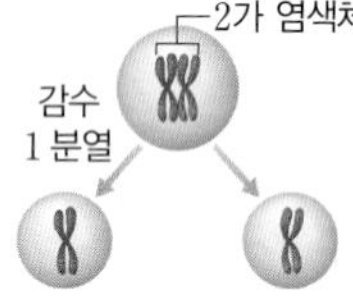

▲ 감수 1분열

상동 염색체 분리 ➡ 분열 후 염색체 수와 유전 물질(DNA)의 양이 각각 절반으로 감소

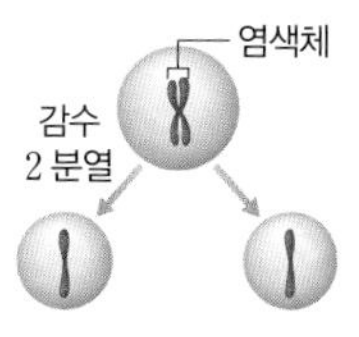

▲ 감수 2분열

염색 분체 분리 ➡ 분열 후 염색체 수는 변하지 않지만, 유전 물질(DNA)의 양은 절반으로 감소

❿ 체세포 분열과 감수 분열의 비교

구분	체세포 분열	감수 분열
분열 횟수	1회	연속 2회
딸세포 수	2개	4개
2가 염색체 형성 유무	형성 안 함.	형성함.
염색체 수 변화	변화 없음.	절반으로 감소함.
유전 물질 복제	1회 일어남.	

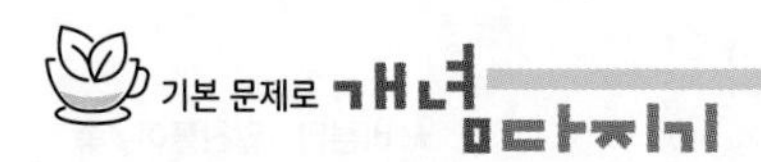

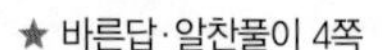

★ 바른답·알찬풀이 4쪽

❸ 체세포 분열

08 체세포 분열 과정의 각 시기에 해당하는 설명을 옳게 연결하시오.

(1) 전기 •   • ㉠ 염색체가 세포의 중앙에 나란히 배열된다.

(2) 중기 •   • ㉡ 염색체가 풀어지고, 핵막이 나타나면서 2개의 핵이 만들어진다.

(3) 후기 •   • ㉢ 두 가닥의 염색 분체가 분리되어 세포의 양쪽 끝으로 이동한다.

(4) 말기 •   • ㉣ 핵막이 사라지고, 두 가닥의 염색 분체로 이루어진 염색체가 나타난다.

09 그림 (가)~(라)는 체세포 분열 과정의 일부를 순서 없이 나타낸 것이다.

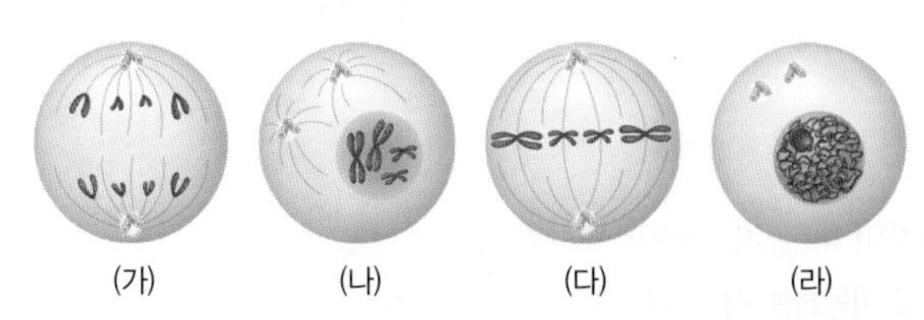

(가) (나) (다) (라)

(가)~(라)를 분열하기 전의 세포부터 순서대로 나열하시오.

10 체세포 분열에 대한 설명으로 옳은 것은 ○표, 옳지 않은 것은 ×표 하시오.

(1) 핵분열 중기에 세포질 분열이 일어난다. ( )

(2) 세포는 체세포 분열을 하기 전에 유전 물질(DNA)을 복제한다. ( )

(3) 동물 세포의 세포질 분열은 세포판이 만들어지면서 일어난다. ( )

(4) 핵분열은 염색체의 행동에 따라 전기, 중기, 후기, 말기로 구분한다. ( )

(5) 체세포 분열 결과 모세포와 다른 유전 정보를 가지는 4개의 딸세포가 형성된다. ( )

❹ 생식세포 형성 과정

11 감수 1분열에 대한 설명이면 '1', 감수 2분열에 대한 설명이면 '2', 감수 1분열과 감수 2분열에 모두 해당되는 설명이면 '감'이라고 쓰시오.

(1) 분열 전과 후에 염색체 수가 변하지 않는다. ( )

(2) 상동 염색체끼리 결합한 2가 염색체가 나타난다. ( )

(3) 각 세포에서 염색 분체가 분리되어 세포의 양쪽 끝으로 이동한다. ( )

(4) 세포질이 둘로 나누어지는 세포질 분열이 일어난다. ( )

(5) 분열 후에 유전 물질(DNA)의 양이 분열 전의 절반으로 줄어든다. ( )

12 그림 (가)와 (나)는 어떤 동물에서 감수 분열 중인 두 세포를 나타낸 것이다.

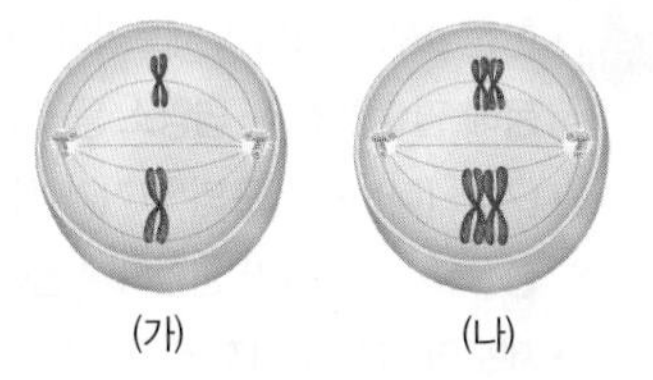

(가) (나)

(가)와 (나)는 각각 감수 분열 중 어느 시기에 해당하는지 쓰시오.

13 표는 체세포 분열과 감수 분열을 비교한 것이다. ( ) 안에 들어갈 알맞은 말을 쓰시오.

구분	체세포 분열	감수 분열
분열 횟수(회)	1	(㉠)
딸세포의 수(개)	(㉡)	4
2가 염색체의 형성 유무	(㉢).	형성함.
분열 전과 후의 염색체 수 변화	변화 없음.	(㉣).

세포가 분열하는 까닭은?

개념 10쪽

★ 바른답 · 알찬풀이 4쪽

과정

1

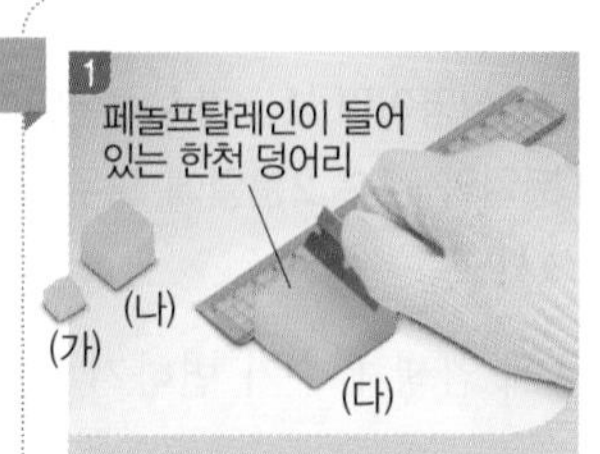

페놀프탈레인이 들어 있는 한천 덩어리를 잘라 한 변의 길이가 각각 1 cm, 2 cm, 3 cm인 정육면체 (가)~(다)를 만든다.

2

과정 ❶의 한천 조각 (가)~(다)를 비커에 넣은 후 비눗물을 한천 조각이 잠길 정도로 붓는다.

페놀프탈레인이 들어 있는 한천 조각은 비눗물과 만나면 붉은색으로 변한다.

3

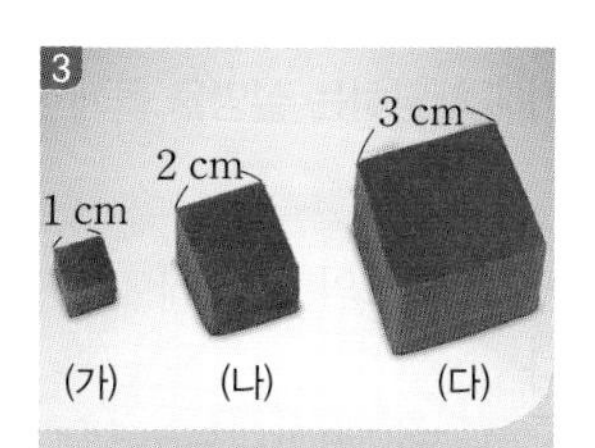

10분 후 과정 ❷의 비커에서 (가)~(다)를 꺼내 종이 수건으로 표면을 닦는다.

4

(가)~(다)의 가운데를 각각 잘라 한천 조각 내부에서 붉은색으로 물든 부분을 관찰한다.

유의할 점
(가)~(다)를 동시에 꺼내고, 꺼낸 즉시 (가)~(다)의 가운데를 각각 자른다.

결과

- (가)~(다)의 단면에 붉은색으로 물든 부분을 표시하고, 각각의 단위 부피당 표면적을 계산한다.
- 붉은색이 퍼지는 속도는 (가)~(다)에서 모두 같지만, 단위 부피당 표면적이 가장 큰 (가)가 같은 시간 동안 중심 부분까지 붉은색이 퍼졌다.

구분	(가)	(나)	(다)
붉은색으로 물든 부분의 표시			
표면적(cm^2)	6	24	54
부피(cm^3)	1	8	27
$\frac{표면적(cm^2)}{부피(cm^3)}$	6	3	2

페놀프탈레인 용액의 반응 색깔
페놀프탈레인 용액은 산성에서는 무색을 띠지만 염기성에서는 붉은색을 띠기 때문에 산과 염기를 구분하는 데 많이 이용된다. 이 실험에 사용된 비눗물은 염기성을 띠기 때문에 페놀프탈레인이 들어 있는 한천 조각은 비눗물과 만나면 붉은색으로 변한다.

정리

- 한천 조각을 하나의 세포라고 가정할 때, 한천 조각에서 붉은색이 퍼진 것은 세포에서 생명 활동에 필요한 산소, 영양소 등의 물질이 세포 ❶(　　　)(으)로 이동하는 것을 의미한다.
- (가)~(다) 중 세포의 크기가 ❷(　　　)과/와 같이 작을 때 단위 부피당 표면적이 크므로 ❸(　　　)이/가 원활하게 일어난다.
- 세포의 크기가 커지면 단위 부피당 표면적이 ❹(　　　) 세포에서 물질 교환이 원활하게 일어나지 못한다. 따라서 세포는 어느 정도 커지면 2개의 세포로 나누어지는 ❺(　　　)을/를 한다.

세포의 부피와 표면적의 관계
세포의 크기가 작을수록 단위 부피당 표면적은 더 커진다.

답 ❶ 안 ❷ (가) ❸ 물질 교환 ❹ 작아져 ❺ 세포 분열

01 위 실험에 대한 설명으로 옳은 것은 ○표, 옳지 않은 것은 ×표 하시오.

(1) 위 실험은 세포의 크기가 커져야 하는 까닭을 알아보기 위한 것이다. (　　)

(2) 한천 조각의 한 변의 길이가 짧을수록 $\frac{표면적}{부피}$의 값이 커진다. (　　)

(3) 과정 ❹의 결과에서 중심 부분까지 붉은색이 퍼진 것은 한 변의 길이가 1 cm인 한천 조각이다. (　　)

[02~03] 오른쪽 그림은 한 변의 길이가 다른 정육면체의 한천 조각 (가)~(다)를 각각 붉게 물들인 후 가운데를 자른 결과를 나타낸 것이다. 물음에 답하시오.

(가)　(나)　(다)

02 (가)~(다) 중 단위 부피당 표면적이 가장 작은 것을 고르시오.

03 한천 조각을 하나의 세포라고 가정할 때, (가)~(다) 중 물질 교환에 가장 유리한 것을 고르시오.

체세포 분열 관찰하기

개념 12쪽

★ 바른답 · 알찬풀이 5쪽

과정

❶ 양파 뿌리로 현미경 표본을 만든다.

(가) 물이 든 유리컵에 양파의 아랫부분만 잠기게 하여 양파를 기른다. 재료 준비

(나) (가)에서 기른 양파의 뿌리 끝부분을 1 cm 정도 잘라 에탄올과 아세트산을 3 : 1로 섞은 용액에 하루 정도 담가 둔다. 고정

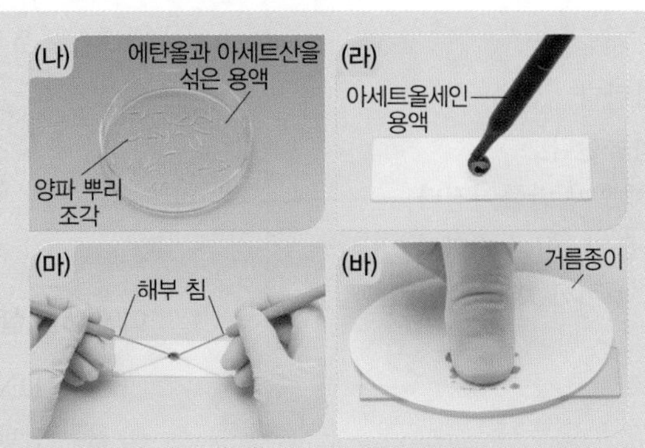

(다) (나)의 뿌리 조각을 50 ℃~60 ℃의 묽은 염산에 8분 정도 담가 둔다. 해리

(라) (다)의 뿌리 조각을 증류수로 씻어서 받침유리에 올려놓고 뿌리 끝부분을 1 mm~2 mm 정도로 자른 후, 아세트올세인 용액을 한두 방울 떨어뜨린다. 염색

(마) 뿌리 끝을 해부 침으로 잘게 찢은 후, 덮개유리를 덮고 고무 달린 연필로 가볍게 두드린다. 분리

(바) 덮개유리에 거름종이를 올려놓고 엄지손가락으로 지그시 눌러 현미경 표본을 만든다. 압착

❷ 양파 뿌리 현미경 표본을 현미경으로 관찰한다.

유의할 점

- 묽은 염산이 손이나 눈에 직접 닿지 않도록 주의한다.
- 엄지손가락으로 덮개유리를 누를 때 덮개유리가 깨지지 않도록 힘을 적절하게 조절한다.

양파 뿌리로 현미경 표본을 만드는 과정에서 각 단계를 실시하는 까닭

- (나) ➡ 세포 분열을 멈추게 하고 세포를 살아 있을 때와 같은 상태로 고정하기 위해서이다.
- (다) ➡ 조직을 연하게 만들기 위해서이다.
- (라) ➡ 아세트올세인 용액으로 핵이나 염색체를 붉게 염색하여 뚜렷이 관찰하기 위해서이다.
- (마) ➡ 세포들이 뭉치지 않도록 떼어 내기 위해서이다.
- (바) ➡ 세포들을 한 겹으로 펴서 현미경으로 세포를 명확하게 관찰할 수 있도록 하기 위해서이다.

결과 및 정리

- 현미경으로 관찰한 결과는 오른쪽 그림과 같다.
  ➡ 분열하기 전 세포가 가장 많다.
- 양파의 뿌리 끝을 실험 재료로 사용하는 까닭은 뿌리 끝부분에는 체세포 분열이 활발하게 일어나는 ❶(　　　)이/가 있어 체세포 분열 과정을 관찰하기에 좋기 때문이다.

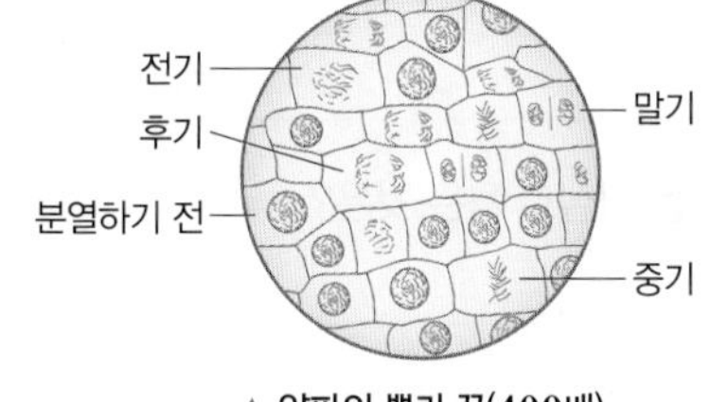

▲ 양파의 뿌리 끝(400배)

- 아세트올세인 용액으로 염색된 것은 핵과 ❷(　　　)이다.
- 현미경 시야에서 분열하기 전 세포가 분열 중인 세포보다 많이 보이는 까닭은 세포가 분열하기 전 시기에 비해 세포 분열이 일어나는 시기의 지속 시간이 더 ❸(　　　) 때문이다.

답 ❶ 생장점 ❷ 염색체 ❸ 짧기

01 양파의 뿌리 끝부분에서 체세포 분열을 관찰할 수 있는 부위를 쓰시오.

02 다음은 체세포 분열 관찰 실험 중 일부 과정에 대한 설명이다. (　　) 안에 들어갈 알맞은 말을 쓰시오.

> 체세포 분열을 관찰할 때 분열하기 전 세포의 핵과 분열 중인 세포의 염색체를 뚜렷하게 관찰하기 위해 염색액인 (　　　　　　)을/를 사용한다.

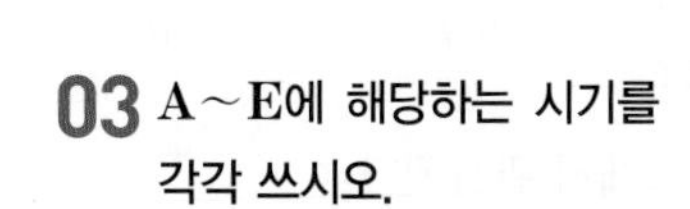

[03~04] 오른쪽 그림은 양파의 뿌리 끝을 현미경으로 관찰하였을 때의 모습을 나타낸 것이다. 물음에 답하시오.

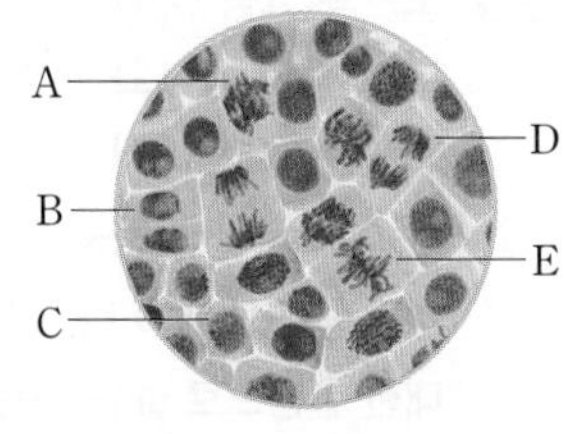

03 A~E에 해당하는 시기를 각각 쓰시오.

04 A~E를 분열하기 전의 세포로부터 체세포 분열 과정에 맞게 순서대로 나열하시오.

대표 문제로 실력 확인하기

01 세포 분열의 결과로 나타나는 현상에 대한 예로 옳지 않은 것은?

① 사람은 성장기에 키가 자란다.
② 적혈구가 혈관을 따라 이동한다.
③ 정자, 난자와 같은 생식세포가 만들어진다.
④ 싹이 튼 씨앗에서 뿌리, 줄기, 잎이 자란다.
⑤ 꼬리가 잘린 도마뱀에서 꼬리가 새로 자란다.

중요

02 다음은 한천 조각을 이용한 실험 과정 및 결과를 나타낸 것이다.

[실험 과정 및 결과]
페놀프탈레인이 들어 있는 한천 조각을 비눗물에 10분 동안 담갔다가 꺼내 가운데를 잘랐더니, 오른쪽 그림과 같이 한 변의 길이가 1 cm인 것은 중심 부분까지 붉게 물들었지만 3 cm인 것은 중심 부분까지 물들지 않았다.

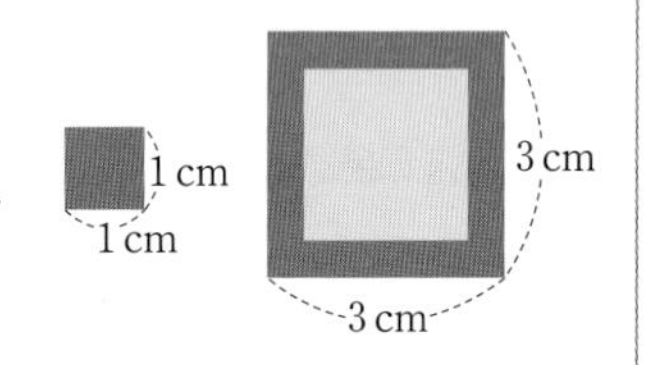

위 실험 결과를 통해 알 수 있는 사실로 옳은 것은?

① 세포막의 중요성
② 염색체의 수와 크기
③ 세포가 분열하는 까닭
④ 체세포 분열이 일어나는 장소
⑤ 생물이 생장할 때 세포의 크기가 커지는 까닭

신경향

03 오른쪽 그림 (가)와 (나)는 분열 중인 세포와 분열하지 않는 세포에서 관찰되는 염색체의 모양을 순서 없이 나타낸 것이다. 이에 대한 설명으로 옳은 것은?

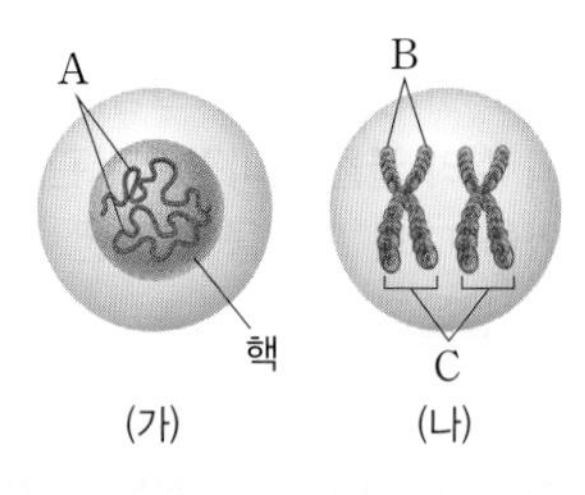

① (가)는 분열하는 세포에서 관찰된다.
② A는 단백질로만 이루어져 있다.
③ B는 염색 분체이다.
④ C는 2가 염색체이다.
⑤ 염색체는 (가)에서보다 (나)에서 더 풀어져 있다.

중요

04 그림은 어떤 염색체의 구조를 나타낸 것이다.

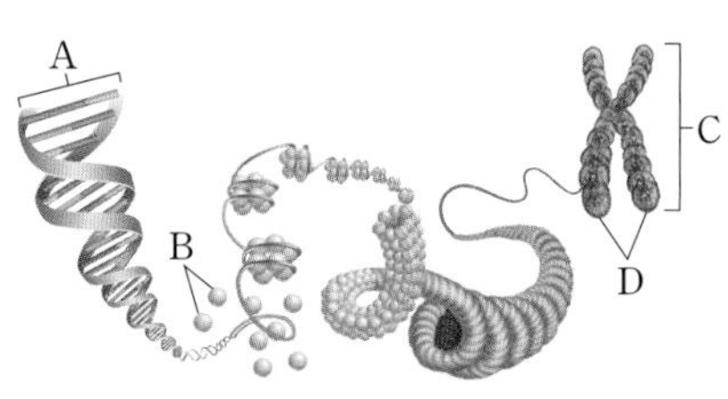

이에 대한 설명으로 옳지 않은 것은?

① A는 DNA이다.
② B는 단백질이다.
③ C는 분열하는 세포에서 관찰된다.
④ C는 유전 물질(DNA)이 복제된 후에 굵고 짧게 뭉쳐진 염색체이다.
⑤ D를 이루는 한 가닥은 아버지로부터, 다른 가닥은 어머니로부터 물려받은 것이다.

05 그림 (가)와 (나)는 두 사람의 체세포에서 관찰한 염색체를 나타낸 것이다.

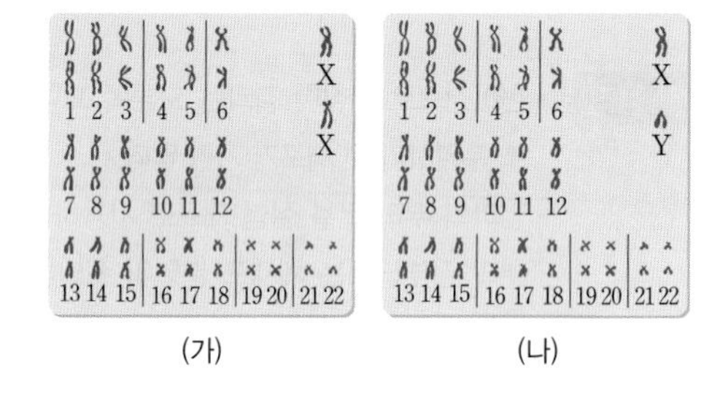

이에 대한 설명으로 옳은 것은?

① (가)는 남자의 염색체이다.
② (가)에서 상염색체 수는 22개이다.
③ (나)에서 성염색체 수는 1개이다.
④ (가)와 (나)에서 성염색체 수는 서로 다르다.
⑤ (가)와 (나)의 각 염색체는 두 가닥의 염색 분체로 이루어져 있다.

06 그림은 체세포 분열 과정 중 일부를 순서 없이 나타낸 것이다.

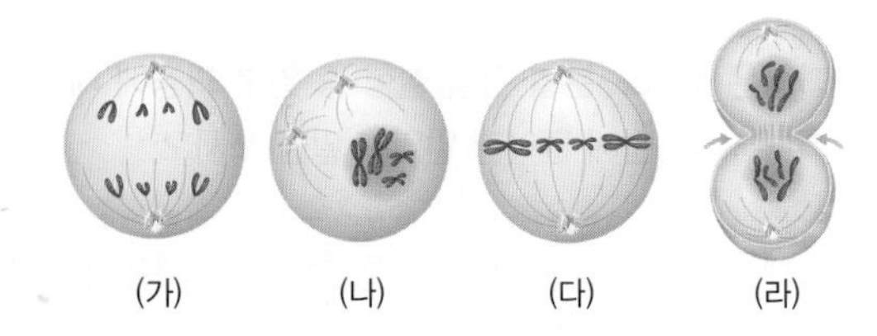

(가)~(라) 중 염색체의 수와 모양이 가장 뚜렷하게 관찰되는 시기의 기호를 쓰시오.

[07~08] 그림 (가)와 (나)는 식물 세포와 동물 세포의 세포질 분열 과정을 순서 없이 나타낸 것이다. 물음에 답하시오.

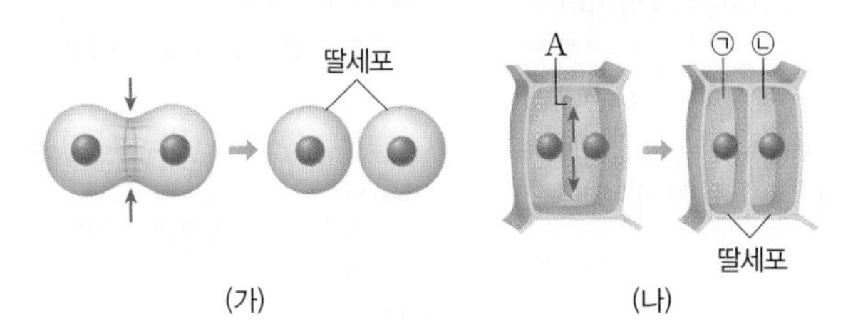

07 이에 대한 설명으로 옳은 것을 〈보기〉에서 모두 고른 것은?

보기
ㄱ. A는 세포판이다.
ㄴ. (가)는 동물 세포, (나)는 식물 세포의 세포질 분열 과정이다.
ㄷ. (가)와 (나) 과정은 핵분열 중기에 일어난다.
ㄹ. (나)와 같은 분열 모습은 양파의 뿌리 끝에서 관찰할 수 있다.

① ㄱ, ㄷ ② ㄱ, ㄴ, ㄷ ③ ㄱ, ㄴ, ㄹ
④ ㄴ, ㄷ, ㄹ ⑤ ㄱ, ㄴ, ㄷ, ㄹ

08 (나)에서 분열이 끝난 후 딸세포 ㉠과 ㉡이 형성된다. 모세포의 염색체 수가 12개라면 ㉠과 ㉡의 염색체 수는 각각 몇 개인지 쓰시오.

중요
09 그림은 체세포의 염색체 수가 4개인 어떤 동물에서 일어나는 감수 분열 과정의 일부를 나타낸 것이다.

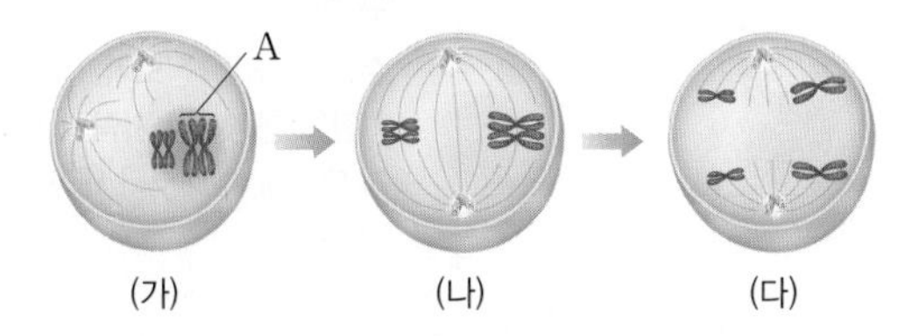

이에 대한 설명으로 옳지 않은 것은?

① A는 2가 염색체이다.
② (나)는 감수 1분열 중기의 모습이다.
③ (다)에서 상동 염색체가 분리된다.
④ 이 동물의 생식 기관에서 관찰할 수 있다.
⑤ 분열 결과 형성된 딸세포의 염색체 수는 4개이다.

고난도·서술형 문제

통합형
10 다음은 양파 뿌리의 체세포 분열을 관찰하기 위한 현미경 표본을 만드는 과정 중 일부를 순서 없이 나타낸 것이다.

(가) 뿌리 끝부분에 아세트올세인 용액을 한 방울 떨어뜨린다.
(나) 뿌리 조각을 50 ℃~60 ℃의 묽은 염산에 8분 정도 담가 둔다.
(다) 뿌리 끝을 해부 침으로 잘게 찢은 후, 덮개유리를 덮고 고무 달린 연필로 가볍게 두드린다.
(라) 뿌리 조각을 에탄올과 아세트산을 3 : 1로 섞은 용액에 하루 정도 담가 둔다.

이에 대한 설명으로 옳지 않은 것은?

① (가)는 핵이나 염색체를 염색하여 뚜렷하게 관찰하기 위해서이다.
② (나)는 뿌리 조직을 연하게 만들기 위해서이다.
③ (다)는 세포들을 한 겹으로 펴서 세포를 명확하게 관찰하기 위해서이다.
④ (라)는 세포가 살아 있을 때 세포 분열을 하던 상태로 멈추게 하기 위해서이다.
⑤ 이 실험은 (라) → (나) → (가) → (다) 순서로 진행해야 한다.

서술형
11 그림 (가)와 (나)는 어떤 생물에서 일어나는 2가지 세포 분열을 나타낸 것이다.

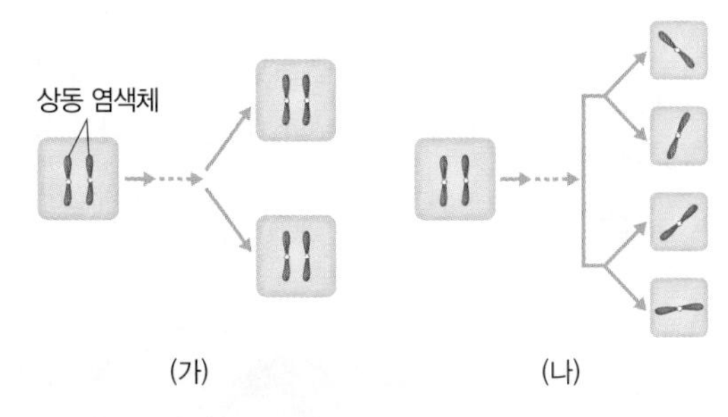

(1) (가)와 (나)에 해당하는 세포 분열의 이름을 각각 쓰시오.

(2) (가)와 (나)의 차이점을 분열 횟수, 딸세포의 수, 분열 전과 후의 염색체 수 변화와 연관 지어 설명하시오.

02강 발생

❶ 수정과 발생

1 수정 정자와 난자가 만나 정자의 핵과 난자의 핵이 결합하여 수정란을 형성하는 과정이다.❶

① 일반적으로 하나의 정자와 하나의 난자만 수정에 참여한다. 하나의 난자에 여러 개의 정자가 들어가면 염색체 수가 정상 체세포보다 많아지므로 수정과 발생이 정상적으로 진행되지 않는다.

② 수정 과정을 거치면 체세포와 염색체 수가 같은 수정란이 된다. 염색체 수는 체세포와 같은 46개

2 발생 수정란이 체세포 분열 과정을 통해 세포 수가 늘어나고, 여러 가지 조직과 기관을 형성하여 하나의 개체가 되기까지의 과정이다.

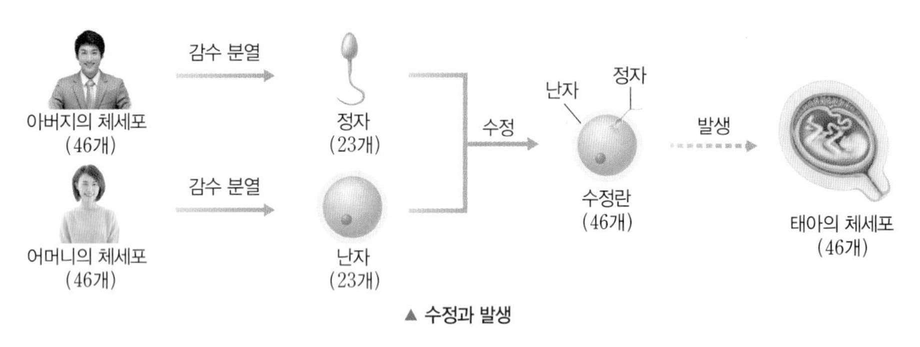

▲ 수정과 발생

❷ 사람의 발생 과정 돋보기 20쪽

1 난할 수정란의 초기 발생 과정에서 빠르게 일어나는 체세포 분열이다.

① 난할이 일어나는 동안 세포의 크기는 자라지 않고 분열만 빠르게 반복된다. ➡ 난할을 거듭할수록 세포 수는 많아지고, 세포 하나의 크기는 점점 작아진다.

② 난할을 거듭하여도 배아 전체의 크기는 수정란과 비슷하다. 수정란이 난할을 거쳐 일정한 시기가 되면 세포 분열 속도가 느려지면서 일반적인 체세포 분열이 일어난다.

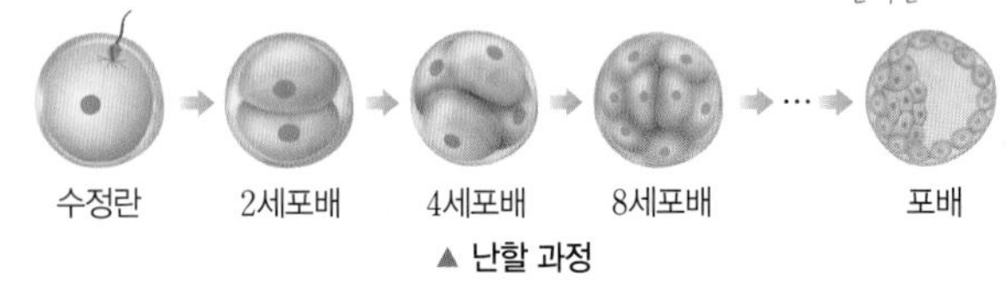

▲ 난할 과정

2 착상에서 출산까지의 과정❷

착상	난할을 거친 배아가 자궁 안쪽 벽에 파묻히는 현상으로, 이 시기부터 임신했다고 한다.❸
태아의 발달	착상 후 배아는 모체로부터 양분과 산소를 공급받으며 자라고, 수정 후 8주 정도가 되면 대부분의 기관을 형성하여 사람의 모습을 갖춘 태아가 된다.❹
출산	태아는 일반적으로 수정된 지 약 266일이 지나면 출산 과정을 거쳐 모체 밖으로 나온다.

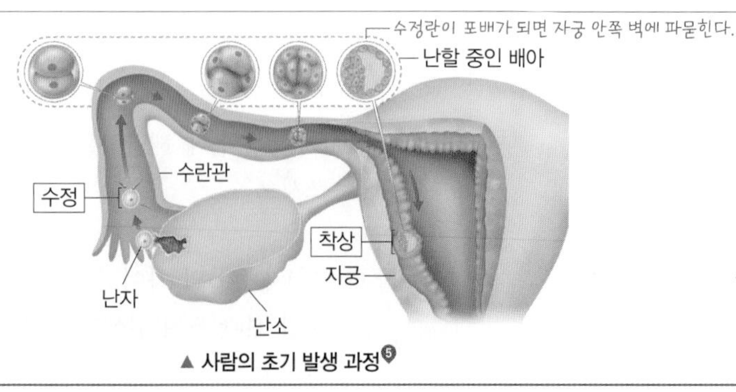

▲ 사람의 초기 발생 과정❺

올리드 PLUS 개념

❶ 정자와 난자
- 감수 분열 결과 만들어진 생식세포이다.
- 남자는 정자를, 여자는 난자를 형성한다.
- 염색체 수가 체세포의 절반인 23개이다.

❷ 착상에서 출산까지 사람의 발생 과정

수정 후 시기	특징
6주	• 배아의 길이: 약 1 cm • 눈, 심장, 간 등이 형성되기 시작한다.
8주	주요 기관이 대부분 형성되어 사람의 모습을 갖춘다.
16주	• 태아의 길이: 약 16 cm • 대부분의 기관이 형성된다.
20주	• 태아의 길이: 약 20 cm • 솜털이 나고 활발히 움직인다.
36주	• 태아의 길이: 약 34 cm • 체중: 약 2 kg~2.75 kg

❸ 배아
수정란이 난할을 시작한 후 사람의 모습을 갖추기 전까지의 세포 덩어리 상태를 말한다.

❹ 태아
수정 후 8주 정도가 되면 대부분의 기관을 형성하여 사람의 모습을 갖추게 되는데, 이때부터 태아라고 한다.

❺ 수정, 난할, 착상의 장소
- 수정: 정자와 난자는 수란관 입구에서 만나 수정한다.
- 난할: 수정란이 수란관을 지나 자궁에 이르는 동안 난할이 진행된다.
- 착상: 자궁으로 이동한 배아는 자궁 안쪽 벽에 착상한다.

기본 문제로 개념 다지기

★ 바른답·알찬풀이 6쪽

❶ 수정과 발생

01 사람의 수정과 발생에 대한 설명으로 옳은 것은 ○표, 옳지 않은 것은 ×표 하시오.

(1) 하나의 정자와 하나의 난자가 결합하여 수정란을 형성한다. ( )

(2) 수정 과정을 거쳐 형성된 수정란의 염색체 수는 난자의 염색체 수와 같다. ( )

(3) 수정란이 체세포 분열 과정을 통해 여러 가지 조직과 기관을 형성하여 하나의 개체가 되기까지의 과정을 발생이라고 한다. ( )

02 그림은 사람에서 일어나는 수정과 발생 과정을 나타낸 것이다. (가)와 (나)는 각각 체세포 분열과 감수 분열 중 하나이다.

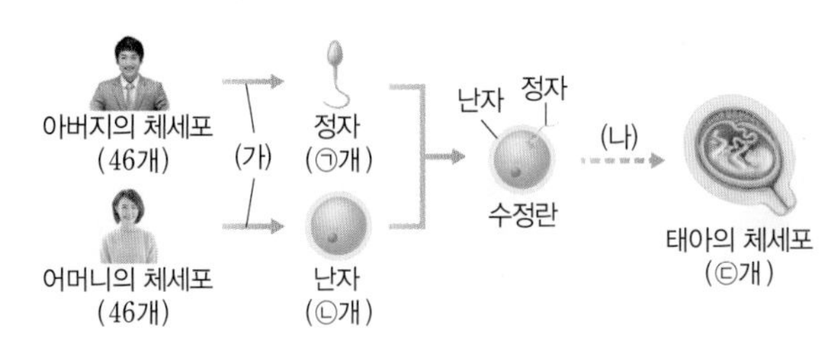

(1) ㉠~㉢에 해당하는 염색체 수를 각각 쓰시오.

(2) (가)와 (나)에서 일어나는 세포 분열을 각각 쓰시오.

❷ 사람의 발생 과정

03 그림은 사람의 초기 발생 과정 중 일부를 나타낸 것이다.

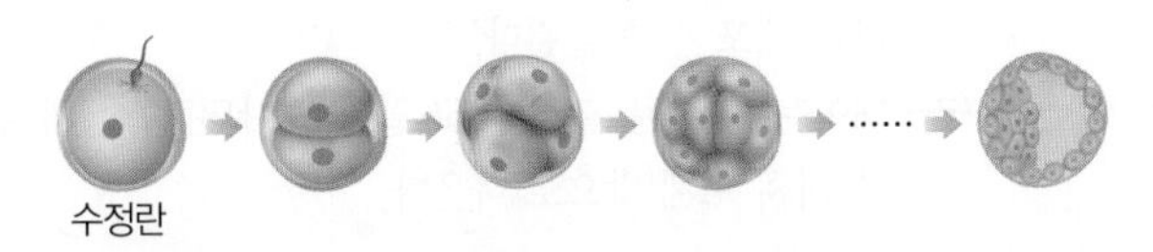

위 과정에서 일어나는 세포 분열을 무엇이라고 하는지 쓰시오.

04 다음은 난할 과정에 대한 설명이다. ( ) 안에 들어갈 알맞은 말을 고르시오.

> 난할은 수정란의 초기 발생 과정에서 빠르게 일어나는 ㉠(체세포 분열, 감수 분열)로, 난할이 일어나는 동안 세포의 크기는 자라지 않고 분열만 빠르게 반복되므로 난할을 거듭할수록 세포 하나의 크기는 점점 ㉡(커진다, 작아진다).

05 그림은 사람의 초기 발생 과정을 나타낸 것이다. A~C는 각각 난소, 수란관, 자궁 중 하나이다.

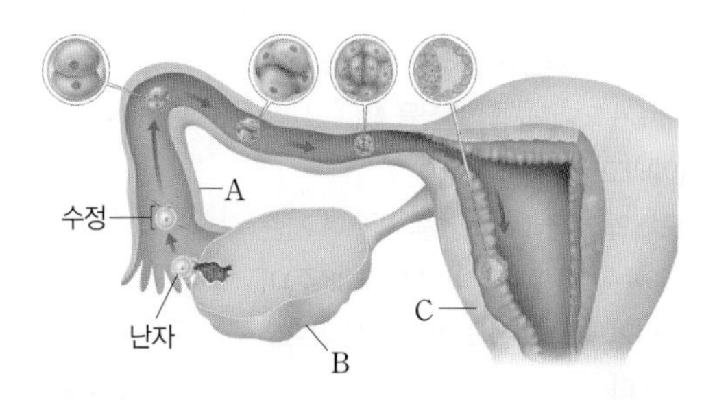

A~C에 해당하는 설명을 옳게 연결하시오.

(1) A • • ㉠ 자궁으로, 난할을 거친 배아가 자궁 안쪽 벽에 파묻힌다.

(2) B • • ㉡ 수란관으로, 수정란이 수란관을 지나 자궁에 이르는 동안 난할이 진행된다.

(3) C • • ㉢ 난소로, 감수 분열 결과 난자가 형성된다.

06 다음은 사람의 발생 과정에 대한 설명이다. ( ) 안에 들어갈 알맞은 말을 쓰시오.

> 자궁 안쪽 벽에 파묻힌 배아는 모체로부터 양분과 산소를 공급받으며 자라고, 수정 후 8주 정도가 지나면 대부분의 기관을 형성하여 사람의 모습을 갖춘 ( )이/가 된다.

사람의 발생 과정

개념 18쪽

★ 바른답 · 알찬풀이 6쪽

정자와 난자의 특징을 파악하고, 수정란으로부터 개체가 발생하기까지의 과정을 알아보자.

자료 1 사람의 생식세포

정자의 구조 / 난자의 구조

핵, 머리, 꼬리 / 세포질, 핵

- ❶(　　　): 정소에서 감수 분열 결과 형성된다. 머리와 꼬리로 구분되며, 머리에는 핵이 있고, 꼬리를 이용하여 움직일 수 있다.
- ❷(　　　): 난소에서 감수 분열 결과 형성된다. 핵이 있고, 발생 과정에 필요한 양분을 세포질에 저장하므로 크기가 다른 세포에 비해 크다.

자료 2 난할

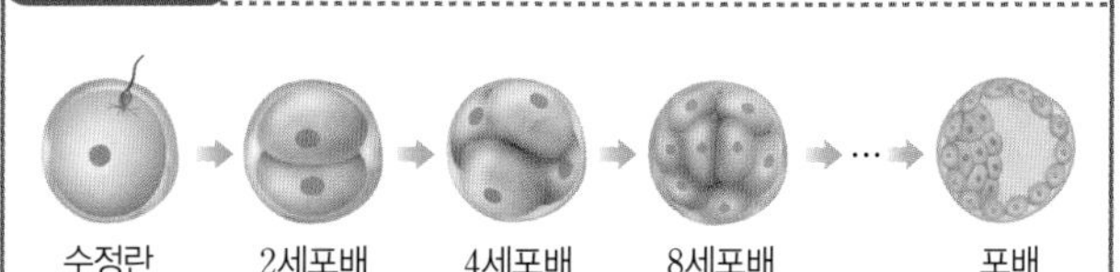

- 수정란 → 2세포배 → 4세포배 → 8세포배 → …… → 포배
  ➡ 난할을 거듭할 때마다 세포 수가 2배씩 증가한다.
- 각 세포는 분열 후 생장기를 거치지 않으므로 난할을 거듭할수록 세포 수는 많아지고, 세포 하나의 크기는 점점 작아지지만, 배아 전체의 크기는 ❸(　　　)과/와 비슷하다.
- 난할은 체세포 분열이므로 각 딸세포의 염색체 수는 모세포와 같은 46개이다.

자료 3 사람의 발생 과정

- 수정란이 일정한 형태와 기능을 갖춘 개체가 되기까지의 과정을 ❹(　　　)(이)라고 한다.
- 모체의 자궁에서 보호를 받으며 자란 태아는 수정된 지 약 266일(38주)이 지나면 출산 과정을 거쳐 모체 밖으로 나온다.

정자와 난자가 수란관 입구에서 수정한다.

뇌가 발달하며, 심장이 박동한다.

대부분의 기관을 형성하여 사람의 모습을 갖춘 태아가 된다.

수정 후 16주

근육이 발달하며, 성별을 구별할 수 있다.

뼈대가 갖추어지고 몸의 방향을 자주 바꾼다.

외부 자극에 반응하고, 다양한 표정을 짓는다.

출산

답 ❶ 정자 ❷ 난자 ❸ 수정란 ❹ 발생

01 사람의 수정과 발생에 대한 설명으로 옳은 것은 ○표, 옳지 않은 것은 ×표 하시오.

(1) 하나의 난자에 여러 개의 정자가 들어가면 수정과 발생이 정상적으로 진행되지 않는다. (　　)

(2) 수정란의 염색체 수는 생식세포 1개의 염색체 수와 같다. (　　)

(3) 발생 초기에 일어나는 수정란의 빠른 체세포 분열을 착상이라고 한다. (　　)

(4) 수정란이 여러 가지 조직과 기관을 형성하여 하나의 개체가 되기까지의 과정을 난할이라고 한다. (　　)

02 다음은 사람의 발생 과정 중 일부를 순서 없이 나타낸 것이다.

> (가) 난할을 거친 배아가 자궁 안쪽 벽에 파묻힌다.
> (나) 배아는 모체로부터 양분과 산소를 공급받고 여러 기관을 형성하여 태아가 된다.
> (다) 수정란은 초기 발생 과정에 빠르게 체세포 분열을 하여 세포 수를 늘린다.
> (라) 태아는 수정된 지 약 266일이 지나면 출산 과정을 거쳐 모체 밖으로 나온다.

(가)~(라)를 일어나는 순서대로 나열하시오.

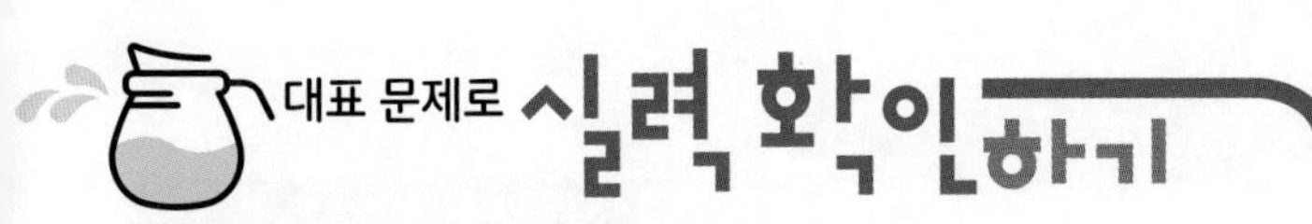

★ 바른답·알찬풀이 7쪽

01 수정란이 체세포 분열을 통해 세포 수가 늘어나고, 여러 조직과 기관을 형성하여 하나의 개체가 되기까지의 과정으로 옳은 것은?

① 수정 ② 생식 ③ 난할
④ 발생 ⑤ 탈바꿈

중요
02 그림은 사람 수정란의 초기 발생 과정 중 일부를 나타낸 것이다.

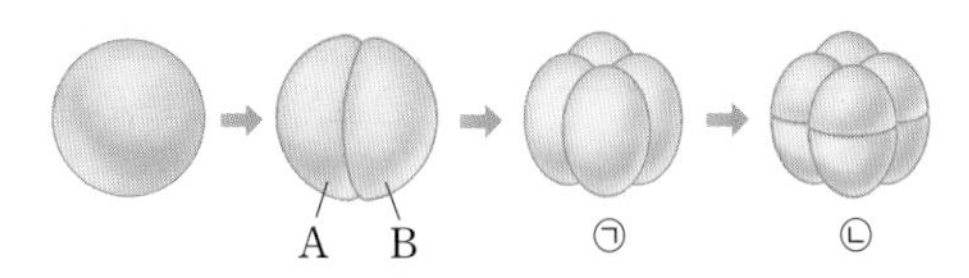

이에 대한 설명으로 옳지 않은 것은?

① 이 과정은 난할이다.
② 이 과정은 여자의 생식 기관에서 일어난다.
③ 세포 A의 염색체 수는 B의 절반이다.
④ ㉠에서 ㉡으로 될 때 각 세포의 크기가 작아진다.
⑤ ㉡ 이후에도 세포 분열은 계속 일어난다.

03 그림은 여자의 생식 기관을 나타낸 것이다.

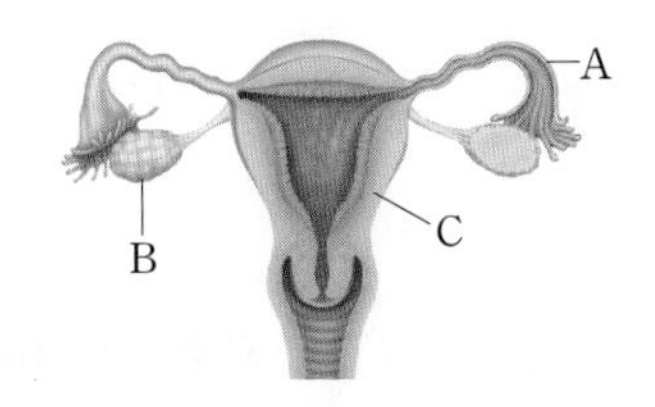

이에 대한 설명으로 옳은 것을 <보기>에서 모두 고른 것은?

보기
ㄱ. A에서 난할이 일어난다.
ㄴ. B는 난소이다.
ㄷ. 난할을 거친 배아는 C의 안쪽 벽에 파묻힌다.

① ㄱ ② ㄴ ③ ㄱ, ㄷ
④ ㄴ, ㄷ ⑤ ㄱ, ㄴ, ㄷ

고난도·서술형 문제

[04~05] 그림은 난할이 진행될 때 3가지 요소 A~C의 변화를 나타낸 것이다. A~C는 각각 배아 전체의 크기, 배아를 이루는 세포의 총 수, 세포 1개당 크기 중 하나이다. 물음에 답하시오.

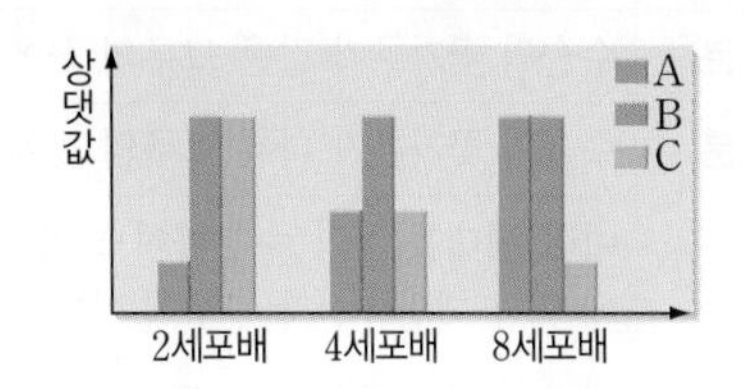

04 A~C에 해당하는 요소를 각각 쓰시오.

통합형
05 04번과 같이 판단한 까닭을 난할의 특징과 연관 지어 설명한 내용으로 옳은 것은?

① 분열이 일어날 때마다 유전 물질이 복제되기 때문이다.
② 세포의 크기는 자라지 않고 분열만 반복되기 때문이다.
③ 난할이 일어날수록 배아 전체의 크기는 작아지기 때문이다.
④ 난할이 일어날수록 배아를 이루는 세포의 총 수는 감소하기 때문이다.
⑤ 난할이 일어나는 동안 각 세포의 염색체 수가 절반으로 감소하기 때문이다.

서술형
06 그림은 사람의 초기 발생 과정을 나타낸 것이다.

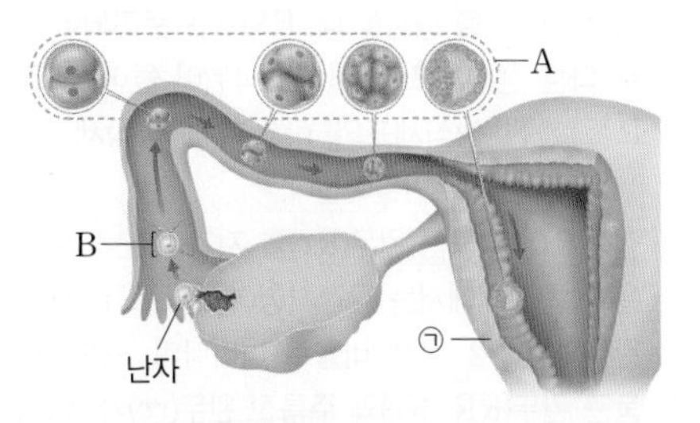

(1) A와 B는 각각 어떤 과정인지 쓰시오.

(2) 사람의 발생 과정 중 ㉠에서 일어나는 일을 1가지만 설명하시오.

03강 멘델 유전

❶ 멘델의 유전 연구

1 유전 용어

└부모의 형질을 자손에게 물려주는 현상을 유전이라고 한다.

형질	생물이 가지고 있는 고유한 특징 예 씨 모양, 꽃잎 색깔
대립 형질❶	서로 뚜렷하게 구별되는 형질 예 완두 씨의 모양이 둥근 것과 주름진 것
자가 수분	수술의 꽃가루가 같은 그루의 꽃에 있는 암술머리에 붙는 현상
타가 수분	수술의 꽃가루가 다른 그루의 꽃에 있는 암술머리에 붙는 현상
순종	여러 세대를 자가 수분하여도 계속 같은 형질의 자손만 나오는 개체로, 그 형질에 대한 대립유전자 구성이 같다. 예 RR, rr❷
잡종	대립 형질이 다른 두 순종 개체를 타가 수분하여 얻은 자손으로, 그 형질에 대한 대립유전자 구성이 다르다. 예 Rr, Yy
표현형❸	겉으로 드러나는 형질 예 완두 씨 모양이 둥근 것, 주름진 것
유전자형	표현형을 결정하는 대립유전자 구성을 알파벳 기호로 나타낸 것 예 Rr, rr

2 순종의 대립 형질 교배 실험❹ 멘델은 순종의 둥근 완두와 순종의 주름진 완두를 교배하여 잡종 1대에서 모두 둥근 완두만 얻었다.

3 우열의 원리 대립 형질이 다른 두 순종 개체를 교배하여 얻은 잡종 1대에서 대립 형질 중 한 가지만 나타나는 현상이며, 잡종 1대에서 표현되는 형질은 우성, 잡종 1대에서 표현되지 않는 형질은 열성이다.

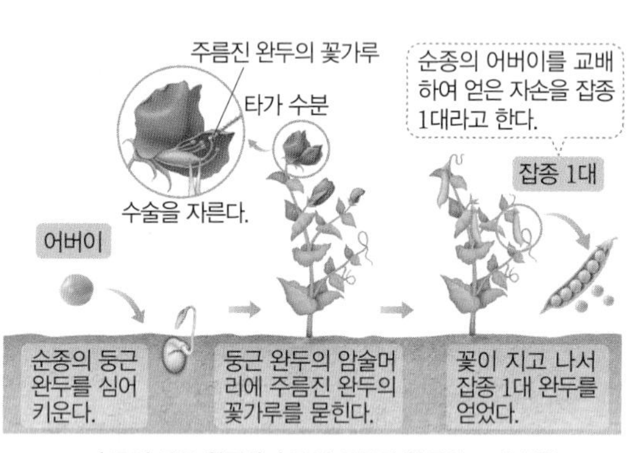

▲ 순종의 둥근 완두와 순종의 주름진 완두의 교배 실험

❷ 분리의 법칙 돋보기 26쪽

1 한 쌍의 대립 형질의 유전

- 순종의 둥근 완두(RR)와 순종의 주름진 완두(rr)를 교배하여 얻은 잡종 1대의 둥근 완두(Rr)가 생식세포를 형성할 때, R와 r는 분리되어 서로 다른 생식세포로 하나씩 나뉘어 들어가므로 R를 가진 생식세포와 r를 가진 생식세포가 1 : 1의 비율로 만들어진다.❺
- 잡종 1대의 둥근 완두(Rr)를 자가 수분하여 얻은 잡종 2대에서는 유전자형이 RR, Rr, rr인 완두가 1 : 2 : 1의 비율로 나타나며, 표현형이 둥근 완두(RR, Rr)와 주름진 완두(rr)가 3 : 1의 비율로 나타난다.

└대립유전자 R가 r에 대해 우성

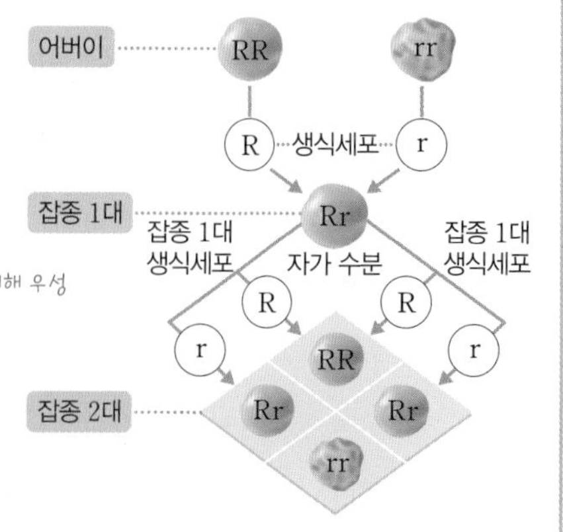

2 분리의 법칙 생식세포가 만들어질 때 쌍으로 존재하던 대립유전자가 분리되어 서로 다른 생식세포로 하나씩 나뉘어 들어가는 현상이다.

올리드 PLUS 개념

❶ 멘델이 실험에 사용한 완두의 7가지 대립 형질

형질	대립 형질
씨 모양	둥글다, 주름지다
씨 색깔	노란색, 초록색
꽃잎 색깔	보라색, 흰색
꼬투리 모양	볼록하다, 잘록하다
꼬투리 색깔	초록색, 노란색
꽃이 피는 위치	잎겨드랑이, 줄기 끝
줄기의 키	크다, 작다

❷ 대립유전자

하나의 형질을 결정하는 유전자로, 상동 염색체의 같은 위치에 존재한다.

❸ 표현형과 유전자형

형질	완두 씨 모양	
표현형	둥글다	주름지다
유전자형	RR(순종), Rr(잡종)	rr(순종)

우성 대립유전자는 알파벳 대문자, 열성 대립유전자는 알파벳 소문자로 나타낸다.

❹ 완두가 유전 연구에 적합한 특징

- 쉽게 구할 수 있고, 다 자라는 데 걸리는 기간이 짧다.
- 대립 형질이 뚜렷하며, 한 번의 교배에서 얻을 수 있는 자손의 수가 많다.
- 자가 수분과 타가 수분의 조절이 쉬워 인위적인 교배 실험에 적합하다.

❺ 둥근 완두(Rr)의 생식세포 형성

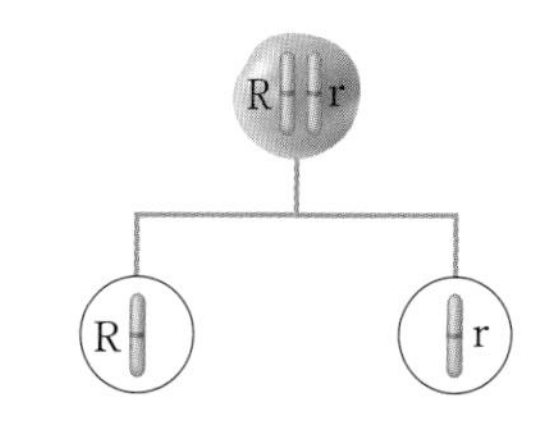

대립유전자 R와 r는 상동 염색체에 존재하므로 생식세포 형성 과정에서 분리되어 서로 다른 생식세포로 하나씩 나뉘어 들어간다.

기본 문제로 개념 따지기

★ 바른답·알찬풀이 7쪽

❶ 멘델의 유전 연구

01 다음 설명에 해당하는 유전 용어를 〈보기〉에서 각각 고르시오.

> 보기
> ㄱ. 형질　　ㄴ. 순종　　ㄷ. 우성
> ㄹ. 표현형　　ㅁ. 유전자형　　ㅂ. 대립 형질

(1) 겉으로 드러나는 형질 (　　)
(2) 생물이 가지고 있는 고유한 특징 (　　)
(3) 표현형을 결정하는 대립유전자의 구성을 알파벳 기호로 나타낸 것 (　　)
(4) 한 형질을 나타내는 대립유전자 구성이 같은 개체 (　　)
(5) 대립 형질이 다른 두 순종 개체를 교배하여 얻은 잡종 1대에서 표현되는 형질 (　　)

02 유전자형이 순종이면 '순', 잡종이면 '잡'이라고 쓰시오.

(1) RR (　　)　　(2) Rr (　　)
(3) RrYy (　　)　　(4) rrYY (　　)

03 다음은 완두가 유전 연구에 적합한 특징을 설명한 것이다. (　　) 안에 들어갈 알맞은 말을 고르시오.

> 완두는 대립 형질이 뚜렷하며, 구하기 쉽고, 재배하기 쉬우며, 다 자라는 데 걸리는 시간이 ㉠(짧다, 길다). 또, 한 번의 교배에서 얻을 수 있는 자손의 수가 ㉡(적고, 많고), 인위적인 교배가 가능하므로 유전 연구에 적합하다.

04 오른쪽 그림은 순종의 둥근 완두와 순종의 주름진 완두가 잡종 1대에게 유전자를 전달하는 과정을 나타낸 것이다. 잡종 1대의 ㉠ 표현형과 ㉡ 유전자형을 각각 쓰시오.(단, R는 우성 대립유전자, r는 열성 대립유전자이다.)

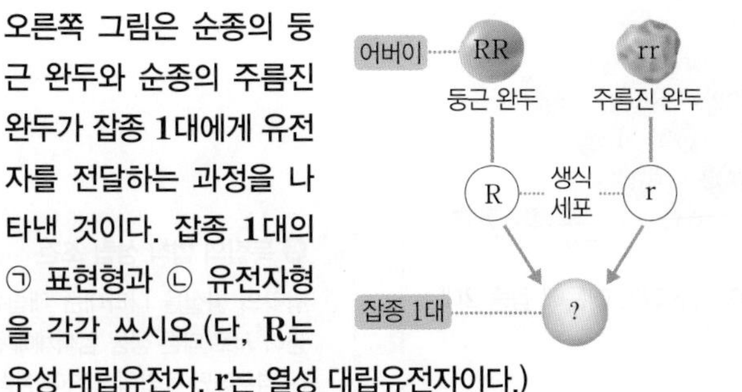

05 표는 완두의 두 가지 대립 형질에 대해 순종인 개체끼리 교배하여 잡종 1대를 얻은 결과를 나타낸 것이다.

형질		어버이의 대립 형질	잡종 1대
(가)	씨 색깔	노란색 × 초록색	노란색
(나)	꽃잎 색깔	보라색 × 흰색	보라색

(가)와 (나)에서 열성 형질을 각각 쓰시오.

❷ 분리의 법칙

06 그림은 순종의 둥근 완두와 순종의 주름진 완두의 교배 실험 결과를 나타낸 것이다.

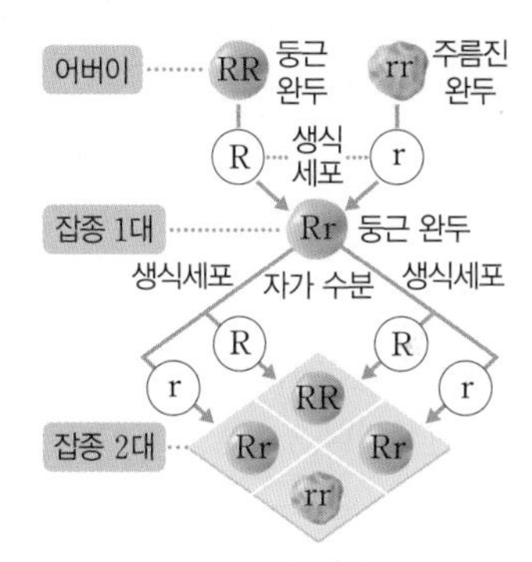

이에 대한 설명으로 옳은 것은 ○표, 옳지 않은 것은 ×표 하시오.

(1) 완두 씨 모양은 한 쌍의 대립유전자에 의해 결정된다. (　　)
(2) 유전자형이 Rr인 완두는 대립유전자 R와 r를 모두 가진 생식세포를 만든다. (　　)
(3) 잡종 2대에서는 표현형이 둥근 완두와 주름진 완두가 1 : 1의 비율로 나타난다. (　　)

07 다음은 멘델의 유전 원리 중 하나를 설명한 것이다. (　　) 안에 들어갈 알맞은 말을 쓰시오.

> 생식세포가 만들어질 때 쌍으로 존재하던 (㉠) 이/가 분리되어 서로 다른 생식세포로 하나씩 나뉘어 들어가는 현상을 (㉡)의 법칙이라고 한다.

올리드 PLUS 개념

❸ 독립의 법칙

1 두 쌍의 대립 형질에 관한 교배 실험

① 멘델은 순종의 둥글고 노란색인 완두(RRYY)와 순종의 주름지고 초록색인 완두(rryy)를 교배하여 잡종 1대(둥글고 노란색인 완두, RrYy)를 얻었고, 이를 자가 수분하여 잡종 2대를 얻었다.

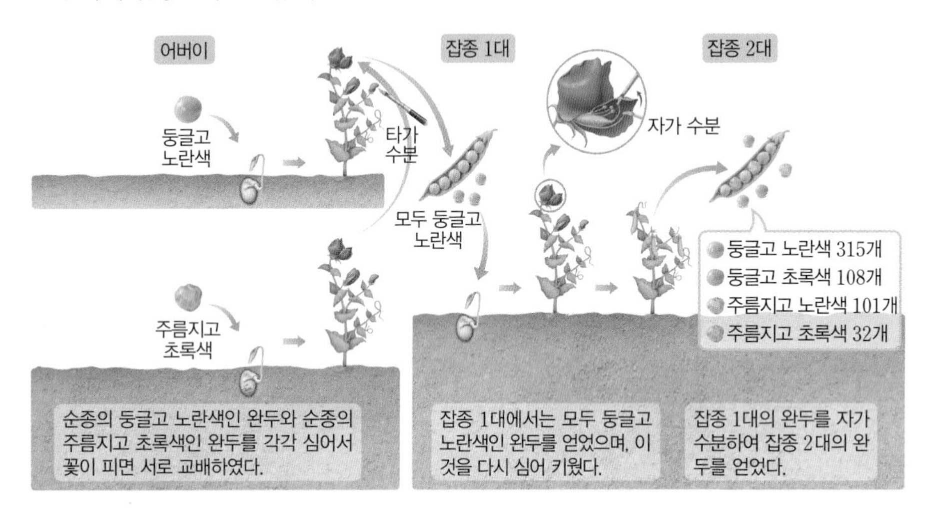

② 잡종 2대에서는 표현형이 둥글고 노란색, 둥글고 초록색, 주름지고 노란색, 주름지고 초록색인 완두가 9 : 3 : 3 : 1의 비율로 나타났다.[6][7]

2 독립의 법칙[8]

두 가지 이상의 형질이 함께 유전될 때, 한 형질을 나타내는 대립유전자 쌍이 다른 형질을 나타내는 대립유전자 쌍에 의해 영향을 받지 않고 독립적으로 분리되어 유전되는 현상이다.

두 쌍의 대립 형질의 유전

그림은 순종의 완두를 교배하여 잡종 1대를 얻은 다음, 잡종 1대를 자가 수분하여 얻은 잡종 2대의 유전자형과 표현형을 나타낸 것이다.

둥근 모양 대립유전자는 R, 주름진 모양 대립유전자는 r, 노란색 대립유전자는 Y, 초록색 대립유전자는 y이며, R는 r에 대해 우성, Y는 y에 대해 우성이다.

어버이 RRYY 둥글고 노란색 / rryy 주름지고 초록색
생식세포 RY / ry
잡종 1대 RrYy 둥글고 노란색
자가 수분
잡종 1대 생식세포 RY, Ry, rY, ry / RY, Ry, rY, ry
잡종 2대 RRYY, RRYy, RRYy, RrYY, RRyy, RrYY, RrYy, RrYy, RrYy, RrYy, Rryy, rrYY, Rryy, rrYy, rrYy, rryy
=9 : 3 : 3 : 1

» 정리

- 순종의 둥글고 노란색인 완두(RRYY)와 순종의 주름지고 초록색인 완두(rryy)는 각각 유전자 구성이 RY와 ry인 생식세포를 만든다. 이들 생식세포의 수정으로 만들어진 잡종 1대의 완두는 유전자형이 모두 RrYy이며, 표현형은 둥글고 노란색이다.
- 잡종 1대(RrYy)에서 생식세포가 만들어질 때 완두 씨의 모양을 나타내는 대립유전자와 색깔을 나타내는 대립유전자는 각각 독립적으로 분리되므로, 유전자 구성이 RY, Ry, rY, ry인 생식세포가 1 : 1 : 1 : 1의 비율로 만들어진다.
- 완두 씨의 모양을 나타내는 대립유전자 쌍과 완두 씨의 색깔을 나타내는 대립유전자 쌍이 독립적으로 분리되어 유전되기 때문에 잡종 2대 완두의 표현형 분리비가 9 : 3 : 3 : 1이다.

❻ 잡종 2대에서 완두 씨 모양과 색깔의 표현형 분리비

형질	표현형 분리비
씨 모양	9, 3 ⌉ 12 : 3, 1 ⌉ 4=3 : 1
씨 색깔	9, 3 ⌉ 12 : 3, 1 ⌉ 4=3 : 1

잡종 2대에서 둥근 완두와 주름진 완두의 비율은 3 : 1이고, 노란색 완두와 초록색 완두의 비율도 3 : 1이다. ➡ 완두 씨의 모양과 색깔이 함께 유전될 때 각각 독립적으로 분리의 법칙이 적용된다.

❼ 완두 씨의 모양과 색깔을 나타내는 유전자의 위치

완두 씨의 모양을 나타내는 대립유전자(R)와 완두 씨의 색깔을 나타내는 대립유전자(Y)는 서로 다른 상동 염색체에 독립적으로 존재한다.

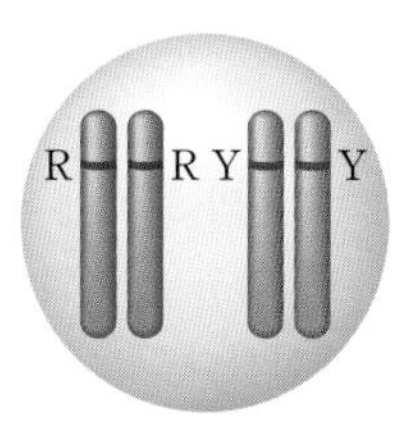

유전자형은 RRYY이다.

❽ 독립의 법칙 성립 조건

각각의 형질을 나타내는 대립유전자 쌍이 서로 다른 상동 염색체에 존재하는 경우에만 독립의 법칙이 성립한다.

❸ 독립의 법칙

08 다음은 멘델의 유전 원리 중 하나를 설명한 것이다. ( ) 안에 들어갈 알맞은 말을 쓰시오.

> 독립의 법칙은 두 가지 이상의 형질이 함께 유전될 때, 한 형질을 나타내는 대립유전자 쌍이 다른 형질을 나타내는 대립유전자 쌍에 의해 영향을 받지 않고 독립적으로 (　　　)되어 유전되는 현상이다.

09 그림은 순종의 완두를 교배하여 잡종 1대를 얻은 다음, 잡종 1대를 자가 수분하여 얻은 잡종 2대의 유전자형과 표현형을 나타낸 것이다. R는 둥근 모양 대립유전자, r는 주름진 모양 대립유전자, Y는 노란색 대립유전자, y는 초록색 대립유전자이다.

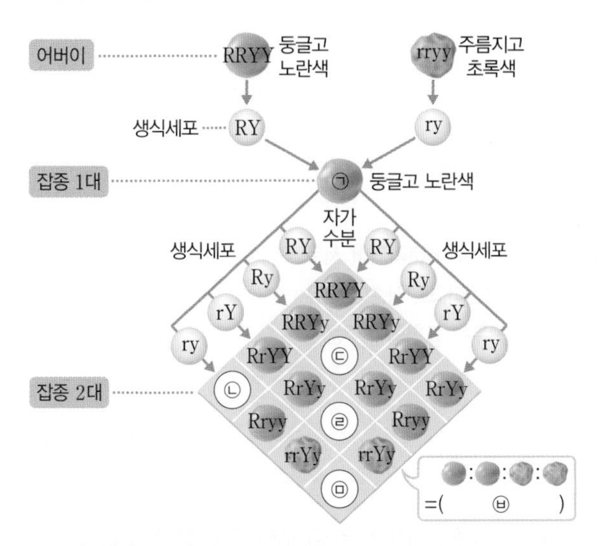

(1) ㉠의 유전자형을 쓰시오.

(2) ㉡에서 만들어질 수 있는 생식세포의 유전자 구성을 모두 쓰시오.

(3) ㉢~㉤의 유전자형과 표현형을 각각 쓰시오.

(4) ㉥에 해당하는 잡종 2대의 표현형 분리비를 쓰시오.

10 그림은 순종의 둥글고 노란색인 완두와 순종의 주름지고 초록색인 완두의 교배 실험 결과를 나타낸 것이다. 둥근 모양 대립유전자를 R, 주름진 모양 대립유전자를 r, 노란색 대립유전자를 Y, 초록색 대립유전자를 y로 나타내며, R는 r에 대해, Y는 y에 대해 각각 우성이다.

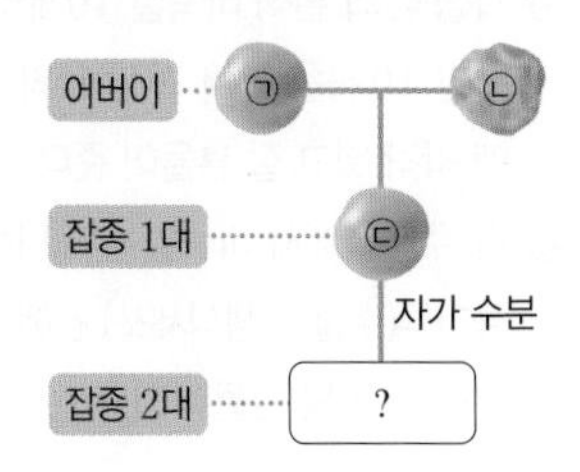

이에 대한 설명으로 옳은 것은 ○표, 옳지 않은 것은 ×표 하시오.

(1) ㉠와 ㉡에서 만들어질 수 있는 생식세포의 유전자 구성은 각각 1가지이다. (　　)

(2) ㉢의 유전자형은 RRYY이다. (　　)

(3) 잡종 2대의 완두에서 나타날 수 있는 표현형은 최대 4가지이다. (　　)

(4) 잡종 2대에서는 표현형이 노란색 완두와 초록색 완두가 3 : 1의 비율로 나타난다. (　　)

11 둥글고 노란색인 완두(RrYy)의 자가 수분 결과 자손에서 총 1600개의 완두를 얻었다면, 이 중 둥글고 초록색인 완두는 이론적으로 몇 개인지 쓰시오.

12 둥글고 노란색인 완두(RrYy)와 주름지고 초록색인 완두(rryy)의 교배 결과 나올 수 있는 자손의 유전자형을 모두 쓰시오.

한 쌍의 대립 형질 유전

개념 22쪽

★ 바른답 · 알찬풀이 8쪽

과정

❶ 두 사람이 짝을 지어 암술, 수술이라고 쓰인 이름표를 2개의 주머니에 각각 붙인다.
❷ 흰색 바둑알 20개에는 대립유전자 R 붙임딱지를, 검은색 바둑알 20개에는 대립유전자 r 붙임딱지를 각각 붙인다.
❸ 과정 ❷의 흰색 바둑알 10개와 검은색 바둑알 10개를 합쳐 과정 ❶의 주머니 2개에 각각 넣고 잘 흔들어 준다.
❹ 각 주머니에서 바둑알을 하나씩 꺼내 표시된 대립유전자를 표의 난세포(암술의 생식세포)와 꽃가루(수술의 생식세포) 칸에 기록한 후, 꺼낸 바둑알을 다시 주머니에 넣는다.
❺ 수정에 의해 만들어진 자손의 유전자형을 기록하고, 이 유전자형에 해당하는 표현형을 써 본다.
❻ 과정 ❹와 ❺를 20회 반복한다.
❼ 실험 결과를 종합하여 자손의 유전자형과 표현형 분리비를 각각 구한다.

- R는 둥근 모양을, r는 주름진 모양을 결정하는 대립유전자라고 가정하며, R는 r에 대해 우성이다.
- 과정 ❹에서 각 주머니에서 꺼낸 바둑알은 수정에 참여한 암수 생식세포의 대립유전자를 의미한다.

결과

- 난세포를 만든 완두와 꽃가루를 만든 완두의 유전자형과 표현형

구분	유전자형	표현형
난세포를 만든 완두	Rr	둥근 모양
꽃가루를 만든 완두	Rr	둥근 모양

자손의 유전자형과 표현형

유전자형	표현형
RR	둥근 모양
Rr	둥근 모양
rr	주름진 모양

- 잡종 완두(Rr)에서 만들어진 생식세포의 종류: 2종류(R를 가진 생식세포, r를 가진 생식세포)
- 자손의 유전자형 분리비는 RR : Rr : rr=1 : 2 : 1, 자손의 표현형 분리비는 둥근 완두 : 주름진 완두=3 : 1이다.

정리

- 난세포를 만든 완두와 꽃가루를 만든 완두의 유전자형은 ❶(   )이다.
- 생식세포 형성 과정에서 대립유전자 R와 r는 분리되어 서로 다른 생식세포로 나뉘어 들어가므로, 난세포와 꽃가루에서 R와 r의 비율은 각각 ❷(   )이다.
- 유전자형이 Rr인 잡종 완두의 생식세포 형성 과정에서 대립유전자 R와 r가 분리되어 서로 다른 생식세포로 나뉘어 들어가므로, 멘델의 ❸(   )의 법칙이 적용된다. 또, 자손에서 유전자형이 RR와 Rr인 완두는 표현형이 둥근 모양, 유전자형이 rr인 완두는 표현형이 주름진 모양으로 나타나므로 멘델의 ❹(   )의 원리가 적용된다.

답 ❶ Rr ❷ 1 : 1 ❸ 분리 ❹ 우열

01 위 실험에 대한 설명으로 옳은 것은 ○표, 옳지 않은 것은 ×표 하시오.

(1) 한 쌍의 대립 형질의 유전에 대한 실험이다. (   )
(2) 실험 결과를 통해 멘델의 독립의 법칙을 확인할 수 있다. (   )
(3) 과정 ❸과 ❹는 유전자형이 RR인 완두와 rr인 완두를 교배한 경우를 가정한 것이다. (   )

02 유전자형이 Rr인 완두에서 만들어질 수 있는 꽃가루의 유전자 구성을 모두 쓰시오.

03 다음은 위 실험 과정 ❹에 대한 설명이다. (   ) 안에 들어갈 알맞은 말을 쓰시오.

> 과정 ❹에서 각 주머니에서 하나씩 꺼낸 바둑알을 짝을 짓는 것은 생식세포가 (   )되는 것을 의미한다.

대표 문제로 실력 확인하기

★ 바른답·알찬풀이 8쪽

중요
01 유전 용어에 대한 설명으로 옳은 것은?

① 유전은 부모의 형질을 자손에게 물려주는 현상이다.
② 부모의 유전자는 체세포를 통해 자손에게 전달된다.
③ 완두 씨의 둥근 모양과 완두 씨의 초록색은 대립 형질이다.
④ 여러 세대를 자가 수분하여도 계속 같은 형질의 자손만 나타나면 이 자손은 잡종이다.
⑤ 대립 형질이 다른 두 순종 개체를 교배하여 얻은 잡종 1대에서 표현되는 형질은 열성이다.

02 완두가 유전 연구 재료로 적합한 까닭으로 옳지 않은 것은?

① 한 세대가 짧다.
② 자손의 수가 많다.
③ 대립 형질이 뚜렷하지 않다.
④ 구하기 쉽고, 재배하기 쉽다.
⑤ 자가 수분과 타가 수분을 자유롭게 할 수 있다.

03 표는 완두의 3가지 대립 형질을 나타낸 것이다.

형질	씨 모양	씨 색깔	꽃잎 색깔
우성	둥글다	노란색	보라색
열성	주름지다	초록색	흰색

이에 대한 설명으로 옳지 않은 것은?

① 잡종인 완두의 꽃잎 색깔은 보라색이다.
② 씨 모양이 주름진 완두는 모두 순종이다.
③ 씨 색깔이 노란색인 완두는 모두 순종이다.
④ 씨 색깔이 노란색인 완두 중에 잡종이 있을 수 있다.
⑤ 씨 색깔이 초록색인 완두는 모두 노란색 대립유전자를 갖지 않는다.

04 다음은 멘델이 실시한 완두의 교배 실험을 나타낸 것이다.

> (가) 순종의 ㉠둥근 완두를 심어 키운다.
> (나) 둥근 완두의 암술머리에 주름진 완두의 꽃가루를 묻힌다.
> (다) 꽃이 진 후 꼬투리에서 ㉡둥근 완두만 얻는다.

이에 대한 설명으로 옳은 것을 〈보기〉에서 모두 고른 것은?

> 보기
> ㄱ. ㉠과 ㉡의 씨 모양에 대한 유전자형은 같다.
> ㄴ. (나)는 자가 수분 과정이다.
> ㄷ. 둥근 완두는 우성, 주름진 완두는 열성이다.

① ㄱ ② ㄷ ③ ㄱ, ㄴ
④ ㄴ, ㄷ ⑤ ㄱ, ㄴ, ㄷ

[05~06] 오른쪽 그림과 같이 순종의 둥근 완두와 순종의 주름진 완두를 교배하여 잡종 1대를 얻고, 잡종 1대를 자가 수분하여 잡종 2대를 얻었다. 둥근 모양 대립유전자는 R, 주름진 모양 대립유전자는 r이다. 물음에 답하시오.

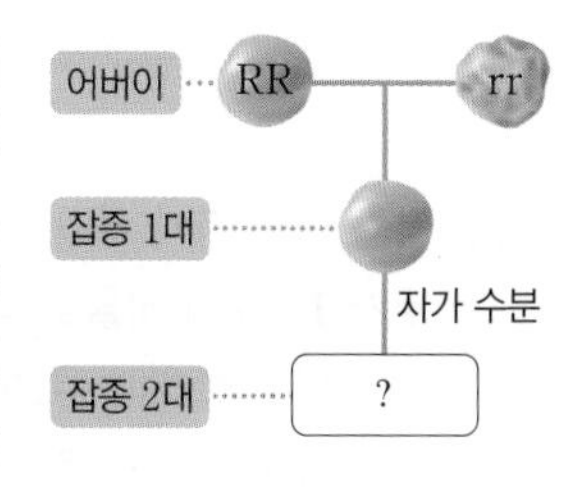

중요
05 이에 대한 설명으로 옳지 않은 것은?

① 잡종 1대의 유전자형은 Rr이다.
② 둥근 완두가 주름진 완두에 대해 우성이다.
③ 잡종 2대에서 순종과 잡종은 1 : 1의 비율로 나타난다.
④ 잡종 2대에서는 유전자형이 RR와 rr인 완두만 나타난다.
⑤ 잡종 2대에서 표현형의 분리비는 둥근 완두 : 주름진 완두=3 : 1이다.

06 잡종 2대에서 800개의 완두를 얻었다면, 이 중 잡종 1대와 유전자형이 같은 완두는 이론상 몇 개인지 쓰시오.

신경향

07 그림 (가)와 (나)는 완두의 교배 실험 결과를 나타낸 것이다.

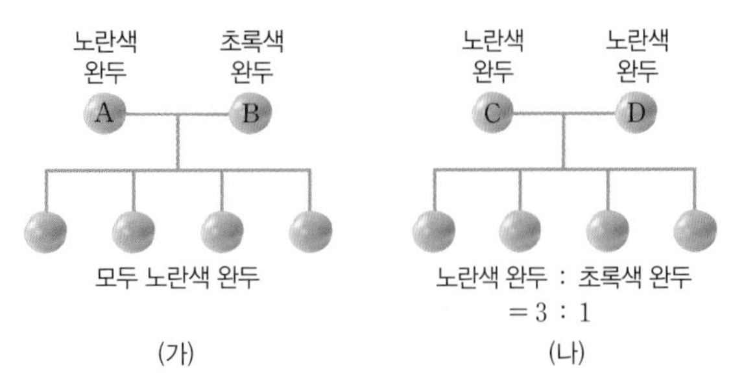

이에 대한 설명으로 옳은 것을 〈보기〉에서 모두 고른 것은?

보기
ㄱ. A와 D의 유전자형은 같다.
ㄴ. (가)를 통해 노란색 완두가 초록색 완두에 대해 우성임을 알 수 있다.
ㄷ. B와 C는 모두 순종이다.

① ㄱ ② ㄴ ③ ㄱ, ㄷ
④ ㄴ, ㄷ ⑤ ㄱ, ㄴ, ㄷ

08 다음 여러 가지 교배 중 자손에서 키 큰 완두와 키 작은 완두가 1 : 1의 비율로 나타나는 것은?(단, 키 큰 완두는 키 작은 완두에 대해 우성이며, 키 큰 대립유전자는 T, 키 작은 대립유전자는 t로 나타낸다.)

① TT×Tt ② TT×tt ③ Tt×Tt
④ Tt×tt ⑤ tt×tt

중요

09 순종의 둥글고 노란색인 완두(RRYY)와 순종의 주름지고 초록색인 완두(rryy)를 교배하여 얻은 잡종 1대의 대립유전자를 염색체에 옳게 나타낸 것은?

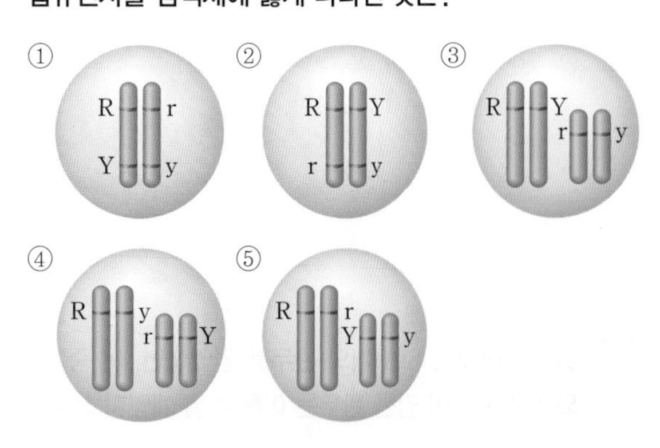

[10~12] 그림과 같이 순종의 둥글고 노란색인 완두(RRYY)와 순종의 주름지고 초록색인 완두(rryy)를 교배하여 잡종 1대를 얻고, 잡종 1대를 자가 수분하여 잡종 2대를 얻었다. 물음에 답하시오.

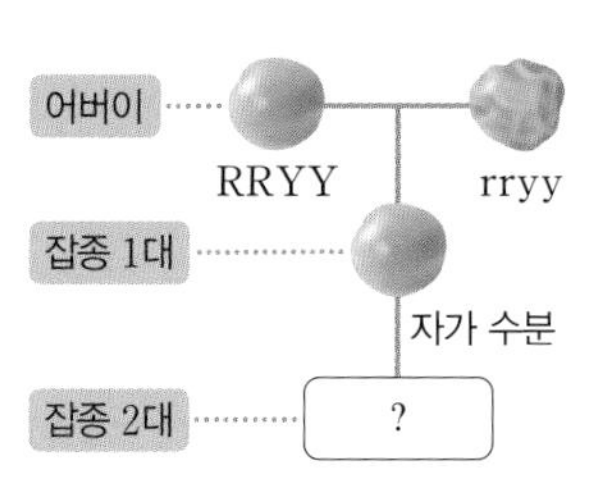

중요

10 이에 대한 설명으로 옳은 것은?

① 잡종 1대에서 우성 형질만 나타난다.
② 잡종 2대에서 둥근 완두가 나타날 확률은 50 %이다.
③ 대립유전자 R와 y는 상동 염색체의 같은 위치에 존재한다.
④ 잡종 2대에서는 표현형이 초록색 완두와 노란색 완두가 3 : 1의 비율로 나타난다.
⑤ 잡종 2대에서 둥글고 노란색인 완두, 둥글고 초록색인 완두, 주름지고 노란색인 완두, 주름지고 초록색인 완두가 1 : 1 : 1 : 1의 비율로 나타난다.

11 잡종 1대에서 만들어지는 생식세포의 종류와 비율로 옳은 것은?

① Rr : rr : Yy : yy=1 : 1 : 1 : 1
② RR : Rr : YY : Yy=1 : 1 : 1 : 1
③ RY : Ry : rY : ry=1 : 1 : 1 : 1
④ RY : Ry : rY : ry=9 : 3 : 3 : 1
⑤ RRYY : RrYy : rrYY : rrYy=9 : 3 : 3 : 1

12 잡종 2대의 완두에서 잡종 1대와 유전자형이 같은 완두의 비율로 옳은 것은?

① $\frac{1}{2}$ ② $\frac{1}{3}$ ③ $\frac{1}{4}$
④ $\frac{1}{9}$ ⑤ $\frac{1}{16}$

고난도·서술형 문제

서술형

13 오른쪽 그림은 둥근 완두(A)와 주름진 완두(B)를 교배한 결과를 나타낸 것이다. A~D 중 잡종을 모두 쓰고, 그렇게 판단한 까닭을 설명하시오.(단, 둥근 완두가 주름진 완두에 대해 우성이며, C와 D의 표현형 분리비는 1 : 1이다.)

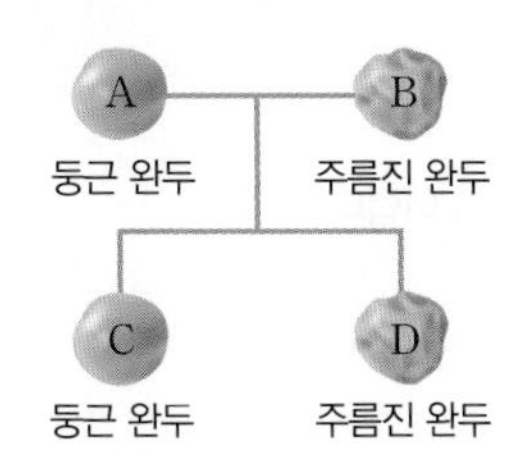

14 다음은 완두의 꼬투리 색깔 유전에 대한 내용이다.

- 순종의 초록색 꼬투리 완두와 순종의 노란색 꼬투리 완두를 교배한 결과 자손에서 초록색 꼬투리 완두만 나타났다.
- 꼬투리 색깔의 대립 형질에서 우성 대립유전자는 A, 열성 대립유전자는 a로 표시한다.

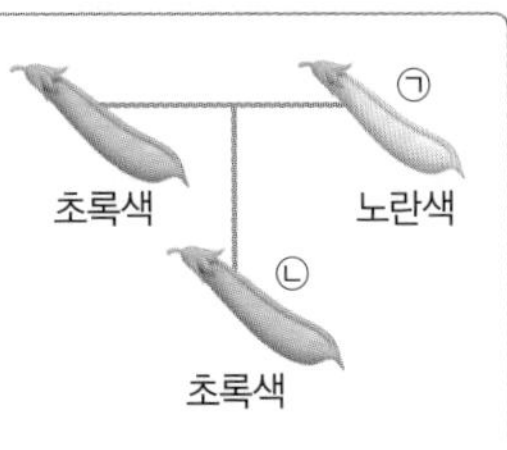

이에 대한 설명으로 옳지 않은 것은?

① 초록색 꼬투리가 우성 형질이다.
② 초록색 꼬투리 완두인 ㉡의 유전자형은 Aa이다.
③ 노란색 꼬투리 완두에서 유전자 구성이 A와 a인 생식세포가 만들어진다.
④ ㉡을 자가 수분하면 자손에서 초록색 꼬투리 완두와 노란색 꼬투리 완두가 3 : 1의 비율로 나타난다.
⑤ ㉠과 ㉡을 교배하면 자손에서 초록색 꼬투리 완두와 노란색 꼬투리 완두가 1 : 1의 비율로 나타난다.

서술형

15 오른쪽 그림 (가)와 (나)는 두 생물의 체세포에 있는 대립유전자를 염색체에 나타낸 것이다. (가)와 (나) 중 두 대립유전자 쌍이 독립의 법칙에 따라 유전되는 것의 기호를 쓰고, 독립의 법칙이 성립되기 위한 조건을 설명하시오.

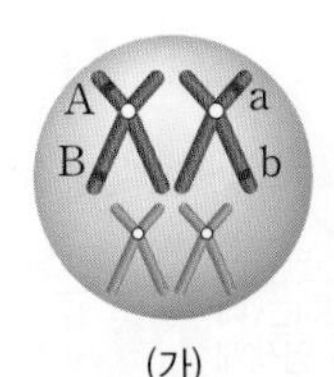

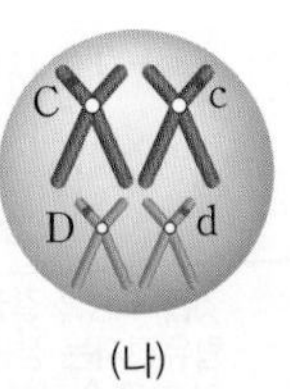

서술형

16 그림은 둥글고 노란색인 완두(A)와 주름지고 초록색인 완두(B)를 교배한 결과를 나타낸 것이다. 둥근 모양 대립유전자는 R, 주름진 모양 대립유전자는 r, 노란색 대립유전자는 Y, 초록색 대립유전자는 y이며, R와 Y는 r와 y에 대해 각각 우성이다.

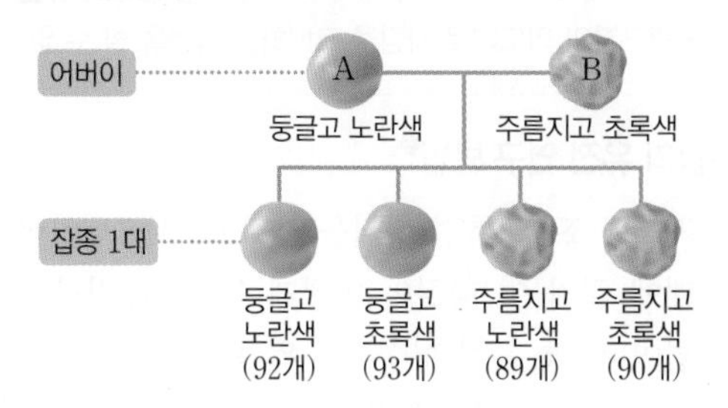

(1) A와 B의 유전자형을 각각 쓰시오.

(2) 잡종 1대의 주름지고 노란색인 완두는 어버이 A와 B로부터 각각 어떤 유전자 구성의 생식세포를 물려받았는지 설명하시오.

통합형

17 그림과 같이 순종의 완두끼리 교배하여 얻은 잡종 1대의 완두(㉠)를 유전자형이 RrYY인 완두와 교배하였다.

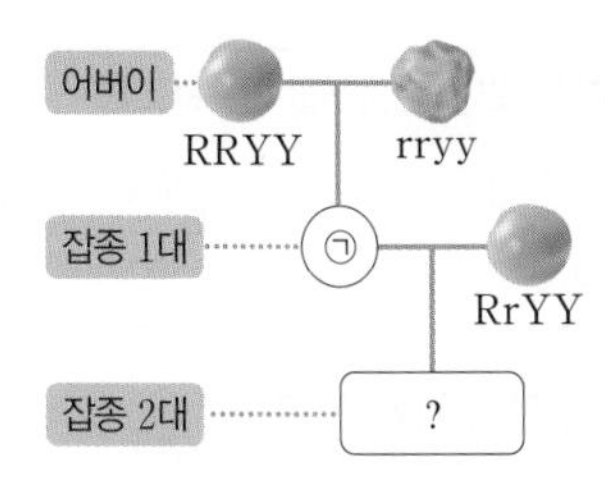

이에 대한 설명으로 옳은 것을 〈보기〉에서 모두 고르시오.(단, 유전자 R와 Y는 서로 다른 염색체에 존재한다.)

보기

ㄱ. ㉠은 유전자형이 RRYY인 완두와 표현형이 같다.
ㄴ. ㉠은 유전자 구성이 서로 다른 2가지 생식세포만 만든다.
ㄷ. 잡종 2대에서 ㉠과 유전자형이 같은 완두가 나타날 확률은 25 %이다.

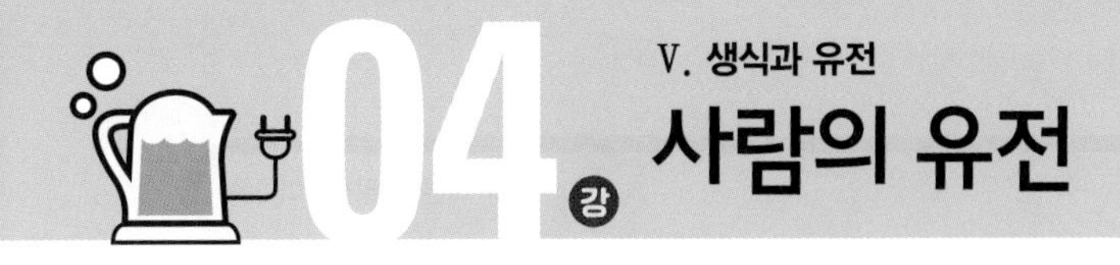

사람의 유전

❶ 사람의 유전 연구

1 사람의 유전 연구가 어려운 까닭

- 한 번에 낳는 자손의 수가 적다.
- 한 세대가 길어서 여러 세대에 걸쳐 특정 형질이 유전되는 방식을 관찰하기 어렵다.
- 연구자의 의도대로 사람을 교배하는 실험을 할 수 없다.

2 사람의 유전 연구 방법[1]

① 가계도 조사: 특정 형질을 가지고 있는 집안에서 여러 세대에 걸쳐 이 형질이 어떻게 유전되는지를 알아보는 방법이다. ➡ 특정 형질의 우열 관계, 여러 세대에 걸친 유전자의 전달 경로 등을 알 수 있다.

남자 / 특정 형질 남자 / 여자 / 특정 형질 여자 / 결혼 / 부모 / 자손

▲ 가계도의 작성 기호와 가계도

② 쌍둥이 조사: 1란성 쌍둥이와 2란성 쌍둥이를 대상으로 성장 환경과 특정 형질의 발현이 어느 정도 일치하는지를 조사하는 방법이다. ➡ 특정 형질의 차이가 유전에 의한 것인지 환경에 의한 것인지를 알 수 있다.[2]

③ 최신 연구 방법: DNA에 담긴 정보를 분석하여 특정 형질이 자손에게 유전되었는지를 확인할 수 있으며, 염색체 수와 모양, 크기 등을 분석하여 염색체 이상에 의한 유전병을 진단할 수 있다.

❷ 상염색체 유전(1) 돋보기 34쪽

1 상염색체 유전

상염색체에 존재하는 한 쌍의 대립유전자에 의해 결정되는 유전 형질이다.

① 분리의 법칙에 따라 유전되며, 남녀에 따라 형질이 나타나는 빈도에 차이가 없다.

② 대립 형질이 비교적 뚜렷하며, 대립유전자의 구성에 따라 우성과 열성으로 구분할 수 있다.

③ 사람의 유전 형질[3][4]

구분	이마선 모양	눈꺼풀	보조개	귓불 모양	혀 말기	PTC 미맹	엄지손가락의 젖혀짐.
우성	M자형	쌍꺼풀	있음.	분리형	가능	정상	젖혀짐.
열성	일자형	외까풀	없음.	부착형	불가능	미맹	젖혀지지 않음.

2 귓불 모양 유전의 가계도 분석

귓불 모양은 분리형 귓불 대립유전자(T)와 부착형 귓불 대립유전자(t)에 의해 결정된다.

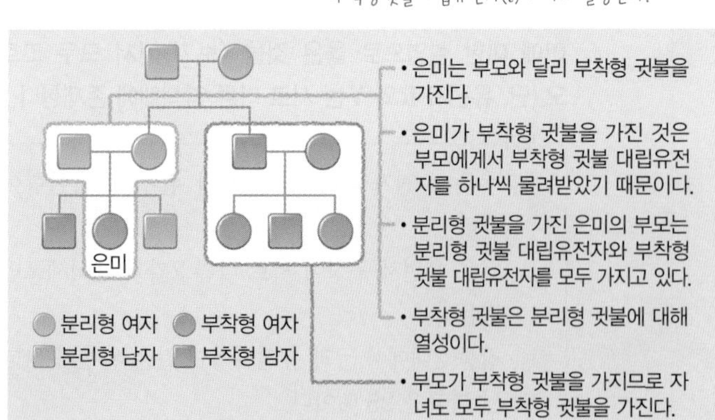

- 은미는 부모와 달리 부착형 귓불을 가진다.
- 은미가 부착형 귓불을 가진 것은 부모에게서 부착형 귓불 대립유전자를 하나씩 물려받았기 때문이다.
- 분리형 귓불을 가진 은미의 부모는 분리형 귓불 대립유전자와 부착형 귓불 대립유전자를 모두 가지고 있다.
- 부착형 귓불은 분리형 귓불에 대해 열성이다.
- 부모가 부착형 귓불을 가지므로 자녀도 모두 부착형 귓불을 가진다.

은미 부모의 염색체에서 귓불 모양 대립유전자의 위치

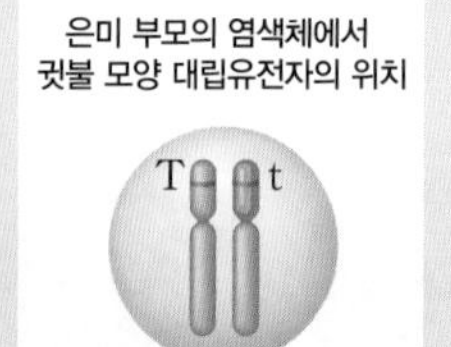

귓불 모양을 결정하는 대립유전자는 상동 염색체의 같은 위치에 있다.

올리드 PLUS 개념

❶ 집단 조사

한 집단에서 나타나는 유전 형질을 조사하고 자료를 통계 처리하여 유전 형질의 특징 등을 알아내는 방법이다.

❷ 1란성 쌍둥이와 2란성 쌍둥이

- 1란성 쌍둥이: 1개의 수정란이 발생 초기에 둘로 나뉜 후 각각 발생한 것으로, 두 사람의 유전 정보가 서로 같아 성별이 같다. 형질의 차이는 환경의 영향으로 나타난다.

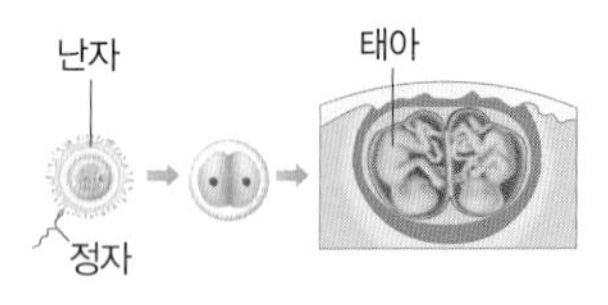

- 2란성 쌍둥이: 각기 다른 2개의 수정란이 동시에 발생한 것으로, 두 사람의 유전 정보가 서로 달라 성별이 다를 수 있다. 형질의 차이는 환경과 유전의 영향으로 나타난다.

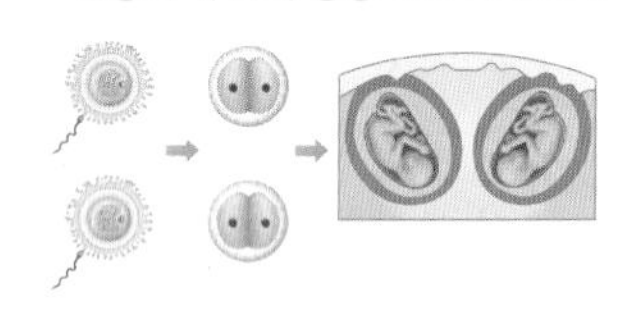

❸ 이마선 모양, 귓불 모양

이마선 모양	M자형	일자형
귓불 모양	분리형	부착형

❹ PTC 미맹

PTC 미맹은 PTC 용액의 쓴맛을 느끼지 못하는 형질로, 다른 맛을 느끼는 데는 문제가 없다. 대립 형질이 명확하게 구분되며, 멘델의 유전 원리에 따라 유전된다.

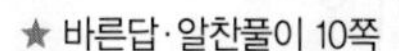

★ 바른답·알찬풀이 10쪽

❶ 사람의 유전 연구

01 사람의 유전 연구가 어려운 까닭으로 옳은 것을 〈보기〉에서 모두 고르시오.

보기
ㄱ. 대립 형질이 뚜렷하다.
ㄴ. 한 세대가 길고, 자손의 수가 적다.
ㄷ. 자유롭게 교배하는 실험을 할 수 없다.
ㄹ. 어떤 유전 형질은 환경의 영향을 받지 않는다.

02 다음은 사람의 유전 연구 방법 중 하나에 대한 설명이다. (　　) 안에 들어갈 알맞은 말을 쓰시오.

특정 형질을 가지고 있는 어떤 집안에서 여러 세대에 걸쳐 이 형질이 어떻게 유전되는지를 알아보는 방법을 (　　　)(이)라고 한다.

03 사람의 유전 연구 방법에 대한 설명으로 옳은 것은 ○표, 옳지 않은 것은 ×표 하시오.

(1) 쌍둥이 조사를 통해 특정 형질의 차이가 유전에 의한 것인지 환경에 의한 것인지를 알 수 있다. (　　)

(2) 특정 형질을 가지고 있는 어떤 집안의 가계도를 분석하면 이 형질의 우열 관계를 파악할 수 있다. (　　)

(3) 사람의 염색체와 유전자를 연구하는 방법은 사람의 유전 현상을 파악하는 데 도움이 되지 않는다. (　　)

04 다음은 쌍둥이의 발생 과정에 대한 설명이다. (　　) 안에 들어갈 알맞은 말을 고르시오.

㉠(1란성, 2란성) 쌍둥이는 각기 다른 2개의 수정란이 동시에 발생한 것으로, 두 사람의 유전 정보가 서로 ㉡(같다, 다르다).

❷ 상염색체 유전(1)

05 다음은 상염색체 유전에 대한 설명이다. (　　) 안에 들어갈 알맞은 말을 쓰시오.

형질을 결정하는 대립유전자가 (㉠)염색체에 존재하므로 남녀에 따라 형질이 나타나는 빈도에 차이가 (㉡).

06 귓불 모양 유전에 대한 설명으로 옳은 것은 ○표, 옳지 않은 것은 ×표 하시오.

(1) 멘델의 분리의 법칙에 따라 유전된다. (　　)

(2) 귓불 모양을 결정하는 대립유전자는 성염색체에 존재한다. (　　)

(3) 부착형 귓불을 가진 부모 사이에서 분리형 귓불을 가진 자녀가 태어날 수 있다. (　　)

(4) 분리형 귓불을 가진 부모 사이에서 부착형 귓불을 가진 자녀가 태어날 수 있으므로 분리형 귓불은 부착형 귓불에 대해 우성이다. (　　)

07 그림은 어느 집안의 혀 말기 유전 가계도를 나타낸 것이다.

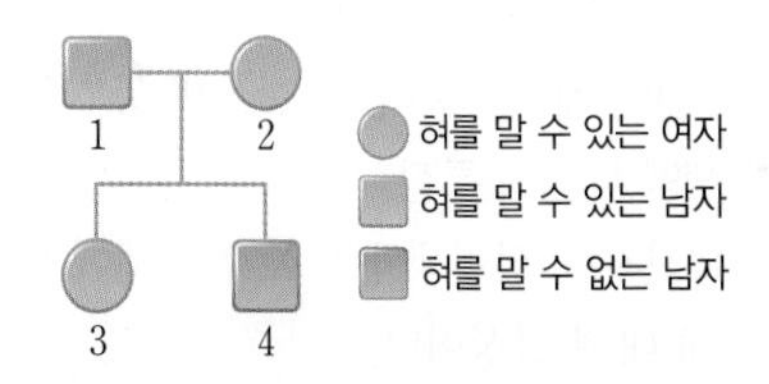

(1) 혀를 말 수 있는 형질과 혀를 말 수 없는 형질이 우성인지 열성인지 각각 쓰시오.

(2) 우성 대립유전자를 A, 열성 대립유전자를 a라고 할 때, 1과 4의 유전자형을 각각 쓰시오.

04강 사람의 유전

올리드 PLUS 개념

❷ 상염색체 유전(2)

3 ABO식 혈액형 유전❻

① ABO식 혈액형은 상염색체에 존재하는 한 쌍의 대립유전자에 의해 결정된다.

② ABO식 혈액형을 결정하는 대립유전자의 종류는 3가지(A, B, O)이며, 한 사람의 혈액형은 A, B, O 중 2개의 대립유전자에 의해 결정된다.

③ 대립유전자 O는 대립유전자 A와 B에 대해 열성이며, 대립유전자 A와 B는 우열 관계가 없다. → A=B>O

표현형	A형	B형	AB형	O형
유전자형	AA, AO	BB, BO	AB	OO

ABO식 혈액형 유전의 가계도 분석

그림은 어느 집안의 ABO식 혈액형 유전 가계도를 나타낸 것이다.

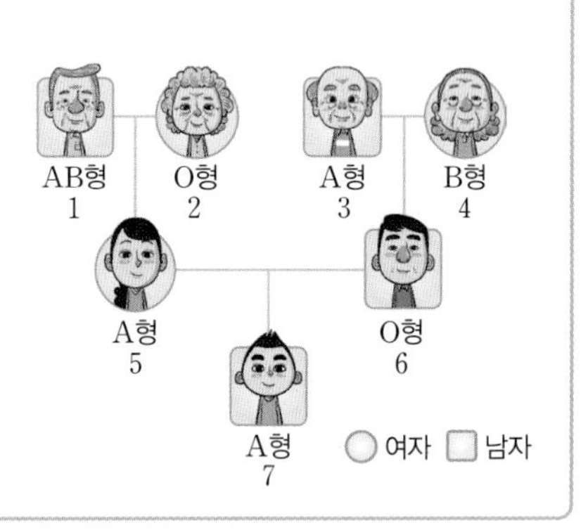

» 정리

- 5는 혈액형이 A형이므로 1로부터 대립유전자 A를, 2로부터 대립유전자 O를 물려받았다.
- 6의 혈액형이 O형이므로 3과 4로부터 대립유전자 O를 하나씩 물려받았다.
- 3의 혈액형 유전자형은 AO, 4의 혈액형 유전자형은 BO이다.
- 5(AO)와 6(OO)의 생식세포가 수정하여 태어날 수 있는 자녀의 유전자형은 AO, OO이므로 7의 동생이 가질 수 있는 혈액형은 A형 또는 O형이다.

❸ 성염색체 유전 돋보기 35쪽

1 사람의 성 결정 방식❻ 사람의 성별은 한 쌍의 성염색체에 의해 결정된다. ➡ 아들은 어머니로부터 X 염색체를, 아버지로부터 Y 염색체를 물려받아 성염색체 구성이 XY이고, 딸은 어머니와 아버지로부터 X 염색체를 하나씩 물려받아 성염색체 구성이 XX이다.

2 반성유전 유전자가 성염색체에 있어 유전 형질이 나타나는 빈도가 남녀에 따라 차이가 나는 유전 현상이다.

① 반성유전의 예: 적록 색맹, 혈우병 등❼❽

② 적록 색맹 유전의 특징

- 색맹 유전자는 성염색체인 X 염색체에 있으며, 색맹 대립유전자(X′)는 정상 대립유전자(X)에 대해 열성이다.
- 남자(XY)는 색맹 대립유전자가 1개만 있어도 색맹이지만, 여자(XX)는 2개의 X 염색체에 색맹 대립유전자가 모두 있어야 색맹이다. 적록 색맹은 남녀 모두에게 나타나지만 여자보다 남자에서 더 많이 나타난다.

구분	남자		여자	
표현형	정상	색맹	정상	색맹
유전자형	XY	X′Y	XX, XX′(보인자)	X′X′

하나의 X 염색체에만 색맹 대립유전자가 있는 여자의 경우 정상인과 같이 색을 구별할 수 있어 보인자라고 한다.

❺ Rh식 혈액형

수혈할 때 반드시 고려해야 하는 혈액형에는 ABO식 혈액형 이외에도 Rh식 혈액형이 있다. Rh식 혈액형은 Rh^+형과 Rh^-형으로 구분하는데, Rh^+ 대립유전자가 Rh^- 대립유전자에 대해 우성이다.

❻ 사람의 성 결정 방식

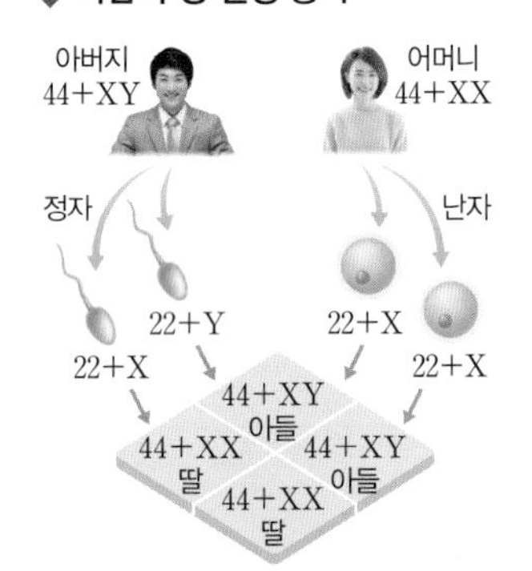

- 생식세포 형성 과정에서 한 쌍의 성염색체는 분리되어 서로 다른 생식세포로 들어간다. ➡ 난자는 X 염색체만 가지고, 정자는 X 염색체를 가지거나 Y 염색체를 가진다.
- 난자(22+X)가 X 염색체를 가진 정자(22+X)와 수정되면 딸(44+XX)이 되고, Y 염색체를 가진 정자(22+Y)와 수정되면 아들(44+XY)이 된다.

❼ 적록 색맹

적록 색맹은 망막의 시각 세포에 이상이 생겨 붉은색과 초록색을 잘 구별하지 못하는 유전 형질이다.

❽ 혈우병

혈액이 응고되지 않아 상처가 나면 출혈이 잘 멈추지 않는 병이다. 혈우병 유전자는 X 염색체에 있으며, 혈우병 대립유전자(X′)가 정상 대립유전자(X)에 대해 열성이다.

❷ 상염색체 유전(2)

08 ABO식 혈액형 유전에 대한 설명이다. ( ) 안에 들어갈 알맞은 말을 고르시오.

(1) 표현형은 ㉠(2, 4)종류이며, 유전자형은 ㉡(3, 6) 종류이다.
(2) 대립유전자 O는 대립유전자 A와 B에 대해 (우성, 열성)이다.
(3) ABO식 혈액형은 (한 쌍, 두 쌍)의 대립유전자에 의해 결정된다.
(4) ABO식 혈액형을 결정하는 대립유전자의 종류는 (2, 3)가지이다.
(5) ABO식 혈액형을 결정하는 대립유전자는 (상, 성) 염색체에 존재한다.

09 오른쪽 그림은 어떤 사람이 가진 ABO식 혈액형의 대립유전자를 염색체에 나타낸 것이다. 이 사람의 ABO식 혈액형 표현형을 쓰시오.

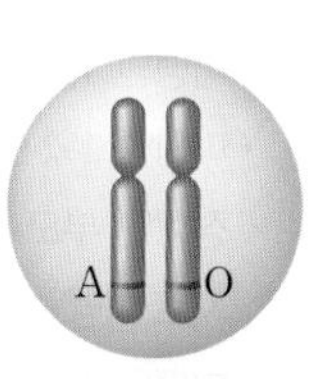

❸ 성염색체 유전

10 다음은 사람의 성 결정 방식에 대한 설명이다. ( ) 안에 들어갈 알맞은 말을 고르시오.

- 사람의 성별은 한 쌍의 ㉠(상, 성)염색체에 의해 결정된다.
- 아들은 어머니로부터 ㉡(X, Y) 염색체를, 아버지로부터 ㉢(X, Y) 염색체를 물려받는다.
- 딸은 어머니와 아버지로부터 ㉣(X, Y) 염색체를 하나씩 물려받는다.

11 다음은 사람의 유전 현상에 대한 설명이다. ( ) 안에 들어갈 알맞은 말을 쓰시오.

유전자가 성염색체에 있어 유전 형질이 나타나는 빈도가 남녀에 따라 차이가 나는 유전 현상을 (   )(이)라고 한다.

12 다음 설명에 해당하는 형질을 〈보기〉에서 모두 고르시오.

보기
ㄱ. 혈우병　ㄴ. 혀 말기　ㄷ. 귓불 모양
ㄹ. 적록 색맹　ㅁ. PTC 미맹

(1) 유전자가 X 염색체에 존재한다. (   )
(2) 여자보다 남자에서 더 많이 나타난다. (   )
(3) 한 쌍의 대립유전자에 의해 표현형이 결정된다. (   )
(4) 대립유전자의 구성에 따라 대립 형질이 명확하게 구분된다. (   )

13 색맹 유전에 대한 설명으로 옳은 것은 ○표, 옳지 않은 것은 ×표 하시오.

(1) 색맹은 정상에 대해 열성 형질이다. (   )
(2) 어머니가 색맹이면 딸은 반드시 색맹이다. (   )
(3) 색맹 대립유전자는 성염색체인 Y 염색체에 있다. (   )
(4) 남자는 색맹 대립유전자가 1개만 있어도 색맹이지만, 여자는 색맹 대립유전자가 2개 있어야 색맹이다. (   )

14 그림은 어느 집안의 색맹 유전 가계도를 나타낸 것이다. 정상 대립유전자는 X, 색맹 대립유전자는 X′로 표시한다.

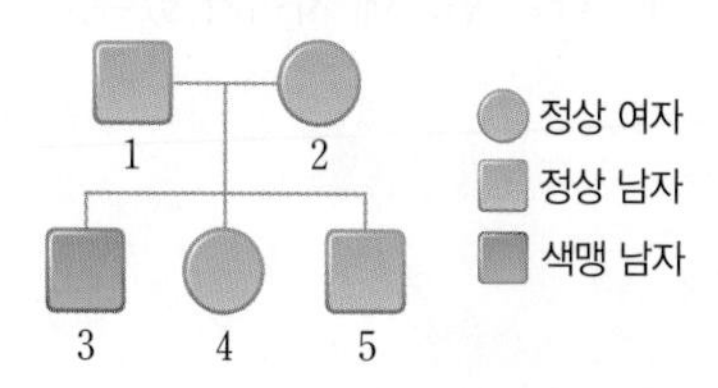

색맹 유전자형이 XX′가 확실한 사람의 번호를 모두 쓰시오.

상염색체 유전의 가계도 분석

개념 30쪽 ★ 바른답 · 알찬풀이 11쪽

사람의 상염색체 유전 형질의 유전 방식을 가계도를 분석하여 파악하고, 이 가계도 분석 방법을 활용하여 어느 집안의 PTC 미맹 유전 가계도를 분석하자.

자료 1 가계도 분석 방법

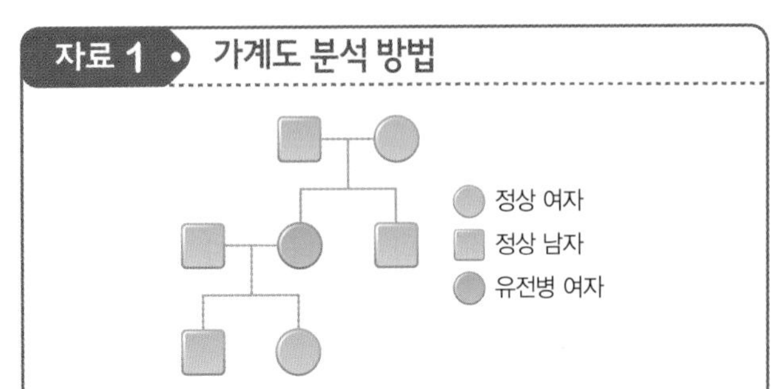

❶ **우열 관계 파악하기:** 부모에게 없던 특정 형질이 자녀에게 나타나면 부모의 형질은 우성, 자녀의 형질은 열성이다. ➡ 이 가계도에서 정상이 우성, 유전병이 열성이다.

❷ **유전자가 상염색체와 성염색체 중 어디에 있는지 파악하기:** 우성인 아버지로부터 열성인 딸이 태어나거나, 열성인 어머니로부터 우성인 아들이 태어나면 상염색체에 의한 유전 형질이다. ➡ 이 유전병 대립유전자는 상염색체에 있다.

❸ **가족 구성원의 유전자형 파악하기**

- 열성 형질을 가진 사람은 열성 순종이다.
- 열성 형질을 가진 자녀는 부모로부터 열성 대립유전자를 1개씩 물려받았으므로 열성 형질의 자녀를 둔 우성인 부모는 잡종이다. ➡ 정상 대립유전자를 A, 유전병 대립유전자를 a라고 할 때, 유전병을 가진 사람의 유전자형은 aa이고, 유전병인 자녀를 둔 정상인 부모의 유전자형은 Aa이다.

자료 2 PTC 미맹 유전의 가계도 분석

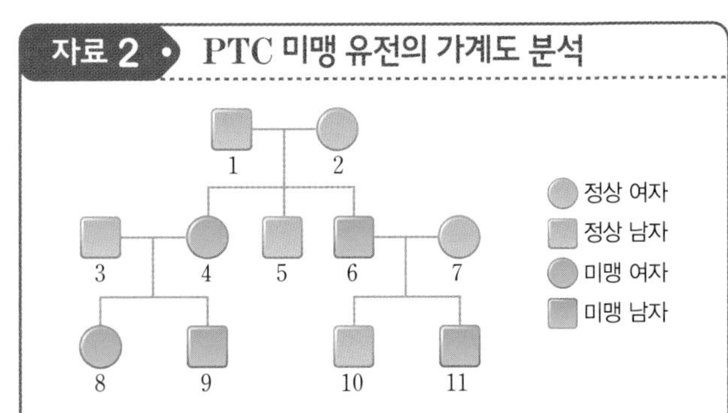

❶ 정상인 1과 2 사이에서 미맹인 자녀(4, 6)가 태어났으므로 미맹은 정상에 대해 ❶(　　　)이다.

❷ 정상(우성)인 아버지(3)로부터 미맹(열성)인 딸(8)이 태어났으므로 미맹 대립유전자는 상염색체에 있다.

❸ 정상 대립유전자를 T, 미맹 대립유전자를 t라고 할 때, 가족 구성원의 유전자형은 다음과 같다.

- 미맹인 4, 6, 8, 9, 11의 유전자형은 모두 ❷(　　　)이다.
- 미맹인 4와 6은 부모로부터 미맹 대립유전자(t)를 물려받았으므로 정상인 부모 1과 2의 유전자형은 모두 ❸(　　　)이다. 마찬가지로 미맹인 자녀를 둔 3, 7의 유전자형도 모두 ❹(　　　)이다.
- 미맹인 6은 자녀에게 미맹 대립유전자(t)를 물려주므로 정상인 10의 유전자형은 ❺(　　　)이다.
- 정상인 5는 유전자형이 TT인지 Tt인지 확실히 알 수 없다.

답 ❶ 열성 ❷ tt ❸ Tt ❹ Tt ❺ Tt

---

01 PTC 미맹 유전에 대한 설명으로 옳은 것은 ○표, 옳지 않은 것은 ×표 하시오.

(1) 미맹 유전은 우열의 원리와 분리의 법칙을 따른다. (　　)

(2) 미맹 형질은 대립 형질이 명확하게 구분되지 않는다. (　　)

(3) 미맹은 PTC 용액에 대해 쓴맛을 느끼지 못하는 형질이다. (　　)

(4) 미맹 유전자가 성염색체에 있기 때문에 남녀에 따라 나타나는 빈도에 차이가 있다. (　　)

[02~03] 그림은 어느 집안의 PTC 미맹 유전 가계도를 나타낸 것이다. 우성 대립유전자는 T, 열성 대립유전자는 t로 표시한다. 물음에 답하시오.

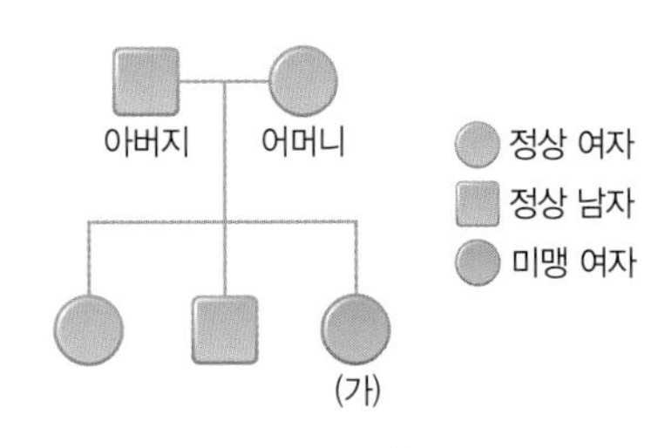

02 아버지의 유전자형을 쓰시오.

03 오른쪽 그림은 미맹 유전자가 위치한 (가)의 염색체를 나타낸 것이다. ㉠과 ㉡에 해당하는 유전자를 각각 쓰시오.

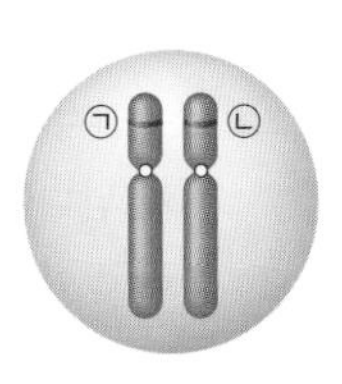

성염색체 유전의 가계도 분석

개념 32쪽

★ 바른답 · 알찬풀이 11쪽

성염색체 유전의 특성을 파악하고, 색맹 유전 가계도를 분석하여 색맹 유전자가 자손에게 전달되는 경로를 알아보자.

자료 1 · 성염색체인 X 염색체 유전의 특성

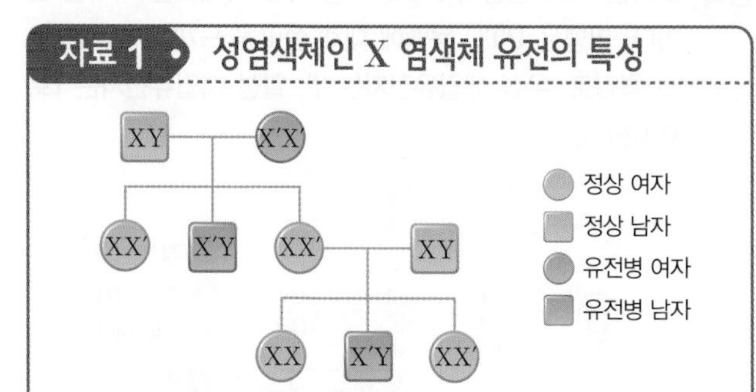

❶ **유전자가 성염색체인 X 염색체와 Y 염색체 중 어디에 있는지 파악하기:** 성염색체 유전에서 특정 형질을 나타내는 여자가 1명이라도 있으면 그 형질을 결정하는 대립유전자는 Y 염색체에 존재하지 않고 X 염색체에 존재한다.

❷ **우열 관계 파악하기:** 부모에게 없던 특정 형질이 자녀에게 나타나면 부모의 형질은 우성, 자녀의 형질은 열성이다.

❸ **가족 구성원의 유전자형 파악하기**

- 어머니가 열성이면 아들은 반드시 열성이다.
  ➡ 아들은 어머니로부터 X 염색체를, 아버지로부터 Y 염색체를 물려받는다.
  ➡ 어머니가 열성 순종(X'X')이면 아들은 어머니의 열성 대립유전자(X')를 물려받으므로 항상 열성(X'Y)이다.
- 아버지가 우성이면 딸은 반드시 우성이다.
  ➡ 딸은 부모로부터 X 염색체를 1개씩 물려받는다.
  ➡ 아버지가 우성(XY)이면 딸은 아버지의 우성 대립유전자(X)를 물려받으므로 어머니의 우열 여부와 관계없이 항상 우성이다.
- 아버지가 열성이면 딸은 우성일 수도, 열성일 수도 있다.
  ➡ 어머니에게서 물려받는 유전자에 따라 딸의 형질이 결정된다.

자료 2 · 색맹 유전의 가계도 분석

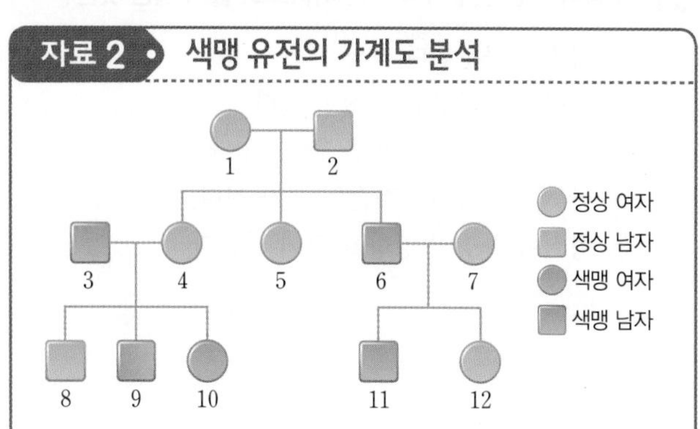

❶ 여자인 10이 색맹이므로 색맹 대립유전자는 X 염색체에 존재한다.

❷ 정상인 1과 2 사이에서 색맹인 자녀(6)가 태어났으므로 색맹은 정상에 대해 ❶(   )이다.

❸ 정상 대립유전자를 X, 색맹 대립유전자를 X′라고 할 때, 가족 구성원의 유전자형은 다음과 같다.

- 정상인 남자 2, 8의 유전자형은 모두 ❷(   )이다.
- 색맹인 남자 3, 6, 9, 11의 유전자형은 모두 ❸(   )이고, 색맹인 여자 10의 유전자형은 X′X′이다.
- 색맹인 6은 어머니(1)로부터 색맹 대립유전자(X′)를 물려받았고, 딸(12)에게 색맹 대립유전자(X′)를 물려주었다. 따라서 1과 12의 유전자형은 ❹(   )이다.
- 색맹인 9는 어머니(4)로부터 색맹 대립유전자(X′)를 물려받았고, 4는 어머니(1)로부터 색맹 대립유전자(X′)를 물려받았다. 따라서 4의 유전자형은 ❺(   )이다.
- 색맹인 11은 어머니(7)로부터 색맹 대립유전자(X′)를 물려받았으므로 7의 유전자형은 ❻(   )이다.
- 정상인 5는 유전자형이 XX인지 XX′인지 확실히 알 수 없다.

답 ❶ 열성 ❷ XY ❸ X′Y ❹ XX′ ❺ XX′ ❻ XX′

---

01 색맹 유전에 대한 설명으로 옳은 것은 ○표, 옳지 않은 것은 ×표 하시오.

(1) 색맹 유전은 멘델의 분리의 법칙을 따르지 않는다. (   )

(2) 색맹 대립유전자는 정상 대립유전자에 대해 열성이다. (   )

(3) 색맹 유전자는 Y 염색체에 있어 여자보다 남자에서 더 많이 나타난다. (   )

(4) 남자는 2개의 성염색체에 모두 색맹 대립유전자가 있을 때에만 색맹이 된다. (   )

(5) 색맹은 상처가 났을 때 출혈이 멈추지 않는 유전병인 혈우병과 같이 반성유전을 한다. (   )

[02~03] 오른쪽 그림은 색맹 유전자가 자손에게 전달되는 과정을 나타낸 것이다. 정상 대립유전자는 X, 색맹 대립유전자는 X′로 표시한다. 물음에 답하시오.

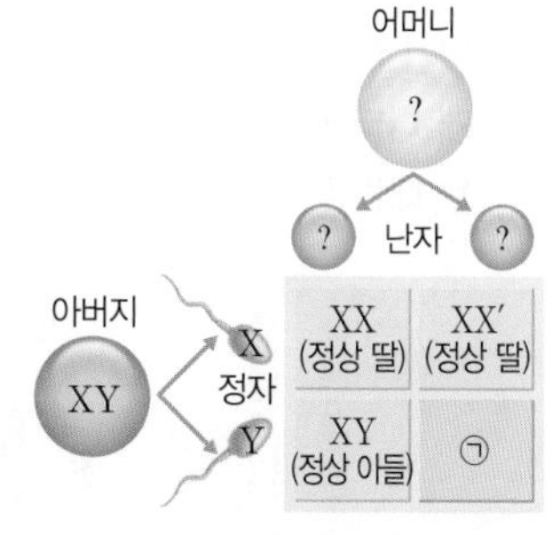

02 어머니의 색맹 유전자형을 쓰시오.

03 자녀 ㉠의 성별과 색맹 유전에 대한 표현형을 순서대로 쓰시오.

대표 문제로 실력 확인하기

중요

01 사람의 유전 연구가 어려운 까닭으로 옳지 않은 것은?

① 성별이 구분된다.
② 표현형이 다양한 형질이 많다.
③ 인위적인 교배 실험을 할 수 없다.
④ 한 세대가 길고, 자손의 수가 적다.
⑤ 형질이 환경의 영향을 많이 받는다.

신경향

02 그림은 1란성 쌍둥이와 2란성 쌍둥이의 3가지 형질에 대한 일치율을 나타낸 것이다. 일치율이란 쌍둥이 중 한 명에게 어떤 형질이 나타날 때 다른 한 명에게도 그 형질이 나타나는 비율을 의미한다.

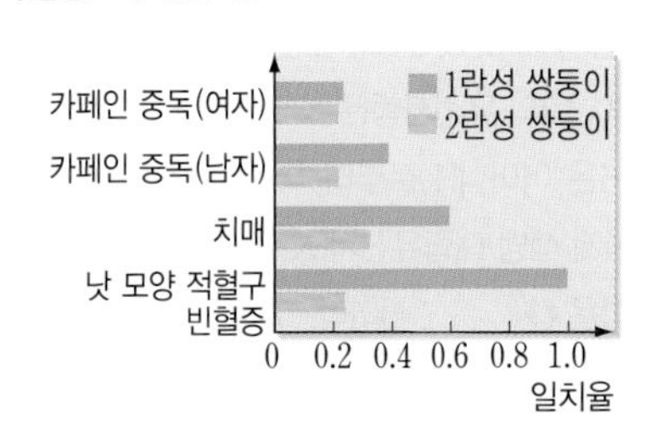

위 3가지 형질 중 ㉠ 유전의 영향을 가장 많이 받는 것과 ㉡ 환경의 영향을 가장 많이 받는 것을 각각 쓰시오.

03 분리형 귓불을 가진 부모 사이에서 부착형 귓불을 가진 자녀가 태어난 경우 부모가 가진 대립유전자를 염색체에 옳게 나타낸 것은?(단, 귓불 모양 대립유전자에는 분리형 귓불 대립유전자 T와 부착형 귓불 대립유전자 t가 있다.)

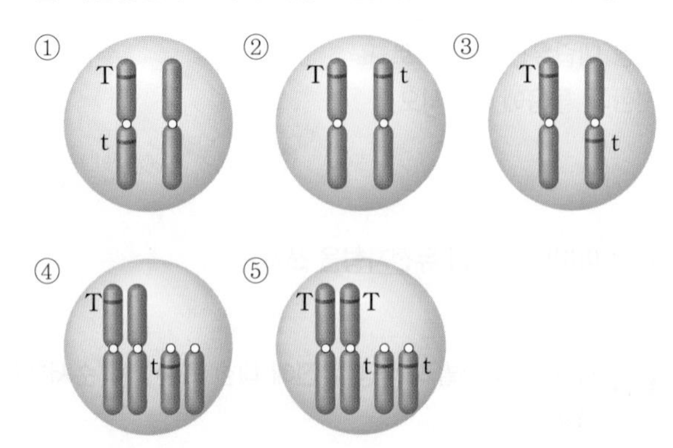

중요

04 그림은 어느 집안의 PTC 미맹 유전 가계도를 나타낸 것이다. 미맹은 PTC 용액에 대해 쓴맛을 느끼지 못하는 유전 형질로, 우성 대립유전자는 T, 열성 대립유전자는 t로 표시한다.

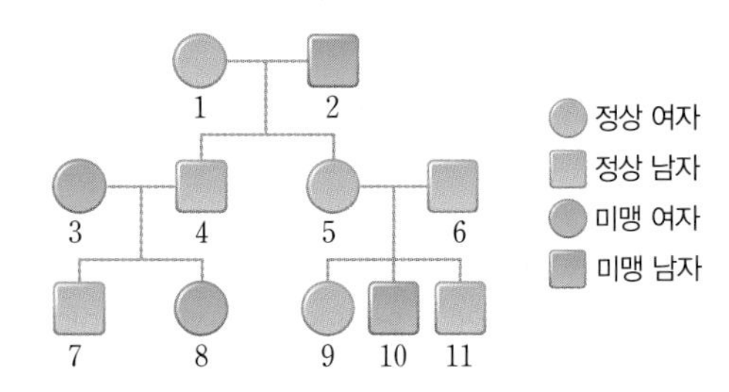

이에 대한 설명으로 옳지 않은 것은?

① 미맹은 정상에 대해 열성이다.
② 2와 3의 유전자형은 모두 tt이다.
③ 4는 7에게 우성 대립유전자 T를 물려주었다.
④ 10은 5와 6으로부터 열성 대립유전자 t를 하나씩 물려받았다.
⑤ 유전자형을 확실히 알 수 없는 사람은 1명이다.

05 다음은 이마선 모양 유전 형질에 대한 설명이다.

- 이마선 모양에는 M자형과 일자형이 있다.
- 이마선을 결정하는 유전자는 상염색체에 있다.
- M자형 대립유전자는 일자형 대립유전자에 대해 우성이다.
- M자형 대립유전자는 V, 일자형 대립유전자는 v로 표시한다.

이마선 모양이 M자형인 아버지(Vv)와 일자형인 어머니(vv) 사이에서 태어날 수 있는 자녀에 대한 설명으로 옳은 것은?

① 자녀의 유전자형은 모두 Vv이다.
② 딸은 모두 M자형 이마선을 가진다.
③ 아들은 모두 일자형 이마선을 가진다.
④ 일자형 이마선을 가진 자녀가 태어날 확률은 25 %이다.
⑤ M자형 이마선을 가진 자녀가 태어날 확률은 50 %이다.

중요
06 그림은 어느 집안의 ABO식 혈액형 유전 가계도를 나타낸 것이다.

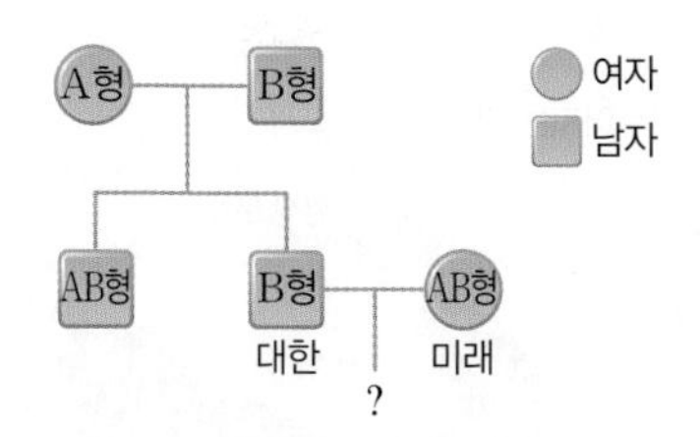

이에 대한 설명으로 옳은 것을 〈보기〉에서 모두 고른 것은?

보기
ㄱ. 대한이의 ABO식 혈액형 유전자형은 BO이다.
ㄴ. 모든 가족 구성원의 ABO식 혈액형 유전자형을 확실히 알 수 있다.
ㄷ. 대한이와 미래 사이에서 아이가 태어날 때, 이 아이가 B형인 딸일 확률은 25 %이다.

① ㄱ ② ㄴ ③ ㄱ, ㄷ
④ ㄴ, ㄷ ⑤ ㄱ, ㄴ, ㄷ

중요
07 그림은 어느 집안의 색맹 유전 가계도를 나타낸 것이다. 우성 대립유전자는 X, 열성 대립유전자는 X′로 표시한다.

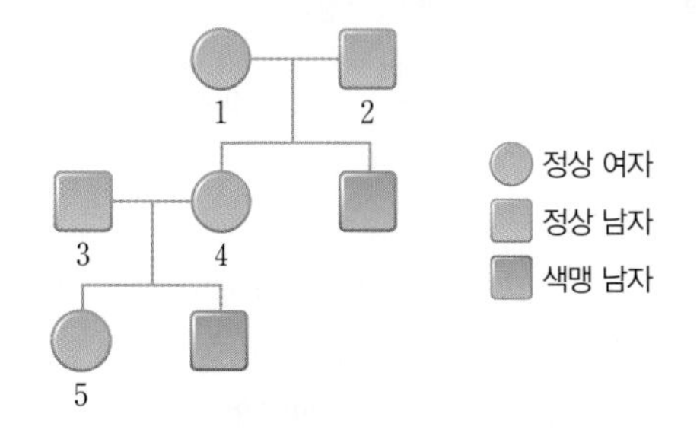

이에 대한 설명으로 옳지 않은 것은?

① 색맹은 정상에 대해 열성이다.
② 1과 2는 모두 4에게 X를 물려주었다.
③ 색맹인 남자는 어머니로부터 X′를 물려받았다.
④ 3과 4 사이에서 색맹인 자녀가 태어날 확률은 25 %이다.
⑤ 5의 색맹 유전자형은 확실히 알 수 없다.

고난도·서술형 문제

통합형
08 그림 (가)와 (나)는 2란성 쌍둥이와 1란성 쌍둥이의 발생 과정을 순서 없이 나타낸 것이고, 표는 사람 Ⅰ~Ⅲ의 유전 형질 일부를 비교한 것이다. Ⅰ~Ⅲ 중 2명은 (가)와 같은 발생 과정으로 태어났다.

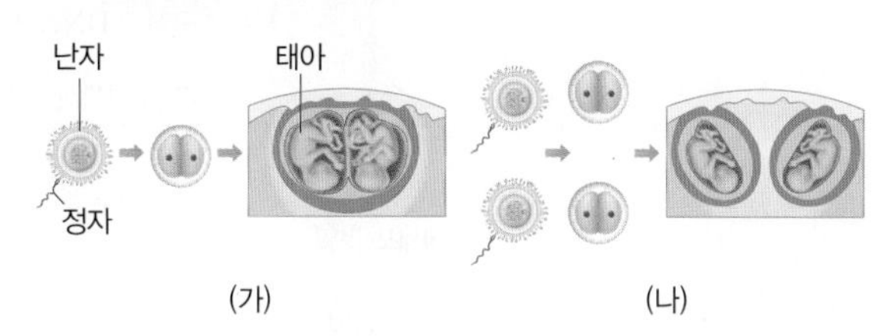

사람	ABO식 혈액형	키(cm)	성별
Ⅰ	A형	165	남
Ⅱ	A형	158	여
Ⅲ	A형	170	남

이에 대한 설명으로 옳지 않은 것은?

① (가)는 유전 정보가 서로 같은 1란성 쌍둥이의 발생 과정이다.
② (나)는 유전 정보가 서로 다른 2란성 쌍둥이의 발생 과정이다.
③ Ⅰ~Ⅲ 중 1란성 쌍둥이는 Ⅰ과 Ⅱ이다.
④ Ⅰ과 Ⅱ는 유전 정보가 다르므로 유전과 환경의 영향을 모두 받아 키가 다르다.
⑤ Ⅰ과 Ⅲ은 유전 정보가 같으므로 환경의 영향에 의해 키가 다르다.

서술형
09 그림은 어느 집안의 유전병 유전 가계도를 나타낸 것이다.

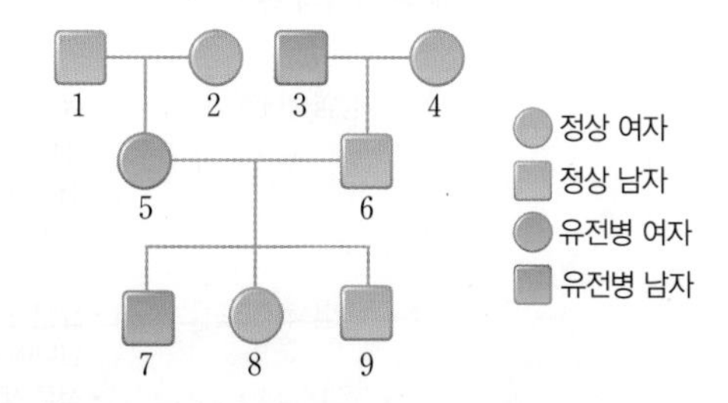

유전병 유전자는 상염색체와 X 염색체 중 어디에 있는지 쓰고, 그렇게 판단한 까닭을 가족 구성원과 연관 지어 설명하시오.

V 단원

한눈에 정리하기

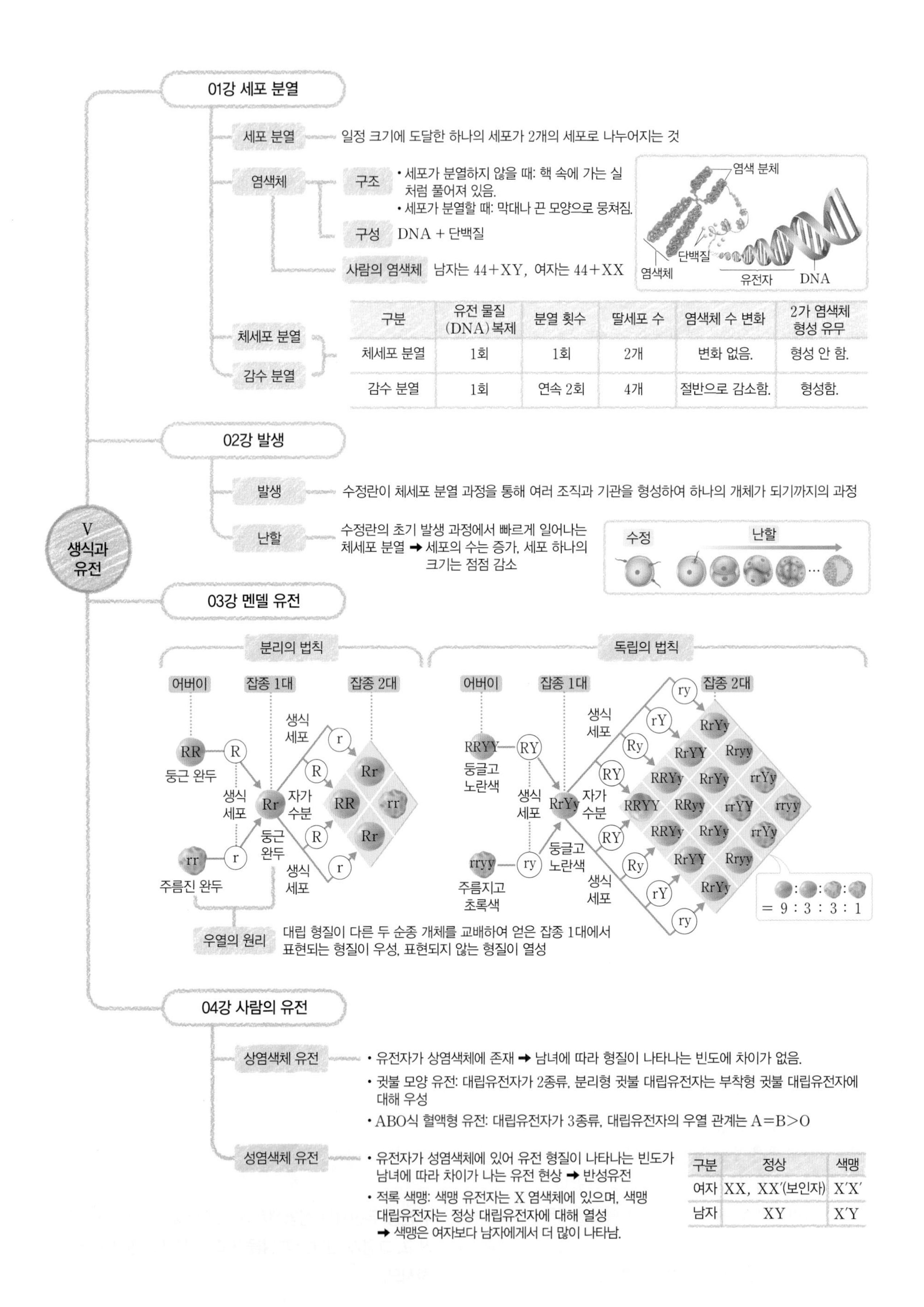

구분	유전 물질(DNA) 복제	분열 횟수	딸세포 수	염색체 수 변화	2가 염색체 형성 유무
체세포 분열	1회	1회	2개	변화 없음.	형성 안 함.
감수 분열	1회	연속 2회	4개	절반으로 감소함.	형성함.

구분	정상	색맹
여자	XX, XX′(보인자)	X′X′
남자	XY	X′Y

★ 바른답·알찬풀이 13쪽

01 세포 분열

01 페놀프탈레인이 들어 있는 한천 덩어리를 잘라 한 변의 길이가 다른 정육면체 (가)~(다)를 만든 후, (가)~(다)를 비눗물에 담갔다가 일정 시간 경과 후 동시에 꺼내 가운데를 잘라 보았더니 표와 같은 결과가 나왔다.

구분	(가)	(나)	(다)
붉은색으로 물든 부분의 표시	■	▣	▣

이에 대한 설명으로 옳은 것을 <보기>에서 모두 고른 것은?

보기
ㄱ. 단위 부피당 표면적이 가장 큰 것은 (가)이다.
ㄴ. (가)에서가 (나)에서보다 중심 부분까지 붉은색이 퍼지는 속도가 빠르다.
ㄷ. 한천 조각을 하나의 세포라고 가정할 때, 물질 교환에 가장 효율적인 크기는 (다)이다.

① ㄱ　② ㄴ　③ ㄱ, ㄷ　④ ㄴ, ㄷ　⑤ ㄱ, ㄴ, ㄷ

02 그림은 어떤 사람의 체세포에 들어 있는 염색체 구성과 이 중 한 염색체의 구조를 나타낸 것이다.

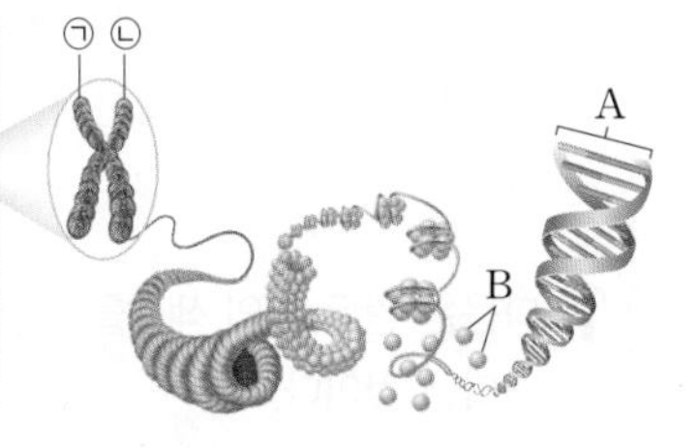

이에 대한 설명으로 옳지 않은 것은?

① 이 사람은 남자이다.
② A는 유전 물질인 DNA이다.
③ B는 단백질이다.
④ ㉠과 ㉡은 감수 1분열에서 분리된다.
⑤ 상염색체는 22쌍, 성염색체는 1쌍이다.

03 염색체에 대한 설명으로 옳지 않은 것은?

① DNA와 단백질로 구성된다.
② 두 가닥의 상동 염색체로 이루어져 있다.
③ 남녀의 성을 결정하는 염색체는 성염색체이다.
④ 사람의 체세포에는 46개의 염색체가 들어 있다.
⑤ 분열 중인 세포에서 막대나 끈 모양으로 나타난다.

04 그림은 어떤 생물의 세포 분열 과정을 순서 없이 나타낸 것이다.

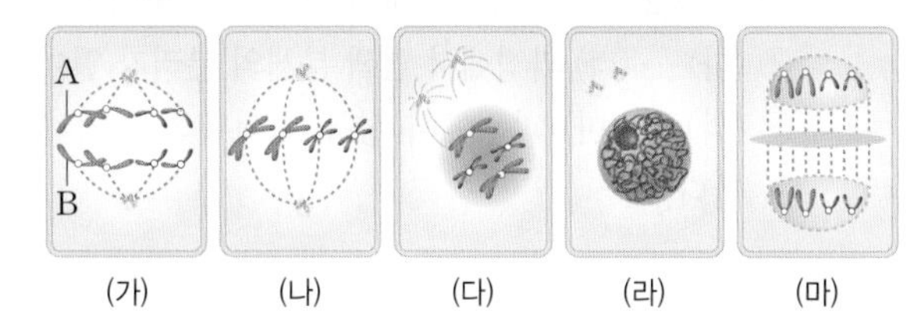

이에 대한 설명으로 옳은 것은?

① A와 B는 2가 염색체이다.
② 분열 결과 4개의 딸세포가 만들어진다.
③ 식물의 체세포 분열 과정을 나타낸 것이다.
④ (나)에서 8개의 염색체가 세포의 중앙에 배열되어 있다.
⑤ 분열은 (다) → (나) → (마) → (라) → (가) 순으로 진행된다.

05 다음은 체세포 분열을 관찰하기 위한 실험 과정이다. (　) 안에 들어갈 알맞은 말을 쓰시오.

(가) 일정 시간 동안 기른 양파의 뿌리 끝부분을 (㉠)과/와 아세트산을 3 : 1로 섞은 용액에 하루 정도 담가 둔다.
(나) (가)의 뿌리 조각을 50 °C ~ 60 °C의 묽은 (㉡)에 8분 정도 담가 둔다.
(다) (나)의 뿌리 조각을 증류수에 씻어서 받침유리에 올려놓고 뿌리 끝부분을 1 mm ~ 2 mm 정도 자른 후, (㉢) 용액을 한두 방울 떨어뜨린다.
(라) 뿌리 끝을 해부 침으로 잘게 찢은 후, 덮개유리를 덮고 고무 달린 연필로 가볍게 두드린다.
(마) 덮개유리에 거름종이를 올려놓고 엄지손가락으로 지그시 눌러 현미경 표본을 만든다.

06 그림은 어떤 생물에서 일어나는 세포 분열 과정을 나타낸 것이다. 세포 (가)에는 1쌍의 상동 염색체만 표시하였다.

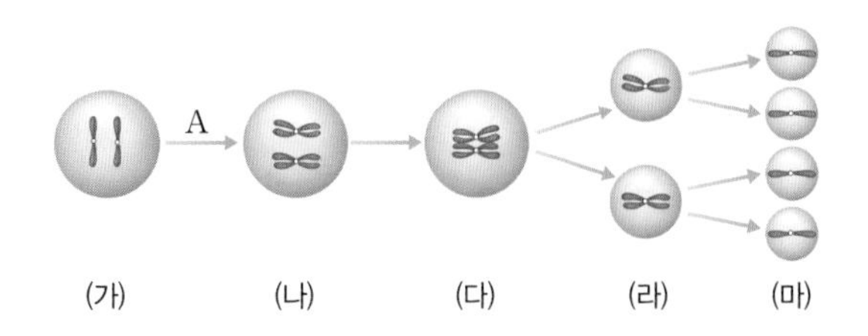

이에 대한 설명으로 옳은 것은?

① 생장을 위한 분열 과정이다.
② A 과정을 거치면 염색체 수는 2배가 된다.
③ 연속 2회 분열하여 4개의 딸세포를 형성한다.
④ (다) → (라) 과정에서 염색 분체의 분리가 일어난다.
⑤ (라) → (마) 과정에서 상동 염색체의 분리가 일어난다.

서술형
07 그림은 두 종류의 세포 분열을 나타낸 것이다.

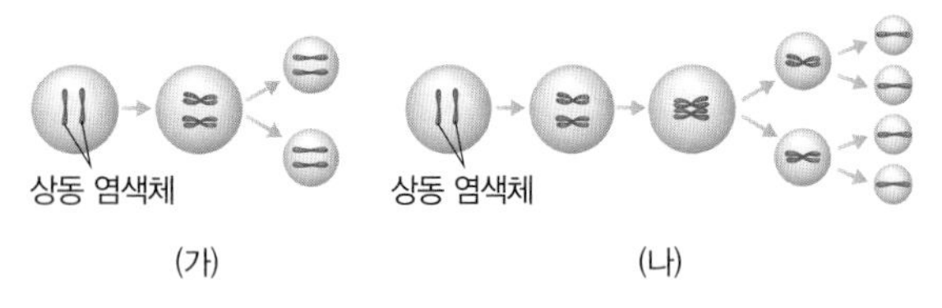

(가)와 (나) 중 감수 분열을 고르고, 그렇게 판단한 까닭을 다음 용어를 모두 포함하여 설명하시오.

상동 염색체, 2가 염색체

02강 발생

08 오른쪽 그림은 난할이 진행되는 동안 배아에서 볼 수 있는 3가지 요소의 변화를 나타낸 것이다. A~C에 해당하는 요소로 옳은 것은?

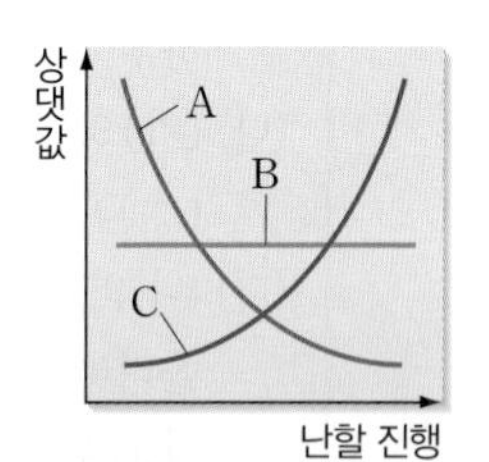

① A: 세포 1개당 염색체 수
② A: 세포 1개당 크기 변화
③ B: 배아를 이루는 세포의 총 수
④ C: 배아 전체의 크기
⑤ C: 배아를 이루는 세포 하나의 표면적

09 그림 (가)는 여자의 생식 기관을, (나)는 사람의 발생 과정 중 일부를 나타낸 것이다. A~C는 각각 난소, 수란관, 자궁 중 하나이다.

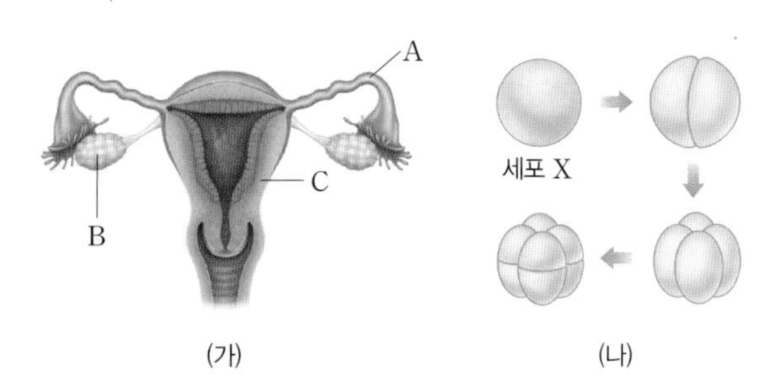

이에 대한 설명으로 옳은 것을 〈보기〉에서 모두 고른 것은?

보기
ㄱ. (나)는 A를 따라 C로 이동한다.
ㄴ. 난할을 거친 배아가 B의 안쪽 벽에 파묻힌다.
ㄷ. (나)를 거듭하여도 배아 전체의 크기는 세포 X보다 작다.

① ㄱ ② ㄴ ③ ㄱ, ㄷ
④ ㄴ, ㄷ ⑤ ㄱ, ㄴ, ㄷ

03강 멘델 유전

10 유전에 대한 설명으로 옳지 않은 것은?

① 유전은 부모의 형질을 자손에게 물려주는 현상이다.
② 부모의 유전자는 생식세포를 통해 자손에게 전달된다.
③ 완두 씨의 모양이 둥근 것과 주름진 것은 대립 형질이다.
④ 멘델은 완두를 재료로 유전 현상을 알아보기 위한 실험을 하였다.
⑤ 한 형질을 결정하는 대립유전자 쌍은 염색 분체의 같은 위치에 존재한다.

11 다음은 완두 씨의 색깔을 대상으로 교배 실험을 한 결과를 나타낸 것이다.

- 잡종의 (㉠) 완두를 자가 수분하여 929개의 씨를 얻었다.
- 이 씨를 모두 심어 노란색 완두 705개와 초록색 완두 224개를 얻었다.

㉠에 들어갈 완두 씨의 색깔을 쓰시오.

★ 바른답·알찬풀이 13쪽

12 다음은 바둑알을 이용한 유전 모의실험을 나타낸 것이다.

[실험 과정 및 결과]

(가) 흰색 바둑알 10개와 검은색 바둑알 10개를 합쳐 2개의 주머니에 각각 넣는다. 흰색 바둑알과 검은색 바둑알은 각각 대립유전자 R와 r를 의미한다.

(나) ㉠ 두 주머니에서 각각 바둑알을 하나씩 꺼내 ㉡ 짝을 지은 후, 바둑알이 나타내는 대립유전자 조합을 기록한다.

(다) 꺼낸 바둑알을 다시 원래의 주머니에 넣는다.

(라) 과정 (나)와 (다)를 100회 반복한다.

대립유전자 구성	RR	㉢	㉣	합계
나온 횟수	24	51	25	100

이에 대한 설명으로 옳지 않은 것은?(단, 대립유전자 R는 r에 대해 우성이다.)

① 이 실험은 분리의 법칙을 확인하기 위한 것이다.
② 이 실험 결과 나타난 표현형은 2가지이다.
③ ㉠은 생식세포가 무작위로 선택되는 과정을 의미한다.
④ ㉡은 수정을 의미한다.
⑤ ㉢은 rr, ㉣은 Rr이다.

13 그림은 순종의 둥글고 노란색인 완두와 순종의 주름지고 초록색인 완두의 교배 실험 결과를 나타낸 것이다.

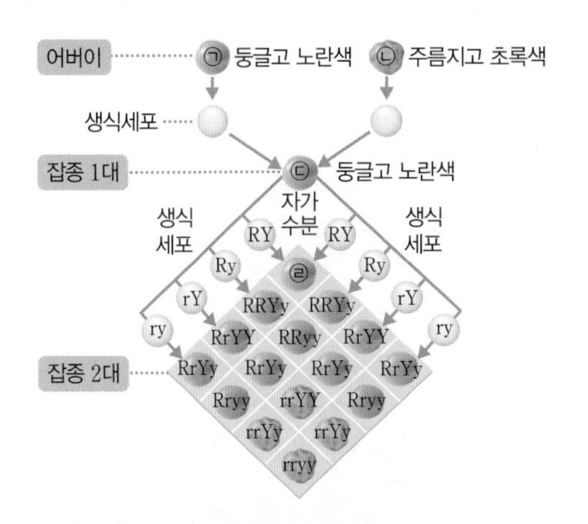

이에 대한 설명으로 옳은 것을 〈보기〉에서 모두 고르시오.

보기
ㄱ. ㉠과 ㉢의 유전자형은 같다.
ㄴ. ㉡을 자가 수분하여 얻은 자손은 모두 주름지고 초록색인 완두이다.
ㄷ. ㉣은 잡종이다.

04강 사람의 유전

14 오른쪽 그림은 어느 집안의 유전병 유전 가계도를 나타낸 것이다. 유전병이 반성유전을 하는 형질이 아니라고 판단한 까닭으로 옳은 것은?

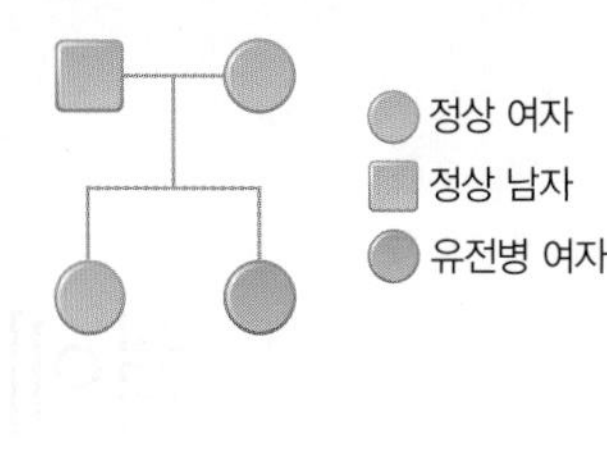

① 여자만 유전병을 가지고 있기 때문이다.
② 정상인 아버지로부터 정상인 딸이 태어났기 때문이다.
③ 정상인 어머니로부터 정상인 딸이 태어났기 때문이다.
④ 정상인 아버지로부터 유전병을 가진 딸이 태어났기 때문이다.
⑤ 정상인 어머니로부터 유전병을 가진 딸이 태어났기 때문이다.

[15~16] 그림은 어느 집안의 ABO식 혈액형 유전과 색맹 유전 가계도를 나타낸 것이다. 물음에 답하시오.

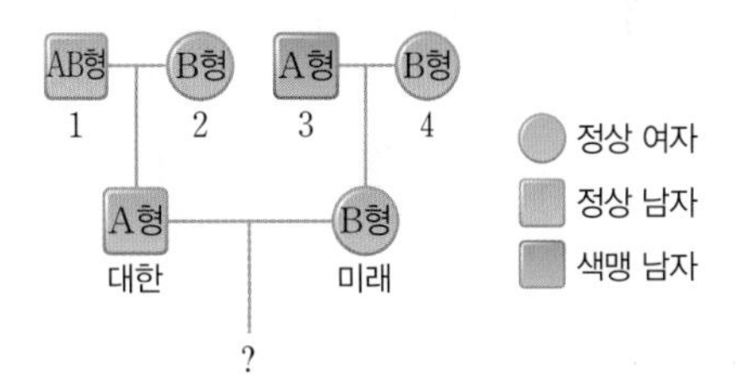

서술형

15 대한이와 미래는 각자의 어머니로부터 어떤 ABO식 혈액형 대립유전자를 물려받았는지 ABO식 혈액형 대립유전자의 우열 관계를 포함하여 설명하시오.

16 대한이와 미래 사이에서 A형이며 색맹인 아들이 태어날 확률은?

① $\frac{1}{2}$ ② $\frac{1}{4}$ ③ $\frac{1}{8}$
④ $\frac{1}{16}$ ⑤ $\frac{1}{32}$

벽에 붙은 파리 효과

'벽에 붙은 파리 효과'는 제3자의 시각으로 자신을 관찰하게 함으로써 부정적인 감정을 누그러뜨리게 할 수 있다는 심리학적 용어입니다.

미국의 심리학자 오즈렘 에이덕과 이선 크로스가 명칭한 이 효과는, 2005년 허리케인 카타리나가 미국의 뉴올리언스시를 휩쓸었을 때의 경험이 토대가 되었습니다. 그들은 당시의 피해자들에게 심리 치료를 진행했지만, 피해자들의 후유증은 나아지기보다 더 깊어졌습니다.

에이덕과 크로스는 그들의 치료법을 달리 해서 3인칭의 시점으로 과거 자신의 아픔을 돌아보게 했습니다. 벽에 붙은 파리처럼 3인칭 시점이 되어 슬픔, 좌절, 상실 등과 같은 감정으로 괴로워하고 있는 자신을 지켜보게 한 것입니다. 그랬더니 과거에 느꼈던 감정을 사소하게 여기며 부정적인 감정에서 탈출하는 계기가 되었습니다.

가끔은 '벽에 붙은 파리'가 되어 스스로를 돌아보는 연습을 해 보세요. 자신의 부정적인 감정과 고민이 심각한 일이 아니었음을 깨닫게 될 것입니다.

에너지 전환과 보존

05강 역학적 에너지

학습일

06강 전기 에너지

학습일

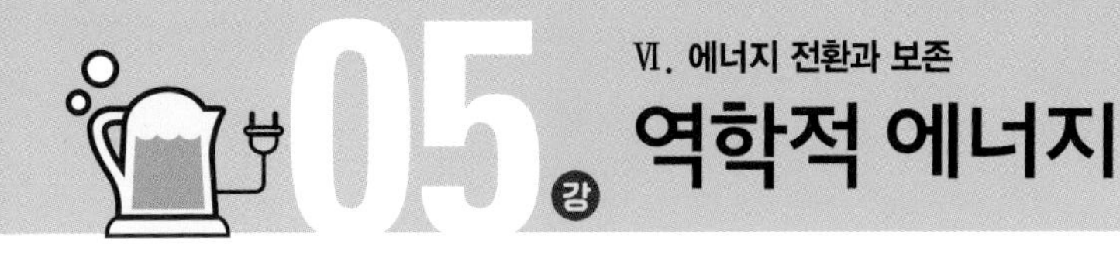

05강 역학적 에너지

❶ 역학적 에너지 전환

1 역학적 에너지 물체가 가진 위치 에너지와 운동 에너지의 합

> 역학적 에너지=위치 에너지+운동 에너지

2 역학적 에너지 전환 운동하는 물체의 높이가 변하면 위치 에너지와 운동 에너지는 서로 전환된다.

3 위로 던져 올린 물체의 역학적 에너지 전환

자유 낙하 운동과 같은 운동을 한다.

구분	물체가 올라갈 때	물체가 내려갈 때❶
높이	높아진다.	낮아진다.
속력	느려진다.	빨라진다.
위치 에너지	증가한다.	감소한다.
운동 에너지	감소한다.	증가한다.
에너지 전환	운동 에너지가 위치 에너지로 전환된다. (운동 방향 ↑)	위치 에너지가 운동 에너지로 전환된다. (운동 방향 ↓)

최고점: 위치 에너지 최대, 운동 에너지 최소(0) 최저점: 운동 에너지 최대, 위치 에너지 최소(0)

❷ 역학적 에너지 보존 돋보기 46쪽

1 역학적 에너지 보존 법칙 공기 저항이나 마찰이 없을 때 운동하는 물체의 역학적 에너지는 항상 일정하게 보존된다. 이를 역학적 에너지 보존 법칙이라고 한다.

2 자유 낙하 운동을 하는 물체의 역학적 에너지 보존❷

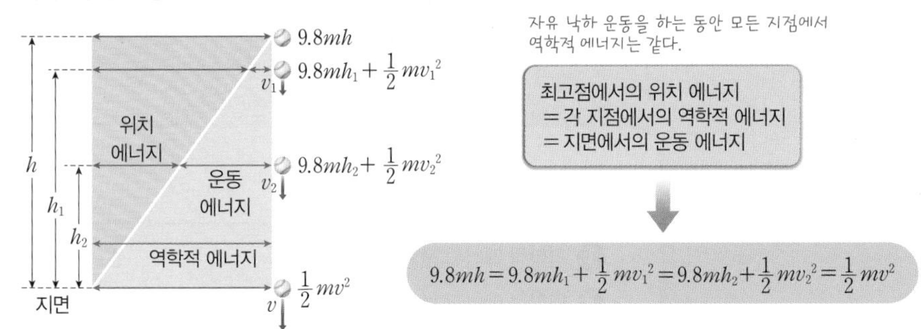

$$9.8mh=9.8mh_1+\frac{1}{2}mv_1^2=9.8mh_2+\frac{1}{2}mv_2^2=\frac{1}{2}mv^2$$

3 롤러코스터의 역학적 에너지 전환과 보존(단, 공기 저항과 모든 마찰 무시)❸

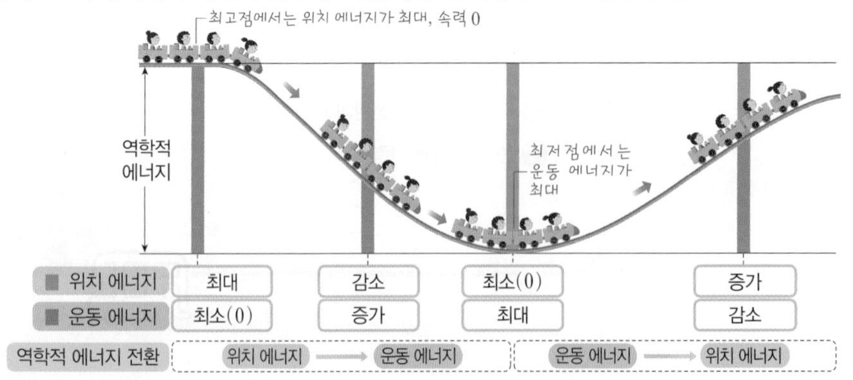

위치 에너지	최대	감소	최소(0)	증가
운동 에너지	최소(0)	증가	최대	감소
역학적 에너지 전환	위치 에너지 → 운동 에너지		운동 에너지 → 위치 에너지	

올리드 PLUS 개념

❶ 자유 낙하 하는 물체의 낙하 거리에 따른 에너지 그래프

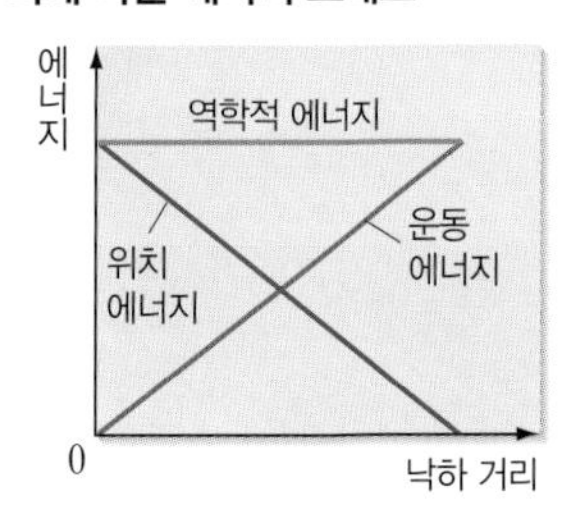

물체의 낙하 거리가 길어질수록 위치 에너지는 감소하고 운동 에너지는 증가한다. 이때 위치 에너지와 운동 에너지의 합인 역학적 에너지는 항상 일정하다.

❷ 자유 낙하 운동에서 역학적 에너지 보존 법칙의 성립

질량 m인 물체가 높이 h_1에서 h_2로 낙하하여 속력이 v_1에서 v_2가 되었을 때, 위치 에너지가 감소한 만큼 운동 에너지가 증가한다. 즉, 위치 에너지 감소량은 운동 에너지 증가량과 같다.

$$9.8mh_1-9.8mh_2=\frac{1}{2}mv_2^2-\frac{1}{2}mv_1^2$$

이 식을 정리하면 다음과 같다.

$$9.8mh_1+\frac{1}{2}mv_1^2=9.8mh_2+\frac{1}{2}mv_2^2=\text{일정}$$

❸ 반원형 곡면에서 운동하는 물체의 역학적 에너지 전환과 보존

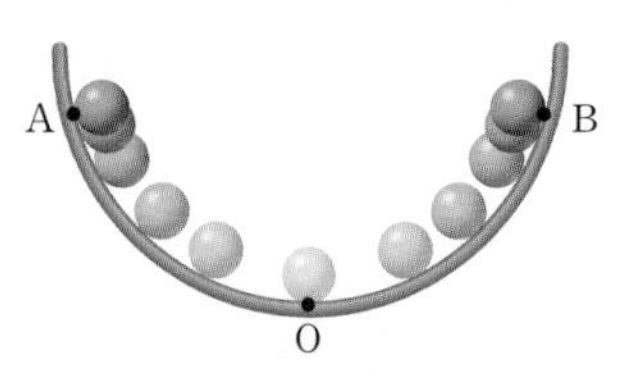

A → O로 이동할 때는 위치 에너지가 운동 에너지로 전환되고, O → B로 이동할 때는 운동 에너지가 위치 에너지로 전환된다. 공기 저항과 모든 마찰을 무시한다면 역학적 에너지는 어느 지점에서나 모두 같다.

기본 문제로 개념 따지기

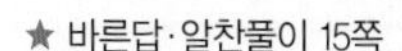

★ 바른답·알찬풀이 15쪽

❶ 역학적 에너지 전환

01 다음은 물체를 연직 위로 던져 올렸을 때에 대한 설명이다. (   ) 안에 들어갈 알맞은 말을 쓰시오.

> 물체가 연직 위로 올라갈 때 물체의 위치 에너지는 (㉠)하고, 운동 에너지는 (㉡)한다. 따라서 (㉢) 에너지가 (㉣) 에너지로 전환된다.

02 물체가 자유 낙하 할 때에 대한 설명이다. (   ) 안에 들어갈 알맞은 말을 고르시오.

(1) 위치 에너지는 (증가, 감소)한다.
(2) 운동 에너지는 (증가, 감소)한다.
(3) ㉠(운동, 위치) 에너지가 ㉡(운동, 위치) 에너지로 전환된다.

03 물체가 올라갈 때와 물체가 내려갈 때의 역학적 에너지 전환 과정을 옳게 연결하시오.

(1) 물체가 올라갈 때 •   • ㉠ 위치 에너지 → 운동 에너지
(2) 물체가 내려갈 때 •   • ㉡ 운동 에너지 → 위치 에너지

04 오른쪽 그림과 같이 질량 2 kg인 물체가 지면으로부터 5 m 높이에서 2 m/s의 속력으로 낙하하고 있다. 5 m 높이에서 물체의 역학적 에너지는 몇 J인지 구하시오.

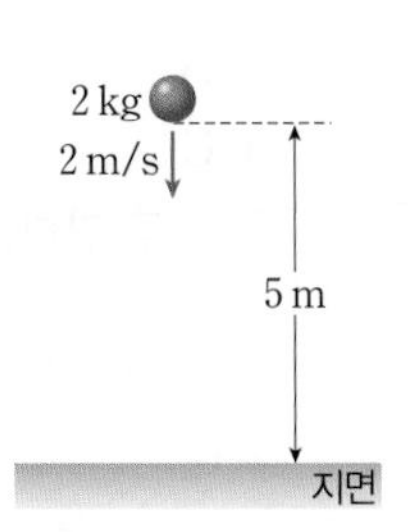

❷ 역학적 에너지 보존

05 역학적 에너지 보존에 대한 설명으로 옳은 것은 ○표, 옳지 않은 것은 ×표 하시오.

(1) 공기 저항이나 마찰이 없을 때 물체가 가진 역학적 에너지는 항상 보존된다. (   )
(2) 공기 저항이나 마찰이 없을 때 연직 위로 던진 물체의 역학적 에너지는 최고점에서 가장 크다. (   )
(3) 공기 저항이나 마찰이 없을 때 낙하하는 물체의 감소한 위치 에너지는 증가한 운동 에너지와 같다. (   )

06 질량 10 kg인 물체가 지면으로부터 1 m 높이에서 자유 낙하 운동을 하였다. 이 물체가 지면에 도달하는 순간 역학적 에너지는 몇 J인지 구하시오.

07 그림은 정지 상태에서 출발한 롤러코스터가 운동하는 모습을 나타낸 것이다. (   ) 안에 들어갈 알맞은 말을 고르시오.(단, 공기 저항과 모든 마찰은 무시한다.)

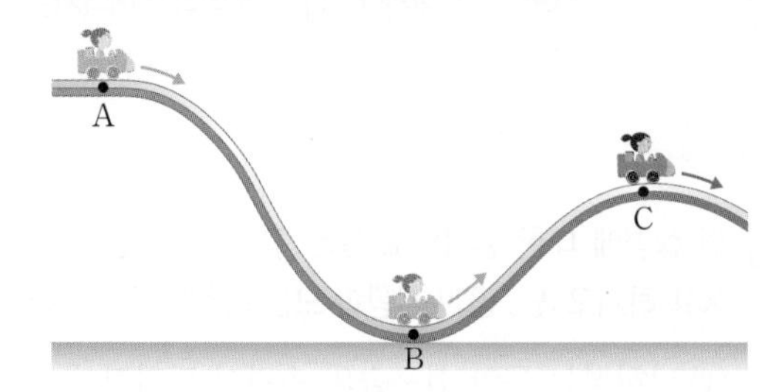

(1) A → B 구간에서 ㉠(운동, 위치) 에너지가 ㉡(운동, 위치) 에너지로 전환되고, B → C 구간에서 ㉢(운동, 위치) 에너지가 ㉣(운동, 위치) 에너지로 전환된다.
(2) A 지점에서 C 지점까지 운동하는 동안 (운동, 위치, 역학적) 에너지는 일정하다.
(3) B 지점에서의 운동 에너지는 A 지점과 B 지점 사이의 (위치, 역학적) 에너지 차와 같다.

자유 낙하 하는 물체의 역학적 에너지

개념 44쪽
★ 바른답 · 알찬풀이 15쪽

과정

❶ 그림과 같이 스탠드를 사용하여 투명한 플라스틱 관을 지면에 수직으로 세우고, 종이컵에 모래를 넣어 관 아래에 놓는다.

❷ 투명한 플라스틱 관의 위쪽 끝 O점에서 50 cm 아래인 A점과 1 m 아래인 B점에 속력 측정기를 각각 설치한다.

❸ 속력 측정기를 켜고 O점에서 질량 100 g인 쇠구슬을 가만히 낙하시켜 A점과 B점을 지날 때의 속력을 각각 측정한다. 이 과정을 3회 반복하여 평균값을 구한다.

구분	쇠구슬의 속력(m/s)			
	1회	2회	3회	평균
A점	3.14	3.13	3.13	3.13
B점	4.42	4.43	4.44	4.43

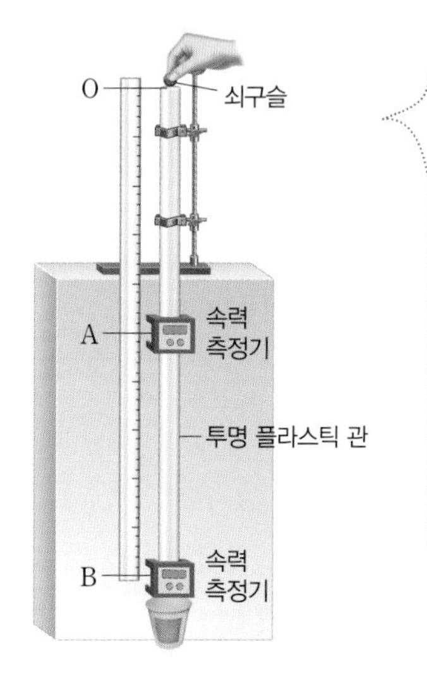

유의할 점
- 쇠구슬이 속력 측정기의 감지기 사이를 지날 수 있도록 조정한다.
- 실에 추를 매달아 플라스틱 관 속에 넣어 관을 지면에 수직으로 설치한다.
- 쇠구슬이 낙하하는 동안 투명 플라스틱 관에 부딪치면 그때의 실험 결과는 무시하고 다시 실험한다.
- B점을 높이의 기준면으로 한다.

결과

구분	높이(m)	속력(m/s)	위치 에너지(J)	운동 에너지(J)	역학적 에너지(J)
O점	1.00	0	$9.8\times0.1\times1$ $=0.98$	0	$0.98+0$ $=0.98$
A점	0.50	3.13	$9.8\times0.1\times0.5$ $=0.49$	$\frac{1}{2}\times0.1\times3.13^2$ $=0.49$	$0.49+0.49$ $=0.98$
B점	0	4.43	0	$\frac{1}{2}\times0.1\times4.43^2$ $=0.98$	$0+0.98$ $=0.98$

정리

- 쇠구슬이 O점에서 A점까지 낙하하는 동안 위치 에너지 감소량과 운동 에너지 증가량은 ❶(　　　).
- 쇠구슬이 O점에서 B점까지 낙하하는 동안 위치 에너지 감소량과 운동 에너지 증가량은 ❷(　　　).
- 쇠구슬이 낙하하는 동안 위치 에너지가 감소한 만큼 운동 에너지가 ❸(　　　)한다. 따라서 어느 지점에서나 쇠구슬의 역학적 에너지는 일정하게 ❹(　　　)된다.

답 ❶ 같다 ❷ 같다 ❸ 증가 ❹ 보존

01 위 실험에 대한 설명으로 옳은 것은 ○표, 옳지 않은 것은 ×표 하시오.(단, 공기 저항과 모든 마찰은 무시한다.)

(1) 낙하하는 동안 쇠구슬의 속력이 느려진다. (　　)
(2) 낙하하는 동안 쇠구슬의 위치 에너지가 증가한다. (　　)
(3) 낙하하는 동안 쇠구슬의 운동 에너지가 증가한다. (　　)
(4) 낙하하는 동안 쇠구슬의 역학적 에너지가 증가한다. (　　)
(5) 낙하하는 동안 쇠구슬의 위치 에너지가 운동 에너지로 전환된다. (　　)

02 오른쪽 그림과 같이 추가 매달린 A 지점으로부터 20 cm 간격으로 속력 측정기를 설치한 후, 실을 잘라 추를 낙하시켰다. 추의 역학적 에너지가 가장 큰 지점은?(단, 공기 저항과 모든 마찰은 무시한다.)

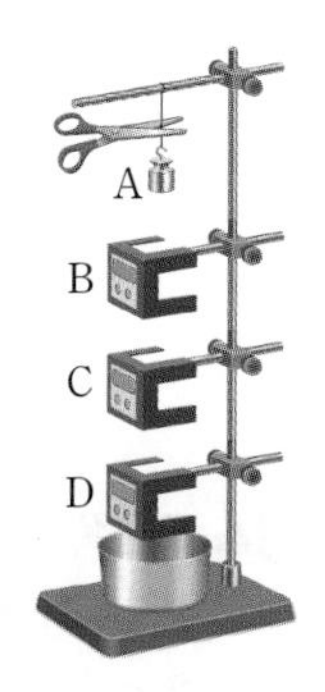

① A　② B
③ C　④ D
⑤ 모두 같다.

01 그림과 같이 곡선 궤도를 따라 질량 10 kg인 수레가 5 m/s의 속력으로 지면으로부터 1 m 높이인 지점을 통과하고 있다.

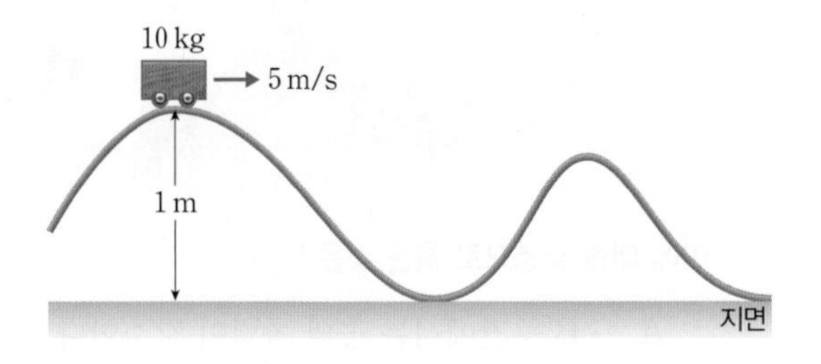

이 수레의 역학적 에너지는 몇 J인지 구하시오.(단, 공기 저항과 모든 마찰은 무시한다.)

02 표는 운동하고 있는 여러 물체의 질량, 속력, 지면으로부터의 높이를 나타낸 것이다.

물체	A	B	C	D	E
질량(kg)	1.0	1.0	2.0	2.0	3.0
속력(m/s)	2.0	4.0	2.0	1.0	4.0
높이(m)	2.0	1.0	1.0	0.5	0

역학적 에너지가 가장 큰 물체는?

① A ② B ③ C
④ D ⑤ E

03 위치 에너지가 운동 에너지로 전환되는 경우를 모두 고르면?(정답 2개)

① 자유 낙하 하고 있는 공
② 연직 위로 던져 올라가는 야구공
③ 사과나무에서 떨어지고 있는 사과
④ 수평면에서 굴러가고 있는 장남감 자동차
⑤ 수평인 얼음판에서 미끄러져 가고 있는 스케이트 선수

[04~05] 그림은 민지가 눈썰매를 타고 A 지점에서 출발하여 비탈길을 내려오는 모습을 나타낸 것이다. 물음에 답하시오.(단, 공기 저항과 모든 마찰은 무시한다.)

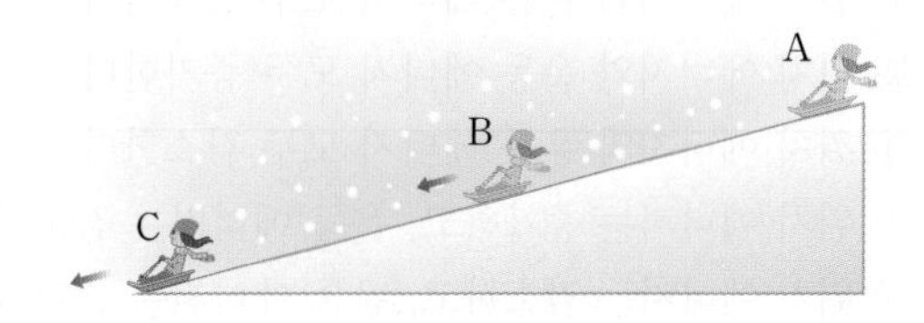

04 출발점인 A 지점에서 (가) 최소인 에너지와 (나) 최대인 에너지를 옳게 짝 지은 것은?

	(가)	(나)
①	위치 에너지	운동 에너지
②	위치 에너지	역학적 에너지
③	운동 에너지	위치 에너지
④	운동 에너지	역학적 에너지
⑤	역학적 에너지	위치 에너지

중요
05 A 지점에서 C 지점으로 내려오는 동안 (가) 위치 에너지 변화와 (나) 운동 에너지 변화를 옳게 짝 지은 것은?

	(가)	(나)		(가)	(나)
①	감소	증가	②	증가	감소
③	감소	일정	④	증가	일정
⑤	일정	증가			

중요
06 오른쪽 그림은 놀이공원에 있는 바이킹의 모습을 나타낸 것이다. 바이킹이 아래에서 위로 올라갈 때에 대한 설명으로 옳은 것을 〈보기〉에서 모두 고른 것은?(단, 공기 저항과 모든 마찰은 무시한다.)

보기
ㄱ. 속력이 느려진다.
ㄴ. 위치 에너지가 증가한다.
ㄷ. 위치 에너지가 운동 에너지로 전환된다.

① ㄱ ② ㄷ ③ ㄱ, ㄴ
④ ㄴ, ㄷ ⑤ ㄱ, ㄴ, ㄷ

07 자유 낙하 하는 물체의 위치 에너지와 운동 에너지 변화를 옳게 설명한 것은?

① 위치 에너지와 운동 에너지 모두 일정하다.
② 위치 에너지와 운동 에너지 모두 증가한다.
③ 위치 에너지와 운동 에너지 모두 감소한다.
④ 위치 에너지는 증가하고, 운동 에너지는 감소한다.
⑤ 위치 에너지는 감소하고, 운동 에너지는 증가한다.

08 오른쪽 그림과 같이 진자가 A와 B 사이를 왕복 운동 하고 있다. 운동 에너지가 위치 에너지로 전환되는 구간을 〈보기〉에서 모두 고르시오.

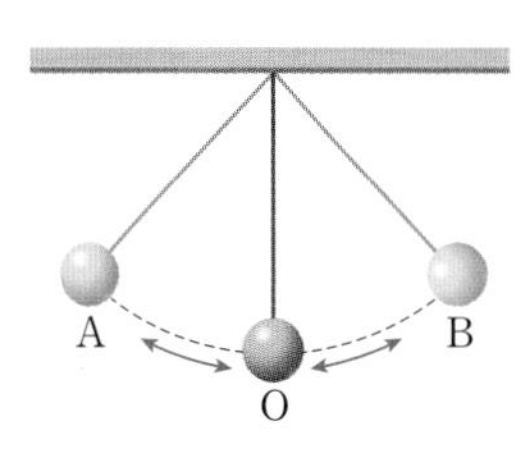

보기
ㄱ. A → O 구간　　ㄴ. B → O 구간
ㄷ. O → A 구간　　ㄹ. O → B 구간

09 그림과 같은 반원형 곡면의 A점에 쇠구슬을 가만히 놓았더니 O점을 거쳐 D점까지 갔다가 A점으로 되돌아왔다.

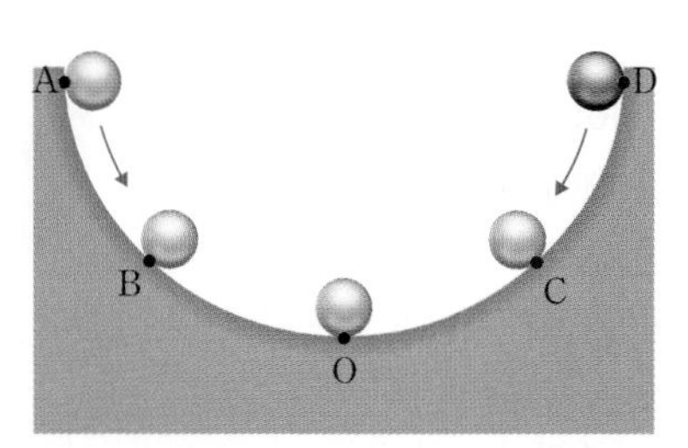

운동 에너지가 감소하고 위치 에너지가 증가하는 구간을 옳게 짝 지은 것은?

① A → B, C → O　　② A → B, O → C
③ B → O, O → C　　④ C → D, O → B
⑤ D → C, O → C

중요
10 그림은 A점에서 가만히 놓은 공의 운동을 나타낸 것이다.

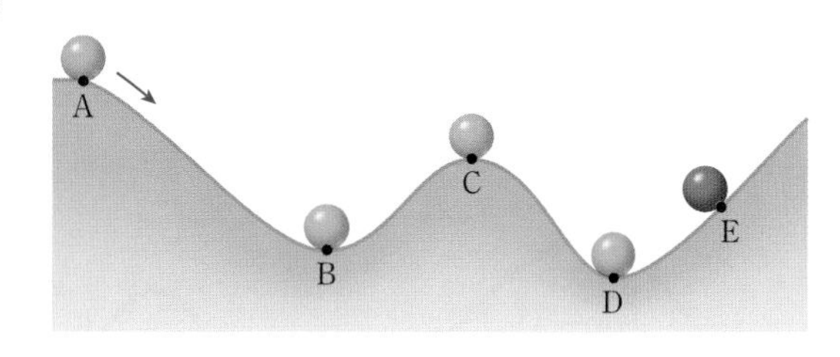

이에 대한 설명으로 옳은 것은?

① A → B 구간에서는 공의 속력이 감소한다.
② B → C 구간에서는 공의 위치 에너지가 운동 에너지로 전환된다.
③ C → D 구간에서는 공의 위치 에너지가 운동 에너지로 전환된다.
④ D → E 구간에서는 공의 속력이 증가한다.
⑤ B → C, D → E 구간에서는 역학적 에너지 전환이 일어나지 않는다.

중요
11 오른쪽 그림과 같이 질량 2 kg인 물체를 지면으로부터 6 m 높이에서 자유 낙하시켰다. 이 물체가 지면으로부터 3 m 높이인 지점을 지나는 순간의 역학적 에너지는 몇 J인지 구하시오.

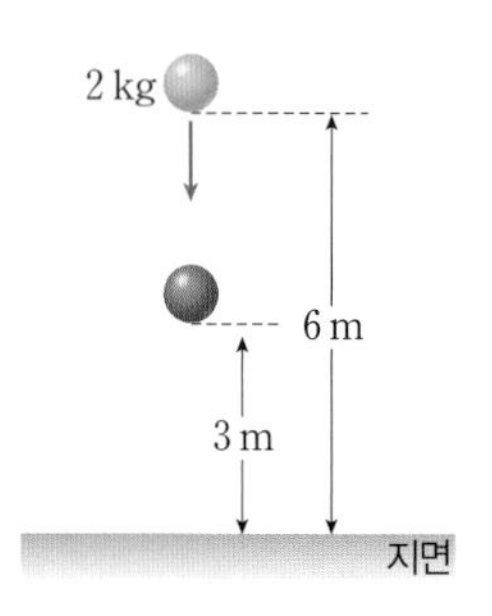

신경향
12 오른쪽 그림과 같이 피사의 사탑에서 공을 가만히 놓아 자유 낙하시켰다. 공의 처음 위치 에너지가 4.9 J이고, 0.2초일 때의 위치 에너지가 4.2 J이었다면, 0.2초일 때 공의 운동 에너지는 몇 J인가?

① 0.4 J　　② 0.7 J
③ 4.2 J　　④ 4.9 J
⑤ 9.1 J

13 오른쪽 그림은 야구공을 연직 위로 던져 올리는 모습을 나타낸 것이다. 야구공이 위로 올라가는 동안에 대한 설명으로 옳은 것은?(단, 공기 저항과 모든 마찰은 무시한다.)

① 위치 에너지는 일정하다.
② 역학적 에너지는 증가한다.
③ 위치 에너지가 운동 에너지로 전환된다.
④ 위치 에너지가 감소한 만큼 운동 에너지가 증가한다.
⑤ 최고점에 도달하는 순간 야구공의 운동 에너지는 0이 된다.

중요
14 오른쪽 그림과 같이 공을 연직 위로 던져 올렸다. 공이 위로 올라가는 동안 역학적 에너지 변화에 대한 설명으로 옳지 않은 것은?(단, 공기 저항과 모든 마찰은 무시한다.)

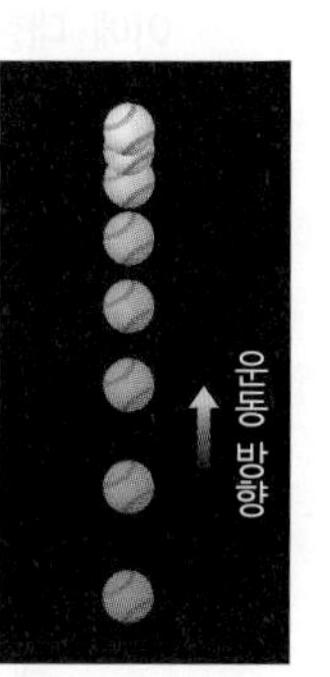

① 위치 에너지가 증가한다.
② 운동 에너지가 감소한다.
③ 최고점에서는 위치 에너지만 가진다.
④ 운동 에너지가 위치 에너지로 전환된다.
⑤ 역학적 에너지가 가장 큰 지점은 공을 던지는 순간이다.

15 표는 질량 3 kg인 물체를 A 지점에서 가만히 놓아 떨어뜨렸을 때 낙하하는 지점에서의 위치 에너지와 운동 에너지를 측정하여 나타낸 것이다.

지점	A	B	C	D
위치 에너지(J)	196	98	49	0
운동 에너지(J)	0	98	147	?

이 물체가 지면에 도달한 D 지점에서의 운동 에너지는 몇 J인지 구하시오.(단, 공기 저항과 모든 마찰은 무시한다.)

중요
16 오른쪽 그림과 같이 투명 플라스틱 관의 위쪽 끝 O점에서 50 cm 아래인 A점과 1 m 아래인 B점에 속력 측정기를 각각 설치한 후, O점에서 쇠구슬이 투명 플라스틱 관을 통과하도록 가만히 놓아 낙하시켰다. 이에 대한 설명으로 옳은 것을 <보기>에서 모두 고른 것은?(단, 공기 저항과 모든 마찰은 무시하며, B점을 높이의 기준면으로 한다.)

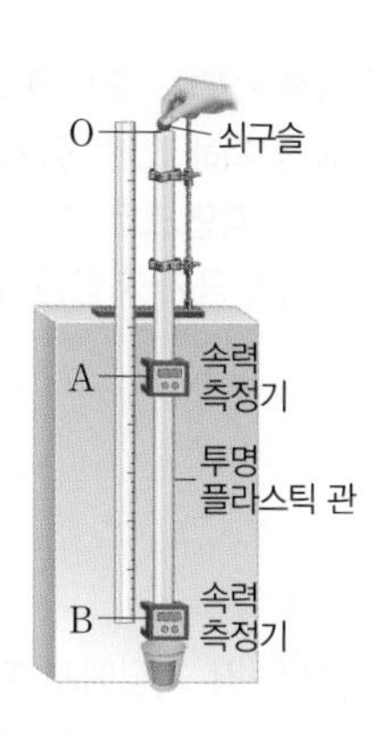

보기
ㄱ. 낙하하는 동안 쇠구슬의 위치 에너지가 운동 에너지로 전환된다.
ㄴ. O점에서 쇠구슬의 위치 에너지는 B점에서 쇠구슬의 운동 에너지와 같다.
ㄷ. A점에서 쇠구슬의 역학적 에너지는 B점에서 쇠구슬의 역학적 에너지보다 크다.

① ㄴ ② ㄱ, ㄴ ③ ㄱ, ㄷ
④ ㄴ, ㄷ ⑤ ㄱ, ㄴ, ㄷ

17 지면으로부터 20 m 높이인 곳에서 질량 4 kg인 물체를 자유 낙하시켰다. 이 물체가 지면으로부터 10 m 높이인 곳을 지날 때 물체의 속력은 몇 m/s인지 구하시오.

18 오른쪽 그림은 질량 1 kg인 물체를 지면으로부터 8 m 높이에서 가만히 놓아 낙하시키는 모습을 나타낸 것이다. 이에 대한 설명으로 옳은 것은?(단, 공기 저항과 모든 마찰은 무시한다.)

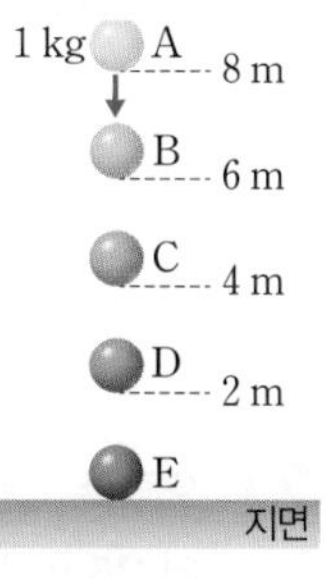

① A 지점에서 역학적 에너지가 최대이다.
② B 지점에서 위치 에너지는 19.6 J이다.
③ C 지점에서 위치 에너지와 운동 에너지는 같다.
④ D 지점에서 위치 에너지 : 운동 에너지=3 : 1이다.
⑤ 낙하하는 동안 물체의 운동 에너지가 위치 에너지로 전환된다.

[19~20] 오른쪽 그림과 같이 A 지점에 정지해 있던 물체가 B, C, D 지점을 거쳐 지면으로 떨어졌다. 물음에 답하시오.(단, 공기 저항은 무시한다.)

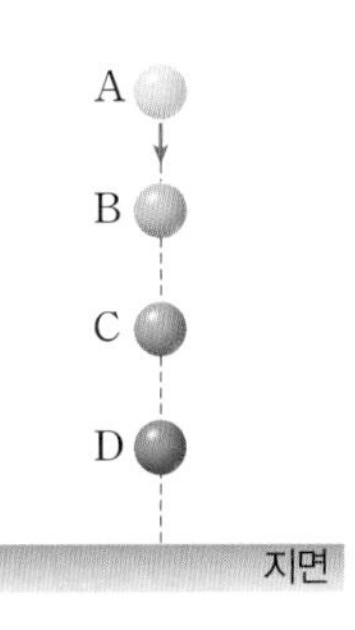

중요

19 각 지점에서 지면으로부터의 높이(h)에 따른 역학적 에너지(E)의 변화를 나타낸 그래프로 옳은 것은?

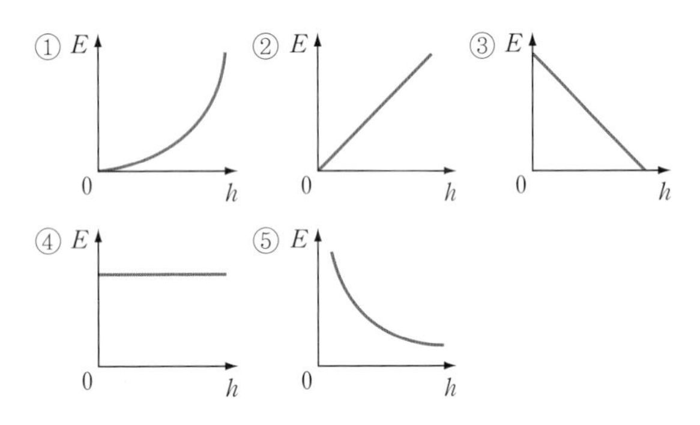

20 각 지점에서의 에너지의 크기를 옳게 비교한 것은?

① 위치 에너지는 A<B이다.
② 운동 에너지는 B<C이다.
③ 운동 에너지는 C=D이다.
④ 역학적 에너지는 A<B이다.
⑤ 역학적 에너지는 C>D이다.

21 오른쪽 그림과 같이 지면으로부터 25 m 높이인 건물 옥상에서 질량 5 kg인 물체를 가만히 떨어뜨렸다. 물체가 떨어지는 도중 위치 에너지와 운동 에너지의 비가 3 : 2인 지점의 지면으로부터의 높이는 몇 m인지 구하시오.(단, 공기 저항은 무시한다.)

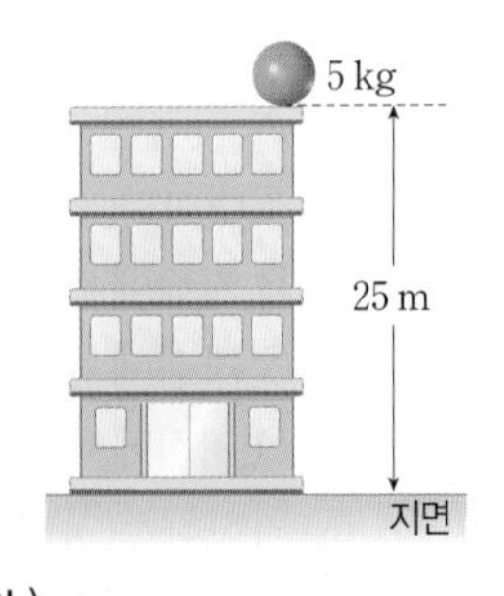

22 질량 1 kg인 공을 14 m/s의 속력으로 지면에서 연직 위로 던져 올렸다. 이 공이 올라갈 수 있는 최고 높이는 지면으로부터 몇 m인지 구하시오.(단, 공기 저항과 모든 마찰은 무시한다.)

신경향

23 그림과 같이 레일을 만든 후 O점의 오른쪽 빗면에 쇠구슬을 가만히 놓았다.

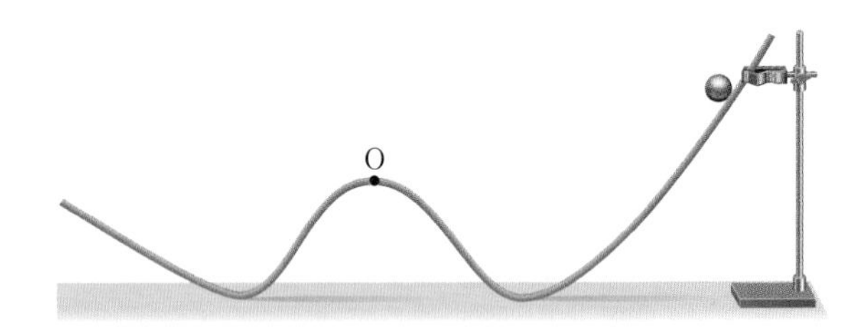

이에 대한 설명으로 옳은 것을 〈보기〉에서 모두 고른 것은?(단, 공기 저항과 모든 마찰은 무시한다.)

보기

ㄱ. 쇠구슬이 레일에서 운동하는 동안 역학적 에너지는 항상 같다.
ㄴ. 쇠구슬이 레일을 내려갈 때는 위치 에너지가 운동 에너지로 전환된다.
ㄷ. O점의 오른쪽 빗면에 쇠구슬을 놓는 위치에 관계없이 쇠구슬은 O점을 통과한다.

① ㄱ　② ㄷ　③ ㄱ, ㄴ
④ ㄴ, ㄷ　⑤ ㄱ, ㄴ, ㄷ

중요

24 그림과 같이 롤러코스터가 정지 상태에서 A점을 출발하여 B점을 거쳐 C점으로 운동하고 있다.

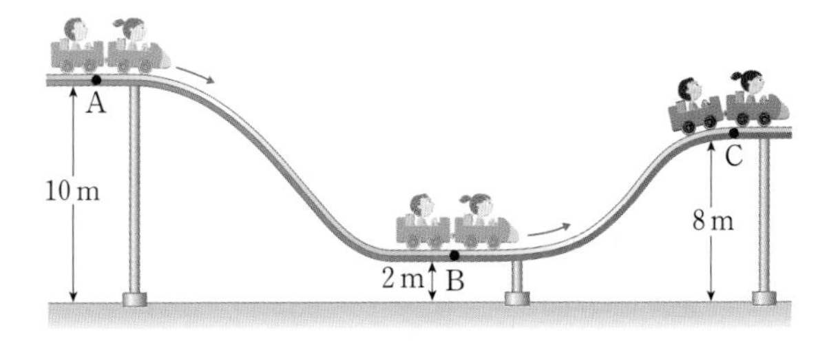

B점과 C점에서 롤러코스터의 속력의 비(B : C)는 얼마인지 구하시오.(단, 공기 저항과 모든 마찰은 무시한다.)

고난도·서술형 문제

서술형

25 그림은 리듬 체조 선수가 공을 연직 위로 던지는 모습을 나타낸 것이다.(단, 공기 저항과 모든 마찰은 무시한다.)

(1) 공이 올라가는 동안의 역학적 에너지 전환 과정을 쓰시오.

(2) 리듬 체조 선수가 공을 던져 올리는 속력이 2배가 되면 공이 올라간 최고 높이는 몇 배가 되는지 쓰고, 그 까닭을 설명하시오.

서술형

26 그림과 같이 높이(h)가 같은 세 가지 모양의 미끄럼틀 (가)~(다)에서 질량이 같은 세 사람이 미끄럼을 타고 있다.(단, 공기 저항과 모든 마찰은 무시한다.)

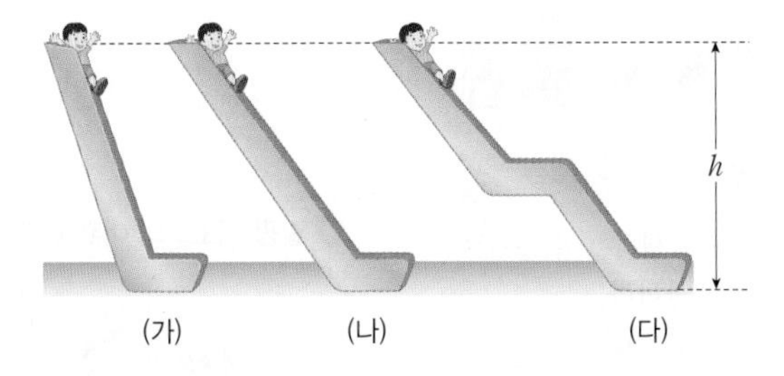

(1) (가)~(다)의 최저점에서의 역학적 에너지를 등호나 부등호를 이용하여 비교하시오.

(2) (가)~(다)에서 최저점에 도달할 때의 속력을 등호나 부등호를 이용하여 비교하시오.

(3) (2)와 같이 답한 까닭을 설명하시오.

27 그림과 같이 지면으로부터 높이 h인 곳에서 공 A는 자유 낙하시키고, 공 B는 v의 속력으로 연직 위로 던져 올렸다.

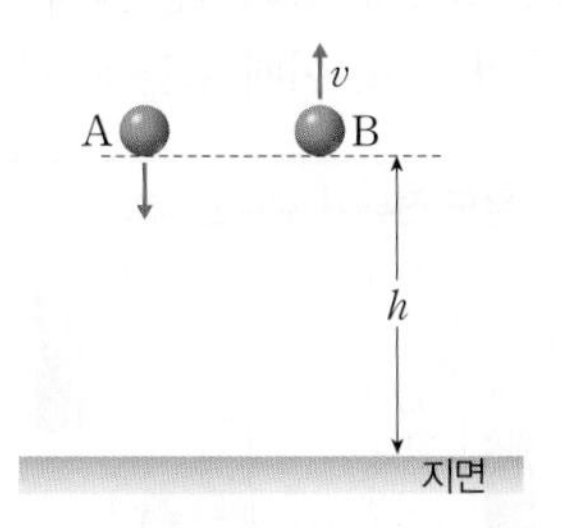

이에 대한 설명으로 옳은 것을 〈보기〉에서 모두 고른 것은?(단, A와 B의 질량은 같고, 공기 저항과 모든 마찰은 무시한다.)

보기

ㄱ. 지면에 닿는 순간 A와 B의 속력은 같다.
ㄴ. 높이 h인 곳에서 A와 B의 위치 에너지는 같다.
ㄷ. 높이 h인 곳에서 A와 B의 역학적 에너지는 같다.

① ㄱ ② ㄴ ③ ㄱ, ㄷ
④ ㄴ, ㄷ ⑤ ㄱ, ㄴ, ㄷ

통합형

28 그림 (가)는 지면으로부터 3 m 높이에 정지해 있던 물체가 중력을 받으며 운동하는 모습을 나타낸 것이고, (나)는 이 물체의 위치 에너지를 높이에 따라 나타낸 것이다.

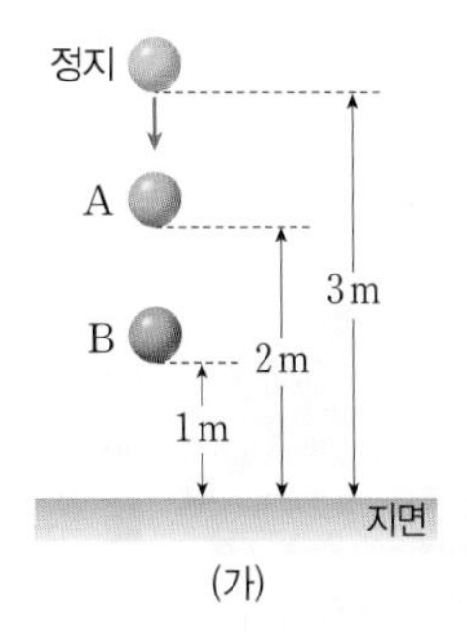

(가)

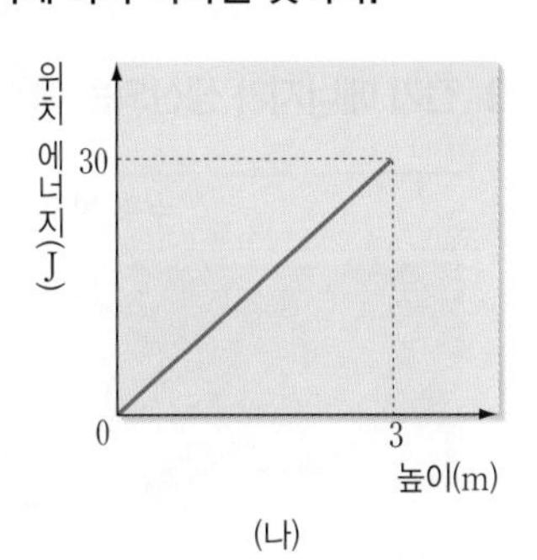

(나)

이에 대한 설명으로 옳은 것을 〈보기〉에서 모두 고른 것은?(단, 공기 저항은 무시한다.)

보기

ㄱ. A 지점에서 위치 에너지는 20 J이다.
ㄴ. B 지점에서의 운동 에너지는 20 J이다.
ㄷ. B 지점에서의 역학적 에너지는 30 J이다.

① ㄱ ② ㄴ ③ ㄱ, ㄷ
④ ㄴ, ㄷ ⑤ ㄱ, ㄴ, ㄷ

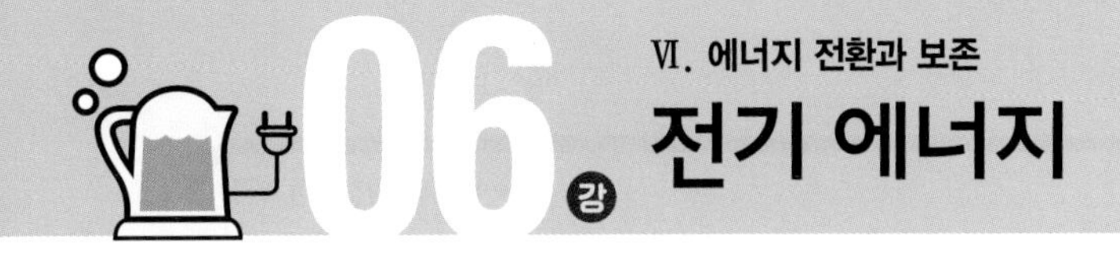

전기 에너지

❶ 자석의 운동으로 만든 전기 에너지

1 전자기 유도 코일을 통과하는 자기장이 변할 때 코일에 전류가 발생하여 흐르는 현상을 전자기 유도라 하고, 이때 코일에 흐르는 전류를 유도 전류라고 한다.❶❷

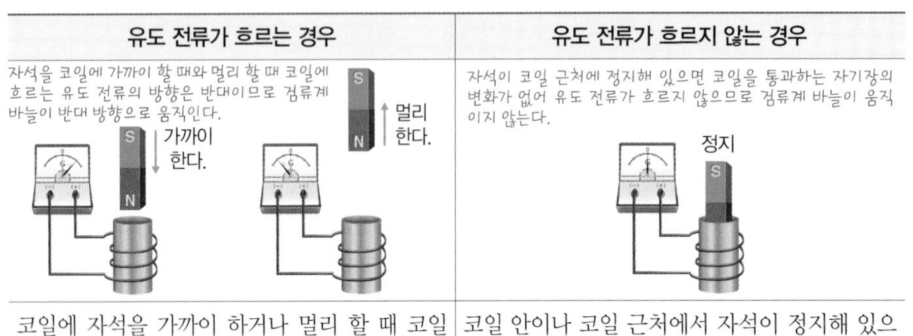

유도 전류가 흐르는 경우	유도 전류가 흐르지 않는 경우
코일에 자석을 가까이 하거나 멀리 할 때 코일을 통과하는 자기장이 변하여 코일에 전류가 흐른다.	코일 안이나 코일 근처에서 자석이 정지해 있으면 자기장이 변하지 않아 코일에 전류가 흐르지 않는다.

2 발전 운동 에너지나 위치 에너지 등의 에너지를 전기 에너지로 전환하는 것을 발전이라 하고, 발전 과정에서 사용하는 장치를 발전기라고 한다. 돋보기 56쪽

발전기의 구조와 원리

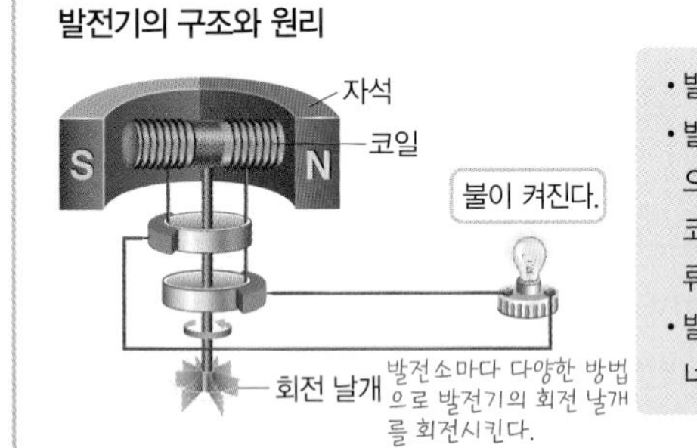

- 발전기의 구조: 자석과 코일로 이루어져 있다.
- 발전기의 원리: 발전기의 회전 날개를 여러 가지 방법으로 회전시킨다. → 자석 안의 코일이 회전한다. → 코일을 통과하는 자기장이 변한다. → 코일에 유도 전류가 흘러 전기 에너지가 생산된다.
- 발전기에서의 에너지 전환: 역학적 에너지 → 전기 에너지

3 전기 에너지가 생산되는 예❸

수력 발전소	화력 발전소
댐에 있는 물을 흘려보내 발전기를 회전시켜 전기를 생산한다.	연료를 태워 물을 가열할 때 발생하는 수증기로 발전기를 회전시켜 전기를 생산한다.
풍력 발전소	**손 발전기, 발광 킥보드**❹
바람의 힘으로 발전기를 회전시켜 전기를 생산한다.	손잡이를 돌리거나 바퀴가 굴러가면 내부의 코일이 자석 주위를 회전하면서 유도 전류가 흐른다.

올리드 PLUS 개념

❶ 자기장
자석이나 전류에 의해 자기력이 작용하는 공간이다.

❷ 코일
도선을 원형 또는 원통형 모양으로 여러 번 감아 놓은 것이다.

❸ 발전소에서의 에너지 전환 과정
- 수력 발전소: 물의 위치 에너지 → 물의 운동 에너지 → 발전기의 운동(역학적) 에너지 → 전기 에너지
- 화력 발전소: 화석 연료의 화학 에너지 → 수증기의 운동 에너지 → 발전기의 운동(역학적) 에너지 → 전기 에너지
- 풍력 발전소: 바람의 운동 에너지 → 발전기의 운동(역학적) 에너지 → 전기 에너지

❹ 발광 킥보드의 내부 구조

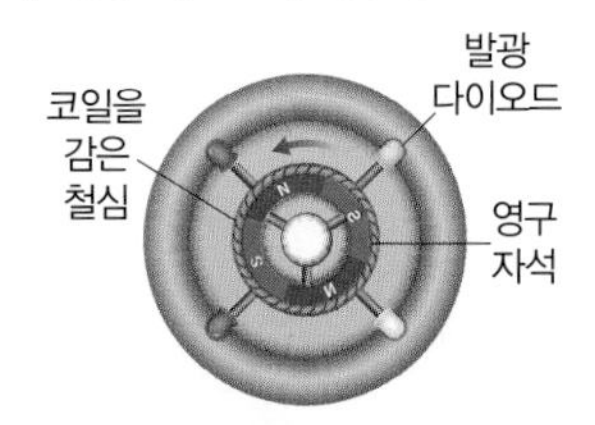

코일을 감은 철심이 바퀴의 축에 고정된 자석 주위를 회전하면 코일을 통과하는 자기장이 변하면서 유도 전류가 흐른다. 이 유도 전류에 의해 발광 다이오드에 불이 들어온다.

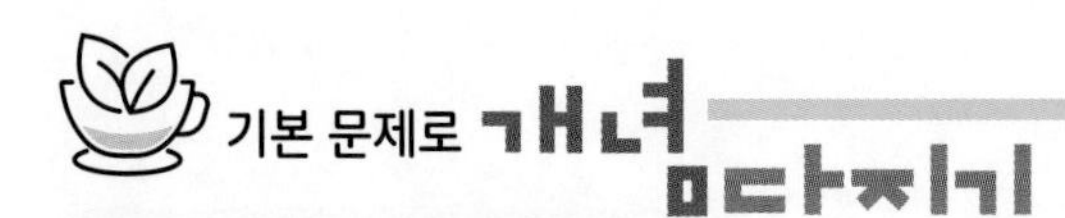

★ 바른답·알찬풀이 18쪽

❶ 자석의 운동으로 만든 전기 에너지

01 (　　) 안에 들어갈 알맞은 말을 쓰시오.

> 코일을 통과하는 자기장이 변할 때 코일에 전류가 발생하여 흐르는 현상을 (㉠)(이)라 하고, 이때 코일에 흐르는 전류를 (㉡)(이)라고 한다.

02 코일에 유도 전류가 흐르는 경우는 ○표, 흐르지 않는 경우는 ×표 하시오.

(1) 코일에서 자석을 멀리 한다. (　　)
(2) 코일에 자석을 가까이 한다. (　　)
(3) 코일 안에 자석을 넣고 가만히 있는다. (　　)

03 전자기 유도를 이용하여 역학적 에너지를 전기 에너지로 전환하는 장치를 쓰시오.

04 그림은 손으로 손잡이를 돌려 전기를 생산하는 손 발전기의 내부 구조를 나타낸 것이다.

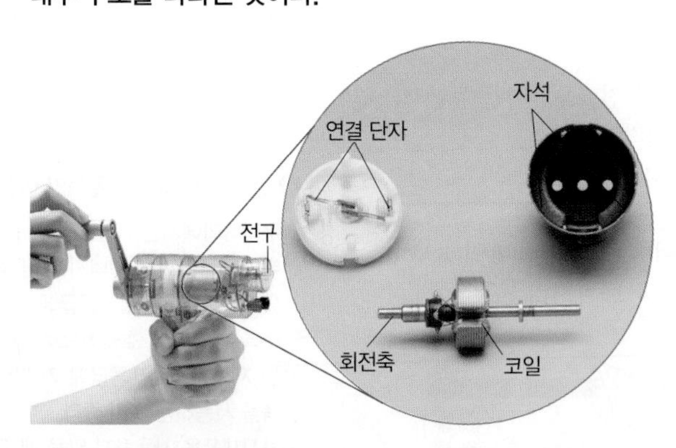

손 발전기의 손잡이를 돌려 전기 에너지를 생산할 때 에너지 전환 과정을 쓰시오.

05 발전기의 구조와 원리에 대한 설명이다. (　　) 안에 공통적으로 들어갈 알맞은 말을 쓰시오.

> 발전기는 자석과 자석 안에서 회전할 수 있는 (　　)(으)로 이루어져 있다. (　　)이/가 자석 안에서 회전하면 (　　)을/를 통과하는 자기장의 변화에 의해 (　　)에 유도 전류가 흐르면서 전기가 생산된다.

06 다음은 발전기의 작동 과정을 순서 없이 나열한 것이다.

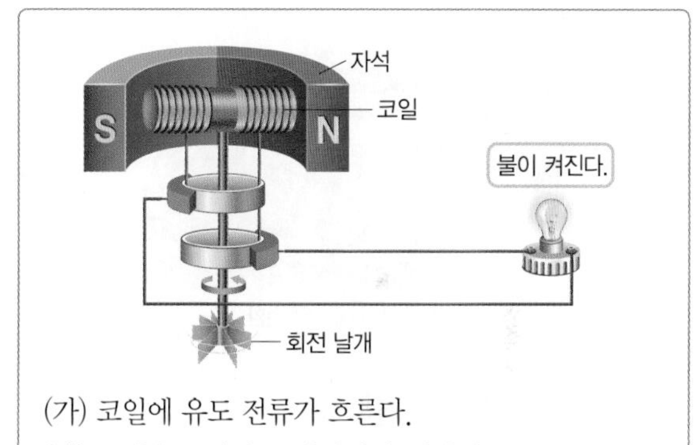

(가) 코일에 유도 전류가 흐른다.
(나) 코일을 통과하는 자기장이 변한다.
(다) 회전 날개를 돌려 코일을 회전시킨다.

발전기의 작동 과정을 순서대로 옳게 나열하시오.

07 발전소에서 일어나는 에너지 전환에 대한 설명이다. (　　) 안에 들어갈 알맞은 말을 쓰시오.

(1) 수력 발전소에서는 물의 (　　) 에너지가 전기 에너지로 전환된다.
(2) 풍력 발전소에서는 바람의 (　　) 에너지가 전기 에너지로 전환된다.
(3) 화력 발전소에서는 화석 연료의 (　　) 에너지가 전기 에너지로 전환된다.

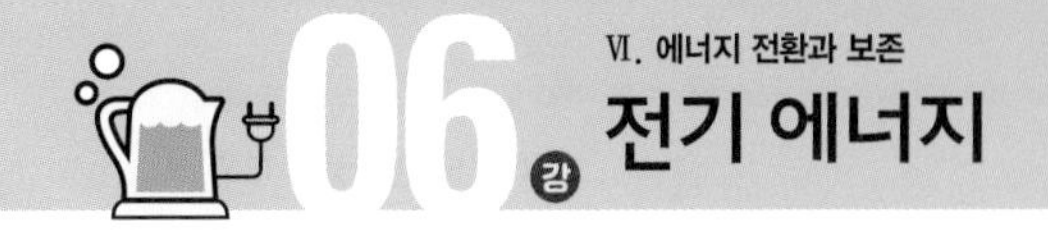

올리드 PLUS 개념

② 전기 에너지의 전환과 에너지 보존

1 전기 에너지 전류가 흐를 때 공급되는 에너지⑤

2 가정에서의 전기 에너지 전환

전기 기구	에너지 전환
헤어드라이어, 전기난로, 전기다리미, 전기밥솥	전기 에너지 → 열에너지
전등, 컴퓨터 모니터	전기 에너지 → 빛에너지
휴대 전화의 배터리 충전	전기 에너지 → 화학 에너지
선풍기, 세탁기, 전기 믹서	전기 에너지 → 운동 에너지
오디오, 스피커	전기 에너지 → 소리 에너지

물질 속에 화학 결합에 의해 저장되어 있는 에너지를 화학 에너지라고 한다. 음식물, 건전지, 화석 연료 등에 저장되어 있다.

3 에너지 보존 에너지는 전환될 때 의도한 형태의 에너지로만 전환되지 않고 일부는 다른 형태의 에너지로도 전환된다. 이렇게 에너지가 전환되는 과정에서 에너지는 새로 생기거나 없어지지 않고 총량이 일정하게 보존된다.

➡ 전환 전 에너지 총량=전환된 에너지를 합한 총량⑥

에너지의 총량은 보존되지만 이용 가능한 형태의 에너지는 점점 감소하므로 에너지를 절약해야 한다.

▲ 자동차의 에너지 전환

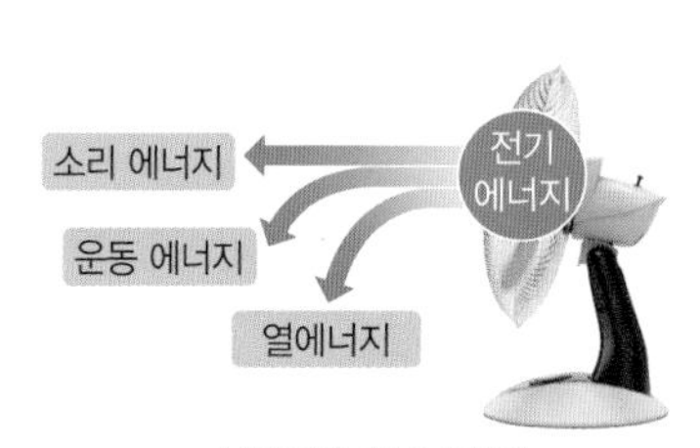

▲ 선풍기의 에너지 전환

③ 소비 전력과 전력량 돋보기 57쪽

1 소비 전력과 전력량

구분	소비 전력⑦	전력량
정의	단위 시간(1초) 동안 전기 기구가 사용하는 전기 에너지	전기 기구가 일정 시간 동안 사용한 전기 에너지의 양
식	소비 전력$=\frac{\text{전기 에너지}}{\text{시간}}$ 시간의 단위로 s(초)를 사용한다.	전력량=전력×시간 시간의 단위로 h(시)를 사용한다.
단위	• W(와트) • 1 W: 1초 동안 1 J의 전기 에너지를 사용할 때의 전력	• Wh(와트시) • 1 Wh: 1 W의 전력을 1시간 동안 사용했을 때의 전력량 • 1 kWh=1000 Wh

2 전력량의 측정과 전기 요금 각 가정에서 소비한 전력량은 전력량계를 이용하여 kWh 단위로 측정한 후 각 가정에 고지되며, 이를 기준으로 전기 요금이 부과된다.⑧

◀ 전력량계

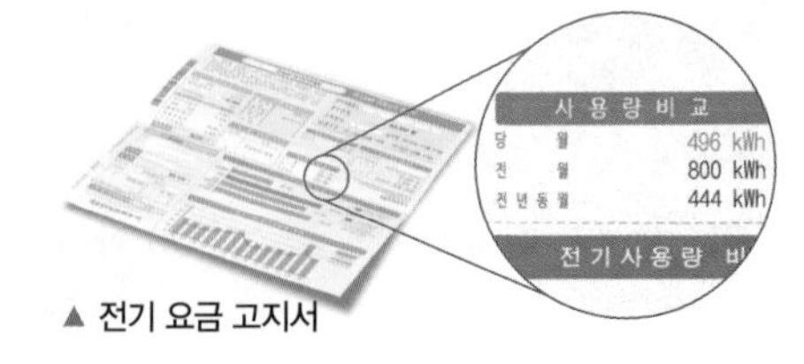

▲ 전기 요금 고지서

⑤ 전기 에너지의 특징

- 각종 전기 기구들을 통해 다른 형태의 에너지로 쉽게 전환된다.
- 사용할 때 환경 오염을 일으키지 않는다.
- 전선을 이용하여 비교적 먼 곳까지 쉽게 전달할 수 있다.
- 저장이나 휴대가 간편하다.

⑥ 역학적 에너지가 보존되지 않는 경우

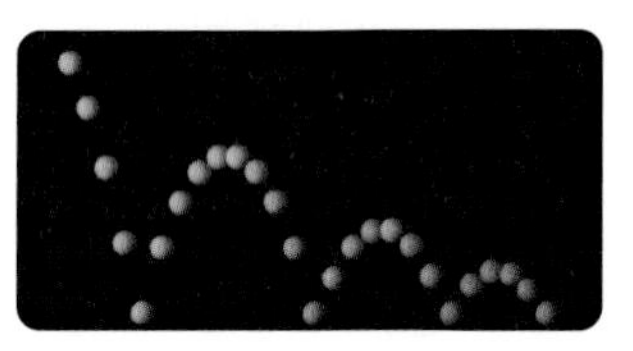

그림과 같이 바닥으로 비스듬히 던진 공은 바닥에서 튕겨 올라갈 때마다 최고 높이가 점점 감소하다가 정지한다. 이는 역학적 에너지가 공기와의 마찰 및 바닥과의 충돌에 의해 소리 에너지와 열에너지로 전환되기 때문으로 역학적 에너지는 보존되지 않는다. 그러나 전환되기 전 역학적 에너지의 총량과 소리 에너지와 열에너지 등의 여러 에너지로 전환된 후의 에너지의 총량은 일정하게 보존된다.

⑦ 전기 기구의 소비 전력

220 V－17 W로 표시되어 있는 전구는 220 V의 전원에 연결할 때 1초 동안에 17 J의 전기 에너지를 사용한다는 의미이다.

⑧ 전기 에너지의 효율적인 이용

- 우리나라에서는 가전제품에 1등급부터 5등급까지 에너지 소비 효율을 표시하고 있다. 1등급에 가까울수록 에너지를 효율적으로 이용하는 제품이므로 1등급에 가까운 제품을 사용하는 것이 좋다.
- 가전제품을 사용하지 않을 때 플러그를 뽑아 두거나 대기 전력이 작은 제품을 사용한다.

❷ 전기 에너지의 전환과 에너지 보존

08 전기 에너지 전환에 대한 설명이다. (　　) 안에 들어갈 알맞은 말을 고르시오.

(1) 전기 에너지는 다른 형태의 에너지로 전환되기 (쉬운, 어려운) 에너지이다.
(2) 전기 에너지가 다른 형태의 에너지로 전환될 때 에너지 총량은 (변한다, 변하지 않는다).
(3) 휴대 전화의 배터리를 충전하는 과정에서 전기 에너지는 (역학적, 화학) 에너지로 전환된다.

09 전기 기구에서 전기 에너지 전환 과정을 옳게 연결하시오.

(1) 라디오 • 　　• ㉠ 전기 에너지 → 빛에너지
(2) 선풍기 • 　　• ㉡ 전기 에너지 → 열에너지
(3) 전기밥솥 • 　　• ㉢ 전기 에너지 → 운동 에너지
(4) LED 전구 • 　　• ㉣ 전기 에너지 → 소리 에너지

10 에너지 보존에 대한 설명으로 옳은 것은 ○표, 옳지 않은 것은 ×표 하시오.

(1) 에너지는 보존되기 때문에 아껴 쓰지 않아도 된다. (　　)
(2) 공기 저항이 있을 때에도 역학적 에너지는 항상 일정하게 보존된다. (　　)
(3) 역학적 에너지가 보존되지 않는 경우 에너지의 총량도 보존되지 않는다. (　　)

11 텔레비전에서 일어나는 에너지 전환과 보존에 대한 설명이다. (　　) 안에 들어갈 알맞은 말을 쓰시오.

> 텔레비전을 작동하면 화면이 켜지면서 소리가 나온다. 이때 사용되는 전기 에너지는 (㉠) 에너지와 소리 에너지 등으로 전환되며, 사용한 전기 에너지의 총량은 전환된 에너지의 총량과 (㉡).

❸ 소비 전력과 전력량

12 소비 전력에 대한 설명은 '전력', 전력량에 대한 설명은 '전력량'이라고 쓰시오.

(1) 단위로 Wh(와트시)를 사용한다. (　　)
(2) 단위로 W(와트)를 사용한다. (　　)
(3) 전기 기구가 일정한 시간 동안 사용한 전기 에너지의 총량이다. (　　)
(4) 단위 시간(1초) 동안 전기 기구가 사용하는 전기 에너지이다. (　　)

13 소비 전력이 1000 W인 전열기가 있다. 전열기가 1초 동안 사용하는 전기 에너지는 몇 J인지 구하시오.

14 그림은 텔레비전에 표시된 세부 사항을 나타낸 것이다.

이 텔레비전을 220 V 전압에 연결하여 3시간 동안 작동시켰을 때, 텔레비전이 사용한 전력량은 몇 Wh인지 구하시오.

15 전기 에너지의 효율적 이용에 대한 설명으로 옳은 것은 ○표, 옳지 않은 것은 ×표 하시오.

(1) 대기 전력이 큰 제품을 사용한다. (　　)
(2) 사용하지 않는 전기 기구의 플러그는 뽑아 둔다. (　　)
(3) 에너지 소비 효율 등급이 5등급에 가까운 제품을 사용한다. (　　)

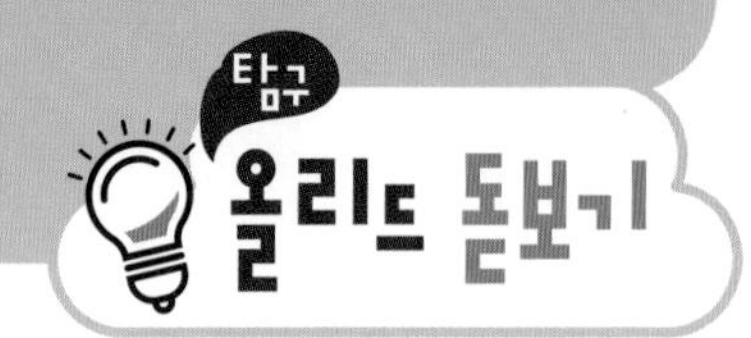

전기 에너지가 만들어지는 원리

개념 52쪽

★ 바른답 · 알찬풀이 18쪽

과정 및 결과

❶ 투명 관에 2 cm 간격으로 고무 칸막이를 끼운 후 에나멜선을 400회 정도 감는다.

❷ 투명 관에 네오디뮴 자석을 넣고, 양 끝을 마개로 막는다.

❸ 에나멜선 끝을 사포로 문질러 피복을 벗겨 낸다.

❹ 발광 다이오드 2개의 (+)극과 (−)극을 서로 반대 방향으로 연결한다.

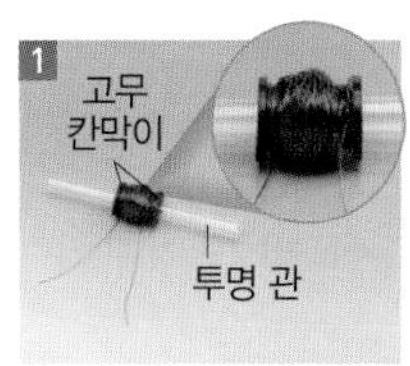

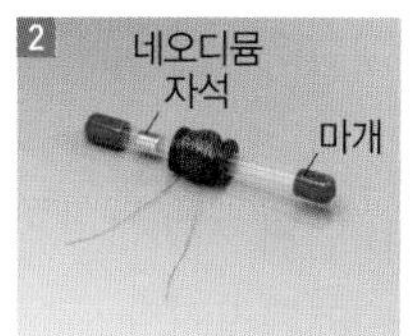

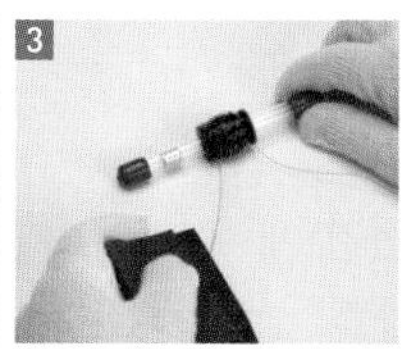

❺ 한 손으로 발광 다이오드를 잡고 다른 손으로 투명 관을 옆으로 흔들면서 발광 다이오드를 관찰한다. ➡ 2개의 발광 다이오드에 서로 번갈아가면서 불이 들어온다.

❻ 투명 관을 천천히 또는 빠르게 흔들어 보면서 발광 다이오드의 밝기를 관찰한다. ➡ 빠르게 흔들 때 발광 다이오드의 밝기가 더 밝다.

유의할 점

- 에나멜선은 한 방향으로 감고, 남은 에나멜선이 엉키지 않게 주의한다.
- 에나멜선을 투명 관에 같은 두께로 고르게 감는다.
- 투명 관에 자석을 넣고 흔들 때 자석이 빠져나가지 않도록 주의한다.

발광 다이오드

발광 다이오드의 긴 다리 쪽에 전지의 (+)극, 짧은 다리 쪽에 전지의 (−)극을 연결해야 불이 들어온다. 반대로 연결하면 불이 들어오지 않는다. 즉, 발광 다이오드는 전류를 한 방향으로만 흐르게 한다.

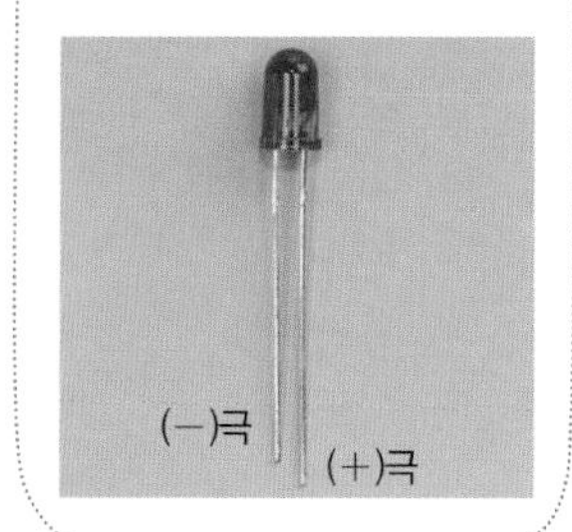

정리

- 투명 관을 흔들면 그 안에 들어 있는 자석이 코일 사이를 왕복하게 된다. 자석이 코일 사이를 왕복하는 동안 코일을 통과하는 자기장이 변하여 코일에 유도 ❶(　　　)이/가 발생하여 흐르고 발광 다이오드에 불이 들어오게 된다.
- 발광 다이오드에 불이 들어올 때 에너지 전환 과정: 몸속 영양분의 화학 에너지 → 손과 자석의 운동(역학적) 에너지 → 코일의 ❷(　　　) 에너지 → 발광 다이오드의 빛에너지
- 2개의 발광 다이오드에 서로 번갈아가면서 불이 들어오는 까닭: 자석이 코일 사이를 왕복하면 코일에 흐르는 전류의 방향은 계속 바뀐다. 발광 다이오드는 한쪽 방향으로 전류가 흐를 때만 불이 들어오므로 서로 ❸(　　　) 방향으로 연결된 발광 다이오드에 불이 번갈아가며 들어온다.
- 투명 관을 빠르게 흔들수록 자석의 움직임이 빨라져 코일 내부의 자기장 변화가 커지므로 발생되는 전기 에너지도 커진다. 따라서 발광 다이오드에 센 유도 전류가 흐르게 되어 발광 다이오드의 밝기가 더 밝아진다.

답 ❶ 전류 ❷ 전기 ❸ 반대

01 위 실험에 대한 설명으로 옳은 것은 ○표, 옳지 않은 것은 ×표 하시오.

(1) 투명 관을 흔들 때 투명 관 안에서 움직이는 자석의 역학적 에너지가 전기 에너지로 전환된다. (　　)

(2) 투명 관을 흔들면 코일과 연결된 2개의 발광 다이오드에 번갈아 가면서 불이 들어온다. (　　)

(3) 투명 관을 빠르게 흔들수록 발광 다이오드의 밝기가 더 밝아진다. (　　)

(4) 자석을 비슷한 모양의 나무 도막으로 교체한 후 투명 관을 흔들어도 발광 다이오드에 불이 들어온다. (　　)

02 오른쪽 그림과 같이 간이 발전기에 발광 다이오드를 연결한 후 흔들었더니 발광 다이오드에 불이 들어왔다. 이에 대한 설명으로 옳은 것을 〈보기〉에서 모두 고르시오.

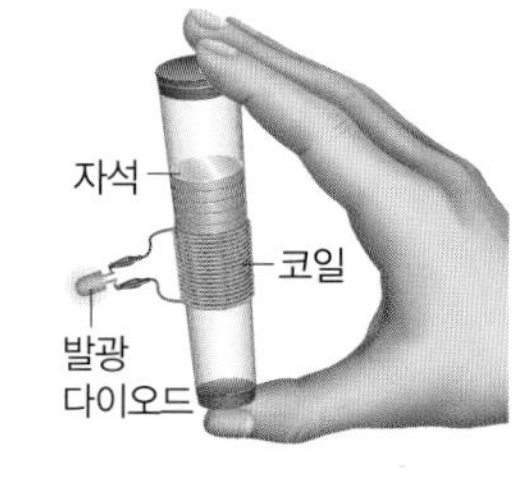

보기

ㄱ. 발광 다이오드에서는 전기 에너지가 빛에너지로 전환된다.

ㄴ. 자석이 코일 사이를 왕복 운동 하면 코일에 전류가 흐른다.

ㄷ. 간이 발전기를 흔들면 전기 에너지가 역학적 에너지로 전환된다.

가전제품의 소비 전력 비교하기

개념 54쪽

★ 바른답 · 알찬풀이 19쪽

가정에서 사용하는 가전제품의 소비 전력과 에너지 전환 과정을 알아보고, 소비 전력이 큰 가전제품에는 어떤 특징이 있는지 알아보자.

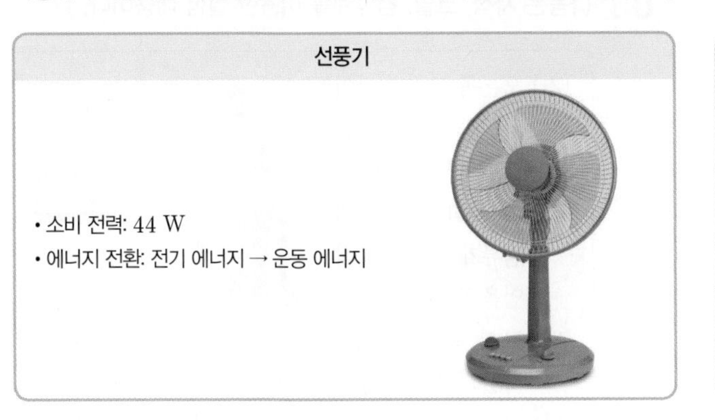

선풍기

- 소비 전력: 44 W
- 에너지 전환: 전기 에너지 → 운동 에너지

전기난로

- 소비 전력: 1500 W
- 에너지 전환: 전기 에너지 → 열에너지

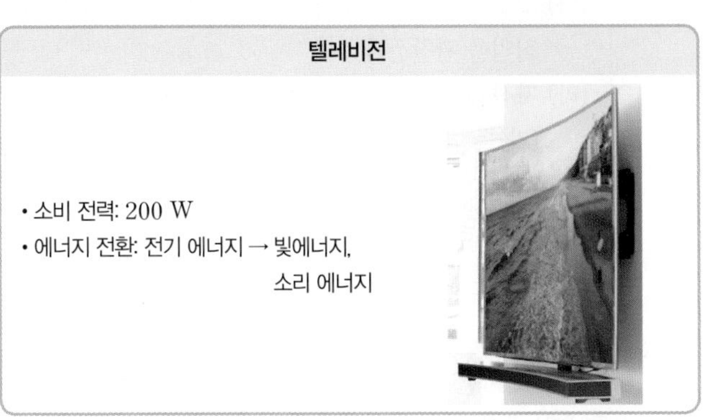

텔레비전

- 소비 전력: 200 W
- 에너지 전환: 전기 에너지 → 빛에너지, 소리 에너지

전기다리미

- 소비 전력: 1575 W
- 에너지 전환: 전기 에너지 → 열에너지

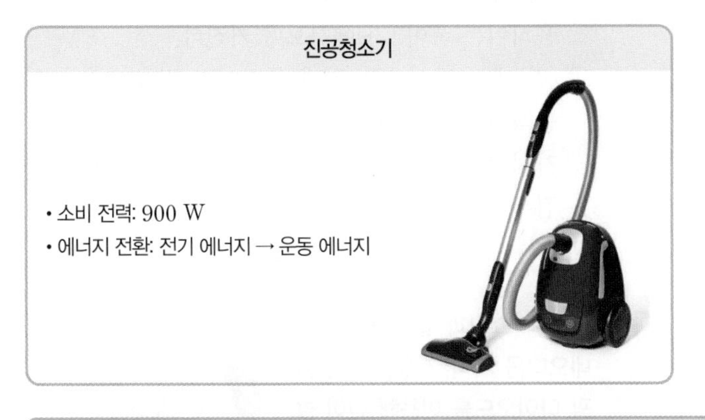

진공청소기

- 소비 전력: 900 W
- 에너지 전환: 전기 에너지 → 운동 에너지

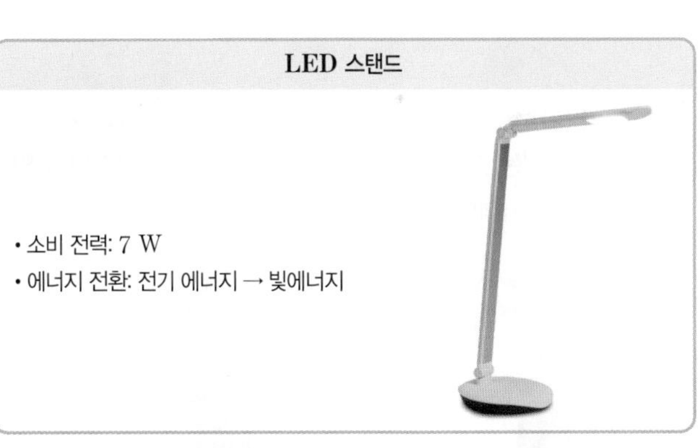

LED 스탠드

- 소비 전력: 7 W
- 에너지 전환: 전기 에너지 → 빛에너지

- 전기난로나 전기다리미와 같이 전기 에너지를 열에너지로 전환하여 사용하는 가전제품은 소비 전력이 크다.
- LED 스탠드와 같이 전기 에너지를 빛에너지로 전환하여 사용하는 조명 기구는 소비 전력이 상대적으로 작다.
- 일반적으로 전기 에너지를 각각 열에너지, 운동 에너지, 빛에너지나 소리 에너지로 전환하여 사용하는 가전제품 순으로 소비 전력이 크다.

01 표는 여러 가지 가전제품의 전기 에너지 전환 과정을 나타낸 것이다. ( ) 안에 들어갈 알맞은 말을 쓰시오.

가전제품	전기 에너지 전환
세탁기	전기 에너지 → 운동 에너지
형광등	전기 에너지 → (㉠) 에너지
스피커	전기 에너지 → (㉡) 에너지
전기밥솥	전기 에너지 → (㉢) 에너지

02 표는 에어컨과 선풍기의 소비 전력을 나타낸 것이다.

가전제품	소비 전력
에어컨	1500 W
선풍기	50 W

같은 시간 동안 에어컨을 한 대 켜는 것은 선풍기 몇 대를 켜는 것과 같은 전기 에너지를 사용하는지 쓰시오.

대표 문제로 실력 확인하기

중요
01 그림과 같이 코일 옆에 자석을 놓았다.

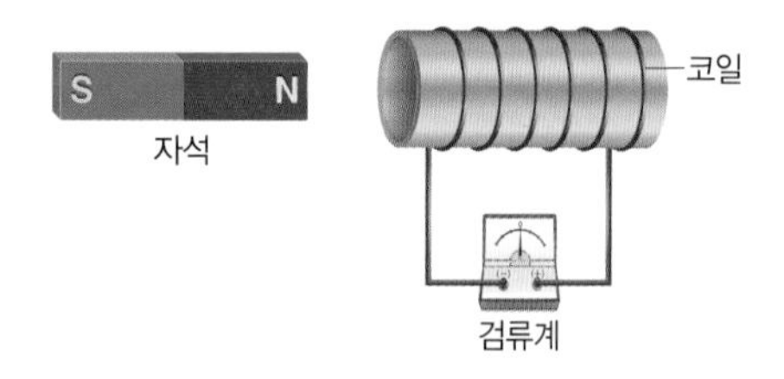

이에 대한 설명으로 옳은 것을 모두 고르면?(정답 2개)

① 자석을 코일에 가까이 할 때 검류계 바늘이 움직인다.
② 자석을 코일에서 멀리 할 때 검류계 바늘이 움직인다.
③ 자석을 코일 속에 넣고 정지해 있을 때 검류계 바늘이 움직인다.
④ 자석을 코일에 가까이 할 때와 멀리 할 때 검류계 바늘이 움직이는 방향은 같다.
⑤ 자석을 코일에서 멀리 할 때와 자석을 코일 속에 넣고 정지해 있을 때 검류계 바늘이 움직이는 방향은 반대이다.

02 그림 (가)는 발광 다이오드와 연결된 코일 근처에서 자석이 정지해 있는 모습을, (나)는 발광 다이오드와 연결된 코일 근처에서 자석이 움직이는 모습을 나타낸 것이다.

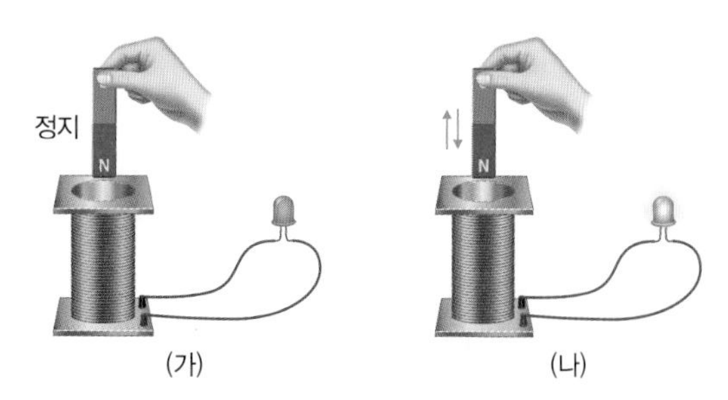

이에 대한 설명으로 옳은 것을 〈보기〉에서 모두 고른 것은?

보기
ㄱ. (가)에서는 자석의 역학적 에너지가 열에너지로 전환된다.
ㄴ. (가)에서는 유도 전류가 발생하지 않고, (나)에서는 유도 전류가 발생한다.
ㄷ. (나)에서 자석을 더 빨리 움직이면 발광 다이오드의 밝기가 더 밝아진다.

① ㄱ ② ㄴ ③ ㄱ, ㄷ
④ ㄴ, ㄷ ⑤ ㄱ, ㄴ, ㄷ

중요
03 다음은 자석, 코일, 검류계를 이용한 실험 내용이다.

(가) 오른쪽 그림과 같이 코일과 검류계를 연결한 다음 코일 속에 자석을 넣을 때 검류계 바늘의 움직임을 관찰한다.

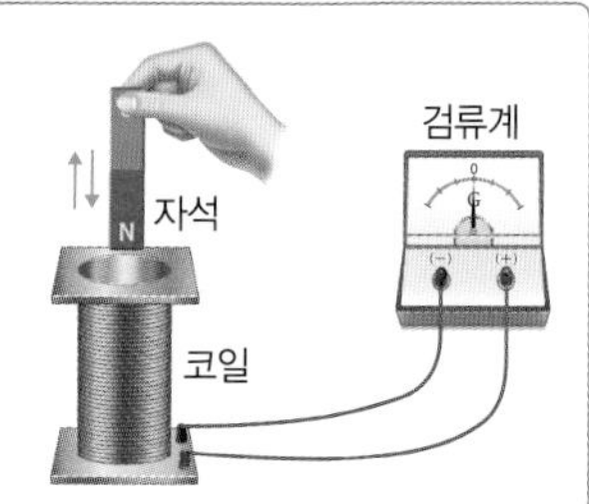

(나) 코일 속에 자석을 넣고 가만히 있을 때 검류계 바늘의 움직임을 관찰한다.
(다) 코일 속에 넣은 자석을 뺄 때 검류계 바늘의 움직임을 관찰한다.
(라) 자석을 빠르게 또는 느리게 움직여 보면서 과정 (가)를 반복한다.

이에 대한 설명으로 옳지 않은 것은?

① (가)와 (다)에서 검류계 바늘은 같은 방향으로 움직인다.
② (나)에서는 검류계 바늘이 움직이지 않는다.
③ (라)에서 자석을 빠르게 움직이면 검류계 바늘이 움직이는 폭이 (가)에서보다 커진다.
④ (라)에서 자석을 느리게 움직이면 검류계 바늘이 움직이는 폭이 (가)에서보다 작아진다.
⑤ 자석의 역학적 에너지가 전기 에너지로 전환될 때 검류계 바늘이 움직인다.

04 오른쪽 그림과 같이 투명 관, 네오디뮴 자석, 코일, 마개, 발광 다이오드를 이용해 간이 발전기를 만들었다. 이에 대한 설명으로 옳은 것을 〈보기〉에서 모두 고른 것은?

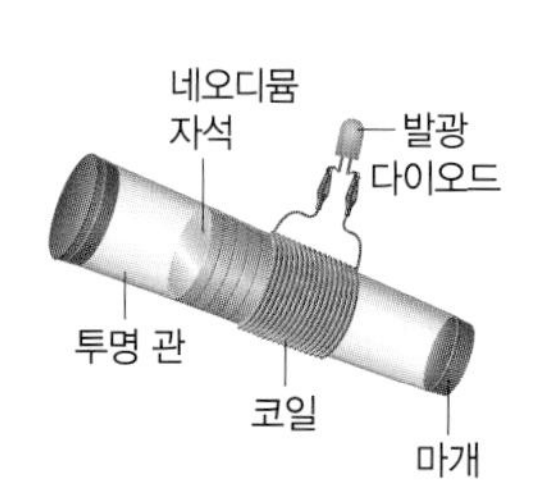

보기
ㄱ. 역학적 에너지가 전기 에너지로 전환되는 경우 발광 다이오드에 불이 들어온다.
ㄴ. 투명 관 안에 네오디뮴 자석을 넣고 바닥에 가만히 두면 간이 발전기에서 전류가 발생한다.
ㄷ. 간이 발전기를 흔드는 빠르기가 빨라질수록 간이 발전기에서 발생하는 전류의 세기는 작아진다.

① ㄱ ② ㄴ ③ ㄱ, ㄷ
④ ㄴ, ㄷ ⑤ ㄱ, ㄴ, ㄷ

★ 바른답·알찬풀이 19쪽

05 다음은 발광 킥보드에 불이 들어오는 원리에 대한 설명이다. (　　) 안에 들어갈 알맞은 말을 쓰시오.

> 바퀴가 회전하면서 코일을 감은 철심이 킥보드 바퀴축에 고정된 자석 주위를 회전하게 되면 코일을 통과하는 (㉠)의 변화에 의해 (㉡)이/가 흘러서 발광 다이오드에 불이 들어온다.

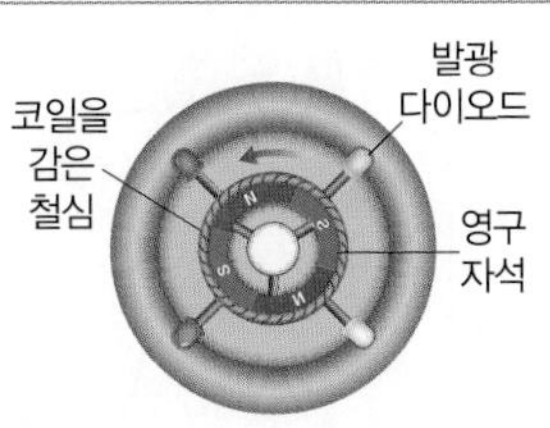

06 자석 안에서 코일이 회전할 때 코일에 전류가 유도되어 흐르는 현상을 이용하여 전기를 생산하는 장치를 쓰시오.

07 그림은 수력 발전소에서 전기가 생산되는 과정을 나타낸 것이다.

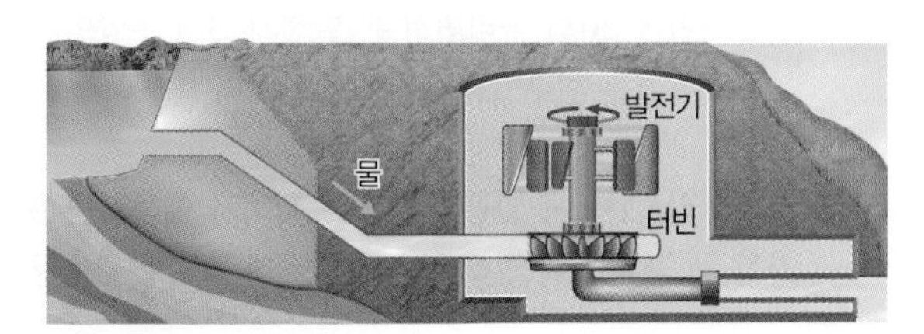

수력 발전소에서 일어나는 에너지 전환 과정으로 옳은 것은?

① 위치 에너지 → 빛에너지 → 전기 에너지
② 위치 에너지 → 운동 에너지 → 전기 에너지
③ 운동 에너지 → 화학 에너지 → 전기 에너지
④ 운동 에너지 → 위치 에너지 → 전기 에너지
⑤ 화학 에너지 → 운동 에너지 → 전기 에너지

중요
08 수력 발전소, 화력 발전소, 풍력 발전소에서 전기 에너지를 생산하는 과정의 공통점으로 옳은 것은?

① 물의 위치 에너지를 이용한다.
② 바람의 운동 에너지를 이용한다.
③ 화석 연료의 화학 에너지를 이용한다.
④ 열에너지가 역학적 에너지로 전환되는 과정이 있다.
⑤ 역학적 에너지가 전기 에너지로 전환되는 과정이 있다.

09 역학적 에너지가 전기 에너지로 전환되는 예로 옳지 않은 것은?

① 풍력 발전소에서 발전을 할 때
② 수력 발전소에서 발전을 할 때
③ 태양광 발전소에서 발전을 할 때
④ 굴러가는 발광 인라인스케이트에서 빛이 날 때
⑤ 달리는 자가발전식 자전거의 전조등에서 빛이 날 때

중요
10 여러 가지 발전소에서 일어나는 에너지 전환 과정에 대한 설명으로 옳은 것을 〈보기〉에서 모두 고른 것은?

> 보기
> ㄱ. 태양광 발전소에서는 태양의 빛에너지가 전기 에너지로 전환된다.
> ㄴ. 풍력 발전소에서는 바람의 위치 에너지가 전기 에너지로 전환된다.
> ㄷ. 화력 발전소에서는 화석 연료의 화학 에너지가 전기 에너지로 전환된다.

① ㄱ　② ㄴ　③ ㄷ
④ ㄱ, ㄷ　⑤ ㄴ, ㄷ

신경향
11 그림은 촛불을 이용해 LED 전구에 불이 들어오게 하는 조명을 나타낸 것이다.

다음은 이 장치에서 일어나는 에너지 전환 과정이다. (　　) 안에 들어갈 알맞은 말을 쓰시오.

> 화학 에너지 → 열에너지 → (　　) → 빛에너지

12 세탁기를 사용할 때 전기 에너지는 여러 가지 에너지로 전환된다. 이때 전환되어 나타나는 에너지가 아닌 것은?

① 열에너지 ② 빛에너지
③ 운동 에너지 ④ 화학 에너지
⑤ 소리 에너지

13 전기 에너지의 특징으로 옳은 것을 〈보기〉에서 모두 고른 것은?

보기
ㄱ. 저장이나 휴대가 간편하다.
ㄴ. 전선을 이용하여 비교적 먼 곳까지 쉽게 전달할 수 있다.
ㄷ. 역학적 에너지로는 쉽게 전환시킬 수 있지만 다른 에너지로의 전환이 비교적 어렵다.

① ㄱ ② ㄷ ③ ㄱ, ㄴ
④ ㄴ, ㄷ ⑤ ㄱ, ㄴ, ㄷ

중요
14 그림은 휴대 전화에서 일어나는 여러 현상을 나타낸 것이다.

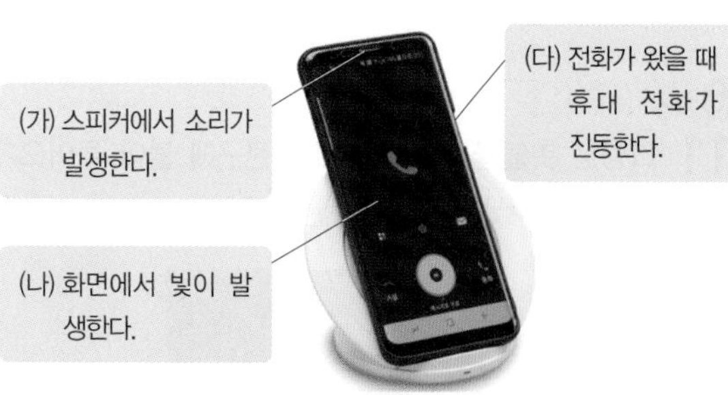

각 현상에서 전기 에너지가 어떤 에너지로 전환되는지 옳게 짝 지은 것은?

	(가)	(나)	(다)
①	빛에너지	열에너지	운동 에너지
②	소리 에너지	빛에너지	운동 에너지
③	소리 에너지	열에너지	빛에너지
④	위치 에너지	빛에너지	소리 에너지
⑤	운동 에너지	소리 에너지	열에너지

신경향
15 다음은 손 발전기 A와 B, 꼬마전구, 버저, 스위치 S_1과 S_2로 회로를 구성한 후 실험한 내용이다.

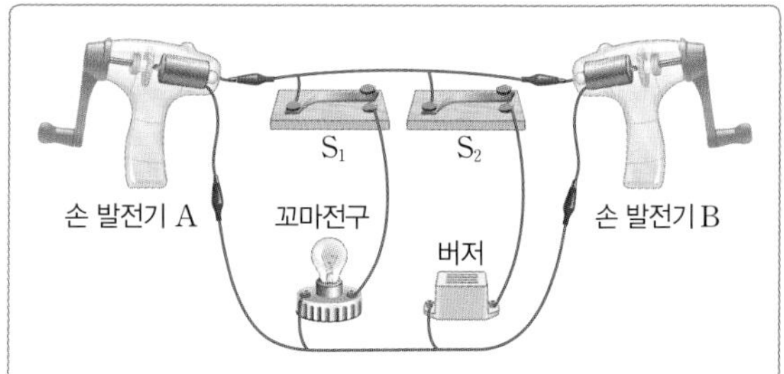

(가) 스위치 S_1, S_2를 모두 열고 손 발전기 A의 손잡이를 20회 돌리면서 손 발전기 B의 손잡이가 돌아가는 횟수를 관찰한다.
(나) 스위치 S_1만 닫고 손 발전기 A의 손잡이를 20회 돌리면서 손 발전기 B의 손잡이가 돌아가는 횟수를 관찰한다.
(다) 스위치 S_2만 닫고 손 발전기 A의 손잡이를 20회 돌리면서 손 발전기 B의 손잡이가 돌아가는 횟수를 관찰한다.
(라) 스위치 S_1, S_2를 모두 닫고 손 발전기 A의 손잡이를 20회 돌리면서 손 발전기 B의 손잡이가 돌아가는 횟수를 관찰한다.

(가)~(라)에서 손 발전기 B의 손잡이가 돌아가는 횟수가 가장 큰 경우와 가장 작은 경우를 옳게 짝 지은 것은?

	가장 큰 경우	가장 작은 경우
①	(가)	(나)
②	(가)	(라)
③	(나)	(라)
④	(다)	(가)
⑤	(라)	(다)

16 그림은 자동차에 공급된 화학 에너지가 다른 형태의 에너지로 전환되는 과정을 나타낸 것이다.

공급된 화학 에너지의 양을 100 %라고 할 때 자동차에서 운동 에너지로 전환된 양은 몇 %인지 구하시오.

신경향

17 다음은 갈릴레이의 사고 실험에 대한 설명이다.

갈릴레이는 그림과 같이 마찰이 없는 레일의 빗면 A점에 공을 놓으면 O점을 지나 반대편 빗면의 같은 높이인 B점까지 공이 올라갈 것으로 생각하였다. 따라서 반대편 빗면을 수평하게 만들면 공은 멈추지 않고 계속 운동할 것이라고 생각하였다.

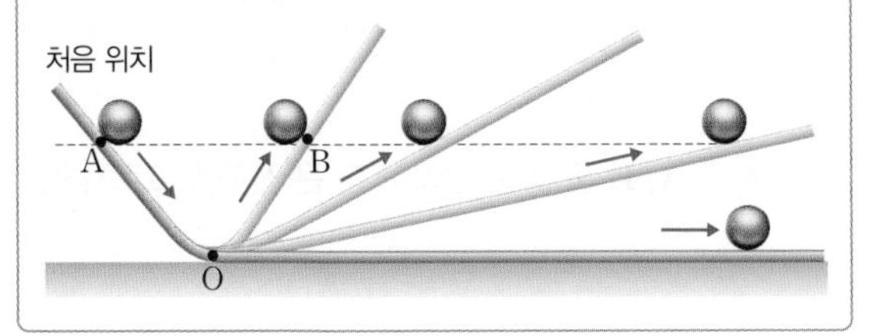

이에 대한 설명으로 옳은 것을 〈보기〉에서 모두 고른 것은?

보기

ㄱ. 공이 운동하는 동안 역학적 에너지는 보존된다.
ㄴ. 공이 수평면에서 운동할 때 역학적 에너지 전환이 일어난다.
ㄷ. 공이 마찰이 있는 수평면에서 운동하다가 멈춘다면, 공이 처음에 가지고 있는 에너지의 총량은 보존되지 않는다.

① ㄱ ② ㄴ ③ ㄱ, ㄷ
④ ㄴ, ㄷ ⑤ ㄱ, ㄴ, ㄷ

18 그림은 진자 운동 하는 물체의 모습을 나타낸 것으로, 공기 저항과 모든 마찰을 무시할 때 진자 운동 하는 물체의 역학적 에너지는 보존되어 멈추지 않고 계속해서 왕복 운동을 한다. 그러나 실제 진자 운동 하는 물체는 시간이 지나면서 왕복 운동 하는 폭이 점점 작아지다가 결국 정지하게 된다.

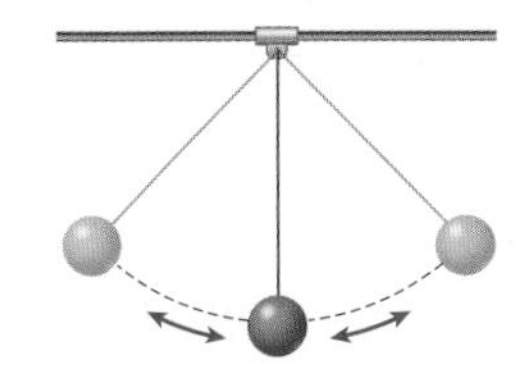

그 까닭을 옳게 설명한 것은?

① 에너지는 항상 보존되므로
② 에너지 총량이 점점 감소하므로
③ 역학적 에너지는 항상 보존되므로
④ 역학적 에너지가 점점 증가하므로
⑤ 역학적 에너지가 열에너지로 전환되므로

중요

19 그림은 공을 옆으로 살짝 던졌을 때 공의 위치를 일정한 시간 간격으로 찍은 연속 사진이다.

공의 운동에 대한 설명으로 옳지 않은 것은?

① 에너지 총량은 점점 감소한다.
② 역학적 에너지가 보존되지 않는다.
③ 마지막에는 바닥에서 옆으로 굴러가다 정지할 것이다.
④ 역학적 에너지는 소리 에너지와 열에너지로도 전환된다.
⑤ 바닥에서 튕겨 올라갈 때마다 최고 높이가 점점 감소한다.

신경향

20 그림은 전기 믹서를 사용할 때 전기 에너지가 전환되는 과정을 나타낸 것이다.

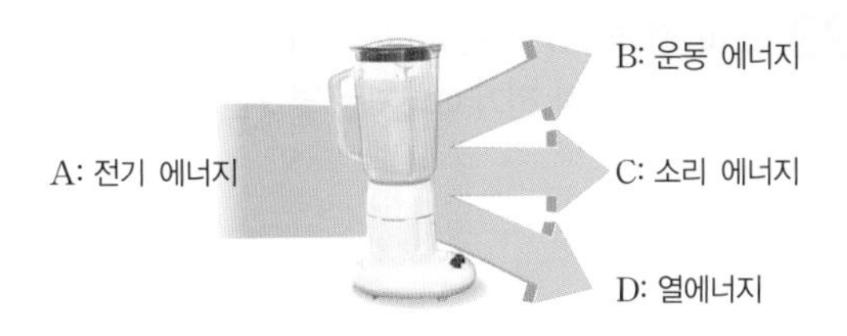

에너지 A~D 사이의 관계를 옳게 나타낸 것은?

① A=B=C=D ② A=B+C+D
③ A>B=C=D ④ A>B+C+D
⑤ A<B+C+D

21 다음은 어떤 법칙에 대한 설명인지 쓰시오.

에너지가 전환될 때 에너지가 새로 생기거나 사라지지 않으며, 에너지의 총량은 항상 일정하게 보존된다.

22 그림은 선풍기에 적혀 있는 안내문의 일부를 나타낸 것이다.

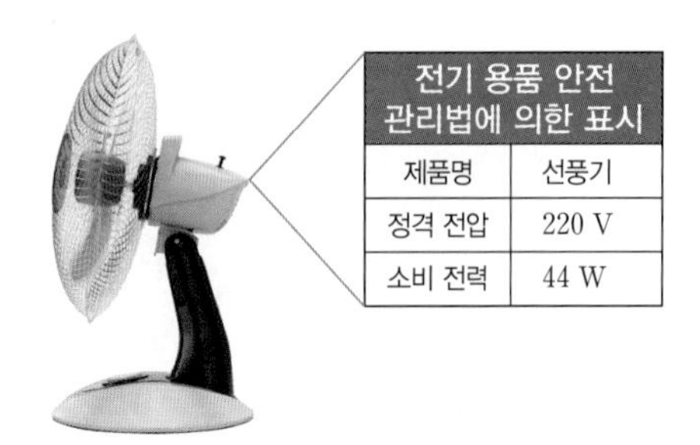

이에 대한 설명으로 옳은 것을 〈보기〉에서 모두 고른 것은?

보기
ㄱ. 선풍기에서는 전기 에너지가 운동 에너지로만 전환된다.
ㄴ. 선풍기를 2시간 동안 사용했을 때의 전력량은 440 Wh이다.
ㄷ. 선풍기는 220 V의 전원에 연결할 때 1초당 44 J의 전기 에너지를 사용한다.

① ㄱ ② ㄷ ③ ㄱ, ㄴ
④ ㄴ, ㄷ ⑤ ㄱ, ㄴ, ㄷ

23 소비 전력이 5 W인 라디오를 1시간 동안 사용하였다. 라디오가 사용한 전기 에너지는 몇 J인지 구하시오.

24 전기 에너지, 소비 전력, 전력량에 대한 설명으로 옳은 것은?

① 소비 전력의 단위로는 Wh, kWh를 사용한다.
② 1 Wh는 1초 동안 1 J의 전기 에너지를 소비한다는 의미이다.
③ 전력량계로 측정된 전력량은 W 단위로 전기 요금 고지서에 고지된다.
④ 전기 에너지 전환이 이루어질 때는 한 가지 형태의 에너지로만 전환된다.
⑤ 일정 시간 동안 전기 기구가 사용하는 전기 에너지의 양을 전력량이라고 한다.

25 그림 (가)와 (나)는 밝기가 같은 두 전구 A, B에서 1초 동안 방출하는 빛에너지와 열에너지의 양을 각각 나타낸 것이다.

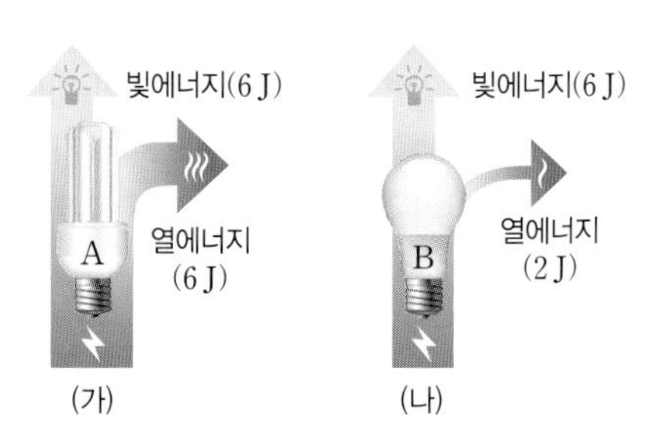

전구 A, B 중 소비 전력이 더 큰 전구를 고르시오.

[26~27] 표는 여러 가지 전기 기구의 소비 전력과 하루 평균 사용 시간을 나타낸 것이다. 물음에 답하시오.

전기 기구	소비 전력(W)	사용 시간(h)
전기다리미	1500	0.5
LED 전등	10	12
선풍기	40	3
형광등	35	5
전기밥솥	1000	1
에어컨	1200	1

중요
26 이에 대한 설명으로 옳지 않은 것은?(단, LED 전등과 형광등의 밝기는 같다.)

① 전기밥솥은 1초당 1000 J의 전기 에너지를 사용한다.
② LED 전등과 형광등 중 에너지 효율이 좋은 제품은 형광등이다.
③ 1초 동안 가장 많은 전기 에너지를 소비하는 전기 기구는 전기다리미이다.
④ 전기 에너지를 빛에너지로 전환하는 전기 기구보다 전기 에너지를 열에너지로 전환하는 전기 기구가 더 많은 에너지를 사용한다.
⑤ 에어컨을 1시간 동안 작동했을 때 사용하는 전기 에너지와 선풍기를 30시간 동안 작동했을 때 사용하는 전기 에너지의 양은 같다.

27 표의 전기 기구를 하루 동안 모두 사용했을 때 총 소비 전력량은 몇 Wh인지 구하시오.

고난도·서술형 문제

통합형

28 오른쪽 그림과 같이 동일한 플라스틱 관 A와 B를 스탠드에 고정하고 관 B에는 발광 다이오드가 연결된 코일을 감았다. 그리고 동일한 자석을 각각 같은 높이의 관 A와 B 위쪽 입구에서 동시에 낙하시켰더니 관 B의 코일에 연결된 발광 다이오드에 불이 들어왔다. 이에 대한 설명으로 옳은 것을 〈보기〉에서 모두 고른 것은?(단, 공기 저항과 모든 마찰은 무시한다.)

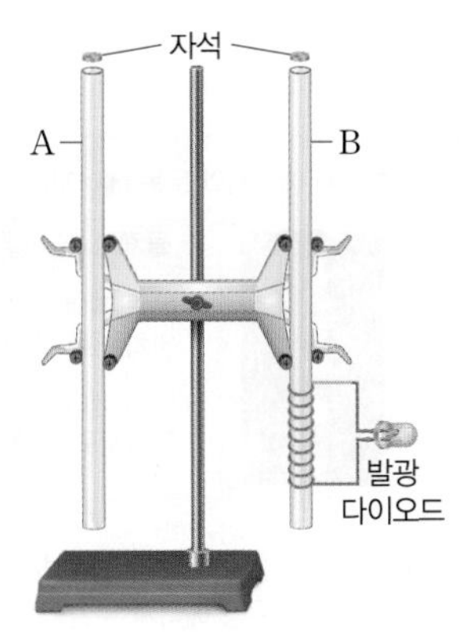

보기
ㄱ. 관 A와 B를 통과한 자석은 동시에 떨어진다.
ㄴ. 관 A를 통과하면서 자석의 위치 에너지는 운동 에너지로 전환된다.
ㄷ. 관 B를 통과하면서 자석의 위치 에너지는 운동 에너지와 전기 에너지로 전환된다.

① ㄱ ② ㄴ ③ ㄱ, ㄷ
④ ㄴ, ㄷ ⑤ ㄱ, ㄴ, ㄷ

서술형

29 오른쪽 그림은 우주 암석이 지구로 떨어지면서 공기와의 마찰로 인해 불타고 있는 유성의 모습을 나타낸 것이다.

(1) 떨어지고 있는 우주 암석이 처음에 가지고 있는 에너지는 어떤 에너지인지 쓰시오.

(2) 우주 암석이 공기와의 마찰로 불타고 있을 때 에너지 전환 과정을 쓰시오.(단, 소리는 발생하지 않는다.)

(3) 이 현상을 이용하여 역학적 에너지 보존과 에너지 보존을 설명하시오.

30 한쪽 방향으로만 전류를 흐르게 하는 성질을 가진 발광 다이오드 A, B를 코일에 병렬로 연결한 상태에서 그림 (가), (나)와 같이 자석을 코일에 가까이 하거나 멀리 하였다. 그림 (가)와 같이 자석을 가까이 할 때는 A에만 불이 들어오고, (나)와 같이 자석을 멀리 할 때는 B에만 불이 들어왔다.

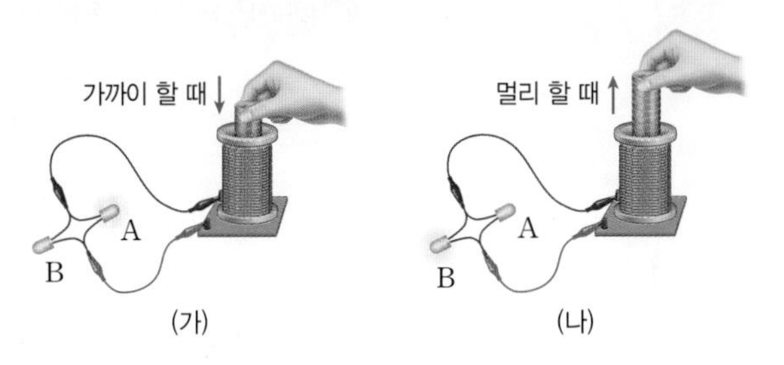

이에 대한 설명으로 옳은 것은?

① (가)와 (나)에서 코일에 흐르는 전류의 방향은 반대이다.
② (가)에서 A에는 전류가 흐르지 않고 B에는 전류가 흐른다.
③ (나)에서 A에는 전류가 흐르고 B에는 전류가 흐르지 않는다.
④ (가)와 (나)에서 모두 전기 에너지가 역학적 에너지로 전환된다.
⑤ (가)와 (나)에서 모두 전자기 유도가 일어나지 않아 A, B 중 하나만 불이 들어오는 것이다.

서술형

31 오른쪽 그림과 같이 차가운 바람과 뜨거운 바람을 선택할 수 있는 헤어드라이어가 있다.(단, 차가운 바람과 뜨거운 바람의 세기는 같다.)

(1) 같은 시간 동안 각각 차가운 바람과 뜨거운 바람이 나오도록 헤어드라이어를 사용했을 때, 어느 경우에 소비 전력이 더 큰지 쓰시오.

(2) (1)과 같이 답한 까닭을 에너지 전환을 이용해서 설명하시오.

한눈에 정리하기

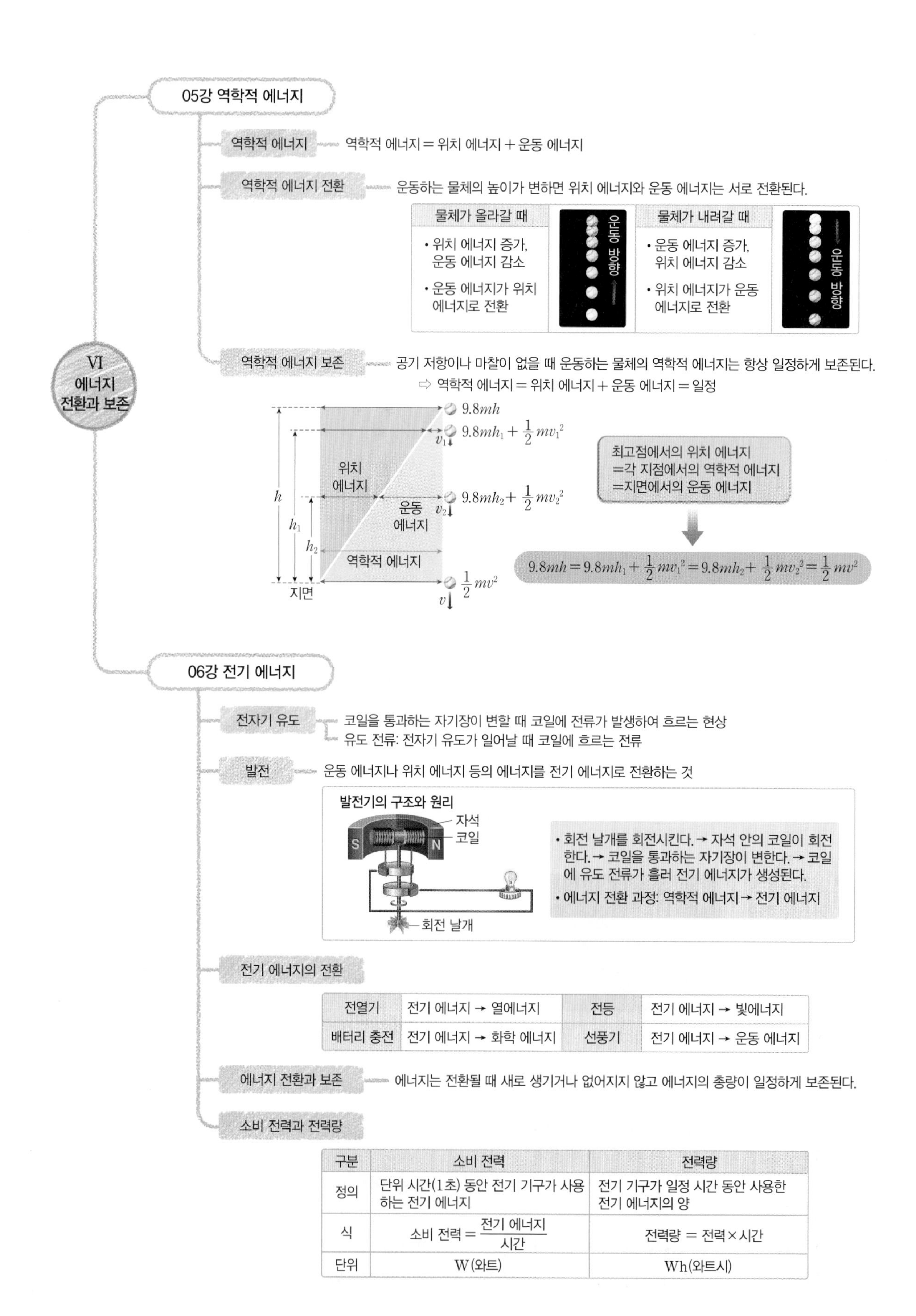

전열기	전기 에너지 → 열에너지	전등	전기 에너지 → 빛에너지
배터리 충전	전기 에너지 → 화학 에너지	선풍기	전기 에너지 → 운동 에너지

구분	소비 전력	전력량
정의	단위 시간(1초) 동안 전기 기구가 사용하는 전기 에너지	전기 기구가 일정 시간 동안 사용한 전기 에너지의 양
식	소비 전력 = $\frac{\text{전기 에너지}}{\text{시간}}$	전력량 = 전력 × 시간
단위	W(와트)	Wh(와트시)

★ 바른답·알찬풀이 22쪽

05강 역학적 에너지

01 오른쪽 그림은 스키 점프 경기장의 스키 점프대 모습을 나타낸 것이다. 선수는 A 지점에서 활강을 시작하여 B 지점을 지나 C 지점에서 도약을 시작한다. A~C 지점 중 운동 에너지가 가장 큰 지점을 고르시오.

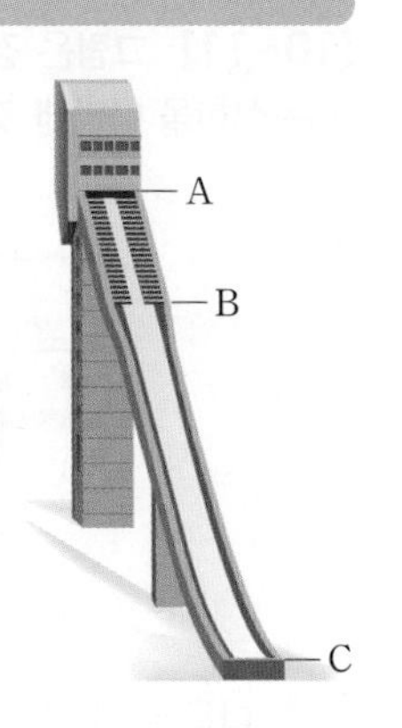

02 오른쪽 그림은 연직 위로 던져 올린 공이 올라갈 때와 내려올 때의 모습을 각각 나타낸 것이다. 이에 대한 설명으로 옳지 않은 것은?(단, B 지점과 D 지점의 높이는 같고, 공기 저항과 모든 마찰은 무시한다.)

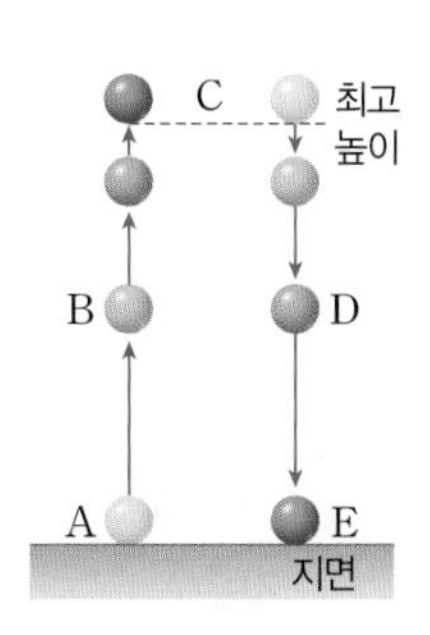

① C 지점에서 공의 속력은 0이다.
② B 지점과 D 지점에서 공의 속력은 같다.
③ A → B 구간에서는 운동 에너지가 위치 에너지로 전환된다.
④ D → E 구간에서는 위치 에너지가 운동 에너지로 전환된다.
⑤ B → C 구간에서 증가한 위치 에너지는 C → D 구간에서 감소한 운동 에너지와 같다.

03 오른쪽 그림과 같이 무게 10 N인 물체를 지면으로부터 5 m 높이인 곳에서 가만히 놓았다. 이때 운동 에너지가 위치 에너지의 4배가 되는 곳의 지면으로부터의 높이는 몇 m인가?(단, 공기 저항은 무시한다.)

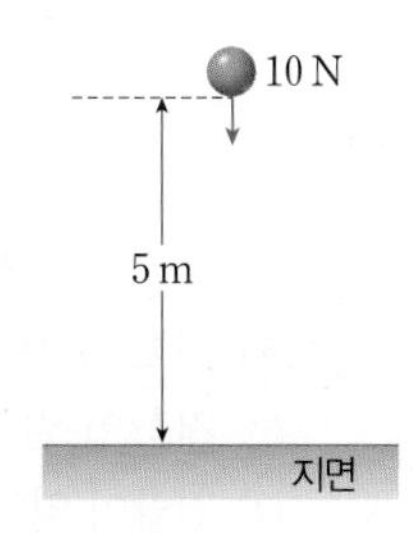

① 1 m ② 2 m ③ 3 m
④ 4 m ⑤ 5 m

04 오른쪽 그림은 지면으로부터 15 m 높이에서 물체가 자유 낙하 할 때 일정한 간격으로 물체의 위치를 나타낸 것이다. A~C 구간에서 운동 에너지의 증가량을 등호나 부등호를 이용하여 비교하시오.

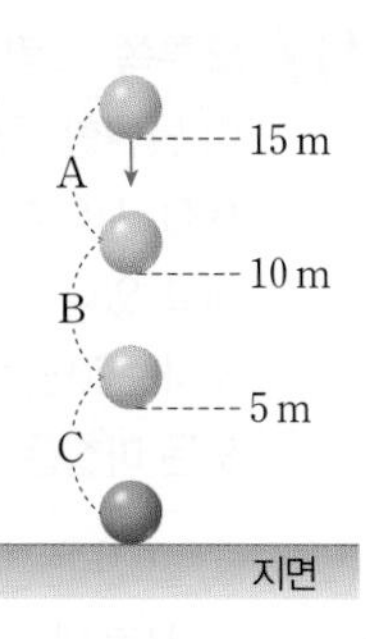

[05~06] 오른쪽 그림은 그네를 타고 정지해 있는 질량 50 kg인 연수를 철수가 속력 v로 미는 모습을 나타낸 것이다. 그네는 높이 2.5 m인 최고점까지 올라갔다. 물음에 답하시오.(단, 공기 저항과 모든 마찰 및 그네의 질량은 무시하고, 최저점을 높이의 기준면으로 한다.)

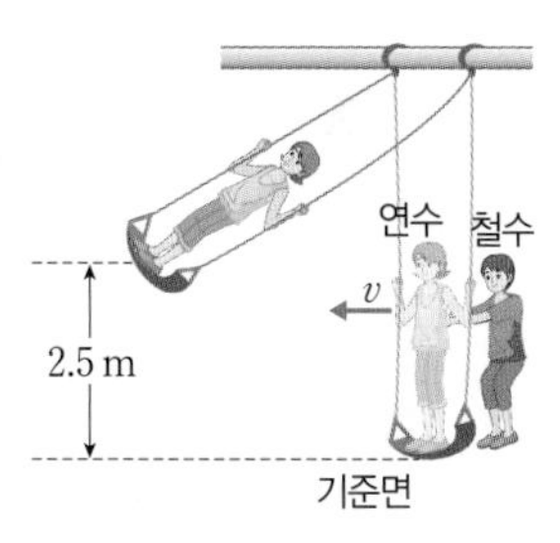

05 이에 대한 설명으로 옳은 것을 <보기>에서 모두 고른 것은?

> 보기
> ㄱ. 최고점에서 운동 에너지는 최대이다.
> ㄴ. 기준면에서 연수의 속력은 7 m/s이다.
> ㄷ. 기준면에서 최고점까지 이동하는 동안 운동 에너지가 위치 에너지로 전환된다.

① ㄱ ② ㄴ ③ ㄱ, ㄷ
④ ㄴ, ㄷ ⑤ ㄱ, ㄴ, ㄷ

서술형
06 질량 30 kg인 재호를 기준면에 정지해 있는 그네에 태우고 철수가 속력 v로 밀었을 때 재호가 탄 그네가 올라가는 최고점의 높이(h)는 몇 m인지 풀이 과정과 함께 구하시오.(단, 철수가 그네를 미는 속력은 연수를 밀었을 때의 속력과 같다.)

07 오른쪽 그림과 같이 공이 반원형 곡면의 A점과 B점 사이를 왕복 운동하고 있다. 그 값이 다른 하나는?(단, 공기 저항과 모든 마찰은 무시하며, 최저점인 O점을 기준면으로 한다.)

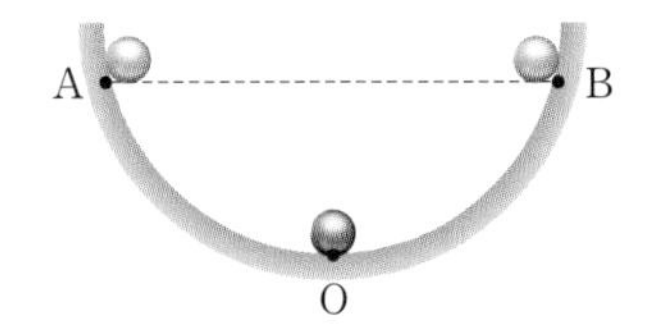

① A점에서의 위치 에너지
② B점에서의 운동 에너지
③ O점에서의 역학적 에너지
④ A → O 구간을 이동하는 동안 감소한 위치 에너지
⑤ O → B 구간을 이동하는 동안 증가한 위치 에너지

08 오른쪽 그림은 어떤 물체를 낙하시켰을 때 낙하 거리에 따른 물체의 위치 에너지, 운동 에너지, 역학적 에너지를 나타낸 그래프이다. A, B, C가 나타내는 에너지를 옳게 짝 지은 것은?(단, 공기 저항은 무시한다.)

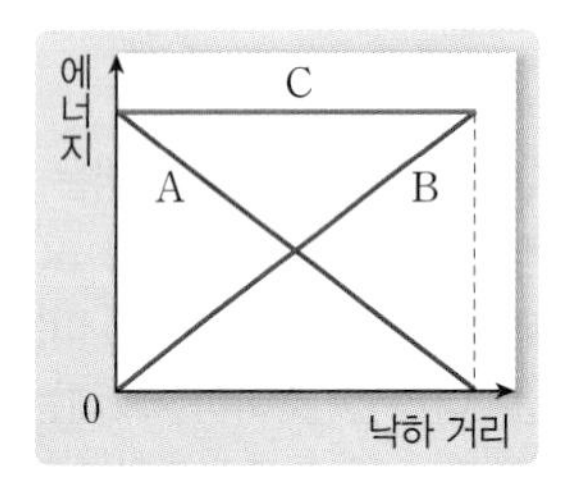

	A	B	C
①	위치 에너지	운동 에너지	역학적 에너지
②	위치 에너지	역학적 에너지	운동 에너지
③	운동 에너지	위치 에너지	역학적 에너지
④	운동 에너지	역학적 에너지	위치 에너지
⑤	역학적 에너지	운동 에너지	위치 에너지

09 그림은 롤러코스터가 운동하고 있는 모습을 나타낸 것이다.

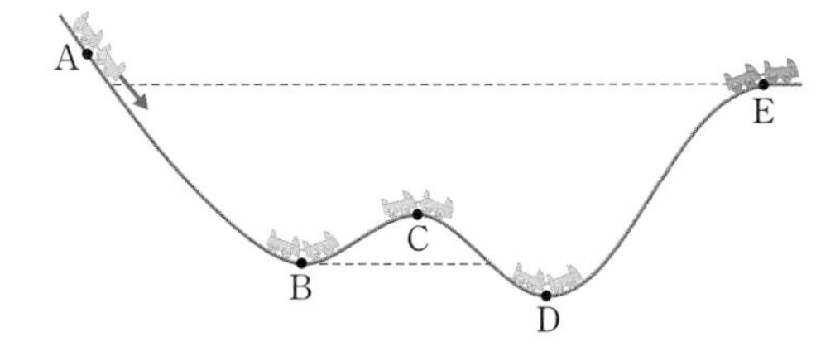

이 롤러코스터의 운동에 대한 설명으로 옳지 않은 것은?(단, 공기 저항과 모든 마찰은 무시한다.)

① A점에서 위치 에너지가 가장 크다.
② D점에서 운동 에너지가 가장 작다.
③ A점과 E점에서의 역학적 에너지는 같다.
④ A → B 구간에서 위치 에너지가 운동 에너지로 전환된다.
⑤ B → C 구간에서 운동 에너지가 위치 에너지로 전환된다.

06강 전기 에너지

[10~11] 그림은 검류계와 연결된 코일 주위에서 자석을 움직이는 실험을 나타낸 것이다. 물음에 답하시오.

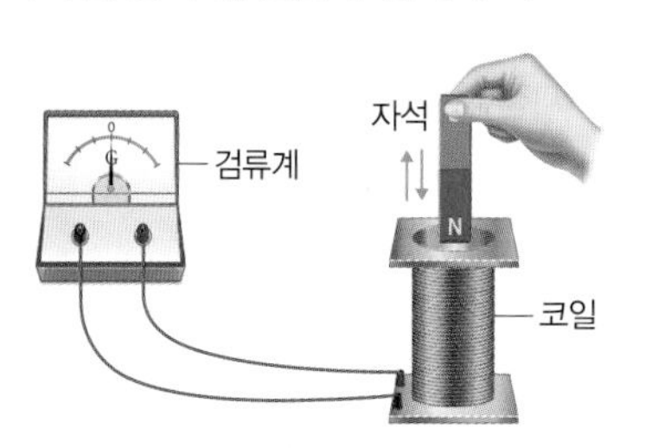

10 다음은 위 실험에 대한 설명이다. ( ) 안에 들어갈 알맞은 말을 쓰시오.

> 코일에 전지를 연결하지 않고도 코일에 전류가 흐르게 하여 검류계 바늘이 움직이게 할 수 있다. 코일에 자석을 가까이 하면 코일을 통과하는 자기장이 변하게 되어 코일에 유도 (㉠)이/가 흐르게 된다. 이를 (㉡)(이)라고 한다.

11 검류계 바늘이 움직이는 경우를 〈보기〉에서 모두 고른 것은?

> **보기**
> ㄱ. 코일 속에 들어 있는 자석을 뺄 때
> ㄴ. 자석을 코일 속에 넣고 가만히 있을 때
> ㄷ. 코일 윗면에 자석을 가까이 한 채로 가만히 있을 때

① ㄱ ② ㄴ ③ ㄱ, ㄷ
④ ㄴ, ㄷ ⑤ ㄱ, ㄴ, ㄷ

12 다음의 기구들이 공통적으로 이용하는 원리로 옳은 것은?

> • 발전기 • 발광 킥보드
> • 자가발전 자전거의 전조등

① 도선에 전류가 흐르면 열이 발생한다.
② 전원 장치가 연결되어야만 도선에 전류가 흐른다.
③ 저항이 일정할 때 전류의 세기는 전압에 비례한다.
④ 전압이 일정할 때 전류의 세기는 저항에 반비례한다.
⑤ 코일을 통과하는 자기장이 변하면 유도 전류가 발생한다.

★ 바른답·알찬풀이 22쪽

13 휴대 전화에서 일어나는 에너지 전환 과정에 대한 설명으로 옳지 않은 것은?

① 스피커: 소리 에너지가 전기 에너지로 전환된다.
② 화면 켜짐: 전기 에너지가 빛에너지로 전환된다.
③ 배터리 충전: 전기 에너지가 화학 에너지로 전환된다.
④ 벨소리 울림: 전기 에너지가 소리 에너지로 전환된다.
⑤ 휴대 전화 진동: 전기 에너지가 운동 에너지로 전환된다.

14 그림은 헤어드라이어에서 일어나는 전기 에너지 전환을 나타낸 것이다.

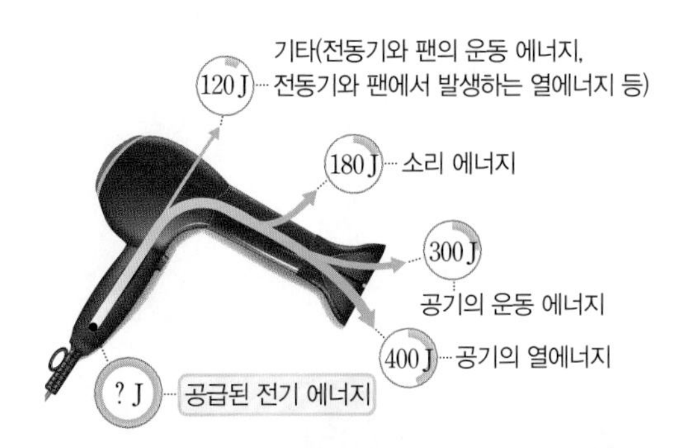

헤어드라이어에 공급된 전기 에너지는 몇 J인지 구하시오.

15 에너지 보존 법칙에 대한 설명으로 옳은 것은?

① 모든 에너지의 형태는 변하지 않는다.
② 에너지가 전환될 때마다 에너지가 새로 생성된다.
③ 에너지가 전환될 때마다 일부 에너지가 소멸된다.
④ 물체의 역학적 에너지는 어떤 경우라도 항상 일정하게 보존된다.
⑤ 에너지가 다른 형태로 전환되더라도 그 총량은 항상 일정하게 보존된다.

서술형
16 그림은 일정한 높이에서 옆으로 던진 공이 바닥에서 튀어 오르는 모습을 나타낸 것이다.

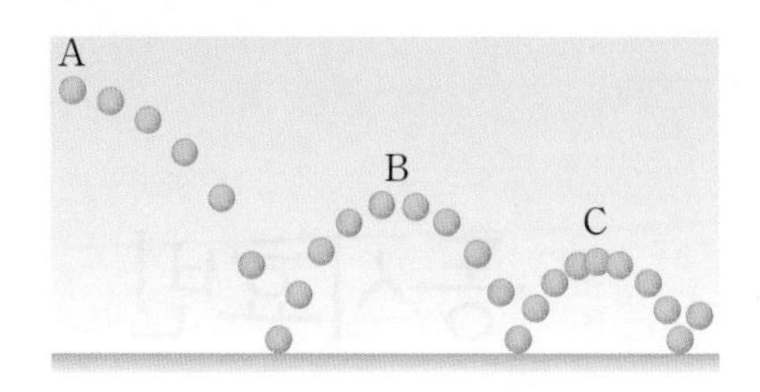

(1) A, B, C 지점에서 역학적 에너지의 크기를 등호 또는 부등호를 이용하여 비교하시오.

(2) 공이 튀어 오르는 높이가 점점 낮아지는 까닭을 에너지 전환을 이용해 설명하시오.

17 소비 전력이 60 W인 선풍기와 소비 전력이 600 W인 세탁기가 있다. 이에 대한 설명으로 옳은 것을 〈보기〉에서 모두 고른 것은?

보기
ㄱ. 선풍기에서는 전기 에너지가 주로 운동 에너지로 전환된다.
ㄴ. 세탁기를 0.5시간 동안 사용했을 때 사용한 전력량은 300 Wh이다.
ㄷ. 같은 시간 동안 사용했을 때 사용한 전기 에너지는 세탁기가 선풍기의 10배이다.

① ㄱ ② ㄴ ③ ㄱ, ㄷ
④ ㄴ, ㄷ ⑤ ㄱ, ㄴ, ㄷ

18 다음을 전력량이 큰 순서대로 옳게 나열한 것은?

(가) 1 kWh의 전력량
(나) 500 W의 전력을 5시간 동안 사용하였을 때의 전력량
(다) 1초당 2000 J의 전기 에너지를 소비하는 전기 기구를 1시간 동안 사용하였을 때의 전력량

① (가) - (나) - (다) ② (가) - (다) - (나)
③ (나) - (가) - (다) ④ (나) - (다) - (가)
⑤ (다) - (나) - (가)

동시효빈

‘동시(東施)가 서시(西施)의 찌푸림을 본받는다.’ 는 뜻의 동시효빈은 『장자』에서 출처를 찾을 수 있습니다.

월나라의 절세미인으로 소문난 서시는 만성적인 가슴 통증으로 미간을 찡그리고 가슴에 손을 얹은 채 다니고는 했습니다. 그 마을에는 동시라는 여인도 있었는데, 그녀는 서시의 찡그린 모습이 아름다운 것을 보고는 그것을 똑같이 따라하였습니다. 하지만 동시가 얼굴을 찡그리자 마을 사람들은 그것을 이상하게 여기며 그녀를 멀리하였습니다.

자신의 정체성을 잃어버리고 무작정 남을 따라하다 보면 나만의 장점과 개성은 점점 사라지고 때로는 웃음거리가 되기도 합니다. 남을 흉내 낸 삶이 아닌 나만의 개성이 살아 있는 삶, 그것이 더 가치 있지 않을까요?

東	施	效	顰
동녘 동	베풀 시	본받을 효	찡그릴 빈

* 따라 쓰며 소리 내어 읽어 보세요.

별과 우주

07강 별의 특성

❶ 별까지의 거리 돋보기 74쪽

1 시차 관측하는 위치에 따라 가까운 물체의 위치가 배경에 대하여 달라져 보이는 각도

① **물체까지의 거리와 시차❶**: 물체까지의 거리가 멀수록 시차는 작게 나타난다. ➡ 시차를 이용하면 물체까지의 거리를 구할 수 있다.

② **관측자의 위치 변화와 시차❷**: 관측자의 위치 변화가 클수록 시차는 커진다.

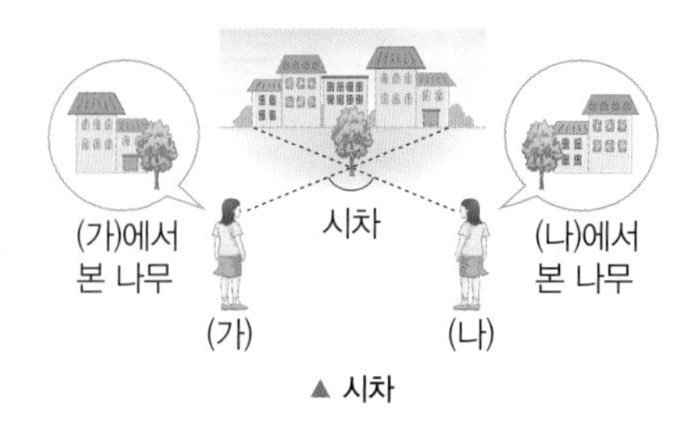

▲ 시차

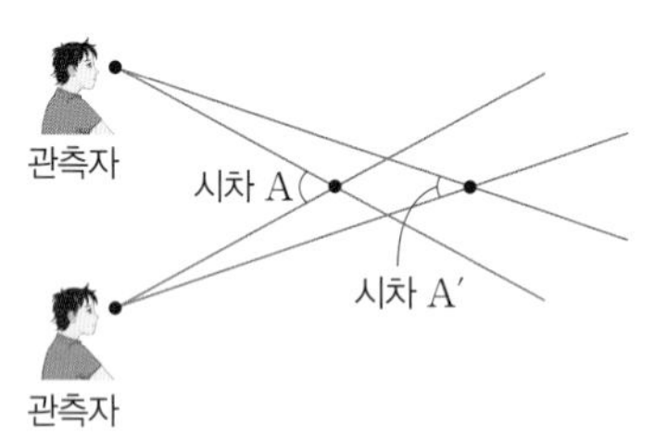

▲ 물체까지의 거리와 시차(A > A′)

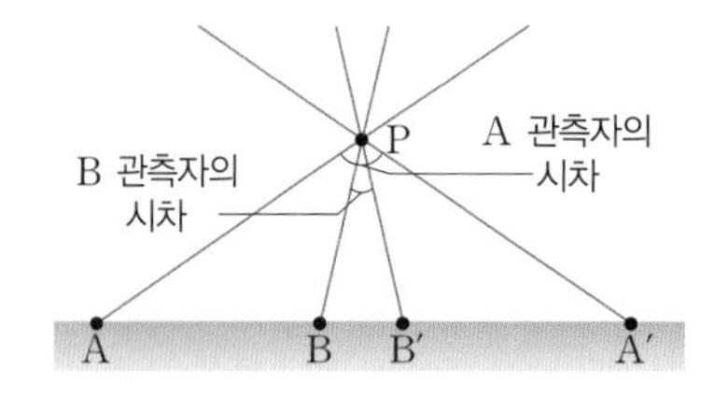

▲ 관측자의 위치 변화와 시차(A > B)

③ **시차의 단위❸**: 시차의 크기는 두 관측 지점과 물체 사이의 각도로 나타낸다.

2 별의 연주 시차❹

① **연주 시차**: 어떤 별을 지구 공전 궤도의 양 끝에서 바라보았을 때 생기는 시차의 $\frac{1}{2}$

② **연주 시차의 단위**: 별까지의 거리는 매우 멀기 때문에 연주 시차는 매우 작다. 따라서 단위는 ″(초)를 쓴다.

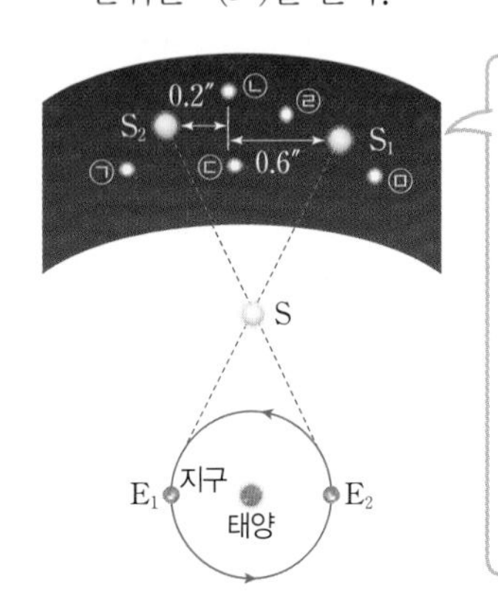

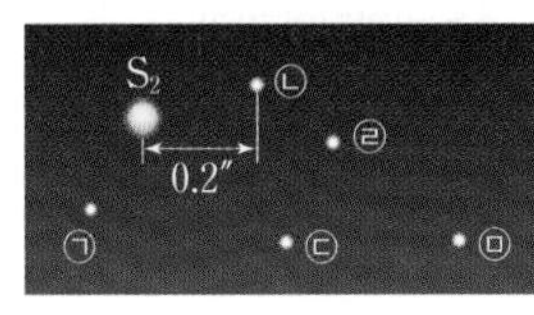

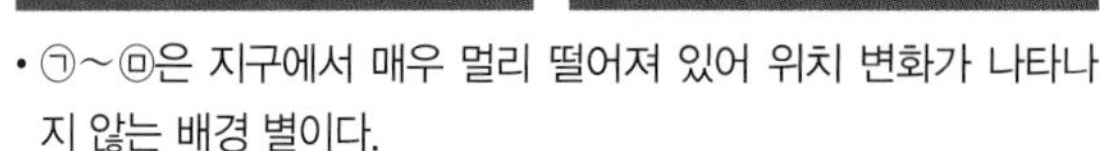

- ㉠~㉤은 지구에서 매우 멀리 떨어져 있어 위치 변화가 나타나지 않는 배경 별이다.
- 6개월 간격으로 관측했을 때 별 S는 배경별(㉠~㉤)을 기준으로 상대적인 위치가 변하였다.
- 별 S의 시차는 0.8″이므로 연주 시차는 0.4″이다.

③ **별의 연주 시차와 별까지의 거리 관계**: 가까이 있는 별일수록 연주 시차가 크게 나타난다. ➡ 연주 시차와 별까지의 거리는 반비례한다. 연주 시차가 1″인 별까지의 거리=1 pc

- 연주 시차 비교: $A(p_1) > B(p_2)$ • 별까지의 거리 비교: $A < B$

연주 시차(p_1) 연주 시차(p_2) / E_2, E_1 지구, 태양, A, B, 가까운 별, 먼 별, A_1, B_1, B_2, A_2

④ **연주 시차 측정의 한계**: 연주 시차는 비교적 가까운 별(100 pc 이내의 별)까지의 거리를 구할 때 이용한다. 멀리 있는 별들은 연주 시차가 매우 작아서 측정하기 어렵다.

별	프록시마 센타우리	시리우스	알타이르(견우성)	베가(직녀성)	스피카
연주 시차(″)	0.77	0.38	0.19	0.13	0.013
거리(pc)❺	약 1.3	약 2.6	약 5.3	약 7.7	약 76.9

➕ 올리드 PLUS 개념

❶ 물체까지의 거리와 시차

물체까지의 거리가 충분히 멀 때 물체까지의 거리와 시차는 반비례한다. 즉, 거리가 2배, 3배, …로 멀어지면 시차는 $\frac{1}{2}$배, $\frac{1}{3}$배, …로 된다.

➡ 거리 $\propto \frac{1}{\text{시차}}$

❷ 관측자의 위치 변화와 시차

관측자의 위치 변화가 클수록 시차는 커진다. 예를 들어 동일한 별을 관측할 때 지구보다 목성에서 측정한 별의 시차가 더 크다.

❸ 시차의 단위

- °(도), ′(분), ″(초)
- $1° = 60′ = 3600″$

❹ 연주 시차의 측정

별까지의 거리는 매우 멀어서 연주 시차도 매우 작다. 따라서 정밀한 측정 기술이 발달하기 전까지는 별의 연주 시차를 측정할 수 없었다. 19세기에 들어와서야 독일의 천문학자 베셀(Bessel, F. W.)이 최초로 연주 시차를 측정하였다. 그가 1838년 백조자리 61의 연주 시차를 측정한 결과는 약 0.314″로, 이는 현재의 관측값인 약 0.287″와 비슷한 값이다.

❺ 천문학에서 거리의 단위

- 1 AU(천문단위) ≒ 1.5×10^8 km
- 1 LY(광년) ≒ 9.5×10^{12} km ≒ 63000 AU
- 1 pc(파섹) ≒ 3×10^{13} km ≒ 206265 AU ≒ 3.26 광년

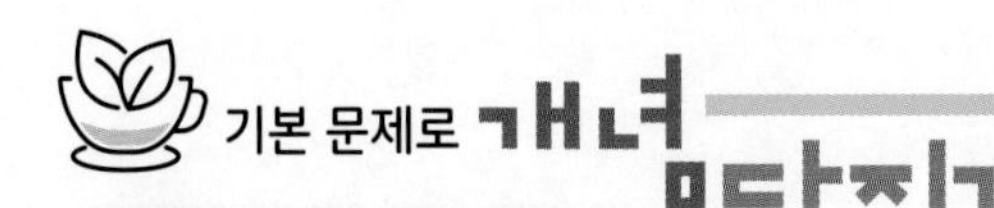

★ 바른답·알찬풀이 24쪽

❶ 별까지의 거리

01 별까지의 거리를 구하는 것과 관련 있는 내용을 옳게 연결하시오.

(1) 시차 •　　　• ㉠ 관측하는 위치에 따라 가까운 물체의 위치가 배경에 대하여 달라져 보이는 각도

(2) 연주 시차 •　　　• ㉡ 어떤 별을 지구 공전 궤도의 양 끝에서 바라보았을 때 측정한 각도의 $\frac{1}{2}$

02 다음은 시차에 대한 설명이다. (　　) 안에 들어갈 알맞은 말을 쓰시오.

(1) 시차는 관측자와 물체 사이의 거리가 멀수록 (　　)게 나타난다.

(2) 물체를 관측하는 관측자의 위치 변화가 클수록 시차는 (　　)진다.

03 연주 시차에 대한 설명으로 옳은 것은 ○표, 옳지 않은 것은 ×표 하시오.

(1) 별의 연주 시차는 지구가 자전하기 때문에 나타나는 현상이다. (　　)

(2) 별의 연주 시차를 측정하기 위해서는 6개월이 걸린다. (　　)

(3) 반지름이 큰 별일수록 연주 시차가 크다. (　　)

(4) 연주 시차를 이용하면 지구로부터 별까지의 거리를 구할 수 있다. (　　)

(5) 연주 시차가 1″인 별까지의 거리는 1 pc이다. (　　)

04 표는 여러 별의 연주 시차를 나타낸 것이다.

별	A	B	C	D
연주 시차	0.01″	0.05″	0.1″	0.4″

지구로부터의 거리가 가까운 별부터 순서대로 나열하시오.

05 다음 단위들이 의미하는 것을 옳게 연결하시오.

(1) 1 pc •　　　• ㉠ 연주 시차가 1″(초)인 별까지의 거리

(2) 1광년 •　　　• ㉡ 지구에서 태양까지의 평균 거리

(3) 1 AU •　　　• ㉢ 빛이 진공 상태에서 1년 동안 진행하는 거리

06 그림은 건물 B와 C를 서로 다른 위치에서 바라본 모습을 나타낸 것이다.

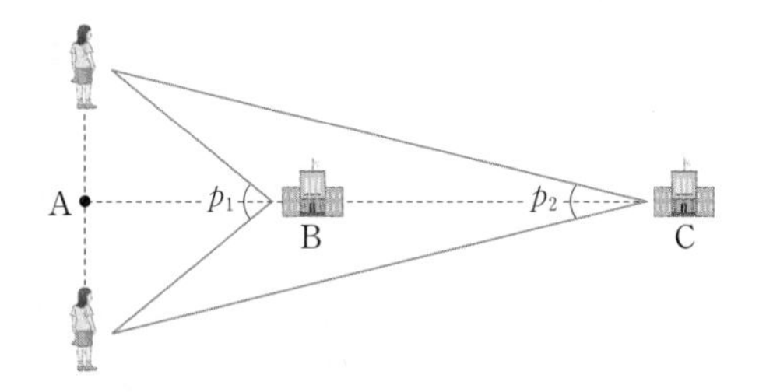

p_1이 p_2의 3배일 때 A로부터 C까지 거리는 A로부터 B까지 거리의 약 몇 배인지 쓰시오.(단, 두 건물 B와 C는 A로부터 충분히 멀리 떨어져 있다.)

07 그림은 지구에서 별 S를 관측한 모습을 나타낸 것이다.

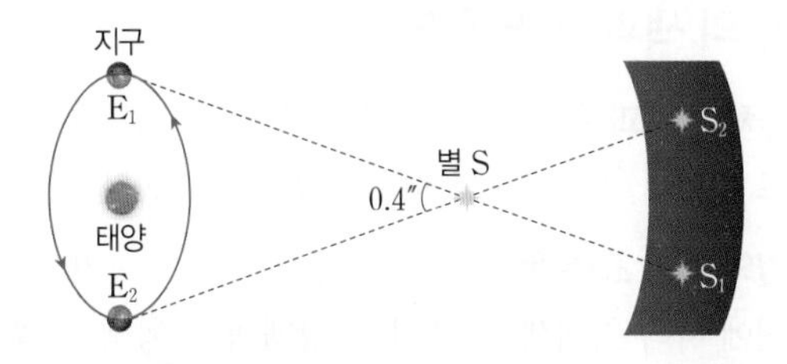

이에 대한 설명으로 옳은 것은 ○표, 옳지 않은 것은 ×표 하시오.

(1) 별 S의 시차는 0.4″이다. (　　)

(2) 별 S의 연주 시차는 0.2″이다. (　　)

(3) 별 S까지의 거리가 현재보다 10배 멀어진다면 연주 시차는 0.04″로 관측된다. (　　)

별의 특성

② 별의 밝기와 등급 돋보기 75쪽

1 별까지의 거리와 밝기의 관계 별까지의 거리가 2배, 3배, … 멀어지면 빛이 도달하는 면적은 4배, 9배, …가 되므로, 동일한 면적에 도달하는 빛의 양은 $\frac{1}{4}$배, $\frac{1}{9}$배, …로 줄어든다. ➡ 관측자의 눈에 들어오는 빛의 양은 별까지의 거리의 제곱에 반비례한다.

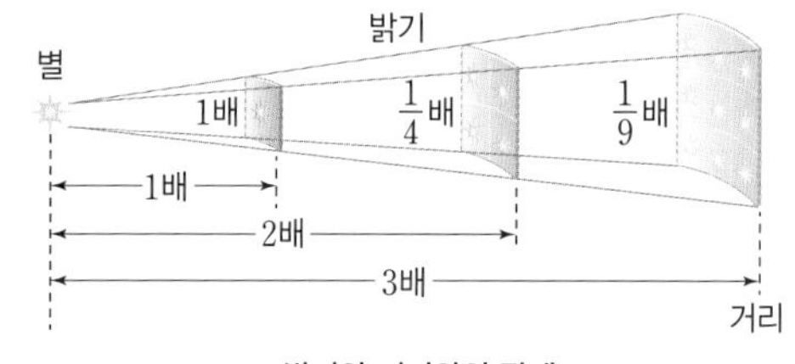

▲ 밝기와 거리와의 관계

등급 차	1	2	3	4	5
밝기 비(배)	2.5	6.3(≒2.5^2)	16(≒2.5^3)	40(≒2.5^4)	100(≒2.5^5)

2 별의 등급[6]과 밝기의 관계 등급이 작을수록 밝은 별이며, 1등급인 별은 6등급인 별보다 100배 더 밝다. ➡ 1등급 간의 밝기는 약 2.5배 차이가 난다.

3 겉보기 등급과 절대 등급

구분	겉보기 등급	절대 등급
정의	우리 눈에 보이는 별의 밝기를 등급으로 나타낸 것	별을 10 pc(≒32.6광년)의 거리에 두었다고 가정했을 때의 별의 밝기를 등급으로 나타낸 것
특징	• 별까지의 거리에 관계없이 맨눈으로 보이는 별의 밝기이다. • 동일한 별을 관측할 때 별로부터 멀어지면 겉보기 등급은 커진다. • 겉보기 등급이 작을수록 우리 눈에 밝게 관측된다.	• 별의 실제 밝기를 비교할 수 있다. • 동일한 별을 관측할 때 별로부터 멀어져도 절대 등급은 변하지 않는다. • 절대 등급이 작을수록 실제로 밝은 별이다.

4 별의 등급과 거리 겉보기 등급과 절대 등급을 비교하면 별까지의 거리를 비교할 수 있다.
➡ (겉보기 등급−절대 등급) 값이 큰 별일수록 지구로부터의 거리가 멀다.

겉보기 등급과 절대 등급의 관계	지구로부터 별까지의 거리
겉보기 등급<절대 등급	10 pc보다 가까이 있는 별
겉보기 등급=절대 등급	10 pc 거리에 있는 별
겉보기 등급>절대 등급	10 pc보다 멀리 있는 별

③ 별의 색과 표면 온도

1 물체의 색과 온도[7] 쇠막대를 불에 달구면 처음에는 검붉은색을 띠다가 점점 붉은색으로 변한다. 또, 온도를 더 높이면 점차 노란색에서 황백색으로 변한다.

2 별의 색과 표면 온도[8] 별의 경우 표면 온도가 높을수록 청색을 띠고, 표면 온도가 낮아짐에 따라 청백색 → 백색 → 황백색 → 황색 → 주황색 → 적색을 띤다.

구분	청색	청백색	백색	황백색	황색	주황색	적색
별의 색							
표면 온도	높다.						낮다.

올리드 PLUS 개념

⑥ 별의 등급
그리스의 천문학자 히파르코스는 가장 밝게 보이는 별을 1등급, 간신히 보이는 희미한 별을 6등급으로 정하고, 그 사이의 별들은 차례로 2등급, 3등급, …으로 구분하였다. 그 후 빛의 밝기를 정량적으로 측정하는 기술이 발달하여 별의 밝기를 정확하게 비교할 수 있게 되었다.

⑦ 물체의 색과 온도
스스로 빛을 내는 물체는 온도에 따라 특정한 색을 나타내는데, 온도가 낮을수록 붉은색, 온도가 높을수록 파란색으로 보인다.

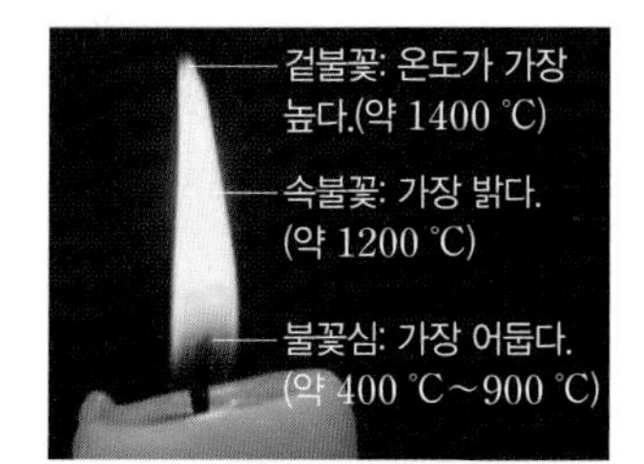

▲ 촛불의 색과 온도

▲ 용광로에서 나온 쇳물의 색 변화

⑧ 별의 색과 표면 온도

오리온자리의 별들을 관찰하면 표면 온도가 낮은 적색의 베텔게우스와 표면 온도가 높은 청백색의 리겔을 볼 수 있다.

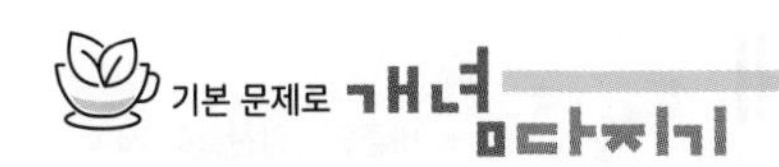

❷ 별의 밝기와 등급

08 그림은 밝기와 거리의 관계를 알아보기 위해 거리에 따라 빛이 퍼져가는 모습을 나타낸 것이다.

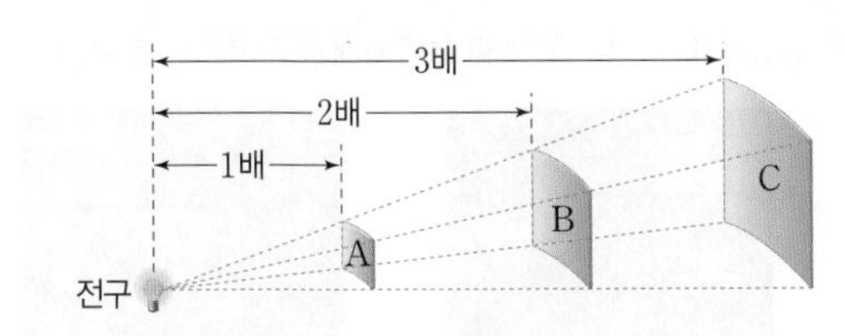

(1) A, B, C의 면적 비를 쓰시오.

(2) A, B, C에 도달하는 빛의 총량 비를 쓰시오.

(3) A, B, C에서 관측한 전구의 밝기 비를 쓰시오.

09 별의 밝기와 등급의 관계에 대한 설명으로 옳은 것은 ○표, 옳지 않은 것은 ×표 하시오.

(1) 등급이 클수록 밝은 별이다. (　　)

(2) 1등급 간의 밝기 차는 약 2.5배이다. (　　)

(3) 5등급인 별은 1등급인 별보다 100배 어둡다. (　　)

(4) 맨눈으로 볼 수 있는 가장 어두운 별은 6등급이다. (　　)

(5) 별의 밝기가 4등급과 5등급 사이일 때는 소수점을 이용하여 나타낸다. (　　)

10 별의 겉보기 등급과 절대 등급에 대한 정의를 옳게 연결하시오.

(1) 겉보기 등급 •　　　　• ㉠ 우리 눈에 보이는 별의 밝기를 등급으로 나타낸 것

(2) 절대 등급 •　　　　• ㉡ 별이 10 pc의 거리에 있다고 가정할 때의 밝기를 등급으로 나타낸 것

11 표는 별의 등급 차와 밝기 비를 나타낸 것이다. (　　) 안에 들어갈 알맞은 말을 쓰시오.

등급 차	1	2	3	4	5
밝기 비(배)	(㉠)	6.3	(㉡)	40	(㉢)

12 표는 몇 가지 별들의 겉보기 등급과 절대 등급을 나타낸 것이다.

구분	리겔	베텔게우스	견우성	아크투르스
겉보기 등급	0.1	0.5	0.8	−0.1
절대 등급	−6.8	−5.1	2.2	−0.3

(1) 우리 눈에 가장 밝게 보이는 별을 쓰시오.

(2) 실제로 가장 밝은 별을 쓰시오.

(3) 거리가 10 pc 이내에 있는 별을 모두 쓰시오.

(4) 지구에서 가장 멀리 있는 별을 쓰시오.

(5) 연주 시차가 0.1″보다 작은 별의 개수를 쓰시오.

❸ 별의 색과 표면 온도

13 오른쪽 그림은 겨울철 우리나라에서 관측되는 대표적인 별자리인 오리온자리이다. 이를 보면 베텔게우스와 리겔의 색이 다르다는 것을 확인할 수 있다. 두 별의 색이 다른 까닭은 별의 어떤 특성 때문인지 쓰시오.

14 그림 (가)~(라)는 몇 가지 별들의 색을 나타낸 것이다.

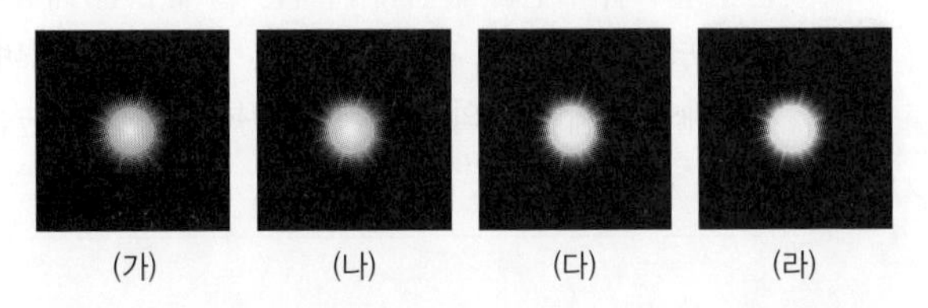

(가)　　(나)　　(다)　　(라)

표면 온도가 가장 높은 별과 가장 낮은 별을 순서대로 쓰시오.

별까지의 거리와 연주 시차의 관계

개념 70쪽

★ 바른답 · 알찬풀이 24쪽

실험 1 시차가 생기는 원리

[과정]

❶ 그림과 같이 풍경이 그려진 종이의 한쪽 끝을 세우고, 풍경의 반대쪽에 A, B 두 점을 찍는다.

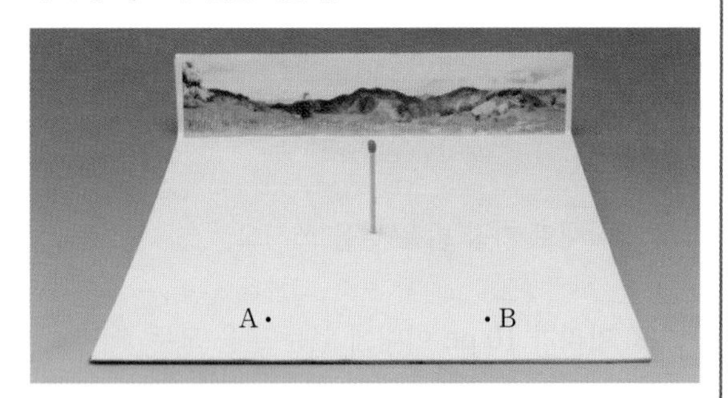

❷ 종이의 한쪽 가장자리에서 약 20 cm 떨어진 곳에 성냥개비를 세운 다음, A와 B에서 각각 성냥개비를 관찰한다.

[결과]

- A에서 관찰하면 성냥개비는 배경 풍경의 오른쪽 지점에 위치하고, B에서 관찰하면 성냥개비는 배경 풍경의 왼쪽 지점에 위치한다. ➡ 같은 물체를 서로 다른 방향에서 바라보면 배경 풍경을 기준으로 관측되는 방향에 차이가 생긴다.

[정리]

- 성냥개비를 실제로 가까운 별이라고 할 때, 성냥개비를 관찰한 두 점 A, B는 6개월 간격으로 태양의 정반대쪽에 있는 지구의 위치에 해당한다.
- 관측 위치에 따라 가까운 물체의 위치가 멀리 있는 배경에 대해 달라져 보이는 각도를 ❶(　　　)(이)라고 한다.
- ❷(　　　)은/는 관측자와 물체까지의 거리가 가까울수록 ❸(　　　)지고, 멀수록 ❹(　　　)진다.

실험 2 연주 시차를 이용한 별까지의 거리 측정

[과정]

그림 (가)와 (나)는 별 A와 별 B를 6개월 간격으로 촬영한 것이다.

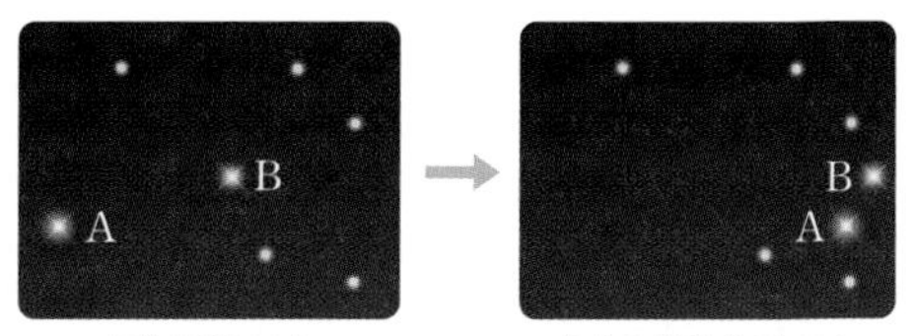

(가) 처음 모습　　(나) 6개월 후의 모습

❶ 투명 용지를 그림 (가) 위에 놓고 별들의 위치를 표시한다.

❷ 투명 용지를 (나)에 있는 배경 별과 일치하도록 겹치고 별 A, B의 위치를 표시한다.

❸ 투명 용지에서 별 A와 B가 움직인 거리를 측정한다.(단, 그림에서 1 mm는 각거리 0.01″에 해당한다.)

[결과]

별	6개월 동안 이동한 거리(mm)	6개월 동안 이동한 각거리(″)	연주 시차(″)
A	20	0.2	0.1
B	10	0.1	0.05

- 별 A는 별 B보다 연주 시차가 더 크다.
- 연주 시차가 큰 별 A가 별 B보다 지구로부터 더 가까운 곳에 위치한다.

[정리]

- 연주 시차가 ❺(　　　)수록 지구로부터 가까운 별이다.
- 지구에서 6개월 간격으로 관측한 가까운 별의 위치가 달라지는 것은 지구가 태양 주위를 ❻(　　　)하기 때문이다.
- 별까지의 거리는 연주 시차에 ❼(　　　)한다.

답 ❶ 시차 ❷ 시차 ❸ 커 ❹ 작아 ❺ 클 ❻ 공전 ❼ 반비례

---

01 다음은 관측자의 위치 변화에 따른 겉보기 차이를 설명한 것이다. (　　) 안에 들어갈 알맞은 말을 쓰시오.

> 관측자의 위치 변화에 의해 가까운 물체가 먼 배경에 대해 달라져 보이는 각도를 (㉠)(이)라고 하며, 관측자와 물체 사이의 거리가 멀수록 (㉠)은/는 (㉡)진다.

02 시차가 0.3″인 별의 연주 시차를 구하시오.

03 오른쪽 그림은 팔을 굽힌 상태로 양쪽 눈을 번갈아 감으면서 연필 끝의 위치 변화를 관찰하는 모습을 나타낸 것이다. 이에 대한 설명으로 옳은 것을 <보기>에서 모두 고르시오.

> **보기**
> ㄱ. 물체의 시차를 측정하기 위한 실험이다.
> ㄴ. 두 눈과 연필 끝이 이루는 각(θ)은 시차이다.
> ㄷ. 팔을 쭉 펴고 같은 실험을 하면 θ는 더 작아진다.

별까지의 거리에 따른 밝기와 등급

개념 72쪽
★ 바른답 · 알찬풀이 25쪽

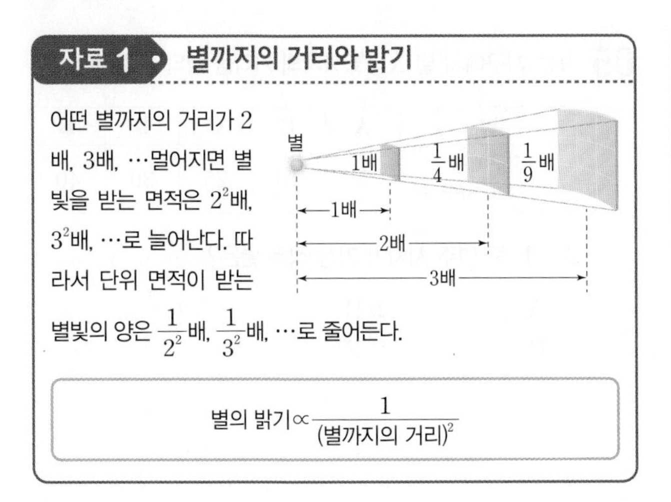

자료 1 별까지의 거리와 밝기

어떤 별까지의 거리가 2배, 3배, …멀어지면 별빛을 받는 면적은 2^2배, 3^2배, …로 늘어난다. 따라서 단위 면적이 받는 별빛의 양은 $\frac{1}{2^2}$배, $\frac{1}{3^2}$배, …로 줄어든다.

$$\text{별의 밝기} \propto \frac{1}{(\text{별까지의 거리})^2}$$

자료 2 별의 밝기와 등급

약 2.5배 약 2.5배 약 2.5배 약 2.5배 약 2.5배

6등급 5등급 4등급 3등급 2등급 1등급

100배

등급 차	1	2	3	4	5
밝기 비 (배)	2.5	6.3 ($\fallingdotseq 2.5^2$)	16 ($\fallingdotseq 2.5^3$)	40 ($\fallingdotseq 2.5^4$)	100 ($\fallingdotseq 2.5^5$)

$$\text{별의 밝기 비} = 2.5^{\text{등급 차}}$$

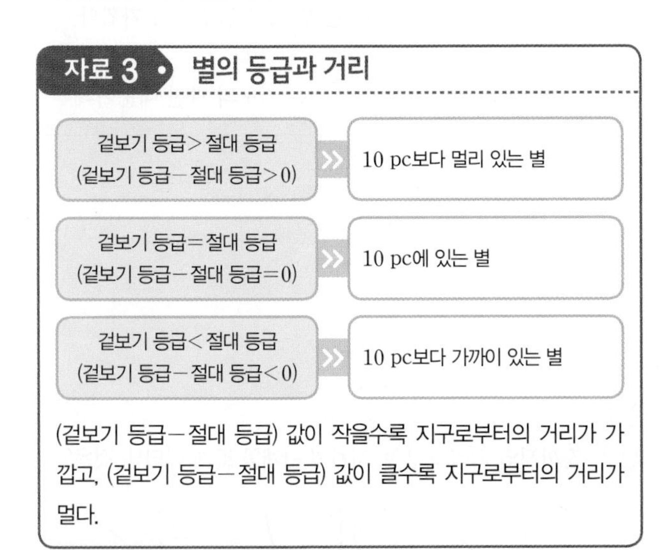

자료 3 별의 등급과 거리

겉보기 등급 > 절대 등급 (겉보기 등급 − 절대 등급 > 0)	»	10 pc보다 멀리 있는 별
겉보기 등급 = 절대 등급 (겉보기 등급 − 절대 등급 = 0)	»	10 pc에 있는 별
겉보기 등급 < 절대 등급 (겉보기 등급 − 절대 등급 < 0)	»	10 pc보다 가까이 있는 별

(겉보기 등급 − 절대 등급) 값이 작을수록 지구로부터의 거리가 가깝고, (겉보기 등급 − 절대 등급) 값이 클수록 지구로부터의 거리가 멀다.

(겉보기 등급 − 절대 등급) 값을 거리 지수라고 한다. 거리 지수가 클수록 지구로부터 멀리 있는 별이고, 거리 지수가 작을수록 가까이 있는 별이다.

자료 4 별까지의 거리 · 밝기 · 등급

별까지의 거리가 10배 멀어진다. ➡ 별의 밝기는 $\frac{1}{100}\left(=\frac{1}{10^2}\right)$배로 어두워진다. ➡ 별의 등급은 5등급($\because$ $100 \fallingdotseq 2.5^5$) 커진다.

01 별의 밝기는 별까지 거리의 제곱에 (   )한다.

02 별까지의 거리가 2.5배 멀어진다면, 별의 밝기는 어떻게 변하는지 쓰시오.

03 별까지의 거리가 $\frac{1}{4}$배로 가까워진다면, 별의 밝기는 어떻게 변하는지 쓰시오.

04 6등급인 별과 −4등급인 별의 밝기 차이는 몇 배인지 쓰시오.

05 11등급인 별 10000개가 모여 있을 때, 이 별들은 몇 등급인 별 1개와 같은 밝기로 보이는지 쓰시오.

[06~07] 표는 여러 별의 겉보기 등급과 절대 등급을 나타낸 것이다. 물음에 답하시오.

별	A	B	C	D	E
겉보기 등급	−2.0	0.4	1.3	−1.5	−26.7
절대 등급	−3.6	−6.0	−7.0	1.4	4.8

06 10 pc보다 가까이 있는 별을 모두 쓰시오.

07 지구로부터의 거리가 가까운 별부터 순서대로 나열하시오.

08 겉보기 등급이 0등급인 별까지의 거리가 4배 멀어진다면, 이 별의 겉보기 등급은 몇 등급이 되는지 쓰시오.

01 그림은 관측자 A와 B가 각각 나무를 바라볼 때 생기는 방향의 차이를 나타낸 것이다.

관측자 A, B와 나무 사이의 (가) 거리가 가까워지거나, (나) 거리가 멀어질 때 생기는 방향의 차이를 옳게 짝 지은 것은?

	(가)	(나)		(가)	(나)
①	커진다.	커진다.	②	커진다.	작아진다.
③	작아진다.	커진다.	④	작아진다.	작아진다.
⑤	변함없다.	변함없다.			

[02~04] 그림은 지구 공전 궤도상의 두 지점에서 별 S를 관측할 때 생기는 시차를 나타낸 것이다. 물음에 답하시오.

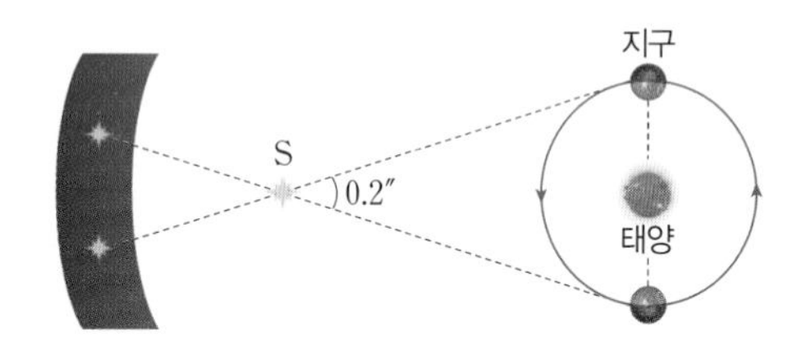

02 별 S의 시차는 얼마인지 쓰시오.

중요
03 별 S의 연주 시차는 얼마인지 구하시오.

04 별 S까지의 거리가 현재보다 4배 멀어진다면 연주 시차는 얼마가 되겠는가?

① 0.025″ ② 0.25″ ③ 0.1″
④ 2.5″ ⑤ 10″

05 표는 지구에서 별 A～E까지의 거리를 나타낸 것이다.

별	A	B	C	D	E
지구에서 별까지의 거리(pc)	5	10	25	30	40

A～E 중 연주 시차가 가장 작은 별은?

① A ② B ③ C
④ D ⑤ E

중요
06 그림은 별 A와 별 B 사이의 각거리를 6개월 간격으로 관측하여 나타낸 것이다.

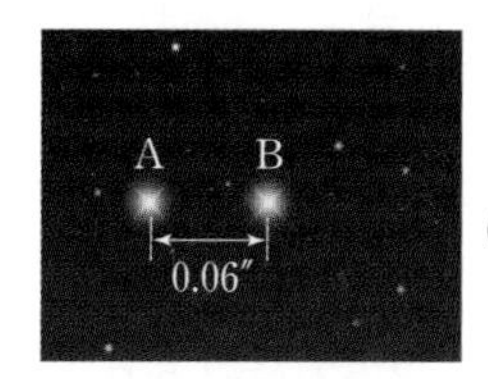

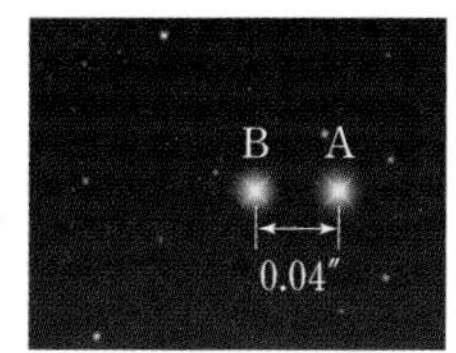

이에 대한 설명으로 옳은 것을 〈보기〉에서 모두 고른 것은? (단, 별 B는 배경 별에 대한 상대적인 위치 변화가 없다.)

보기
ㄱ. 지구로부터의 거리는 별 A가 별 B보다 가깝다.
ㄴ. 별 A의 연주 시차는 0.1″이다.
ㄷ. 별의 위치가 달라진 것은 지구의 자전 때문이다.

① ㄱ ② ㄴ ③ ㄷ
④ ㄱ, ㄷ ⑤ ㄴ, ㄷ

중요
07 별까지의 거리와 연주 시차의 관계를 옳게 나타낸 것은?

① 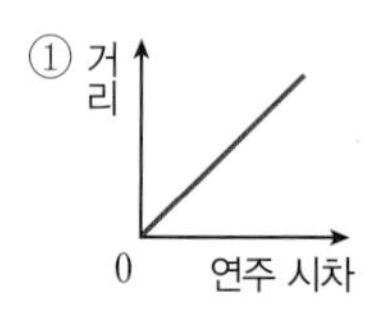

② 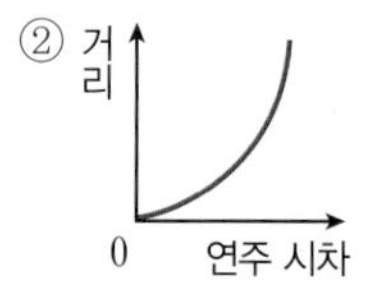

③ 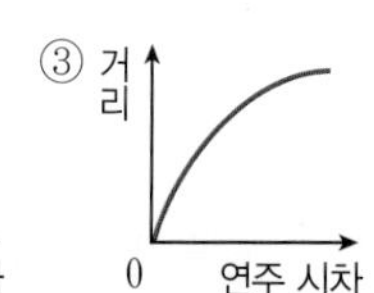

④ 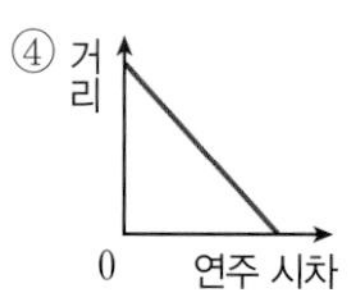

⑤ 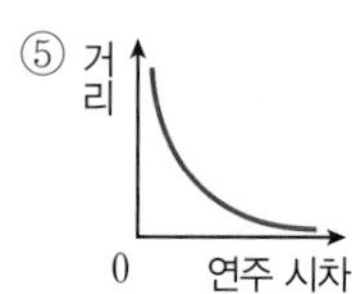

08 겉보기 등급이 -12.5등급인 보름달은 겉보기 등급이 -2.5등급인 목성에 비해 몇 배 더 밝게 보이는가?

① 100배 ② 250배 ③ 630배
④ 4000배 ⑤ 10000배

09 겉보기 등급이 3등급인 별이 100개 모여 있다면, 몇 등급의 별과 같은 밝기로 관측되는가?

① 8등급 ② 5등급 ③ 1등급
④ -2등급 ⑤ -3등급

10 태양의 겉보기 등급은 -26.8등급이다. 태양보다 10000배 어둡게 보이는 별의 겉보기 등급은?

① -16.8등급 ② -24.2등급
③ -29.2등급 ④ -31.4등급
⑤ -36.8등급

중요
11 별의 밝기와 등급에 대한 설명으로 옳은 것을 〈보기〉에서 모두 고른 것은?

보기
ㄱ. 별의 밝기는 거리에 반비례한다.
ㄴ. 별의 등급이 작을수록 밝은 별이다.
ㄷ. 0등급인 별은 5등급인 별보다 100배 밝다.
ㄹ. 별의 실제 밝기를 비교할 때는 겉보기 등급을 이용한다.
ㅁ. 실제 밝기가 같은 두 별을 맨눈으로 보았을 때는 멀리 있는 별이 더 어둡게 보인다.

① ㄱ, ㄴ, ㄷ ② ㄱ, ㄴ, ㄹ
③ ㄴ, ㄷ, ㅁ ④ ㄴ, ㄹ, ㅁ
⑤ ㄷ, ㄹ, ㅁ

중요
12 별의 밝기를 나타내는 겉보기 등급과 절대 등급에 대한 설명으로 옳지 않은 것은?

① 절대 등급으로 별의 실제 밝기를 비교할 수 있다.
② 겉보기 등급은 눈에 보이는 별의 밝기를 등급으로 나타낸 것이다.
③ 지구로부터 10 pc의 거리에 있는 별은 겉보기 등급과 절대 등급이 같다.
④ 겉보기 등급과 절대 등급을 비교하면 별까지의 거리를 비교할 수 있다.
⑤ (겉보기 등급$-$절대 등급) 값이 클수록 지구로부터 가까운 거리에 있는 별이다.

13 표는 별 A～C의 겉보기 등급과 절대 등급을 나타낸 것이다.

별	겉보기 등급	절대 등급
A	-1.5	1.4
B	2.1	2.1
C	1.3	-7.2

지구에서 맨눈으로 보았을 때 가장 밝게 보이는 별과, 실제로 가장 밝은 별을 순서대로 쓰시오.

14 다음은 어느 별의 절대 등급과 겉보기 등급을 나타낸 것이다.

- 절대 등급: 2.2
- 겉보기 등급: -2.8

이 별에 대한 설명으로 옳은 것을 〈보기〉에서 모두 고른 것은?

보기
ㄱ. 지구로부터 10 pc보다 먼 곳에 위치한다.
ㄴ. 10 pc의 거리로 이동시켰을 때의 밝기는 현재 위치에서의 밝기보다 어둡게 보일 것이다.
ㄷ. 현재보다 10배 멀어지면 절대 등급은 7.2등급이 된다.

① ㄱ ② ㄴ ③ ㄷ
④ ㄱ, ㄷ ⑤ ㄴ, ㄷ

[15~16] 표는 여러 별들의 절대 등급과 겉보기 등급을 나타낸 것이다. 물음에 답하시오.

별	절대 등급	겉보기 등급
베텔게우스	−5.1	0.5
데네브	−8.7	1.3
시리우스	1.4	−1.5
북극성	−3.7	2.1
아크투르스	−0.3	−0.1

15 위의 별 중 (가) 연주 시차가 가장 큰 별과, (나) 지구로부터 가장 멀리 있는 별을 옳게 짝 지은 것은?

	(가)	(나)
①	데네브	아크투르스
②	북극성	베텔게우스
③	시리우스	데네브
④	베텔게우스	시리우스
⑤	아크투르스	북극성

16 위의 별 중 지구로부터의 거리가 10 pc보다 가까운 별을 모두 고른 것은?

① 북극성 ② 시리우스
③ 데네브, 북극성 ④ 북극성, 시리우스
⑤ 베텔게우스, 아크투르스

중요
17 겉보기 등급이 2등급인 별이 현재보다 10배 더 가까운 곳으로 이동한다면, 이 별은 몇 등급으로 관측되겠는가?

① −3등급 ② −1등급 ③ 0등급
④ 1등급 ⑤ 3등급

18 다음은 A~C 세 별에 대한 자료이다. 지구와 가까운 별부터 순서대로 나열하시오.

- A: 연주 시차가 1″인 별
- B: 2 pc의 거리에 있는 별
- C: 32.6 광년의 거리에 있는 별

19 어떤 별의 표면 온도를 알아보려고 할 때 별에 대해 조사해야 할 자료는?

① 별의 색 ② 별의 크기 ③ 별의 질량
④ 별의 밝기 ⑤ 연주 시차

중요
20 별의 색과 표면 온도에 대한 설명으로 옳은 것을 〈보기〉에서 모두 고른 것은?

보기
ㄱ. 별의 색은 표면 온도에 따라 달라진다.
ㄴ. 별의 색이 청색일수록 표면 온도가 높다.
ㄷ. 적색 별은 황색 별보다 표면 온도가 높다.

① ㄱ ② ㄴ ③ ㄷ
④ ㄱ, ㄴ ⑤ ㄴ, ㄷ

[21~22] 그림은 별 A~E의 절대 등급과 색을 나타낸 것이다. 물음에 답하시오.

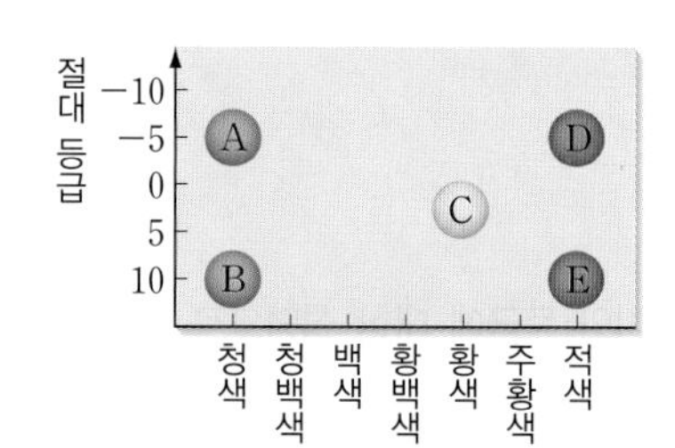

신경향
21 별 C보다 표면 온도가 낮은 별을 모두 고른 것은?

① A, B ② A, D ③ B, D
④ B, E ⑤ D, E

22 별 A~E 중 태양과 표면 온도가 가장 비슷할 것으로 예상되는 별을 쓰시오.

★ 바른답·알찬풀이 25쪽

고난도·서술형 문제

중요
23 그림 (가)와 (나)는 별 A~C를 6개월 간격으로 관측하여 나타낸 것이다.

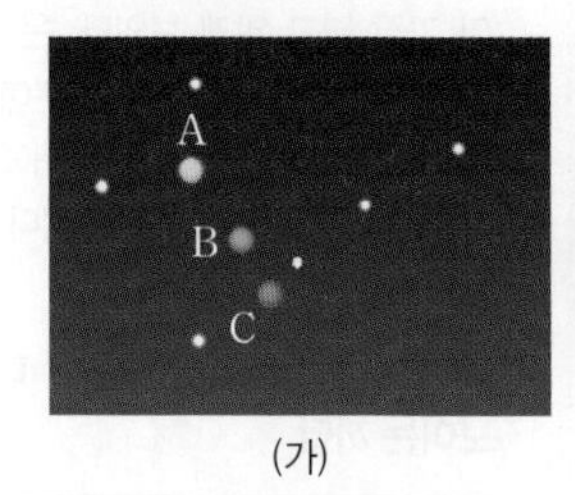

(가)

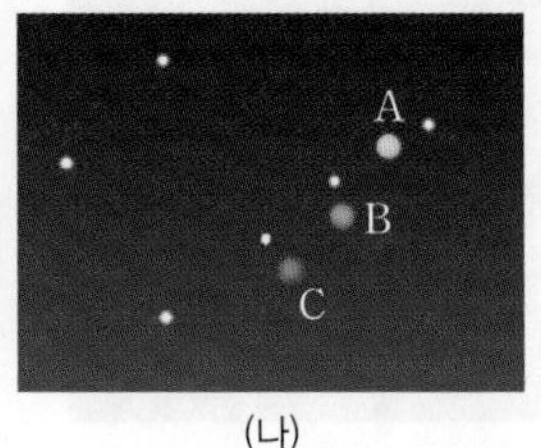

(나)

별 A~C를 지구로부터 거리가 가까운 것부터 순서대로 옳게 나열한 것은?

① A-B-C ② A-C-B
③ B-A-C ④ B-C-A
⑤ C-A-B

24 그림은 절대 등급이 같고, 같은 방향에 위치한 별 S_1과 S_2의 시차를 나타낸 것이다.

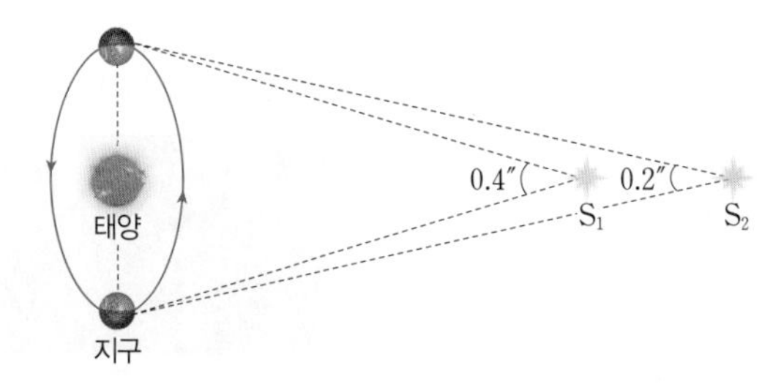

이에 대한 설명으로 옳은 것을 〈보기〉에서 모두 고른 것은?

보기
ㄱ. 실제 밝기는 S_1이 S_2보다 2배 더 밝다.
ㄴ. 겉보기 밝기는 S_1이 S_2보다 4배 더 밝다.
ㄷ. 지구로부터의 거리는 S_1이 S_2보다 4배 더 가깝다.

① ㄱ ② ㄴ ③ ㄱ, ㄷ
④ ㄴ, ㄷ ⑤ ㄱ, ㄴ, ㄷ

서술형
25 오른쪽 그림은 밤하늘에 떠 있는 절대 등급이 −3.7등급, 겉보기 등급이 2.1등급인 북극성의 모습을 나타낸 것이다.

(1) 현재 북극성은 지구로부터의 거리가 100 pc보다 가까울지 멀지를 쓰고, 그렇게 생각한 까닭을 설명하시오.

(2) 북극성의 거리가 현재보다 40배 더 가까운 곳에 위치한다면 북극성의 겉보기 등급은 얼마가 될지 쓰시오.

(3) 북극성이 현재보다 100배 더 먼 곳에 위치한다면 북극성의 절대 등급은 얼마가 될지 쓰시오.

서술형
26 지구로부터의 거리가 100 pc이고, 겉보기 등급이 5등급인 별 S를 10 pc의 거리로 옮겼을 때, 별 S의 겉보기 밝기와 겉보기 등급의 변화를 설명하시오.

서술형
27 표는 별 A와 B의 특성을 나타낸 것이다.

별	겉보기 등급	절대 등급	색
A	2	−7	백색
B	1	−1	적색

(1) 별 A와 B 중 맨눈으로 보았을 때 더 밝게 보이는 별을 쓰시오.

(2) 별 A와 B 중 표면 온도가 더 낮은 별을 쓰시오.

(3) 별 A와 B 중 연주 시차가 더 작은 별을 쓰고, 그렇게 생각한 까닭을 설명하시오.

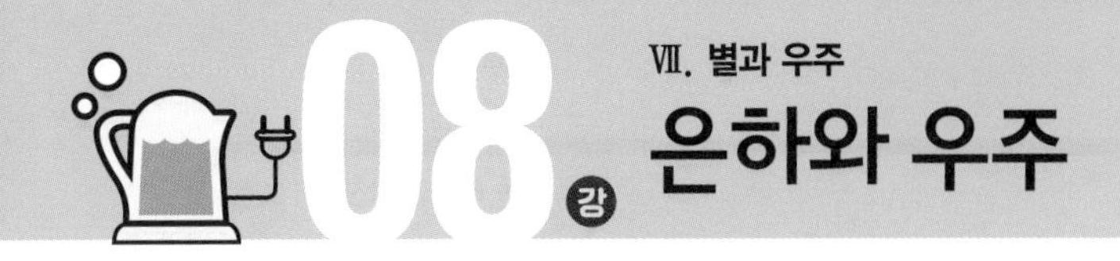

Ⅶ. 별과 우주

08강 은하와 우주

❶ 우리은하의 구조와 은하수

1 우리은하 태양계가 속해 있는 은하 태양계는 우리은하의 중심에서 약 3만 광년 떨어진 나선팔에 위치한다.

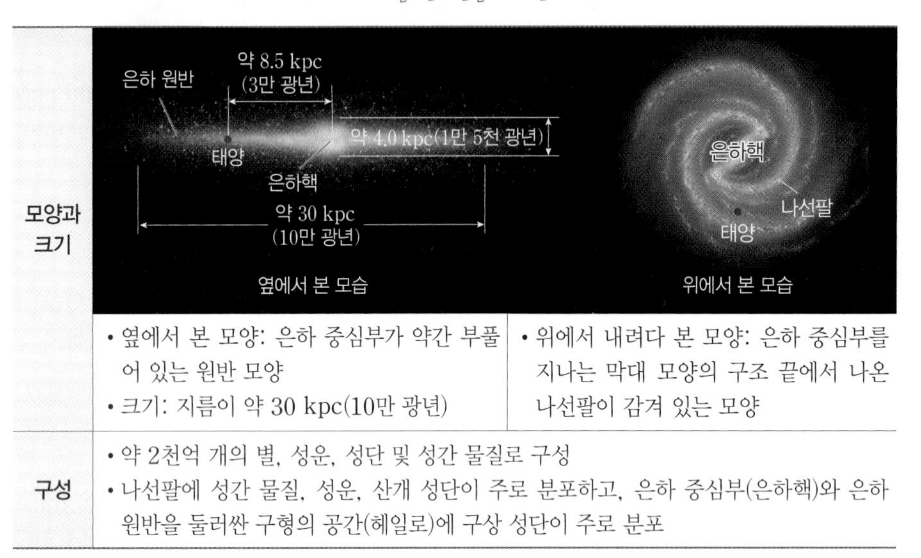

모양과 크기	• 옆에서 본 모양: 은하 중심부가 약간 부풀어 있는 원반 모양 • 크기: 지름이 약 30 kpc(10만 광년)	• 위에서 내려다 본 모양: 은하 중심부를 지나는 막대 모양의 구조 끝에서 나온 나선팔이 감겨 있는 모양
구성	• 약 2천억 개의 별, 성운, 성단 및 성간 물질로 구성 • 나선팔에 성간 물질, 성운, 산개 성단이 주로 분포하고, 은하 중심부(은하핵)와 은하 원반을 둘러싼 구형의 공간(헤일로)에 구상 성단이 주로 분포	

2 은하수❶ 지구에서 우리은하의 일부를 바라본 모습으로, 하늘 전체를 동에서 서로 한 바퀴 휘감고 있으며, 북반구와 남반구에서 모두 볼 수 있다.❷

❷ 우리은하의 구성 천체

1 성운 성간 물질(가스와 티끌)이 모여 구름처럼 보이는 천체이다.

종류	암흑 성운❸	방출 성운❹	반사 성운❺
모습			
특징	가스와 티끌이 밀집되어 있어 뒤쪽에서 오는 별빛을 차단하여 검게 보이는 성운	성운 안에 있는 고온의 별에서 나오는 강한 빛에 의해 기체가 가열되어 스스로 빛을 내며 밝게 보이는 성운	밝은 별 주위의 가스나 티끌이 별빛을 반사시켜 밝게 보이는 성운

2 성단 수많은 별들이 무리지어 모여 있는 집단이다.

종류	구상 성단 (우리은하 내에서 약 150여 개 발견)	산개 성단 (우리은하 내에서 약 1000여 개 발견)
모습		
정의	수만~수십만 개의 별들이 공 모양으로 빽빽하게 모여 있는 성단	수십~수만 개의 별들이 비교적 허술하게 모여 있는 성단
구성 별의 표면 온도/색/나이	낮다./붉은색/많다.	높다./파란색/적다.

올리드 PLUS 개념

❶ 은하수

궁수자리가 우리은하의 중심 쪽에 위치하며, 은하의 중심에 별이 많기 때문에 궁수자리 방향에서 은하수의 폭이 가장 넓고 밝게 보인다. 은하수의 군데군데는 검게 보이는 부분이 있는데, 이는 성간 물질에 의해 뒤에서 오는 별빛이 가로막혔기 때문이다.

❷ 은하수가 계절에 따라 다르게 보이는 까닭

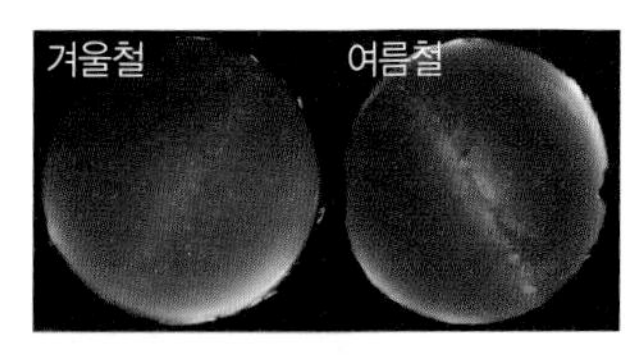

북반구에 위치한 우리나라에서는 여름철 밤하늘에서 우리은하의 중심 방향을 바라보기 때문에 은하수의 폭이 넓고 선명하게 보이고, 겨울철 밤하늘에서는 우리은하의 바깥 방향을 바라보기 때문에 은하수의 폭이 좁고 어둡게 보인다. 반면, 남반구에서는 겨울철에 은하수를 더 뚜렷이 볼 수 있다.

❸ 암흑 성운의 원리

성운이 뒤쪽에서 오는 별빛을 차단

❹ 방출 성운의 원리

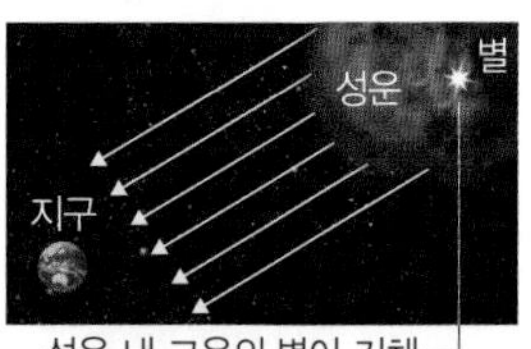

성운 내 고온의 별이 기체(성운)를 가열시킨다.

❺ 반사 성운의 원리

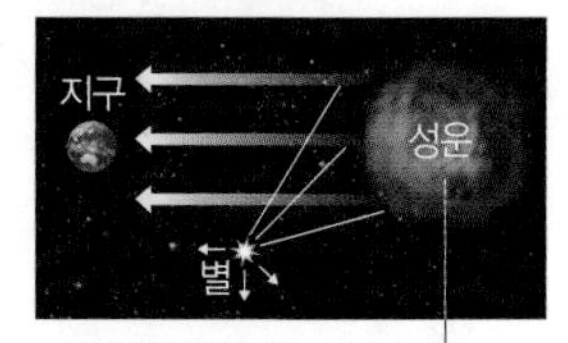

성운이 주위 별빛을 반사하여 밝게 보인다.

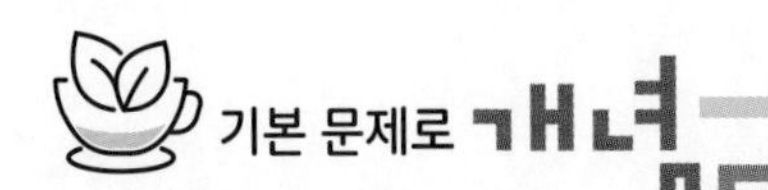

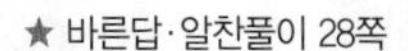
★ 바른답·알찬풀이 28쪽

❶ 우리은하의 구조와 은하수

01 다음은 우주에 대한 설명이다. (   ) 안에 들어갈 알맞은 말을 쓰시오.

> 우주에는 수많은 별, 성단, 성운 등으로 이루어진 거대한 천체 집단이 있는데 이를 (㉠)(이)라고 한다. 특히 태양계가 속해 있는 (㉠)을/를 (㉡)(이)라고 한다.

02 우리은하에 대한 설명으로 옳은 것은 ○표, 옳지 않은 것은 ×표 하시오.

(1) 지름은 약 30 kpc이고, 중심부 두께는 약 8.5 kpc이다. (   )
(2) 위에서 보면 별들이 밀집해 있는 막대 모양의 구조를 가진 중심부가 있다. (   )
(3) 옆에서 보면 가장자리가 부풀어 있는 납작한 원반 모양으로 보인다. (   )
(4) 은하의 중심은 궁수자리 방향에 위치한다. (   )
(5) 산개 성단은 주로 나선팔에 분포한다. (   )
(6) 태양계는 우리은하의 중심에서 약 8.5 kpc 떨어진 나선팔에 위치해 있다. (   )

03 은하수에 대한 설명으로 옳은 것은 ○표, 옳지 않은 것은 ×표 하시오.

(1) 수많은 별, 성운, 성단 등으로 이루어져 있다. (   )
(2) 우리은하의 원반 부분을 본 모습이다. (   )
(3) 북반구의 여름철에만 관측이 가능하다. (   )
(4) 은하수를 관측해 보면 궁수자리 쪽이 밝고 폭이 넓어 보인다. (   )

04 그림은 은하수가 보이는 원리를 나타낸 것이다.

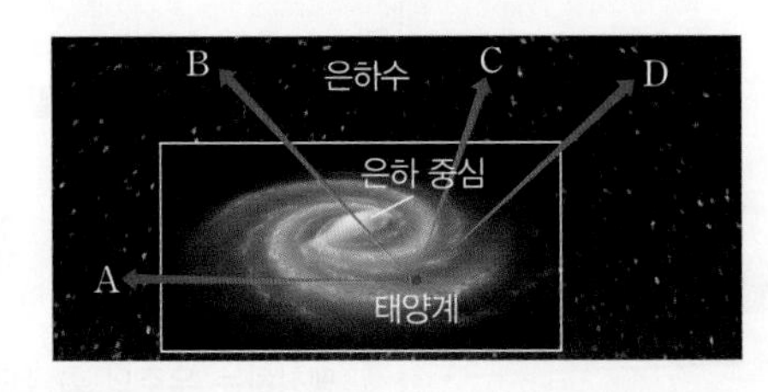

A~E 중 은하수가 가장 뚜렷하게 관측되는 방향은?

① A ② B ③ C
④ D ⑤ E

❷ 우리은하의 구성 천체

05 그림 (가)와 (나)는 우리은하를 구성하는 두 종류의 성단을 나타낸 것이다.

(가) (나)

이에 대한 설명으로 옳은 것은 ○표, 옳지 않은 것은 ×표 하시오.

(1) (가)는 구상 성단, (나)는 산개 성단이다. (   )
(2) 나선팔에 주로 분포하는 성단은 (가)이다. (   )
(3) (가)와 (나)를 구성하는 별들의 색이 차이 나는 까닭은 별의 표면 온도의 차이 때문이다. (   )

06 그림 (가)~(다)는 우리은하를 구성하는 성운을 나타낸 것이다.

(가) (나) (다)

(1) (가)~(다) 성운의 종류를 각각 쓰시오.

(2) 주변의 별빛을 반사하여 밝게 보이는 성운을 고르시오.

(3) 성운 주변에 분포하는 고온의 별로부터 에너지를 받아 스스로 빛을 내는 성운을 고르시오.

(4) 성간 물질을 구성하는 짙은 가스나 먼지가 뒤에서 오는 별빛을 차단하여 어둡게 보이는 성운을 고르시오.

❸ 외부 은하

1 외부 은하 우리은하 밖에 존재하는 또 다른 은하들로, 우리은하와 같이 수많은 별과 성단, 성운, 성간 물질들로 이루어져 있다. 예 안드로메다은하, 마젤란은하

2 허블[6]의 은하 분류 허블은 외부 은하를 모양에 따라 타원 은하, 나선 은하[7], 불규칙 은하로 분류하였다.

① 나선 은하는 중심부에 있는 막대 모양 구조의 유무에 따라 정상 나선 은하와 막대 나선 은하로 분류한다.
② 우리은하는 막대 나선 은하에 속한다.

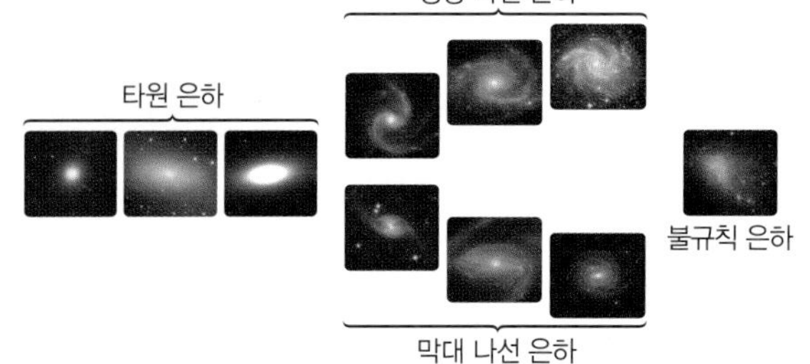

종류[8]	타원 은하	정상 나선 은하	막대 나선 은하	불규칙 은하
특징				
모양	나선팔이 없고 구형에 가깝거나 납작한 타원체 모양	은하 중심에서 나선팔이 휘어져 나온 모양	은하 중심을 가로지르는 막대 모양의 구조 끝에서 나선팔이 휘어져 나온 모양	비대칭적이거나 규칙적인 형태가 없는 모양

외부 은하의 수는 나선 은하가 약 75 %, 타원 은하가 약 20 %, 불규칙 은하가 약 5 %이다.

❹ 우주의 팽창 돋보기 84쪽

1 빅뱅(대폭발) 우주론[9] 먼 과거에 우주의 모든 물질과 에너지가 모인 한 점에서 대폭발(빅뱅, Big Bang)이 일어나 점점 팽창하여 현재의 모습이 되었다는 이론 ➡ 우주가 팽창하고 있으므로 과거로 돌아가면 우주는 수축하여 결국 한 점으로 모인다.[10]

2 우주의 팽창

① 대부분의 외부 은하들은 우리은하와의 거리가 멀어지고 있다.
② 은하들 사이의 거리가 멀어지는 까닭은 우주가 팽창하여 공간이 늘어나기 때문이며, 팽창하는 우주에는 특별한 중심이 없다.
③ 멀리 있는 은하일수록 빠르게 멀어지고 있다.

우주의 팽창 알아보기

» 과정

❶ 풍선을 약간 분 다음, 양면테이프로 동전을 붙이고 줄자로 동전과 동전 사이의 거리를 잰다.
❷ 풍선을 크게 분 다음 동전 사이의 거리를 잰다.

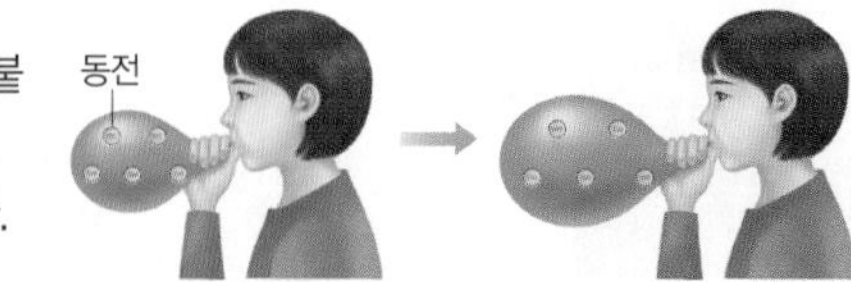

» 결과

- 풍선의 표면은 우주, 풍선에 붙인 동전은 은하에 해당하며, 우주가 팽창하면서 각각의 은하들은 서로 멀어진다.
- 멀어지는 동전 사이에 특별한 중심이 없는 것처럼, 팽창하는 우주에도 팽창의 중심이 없다.

올리드 PLUS 개념

❻ 허블
미국의 천문학자로, 은하를 관측하여 모양에 따라 외부 은하들을 분류하였다. 또한, 우주가 팽창한다는 사실을 처음으로 알아내었다.

❼ 타원 은하와 나선 은하

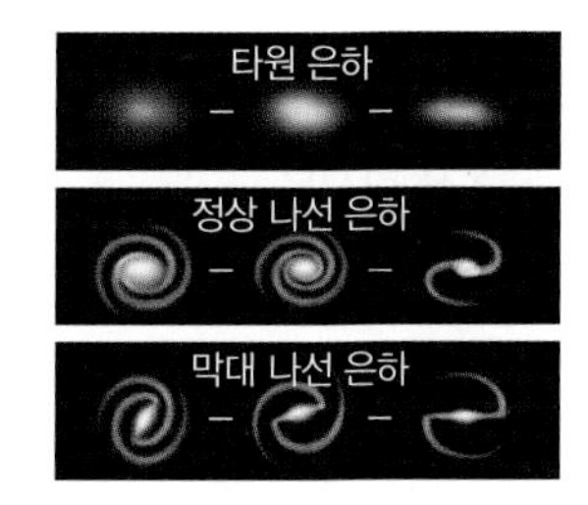

타원 은하는 타원체의 납작한 정도에 따라 세분하고, 나선 은하는 나선팔이 감긴 정도와 은하 중심부(은하핵)의 크기에 따라 세분한다.

❽ 외부 은하의 구성
타원 은하는 성간 물질이 거의 없고, 주로 나이가 많은 별들로 이루어져 있다. 나선 은하의 나선팔에는 성간 물질이 풍부하므로 새로운 별이 많이 생겨나서 젊은 별들이 많이 분포하지만, 중심부에는 나이가 많은 별들이 분포한다. 불규칙 은하에는 성간 물질이 많이 분포한다.

❾ 빅뱅(대폭발) 우주론
대폭발 우주론에 의하면 우주는 약 138억 년 전에 대폭발이 일어나 현재까지 팽창하고 있다. 이때 우주가 팽창해도 우주의 구성 단위인 은하의 크기가 커지는 것은 아니다. 단지 은하와 은하 사이의 거리가 멀어질 뿐이다.

❿ 우주의 총 질량, 밀도, 온도

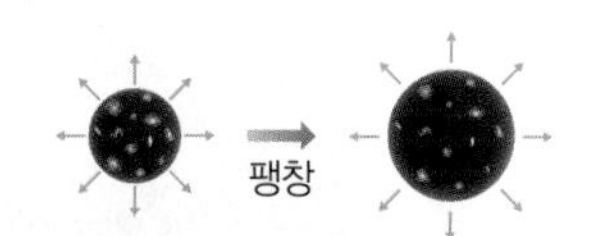

팽창하는 우주의 총 질량은 변하지 않는다. 따라서 우주가 팽창함에 따라 부피가 늘어나므로 우주의 밀도는 작아진다. 또, 팽창하면서 우주의 온도는 낮아진다.

❸ 외부 은하

07 외부 은하에 대한 설명으로 옳은 것은 ○표, 옳지 않은 것은 ×표 하시오.

(1) 우리은하 밖에 존재하는 은하이다. ( )
(2) 외부 은하는 크기와 모양이 다양하다. ( )
(3) 외부 은하 속에는 태양과 같은 수많은 별 이외에 성단, 성운, 성간 물질이 분포한다. ( )

08 다음에 주어진 외부 은하의 특징을 옳게 연결하시오.

(1) 나선 은하 • • ㉠ 구형 또는 타원체
(2) 타원 은하 • • ㉡ 은하핵과 나선팔
(3) 불규칙 은하 • • ㉢ 비대칭적인 모양

09 그림은 여러 가지 외부 은하의 모습을 나타낸 것이다.

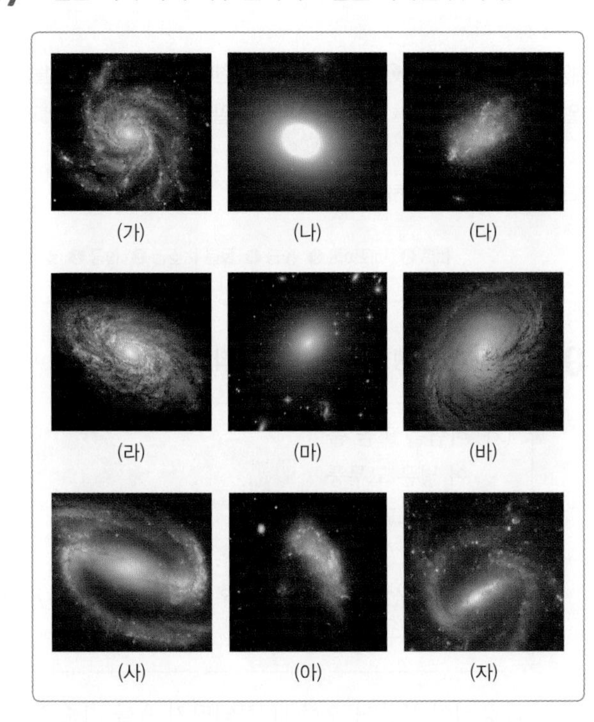

(1) 불규칙 은하를 모두 고르시오.

(2) 정상 나선 은하를 모두 고르시오.

(3) 타원 은하를 모두 고르시오.

(4) 우리은하와 같은 종류의 은하를 모두 고르시오.

❹ 우주의 팽창

10 다음은 우주 팽창을 모형으로 나타낸 실험이다.

(가) 바람을 조금 불어 넣은 고무풍선의 표면에 은하 모양의 붙임딱지 여러 개를 간격을 달리하여 붙인다.
(나) 고무풍선을 크게 부풀린 후 붙임딱지 사이의 거리 변화를 관찰한다.

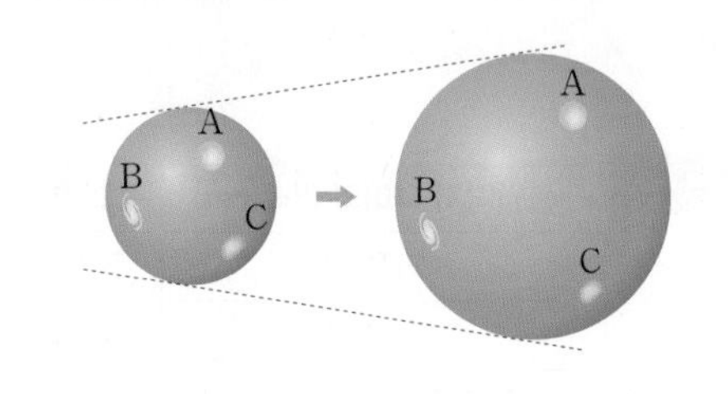

(1) 이 실험에서 고무풍선의 표면과 붙임딱지는 각각 무엇에 해당하는지 쓰시오.

(2) 고무풍선이 부풀어 오르는 것은 실제 어떤 상황에 해당하는지 쓰시오.

11 다음은 우주에 대한 설명이다. ( ) 안에 들어갈 알맞은 말을 고르시오.

(1) 대부분의 외부 은하들은 우리은하로부터 거리가 점점 (멀어지고, 가까워지고) 있다.
(2) 멀리 있는 은하일수록 멀어지는 속도가 (빠르다, 느리다).
(3) 우주는 (수축, 팽창)하고 있다.

12 빅뱅 우주론에 대한 설명으로 옳은 것은 ○표, 옳지 않은 것은 ×표 하시오.

(1) 우주는 한 점에서 시작되었다. ( )
(2) 우주는 현재 팽창을 멈추었다. ( )
(3) 팽창하는 우주의 중심은 우리은하이다. ( )
(4) 대부분의 은하들은 서로 멀어지고 있다. ( )
(5) 우주의 나이는 약 138억 년으로 추정된다. ( )
(6) 과거의 우주 크기는 현재보다 훨씬 컸다. ( )
(7) 팽창하는 우주의 온도는 점차 낮아졌다. ( )

팽창하는 우주

개념 82쪽

★ 바른답 · 알찬풀이 28쪽

과정

❶ 고무풍선에 바람을 조금 불어 넣은 후 1~4의 숫자가 적힌 붙임딱지 4개를 거리를 모두 다르게 하여 붙인다.

❷ 클립 또는 집게로 고무풍선의 입구를 막은 후 줄자를 이용하여 각 붙임딱지 사이의 거리를 잰다.

❸ 고무풍선에 바람을 더 불어 넣은 후 과정 ❷를 반복한다.

결과

붙임딱지 사이의 거리(cm)	1과 2	1과 3	1과 4	2와 3	2와 4	3과 4
과정 ❷	5.5	5.0	7.5	7.8	6.2	5.3
과정 ❸	10.3	9.4	14.1	14.6	11.6	10.0
과정 ❷와 ❸의 거리 차이	4.8	4.4	6.6	6.8	5.4	4.7

1. 고무풍선을 크게 부풀렸을 때 붙임딱지 사이의 거리는 모두 멀어졌다.
2. 붙임딱지 중에서 어느 것을 기준으로 하든지 나머지는 모두 기준 붙임딱지로부터 멀어졌다.
3. 두 붙임딱지 사이의 거리가 멀수록 고무풍선을 불고 난 후의 거리 차이가 크다.

정리

• 우주 팽창 모형실험에서 고무풍선의 표면은 ❶(　　　)에 해당하고, 붙임딱지는 ❷(　　　)에 해당한다. 따라서 고무풍선을 부풀리는 것은 ❸(　　　)에 해당하고, 붙임딱지 사이의 거리가 멀어진 것은 ❹(　　　) 사이의 거리가 멀어진 것에 해당한다. 따라서 우주가 팽창한다면 은하 사이의 거리는 ❺(　　　).

• 어느 붙임딱지를 기준으로 하든지 나머지 붙임딱지가 멀어지므로 고무풍선에 팽창하는 중심은 ❻(　　　).

답 ❶ 우주 ❷ 은하 ❸ 우주의 팽창 ❹ 은하 ❺ 멀어진다 ❻ 없다

01 위 실험에 대한 설명으로 옳은 것은 ○표, 옳지 않은 것은 ×표 하시오.

(1) 고무풍선에 붙인 붙임딱지는 우주에 해당한다. (　　)

(2) 붙임딱지 사이의 간격에 관계없이 고무풍선을 크게 부풀렸을 때 붙임딱지 사이의 거리 차이는 일정하다. (　　)

(3) 고무풍선이 부풀어 오를 때 붙임딱지 사이의 거리가 멀어지는 것처럼 우주가 팽창할 때 은하 사이의 거리는 점점 멀어진다. (　　)

(4) 고무풍선이 부풀어 오를 때 멀리 있는 붙임딱지 사이의 간격이 더 멀어지는 것처럼 멀리 있는 은하일수록 더 빠른 속도로 멀어진다. (　　)

(5) 고무풍선이 부풀어 오를 때 붙임딱지의 크기는 그대로 유지되는 것처럼 우주가 팽창할 때 은하 자체의 크기가 커지는 것은 아니다. (　　)

02 다음은 우주 팽창을 모형으로 나타낸 실험이다.

(가) 바람을 조금 불어 넣은 고무풍선의 표면에 붙임딱지 A, B, C를 붙인다.

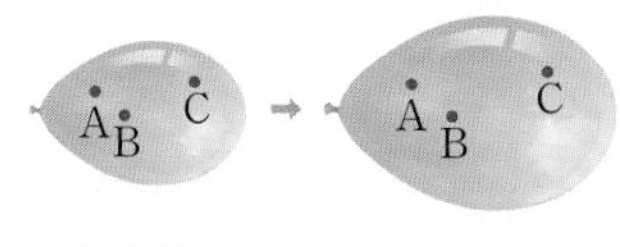

(나) 고무풍선을 크게 부풀린 후 붙임딱지 사이의 거리 변화를 관찰한다.

(1) 풍선이 부풀어 오를 때 붙임딱지 A를 기준으로 붙임딱지 B와 C 중에서 어느 것이 더 빠르게 멀어지는지 고르시오.

(2) 풍선이 부풀어 오를 때 붙임딱지 B를 기준으로 붙임딱지 A와 C 중에서 어느 것이 더 빠르게 멀어지는지 고르시오.

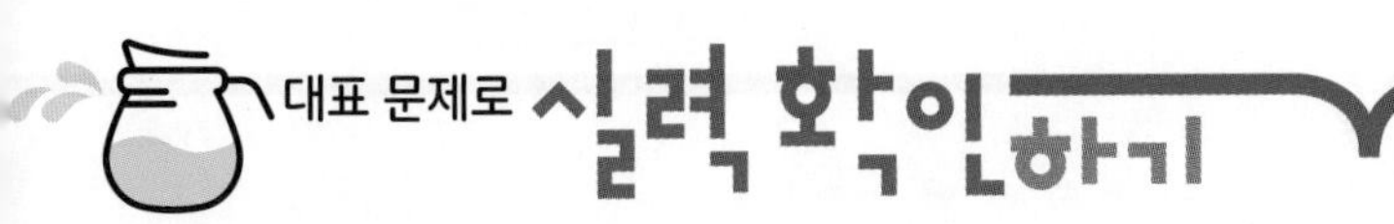

★ 바른답·알찬풀이 29쪽

01 우리은하에 대한 설명으로 옳지 않은 것은?

① 나선팔을 가지고 있다.
② 지름은 약 70 kpc이다.
③ 중심부의 두께는 약 4 kpc이다.
④ 은하 중심에 막대 모양의 구조가 있다.
⑤ 옆에서 보면 가운데가 볼록한 원반 모양이다.

02 그림 (가)는 우리은하를 옆에서 본 모습을, (나)는 우리은하를 위에서 본 모습을 나타낸 것이다.

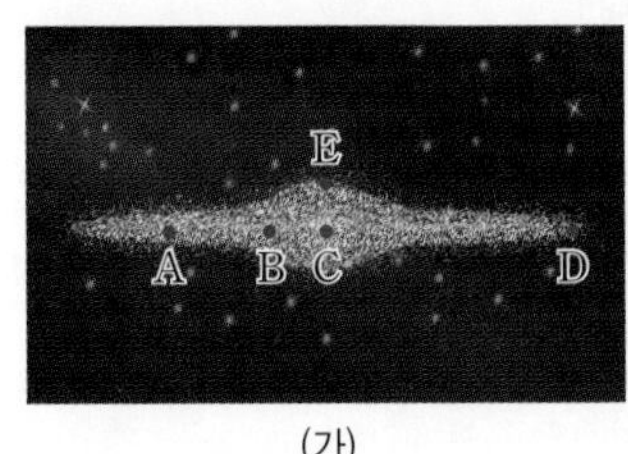

(가)

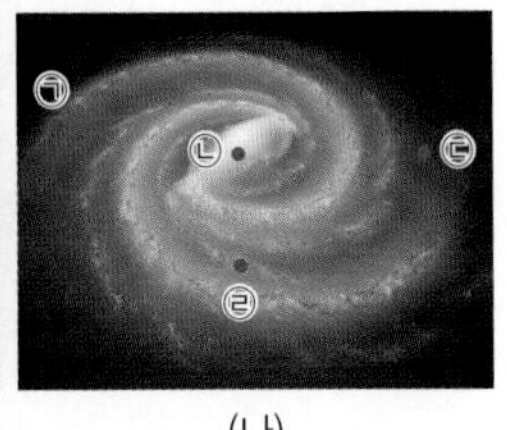

(나)

태양계의 위치에 해당하는 것끼리 옳게 짝 지은 것은?

① A－㉣ ② B－㉡ ③ C－㉢
④ D－㉠ ⑤ E－㉣

중요
03 그림은 우리나라의 밤하늘에서 관측되는 은하수의 모습을 나타낸 것이다.

은하수에 대한 설명으로 옳지 않은 것은?

① 수많은 천체들이 모인 집단이다.
② 밤하늘을 가로지르는 뿌연 띠 모양이다.
③ 계절에 따라 관측되는 폭과 밝기가 달라진다.
④ 지구에서 우리은하의 일부를 바라본 모습이다.
⑤ 궁수자리 방향에서 폭이 가장 좁고 어둡게 보인다.

[04~05] 그림은 옆에서 본 우리은하의 모습을 나타낸 것이다. 물음에 답하시오.

중요
04 A 위치에 주로 분포하는 성단의 특징에 대한 설명으로 옳은 것을 〈보기〉에서 모두 고른 것은?

보기
ㄱ. 주로 붉은색의 별들로 구성되어 있다.
ㄴ. 성단을 이루는 별들의 나이가 비교적 적다.
ㄷ. 주로 표면 온도가 낮은 별들로 구성되어 있다.
ㄹ. 수십에서 수만 개의 별들이 엉성하게 모여 있다.

① ㄱ, ㄴ ② ㄱ, ㄷ ③ ㄴ, ㄷ
④ ㄱ, ㄷ, ㄹ ⑤ ㄴ, ㄷ, ㄹ

05 B 위치에 주로 분포하는 성단의 종류와 그 성단을 이루는 별의 색을 옳게 짝 지은 것은?

① 산개 성단－흰색 ② 산개 성단－붉은색
③ 산개 성단－파란색 ④ 구상 성단－파란색
⑤ 구상 성단－붉은색

06 우리은하에 포함되어 있는 천체만을 〈보기〉에서 모두 고르시오.

보기
ㄱ. 명왕성 ㄴ. 태양계
ㄷ. 반사 성운 ㄹ. 구상 성단
ㅁ. 마젤란은하 ㅂ. 안드로메다은하

07 우리은하의 중심에서 출발한 빛이 지구까지 도달하는 데 대략 얼마의 시간이 걸리겠는가?

① 3만 년 ② 5만 년 ③ 10만 년
④ 30만 년 ⑤ 100만 년

[08~09] 그림은 망원경으로 관측한 두 종류의 성단을 나타낸 것이다. 물음에 답하시오.

(가)

(나)

08 두 성단의 특징에 대한 설명으로 옳은 것을 〈보기〉에서 모두 고른 것은?

보기

	(가)	(나)
ㄱ. 별의 수	수만~수십만 개	수십~수만 개
ㄴ. 분포 지역	나선팔	은하 중심
ㄷ. 발견된 수	1000여 개	150여 개

① ㄱ ② ㄷ ③ ㄱ, ㄴ
④ ㄴ, ㄷ ⑤ ㄱ, ㄴ, ㄷ

중요
09 두 성단을 구성하는 별들의 색이 차이가 나는 까닭은?

① 성단의 총 질량이 서로 다르기 때문
② 지구로부터의 거리가 서로 다르기 때문
③ 우리은하 내의 분포 위치가 서로 다르기 때문
④ 성단에 포함된 별의 개수가 서로 다르기 때문
⑤ 성단을 구성하는 별들의 표면 온도가 서로 다르기 때문

10 성운을 이루고 있는 물질들은 주로 무엇인가?

① 별 ② 은하 ③ 얼음
④ 가스와 티끌 ⑤ 이산화 탄소

중요
11 그림은 우리은하를 구성하는 여러 성운의 모습을 나타낸 것이다.

(가)

(나)

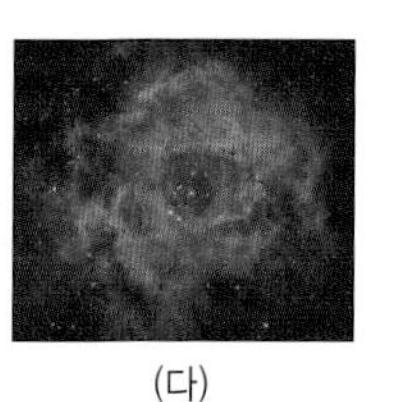
(다)

성운 (가)~(다)를 ㉠ 어두운 성운과 ㉡ 밝은 성운으로 옳게 분류한 것은?

	㉠	㉡		㉠	㉡
①	(가)	(나), (다)	②	(가), (나)	(다)
③	(나)	(가), (다)	④	(나), (다)	(가)
⑤	(다)	(가), (나)			

[12~13] 그림은 여러 외부 은하의 모습을 나타낸 것이다. 물음에 답하시오.

(가)

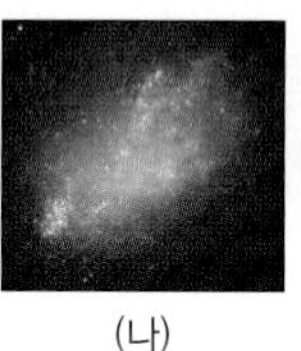
(나)

(다)

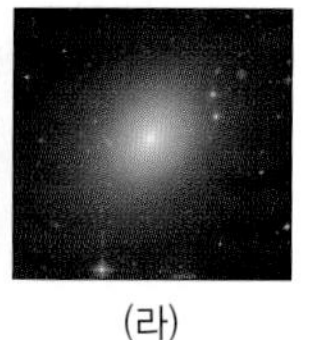
(라)

12 (가)~(라) 은하의 종류를 옳게 짝 지은 것은?

① (가) – 타원 은하 ② (나) – 막대 나선 은하
③ (다) – 정상 나선 은하 ④ (다) – 불규칙 은하
⑤ (라) – 불규칙 은하

13 다음 글은 어느 외부 은하를 관측하여 기록한 내용이다.

• 은하 중심부를 나선팔이 휘감고 있다.
• 은하 중심을 가로지르는 막대 모양의 구조가 있다.

(가)~(라) 중 위 내용에 해당하는 은하는 무엇인지 쓰시오.

신경향

14 외부 은하에 대한 설명으로 옳은 것을 〈보기〉에서 모두 고른 것은?

보기
ㄱ. 외부 은하는 질량에 따라 네 가지 종류로 구분한다.
ㄴ. 외부 은하들은 수많은 별들과, 성운, 성단 등으로 이루어져 있다.
ㄷ. 외부 은하 중 불규칙 은하의 수가 가장 많고, 타원 은하의 수가 가장 적다.

① ㄱ ② ㄴ ③ ㄱ, ㄷ
④ ㄴ, ㄷ ⑤ ㄱ, ㄴ, ㄷ

중요

15 그림은 풍선에 붙인 동전을 은하라고 가정하고 풍선을 불어 보는 실험을 나타낸 것이다.

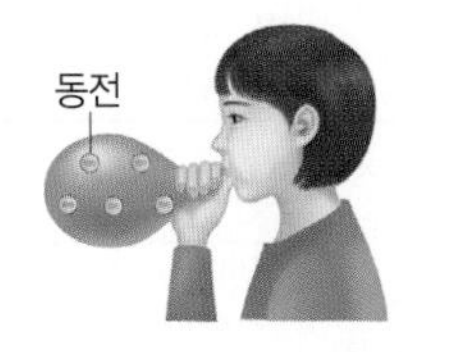

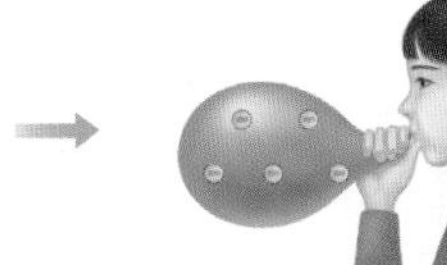

이 실험에 대한 설명으로 옳은 것을 〈보기〉에서 모두 고른 것은?

보기
ㄱ. 우주의 크기는 계속 팽창한다.
ㄴ. 우주의 온도는 계속 상승한다.
ㄷ. 우주의 총 질량은 계속 증가한다.
ㄹ. 멀리 있는 은하일수록 멀어지는 속도가 빠르다.

① ㄱ, ㄴ ② ㄱ, ㄷ ③ ㄱ, ㄹ
④ ㄴ, ㄷ ⑤ ㄷ, ㄹ

16 팽창하는 우주에 대한 설명으로 옳은 것을 〈보기〉에서 모두 고른 것은?

보기
ㄱ. 우주는 계속 팽창하고 있다.
ㄴ. 외부 은하들은 서로 멀어지고 있다.
ㄷ. 우주는 우리은하를 중심으로 팽창한다.

① ㄱ ② ㄷ ③ ㄱ, ㄴ
④ ㄴ, ㄷ ⑤ ㄱ, ㄴ, ㄷ

고난도·서술형 문제

서술형

17 다음은 어떤 천체가 관측되는 원리를 알아보기 위한 실험을 나타낸 것이다.

[실험 과정]
(가) 오른쪽 그림과 같이 향을 피우고, 비커로 덮은 다음 방안의 불을 끄고 손전등의 불빛을 셀로판지에 대고 비춘다.

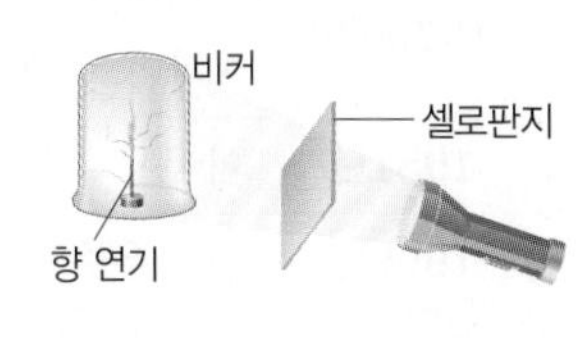

(나) 셀로판지의 색을 달리하면서 비커 안 향 연기의 색 변화를 관찰한다.

[실험 결과]
셀로판지의 색에 따라 향 연기의 색도 셀로판지와 같은 색을 띤다.

(1) 위 실험의 향 연기와 손전등의 불빛은 천체가 관측되는 원리에서 각각 무엇에 해당하는지 쓰시오.

(2) 위 실험을 통해 관측되는 원리를 알 수 있는 천체는 무엇인지 쓰시오.

(3) (2)에서 답한 천체의 관측 원리를 위 실험 결과에 비유하여 설명하시오.

서술형

18 그림은 허블이 모양에 따라 외부 은하를 분류한 것을 나타낸 것이다.

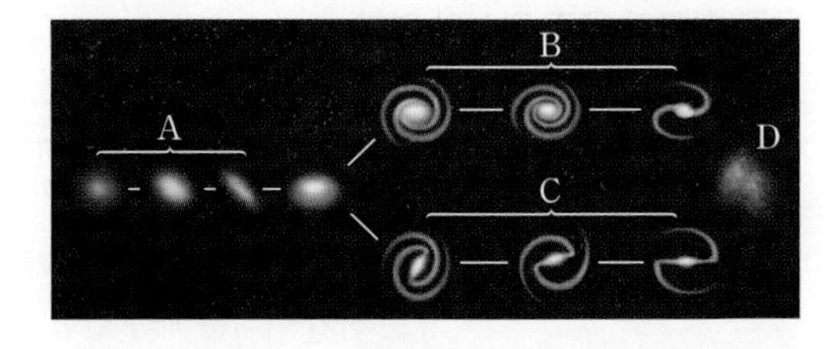

(1) A～D 은하의 종류를 각각 쓰시오.

(2) B가 A와 구분되는 특징을 쓰시오.

(3) B와 C 은하의 공통점과 차이점을 설명하시오.

09강 우주 탐사

❶ 우주 탐사의 역사와 의의

1 우주 탐사의 역사[1] 돋보기 90쪽

1957년	구소련이 인류 최초의 인공위성인 스푸트니크 1호 발사 성공
1969년	미국의 유인 우주 탐사선 아폴로 11호가 최초로 달에 착륙
1970년대	• 베네라, 마리너, 바이킹 등의 무인 탐사선이 수성, 금성, 화성 등을 탐사 • 파이오니어, 보이저 등이 목성, 토성, 천왕성 등의 외행성을 탐사
1981년	미국이 최초의 우주 왕복선 컬럼비아호 발사
1990년	허블 우주 망원경 발사
1990년대~2000년대	• 탐사 로봇인 소저너, 스피릿, 오퍼튜니티 등이 화성 탐사 • 1998년부터 국제 우주 정거장(ISS) 건설
2012년	화성 탐사 로봇 큐리오시티 화성 탐사
2015년	뉴호라이즌스호 명왕성 근접 통과
2018년	최초의 태양 탐사선 파커호 발사

우주 정거장에서의 과학 활동
지상에서 실시하기 어려운 과학 실험이나 신약 개발, 신소재 개발을 하고, 우주 환경 등을 연구한다.

2 우주 탐사의 목적과 의의

① 과학적 목적과 의의: 태양계를 비롯한 우주를 탐사함으로써 지구의 과거와 미래, 우주 환경을 이해하고, 외계 행성의 존재를 탐사할 수 있다.

② 경제적 목적과 의의: 지구에서 얻기 어렵거나 고갈되어 가는 지하자원을 채취할 수 있다.

3 우주 탐사의 방법[2]

① 탐사선에 의한 방법: 태양계 공간으로 발사한 탐사선이 행성, 소행성, 위성, 혜성 등에 접근하거나 착륙하여 천체들의 특성을 탐사한다.

② 천체 망원경에 의한 탐사: 지상에 설치한 광학 망원경이나 전파 망원경, 지구 궤도에 쏘아 올린 우주 망원경을 통해 태양계 천체, 별, 은하 등을 탐사한다.

❷ 우주 탐사 기술의 응용과 우주 탐사의 영향 돋보기 90쪽

1 우주 탐사 기술이 실생활에 이용된 사례 GPS[3], 형상 기억 합금, 타이타늄 합금, 자기 공명 영상(MRI), 컴퓨터 단층 촬영(CT), 기능성 옷감, 정수기, 공기 청정기, 에어쿠션 운동화, 화재 경보기, 진공 청소기 등

2 우주 환경과 우주 탐사의 영향

긍정적 영향	우주 망원경	대기권 밖에 설치하여 지구 대기의 영향을 받지 않으므로 지상에서보다 자세하게 천체를 관측할 수 있다.
	우주 정거장	우주 정거장 내부는 무중력 상태이므로 중력의 영향을 받는 지상에서는 하기 어려운 과학 실험, 신약 개발, 신소재 개발 등을 할 수 있다.
	우주 탐사선	태양계의 형성 과정과 탐사 대상 천체를 이해하는 데 도움을 준다.
부정적 영향	인공위성이나 우주 탐사선을 발사한 후 지구 궤도에 버려진 로켓의 본체와 부품, 운행 중인 인공위성에서 벗겨진 페인트 조각이나 나사, 인공위성끼리 충돌하여 생겨난 수많은 파편 등은 우주 쓰레기[4]가 된다. ➡ 우주 쓰레기는 지구 궤도를 매우 빠른 속도로 돌면서 운행 중인 인공위성이나 탐사선에 치명적인 피해를 입히기도 한다.	

올리드 PLUS 개념

❶ 우리나라의 우주 개발

• 1992년: 우리나라 최초의 인공위성인 우리별 1호 발사
• 2003년: 소형 과학 실험 위성인 과학 기술 위성 1호 발사
• 2009년: 전라남도 고흥에 나로 우주 센터 건립
• 2010년: 통신 해양 기상 위성인 천리안 위성 발사

❷ 우주 탐사 방법의 장점과 단점

• 우주 탐사 방법의 장점

전파 망원경	밤낮 구별 없이 24시간 관측할 수 있다.
우주 망원경	대기의 영향을 받지 않으므로 지상 망원경보다 더 선명한 천체의 상을 얻을 수 있다.
우주 탐사선	천체에 접근하여 탐사하므로 자세하게 천체를 관측할 수 있다.

• 우주 탐사 방법의 단점

전파 망원경	선명한 상을 얻기 위해서는 망원경의 구경이 매우 커야 한다.
우주 망원경	지구 궤도에 쏘아 올려야 하므로 비용이 많이 들고, 고장이 날 경우 수리하기 위한 접근이 쉽지 않다.
우주 탐사선	비용이 많이 들고, 지구에서 천체까지 이동하는 데 걸리는 기간이 길다.

❸ GPS(위성 위치 확인 시스템)

미국 국방성에서 개발한 것으로, 지구 둘레를 선회하는 24개의 인공위성을 이용하여 위치, 속도 및 시간 측정 서비스를 제공하는 시스템이다. 일반 사용자는 내비게이션, 스마트폰 등에 내장되어 있는 전용 수신기를 설치하는 것만으로 정확한 위치를 알 수 있다.

❹ 우주 쓰레기 제거 방안

• 지구 대기권에 진입시켜 태워 없앤다.
• 지상에서 레이저를 발사하여 궤도를 이탈시킨 후 대기권에 진입시켜 태워 없앤다.
• 그물망을 이용해 쓰레기를 회수한다.
• 인공위성에 전자기 사슬을 부착하여 수명이 다하면 스스로 대기권으로 떨어지게 한다.

기본 문제로 개념 다지기

★ 바른답·알찬풀이 31쪽

❶ 우주 탐사의 역사와 의의

01 다음 설명에 해당하는 인공위성이나 우주 탐사선을 〈보기〉에서 골라 기호를 쓰시오.

보기
ㄱ. 컬럼비아호　ㄴ. 파커호
ㄷ. 큐리오시티　ㄹ. 아폴로 11호
ㅁ. 스푸트니크 1호　ㅂ. 뉴호라이즌스호
ㅅ. 국제 우주 정거장　ㅇ. 허블 우주 망원경

(1) 1957년 발사된 인류 최초의 인공위성 (　　)
(2) 1969년 최초로 달에 착륙한 유인 우주 탐사선 (　　)
(3) 1981년 미국에서 발사한 최초의 우주 왕복선 (　　)
(4) 1990년에 발사된 우주 망원경 (　　)
(5) 1998년 이후 세계 16개국이 참여하여 건설한 우주 개발의 전초 기지 (　　)
(6) 2012년 발사된 화성 탐사 로봇 (　　)
(7) 2015년 명왕성과 그 위성을 근접 통과하면서 탐사한 우주 탐사선 (　　)
(8) 2018년에 발사된 최초의 태양 탐사선 (　　)

02 그림은 여러 가지 우주 탐사 방법을 나타낸 것이다.

A

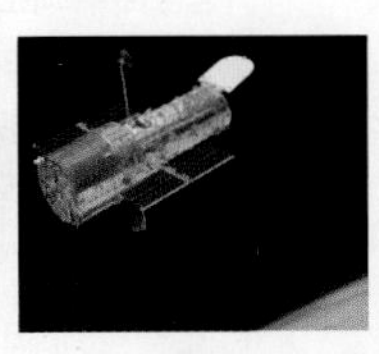
B

C

다음 설명에 해당하는 우주 탐사 방법을 골라 기호를 쓰시오.

(1) 구경이 매우 크며 밤낮 구별 없이 24시간 관측할 수 있다. (　　)
(2) 천체에 접근하여 탐사하므로 천체를 자세하게 관측할 수 있다. (　　)
(3) 지구 궤도에 쏘아 올려야 하므로 비용이 많이 들고, 고장이 날 경우 수리하기 위한 접근이 쉽지 않다. (　　)
(4) 비용이 많이 들고, 지구에서 천체까지 이동하는 데 걸리는 기간이 길다. (　　)

❷ 우주 탐사 기술의 응용과 우주 탐사의 영향

03 다음에서 설명하는 우주 탐사 기술이 이용된 사례를 〈보기〉에서 골라 기호를 쓰시오.

보기
ㄱ. 정수기　ㄴ. 고어텍스
ㄷ. 화재 경보기　ㄹ. 공기 청정기
ㅁ. 타이타늄 합금　ㅂ. 형상 기억 합금

(1) 아폴로 달 착륙선에 달린 안테나에 활용한 것으로, 로켓에서 끄집어냈을 때 자동으로 안테나가 펴지게 개발한 것을 실생활에 적용한 것 (　　)
(2) 우주 비행사들의 식수 문제를 해결하기 위해 개발된 것 (　　)
(3) 우주 정거장 스카이랩에서 일어날지도 모르는 화재를 미리 감지하기 위해 개발된 것 (　　)
(4) 부식에 강하고, 다른 금속 소재보다 매우 가볍고 강도가 우수한 금속 (　　)
(5) 방수가 되면서 내부 습기를 방출하는 우주복을 연구하는 과정에서 개발된 기능성 옷감 (　　)
(6) 우주선의 실내 공기 정화 기술이 가정용으로 적용된 것 (　　)

04 다음은 우주 탐사 방법에 대한 설명이다. (　　) 안에 들어갈 알맞은 말을 쓰시오.

(1) 대기권 밖에 설치한 (　　　)은/는 지구 대기의 영향을 받지 않으므로 지상에서보다 자세하게 천체를 관측할 수 있다.
(2) (　　　)의 내부는 무중력 상태이므로 중력의 영향을 받는 지상에서는 하기 어려운 과학 실험, 신약 개발, 신소재 개발 등을 할 수 있다.

05 우주 쓰레기에 대한 설명으로 옳은 것은 ○표, 옳지 않은 것은 ×표 하시오.

(1) 매우 빠른 속도로 움직인다. (　　)
(2) 우주 쓰레기를 줄이는 가장 효과적인 방법은 더 작은 크기로 파괴하는 것이다. (　　)
(3) 우주 쓰레기는 크기가 매우 작기 때문에 탐사 기기에 미치는 영향이 거의 없다. (　　)

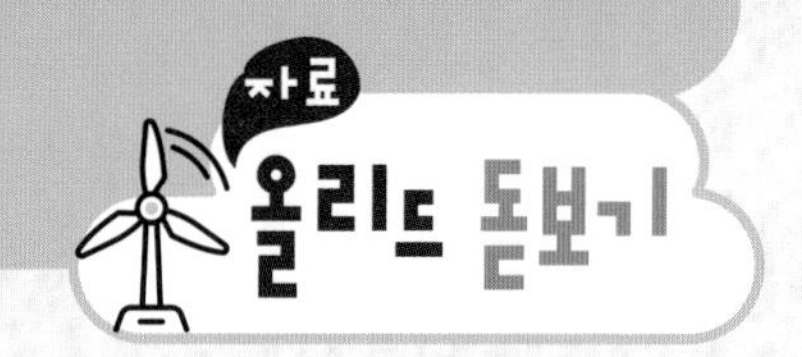

우주 탐사의 역사와 우주 탐사 기술의 이용 개념 88쪽

❶ 우주 탐사의 역사

스푸트니크 1호
1957년 최초의 인공위성 스푸트니크 1호 발사

아폴로 11호
1969년 아폴로 11호를 타고 인류 최초로 달에 착륙

바이킹 1호
1975년 화성 탐사선 바이킹 1호가 화성에 착륙하여 화성의 사진을 지구로 전송

보이저 2호
1977년 목성형 행성 탐사선 보이저 2호 발사

1950년대 / 1960년대 / 1970년대

❷ 우주 탐사 기술의 이용

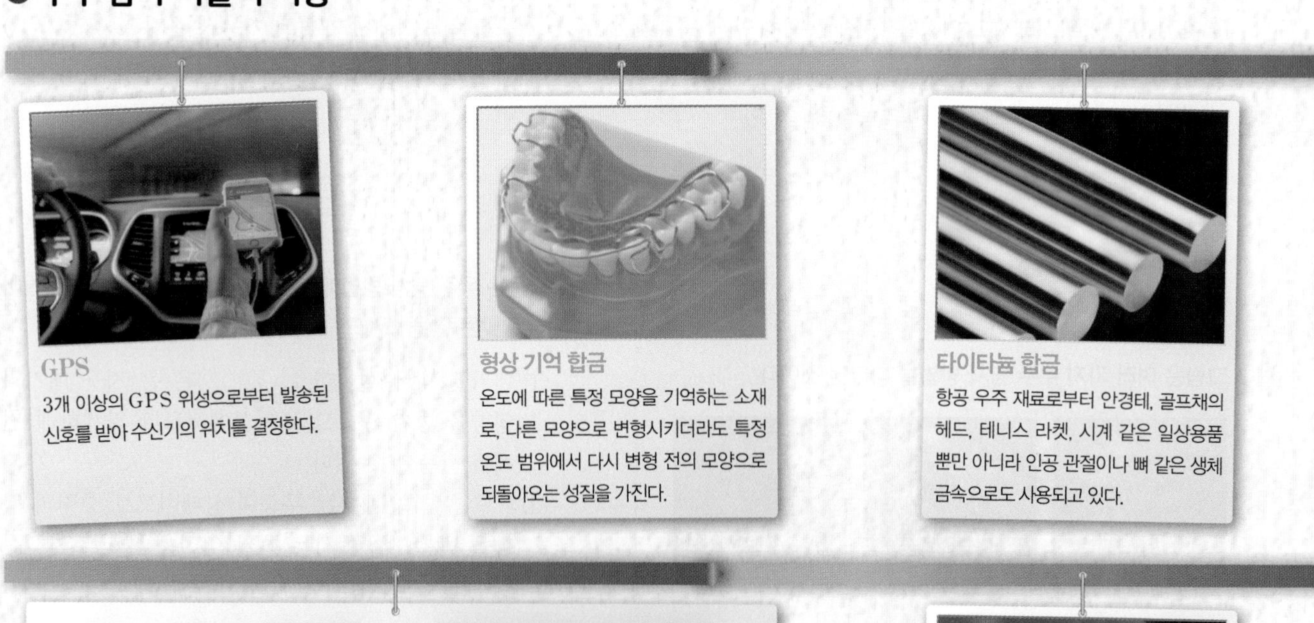

GPS
3개 이상의 GPS 위성으로부터 발송된 신호를 받아 수신기의 위치를 결정한다.

형상 기억 합금
온도에 따른 특정 모양을 기억하는 소재로, 다른 모양으로 변형시키더라도 특정 온도 범위에서 다시 변형 전의 모양으로 되돌아오는 성질을 가진다.

타이타늄 합금
항공 우주 재료로부터 안경테, 골프채의 헤드, 테니스 라켓, 시계 같은 일상용품뿐만 아니라 인공 관절이나 뼈 같은 생체 금속으로도 사용되고 있다.

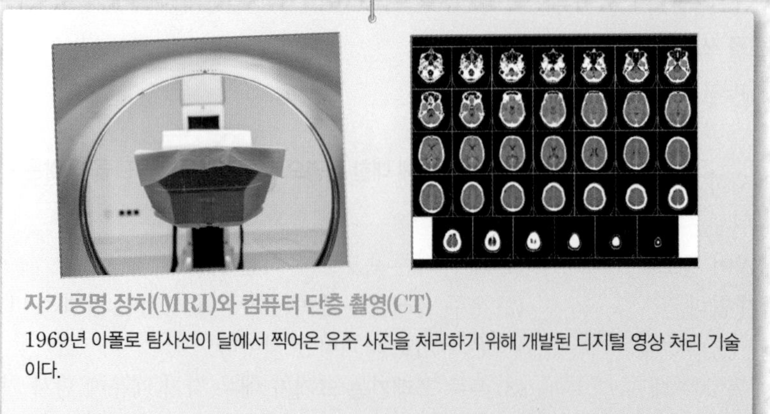

자기 공명 장치(MRI)와 컴퓨터 단층 촬영(CT)
1969년 아폴로 탐사선이 달에서 찍어온 우주 사진을 처리하기 위해 개발된 디지털 영상 처리 기술이다.

기능성 옷감(고어텍스)
방수와 투습성이 뛰어나 외부로부터 수분은 차단하고, 몸에서 발생한 땀은 밖으로 쉽게 내보내 주는 옷감이다.

컬럼비아호
1981년 우주 왕복선 컬럼비아호의 지구 선회와 귀환 성공

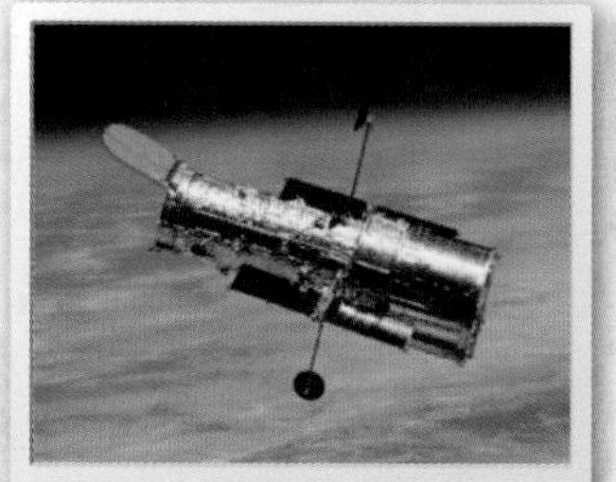
허블 우주 망원경
1990년 우주 왕복선을 통해 우주로 보내진 허블 우주 망원경을 통한 천체 탐사

딥 임팩트호
2005년 혜성 충돌 탐사 임무를 띤 딥 임팩트호 발사

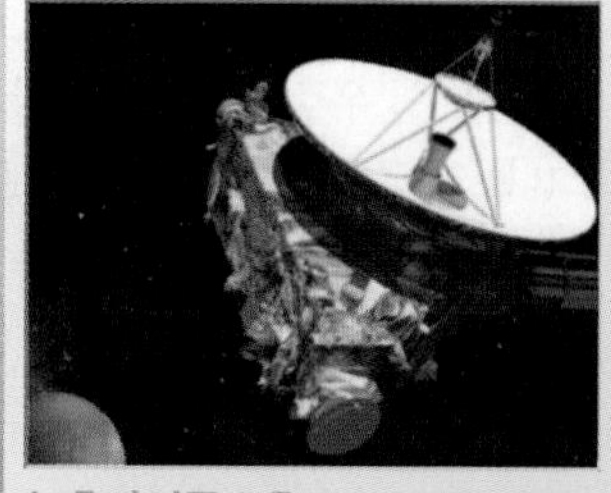
뉴호라이즌스호
2015년 명왕성에 접근하여 명왕성의 표면을 자세히 촬영한 사진을 지구로 전송

1980년대

1990년대

2000년대

진공청소기
우주 공간은 무중력 상태이기 때문에 우주 정거장 화장실에서는 진공청소기로 배설물을 빨아들인다.

정수기
우주 비행사들의 식수를 해결하기 위해 개발된 것으로, 이온 여과 장치를 이용해 물속에 들어 있는 중금속이나 악취를 걸러 주는 장치이다.

공기 청정기
우주인들은 밀폐된 공간에서 호흡하기 때문에 청정한 공기를 유지하는 것이 필요하다.

에어쿠션 운동화
무중력 상태에서 관절과 물렁뼈가 늘어져 통증이 생기므로 각종 충격을 줄이기 위해 공기로 완충하는 에어쿠션 신발을 만들었다.

화재 경보기
우주 정거장 스카이랩에서 일어날지도 모르는 화재를 미리 감지하기 위해 개발되었다.

대표 문제로 실력 확인하기

[01~02] 다음은 우주 탐사 과정에서 일어났던 일들을 설명한 것이다. 물음에 답하시오.

> (가) 유인 우주 왕복선이 개발되었다.
> (나) 인류가 최초로 인공위성을 쏘아 올렸다.
> (다) 최초로 인류가 지구가 아닌 다른 천체에 발을 내딛었다.
> (라) 우주인이 우주에 머무르면서 다양한 임무를 수행할 수 있는 최대 규모의 인공 구조물을 건설하였다.

중요
01 (가)~(라)를 일어난 순서대로 옳게 나열한 것은?

① (가) - (나) - (다) - (라)
② (가) - (다) - (라) - (나)
③ (나) - (가) - (다) - (라)
④ (나) - (다) - (가) - (라)
⑤ (다) - (가) - (라) - (나)

02 (나)에 해당하는 인공위성의 이름을 쓰시오.

03 인공위성에 대한 설명으로 옳지 않은 것은?

① 정보 통신 기술의 발달을 가져왔다.
② 지구 주위를 일정한 주기로 공전한다.
③ 스푸트니크 1호는 최초의 인공위성이다.
④ 목성형 행성을 탐사하고 현재 태양계 끝부분을 항해하고 있는 것도 있다.
⑤ 내비게이션, 위성 위치 확인 시스템(GPS) 등에 이용되면서 우리 생활을 더욱 편리하게 해 준다.

04 다음에서 설명하는 인공 구조물은 무엇인가?

> 우주 공간에 사람이 오랫동안 머물 수 있게 설비되어 있으며, 우주의 특수한 환경을 이용하여 다양한 실험을 할 수 있다.

① 인공위성 ② 우주 정거장 ③ 우주 탐사선
④ 우주 망원경 ⑤ 우주 왕복선

중요
05 우주 개발과 우주 탐사의 장점으로 옳은 것을 〈보기〉에서 모두 고른 것은?

> 보기
> ㄱ. 우주 개발과 관련된 산업을 발전시킬 수 있다.
> ㄴ. 우주 공간에서는 지상에서 실행하기 어려운 신소재 개발을 시도할 수 있다.
> ㄷ. 인간이 우주 공간을 왕복함으로서 뼈와 근육을 더욱 튼튼히 할 수 있다.
> ㄹ. 지상에서 발생하는 각종 오염 물질 및 폐기물을 우주 공간으로 배출할 수 있다.

① ㄱ, ㄴ ② ㄴ, ㄷ ③ ㄷ, ㄹ
④ ㄱ, ㄴ, ㄹ ⑤ ㄴ, ㄷ, ㄹ

06 최초로 인간이 직접 달에 착륙한 우주 탐사선은 무엇인가?

① 딥 임팩트호 ② 우리별 1호
③ 아폴로 11호 ④ 보이저 1호
⑤ 스푸트니크 1호

07 우주 개발을 위한 우주 탐사선이나 인공위성을 옳게 짝 지은 것은?

① 우주 망원경 - ISS
② 우주 왕복선 - 스푸트니크 1호
③ 최초의 인공위성 - 컬럼비아호
④ 우주 정거장 - 허블 우주 망원경
⑤ 최초의 유인 달 착륙 탐사선 - 아폴로 11호

08 다음과 같은 탐사가 이루어진 행성의 이름을 쓰시오.

> • 1997년 패스파인더호가 표면에 착륙하여 여러 가지 탐사를 하였다.
> • 2004년 쌍둥이 탐사 로봇인 스피릿과 오퍼튜니티가 각각 착륙하여 탐사하였다.

★ 바른답·알찬풀이 31쪽

09 인공위성이 사용되는 경우로 옳은 것을 〈보기〉에서 모두 고른 것은?

보기
ㄱ. 일기 예보 ㄴ. 내비게이션
ㄷ. 우주 탐사선 발사 ㄹ. 위성 위치 확인 시스템

① ㄱ, ㄴ ② ㄴ, ㄷ ③ ㄷ, ㄹ
④ ㄱ, ㄴ, ㄹ ⑤ ㄴ, ㄷ, ㄹ

신경향
10 우주 탐사 과정에서 얻어진 인공위성 안테나의 소재인 형상 기억 합금이 활용된 예를 〈보기〉에서 모두 고르시오.

보기
ㄱ. 정수기 ㄴ. 등산복
ㄷ. 인공 관절 ㄹ. 진공 청소기

중요
11 우주 탐사 과정에서 얻을 수 있는 첨단 기술로 옳지 않은 것은?

① 생활의 편의를 돕는 정수기
② 우주복과 관련된 기능성 옷감
③ 형상 기억 합금 소재의 안경테
④ 다양한 색으로 표현되는 미술품
⑤ 병원에서 사용하는 자기 공명 영상 장치

12 인공위성으로 인한 문제점을 〈보기〉에서 모두 고른 것은?

보기
ㄱ. 수명이 다한 인공위성이 지구로 떨어지기도 한다.
ㄴ. 인공위성으로 인해 난시청 지역 없이 방송을 볼 수 있게 되었다.
ㄷ. 인공위성의 잔해가 지구 주위를 도는 다른 위성체와 충돌하기도 한다.
ㄹ. 바다를 관측하여 바다 표면의 온도, 조류의 방향 등에 대한 정보를 알아낸다.

① ㄱ, ㄷ ② ㄴ, ㄷ ③ ㄷ, ㄹ
④ ㄱ, ㄷ, ㄹ ⑤ ㄴ, ㄷ, ㄹ

고난도·서술형 문제

13 표는 서로 다른 우주 탐사 활동에 이용된 탐사선 및 임무를 나타낸 것이다.

탐사선	임무
A. 뉴호라이즌스호	명왕성과 태양계 외곽 천체들을 탐사한다.
B. 오퍼튜니티	화성 탐사 로봇으로, 화성에 착륙하여 화성의 기후와 지질 등을 조사한다.
C. 보이저 2호	목성형 행성을 탐사한다.

우주 탐사 활동 시기가 오래된 것부터 순서대로 나열하시오.

14 우주 개발의 역사에 대한 설명으로 옳지 않은 것은?

① 우리나라 최초의 인공위성은 천리안 위성이다.
② ISS는 세계 16개국이 협력하여 건설한 우주 정거장이다.
③ 인류 최초로 발사에 성공한 인공위성은 스푸트니크 1호이다.
④ 달 착륙에 성공한 최초의 유인 우주 탐사선은 아폴로 11호이다.
⑤ GPS는 24개의 인공위성에서 발사한 전파를 수신하여 물체의 위치를 파악한다.

서술형
15 다음은 어떤 우주 망원경의 특징을 설명한 것이다.

- 1990년 발사된 우주 망원경이다.
- 지상 망원경에서 얻을 수 없는 선명한 영상을 제공하여 우주 탐사에 커다란 역할을 하였다.

(1) 이 우주 망원경의 이름을 쓰시오.

(2) 이 우주 망원경이 지상 망원경에서 얻을 수 없는 선명한 영상을 얻을 수 있는 까닭을 설명하시오.

한눈에 정리하기

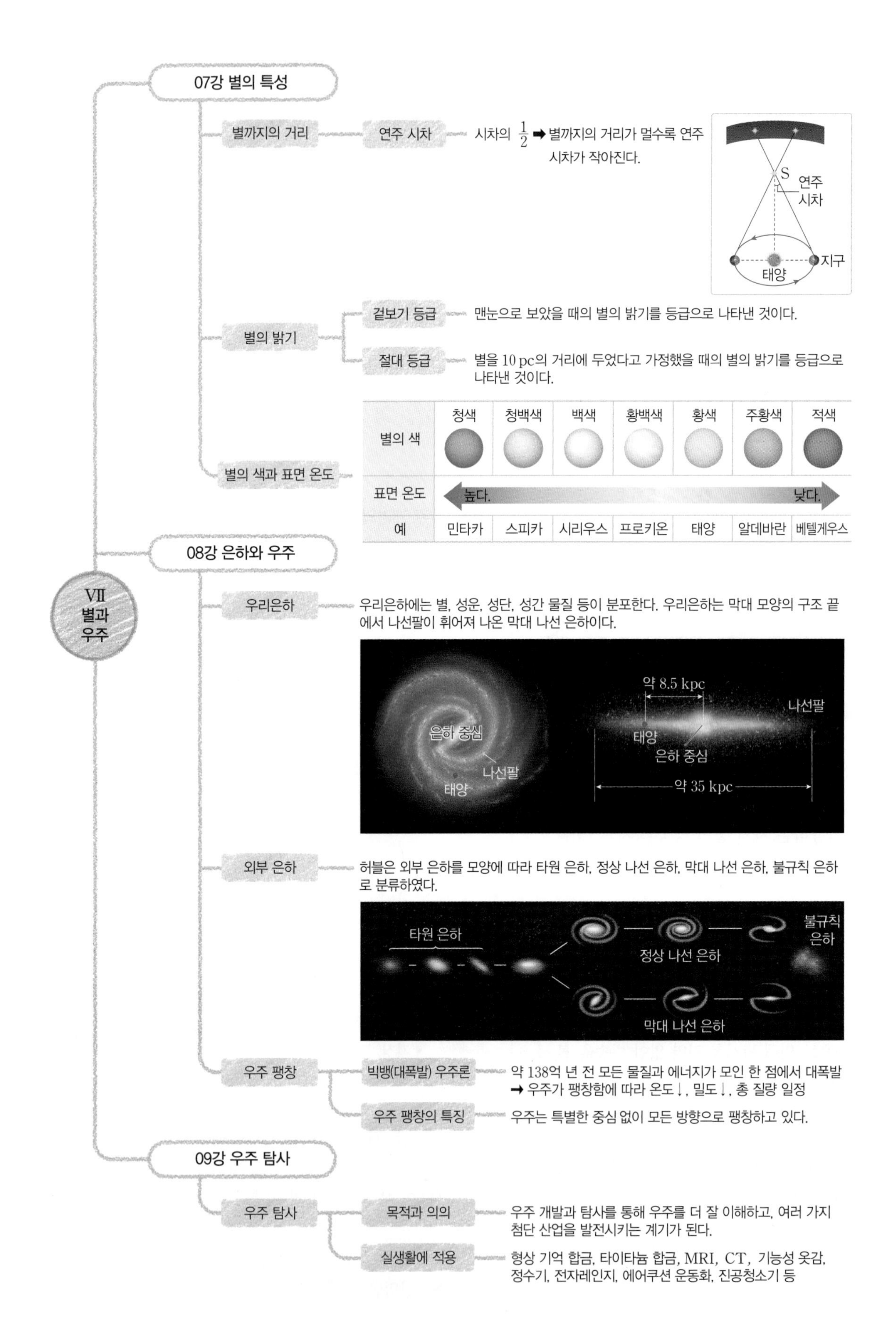

Ⅶ 별과 우주
07강 별의 특성
별까지의 거리
연주 시차
시차의 $\frac{1}{2}$ ➡ 별까지의 거리가 멀수록 연주 시차가 작아진다.
S
연주 시차
지구
태양
별의 밝기
겉보기 등급
맨눈으로 보았을 때의 별의 밝기를 등급으로 나타낸 것이다.
절대 등급
별을 10 pc의 거리에 두었다고 가정했을 때의 별의 밝기를 등급으로 나타낸 것이다.
별의 색과 표면 온도
별의 색
청색
청백색
백색
황백색
황색
주황색
적색
표면 온도
높다.
낮다.
예
민타카
스피카
시리우스
프로키온
태양
알데바란
베텔게우스
08강 은하와 우주
우리은하
우리은하에는 별, 성운, 성단, 성간 물질 등이 분포한다. 우리은하는 막대 모양의 구조 끝에서 나선팔이 휘어져 나온 막대 나선 은하이다.
은하 중심
나선팔
태양
약 8.5 kpc
나선팔
태양
은하 중심
약 35 kpc
외부 은하
허블은 외부 은하를 모양에 따라 타원 은하, 정상 나선 은하, 막대 나선 은하, 불규칙 은하로 분류하였다.
타원 은하
정상 나선 은하
불규칙 은하
막대 나선 은하
우주 팽창
빅뱅(대폭발) 우주론
약 138억 년 전 모든 물질과 에너지가 모인 한 점에서 대폭발 ➡ 우주가 팽창함에 따라 온도↓, 밀도↓, 총 질량 일정
우주 팽창의 특징
우주는 특별한 중심 없이 모든 방향으로 팽창하고 있다.
09강 우주 탐사
우주 탐사
목적과 의의
우주 개발과 탐사를 통해 우주를 더 잘 이해하고, 여러 가지 첨단 산업을 발전시키는 계기가 된다.
실생활에 적용
형상 기억 합금, 타이타늄 합금, MRI, CT, 기능성 옷감, 정수기, 전자레인지, 에어쿠션 운동화, 진공청소기 등

★ 바른답·알찬풀이 32쪽

07강 별의 특성

01 표는 지구에서 관측된 세 별 A~C의 연주 시차를 나타낸 것이다.

별	A	B	C
연주 시차(″)	0.1	0.02	0.01

지구에서 각 별까지의 거리를 옳게 비교한 것은?

① A>B>C　② A>C>B
③ B>C>A　④ C>A>B
⑤ C>B>A

02 그림은 지구에서 관측된 별 S의 연주 시차를 나타낸 것이다.

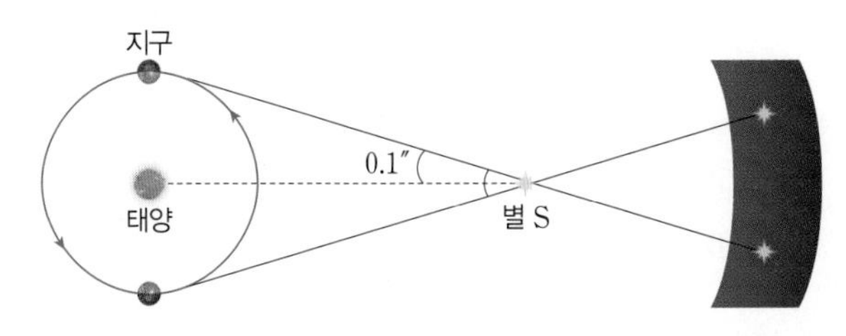

별 S까지의 거리가 지금보다 5배 멀어지면 별 S의 연주 시차는 얼마로 되는가?

① 0.01″　② 0.02″　③ 0.1″
④ 0.5″　⑤ 1″

03 별의 밝기와 등급에 대한 설명으로 옳은 것을 〈보기〉에서 모두 고른 것은?

보기
ㄱ. 절대 등급이 작을수록 실제로 밝은 별이다.
ㄴ. 1등급의 별은 6등급의 별과 100배의 밝기 차가 난다.
ㄷ. 맨눈으로 관측했을 때 가장 밝게 보이는 별의 겉보기 등급은 6등급이다.

① ㄱ　② ㄷ　③ ㄱ, ㄴ
④ ㄴ, ㄷ　⑤ ㄱ, ㄴ, ㄷ

[04~06] 표는 여러 별들의 겉보기 등급과 절대 등급을 나타낸 것이다. 물음에 답하시오.

별	A	B	C
겉보기 등급	0.3	−1.1	−9.6
절대 등급	−3.6	−1.8	0.3

04 별 A~C를 맨눈으로 볼 때 가장 밝게 보이는 별부터 순서대로 옳게 나열한 것은?

① A-B-C　② A-C-B　③ B-A-C
④ B-C-A　⑤ C-B-A

05 별 A~C 중 (가) 실제로 가장 밝은 별과 (나) 실제로 가장 어두운 별을 옳게 짝 지은 것은?

	(가)	(나)
①	A	B
②	A	C
③	B	A
④	B	C
⑤	C	A

06 별 A~C 중 지구로부터의 거리가 10 pc보다 먼 별을 모두 고른 것은?

① A　② B　③ C
④ A, B　⑤ B, C

07 겉보기 등급이 3등급, 절대 등급이 −2등급인 별까지의 거리가 현재보다 2.5배 가까워졌을 때, 겉보기 등급과 절대 등급을 각각 구하시오.

08 표는 별 A~E의 색을 나타낸 것이다.

별	A	B	C	D	E
색	황백색	청색	적색	백색	황색

표면 온도가 가장 높은 별과 가장 낮은 별을 순서대로 옳게 짝 지은 것은?

① A, B　② B, C　③ C, A
④ D, C　⑤ E, D

08강 은하와 우주

[09~11] 그림은 우리은하를 구성하는 성단과 성운을 순서 없이 나타낸 것이다. 물음에 답하시오.

(가) (나) (다) (라)

09 위 그림에서 성간 물질이 구름처럼 모여 있는 천체를 모두 고른 것은?

① (가), (나) ② (가), (다) ③ (나), (다)
④ (나), (라) ⑤ (다), (라)

10 위 그림에서 수많은 별들이 모여 집단을 이루고 있는 천체를 모두 고른 것은?

① (가), (다) ② (가), (라) ③ (나), (다)
④ (나), (라) ⑤ (다), (라)

서술형
11 위 천체 중 (다)의 종류를 쓰고, 이 천체가 밝게 보이는 까닭을 설명하시오.

12 다음에서 설명하는 천체의 이름을 쓰시오.

- 수만~수십만 개 이상의 별들이 공 모양으로 빽빽하게 모여 있다.
- 비교적 표면 온도가 낮고 나이가 많은 붉은색 별들로 이루어져 있다.

13 그림은 밤하늘에서 관측되는 은하수의 모습을 나타낸 것이다.

은하수에 대한 설명으로 옳은 것을 〈보기〉에서 모두 고른 것은?

보기
ㄱ. 지구에서 우리은하의 전체를 바라본 모습이다.
ㄴ. 궁수자리 방향에서 폭이 가장 넓고 밝게 보인다.
ㄷ. 우리나라에서는 여름철이 겨울철보다 더 넓고 뚜렷하게 보인다.

① ㄱ ② ㄴ ③ ㄷ
④ ㄱ, ㄷ ⑤ ㄴ, ㄷ

14 우리은하에 대한 설명으로 옳은 것을 〈보기〉에서 모두 고른 것은?

보기
ㄱ. 옆에서 보면 완전한 구 모양이다.
ㄴ. 중심부에 막대 구조가 있고, 주변부에는 나선팔이 뻗어 나와 있다.
ㄷ. 태양계는 우리은하의 중심에서 약 8.5 kpc 떨어진 곳에 위치하고 있다.

① ㄱ ② ㄴ ③ ㄷ
④ ㄱ, ㄷ ⑤ ㄴ, ㄷ

★ 바른답·알찬풀이 32쪽

15 오른쪽 그림은 외부 은하를 나타낸 것이다. 이에 대한 설명으로 옳은 것을 모두 고르면? (정답 2개)

① 나선팔이 존재한다.
② 정상 나선 은하이다.
③ 우리은하의 나선팔에 주로 분포한다.
④ 우리은하와 안드로메다은하는 이 은하에 속한다.
⑤ 은하 중심부를 가로지르는 막대 모양의 구조가 있다.

16 빅뱅 우주론에 대한 설명으로 옳은 것을 〈보기〉에서 모두 고른 것은?

보기
ㄱ. 우주가 팽창하면 은하의 크기는 커진다.
ㄴ. 모든 은하들 사이의 거리는 점점 가까워진다.
ㄷ. 우주는 모든 물질과 에너지가 모인 한 점에서 대폭발로 시작되었다.

① ㄱ ② ㄷ ③ ㄱ, ㄴ
④ ㄴ, ㄷ ⑤ ㄱ, ㄴ, ㄷ

17 그림은 우주를 구성하고 있는 은하들의 모습을 나타낸 것이다.

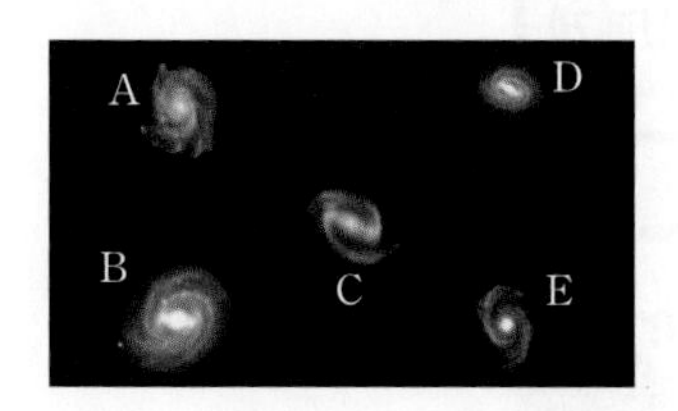

이에 대한 설명으로 옳은 것을 〈보기〉에서 모두 고르시오.

보기
ㄱ. 은하 A는 우주의 중심에 위치해 있다.
ㄴ. 은하 B에서 보면 은하 C의 멀어지는 속도가 가장 빠르다.
ㄷ. 과거에는 A~E 은하들 사이의 거리가 현재보다 가까웠다.

09강 우주 탐사

18 우주 탐사의 목적과 의의에 대한 설명으로 옳은 것을 〈보기〉에서 모두 고른 것은?

보기
ㄱ. 우주와 생명에 대한 이해의 폭을 넓힌다.
ㄴ. 첨단 우주 기술을 산업 분야에 응용한다.
ㄷ. 현재 외부 은하로부터 부족한 지하자원을 구할 수 있다.

① ㄱ ② ㄷ ③ ㄱ, ㄴ
④ ㄴ, ㄷ ⑤ ㄱ, ㄴ, ㄷ

19 우주 탐사 기술이 실생활에 응용된 예가 아닌 것은?

① 정수기 ② 백열 전구
③ 화재 경보기 ④ 기능성 옷감
⑤ 형상 기억 합금

서술형
20 오른쪽 그림은 우주 쓰레기의 모습을 모식적으로 나타낸 것이다. 우주 쓰레기는 무엇이며, 이들은 어떻게 발생하는지 설명하시오.

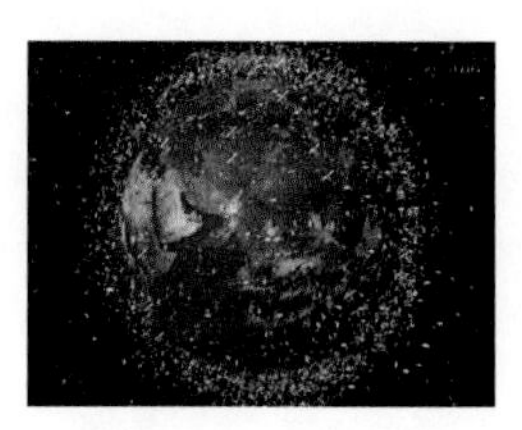

21 인공위성에 대한 설명으로 옳은 것을 〈보기〉에서 모두 고른 것은?

보기
ㄱ. 지구 주위를 일정한 주기로 공전한다.
ㄴ. 스푸트니크 1호는 최초의 인공위성이다.
ㄷ. 내비게이션, 위성 위치 확인 시스템 등에 이용되면서 우리 생활을 더욱 편리하게 해 준다.

① ㄱ ② ㄷ ③ ㄱ, ㄴ
④ ㄴ, ㄷ ⑤ ㄱ, ㄴ, ㄷ

감성사전

사각사각 네 컷 만화

어버이 은혜

글 / 그림 우쿠쥐

VIII

과학기술과 인류 문명

10강 과학과 기술의 발달

❶ 과학 원리의 발견

1 불의 발견과 금속의 이용

① 불의 발견: 처음에는 자연적으로 발생한 불 이용(번개, 화산 폭발 등) ➡ 불을 피우는 방법 발견(나무, 돌 등의 마찰 이용)

② 금속의 이용: 불을 이용하여 광석으로부터 구리, 철 등의 금속 분리 ➡ 금속으로 도구를 만들어 이용하면서 인류 문명이 발달하였다. 철제 농기구의 사용은 농업 생산력을 크게 증가시켜 인류의 생활에 큰 영향을 미쳤다.

2 인류 문명에 영향을 미친 과학 원리[1]

태양 중심설	코페르니쿠스는 지구가 태양 주위를 돌고 있다는 태양 중심설을 주장하였다. ➡ 인류의 우주관이 달라지기 시작하였다.
만유인력 법칙	뉴턴은 만유인력 법칙을 통해 천체의 운동과 지구상에서 물체의 운동을 같은 원리로 설명할 수 있다는 것을 보였고, 수학을 이용하여 자연을 객관적으로 설명하는 방법을 제시하였다. ➡ 과학이 발전하는 토대를 마련하였다.
전자기 유도[2] 법칙	패러데이는 전자기 유도 법칙을 발견하고 이를 응용한 초기의 발전기를 만들었다. ➡ 발전기를 이용하여 전기 에너지를 대량으로 생산할 수 있게 되면서 전기는 가정, 산업, 교통수단 등 다양한 곳에서 이용되고 있다.
암모니아 합성법	하버는 암모니아 합성법을 개발하였고, 공업적으로 암모니아를 대량 생산하는 데 성공하였다. ➡ 질소 비료의 대량 생산이 가능해지면서 식량 생산량이 증가하여 인류의 식량 문제가 해결되었다.
백신과 항생제의 발견	파스퇴르는 백신 접종을 통해 질병을 예방할 수 있다는 것을 입증하였고, 플레밍은 최초의 항생제 페니실린을 발견하여 여러 질병을 치료할 수 있게 되었다. ➡ 여러 가지 백신과 의약품이 개발되면서 인류의 평균 수명이 증가하였다.

❷ 기술의 발달과 기기의 발명

1 인류 문명에 영향을 미친 과학기술

인쇄술	금속 활자를 이용한 활판 인쇄술이 발달하면서 책을 대량으로 생산할 수 있게 되었고, 이로 인해 새로운 사상과 지식이 널리 퍼져 나갔다. ➡ 르네상스[3]의 확산, 근대 과학의 발전, 종교 개혁 등에 영향을 미쳤다.
증기 기관	증기 기관을 이용한 기계를 공장의 제품 생산에 사용하면서 대량 생산이 가능해졌고, 증기 기관차와 증기선이 개발되어 물건을 먼 곳까지 빠르게 운송할 수 있게 되었다. ➡ 여러 가지 공업이 발전하면서 산업 혁명이 일어나게 되었다.
통신 기술	전화기가 발명되고 무선 통신이 개발되면서 멀리 떨어진 곳까지 정보를 전달할 수 있게 되었다. 최근에는 인공위성을 이용한 원거리 통신이 가능해지고 인터넷을 통해 전 세계의 정보를 실시간으로 이용할 수 있으며, 컴퓨터와 스마트 기기가 발달하면서 쉽고 빠르게 정보를 교환할 수 있게 되었다.

2 인류 문명에 영향을 미친 기기

① 망원경: 맨눈으로는 볼 수 없었던 관측 자료를 수집하면서 천문학이 발전하게 되었다.[4]

② 현미경: 세포, 미생물 등이 발견되면서 생물학과 의학이 발전하고 백신, 항생제 등의 의약품을 개발할 수 있게 되었다.

올리드 PLUS 개념

❶ 인류 문명에 영향을 미친 여러 가지 과학 원리
- 만유인력 법칙(뉴턴): 질량을 가진 모든 물체 사이에는 서로 끌어당기는 힘이 작용한다.
- 원자설(돌턴): 모든 물질은 기본 입자인 원자로 이루어져 있다. ➡ 연금술이 불가능함을 설명할 수 있었고, 화학 반응의 규칙을 과학적으로 설명할 수 있게 되었다.
- 유전 원리(멘델): 자손은 부모로부터 유전 원리에 따라 유전자를 물려받는다. ➡ 유전자에 관한 연구가 발달하였으며, 오늘날의 생명 공학 기술 분야에도 기여하였다.

❷ 전자기 유도
코일 주위에서 자석을 움직이면 코일 내부의 자기장이 변하고 이에 따라 코일에 전류가 흐르는데, 이러한 현상을 전자기 유도라고 한다.

❸ 르네상스
14세기경 시작된 문화 운동으로 인간의 자유와 존엄성을 중시하는 사상을 기본 정신으로 하였다. 이 시기에 인간과 자연의 아름다움을 표현하는 다양한 예술 작품이 등장하였다.

❹ 망원경의 발달
- 갈릴레이의 망원경: 갈릴레이는 자신이 만든 망원경으로 목성의 위성, 금성의 위상 변화 등을 관찰하였다.
- 뉴턴의 망원경: 뉴턴은 오목 거울을 이용하여 기존보다 배율이 높은 망원경을 만들었다.
- 우주 망원경: 오늘날에는 기권 밖으로 우주 망원경을 쏘아 올려 지상에서는 관측할 수 없었던 많은 관측 자료를 수집한다.

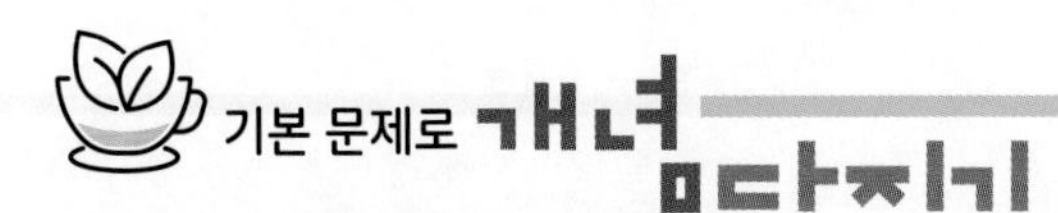

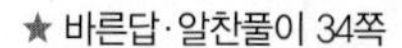

❶ 과학 원리의 발견

01 다음은 인류 문명에 영향을 미친 과학 원리에 대한 설명이다. ( ) 안에 공통으로 들어갈 알맞은 말을 쓰시오.

- 인류는 번개, 화산 폭발 등 자연적으로 발생한 ( )을/를 이용하였고, 이후 나무나 돌로 ( )을/를 피워 이용하였다.
- 인류가 ( )을/를 이용하여 광석으로부터 금속을 분리할 수 있게 되면서 청동기, 철기 문명이 발달하였다.

02 다음에서 설명하는 과학 원리와 그 과학 원리를 발견한 과학자의 이름을 각각 쓰시오.

질량을 가지고 있는 모든 물체 사이에는 서로 끌어당기는 힘이 작용한다는 원리로, 천체의 운동 원리와 지구상에서 물체의 운동 원리가 같다는 것을 보여 줌으로써 과학 발전의 토대를 마련하였다.

03 다음은 인류의 삶에 영향을 미친 과학 원리에 대한 설명이다.

- 파스퇴르는 (㉠) 접종을 통해 질병을 예방할 수 있음을 입증하였고, 플레밍은 최초의 (㉡)인 페니실린을 발견하여 인류의 평균 수명 연장에 큰 영향을 미쳤다.
- 하버는 (㉢) 합성법을 개발하여 인류의 (㉣) 해결에 기여하였다.

( ) 안에 들어갈 알맞은 말을 〈보기〉에서 각각 고르시오.

보기

ㄱ. 암모니아	ㄴ. 백신
ㄷ. 항생제	ㄹ. 식량 문제

❷ 기술의 발달과 기기의 발명

04 증기 기관의 사용에 따른 직접적 변화를 〈보기〉에서 모두 고르시오.

보기

ㄱ. 공업 발전	ㄴ. 교통수단 발달
ㄷ. 식량 문제 해결	ㄹ. 무선 통신 발달
ㅁ. 제품의 대량 생산	ㅂ. 인류의 우주관 변화

05 과학기술이 인류 문명에 미친 영향에 대한 설명으로 옳은 것은 ○표, 옳지 않은 것은 ×표 하시오.

(1) 금속 활자의 발명으로 사상이나 지식의 유통이 위축되었다. ( )

(2) 증기 기관차가 개발되어 물건을 먼 곳까지 빠르게 운송할 수 있게 되었다. ( )

(3) 컴퓨터의 발달로 정보를 처리하고 전달하는 속도가 느려졌다. ( )

06 다음은 인류 문명에 영향을 미친 어떤 기기에 대한 설명이다. ( ) 안에 들어갈 알맞은 기기를 쓰시오.

갈릴레이는 자신이 만든 ( )을/를 이용하여 목성을 공전하는 4개의 위성을 발견하였다.

대표 문제로 실력 확인하기

중요

01 인류 문명에 영향을 미친 과학 원리에 대한 설명으로 옳지 <u>않은</u> 것은?

① 불의 사용으로 금속을 이용할 수 있게 되었다.
② 백신의 개발로 질병을 예방할 수 있게 되었다.
③ 유전 원리의 발견은 현대의 생명 공학 발전에 기여하였다.
④ 전자기 유도 법칙의 발견으로 전기의 생산이 가능하게 되었다.
⑤ 암모니아 합성법의 개발로 농작물의 품종을 개량하여 생산성을 높일 수 있게 되었다.

02 다음은 우주에 관한 사람들의 인식 변화를 설명한 것이다.

> • 중세 시대 사람들은 지구를 중심으로 태양, 달, 별 등의 천체가 돌고 있다고 생각하였다.
> • 16세기에 태양 중심설이 등장하고, 그 후 여러 가지 관측 결과가 발견되면서 사람들은 점차 지구가 우주의 중심이 아니라 태양 주위를 도는 행성이라고 생각하게 되었다.

이와 같은 인식 변화와 가장 관련이 있는 과학자는?

① 돌턴 ② 멘델 ③ 패러데이
④ 파스퇴르 ⑤ 코페르니쿠스

03 과학 원리와 그로 인한 영향을 옳게 짝 지은 것은?

	과학 원리	영향
①	항생제	연금술 발달
②	항생제	평균 수명 연장
③	원자설	질병 치료
④	원자설	연금술 발달
⑤	만유인력 법칙	화학 반응의 법칙 설명

04 다음에서 설명하는 사회 현상과 가장 관련 있는 발명품은?

> 14세기경 인간의 자유와 존엄성을 중시하는 사상을 기본 정신으로 하는 문화 운동이 일어났다. 이러한 사상은 유럽 전역으로 빠르게 퍼져 나갔고, 인간과 자연의 아름다움을 표현하는 다양한 예술 작품이 등장하였다.

① 현미경 ② 금속 활자 ③ 인공위성
④ 증기 기관 ⑤ 유선 전화

중요

05 증기 기관이 인류 문명에 미친 영향에 대한 설명으로 옳은 것을 〈보기〉에서 모두 고른 것은?

> 보기
> ㄱ. 여러 가지 공업이 발전하였다.
> ㄴ. 제품을 대량으로 생산할 수 있게 되었다.
> ㄷ. 멀리 떨어진 사람과 실시간으로 대화할 수 있게 되었다.
> ㄹ. 증기 기관차를 이용하여 먼 곳까지 빠른 시간에 이동할 수 있게 되었다.

① ㄱ, ㄴ ② ㄱ, ㄷ ③ ㄷ, ㄹ
④ ㄱ, ㄴ, ㄹ ⑤ ㄴ, ㄷ, ㄹ

06 다음 설명과 관련 있는 과학기술을 모두 고르면? (정답 2개)

> • 새로운 사상이나 지식이 널리 퍼지게 되었다.
> • 정보 공유를 통한 지식의 융합과 확장이 이루어졌다.

① 인쇄술 ② 인터넷
③ 우주 망원경 ④ 전자 현미경
⑤ 암모니아 합성법

신경향

07 다음은 인류 문명에 영향을 미친 어떤 기기에 대한 설명이다.

- 훅은 (㉠)을/를 이용하여 세포를 관찰하였다.
- 레이우엔훅은 (㉠)을/를 이용하여 원생생물, 효모, 세균 등을 발견하였다.
- 오늘날에는 물체를 원자 수준까지 관찰할 수 있는 (㉠)이/가 등장하였다.

㉠에 대한 설명으로 옳은 것을 〈보기〉에서 모두 고른 것은?

보기
ㄱ. ㉠은 현미경이다.
ㄴ. 생물학의 발전에 기여하였다.
ㄷ. 자율 주행 자동차의 발명에 영향을 미쳤다.

① ㄱ ② ㄴ ③ ㄱ, ㄴ
④ ㄴ, ㄷ ⑤ ㄱ, ㄴ, ㄷ

08 그림은 갈릴레이가 만든 망원경을 나타낸 것이다.

이에 대한 설명으로 옳은 것을 〈보기〉에서 모두 고른 것은?

보기
ㄱ. 천문학의 발달에 기여하였다.
ㄴ. 갈릴레이는 이를 이용하여 목성의 위성을 관측하였다.
ㄷ. 오목 거울을 사용하여 기존의 망원경보다 배율이 높다.

① ㄱ ② ㄷ ③ ㄱ, ㄴ
④ ㄴ, ㄷ ⑤ ㄱ, ㄴ, ㄷ

고난도·서술형 문제

서술형

09 다음은 과학 원리의 발견과 관련된 설명이다.

- 파스퇴르는 건강한 양을 두 집단으로 나누어 한 집단에는 (㉠)과/와 탄저균을, 다른 한 집단에는 탄저균만을 주사하였다. 그 결과 (㉠)을/를 주사한 집단의 양은 모두 건강하였고, 탄저균만을 주사한 집단의 양은 모두 사망하였다.
- 오늘날에는 여러 종류의 (㉠)이/가 개발되어 이용되고 있다.

㉠이 무엇인지 쓰고, ㉠이 인류 문명의 발달에 미친 영향을 설명하시오.

10 그림은 어떤 과학기술의 작동 원리를 나타낸 것이다.

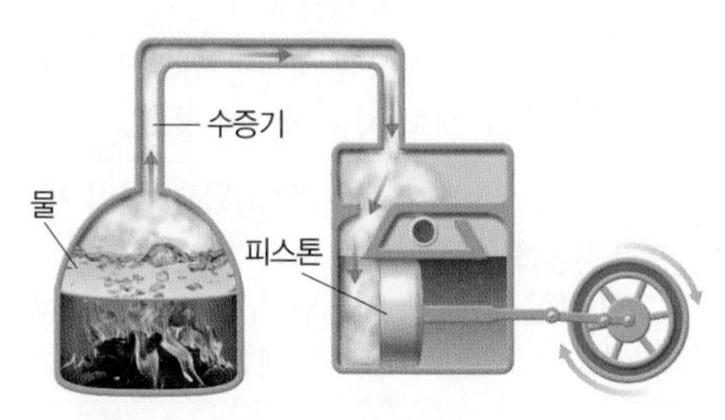

이 과학기술에 대한 설명으로 옳은 것을 〈보기〉에서 모두 고른 것은?

보기
ㄱ. 교통수단에는 사용되지 않았다.
ㄴ. 농업 위주로 산업 구조가 변화하는 데 영향을 미쳤다.
ㄷ. 공장 기계에 사용되면서 제품의 대량 생산이 가능해졌다.

① ㄱ ② ㄴ ③ ㄷ
④ ㄱ, ㄴ ⑤ ㄱ, ㄷ

11강 과학과 기술의 활용

❶ 생활을 편리하게 하는 과학기술

나노란 10억분의 1을 뜻하는 말로, 1 nm(나노미터)는 10억분의 1 m이다.

1 나노 기술 물질이 나노미터 크기로 작아지면 새로운 특성을 갖게 되는 성질을 이용하여 다양한 소재나 제품을 만드는 기술 ➡ 제품의 소형화, 경량화가 가능해졌다.

나노 반도체	기존 반도체보다 저전력, 저비용이면서 크기가 매우 작아 초소형 전자 기기에 사용할 수 있다.
나노 표면 소재	연잎 효과(잎이 물방울에 젖지 않는 현상)에 착안하여 물에 젖지 않는 소재를 만들 수 있다.
유기 발광 다이오드(OLED)	형광성 물질에 전류를 흘려 주면 스스로 빛을 내는 현상을 이용한 것으로, 얇고 투명하다. 구부리거나 휠 수 있어 매우 얇은 모니터, 휘어지는 디스플레이, 접을 수 있는 스마트폰 화면에 사용한다.

2 생명 공학 기술[1] 생물체가 가지고 있는 특성과 생명 현상을 이해하고, 이를 인간에게 유용하게 이용하거나 인위적으로 조작하는 기술

유전자 재조합 기술	특정 생물의 유용한 유전자를 다른 생물의 DNA에 끼워 넣어 재조합 DNA를 만드는 기술 ➡ 제초제 저항성 콩, 바이타민 A 강화 쌀, 잘 무르지 않는 토마토 등을 만들 수 있다.[2]
세포 융합	서로 다른 특징을 가진 두 종류의 세포를 융합하여 하나의 세포로 만드는 기술 ➡ 당도 높은 감귤(귤+오렌지), 포마토(감자+토마토), 무추(무+배추) 등을 만들 수 있다.

3 정보 통신 기술 정보의 수집, 생산, 가공, 보존, 전달, 활용과 관련된 모든 기술[3]

인공지능	사고나 학습 등 인간이 가진 지적 능력을 컴퓨터를 통해 구현하는 기술로, 스마트폰의 인공 지능 비서, 인공 지능 스피커, 바둑 프로그램 알파고 등에 활용되고 있다.
사물 인터넷	사물에 지능형 컴퓨터를 장착하고 네트워크와 연결하여 사람과 사물, 사물과 사물 사이에 정보를 주고받을 수 있게 만든 지능형 환경
증강 현실과 가상 현실	• 증강 현실(AR): 현실 세계에서 가상의 정보가 실제 존재하는 것처럼 보이게 하는 기술 • 가상 현실(VR): 가상의 세계를 시각, 청각, 촉각 등 오감을 통해 마치 현실처럼 체험하도록 하는 기술
빅데이터 기술	기존의 체계로는 처리하기 어려운 막대한 양의 정보를 분석하고 활용하는 기술로, 기업에서 빅데이터를 분석하여 소비자가 선호하는 정보나 서비스를 제공하거나, 민원 처리, 교통 체증 예방, 재해·재난 방지 시스템 구축 등에 이용할 수 있다.

4 미래 사회에 활용될 과학기술[4] 인류와 환경에 미칠 긍정적·부정적 영향을 모두 고려하여 개발·적용되어야 한다.

드론	조종사가 탑승하지 않고 전파를 통해 원격으로 조종하는 항공기 ➡ 항공 촬영, 택배, 농업, 재난 구조, 드론 택시 등에 활용될 수 있다.
자율 주행 자동차	사람이 직접 운전하지 않아도 다양한 감지기로 주변 상황을 인식하고, 정보를 처리하며 주행하는 자동차 ➡ 자동차 관련 산업과 운송, 물류 산업에 큰 영향을 미칠 수 있다.

올리드 PLUS 개념

❶ 생명 공학 기술의 활용 예
- 바이오 의약품: 생물체에서 유래한 단백질이나 호르몬, 유전자 등을 사용하여 만든 의약품 ➡ 화학 약품에 비해 부작용이 적고 특정 질환에 효과가 뛰어나다.
- 바이오칩: 단백질, DNA, 세포 조직 등과 같은 생물 소재와 반도체를 조합하여 제작된 칩 ➡ 빠르고 정확하게 질병을 예측할 수 있다.

❷ 유전자 변형 생물체(LMO)
유전자 재조합 기술 등을 이용하여 새롭게 조합된 유전 물질을 포함하는 생물로, 잘 무르지 않는 토마토, 제초제 저항성 콩, 해충 저항성 목화, 황금쌀 등이 있다.

❸ 정보 통신 기술의 활용 예
- 생체 인식: 지문, 홍채, 정맥, 얼굴 등 개인의 고유한 신체적 특성으로 사용자 인증
- 언어 번역: 문자, 음성 인식을 통해 다양한 언어 번역
- 전자 결제: 근거리 무선 통신(NFC)이 내장된 스마트폰으로 기존 화폐와 신용 카드 대체
- 웨어러블 기기: 컴퓨터 기능이 탑재된 의류, 안경, 손목시계 등

❹ 과학기술의 발달이 우리 생활에 미치는 영향
예 생명 공학 기술
- 긍정적 영향: 생산성이 큰 작물을 만들어 식량 문제를 해결할 수 있고, 난치병을 치료할 수 있다.
- 부정적 영향: 유전자 변형 생물이 생태계를 파괴할 수 있고, 생명 경시 현상이 일어날 수 있다.

올리드 PLUS 개념

❷ 과학 원리와 공학적 설계

1 공학적 설계[5] 과학 원리를 바탕으로 인간의 생활을 편리하게 만들기 위한 제품을 개발하는 과정 기존의 제품을 개선하는 과정도 공학적 설계에 포함된다.

2 공학적 설계 시 고려해야 할 요소[6] 경제성, 안전성, 편리성, 환경적 요인, 외형적 요인 등

3 공학적 설계 과정 답이 정해진 과정이 아니므로 상황에 따라 단계를 생략하거나 반복할 수 있다.

(1) 문제점 인식 및 목표 설정하기	해결하고자 하는 문제를 파악하고 목표를 설정한다.
(2) 정보 수집하기	필요한 정보를 수집한다.
(3) 다양한 해결책 탐색하기	브레인스토밍 등을 통해 다양한 아이디어를 수집하고 해결책을 찾는다. (브레인스토밍: 어떤 주제에 대해 여러 사람이 자유롭게 의견을 제시하면서 아이디어를 이끌어 내는 방법)
(4) 해결책 분석 및 결정하기	도출한 해결책을 분석하여 최적의 방법을 선택하고 구체화한다.
(5) 설계도 작성하기	구체적인 설계도를 그린다.
(6) 제품 제작하기	설계도를 기반으로 제품을 제작한다.
(7) 평가 및 개선하기	제품이 설계 목표에 맞게 제작되었는지 평가하고 수정할 점과 보완점을 찾는다.

❺ 공학적 설계의 특징
- 여러 분야가 연계된 매우 복잡한 과정이다.
- 창의성과 분석력이 필요하다.
- 여러 사람이 상호 작용 하면서 과정을 반복한다.
- 단계나 절차가 정해져 있지 않다.
- 정답이 없는 개방형 과정이다.

❻ 공학적 설계에서 고려해야 할 요소(설계 제한 요소)
- 경제성: 경제적으로 이득이 있는가?
- 안전성: 안전에 대비하였는가?
- 편리성: 사용이 편리한가?
- 환경적 요인: 환경 오염을 유발하지 않는가?
- 외형적 요인: 외형이 아름다운가?

기본 문제로 개념 다지기

★ 바른답·알찬풀이 36쪽

❶ 생활을 편리하게 하는 과학기술

01 과학기술에 대한 설명으로 옳은 것은 ○표, 옳지 않은 것은 ×표를 하시오.

(1) 나노 반도체는 기존 반도체보다 전력 소모량이 많고 활용도가 낮다. ( )
(2) 세포 융합 기술을 활용하여 바이타민 A를 강화한 쌀을 얻을 수 있다. ( )
(3) 가상 현실은 가상의 세계를 현실처럼 체험할 수 있도록 하는 기술이다. ( )
(4) 빅데이터 기술을 통해 소비자가 선호하는 정보나 서비스를 제공할 수 있다. ( )

02 과학기술과 그 활용 예를 옳게 연결하시오.

(1) 드론 • • ㉠ 포마토
(2) 세포 융합 • • ㉡ 항공 촬영
(3) 유기 발광 다이오드 • • ㉢ 제초제 저항성 콩
(4) 유전자 재조합 기술 • • ㉣ 휘어지는 디스플레이

03 다음은 어떤 첨단 과학기술에 대한 설명이다.

> 사람이 직접 운전하지 않아도 다양한 감지기로 주변 상황을 인식하고, 인식한 정보를 처리하며 주행하는 자동차이다.

이 과학기술이 무엇인지 쓰시오.

❷ 과학 원리와 공학적 설계

04 그림은 과학 원리를 적용한 공학적 설계의 일반적인 과정을 나타낸 것이다.

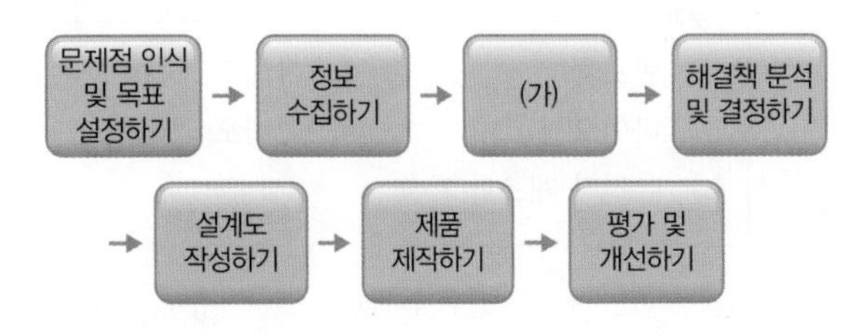

(가)에 알맞은 단계를 쓰시오.

01 다음 설명과 가장 관련 있는 과학기술은?

> • 물질이 10억분의 1미터 정도로 작아지면 고유한 성질이 달라지는 특성을 활용하는 기술이다.
> • 전자, 의료, 기계 분야 등에서 다양한 제품이 개발되고 있다.

① 정보 기술 ② 나노 기술 ③ 우주 기술
④ 통신 기술 ⑤ 생명 공학 기술

02 그림은 연잎이 물에 젖지 않은 모습을 나타낸 것이다.

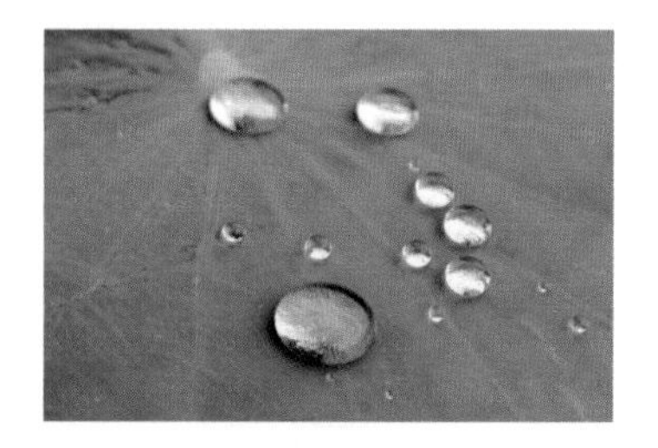

이 원리를 이용하는 예로 옳은 것을 〈보기〉에서 모두 고른 것은?

보기
> ㄱ. 휘어지는 디스플레이
> ㄴ. 물에 젖지 않는 등산복
> ㄷ. 몸속의 혈관을 따라 이동하며 산소를 공급하는 로봇

① ㄱ ② ㄴ ③ ㄷ
④ ㄱ, ㄴ ⑤ ㄴ, ㄷ

03 생명 공학 기술과 직접적으로 관련 있는 것을 〈보기〉에서 모두 고른 것은?

보기
> ㄱ. 반도체 ㄴ. 그래핀
> ㄷ. 바이오칩 ㄹ. 바이오 의약품
> ㅁ. 유전자 재조합 기술

① ㄱ, ㄴ ② ㄱ, ㄹ ③ ㄴ, ㅁ
④ ㄴ, ㄷ, ㅁ ⑤ ㄷ, ㄹ, ㅁ

04 다음에서 설명하는 기술을 활용한 예로 옳은 것은?

> 서로 다른 특징을 가진 두 종류의 세포를 융합하여 하나의 세포로 만드는 기술이다.

① 접을 수 있는 스마트폰
② 바이타민 A 성분을 강화한 쌀
③ 해충을 쫓는 물질을 분비하는 목화
④ 빠르게 질병을 예측하는 반도체 칩
⑤ 열매는 토마토가 열리고 뿌리는 감자인 작물

중요
05 다음에서 설명하는 정보 통신 기술의 활용 분야를 옳게 짝지은 것은?

> (가) 인간이 가진 지적 능력을 컴퓨터를 통해 구현하여 전자제품에 활용한다.
> (나) 현실 세계에서 가상의 정보가 실제 존재하는 것처럼 보이게 구현한다.
> (다) 지문, 홍채, 정맥, 얼굴 등 개인의 고유한 신체적 특성으로 사용자를 인증한다.

	(가)	(나)	(다)
①	인공지능	생체 인식	증강 현실
②	인공지능	증강 현실	생체 인식
③	증강 현실	생체 인식	인공지능
④	증강 현실	웨어러블 기기	생체 인식
⑤	사물 인터넷	웨어러블 기기	증강 현실

신경향

06 다음은 민지의 일기 중 일부이다.

> 송희에게서 출발했다는 문자 메시지가 왔다. 버스에 올라 단말기에 스마트폰을 대서 버스 요금을 결제했다. 가는 길에 스마트폰 비서를 호출해서 오늘 날씨에 어울리는 음악을 재생해 달라고 했다. 놀이공원에 도착해 송희를 만나 신나게 놀이 기구를 탔다. 중간에 중국인 관광객을 만났는데, 중국어는 몰랐지만 번역기 앱을 통해 놀이 기구 이용법을 알려 줄 수 있었다. 오늘 찍은 사진을 SNS에 올렸더니 친구들이 '좋아요'를 많이 눌러 줘서 기분이 좋았다.

일기에 등장하는 과학기술이 아닌 것은?

① 인공지능 ② 전자 결제
③ 언어 번역 ④ 무선 인터넷
⑤ 사물 인터넷

중요

07 공학적 설계에 대한 설명으로 옳지 않은 것은?

① 창의성과 분석력이 필요하다.
② 여러 분야가 연계된 과정이다.
③ 설계 과정은 항상 한 번만 거친다.
④ 제품의 안전성을 고려하여 설계해야 한다.
⑤ 설계한 제품이 환경에 미치는 영향을 고려해야 한다.

08 그림은 일반적인 공학적 설계 과정을 나타낸 것이다.

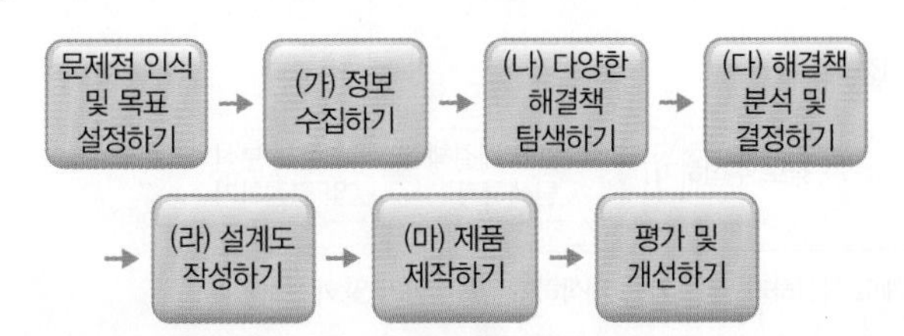

영수는 '잘 열리는 우유갑'을 만들기 위해 인터넷에서 우유갑의 재질과 도면을 검색하였다. 이 과정은 (가)~(마) 중 어느 단계에 해당하는지 쓰시오.

고난도·서술형 문제

09 다음에 제시된 물건의 공통적 특징으로 옳은 것은?

자율 주행 자동차

스마트폰

① 웨어러블 기기이다.
② 나노 표면 소재를 활용한 제품이다.
③ 여러 가지 정보 통신 기술이 융합된 사례이다.
④ 나노 기술과 생명 공학 기술이 융합된 사례이다.
⑤ 가상 현실이 문화 예술 분야에 적용된 사례이다.

서술형

10 그림은 잘 무르지 않는 토마토를 나타낸 것이다.

(1) 위와 같은 식물을 개발하는 데 사용된 생명 공학 기술을 쓰고, 그 원리를 설명하시오.

(2) (1)의 생명 공학 기술을 활용한 다른 예를 1가지만 쓰시오.

한눈에 정리하기

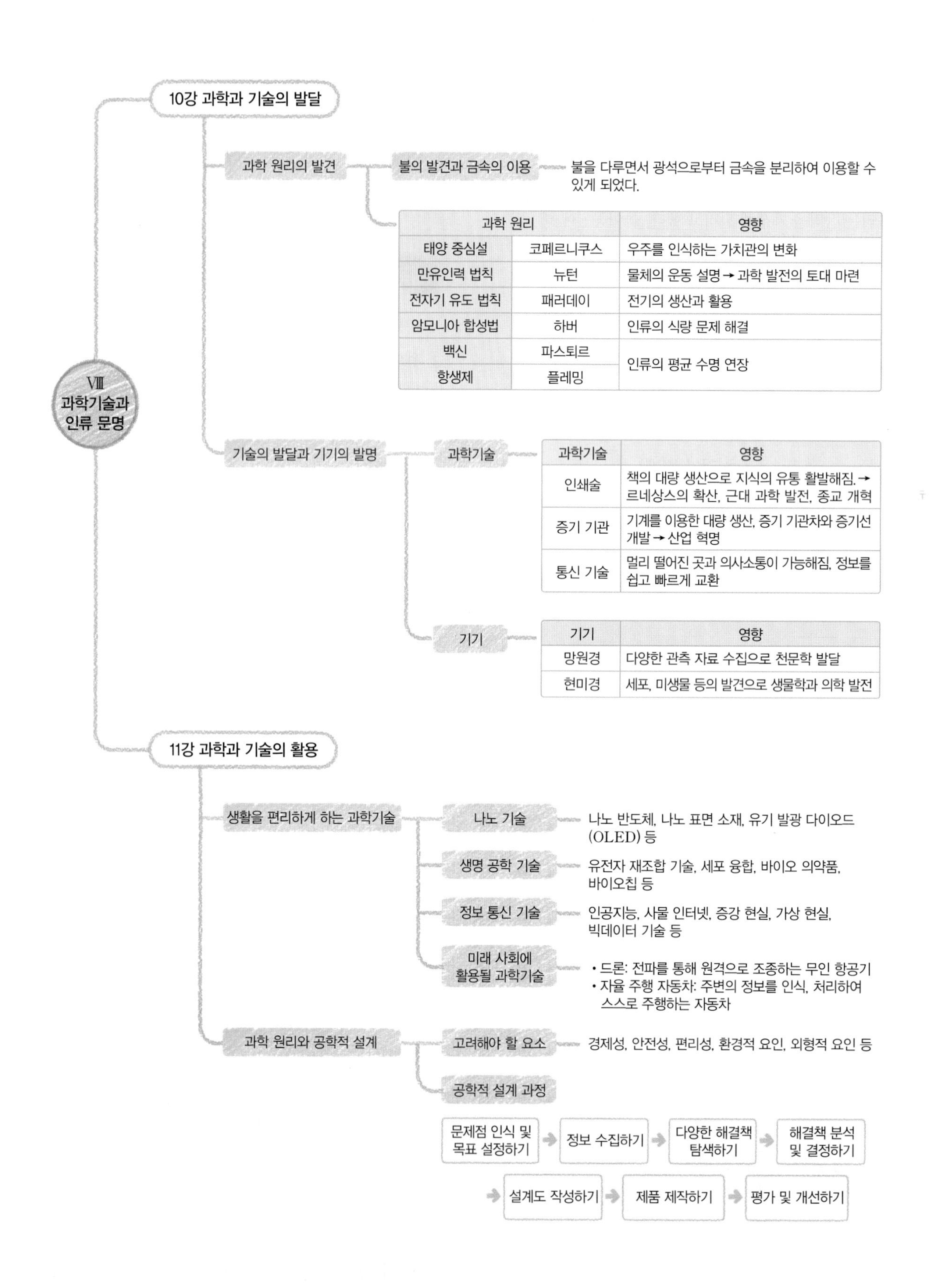

과학 원리		영향
태양 중심설	코페르니쿠스	우주를 인식하는 가치관의 변화
만유인력 법칙	뉴턴	물체의 운동 설명 → 과학 발전의 토대 마련
전자기 유도 법칙	패러데이	전기의 생산과 활용
암모니아 합성법	하버	인류의 식량 문제 해결
백신	파스퇴르	인류의 평균 수명 연장
항생제	플레밍	

과학기술	영향
인쇄술	책의 대량 생산으로 지식의 유통 활발해짐. → 르네상스의 확산, 근대 과학 발전, 종교 개혁
증기 기관	기계를 이용한 대량 생산, 증기 기관차와 증기선 개발 → 산업 혁명
통신 기술	멀리 떨어진 곳과 의사소통이 가능해짐, 정보를 쉽고 빠르게 교환

기기	영향
망원경	다양한 관측 자료 수집으로 천문학 발달
현미경	세포, 미생물 등의 발견으로 생물학과 의학 발전

★ 바른답·알찬풀이 37쪽

10강 과학과 기술의 발달

01 다음의 과학 원리를 주장한 과학자는?

> 우주의 중심이 지구가 아니라는 태양 중심설을 주장하여 우주에 관한 사람들의 인식이 변화하였다.

① 돌턴 ② 멘델
③ 패러데이 ④ 파스퇴르
⑤ 코페르니쿠스

02 인류의 문명에 다음과 같은 영향을 준 과학기술은?

> 비료의 대량 생산이 가능해지면서 식량 생산량이 증가하여 식량 문제가 해결되었다.

① 백신 ② 항생제
③ 불의 발견 ④ 암모니아 합성법
⑤ 망원경의 발명

03 그림은 금속 활자를 나타낸 것이다.

금속 활자의 발명이 인류 문명에 미친 영향으로 옳은 것은?

① 인류의 식량 문제가 해결되었다.
② 지식이 전파되는 속도가 느려졌다.
③ 전기를 생산하고 활용할 수 있게 되었다.
④ 면직물을 대량으로 생산할 수 있게 되었다.
⑤ 활판 인쇄술이 발달하여 책의 대량 인쇄가 가능해졌다.

04 증기 기관의 발명이 불러온 우리 생활의 변화로 옳은 것을 〈보기〉에서 모두 고른 것은?

> 보기
> ㄱ. 교통수단이 발달하였다.
> ㄴ. 제품의 대량 생산이 가능해졌다.
> ㄷ. 산업 혁명으로 공업 중심 사회가 되었다.

① ㄱ ② ㄴ ③ ㄱ, ㄷ
④ ㄴ, ㄷ ⑤ ㄱ, ㄴ, ㄷ

05 과학기술이 인류의 삶에 미친 영향 중 그 성격이 나머지와 다른 하나는?

① 교통의 발달로 먼 지역과도 활발히 교류하게 되었다.
② 항생제와 백신의 개발로 인류의 평균 수명이 연장되었다.
③ 철근과 콘크리트를 이용하여 고층 건물을 건설할 수 있게 되었다.
④ 통신 기술의 발달로 먼 거리에 있는 사람들과도 소통이 가능하게 되었다.
⑤ 플라스틱과 합성 섬유의 사용으로 해양 생물의 몸속에 미세 플라스틱이 축적되었다.

서술형
06 다음은 뉴턴의 망원경에 대한 설명이다.

> 1668년 뉴턴은 오목 거울을 이용하여 기존보다 배율이 높은 망원경을 만들어 천체 관측에 기여하였다. 이후로도 망원경은 지속적으로 발달하여 천문학과 우주 항공 기술을 발전시켰다.

망원경과 같이 인류 문명의 발전에 영향을 준 다른 기기를 1가지 쓰고, 이 기기의 발명으로 발전한 인류의 모습을 설명하시오.

11강 과학과 기술의 활용

07 다음에서 설명하는 과학기술과 가장 관련이 있는 것은?

- 유전자 분석을 통해 질병을 진단하고 예방하며, 치료한다.
- 유전 공학을 농업에 적용하여 인간의 삶을 풍요롭게 해 준다.

① 나노 기술 ② 정보 기술 ③ 우주 기술
④ 통신 기술 ⑤ 생명 공학 기술

08 미래 사회에서 의료 분야의 바람직한 변화를 예측한 내용으로 옳지 않은 것은?

① 장기 이식을 위해 복제 인간을 만든다.
② 나노 로봇을 이용하여 암세포를 제거한다.
③ 나노 로봇을 이용하여 혈관에 산소를 공급한다.
④ 바이오칩을 이용하여 빠르고 정확하게 질병을 예측한다.
⑤ 바이오 의약품을 개발하여 부작용이 적은 약품으로 질병을 치료한다.

서술형

09 다음은 빅데이터의 정의이다.

기존의 데이터베이스로는 수집·저장·분석 따위를 수행하기가 어려울 만큼 방대한 양의 데이터

(1) 빅데이터 기술과 가장 관련이 깊은 과학기술 분야를 〈보기〉에서 고르시오.

보기
ㄱ. 나노 기술
ㄴ. 정보 통신 기술
ㄷ. 생명 공학 기술

(2) 빅데이터를 분석하여 활용하는 예를 2가지 설명하시오.

10 과학기술이 인류의 생활에 미친 영향으로 옳은 것을 〈보기〉에서 모두 고른 것은?

보기
ㄱ. 과학기술의 발달은 직업의 변화와 관계가 없다.
ㄴ. 과학기술의 발달은 대부분 인류의 생활을 편리하게 만들어 준다.
ㄷ. 미래의 과학기술은 환경을 파괴하더라도 인류의 생활을 풍요롭게 하는 방향으로 발전해야 한다.

① ㄱ ② ㄴ ③ ㄱ, ㄷ
④ ㄴ, ㄷ ⑤ ㄱ, ㄴ, ㄷ

11 공학적 설계 과정에서 고려해야 할 사항으로 옳지 않은 것은?

① 안전성을 검증해야 한다.
② 사용하기에 편리해야 한다.
③ 보기 좋은 외형은 중요하지 않다.
④ 환경 오염을 유발하지 않아야 한다.
⑤ 주어진 제작 비용 안에서 제품을 만들 수 있어야 한다.

12 다음은 일반적인 공학적 설계 과정을 나타낸 것이다.

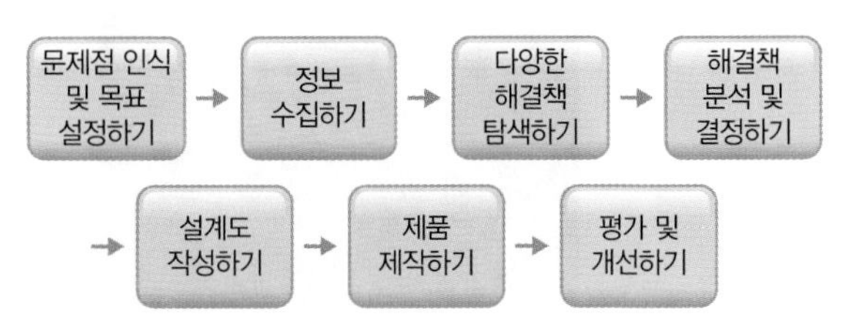

브레인스토밍 등을 이용해 다양한 아이디어를 수집하는 과정은?

① 정보 수집하기
② 제품 제작하기
③ 설계도 작성하기
④ 다양한 해결책 탐색하기
⑤ 문제점 인식 및 목표 설정하기

무단 투기 안 돼

나의 해변에 흘러온 빈 병 속 편지.
네가 보내온 거니?

제대로 버려야지.
엄격
미..미안..
쓰레기통
쓰레기 무단 투기는 안 됩니다.(단호)

Memo

중등 도서안내

비주얼 개념서

룩 LOOK

이미지 연상으로 필수 개념을 쉽게 익히는
비주얼 개념서

국어 문학, 문법
역사 ①, ②

필수 개념서

올리드

자세하고 쉬운 개념,
시험을 대비하는 특별한 비법이 한가득!

국어 1-1, 1-2, 2-1, 2-2, 3-1, 3-2
영어 1-1, 1-2, 2-1, 2-2, 3-1, 3-2
수학 1(상), 1(하), 2(상), 2(하), 3(상), 3(하)
사회 ①-1, ①-2, ②-1, ②-2
역사 ①-1, ①-2, ②-1, ②-2
과학 1-1, 1-2, 2-1, 2-2, 3-1, 3-2

* 국어, 영어는 미래엔 교과서 관련 도서입니다.

국어 독해·어휘 훈련서

수능 국어 독해의 자신감을 깨우는
단계별 훈련서

독해 0_준비편, 1_기본편, 2_실력편, 3_수능편
어휘 1_종합편, 2_수능편

영문법 기본서

GRAMMAR BITE

중학교 핵심 필수 문법 공략,
내신·서술형·수능까지 한 번에!

문법 PREP
Grade 1, Grade 2, Grade 3
SUM

영어 독해 기본서

READING BITE

끊어 읽으며 직독직해하는
중학 독해의 자신감!

독해 PREP
Grade 1, Grade 2, Grade 3
PLUS (수능)

개념 잡고 성적 올리는 **필수 개념서**

올리드

시험대비편

중등 과학 3-2

올리드 100점 전략

개념을 꽉 잡아라! + 문제를 싹 잡아라! + 시험을 확 잡아라! + 오답을 꼭 잡아라!

Mirae N 에듀

올리드 100점 전략

1 개념과 탐구를 알차게 모아 정리한 **개념 꽉 잡기**

2 기본-실력-마무리 평가 3단계 문제로 **문제 싹 잡기**

3 개념학습편-시험대비편 반복 학습으로 **시험 확 잡기**

4 명쾌한 해설과 문제 해결 노하우를 담은 **오답 꼭 잡기**

시험 대비편

중등 과학 3-2

01강 세포 분열

❶ 세포의 분열

1 세포 분열 일정 크기에 도달한 하나의 세포가 2개의 세포로 나누어지는 것이다.

2 세포 분열이 일어나는 까닭 세포의 크기가 커지면 부피가 증가한 만큼 ❶(   )이 증가하지 않아 세포에서 물질 교환이 원활하게 일어나지 않기 때문이다.

❷ 염색체

1 염색체 세포가 분열할 때 나타나는 막대나 끈 모양의 구조물로, ❷(   )와 단백질로 구성된다.

염색 분체	하나의 염색체를 이루는 각각의 가닥으로, 세포가 분열하기 전에 유전 물질(DNA)이 복제되어 형성된 것이다.
❸( )	체세포에서 쌍을 이루고 있는 크기와 모양이 같은 2개의 염색체

2 사람의 염색체 사람의 체세포에는 46개(23쌍)의 염색체가 들어 있다.

상염색체	남녀에게 공통적으로 들어 있는 22쌍의 염색체
성염색체	성을 결정하는 1쌍의 염색체로, 남자는 XY, 여자는 ❹( )를 가진다.

❸ 체세포 분열

세포가 분열하기 전	핵막이 뚜렷하며, 유전 물질(DNA)이 복제되어 그 양이 2배로 늘어난다.
전기	핵막이 사라지고, 두 가닥의 염색 분체로 이루어진 염색체가 나타난다.
중기	염색체가 세포의 중앙에 나란히 배열된다.
후기	두 가닥의 ❺( )가 분리되어 1개씩 세포의 양쪽 끝으로 이동한다.
말기와 세포질 분열	염색체가 풀어지고 핵막이 나타나면서 2개의 핵이 만들어지며, 세포질 분열이 일어난다.
딸세포 형성	2개의 딸세포가 만들어진다.

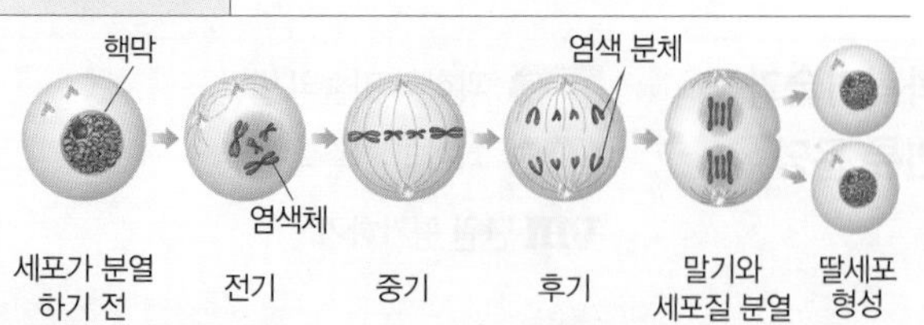

❹ 생식세포 형성 과정

1 감수 분열 염색체 수가 절반으로 줄어드는 세포 분열로, 감수 1분열과 감수 2분열이 연속해서 일어난다.

세포가 분열하기 전		핵막이 뚜렷하며, 유전 물질(DNA)이 복제되어 그 양이 2배로 늘어난다.
감수 1분열	전기	핵막이 사라지고, 상동 염색체끼리 결합한 ❻( )가 나타난다.
	중기	2가 염색체가 세포의 중앙에 배열된다.
	후기	❼( )가 분리되어 세포의 양쪽 끝으로 이동한다.
	말기와 세포질 분열	2개의 딸세포가 만들어진다.
감수 2분열	전기	유전 물질(DNA)의 복제 없이 감수 2분열 전기가 시작된다.
	중기	염색체가 각 세포의 중앙에 배열된다.
	후기	각 세포에서 ❽( )가 분리되어 1개씩 세포의 양쪽 끝으로 이동한다.
	말기와 세포질 분열	세포질 분열이 일어나 4개의 딸세포가 만들어진다.

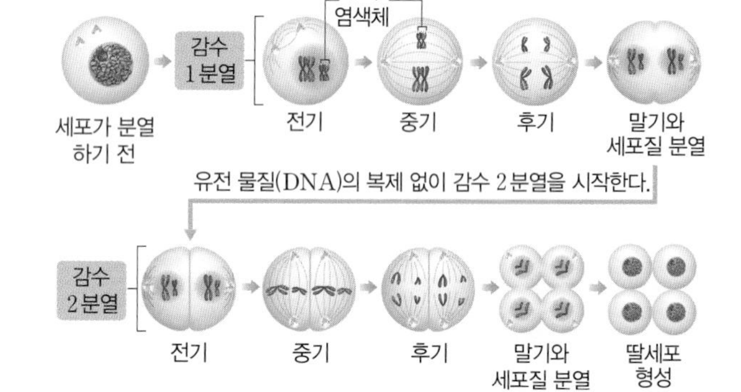

2 체세포 분열과 감수 분열의 비교

구분	체세포 분열	감수 분열
분열 횟수	1회	연속 2회
딸세포의 수	2개	❾( )개
2가 염색체의 형성 유무	❿( ).	형성함.
분열 전과 후의 염색체 수 변화	변화 없음.	절반으로 감소함.
유전 물질 복제	1회	1회

답 ❶ 표면적 ❷ DNA ❸ 상동 염색체 ❹ XX ❺ 염색 분체 ❻ 2가 염색체 ❼ 상동 염색체 ❽ 염색 분체 ❾ 4 ❿ 형성 안 함

★ 바른답·알찬풀이 39쪽

A 염색체의 구조와 사람의 염색체 알아보기

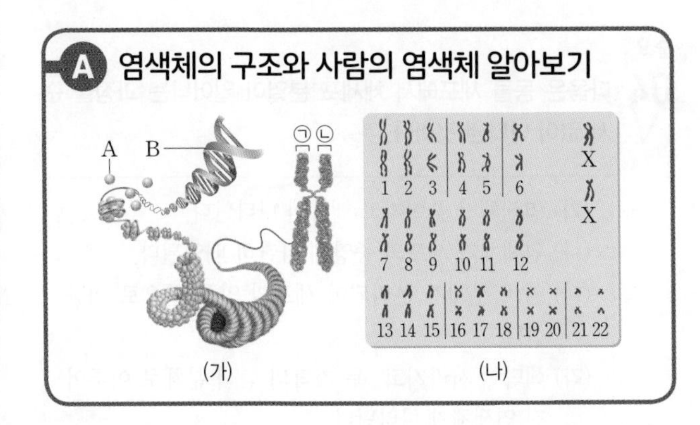

(가) (나)

[01~05] 위 그림 (가)는 염색체의 구조를, (나)는 어떤 사람의 체세포 염색체를 나타낸 것이다. 물음에 답하시오.

01 (가)에서 A와 B의 이름을 각각 쓰시오.

02 (가)에서 ㉠과 ㉡은 무엇인지 쓰시오.

03 (나)와 같은 염색체를 가진 사람의 성별을 쓰시오.

04 (나)에서 남녀에게 공통적으로 들어 있는 염색체는 모두 몇 쌍인지 쓰시오.

05 (가)와 (나)에 대한 설명으로 옳은 것을 〈보기〉에서 모두 고르시오.

보기
ㄱ. (가)에서 A와 B 중 유전 물질은 B이다.
ㄴ. ㉠과 ㉡은 세포가 분열하기 전에 유전 물질(DNA)이 복제되어 형성된 것이다.
ㄷ. (나)에서 상동 염색체는 22쌍이다.

B 체세포 분열과 감수 분열 비교하기

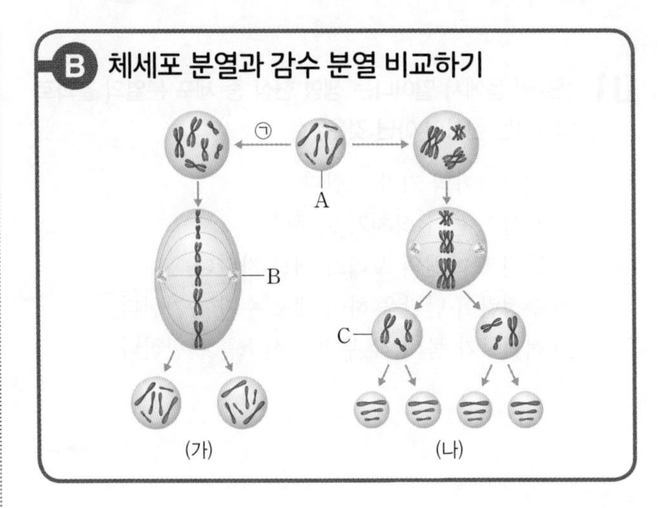

(가) (나)

[06~09] 위 그림은 체세포의 염색체 수가 6개인 어떤 생물에서 일어나는 2가지 세포 분열 과정을 나타낸 것이다. 물음에 답하시오.(단, (가)와 (나)는 각각 체세포 분열과 감수 분열 중 하나이다.)

06 (가)와 (나)는 각각 어떤 세포 분열 과정인지 쓰시오.

07 A~C의 염색체 수를 각각 쓰시오.

08 (가)와 (나)에 대한 설명으로 옳은 것을 〈보기〉에서 모두 고르시오.

보기
ㄱ. ㉠ 과정에서 유전 물질(DNA)이 복제된다.
ㄴ. (가)와 (나)에서 모두 염색 분체의 분리가 일어난다.
ㄷ. (가)에서 만들어진 딸세포의 염색체 수는 모세포의 절반이다.
ㄹ. (나)에서는 연속 2회의 세포 분열 과정을 거친다.

09 (가)와 (나) 중 2가 염색체가 형성되는 과정을 고르시오.

01강 기출 예상 문제로 시험 대비하기 1회

01 생물의 몸에서 일어나는 생명 현상 중 세포 분열의 결과로 일어나는 현상이 아닌 것은?

① 어린아이의 키가 자란다.
② 새살이 돋아 상처가 아문다.
③ 잘린 도마뱀의 꼬리가 새로 자란다.
④ 수정란이 난할을 하여 세포 수가 증가한다.
⑤ 적혈구가 몸의 각 부위로 산소를 운반한다.

중요
02 페놀프탈레인이 들어 있는 한천 덩어리를 3가지 크기의 한천 조각 (가)~(다)로 자른 다음, (가)~(다)를 비눗물에 10분 정도 담갔다가 꺼내 동시에 가운데 부분을 잘라 보았더니 그림과 같은 결과가 나타났다.

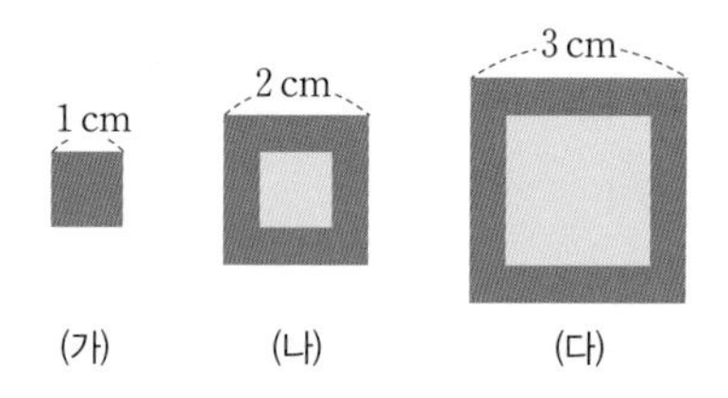

이에 대한 설명으로 옳은 것을 <보기>에서 모두 고른 것은?

보기
ㄱ. 단위 부피당 표면적은 (나)가 (가)보다 작다.
ㄴ. 한천 조각을 하나의 세포라고 가정할 때, 물질 교환에 가장 유리한 것은 (다)이다.
ㄷ. 이 실험 결과를 통해 세포가 물질 교환을 효율적으로 하기 위해서는 세포의 크기가 커야 한다는 것을 알 수 있다.

① ㄱ　② ㄴ　③ ㄷ
④ ㄱ, ㄴ　⑤ ㄴ, ㄷ

03 사람의 체세포에 들어 있는 염색체 수는 46개이다. (가)~(다)의 염색체 수를 각각 쓰시오.

(가) 사람의 난자
(나) 사람의 피부 세포
(다) 사람의 체세포 분열 결과 형성된 딸세포

중요
04 다음은 동물 세포에서 체세포 분열이 일어나는 과정을 순서 없이 나타낸 것이다.

(가) 염색체가 풀어지고 핵막이 나타난다.
(나) 염색체가 세포의 중앙에 나란히 배열된다.
(다) 염색 분체가 분리되어 세포의 양쪽 끝으로 이동한다.
(라) 핵막이 사라지고, 두 가닥의 염색 분체로 이루어진 염색체가 나타난다.

이에 대한 설명으로 옳은 것을 <보기>에서 모두 고른 것은?

보기
ㄱ. (라)는 유전 물질(DNA)이 복제되기 전이다.
ㄴ. 염색체를 관찰하기에 가장 좋은 시기는 (나)이다.
ㄷ. 체세포 분열은 (가) → (라) → (다) → (나) 순으로 일어난다.

① ㄱ　② ㄴ　③ ㄱ, ㄷ
④ ㄴ, ㄷ　⑤ ㄱ, ㄴ, ㄷ

05 다음은 양파의 뿌리 끝에서 일어나는 세포 분열을 관찰하기 위해 현미경 표본을 만드는 과정을 순서 없이 나타낸 것이다.

(가) 양파 뿌리 조각을 50 ℃~60 ℃의 묽은 염산에 8분 정도 담가 두기
(나) 양파의 뿌리 끝부분을 에탄올과 아세트산의 혼합액에 하루 정도 담가 두기
(다) 양파 뿌리 끝부분에 아세트올세인 용액을 한두 방울 떨어뜨리기
(라) 양파 뿌리 끝을 해부 침으로 잘게 찢기

이에 대한 설명으로 옳지 않은 것은?

① 양파의 뿌리 끝부분에는 체세포 분열이 활발히 일어나는 곳이 있다.
② 세포 분열을 멈추게 하고 세포를 살아 있을 때와 같은 상태로 고정하기 위한 과정은 (나)이다.
③ 핵이나 염색체를 뚜렷이 관찰하기 위한 과정은 (다)이다.
④ 뿌리 조직을 연하게 만들기 위한 과정은 (라)이다.
⑤ 현미경 표본을 만드는 과정을 순서대로 나열하면 (나) → (가) → (다) → (라)이다.

★ 바른답·알찬풀이 39쪽

06 오른쪽 그림은 어떤 동물 수컷의 체세포에 들어 있는 염색체를 모두 나타낸 것이다. 이에 대한 설명으로 옳은 것은?(단, 이 동물의 성염색체 구성은 사람과 동일하다.)

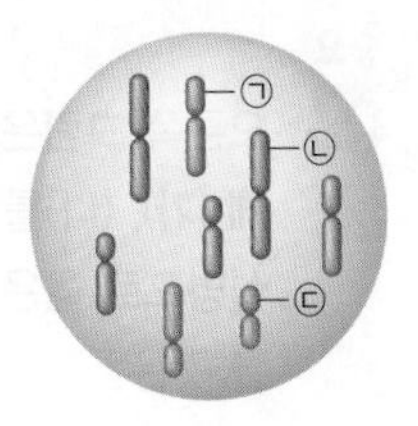

① ㉠은 성염색체이다.
② ㉡은 암컷과 수컷이 공통으로 가지고 있다.
③ ㉢은 ㉠과 상동 염색체이다.
④ 각 염색체는 두 가닥의 염색 분체로 이루어져 있다.
⑤ 이 동물의 생식세포에는 8개의 염색체가 들어 있다.

07 오른쪽 그림은 분열 중인 어떤 생물의 세포를 나타낸 것이다. 이 세포에 대한 설명으로 옳지 않은 것은?

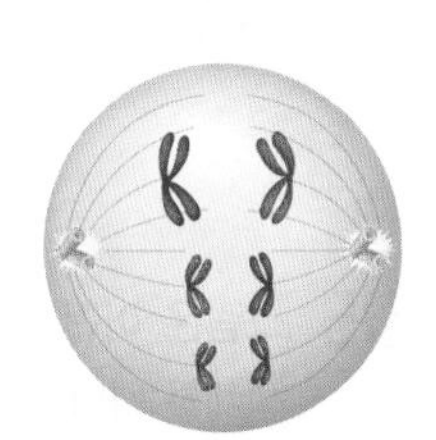

① 감수 1분열 후기이다.
② 2가 염색체가 관찰되지 않는다.
③ 염색 분체의 분리가 일어나고 있다.
④ 이 생물의 체세포에는 6개의 염색체가 들어 있다.
⑤ 분열 결과 형성된 딸세포의 염색체 수는 모세포의 절반이다.

중요

08 그림 (가)와 (나)는 2종류의 세포 분열을 나타낸 것이다.

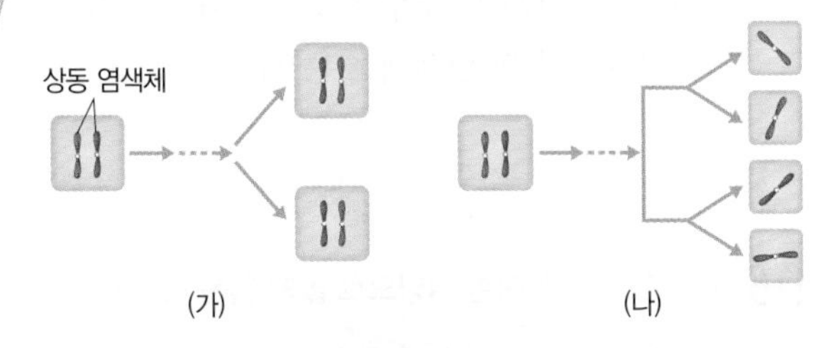

(가)와 (나)를 비교한 내용으로 옳은 것은?

	구분	(가)	(나)
①	딸세포 수	4개	2개
②	염색체 수	변화 없음.	절반으로 감소함.
③	분열 횟수	연속 2회	1회
④	유전 물질 복제	2회	1회
⑤	분열 결과	생식세포 형성	생장, 재생

09 오른쪽 그림은 2쌍의 염색체를 가지는 어느 세포의 분열 과정 (가)와 (나)를 나타낸 것이다. 이에 대한 설명으로 옳은 것은?

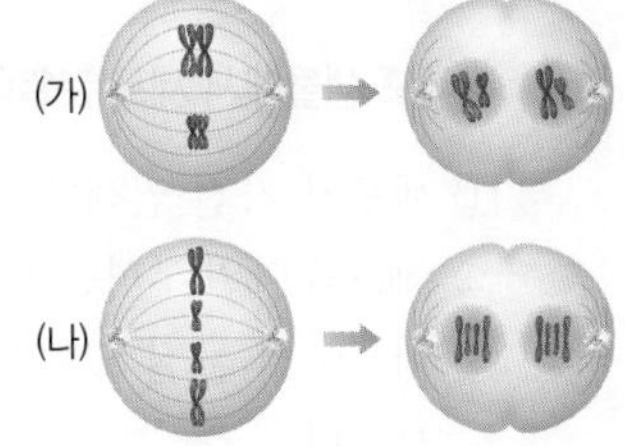

① (가)는 감수 1분열, (나)는 감수 2분열에 해당한다.
② (가)에서 2가 염색체가 관찰된다.
③ (나)에서 상동 염색체의 분리가 일어난다.
④ (가)와 (나)의 분열 결과 형성된 딸세포의 염색체 수는 서로 같다.
⑤ 이 동물의 몸집이 커질 때 (가) 과정이 포함된 세포 분열이 일어난다.

서술형 문제

10 그림 (가)와 (나)는 두 사람의 체세포에 들어 있는 염색체를 각각 나타낸 것이다.

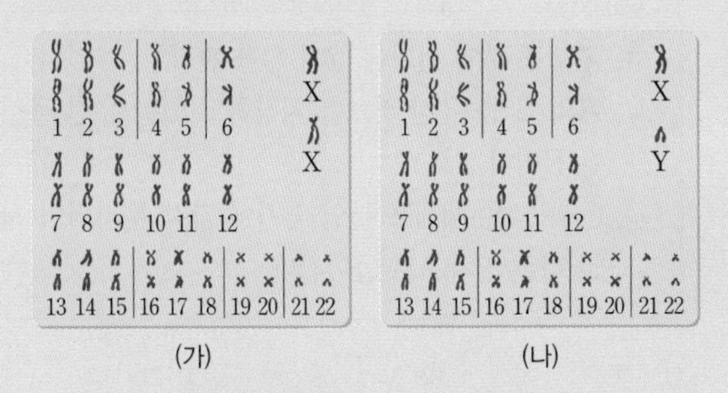

(가)와 (나)의 성별을 쓰고, 그렇게 생각한 까닭을 설명하시오.

11 오른쪽 그림은 감수 분열 과정 중 일부를 나타낸 것이다. 과정 ㉠과 ㉡의 차이점을 염색체의 행동, 염색체 수의 변화와 관련지어 설명하시오.

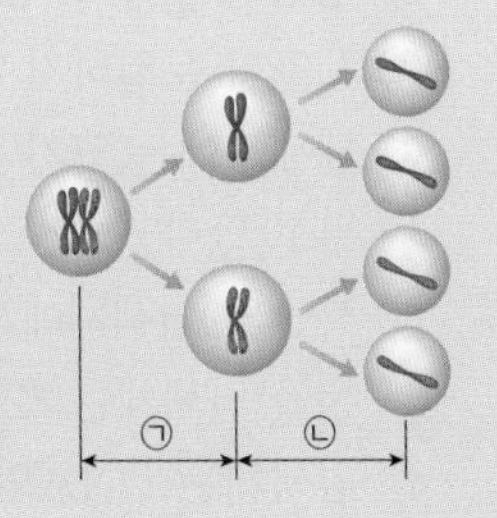

01강 기출 예상 문제로 시험 대비하기 2회

01 다세포 생물에서 세포 분열이 일어나는 까닭으로 옳은 것은?

① 세포가 가진 염색체 수를 증가시키기 위해서이다.
② 세포의 단위 부피당 표면적을 작게 하기 위해서이다.
③ 세포에서 물질 교환이 원활히 일어나게 하기 위해서이다.
④ 세포의 크기가 커져 생물의 몸집을 크게 하기 위해서이다.
⑤ 세포 분열이 일어나면 발생 과정을 거치지 않아도 개체 수가 늘어나기 때문이다.

중요
02 그림은 염색체의 구조를 나타낸 것이다.

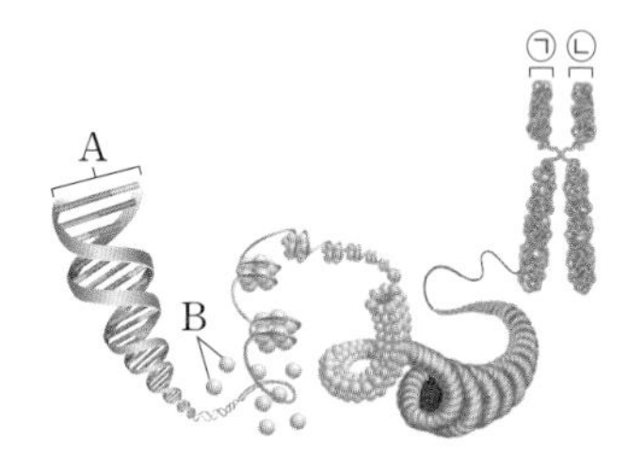

이에 대한 설명으로 옳은 것을 〈보기〉에서 모두 고른 것은?

보기
ㄱ. 체세포 분열 전기에 ㉠과 ㉡을 관찰할 수 있다.
ㄴ. A와 B 중 유전 정보를 저장하고 있는 유전 물질은 B이다.
ㄷ. ㉠과 ㉡은 체세포 분열 후기에 각각 분리되어 서로 다른 딸세포로 들어간다.

① ㄱ ② ㄴ ③ ㄱ, ㄷ
④ ㄴ, ㄷ ⑤ ㄱ, ㄴ, ㄷ

03 염색체에 대한 설명으로 옳지 않은 것은?

① 성염색체 중 Y 염색체는 남자에게만 있다.
② 세포가 분열하지 않을 때는 존재하지 않는다.
③ 체세포에는 크기와 모양이 같은 염색체가 쌍을 이루고 있다.
④ 사람의 염색체에서 남녀에게 공통적으로 들어 있는 상염색체는 22쌍이다.
⑤ 염색체는 DNA와 단백질로 구성되며, 부모의 유전 형질을 자손에게 전달한다.

중요
04 오른쪽 그림은 크기와 모양이 같은 염색체 (가), (나)를 나타낸 것이다. 이에 대한 설명으로 옳은 것을 〈보기〉에서 모두 고른 것은?

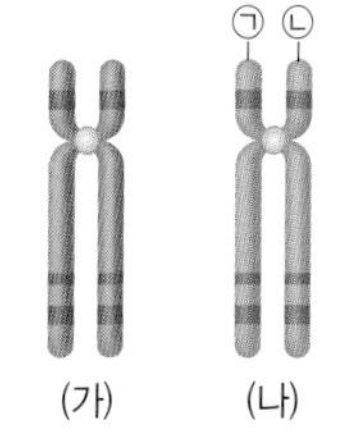

보기
ㄱ. (가)와 (나)는 부모로부터 하나씩 물려받은 것이다.
ㄴ. ㉠과 ㉡은 유전 정보가 서로 같다.
ㄷ. ㉠과 ㉡은 세포가 분열하기 전에 유전 물질(DNA)이 복제되어 형성된 것이다.

① ㄱ ② ㄷ ③ ㄱ, ㄴ
④ ㄴ, ㄷ ⑤ ㄱ, ㄴ, ㄷ

05 그림은 어떤 동물의 세포 (가)~(라)에 들어 있는 모든 염색체를 나타낸 것이다.

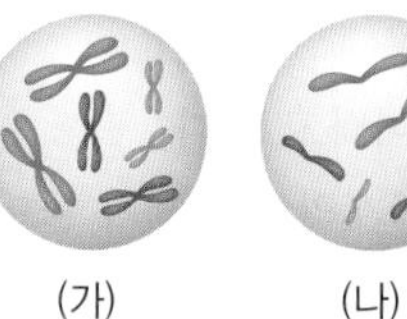
(가)
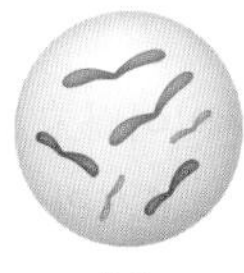
(나)
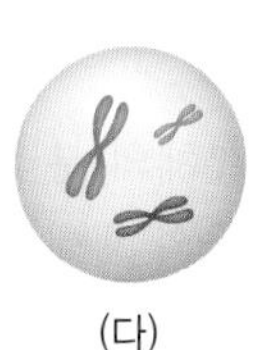
(다)
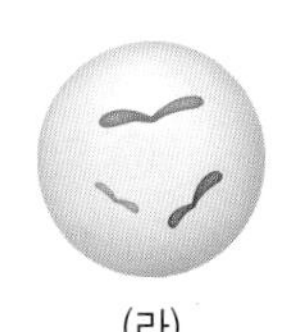
(라)

이에 대한 설명으로 옳은 것은?

① 염색체 수는 (가)가 (나)의 2배이다.
② (가)의 염색 분체 수는 (다)의 4배이다.
③ (나)와 (다)의 염색체 수는 서로 같다.
④ (나)와 (라)에는 모두 상동 염색체가 있다.
⑤ (다)와 (라)의 염색체 수는 서로 같다.

06 체세포 분열에 대한 설명으로 옳지 않은 것은?

① 분열 결과 2개의 딸세포가 형성된다.
② 모세포와 딸세포의 유전 정보가 다르다.
③ 세포가 분열하기 전에 유전 물질(DNA)이 복제된다.
④ 분열하는 세포에서 염색체는 두 가닥의 염색 분체로 이루어져 있다.
⑤ 핵분열 과정은 염색체의 행동에 따라 전기, 중기, 후기, 말기로 구분한다.

★ 바른답·알찬풀이 40쪽

07 그림은 양파 뿌리 끝부분의 세포를 현미경으로 관찰한 결과를 나타낸 것이다.

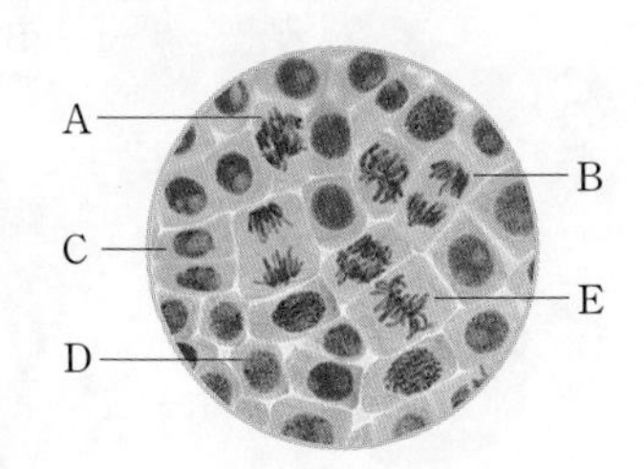

이에 대한 설명으로 옳은 것은?

① A의 염색체 수는 E의 2배이다.
② B는 체세포 분열 중기이다.
③ C에서 세포판이 관찰된다.
④ D에서 유전 물질(DNA)이 복제되어 그 양이 4배로 늘어난다.
⑤ 체세포 분열 과정을 세포가 분열하기 전부터 순서대로 나열하면 A → D → E → C → B이다.

중요
08 그림은 감수 분열 과정을 순서 없이 나타낸 것이다.

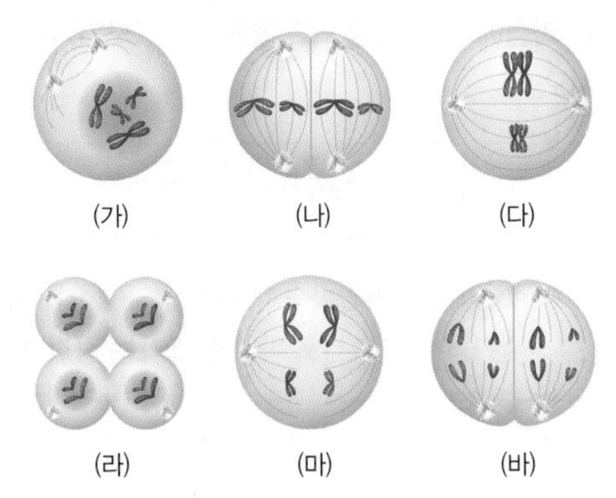

이에 대한 설명으로 옳지 않은 것은?

① 2번의 핵분열이 일어난다.
② 분열 결과 4개의 딸세포를 형성한다.
③ 분열 순서는 (가) → (다) → (마) → (나) → (바) → (라)이다.
④ 유전 물질(DNA)의 복제는 감수 1분열 전, 감수 1분열과 2분열 사이에 2회 일어난다.
⑤ 분열 결과 염색체 수가 체세포의 절반인 생식세포가 형성되므로 자손의 염색체 수는 부모와 동일하게 유지된다.

09 그림 (가)는 어떤 세포가 분열할 때 시간에 따른 세포 1개당 DNA양의 변화를, (나)는 구간 A~C 중 한 시기에 관찰된 세포를 나타낸 것이다. 구간 A~C는 각각 감수 1분열, 감수 2분열, 세포가 분열하기 전 중 하나이다.

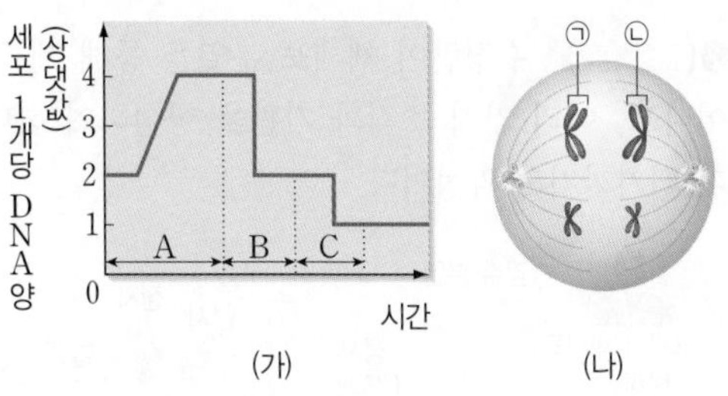

이에 대한 설명으로 옳은 것을 〈보기〉에서 모두 고른 것은?

보기
ㄱ. (나)는 구간 A에서 관찰된다.
ㄴ. ㉠과 ㉡은 유전 정보가 다른 상동 염색체이다.
ㄷ. 구간 B와 C에서 관찰되는 세포의 염색체 수가 같다.

① ㄱ ② ㄴ ③ ㄷ
④ ㄱ, ㄷ ⑤ ㄴ, ㄷ

서술형 문제

10 표는 한 변의 길이가 서로 다른 세 정육면체의 단위 부피당 표면적을 비교한 것이다.

한 변의 길이(cm)	1	2	4
표면적(cm^2)	6	24	96
부피(cm^3)	1	8	64
표면적(cm^2)/부피(cm^3)	6	3	1.5

위 표를 참고로 하여 세포 분열의 필요성을 설명하시오.

11 오른쪽 그림 (가)와 (나)는 분열 중인 동물 세포와 식물 세포의 모습을 순서 없이 나타낸 것이다. (가)와 (나)는 각각 어떤 세포인지 쓰고, 그렇게 판단한 까닭을 세포질 분열 방식과 관련지어 설명하시오.

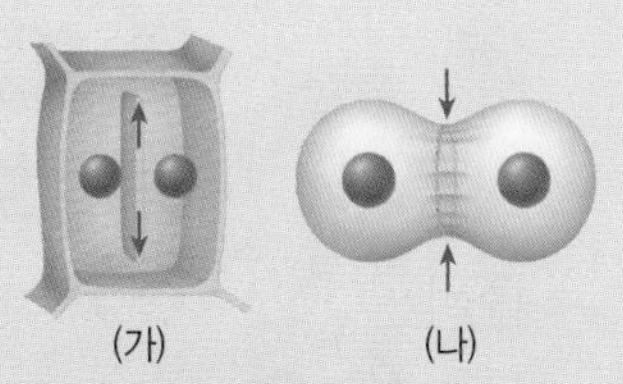

02강 발생

❶ 수정과 발생

1 수정 정자의 핵과 난자의 핵이 결합하여 ❶(　　　)을 형성하는 과정이다. ➡ 수정란의 염색체 수는 체세포와 같은 46개이다.

2 ❷(　　　) 수정란이 체세포 분열을 통해 세포 수가 늘어나고, 여러 가지 조직과 기관을 형성하여 하나의 개체가 되기까지의 과정이다.

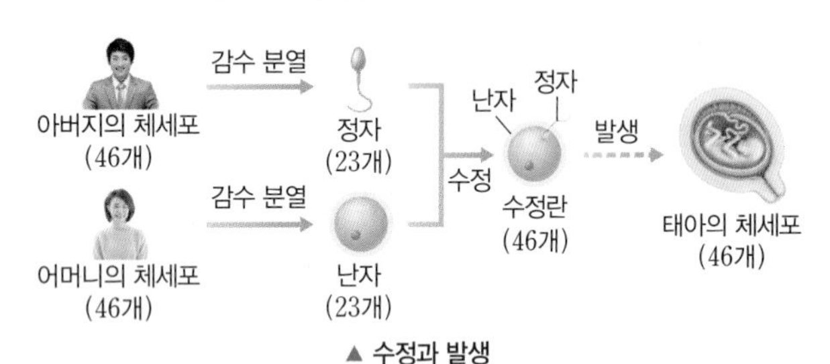

▲ 수정과 발생

❷ 사람의 발생 과정

1 ❸(　　　) 수정란의 초기 발생 과정에서 빠르게 일어나는 체세포 분열이다.

① 난할이 일어나는 동안 세포의 크기는 자라지 않고 분열만 빠르게 반복된다.

② 난할을 거듭할수록 세포 수는 많아지고, 세포 하나의 크기는 점점 ❹(　　　).

③ 난할을 거듭하여도 배아 전체의 크기는 수정란과 비슷하다.

2 착상에서 출산까지의 과정

착상	난할을 거친 배아가 자궁 안쪽 벽에 파묻히는 현상이다.
태아의 발달	착상 후 배아는 모체로부터 양분과 산소를 공급받으며 자라고, 수정 후 8주 정도가 되면 대부분의 기관을 형성하여 사람의 모습을 갖춘 ❺(　　　)가 된다.
출산	태아는 일반적으로 수정된 지 약 266일이 지나면 출산 과정을 거쳐 모체 밖으로 나온다.

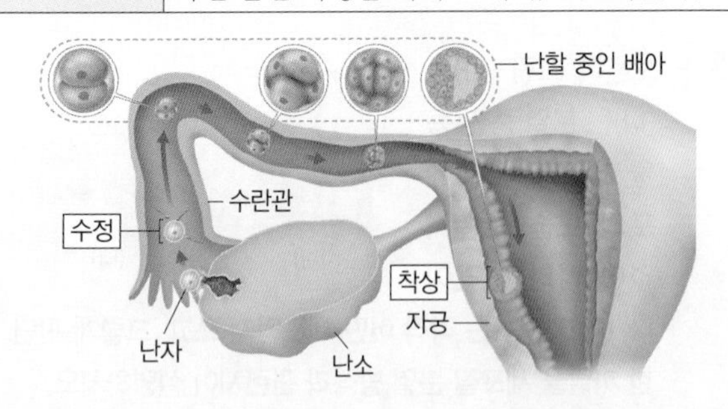

답 ❶ 수정란 ❷ 발생 ❸ 난할 ❹ 작아진다 ❺ 태아

★ 바른답·알찬풀이 42쪽

A 사람의 초기 발생 과정 알아보기

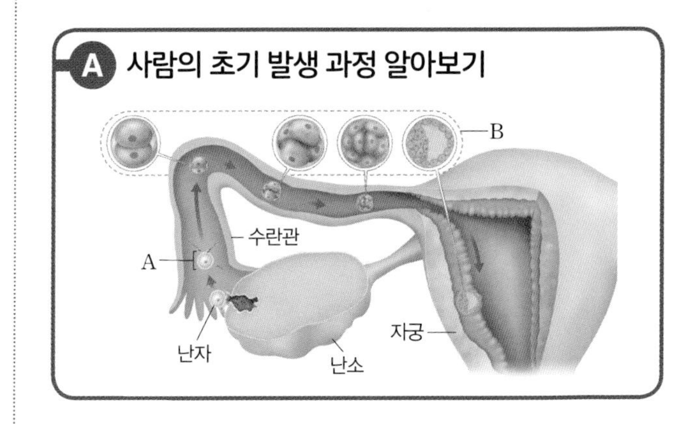

[01~04] 위 그림은 여자의 생식 기관에서 일어나는 수정과 초기 발생 과정을 나타낸 것이다. 물음에 답하시오.

01 A 과정을 무엇이라고 하는지 쓰시오.

02 B 과정을 무엇이라고 하는지 쓰시오.

03 B 과정에 대한 설명으로 옳은 것을 <보기>에서 모두 고르시오.

보기
ㄱ. B 과정은 난소에서 일어난다.
ㄴ. B 과정에서는 감수 분열이 일어난다.
ㄷ. B 과정을 거듭할수록 배아를 구성하는 세포의 수는 많아지고, 세포 하나의 크기는 점점 작아진다.

04 B 과정 이후에 일어나는 사람의 발생 과정에 대한 설명으로 옳은 것을 <보기>에서 모두 고르시오.

보기
ㄱ. 배아는 사람의 모습을 갖춘 태아가 된다.
ㄴ. 배아는 착상 후 모체로부터 양분과 산소를 공급받으며 자란다.
ㄷ. 태아는 수정된 지 약 100일이 지나면 출산 과정을 거쳐 모체 밖으로 나온다.

02강 기출 예상 문제로 시험 대비하기

★ 바른답·알찬풀이 42쪽

중요

01 오른쪽 그림은 사람의 정자와 난자가 수정하는 모습을 나타낸 것이다. 이에 대한 설명으로 옳은 것은?

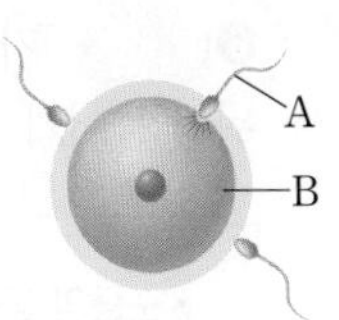

① A는 난자, B는 정자이다.
② A의 염색체 수는 B의 2배이다.
③ A와 B 중 유전 물질은 B에만 들어 있다.
④ 정자와 난자의 수정은 여자의 자궁 안쪽 벽에서 일어난다.
⑤ 하나의 정자와 하나의 난자가 결합하여 수정란을 형성한다.

02 그림은 사람 수정란의 초기 발생 과정 중 일부를 나타낸 것이다.

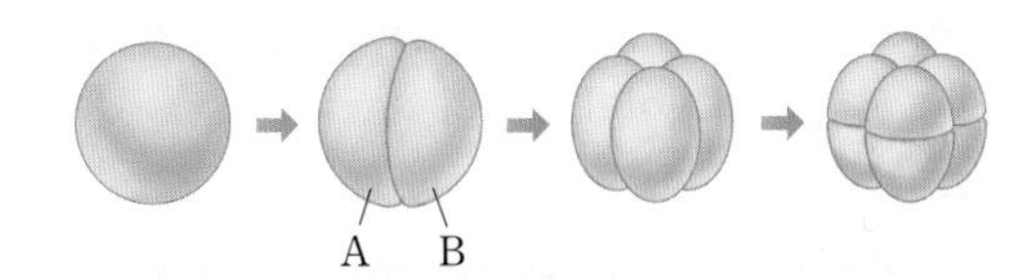

A와 B의 염색체 수를 각각 쓰시오.

03 그림은 여자의 생식 기관을 나타낸 것이다. A~C는 각각 난소, 수란관, 자궁 중 하나이다.

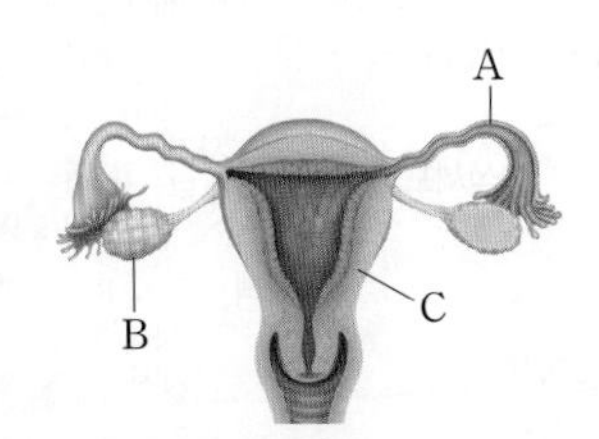

A~C 중 임신 기간 동안 태아가 자라는 곳의 기호와 이름을 쓰시오.

중요

04 그림은 사람의 수정과 발생 과정을 나타낸 것이다. ㉠과 ㉢은 이 과정에서 일어나는 세포 분열이다.

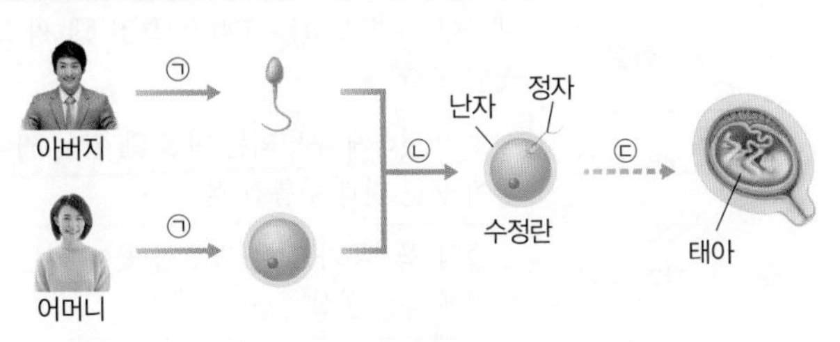

이에 대한 설명으로 옳지 않은 것은?

① ㉠은 감수 분열 과정이다.
② ㉡은 정자와 난자가 만나 정자의 핵과 난자의 핵이 결합하는 과정이다.
③ ㉢은 수정란이 하나의 개체가 되기까지의 과정에서 일어나는 감수 분열 과정이다.
④ 수정란의 염색체 수는 체세포와 같은 46개이다.
⑤ 태아는 일반적으로 수정된 지 약 266일이 지나면 출산 과정을 거쳐 모체 밖으로 나온다.

서술형 문제

05 그림은 사람 수정란의 초기 발생 과정 중 일부를 나타낸 것이다.

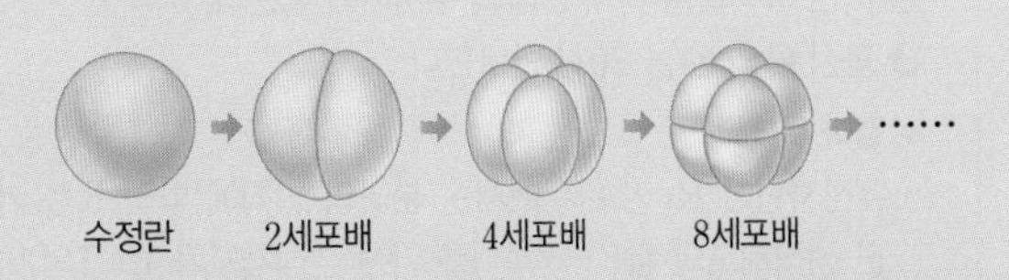

위 과정을 무엇이라고 하는지 쓰고, 8세포배가 2세포배와 같은 점과 다른 점을 각각 1가지씩 설명하시오.

03강 멘델 유전

❶ 멘델의 유전 연구

1 유전 용어

형질	생물이 가지고 있는 고유한 특징 예 씨 모양, 꽃잎 색깔
대립 형질	서로 뚜렷하게 구별되는 형질 예 완두 씨의 모양이 둥근 것과 주름진 것
자가 수분	수술의 꽃가루가 같은 그루의 꽃에 있는 암술머리에 붙는 현상
타가 수분	수술의 꽃가루가 다른 그루의 꽃에 있는 암술머리에 붙는 현상
❶( )	한 형질을 결정하는 대립유전자 구성이 같은 개체
잡종	한 형질을 결정하는 대립유전자 구성이 다른 개체
표현형	겉으로 드러나는 형질 예 완두 씨 모양이 둥근 것, 주름진 것
❷( )	표현형을 결정하는 대립유전자 구성을 알파벳 기호로 나타낸 것 예 RR, Rr, rr

2 우열의 원리 대립 형질이 다른 두 순종 개체를 교배하여 얻은 잡종 1대에는 대립 형질 중 한 가지만 나타나는데, 잡종 1대에서 표현되는 형질을 ❸( ), 잡종 1대에서 표현되지 않는 형질을 ❹( )이라고 한다.

❷ 분리의 법칙

1 한 쌍의 대립 형질의 유전

한 쌍의 대립 형질의 유전 모의실험

» 과정

❶ 흰색 바둑알 20개와 검은색 바둑알 20개를 합쳐 2개의 주머니에 각각 넣는다. 흰색 바둑알과 검은색 바둑알은 각각 둥근 모양 대립유전자 R와 주름진 모양 대립유전자 r를 의미한다.

❷ 두 주머니에서 각각 바둑알을 하나씩 꺼내 짝을 지은 후 자손의 유전자형과 표현형을 기록한다.

❸ 꺼낸 바둑알을 다시 원래의 주머니에 넣는다.

❹ 과정 ❷와 ❸을 20회 반복한다.

» 결과 및 정리

- 유전자형이 Rr인 완두에서는 분리의 법칙에 따라 R를 가진 생식세포와 ❺( )를 가진 생식세포가 1 : 1의 비율로 만들어진다.
- 자손의 유전자형 분리비 ➡ RR : Rr : rr=1 : 2 : 1
- 자손의 표현형 분리비 ➡ 둥근 완두 : 주름진 완두=3 : 1

2 분리의 법칙 생식세포가 만들어질 때 쌍으로 존재하던 ❻( )가 분리되어 서로 다른 생식세포로 하나씩 나뉘어 들어가는 현상이다.

- 순종의 둥근 완두(RR)와 순종의 주름진 완두(rr)를 교배하면 잡종 1대에서 우성 형질인 둥근 완두(Rr)만 나타난다. ➡ 우열의 원리 적용
- 잡종 1대의 완두(Rr)를 자가 수분하면 잡종 2대에서 유전자형은 RR : Rr : rr=1 : 2 : 1, 표현형은 둥근 완두 : 주름진 완두=3 : 1의 비율로 나타난다. ➡ 분리의 법칙 적용

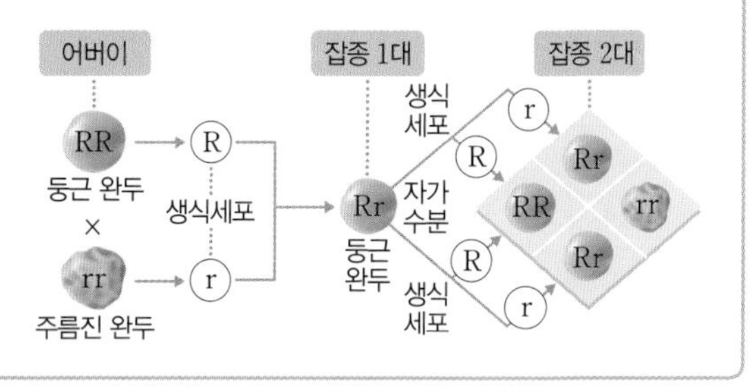

❸ 독립의 법칙

2가지 이상의 형질이 함께 유전될 때, 한 형질을 나타내는 대립유전자 쌍이 다른 형질을 나타내는 대립유전자 쌍에 의해 영향을 받지 않고 독립적으로 분리되어 유전되는 현상을 독립의 법칙이라고 한다.

- 순종의 둥글고 노란색인 완두(RRYY)와 순종의 주름지고 초록색인 완두(rryy)를 교배하면 잡종 1대에서 우성 형질인 둥글고 노란색인 완두(RrYy)만 나타난다. ➡ 우열의 원리 적용
- 잡종 1대의 완두(RrYy)를 자가 수분하면 잡종 2대에서 둥글고 노란색 : 둥글고 초록색 : 주름지고 노란색 : 주름지고 초록색=❼( )의 비율로 나타난다.
  [씨 모양의 표현형 분리비] 둥근 완두 : 주름진 완두=3 : 1
  [씨 색깔의 표현형 분리비] 노란색 완두 : 초록색 완두=3 : 1
  ➡ 분리의 법칙 적용

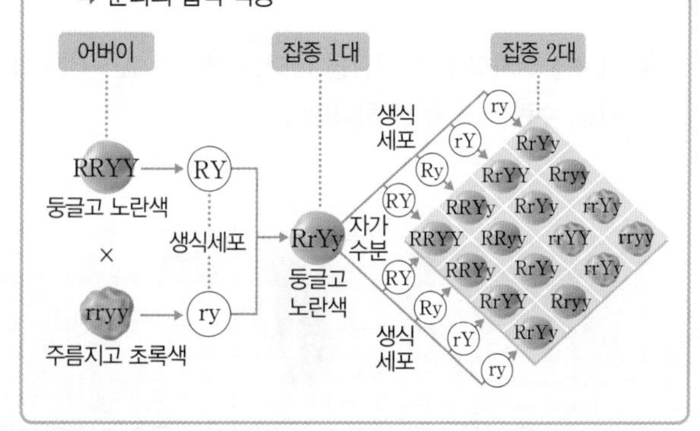

답 ❶ 순종 ❷ 유전자형 ❸ 우성 ❹ 열성 ❺ r ❻ 대립유전자 ❼ 9 : 3 : 3 : 1

★ 바른답·알찬풀이 43쪽

A 한 쌍의 대립 형질 유전 알아보기

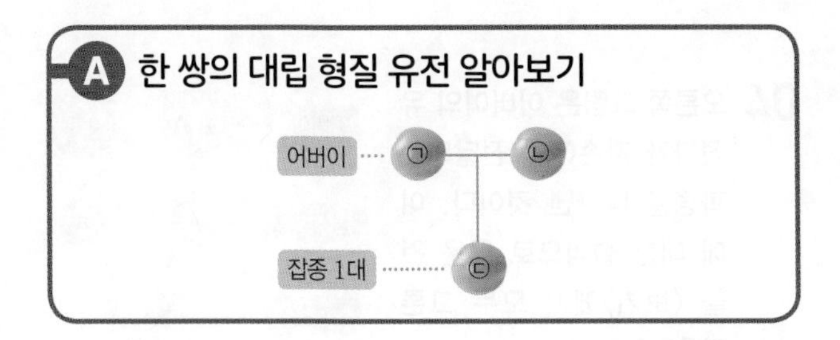

[01~05] 위 그림은 순종의 노란색 완두와 순종의 초록색 완두를 교배하여 잡종 1대를 얻은 결과를 나타낸 것이다. 노란색 대립유전자는 Y, 초록색 대립유전자는 y로 표시한다. 물음에 답하시오.

01 완두 씨 색깔의 대립 형질인 노란색과 초록색 중 우성 형질을 쓰시오.

02 ㉠~㉢의 유전자형을 각각 쓰시오.

03 ㉢의 씨 색깔 대립유전자 구성을 염색체에 옳게 나타낸 것은?

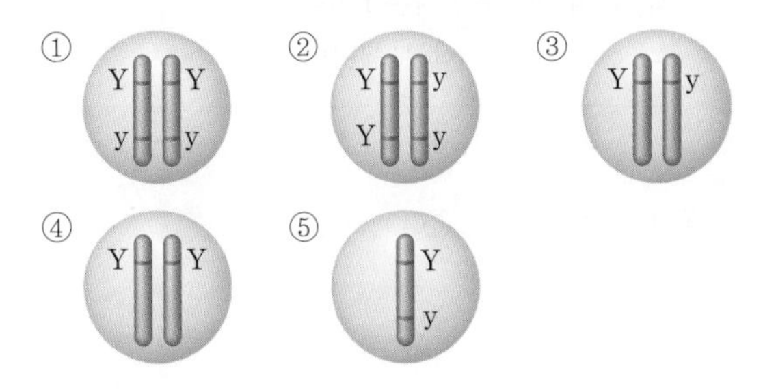

04 ㉢에서 몇 종류의 생식세포가 만들어지는지 쓰시오.

05 ㉢을 자가 수분하여 잡종 2대를 얻었을 때, 잡종 2대 완두의 표현형 분리비를 쓰시오.

B 두 쌍의 대립 형질 유전 알아보기

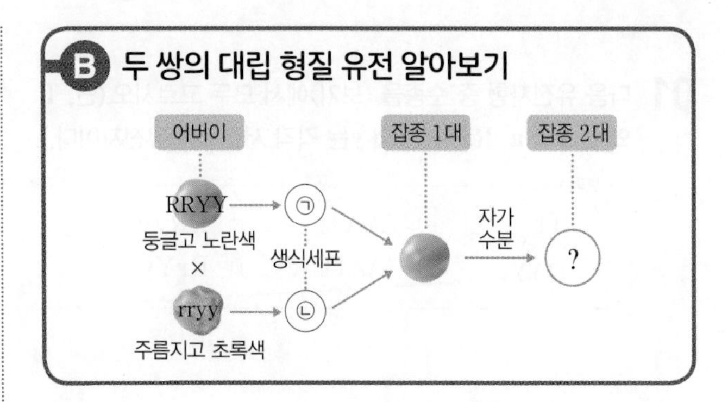

[06~10] 위 그림은 완두의 교배 실험을 나타낸 것이다. 둥근 모양 대립유전자는 R, 주름진 모양 대립유전자는 r, 노란색 대립유전자는 Y, 초록색 대립유전자는 y로 표시한다. 물음에 답하시오.

06 ㉠과 ㉡에 해당하는 생식세포의 유전자 구성을 각각 쓰시오.

07 잡종 1대의 유전자형을 쓰시오.

08 잡종 1대에서 만들어지는 생식세포의 유전자 구성과 그 분리비를 쓰시오.

09 잡종 2대에서 640개의 완두를 얻었다면, 이 중 주름지고 초록색인 완두는 이론상 몇 개인지 쓰시오.

10 잡종 1대의 완두와 주름지고 초록색인 완두를 교배하여 얻은 자손에서 나타나는 표현형 분리비를 쓰시오.

03강 기출 예상 문제로 시험 대비하기 1회

01 다음 유전자형 중 순종을 〈보기〉에서 모두 고르시오.(단, T와 t, A와 a, R와 r, Y와 y는 각각 서로 대립유전자이다.)

보기
ㄱ. Tt　　ㄴ. AA　　ㄷ. RRyy
ㄹ. rryy　　ㅁ. AaTt　　ㅂ. RrYy

[02~03] 그림과 같이 키 큰 완두(A)와 키 작은 완두(B)를 교배하여 잡종 1대에서 모두 키 큰 완두(C)만 얻었다. 완두의 키를 결정하는 우성 대립유전자를 T, 열성 대립유전자를 t로 표시한다. 물음에 답하시오.

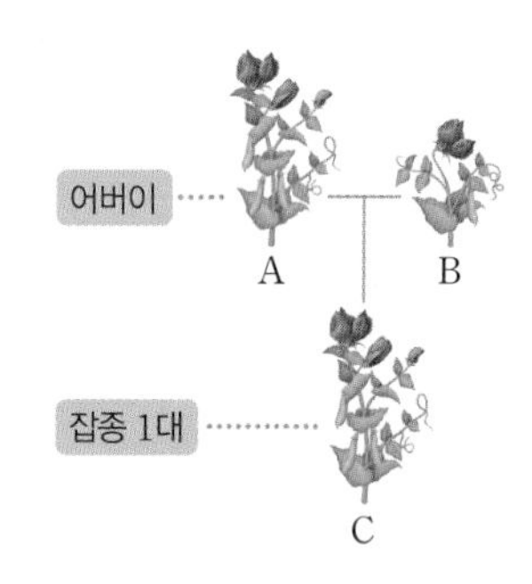

02 A~C의 유전자형을 옳게 짝 지은 것은?

	A	B	C
①	Tt	tt	TT
②	tt	TT	TT
③	tt	TT	Tt
④	TT	tt	Tt
⑤	TT	tt	TT

03 완두 C를 자가 수분하여 자손을 얻을 때, 이론적으로 이 자손에서 나타나는 표현형 분리비를 쓰시오.

04 오른쪽 그림은 어버이의 유전자가 자손에게 전달되는 과정을 나타낸 것이다. 이에 대한 설명으로 옳은 것을 〈보기〉에서 모두 고른 것은?

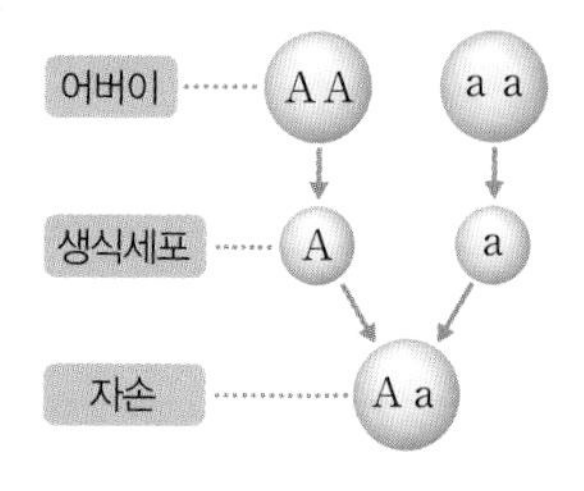

보기
ㄱ. 체세포에는 대립유전자가 쌍으로 존재한다.
ㄴ. 자손에서 겉으로 표현되는 형질이 열성이다.
ㄷ. 한 쌍의 대립유전자는 생식세포 형성 과정에서 같은 생식세포로 들어간다.

① ㄱ　② ㄴ　③ ㄷ
④ ㄱ, ㄴ　⑤ ㄱ, ㄷ

중요
05 오른쪽 그림은 어떤 둥근 완두의 대립유전자 쌍을 염색체에 나타낸 것이다. 이에 대한 설명으로 옳은 것을 〈보기〉에서 모두 고른 것은?

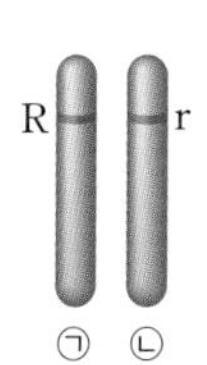

보기
ㄱ. 이 둥근 완두는 잡종이다.
ㄴ. R의 대립유전자는 r이다.
ㄷ. ㉠과 ㉡은 염색 분체이다.

① ㄱ　② ㄷ　③ ㄱ, ㄴ
④ ㄴ, ㄷ　⑤ ㄱ, ㄴ, ㄷ

06 순종인 완두의 대립유전자를 염색체에 옳게 나타낸 것은?(단, 우성 대립유전자는 T, 열성 대립유전자는 t로 표시한다.)

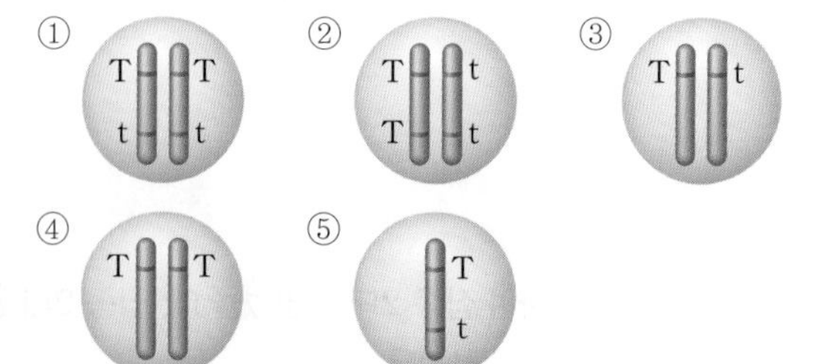

07 유전자형이 RrYY인 완두에서 만들 수 있는 생식세포의 유전자 구성을 모두 쓰시오.

중요
08 오른쪽 그림과 같이 노란색 완두와 초록색 완두를 교배하여 잡종 1대에서 모두 노란색 완두만 얻었다. 이에 대한 설명으로 옳은 것은?(단, 노란색 대립유전자는 Y, 초록색 대립유전자는 y로 표시한다.)

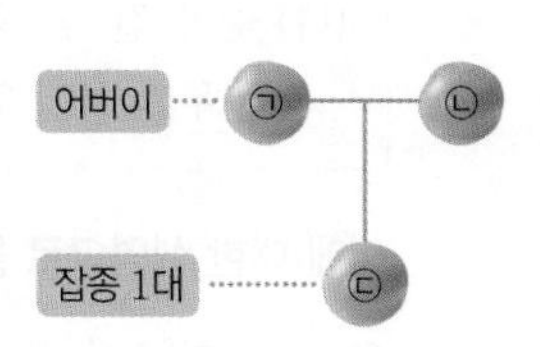

① ㉠과 ㉡은 모두 잡종이다.
② ㉡의 유전자형은 Yy이다.
③ 초록색 완두는 노란색 완두에 대해 우성이다.
④ ㉢은 ㉠으로부터 대립유전자 Y를 물려받았다.
⑤ ㉢을 자가 수분하여 얻은 잡종 2대에서는 초록색 완두가 나타나지 않는다.

중요
09 오른쪽 그림과 같이 순종의 둥글고 노란색인 완두(RRYY)와 순종의 주름지고 초록색인 완두(rryy)를 교배하여 잡종 1대를 얻고, 잡종 1대를 자가 수분하여 잡종 2대를 얻었다. 잡종 2대에서 나타나는 표현형 분리비로 옳은 것은?

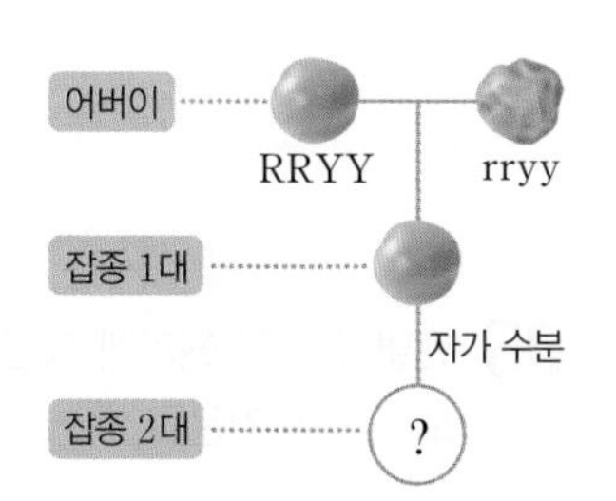

① 둥근 완두 : 주름진 완두=1 : 3
② 둥근 완두 : 노란색 완두=1 : 1
③ 노란색 완두 : 초록색 완두=1 : 1
④ 둥글고 노란색 완두 : 둥글고 초록색 완두 : 주름지고 노란색 완두 : 주름지고 초록색 완두=9 : 3 : 3 : 1
⑤ 둥글고 초록색 완두 : 둥글고 노란색 완두 : 주름지고 노란색 완두 : 주름지고 초록색 완두=9 : 3 : 3 : 1

10 다음 (　　) 안에 공통으로 들어갈 알맞은 말을 쓰시오.

> 감수 1분열에서 서로 다른 상동 염색체 쌍의 분리는 (　　　)적으로 일어난다. 따라서 서로 다른 상동 염색체에 존재하는 대립유전자 쌍의 분리 역시 (　　　)적으로 일어나는데, 이를 (　　　)의 법칙이라고 한다.

11 표는 어떤 식물의 2가지 형질과 대립유전자를, 그림은 이 식물의 대립유전자를 염색체에 나타낸 것이다.

형질	씨의 색깔		잎의 모양	
대립 형질	노란색	초록색	둥글다	길쭉하다
유전자	P	p	Q	q

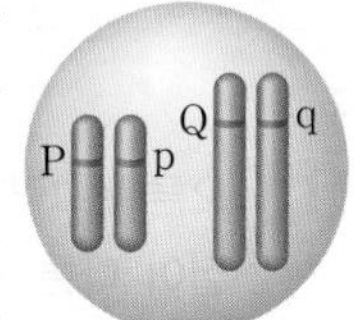

이에 대한 설명으로 옳은 것을 <보기>에서 모두 고른 것은?(단, P는 p에 대해, Q는 q에 대해 각각 우성이다.)

> **보기**
> ㄱ. 이 식물의 씨 색깔은 초록색이고, 잎의 모양은 둥글다.
> ㄴ. 생식세포 형성 과정에서 Q와 q는 같은 생식세포로 들어간다.
> ㄷ. 이 식물을 자가 수분한 결과 노란색 씨, 둥근 잎을 가진 자손이 나타날 확률은 $\frac{9}{16}$이다.

① ㄱ　② ㄷ　③ ㄱ, ㄴ
④ ㄴ, ㄷ　⑤ ㄱ, ㄴ, ㄷ

서술형 문제

12 다음은 완두의 교배 실험 결과를 나타낸 것이다.

> 보라색 꽃 대립유전자는 R, 흰색 꽃 대립유전자는 R*이다. 순종의 보라색 꽃 완두와 순종의 흰색 꽃 완두를 교배하였더니 잡종 1대에서 보라색 꽃 완두만 나타났다.

잡종 1대의 보라색 꽃 완두에서 만들어지는 생식세포의 유전자 구성과 그 분리비를 쓰고, 그렇게 판단한 까닭을 설명하시오.

03강 기출 예상 문제로 시험 대비하기 2회

01 그림은 두 종류의 수분 방법을 나타낸 것이다.

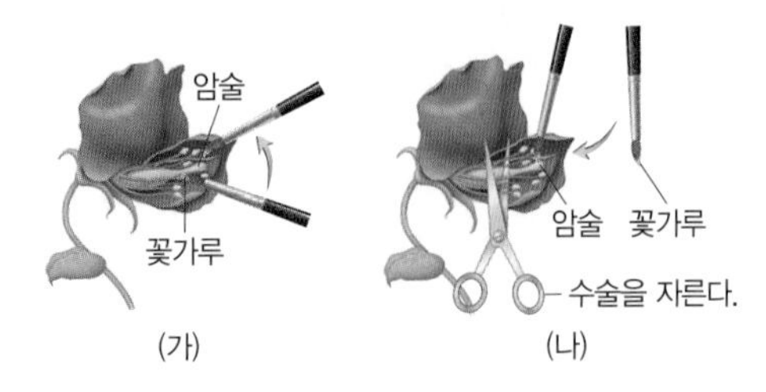

(가)와 (나)에 해당하는 수분 방법을 각각 쓰시오.

중요
02 오른쪽 그림과 같이 대립 형질이 다른 두 순종 완두를 교배하여 잡종 1대(㉠)를 얻었다. 둥근 모양 대립유전자는 R, 주름진 모양 대립유전자는 r이다. 이에 대한 설명으로 옳은 것을 <보기>에서 모두 고른 것은?

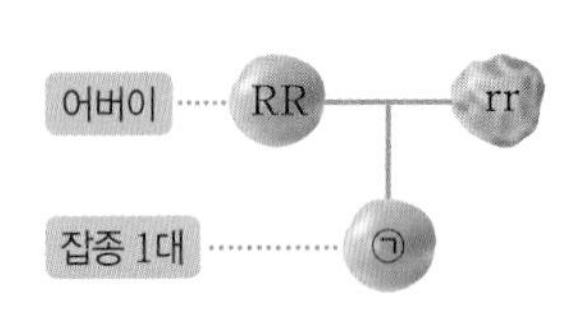

보기
ㄱ. 어버이는 모두 순종이다.
ㄴ. ㉠은 어버이로부터 대립유전자 R만 물려받았다.
ㄷ. ㉠을 자가 수분하여 얻은 잡종 2대 완두의 유전자형은 3가지이다.

① ㄱ ② ㄴ ③ ㄱ, ㄷ
④ ㄴ, ㄷ ⑤ ㄱ, ㄴ, ㄷ

03 다음은 멘델의 유전 원리와 관련된 실험을 나타낸 것이다.

[실험 과정]
(가) 암술 주머니와 수술 주머니에 R가 적힌 흰색 바둑알 20개와 r가 적힌 검은색 바둑알 20개씩을 넣는다.
(나) 두 주머니에서 각각 바둑알을 하나씩 꺼내 짝을 지은 후 유전자형과 표현형을 기록한다.
(다) 꺼낸 바둑알을 다시 주머니에 넣는다.

㉠ 과정 (나)에서 꺼낸 바둑알이 실제 생물의 수정에서 의미하는 것과 ㉡ 이 실험으로 확인할 수 있는 멘델의 유전 원리를 각각 쓰시오.

04 다음은 완두의 교배 실험을 나타낸 것이다.

(가) ㉠노란색 완두와 ㉡초록색 완두를 각각 심어서 키운다.
(나) 두 완두에서 꽃이 피면 ㉠노란색 완두의 꽃가루를 ㉡초록색 완두의 암술머리에 묻힌다.
(다) 꽃이 진 후 생긴 꼬투리 속에는 모두 ㉢노란색 완두만 들어 있다.

이에 대한 설명으로 옳은 것은?

① ㉠은 잡종이다.
② ㉡에서 만든 꽃가루에는 대립유전자가 쌍으로 존재한다.
③ ㉠과 ㉢의 유전자형은 서로 같다.
④ 노란색 완두는 초록색 완두에 대해 열성이다.
⑤ (나)에서 타가 수분이 일어났다.

05 멘델의 유전 원리에 대한 설명으로 옳은 것을 <보기>에서 모두 고른 것은?

보기
ㄱ. 생식세포가 만들어질 때 한 쌍의 대립유전자는 분리되어 서로 다른 생식세포로 나뉘어 들어간다.
ㄴ. 우성 순종과 열성 순종인 개체를 교배하여 얻은 잡종 1대에서 우성 형질과 열성 형질이 3 : 1의 비율로 나타난다.
ㄷ. 두 쌍 이상의 대립 형질이 동시에 유전되더라도 각각의 대립 형질은 다른 형질에 관계없이 독립적으로 유전된다.

① ㄱ ② ㄴ ③ ㄱ, ㄷ
④ ㄴ, ㄷ ⑤ ㄱ, ㄴ, ㄷ

중요

06 그림은 완두의 교배 결과를 나타낸 것이다.

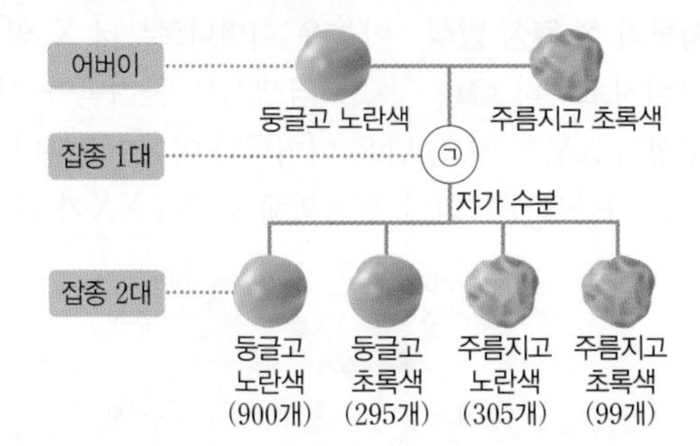

이에 대한 설명으로 옳은 것을 〈보기〉에서 모두 고른 것은?

보기

ㄱ. ㉠의 표현형은 둥글고 초록색이다.
ㄴ. 주름지고 초록색인 완두는 모두 순종이다.
ㄷ. 완두 씨 모양을 나타내는 대립유전자와 완두 씨 색깔을 나타내는 대립유전자는 서로 같은 염색체에 존재한다.

① ㄱ ② ㄴ ③ ㄷ
④ ㄱ, ㄷ ⑤ ㄴ, ㄷ

중요

07 다음은 완두의 교배 결과를 나타낸 것이다.

㉠둥글고 노란색인 완두를 주름지고 초록색인 완두와 교배하여 얻은 자손에서 둥글고 노란색 완두 : 둥글고 초록색 완두 : 주름지고 노란색 완두 : ㉡주름지고 초록색 완두=1 : 1 : 1 : 1의 비율로 나타났다.

이에 대한 설명으로 옳은 것을 〈보기〉에서 모두 고른 것은?

보기

ㄱ. ㉠은 잡종이다.
ㄴ. ㉠을 자가 수분하여 얻은 자손에서 주름지고 노란색인 완두가 나타날 확률은 $\frac{1}{3}$이다.
ㄷ. ㉡에서 만들 수 있는 생식세포의 유전자 구성은 2가지이다.

① ㄱ ② ㄴ ③ ㄷ
④ ㄱ, ㄷ ⑤ ㄴ, ㄷ

08 그림은 순종의 둥글고 노란색인 완두와 순종의 주름지고 초록색인 완두를 교배하여 잡종 1대를 얻고, 잡종 1대를 자가 수분하여 잡종 2대를 얻는 과정을 나타낸 것이다.

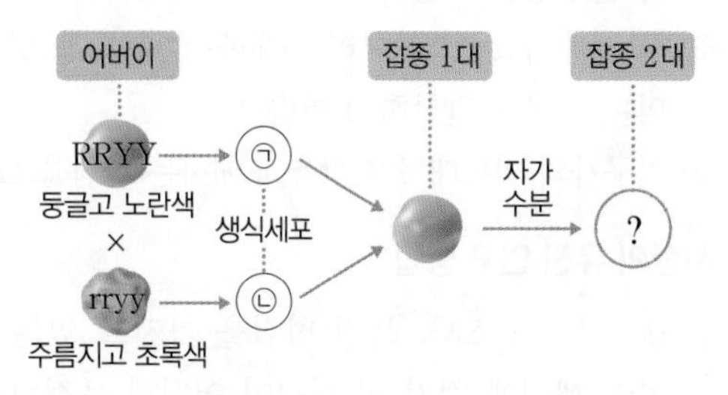

이에 대한 설명으로 옳은 것을 〈보기〉에서 모두 고른 것은?

보기

ㄱ. ㉠과 ㉡의 유전자 구성은 다르다.
ㄴ. 잡종 1대 완두의 유전자형은 RrYy이다.
ㄷ. 잡종 2대에서 어버이와 유전자형이 같은 완두가 나타나지 않는다.

① ㄱ ② ㄴ ③ ㄱ, ㄴ
④ ㄴ, ㄷ ⑤ ㄱ, ㄴ, ㄷ

서술형 문제

09 순종의 둥글고 노란색인 완두(RRYY)와 순종의 주름지고 초록색인 완두(rryy)를 교배하여 잡종 1대를 얻고, 잡종 1대를 자가 수분하여 잡종 2대에서 640개의 완두를 얻었다. 잡종 2대의 완두 중 주름지고 노란색인 완두는 이론상 몇 개인지 잡종 2대 완두의 표현형 분리비를 포함하여 설명하시오.

10 표는 식물 (가)의 2가지 형질과 대립유전자를 나타낸 것이다. 대립유전자 A는 a에 대해, B는 b에 대해 각각 우성이며, 서로 다른 염색체에 존재한다.

형질	씨의 색깔		잎의 모양	
대립 형질	노란색	초록색	둥글다	길쭉하다
유전자	A	a	B	b

(가)의 유전자형이 Aabb일 때, (가)의 씨의 색깔, 잎의 모양을 각각 쓰고, (가)를 자가 수분하여 얻은 자손에서 나타나는 표현형은 몇 가지인지 설명하시오.

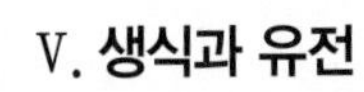

04강 사람의 유전

❶ 사람의 유전 연구

1 사람의 유전 연구가 어려운 까닭

① 한 번에 낳는 자손의 수가 적다.

② 한 세대가 길어서 여러 세대에 걸쳐 특정 형질이 유전되는 방식을 관찰하기 어렵다.

③ 연구자의 의도대로 사람을 교배하는 실험을 할 수 없다.

2 사람의 유전 연구 방법

① ❶(　　　) 조사: 특정 형질을 가지고 있는 집안에서 여러 세대에 걸쳐 이 형질이 어떻게 유전되는지를 알아보는 방법이다.

② 쌍둥이 조사: 1란성 쌍둥이와 2란성 쌍둥이를 대상으로 성장 환경과 특정 형질의 발현이 어느 정도 일치하는지를 조사하는 방법이다.

1란성 쌍둥이	• 유전 정보가 서로 ❷(　　　). • 형질의 차이는 환경의 영향으로 나타난다.
2란성 쌍둥이	• 유전 정보가 서로 다르다. • 형질의 차이는 유전과 환경의 영향으로 나타난다.

③ 최신 연구 방법: DNA에 담긴 정보를 분석하고, 염색체 수와 모양, 크기 등을 분석한다.

❷ 상염색체 유전

1 상염색체 유전의 특징

① 형질을 결정하는 대립유전자가 상염색체에 존재하므로 남녀에 따라 형질이 나타나는 빈도에 차이가 ❸(　　　).

② 대립유전자의 구성에 따라 우성과 열성이 비교적 명확하게 구분된다.

③ 사람의 유전 형질

형질	눈꺼풀	이마선 모양	PTC 미맹
우성	쌍꺼풀	M자형	정상
열성	외까풀	일자형	미맹

2 귓불 모양 유전 분리형 귓불과 부착형 귓불이 있으며, 분리형 귓불이 부착형 귓불에 대해 우성이다.

3 ABO식 혈액형 유전 대립유전자는 3가지(A, B, O)이지만, 한 쌍의 대립유전자에 의해 혈액형이 결정된다.

우열 관계	❹(　　　)			
표현형	A형	B형	AB형	O형
유전자형	AA, AO	BB, BO	AB	OO

❸ 성염색체 유전

1 사람의 성 결정 방식 아들은 어머니로부터 X 염색체를, 아버지로부터 ❺(　　　) 염색체를 물려받아 성염색체 구성이 XY가 되고, 딸은 어머니와 아버지로부터 X 염색체를 하나씩 물려받아 성염색체 구성이 XX가 된다.

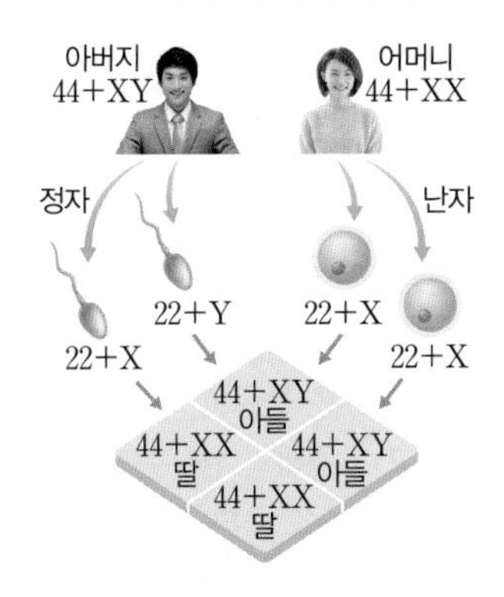

2 반성유전 유전자가 ❻(　　　)염색체에 있어 유전 형질이 나타나는 빈도가 남녀에 따라 차이가 나는 유전 현상이다. 예 적록 색맹, 혈우병

3 적록 색맹 유전 색맹 유전자는 성염색체인 ❼(　　　) 염색체에 있으며, 색맹 대립유전자(X′)는 정상 대립유전자(X)에 대해 ❽(　　　)이다.

구분	남자		여자	
표현형	정상	색맹	정상	색맹
유전자형	XY	X′Y	XX, XX′(보인자)	X′X′

가계도 분석 방법

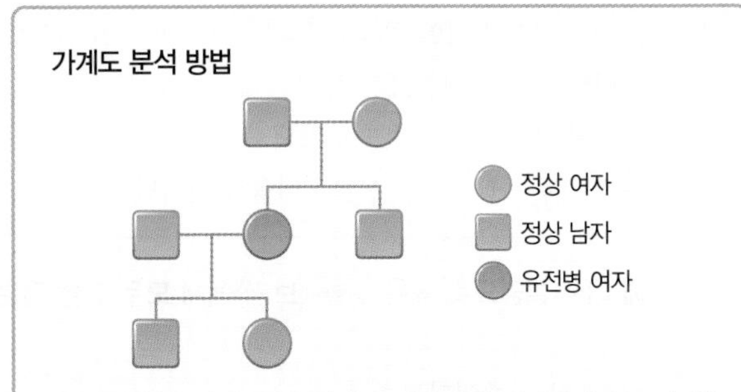

❶ 부모에게 없던 특정 형질이 자녀에게 나타나면 부모의 형질은 우성, 자녀의 형질은 열성이며, 이때 부모의 유전자형은 잡종이다. ➡ 유전병이 정상에 대해 열성이다.

❷ 우성인 아버지로부터 열성인 딸이 태어나거나, 열성인 어머니로부터 우성인 아들이 태어나면 상염색체에 의한 유전 형질이다. ➡ 이 유전병 유전자는 ❾(　　　)에 있다.

답 ❶ 가계도 ❷ 같다 ❸ 있다 ❹ A=B>O ❺ Y ❻ 성 ❼ X ❽ 열성 ❾ 상염색체

A ABO식 혈액형 유전 가계도 분석하기

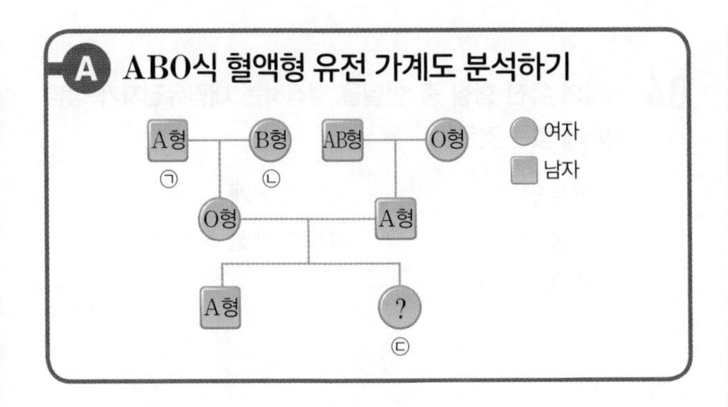

[01~02] 위 그림은 어느 집안의 ABO식 혈액형 유전 가계도를 나타낸 것이다. 물음에 답하시오.

01 ㉠과 ㉡의 혈액형 유전자형을 쓰시오.

02 ㉢이 가질 수 있는 ABO식 혈액형을 모두 쓰시오.

[03~04] 다음 〈보기〉는 사람의 유전 형질의 특징을 나타낸 것이다. 물음에 답하시오.

보기
ㄱ. 유전자가 성염색체에 있다.
ㄴ. 대립유전자의 종류가 2가지이다.
ㄷ. 멘델의 분리의 법칙에 따라 유전된다.
ㄹ. 한 쌍의 대립유전자에 의해 형질이 결정된다.
ㅁ. 남녀에 따라 형질이 나타나는 빈도에 차이가 없다.

03 귓불 모양 유전의 특징에 해당하는 것을 〈보기〉에서 모두 고르시오.

04 ABO식 혈액형 유전의 특징에 해당하는 것을 〈보기〉에서 모두 고르시오.

B 색맹 유전 가계도 분석하기

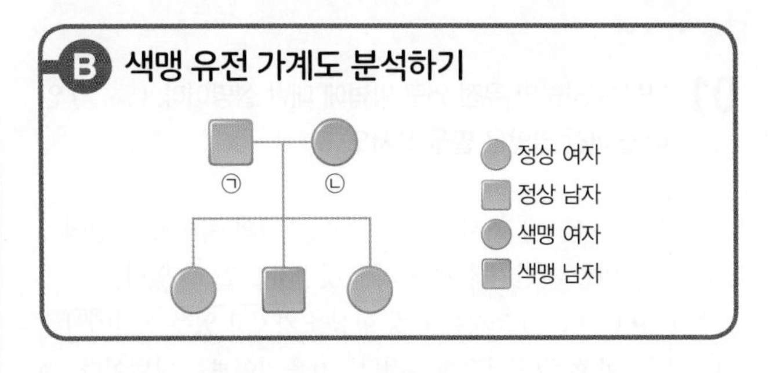

[05~06] 위 그림은 어느 집안의 색맹 유전 가계도를 나타낸 것이다. 정상 대립유전자는 X, 색맹 대립유전자는 X′이다. 물음에 답하시오.

05 ㉠과 ㉡의 색맹 유전자형을 각각 쓰시오.

06 위 색맹 유전 가계도에서 보인자가 확실한 사람은 모두 몇 명인지 쓰시오.

07 형질을 결정하는 대립유전자가 성염색체에 있어 남녀에 따라 유전 형질이 나타나는 빈도가 차이가 나는 유전 현상을 무엇이라고 하는지 쓰시오.

08 표는 색맹의 유전자형과 표현형을 나타낸 것이다. 정상 대립유전자는 X, 색맹 대립유전자는 X′로 나타낼 때 (   ) 안에 들어갈 알맞은 유전자형을 쓰시오.

남자		여자	
유전자형	표현형	유전자형	표현형
XY	정상	XX	정상
(㉠)	색맹	(㉡)	정상(보인자)
		X′X′	색맹

기출 예상 문제로

04강 시험 대비하기 1회

01 다음은 사람의 유전 연구 방법에 대한 설명이다. (   ) 안에 들어갈 알맞은 말을 쓰시오.

> • (㉠   ) 조사를 통해 특정 형질의 차이가 유전에 의한 것인지 환경에 의한 것인지를 알 수 있다.
> • (㉡   ) 조사는 특정 형질을 가지고 있는 집안에서 이 형질이 어떻게 유전되는지를 알아보는 방법이다.

02 그림 (가)와 (나)는 2란성 쌍둥이와 1란성 쌍둥이의 발생 과정을 순서 없이 나타낸 것이다.

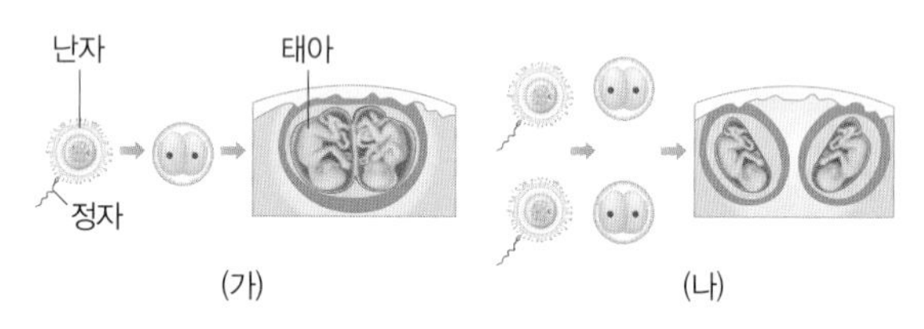

(가)와 (나) 중 쌍둥이의 ABO식 혈액형이 일치할 확률이 100 %인 것을 고르시오.

중요

03 그림은 어느 집안의 PTC 미맹 유전 가계도를 나타낸 것이다.

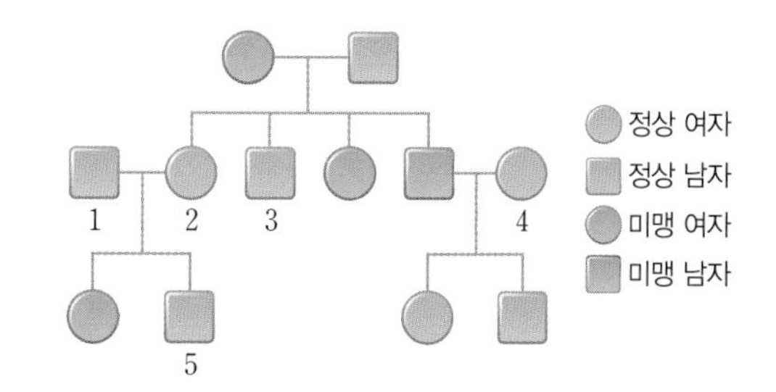

이에 대한 설명으로 옳지 않은 것은?

① 미맹 유전자는 상염색체에 있다.
② 미맹은 정상에 대해 열성 형질이다.
③ 1과 4는 모두 딸에게 미맹 대립유전자를 물려주었다.
④ 2와 3은 모두 어머니로부터 미맹 대립유전자를 물려받았다.
⑤ 5는 미맹 유전자형을 확실히 알 수 없다.

04 사람의 유전 형질 중 형질을 결정하는 대립유전자가 상염색체에 없는 것은?

① 혈우병　② 보조개
③ 귓불 모양　④ 이마선 모양
⑤ PTC 미맹

중요

05 그림은 어느 집안의 유전병 유전 가계도를 나타낸 것이다. 이 유전병은 정상 대립유전자와 유전병 대립유전자에 의해 결정된다.

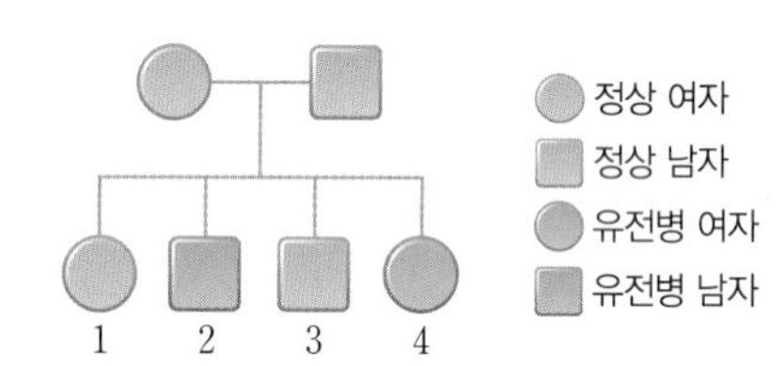

이에 대한 설명으로 옳은 것을 〈보기〉에서 모두 고른 것은?

> 보기
> ㄱ. 1과 2는 모두 정상 대립유전자를 가지고 있다.
> ㄴ. 정상인 아들 3이 태어난 것을 통해 유전병이 정상에 대해 우성임을 알 수 있다.
> ㄷ. 유전병을 가진 딸 4가 태어난 것을 통해 유전병 유전자가 상염색체에 있다는 것을 알 수 있다.

① ㄱ　② ㄷ　③ ㄱ, ㄴ
④ ㄴ, ㄷ　⑤ ㄱ, ㄴ, ㄷ

06 다음은 사람의 어떤 유전병에 대한 자료이다.

> • 유전병이 나타나는 빈도는 남녀가 비슷하다.
> • 부모가 모두 유전병이 있어도 유전병이 없는 자녀가 태어날 수 있다.
> • ㉠ 유전병을 결정하는 유전자에는 ㉡ 정상 대립유전자와 ㉢ 유전병 대립유전자가 있다.

(가) ㉠은 상염색체와 성염색체 중 어디에 존재하는지 쓰고, (나) ㉡과 ㉢의 우열 관계를 쓰시오.

★ 바른답·알찬풀이 46쪽

중요
07 그림은 어느 집안의 ABO식 혈액형 유전 가계도를 나타낸 것이다.

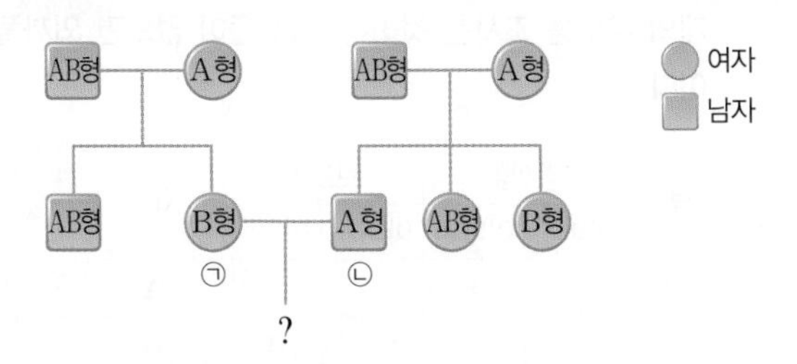

이에 대한 설명으로 옳은 것은?

① ㉠은 대립유전자 O를 가진다.
② ㉠의 어머니는 ABO식 혈액형 유전자형이 AA이다.
③ ㉡의 아버지는 딸에게 대립유전자 O를 물려주었다.
④ ㉡의 아버지는 ABO식 혈액형 대립유전자를 3개 가지고 있다.
⑤ ㉠과 ㉡ 사이에서 태어나는 자녀가 가질 수 있는 ABO식 혈액형의 종류는 3가지이다.

08 오른쪽 그림은 사람의 성 결정 방식 과정을 나타낸 것이다. 이에 대한 설명으로 옳은 것은?

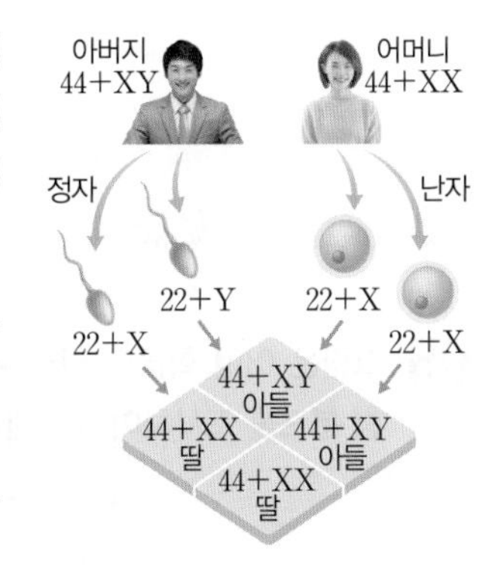

① 정자는 성염색체로 Y 염색체만 갖는다.
② 딸은 어머니로부터 2개의 X 염색체를 물려받는다.
③ 사람의 성별은 2쌍의 성염색체에 의해 결정된다.
④ 난자가 가진 성염색체에 의해 자녀의 성별이 결정된다.
⑤ 아들이 가진 X 염색체는 어머니로부터 물려받은 것이다.

09 반성유전을 하는 유전 형질을 <보기>에서 모두 고르시오.

보기
ㄱ. 혈우병
ㄴ. 눈꺼풀
ㄷ. 보조개
ㄹ. 혀 말기
ㅁ. 적록 색맹
ㅂ. ABO식 혈액형

[10~11] 그림 (가)와 (나)는 두 집안의 색맹 유전 가계도를 나타낸 것이다. 물음에 답하시오.

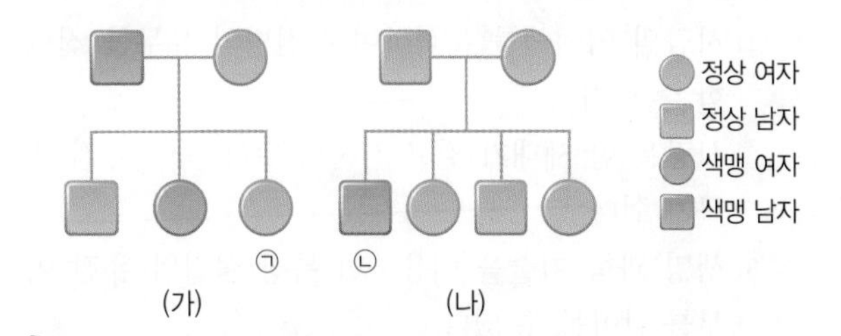

중요
10 이에 대한 설명으로 옳은 것은?(단, 우성 대립유전자는 X, 열성 대립유전자는 X′로 나타낸다.)

① 색맹은 정상에 대해 우성이다.
② ㉠은 아버지로부터 대립유전자 X를 물려받았다.
③ ㉠의 부모 사이에서는 색맹인 아들이 태어날 수 없다.
④ ㉡은 어머니와 아버지로부터 X′를 물려받았다.
⑤ ㉠과 ㉡의 어머니는 모두 보인자이다.

11 ㉠과 ㉡이 결혼하여 아이를 낳을 경우, 이 아이가 정상인 딸일 확률(%)을 쓰시오.

서술형 문제

12 그림은 어느 집안의 ABO식 혈액형 유전 가계도를 나타낸 것이다.

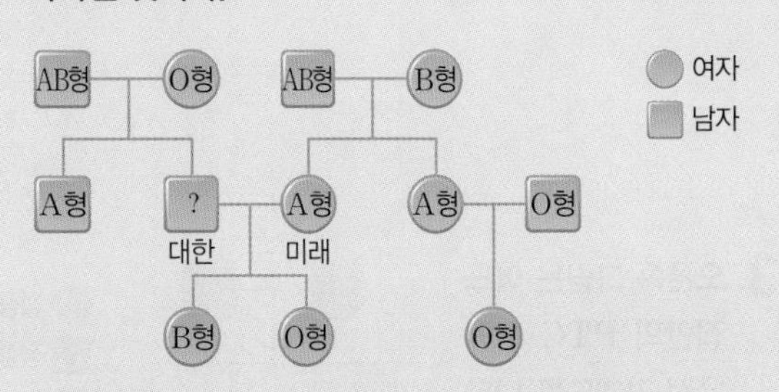

대한이의 ABO식 혈액형 표현형과 유전자형을 각각 쓰고, 그렇게 생각한 까닭을 대한이 부모와 자녀의 혈액형과 관련지어 설명하시오.

04강 기출 예상 문제로 시험 대비하기 2회

01 사람의 유전 연구 방법에 대한 설명으로 옳지 않은 것은?

① 사람의 염색체를 분석하여 유전병의 유무를 진단할 수 있다.
② 사람은 한 세대가 길고 자손의 수가 적어 유전 연구가 쉽다.
③ 생명 과학 기술을 이용하여 특정 형질의 유전 여부를 알아볼 수 있다.
④ 특정 형질을 가진 집안의 가계도를 분석하면 이 형질의 우열 관계를 파악할 수 있다.
⑤ 쌍둥이 조사는 특정 형질의 차이가 유전에 의한 것인지 환경에 의한 것인지를 알아볼 때 이용한다.

중요
02 그림은 어느 집안의 귓불 모양 유전 가계도를 나타낸 것이다.

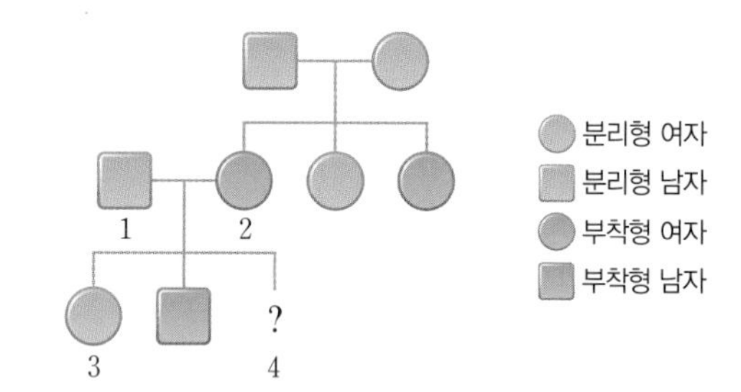

이에 대한 설명으로 옳지 않은 것은?

① 귓불 모양은 상염색체 유전을 한다.
② 분리형 귓불은 부착형 귓불에 대해 우성이다.
③ 1과 3의 귓불 모양 유전자형은 서로 같다.
④ 2는 부모로부터 부착형 귓불 대립유전자를 하나씩 물려받았다.
⑤ 4가 부착형 귓불을 가진 여자일 확률은 50 %이다.

03 오른쪽 그림은 어느 집안의 PTC 미맹 유전 가계도를 나타낸 것이다. 우성 대립유전자는 T, 열성 대립유전자는 t이다. 1~6 중 미맹 유전자형이 Tt임이 확실한 사람의 번호를 모두 쓰시오.

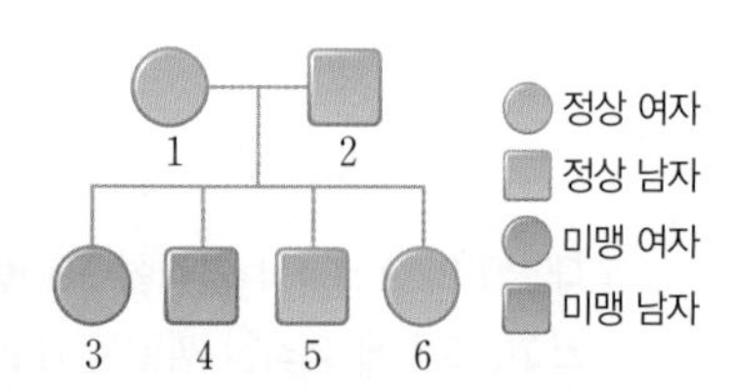

중요
04 표는 부모 Ⅰ~Ⅳ와 이들의 자녀 A~D의 쌍꺼풀과 보조개의 유무를 조사한 것이다. 쌍꺼풀이 없으면 외까풀인 것이다.

부모	쌍꺼풀		보조개	
	아버지	어머니	아버지	어머니
Ⅰ	+	+	+	−
Ⅱ	−	−	−	+
Ⅲ	+	−	−	−
Ⅳ	−	−	−	−

자녀	쌍꺼풀	보조개
A	+	+
B	−	−
C	−	+
D	+	−

(+: 있음, −: 없음.)

위 자료를 근거로 하여 부모와 자녀를 옳게 짝 지은 것은?(단, 쌍꺼풀은 외까풀에 대해 우성, 보조개가 있는 것은 없는 것에 대해 우성이며, 각 부모는 자녀를 한 명씩만 낳았다.)

	Ⅰ	Ⅱ	Ⅲ	Ⅳ
①	A	B	C	D
②	A	C	B	D
③	A	C	D	B
④	B	C	A	D
⑤	B	C	D	A

05 그림은 어떤 학급의 학생들을 대상으로 귓불 모양의 표현형 분포를 조사하여 나타낸 것이다.

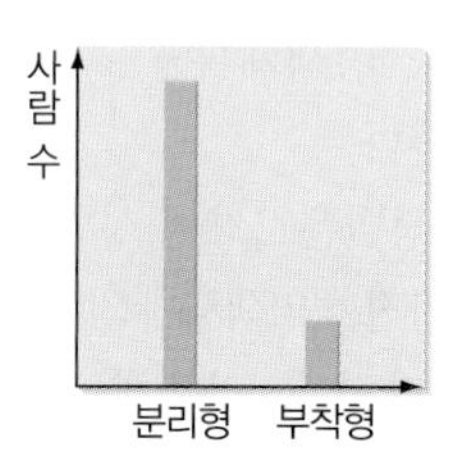

이에 대한 설명으로 옳은 것을 〈보기〉에서 모두 고른 것은?

보기
ㄱ. 귓불 모양의 유전자형은 2가지이다.
ㄴ. 귓불 모양 유전은 멘델의 분리의 법칙을 따른다.
ㄷ. 귓불 모양은 한 쌍의 대립유전자에 의해 형질이 결정된다.

① ㄱ　② ㄴ　③ ㄱ, ㄴ　④ ㄴ, ㄷ　⑤ ㄱ, ㄴ, ㄷ

★ 바른답·알찬풀이 47쪽

06 그림은 어느 집안의 ABO식 혈액형 유전 가계도를 나타낸 것이다.

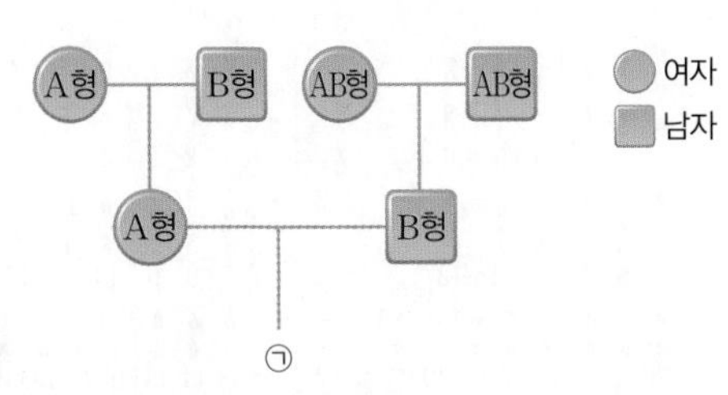

㉠이 AB형인 남자일 확률을 분수로 쓰시오.

중요

07 그림은 어느 집안의 색맹 유전 가계도를 나타낸 것이다. ㉠과 ㉡은 1란성 쌍둥이이다.

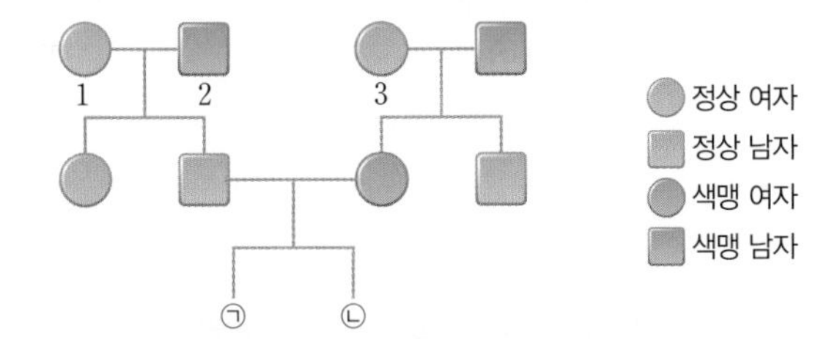

이에 대한 설명으로 옳은 것은?

① ㉠이 색맹일 확률은 25 %이다.
② ㉠이 색맹이면 ㉡도 색맹이다.
③ 1은 반드시 보인자이다.
④ ㉠의 아버지는 할아버지인 2로부터 색맹 대립유전자를 물려받았다.
⑤ 3은 색맹 대립유전자를 가지고 있지 않다.

08 색맹 유전에 대한 설명으로 옳은 것을 〈보기〉에서 모두 고른 것은?

보기
ㄱ. 멘델의 분리의 법칙을 따른다.
ㄴ. 남자보다 여자에서 더 많이 나타난다.
ㄷ. 색맹인 어머니로부터 태어난 아들이 색맹일 확률은 50 %이다.

① ㄱ ② ㄴ ③ ㄱ, ㄴ
④ ㄴ, ㄷ ⑤ ㄱ, ㄴ, ㄷ

09 다음은 어떤 유전병에 대한 설명이다.

• 정상인 부모 사이에서 유전병을 가진 아들이 태어난다.
• 어머니가 유전병을 가지면 아들도 항상 유전병을 가진다.

이에 대한 설명으로 옳지 않은 것은?

① 유전자가 X 염색체에 있다.
② 유전병은 정상에 대해 열성이다.
③ 아버지가 정상이면 딸은 항상 정상이다.
④ 어머니가 정상이면 아들은 항상 정상이다.
⑤ 이 유전병을 가질 확률은 여자보다 남자가 높다.

서술형 문제

10 표는 유전과 환경이 질병에 미치는 영향을 알아보기 위해 함께 자란 1란성 쌍둥이와 2란성 쌍둥이를 대상으로 일치율을 조사한 것이다. 일치율이란 쌍둥이 중 한 명에게 어떤 형질이 나타날 때 다른 한 명에게도 그 형질이 나타나는 비율을 의미한다.

구분	1란성 쌍둥이	2란성 쌍둥이
홍역	0.97	0.95
당뇨병	0.56	0.13
편도선염	0.52	0.49

유전의 영향이 가장 큰 질병을 쓰고, 그렇게 생각한 까닭을 설명하시오.

11 다음은 어떤 유전병 A의 특성을 설명한 것이다.

• 유전병 A는 여자보다 남자에서 더 많이 나타난다.
• 유전병 A가 없는 부모 사이에서 유전병 A를 가진 자녀가 태어난다.
• 딸이 유전병 A를 가지면 아버지도 항상 유전병 A를 가진다.

유전병 A가 우성인지 열성인지, 또 유전병 A 유전자가 상염색체와 성염색체 중 어디에 존재하는지를 그렇게 생각한 까닭과 함께 설명하시오.

V 단원 평가하기

01 세포 분열에 대한 설명으로 옳은 것을 〈보기〉에서 모두 고른 것은?

보기
ㄱ. 세포는 일정 크기에 도달하면 2개의 세포로 나누어진다.
ㄴ. 여자의 생식 기관에서 난자가 만들어질 때 세포 분열은 일어나지 않고 세포의 크기만 커진다.
ㄷ. 세포의 크기가 커지면 부피가 증가한 만큼 표면적이 증가하지 않기 때문에 물질 교환이 원활하지 않으므로 세포 분열이 일어나야 한다.

① ㄱ ② ㄴ ③ ㄱ, ㄷ
④ ㄴ, ㄷ ⑤ ㄱ, ㄴ, ㄷ

02 염색체에 대한 설명으로 옳지 않은 것은?

① DNA와 단백질로 구성된다.
② 항상 두 가닥의 염색 분체로 이루어져 있다.
③ 아세트올세인 용액에 의해 붉은색으로 염색된다.
④ 체세포에는 크기와 모양이 같은 염색체가 쌍으로 존재한다.
⑤ 염색체에는 생물의 특징을 결정하는 유전 정보를 저장하고 있는 유전 물질이 있다.

03 그림은 1쌍의 상동 염색체를 나타낸 것이다.

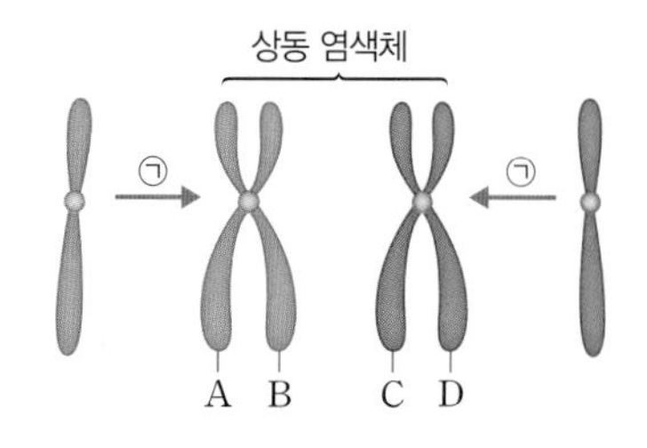

이에 대한 설명으로 옳지 않은 것은?

① ㉠ 과정에서 유전 물질(DNA)이 복제된다.
② A와 B는 염색 분체이다.
③ 생식세포에는 B와 C가 같이 들어 있다.
④ A~D는 모두 DNA와 단백질로 구성된다.
⑤ 상동 염색체는 분열 중인 세포에서 막대나 끈 모양으로 관찰된다.

04 그림은 두 사람 (가)와 (나)의 염색체를 나타낸 것이다.

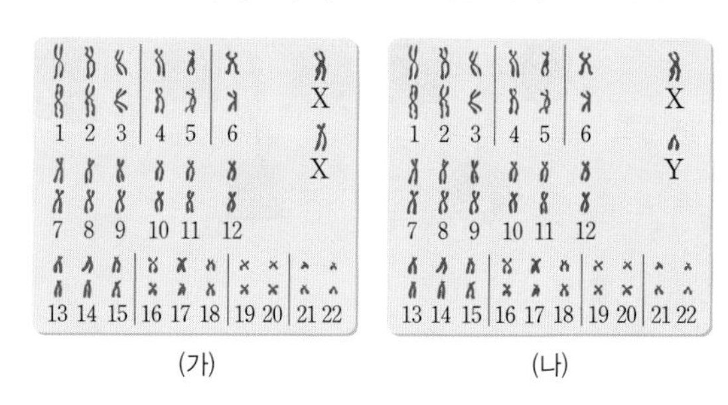

(가) (나)

이에 대한 설명으로 옳지 않은 것은?

① (가)는 여자이다.
② (가)는 44개의 상염색체를 가진다.
③ (나)의 1번 염색체는 상염색체이다.
④ (나)의 Y 염색체는 아버지로부터 물려받은 것이다.
⑤ (가)와 (나)는 분열하기 전의 세포를 현미경으로 관찰한 결과이다.

05 체세포 분열에 대한 설명으로 옳은 것은?

① 핵분열 전기에서 2가 염색체가 형성된다.
② 모세포의 염색체 수는 딸세포의 절반이다.
③ 핵분열과 세포질 분열이 각각 2회 일어난다.
④ 핵분열 과정에서 염색 분체의 분리가 일어난다.
⑤ 동물 세포와 식물 세포의 세포질 분열 방식이 같다.

06 오른쪽 그림은 체세포 분열을 관찰하기 위해 현미경 표본을 만드는 과정 중 일부를 나타낸 것이다. 이 과정이 필요한 까닭으로 옳은 것은?

① 세포의 염색체를 염색하기 위해서이다.
② 뿌리 조직을 연하게 만들기 위해서이다.
③ 세포를 한 층으로 얇게 펴기 위해서이다.
④ 세포를 살아 있을 때와 같은 상태로 고정하기 위해서이다.
⑤ 세포 분열 결과 형성된 딸세포의 수를 늘리기 위해서이다.

07 오른쪽 그림은 어떤 생물의 세포에 있는 모든 염색체를 나타낸 것이다. 이에 대한 설명으로 옳은 것을 〈보기〉에서 모두 고른 것은?

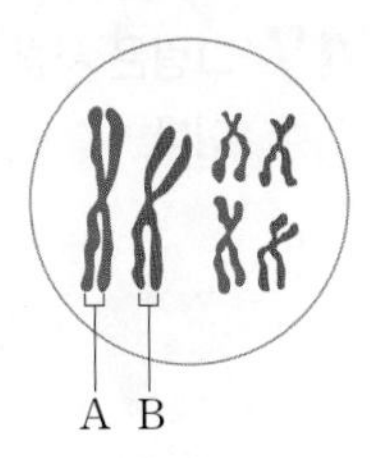

보기
ㄱ. A와 B는 부모로부터 하나씩 물려받은 상동 염색체이다.
ㄴ. 감수 1분열 전기에 A와 B가 결합한 2가 염색체가 형성된다.
ㄷ. 체세포 분열 결과 형성된 딸세포에는 A와 B 중 하나만 있고, 감수 분열 결과 형성된 딸세포에는 A와 B가 모두 있다.

① ㄱ ② ㄷ ③ ㄱ, ㄴ
④ ㄴ, ㄷ ⑤ ㄱ, ㄴ, ㄷ

08 그림은 어떤 동물의 체세포 분열 과정에서 관찰되는 세포의 모습을 순서 없이 나타낸 것이다.

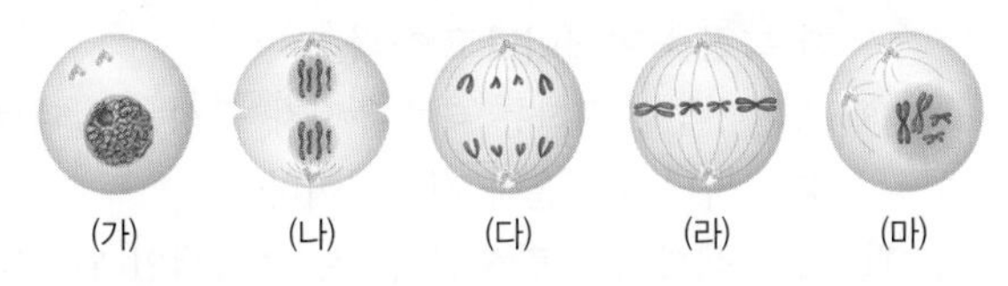

(가)~(마)를 세포가 분열하기 전부터 핵분열이 일어나는 순서대로 나열하시오.

09 식물 세포와 동물 세포에서 일어나는 체세포 분열의 차이점으로 옳은 것은?

① 딸세포의 수
② DNA 복제 횟수
③ 염색체의 행동 변화
④ 염색 분체의 분리 여부
⑤ 세포질이 분열하는 방식

10 체세포 분열 과정에서 다음과 같은 특징을 갖는 시기를 쓰시오.

- 핵막이 사라진다.
- 두 가닥의 염색 분체로 이루어진 염색체가 나타난다.

[11~12] 그림은 감수 분열 과정을 나타낸 것이다. 물음에 답하시오.

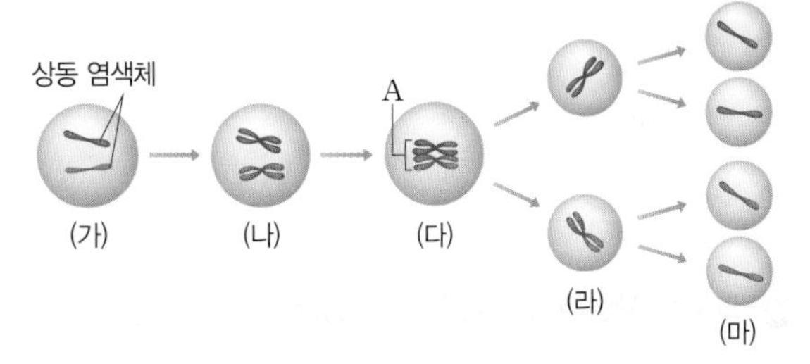

서술형
11 (다) → (라) 과정과 (라) → (마) 과정의 차이점을 염색체의 행동, 염색체 수의 변화와 연관 지어 설명하시오.

12 ㉠ A의 이름과 ㉡ 감수 분열 과정에서 A가 처음 나타나는 시기를 각각 쓰시오.

13 오른쪽 그림은 어떤 생물의 감수 분열 과정 중 한 시기의 세포를 나타낸 것이다. 이 세포가 해당하는 시기는?

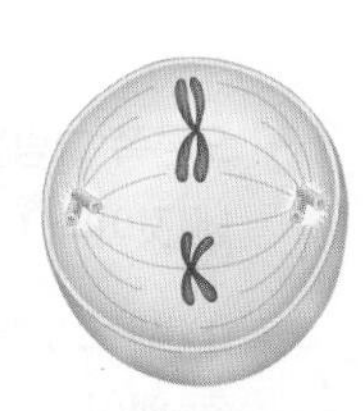

① 감수 1분열 전기
② 감수 1분열 중기
③ 감수 1분열 후기
④ 감수 2분열 중기
⑤ 감수 2분열 후기

V 단원 평가하기

14 체세포 분열과 감수 분열을 비교한 내용으로 옳지 않은 것은?

	구분	체세포 분열	감수 분열
①	DNA 복제	1회	1회
②	딸세포 수	2개	4개
③	분열 횟수	1회	연속 2회
④	염색체 수 변화	변화 없음.	절반으로 감소함.
⑤	2가 염색체 형성 유무	형성함.	형성함.

15 그림은 사람의 수정과 발생 과정을 나타낸 것이다.

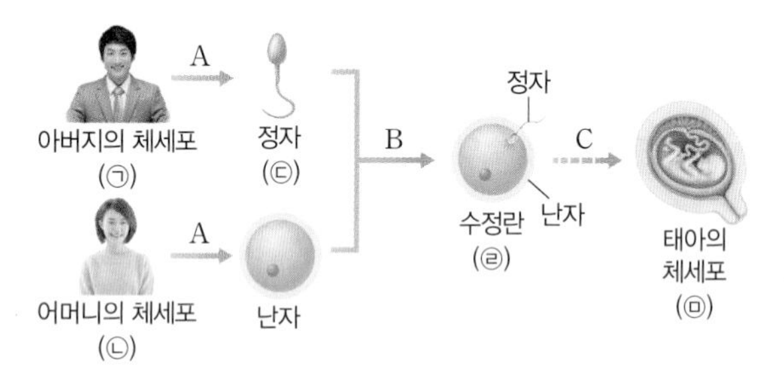

(가) A~C 중 발생이 일어나는 과정을 쓰고, (나) ㉠~㉤ 중 염색체 수가 다른 하나는 무엇인지 쓰시오.

16 오른쪽 그림은 난할의 특성을 나타낸 것이다. ㉠에 해당하는 것은?

㉠

1 2 3 4
분열 횟수(회)

① 세포 1개의 크기
② 배아 전체의 크기
③ 세포 1개당 DNA양
④ 배아 전체의 세포 수
⑤ 세포 1개당 염색체 수

17 그림은 사람 수정란의 초기 발생 과정 중 일부를 나타낸 것이다.

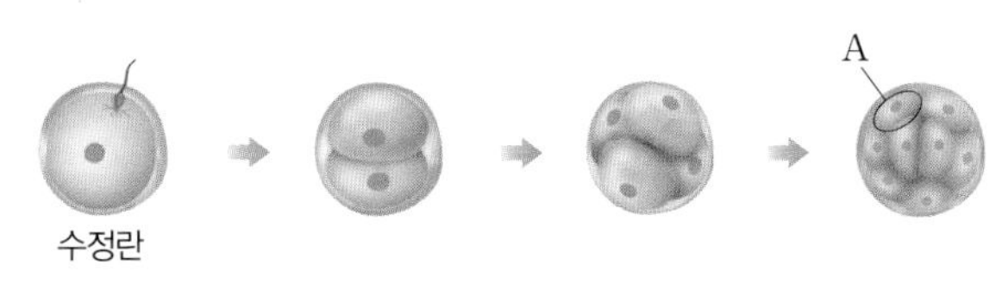

이에 대한 설명으로 옳은 것을 <보기>에서 모두 고른 것은?

보기
ㄱ. 난할 과정이다.
ㄴ. A의 염색체 수는 23개이다.
ㄷ. 수정란의 크기는 배아를 이루는 세포 하나의 크기보다 크다.

① ㄱ ② ㄴ ③ ㄱ, ㄷ
④ ㄴ, ㄷ ⑤ ㄱ, ㄴ, ㄷ

18 유전 용어에 대한 설명으로 옳지 않은 것은?

① 자가 수분을 거듭하여도 항상 부모와 자녀의 형질이 같으면 부모는 순종이다.
② 꽃의 색깔, 씨의 모양 등과 같이 생물이 가진 고유한 특징을 형질이라고 한다.
③ 표현형을 결정하는 대립유전자 구성을 알파벳 기호로 나타낸 것은 유전자형이다.
④ 씨의 색깔이 노란색인 완두, 초록색인 완두와 같이 겉으로 드러나는 형질은 표현형이다.
⑤ 대립 형질이 다른 두 순종 개체를 교배하여 얻은 잡종 1대에서 표현되는 형질은 열성이다.

19 완두가 유전 연구에 적합한 특징으로 옳지 않은 것은?

① 쉽게 구할 수 있다.
② 대립 형질이 뚜렷하다.
③ 암꽃과 수꽃의 구분이 명확하지 않다.
④ 한 번의 교배에서 얻을 수 있는 자손의 수가 많다.
⑤ 자가 수분과 타가 수분의 조절이 쉬워 인위적인 교배 실험에 적합하다.

20 다음은 완두의 교배 실험 결과를 나타낸 것이다.

> 순종의 볼록한 꼬투리를 가진 완두와 순종의 잘록한 꼬투리를 가진 완두를 교배하여 ㉠ 잡종 1대에서 모두 볼록한 꼬투리를 가진 완두만 얻었다.

멘델의 유전 원리 중 ㉠과 가장 관련이 깊은 것을 쓰시오.

21 오른쪽 그림은 순종의 노란색 완두와 순종의 초록색 완두를 교배하여 잡종 1대를 얻는 과정을 나타낸 것이다. 노란색 대립유전자는 Y, 초록색 대립유전자는 y이다. 이에 대한 설명으로 옳은 것을 〈보기〉에서 모두 고른 것은?

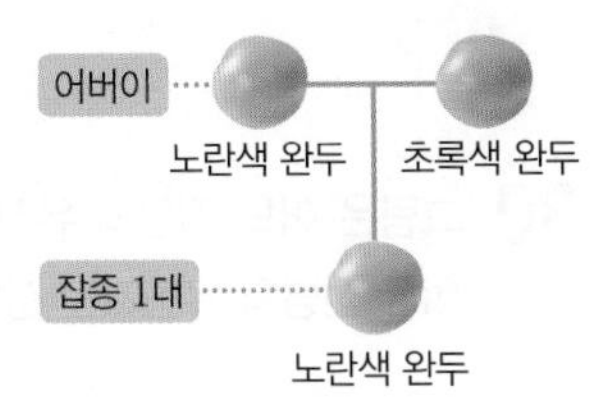

보기
ㄱ. 잡종 1대에서 만들어지는 생식세포의 종류는 2가지이다.
ㄴ. 어버이의 노란색 완두와 잡종 1대의 노란색 완두는 유전자형이 같다.
ㄷ. 잡종 1대를 자가 수분하여 얻은 잡종 2대에서 유전자형이 Yy인 완두가 나타날 확률은 50 %이다.

① ㄱ ② ㄴ ③ ㄷ
④ ㄱ, ㄷ ⑤ ㄴ, ㄷ

[22~23] 오른쪽 그림과 같이 순종의 보라색 꽃 완두와 순종의 흰색 꽃 완두를 교배하여 얻은 잡종 1대를 자가 수분하여 잡종 2대에서 400개체를 얻었다. 물음에 답하시오.

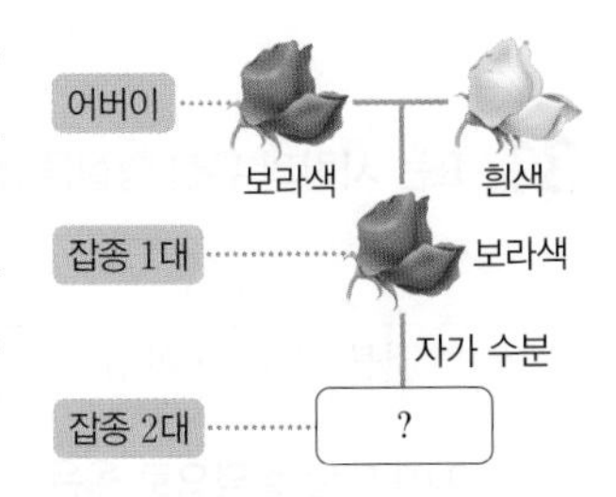

22 잡종 2대에서 흰색 꽃 완두의 개체 수는 이론적으로 몇 개인지 쓰시오.

서술형
23 잡종 2대의 보라색 꽃 완두 중 순종의 개체 수는 이론적으로 몇 개인지 구하는 과정과 함께 설명하시오.

24 유전자형이 AaDd인 생물에서 만들어질 수 있는 생식세포의 유전자 구성에 해당하지 않는 것은?(단, A의 대립유전자는 a, D의 대립유전자는 d이다.)

① AD ② aD ③ ad
④ Ad ⑤ Dd

25 그림은 완두의 교배 실험 결과를 나타낸 것이다.

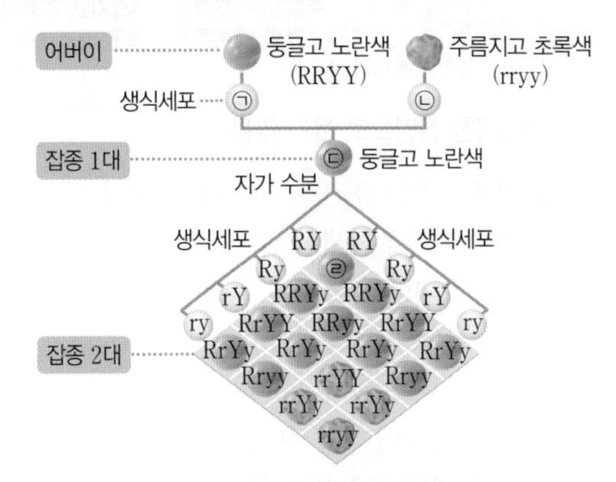

이에 대한 설명으로 옳은 것을 〈보기〉에서 모두 고른 것은?

보기
ㄱ. 완두 씨의 모양과 색깔 유전은 독립의 법칙을 따른다.
ㄴ. ㉠과 ㉡의 유전자 구성은 같다.
ㄷ. ㉢과 ㉣을 교배하여 얻은 자손은 모두 둥글고 노란색인 완두이다.

① ㄱ ② ㄴ ③ ㄷ
④ ㄱ, ㄷ ⑤ ㄴ, ㄷ

26 다음은 완두 씨 색깔과 키의 유전자형을 나타낸 것이다.

> (가) YYTT (나) YYTt (다) YyTT
> (라) YyTt (마) yyTT (바) yyTt

(가)~(바)를 여러 조합으로 교배하여 얻은 자손에서 씨 색깔이 초록색이고 키 큰 완두만 나올 경우의 교배로 옳은 것은?(단, 씨 색깔은 노란색(Y)이 초록색(y)에 대해, 키는 키가 큰 것(T)이 작은 것(t)에 대해 각각 우성이다.)

① (가)×(나) ② (나)×(다) ③ (다)×(마)
④ (라)×(바) ⑤ (마)×(바)

V 단원 평가하기

27 그림은 완두의 교배 실험 결과를 나타낸 것이다. 둥근 모양 대립유전자는 R, 주름진 모양 대립유전자는 r, 노란색 대립유전자는 Y, 초록색 대립유전자는 y이다.

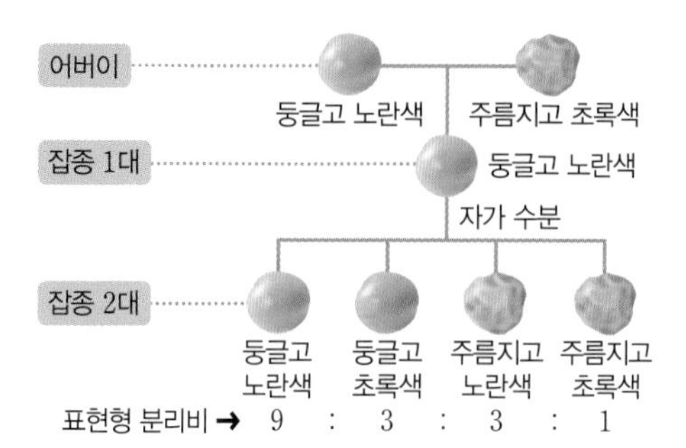

이에 대한 설명으로 옳지 않은 것은?

① 잡종 1대의 유전자형은 RrYy이다.
② 주름지고 초록색인 완두는 순종이다.
③ 잡종 2대에서 노란색 완두와 초록색 완두는 3 : 1의 비율로 나타난다.
④ 잡종 1대를 자가 수분하여 잡종 2대를 얻을 때 분리의 법칙이 적용된다.
⑤ 완두 씨의 모양을 나타내는 대립유전자와 완두 씨의 색깔을 나타내는 대립유전자는 같은 염색체에 존재한다.

28 그림은 어느 집안의 PTC 미맹 유전 가계도를 나타낸 것이다.

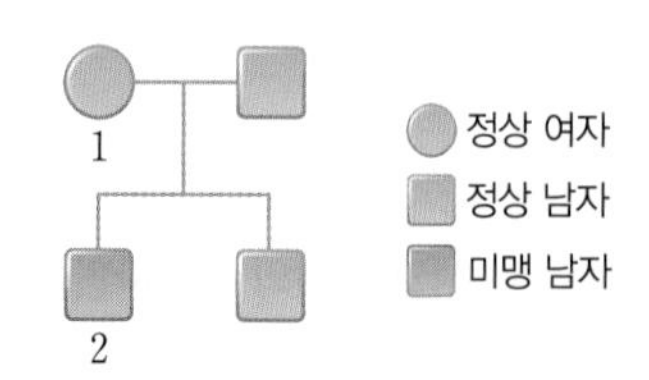

이에 대한 설명으로 옳은 것을 〈보기〉에서 모두 고른 것은?

보기
ㄱ. 미맹은 정상에 대해 우성 형질이다.
ㄴ. 미맹은 여자보다 남자에서 더 많이 나타난다.
ㄷ. 미맹 대립유전자의 수는 2에서가 1에서의 2배이다.

① ㄱ ② ㄴ ③ ㄷ
④ ㄱ, ㄷ ⑤ ㄴ, ㄷ

29 사람의 유전 형질에 대한 설명으로 옳지 않은 것은?

① 혈우병을 결정하는 유전자는 상염색체에 있다.
② 보조개는 멘델의 분리의 법칙에 따라 유전된다.
③ 미맹 대립유전자는 정상 대립유전자에 대해 열성이다.
④ 귓불 모양은 남녀에 따라 나타나는 빈도에 차이가 없다.
⑤ 쌍꺼풀이 있는 부모로부터 외까풀이 있는 자녀가 태어날 수 있다.

30 그림은 어느 집안의 유전병 유전 가계도를 나타낸 것이다. 이 유전병의 유전자는 상염색체에 있다.

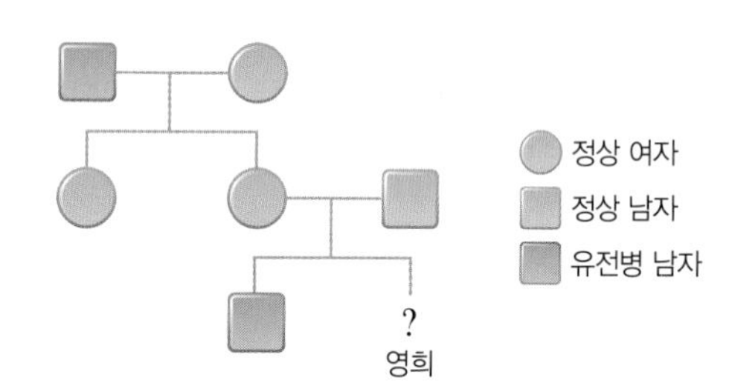

이에 대한 설명으로 옳은 것을 〈보기〉에서 모두 고른 것은?

보기
ㄱ. 이 유전병은 반성유전을 한다.
ㄴ. 이 유전병은 정상에 대해 열성 형질이다.
ㄷ. 영희가 유전병을 가질 확률은 $\frac{1}{4}$이다.

① ㄱ ② ㄴ ③ ㄱ, ㄷ
④ ㄴ, ㄷ ⑤ ㄱ, ㄴ, ㄷ

31 표는 사람의 유전 형질을 2가지 유형으로 분류한 것이다.

(가)	(나)
귓불 모양, 이마선 모양	적록 색맹, 혈우병

이에 대한 설명으로 옳은 것을 〈보기〉에서 모두 고른 것은?

보기
ㄱ. (가)는 반성유전을 한다.
ㄴ. (나)의 형질을 결정하는 유전자는 상염색체에 있다.
ㄷ. (가)와 (나)는 모두 멘델의 분리의 법칙을 따른다.

① ㄱ ② ㄴ ③ ㄷ
④ ㄱ, ㄷ ⑤ ㄴ, ㄷ

32 ABO식 혈액형 유전에 대한 설명으로 옳은 것은?

① 대립유전자의 종류는 4가지이다.
② 대립유전자 A는 B에 대해 우성이다.
③ 대립유전자 B와 O 사이에는 우열 관계가 없다.
④ 부모가 모두 AB형이면 자녀도 모두 AB형이다.
⑤ O형인 아버지로부터 AB형인 자녀는 태어날 수 없다.

서술형
33 그림은 어느 집안의 ABO식 혈액형 유전 가계도를 나타낸 것이다.

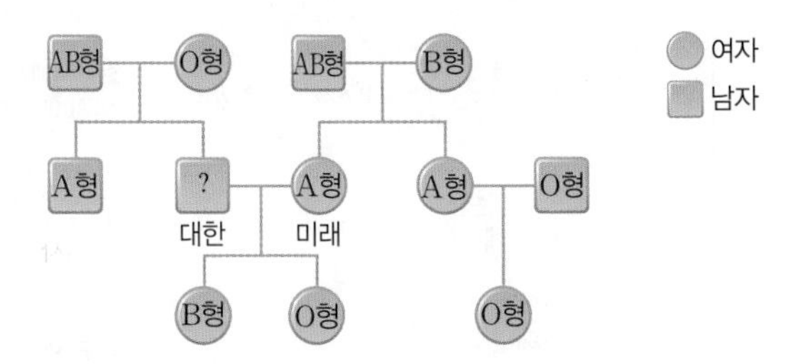

대한이와 미래 사이에서 셋째 아이가 태어날 때, 이 아이가 가질 수 있는 ABO식 혈액형을 모두 쓰고, 그렇게 생각한 까닭을 대한이와 미래의 ABO식 혈액형 유전자형을 모두 포함하여 설명하시오.

34 그림은 어느 집안의 혀 말기 유전 가계도를 나타낸 것이다. 혀 말기는 혀를 말 수 있는 대립유전자와 혀를 말 수 없는 대립유전자에 의해 형질이 결정된다.

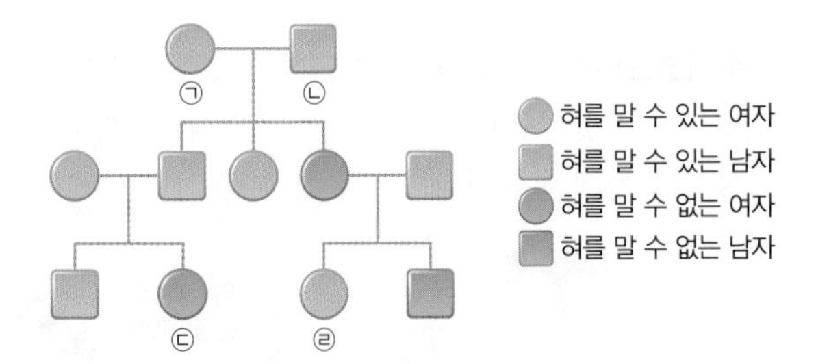

이에 대한 설명으로 옳은 것은?

① 혀 말기의 유전자는 X 염색체에 있다.
② 혀 말기 가능은 불가능에 대해 열성 형질이다.
③ ㉠과 ㉡의 혀 말기 유전자형은 서로 다르다.
④ ㉢의 동생이 태어날 때, 이 동생이 혀 말기가 불가능할 확률은 50 %이다.
⑤ ㉣은 혀를 말 수 있는 대립유전자와 혀를 말 수 없는 대립유전자를 모두 가지고 있다.

35 반성유전을 하는 형질에 대한 설명으로 옳은 것은?

① 멘델의 분리의 법칙을 따르지 않는다.
② 형질을 결정하는 유전자가 상염색체에 있다.
③ 한 쌍의 대립유전자에 의해 형질이 결정된다.
④ 반성유전을 하는 형질로는 귓불 모양이 있다.
⑤ 남녀에 따라 형질이 나타나는 빈도에 차이가 없다.

36 다음은 혈우병 유전에 대한 설명이다.

> 19세기 영국의 빅토리아 여왕은 혈우병을 가지지 않았으나 자녀들에게 자신이 가진 ㉠ 혈우병 대립유전자를 물려주었다. 이 자녀들은 러시아, 독일, 프랑스, 스페인 등 유럽의 여러 왕족과 혼인 관계를 맺었고, 이후 러시아와 스페인 왕실에서 ㉡ 혈우병을 가진 자녀가 태어났다.

이에 대한 설명으로 옳은 것을 〈보기〉에서 모두 고른 것은?

보기
ㄱ. ㉠은 X 염색체에 있다.
ㄴ. 빅토리아 여왕은 보인자이다.
ㄷ. ㉡은 남자보다 여자에서 더 많다.

① ㄱ ② ㄷ ③ ㄱ, ㄴ
④ ㄴ, ㄷ ⑤ ㄱ, ㄴ, ㄷ

37 오른쪽 그림은 어느 집안의 색맹 유전 가계도를 나타낸 것이다. 이에 대한 설명으로 옳은 것을 〈보기〉에서 모두 고른 것은?

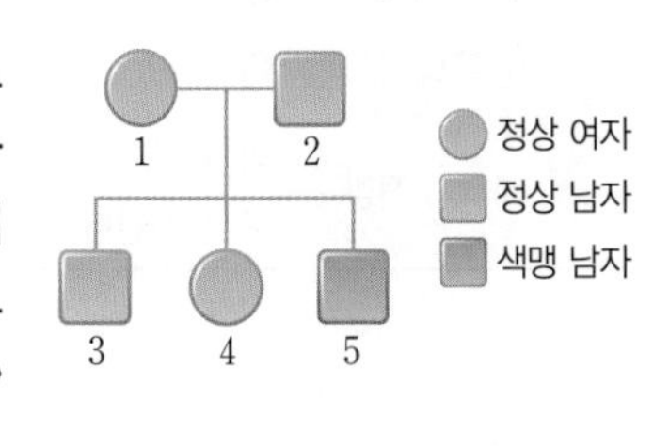

보기
ㄱ. 1은 색맹 대립유전자를 가지고 있다.
ㄴ. 3은 정상 대립유전자가 있는 X 염색체를 1로부터 물려받았다.
ㄷ. 5의 색맹 대립유전자는 1과 2로부터 하나씩 물려받았다.

① ㄱ ② ㄷ ③ ㄱ, ㄴ
④ ㄴ, ㄷ ⑤ ㄱ, ㄴ, ㄷ

05강 역학적 에너지

❶ 역학적 에너지

1 역학적 에너지 물체가 가진 중력에 의한 위치 에너지와 운동 에너지의 합

> ❶(　　　) 에너지=위치 에너지+운동 에너지

2 역학적 에너지 전환 운동하는 물체의 높이가 변하면 위치 에너지와 운동 에너지는 서로 전환된다.

① 물체의 높이가 낮아질 때: 위치 에너지 → 운동 에너지로 전환

② 물체의 높이가 높아질 때: 운동 에너지 → 위치 에너지로 전환

3 위로 던져 올린 물체가 올라갈 때 역학적 에너지 전환

높이	높아진다.
속력	느려진다.
위치 에너지	❷(　　　)한다.
운동 에너지	❸(　　　)한다.
에너지 전환	운동 에너지가 위치 에너지로 전환된다.

운동 방향 ↑

4 자유 낙하 하는 물체의 역학적 에너지 전환

높이	낮아진다.
속력	빨라진다.
위치 에너지	❹(　　　)한다.
운동 에너지	❺(　　　)한다.
에너지 전환	위치 에너지가 운동 에너지로 전환된다.

운동 방향 ↓

❷ 역학적 에너지 보존

1 ❻(　　　　　　　) 법칙 공기 저항이나 마찰이 없을 때 운동하는 물체의 역학적 에너지는 항상 일정하게 보존된다.

> 역학적 에너지=위치 에너지+운동 에너지=일정

2 역학적 에너지 전환과 보존 역학적 에너지는 보존되므로 운동하는 물체의 높이가 변하면 ❼(　　　) 에너지의 변화량만큼 운동 에너지가 변한다.

① 위로 올라갈 때: 위치 에너지가 ❽(　　　)한 만큼 운동 에너지가 ❾(　　　)한다.

② 자유 낙하 할 때: 위치 에너지가 ❿(　　　)한 만큼 운동 에너지가 ⓫(　　　)한다.

3 자유 낙하 하는 물체의 역학적 에너지 보존

① 물체가 자유 낙하 할 때 감소하는 위치 에너지는 운동 에너지로 전환된다.

② 각 점에서 ⓬(　　　) 에너지는 항상 일정하다.

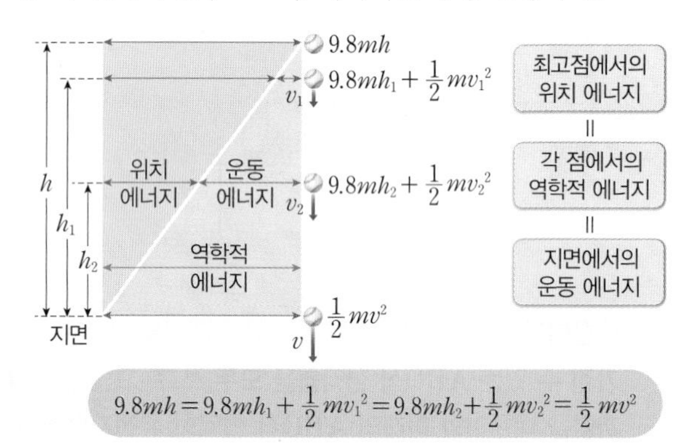

$$9.8mh=9.8mh_1+\frac{1}{2}mv_1^2=9.8mh_2+\frac{1}{2}mv_2^2=\frac{1}{2}mv^2$$

③ 물체의 낙하 거리에 따른 에너지: 낙하 거리가 길어질수록 위치 에너지는 감소하고 운동 에너지는 증가한다. ➡ 역학적 에너지는 ⓭(　　　)하다.

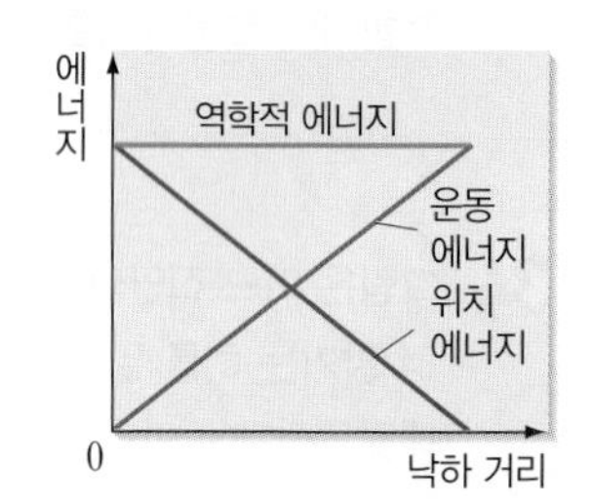

4 롤러코스터의 역학적 에너지 전환과 보존 공기 저항과 모든 마찰을 무시하면 각 점에서 역학적 에너지는 항상 일정하게 보존된다.

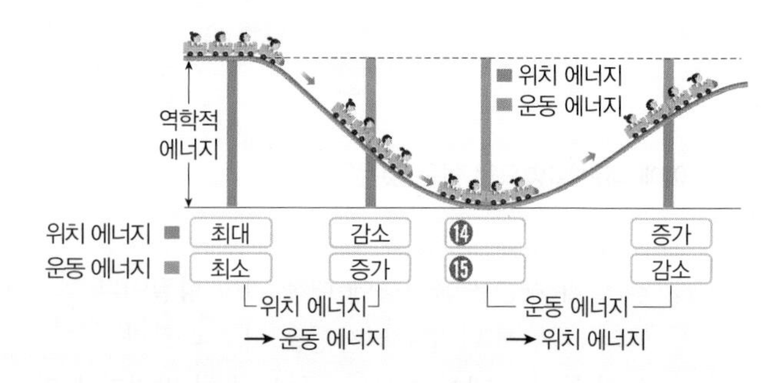

답 ❶ 역학적 ❷ 증가 ❸ 감소 ❹ 감소 ❺ 증가 ❻ 역학적 에너지 보존 ❼ 위치 ❽ 증가 ❾ 감소 ❿ 감소 ⓫ 증가 ⓬ 역학적 ⓭ 일정 ⓮ 최소(0) ⓯ 최대

A 자유 낙하 운동의 역학적 에너지 알아보기

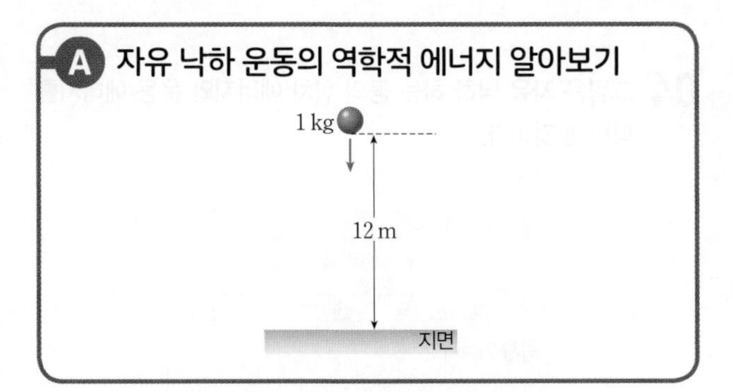

[01~05] 위 그림은 지면으로부터 12 m 높이에서 질량 1 kg인 물체가 자유 낙하 운동 하는 모습을 나타낸 것이다. 물음에 답하시오.

01 자유 낙하를 시작한 순간 물체의 위치 에너지는 몇 J인지 구하시오.

02 지면으로부터의 높이가 처음의 $\frac{1}{2}$인 지점을 지날 때 물체의 위치 에너지는 몇 J인지 구하시오.

03 지면으로부터의 높이가 처음의 $\frac{1}{2}$인 지점을 지날 때 물체의 운동 에너지는 몇 J인지 구하시오.

04 지면에 도달하는 순간 물체의 운동 에너지는 몇 J인지 구하시오.

05 물체가 자유 낙하 하는 도중 운동 에너지가 위치 에너지의 2배인 지점은 지면으로부터의 높이가 몇 m인지 구하시오.

B 롤러코스터의 역학적 에너지 알아보기

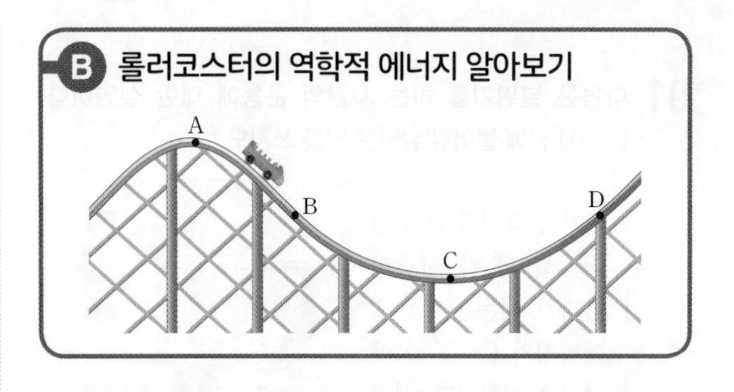

[06~10] 위 그림은 A점에서 D점까지 롤러코스터가 운동하는 모습을 나타낸 것이다. 물음에 답하시오.(단, 공기 저항과 모든 마찰은 무시한다.)

06 롤러코스터가 운동하는 동안 위치 에너지가 운동 에너지로 전환되는 구간을 〈보기〉에서 모두 고르시오.

보기
ㄱ. A → B 구간　　ㄴ. B → C 구간
ㄷ. C → D 구간

07 롤러코스터가 운동하는 동안 운동 에너지가 위치 에너지로 전환되는 구간을 〈보기〉에서 모두 고르시오.

보기
ㄱ. A → B 구간　　ㄴ. B → C 구간
ㄷ. C → D 구간

08 A～D점 중 위치 에너지가 최대인 점을 고르시오.

09 A～D점 중 운동 에너지가 최대인 점을 고르시오.

10 B점과 D점의 높이가 같다면 B점과 D점에서의 속력을 비교하시오.

01 다음은 널뛰기를 하는 사람의 운동에 대한 설명이다. (   ) 안에 들어갈 알맞은 말을 쓰시오.

> 오른쪽 그림과 같이 널뛰기를 할 때 사람이 올라갈 때는 (㉠) 에너지가 (㉡) 에너지로 전환되고, 사람이 내려올 때는 (㉢) 에너지가 (㉣) 에너지로 전환된다.

중요

02 위치 에너지가 운동 에너지로 전환되는 경우를 〈보기〉에서 모두 고른 것은?

보기
ㄱ. 나무에서 떨어지는 사과
ㄴ. 아래로 내려가는 바이킹
ㄷ. 농구 선수가 위로 던져 올라가는 공

① ㄱ ② ㄴ ③ ㄷ
④ ㄱ, ㄴ ⑤ ㄴ, ㄷ

03 연직 위로 던져 올린 물체에 대한 설명으로 옳은 것을 〈보기〉에서 모두 고른 것은?(단, 공기 저항과 모든 마찰은 무시한다.)

보기
ㄱ. 물체가 올라가는 동안 속력이 점점 느려진다.
ㄴ. 물체가 올라가는 동안 역학적 에너지는 점점 증가한다.
ㄷ. 가장 높은 지점에 도달하는 순간 물체의 운동 에너지는 0이 된다.

① ㄱ ② ㄴ ③ ㄱ, ㄴ
④ ㄱ, ㄷ ⑤ ㄴ, ㄷ

04 그림은 자유 낙하 하는 공의 위치 에너지와 운동 에너지를 나타낸 것이다.

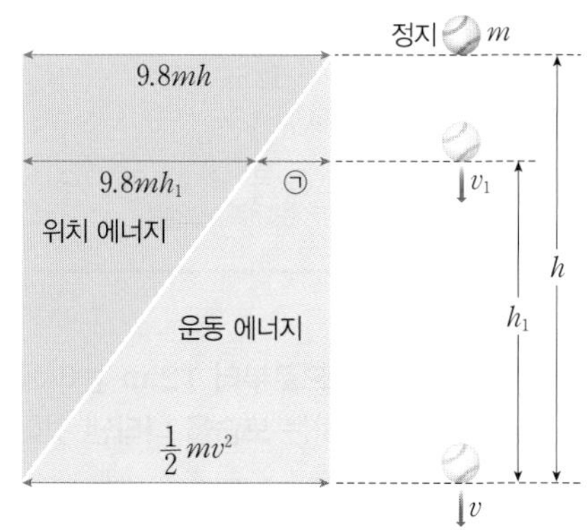

㉠에 들어갈 알맞은 값은?

① $9.8mh_1$ ② $9.8mh$
③ $9.8mh-9.8mh_1$ ④ $\frac{1}{2}mv_1^2$
⑤ $\frac{1}{2}mv^2-\frac{1}{2}mv_1^2$

중요

05 오른쪽 그림과 같이 지면으로부터 높은 곳에서 공을 가만히 놓아 자유 낙하 운동을 하게 했다. 이 공의 낙하 거리에 따른 역학적 에너지를 옳게 나타낸 것은?

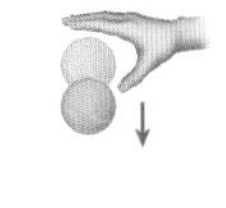

①
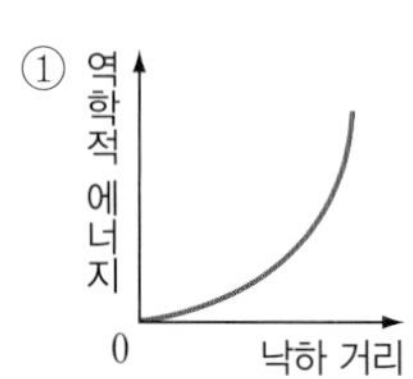

②
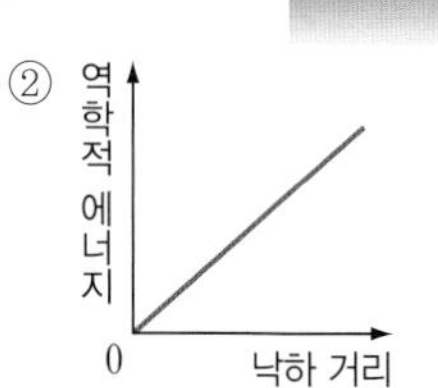

③
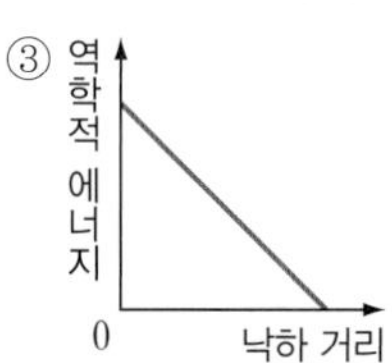

④
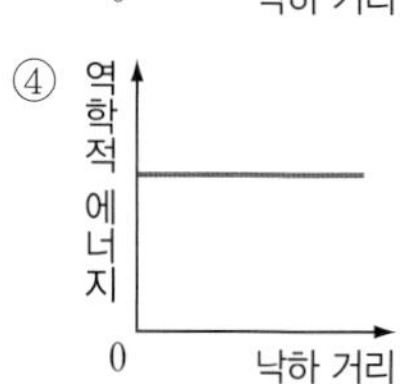

⑤
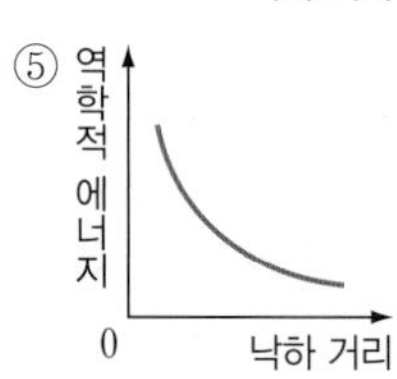

★ 바른답·알찬풀이 51쪽

중요

06 오른쪽 그림은 질량 1 kg인 공을 지면으로부터 10 m 높이에서 가만히 놓은 모습을 나타낸 것이다. 공이 지면으로부터 6 m 높이인 곳을 지날 때 운동 에너지는 몇 J인지 구하시오.(단, 공기 저항과 모든 마찰은 무시한다.)

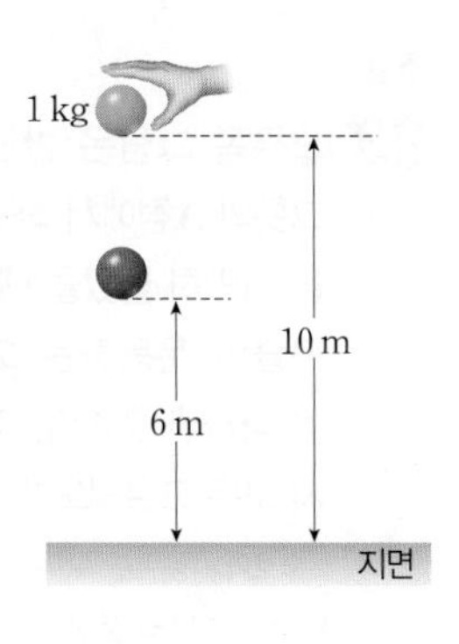

07 그림은 연직 위로 던져 올린 물체의 위치를 0.1초 간격으로 나타낸 것이다.

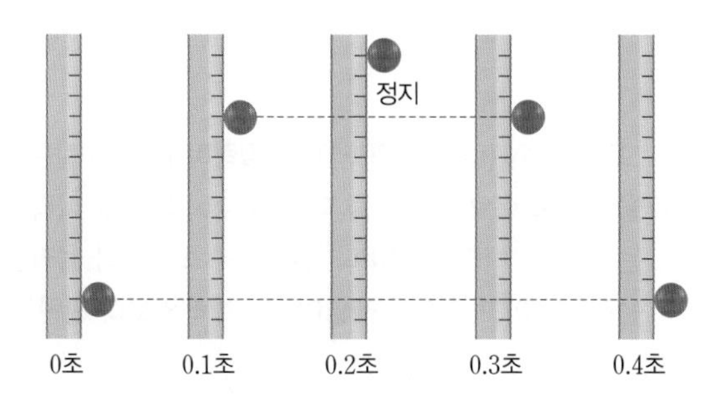

이에 대한 설명으로 옳지 않은 것은?

① 0.2초일 때 위치 에너지가 최대이다.
② 0.1초와 0.3초일 때 위치 에너지는 같다.
③ 0.1초와 0.3초일 때 운동 에너지는 같다.
④ 0.4초일 때 역학적 에너지는 0초일 때 역학적 에너지와 같다.
⑤ 0.1초에서 0.2초까지 증가한 위치 에너지는 0.2초에서 0.3초까지 감소한 운동 에너지와 같다.

08 오른쪽 그림과 같이 공을 비스듬히 위로 던져 올렸다. A ~ E점에서 공의 역학적 에너지를 등호나 부등호를 이용하여 비교하시오.(단, 공기 저항과 모든 마찰은 무시한다.)

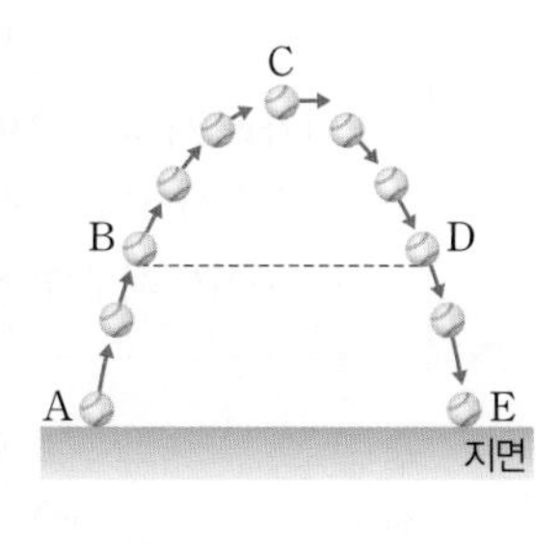

09 그림은 지면으로부터 높이 h인 두 지점 A, B에서 가만히 놓은 질량이 같은 두 공이 기울기가 다른 빗면을 따라 운동하는 모습을 나타낸 것이다.

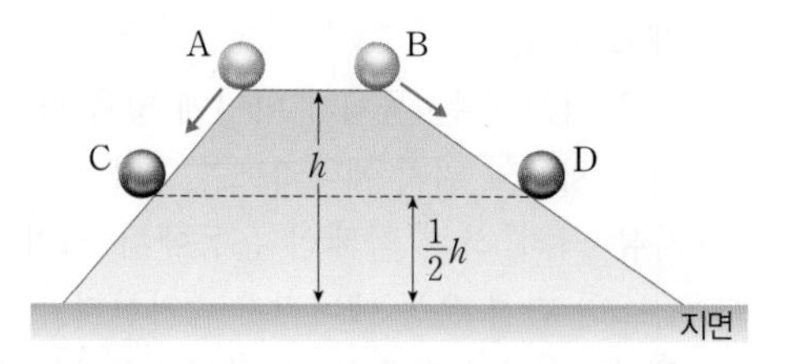

두 공의 에너지에 대한 설명으로 옳지 않은 것은?(단, 공기 저항과 모든 마찰은 무시한다.)

① A와 B 지점에서 두 공의 위치 에너지는 같다.
② A와 C 지점에서 공의 역학적 에너지는 같다.
③ A 지점에서의 위치 에너지는 D 지점에서의 운동 에너지의 2배이다.
④ C와 D 지점에서 두 공의 역학적 에너지는 같다.
⑤ C 지점에서의 운동 에너지가 D 지점에서의 운동 에너지보다 크다.

중요

10 지면으로부터 20 m 높이에서 질량 2 kg인 공을 가만히 놓아 떨어뜨렸다. 이 공이 지면으로부터 8 m 높이인 지점을 지날 때 위치 에너지와 운동 에너지의 비(위치 에너지 : 운동 에너지)는?(단, 공기 저항과 모든 마찰은 무시한다.)

① 1 : 1 ② 1 : 8 ③ 2 : 3
④ 3 : 2 ⑤ 8 : 1

서술형 문제

11 그림과 같이 천장에 매달린 공을 얼굴 앞에서 놓았더니 공이 반대편으로 운동하였다가 되돌아왔다.

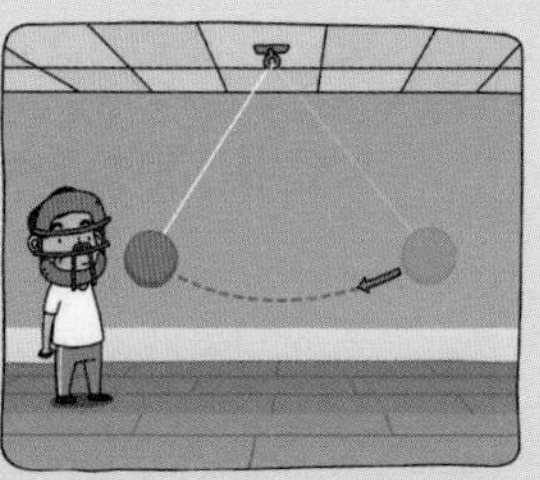

되돌아온 공이 얼굴에 닿지 않는 까닭을 설명하시오.(단, 공기 저항과 모든 마찰은 무시한다.)

01 역학적 에너지에 대한 설명으로 옳지 않은 것은?

① 운동 에너지와 위치 에너지의 합을 역학적 에너지라고 한다.
② 자유 낙하 하는 물체가 바닥에 닿을 때 운동 에너지는 처음의 위치 에너지보다 크다.
③ 자유 낙하 하는 물체의 운동에서 위치 에너지가 감소한 만큼 운동 에너지가 증가한다.
④ 롤러코스터가 운동할 때 롤러코스터의 운동 에너지는 가장 낮은 지점을 지날 때 가장 크다.
⑤ 위로 던져 올린 물체의 운동에서 위로 던진 속력이 빠를수록 물체의 최고점의 높이가 높다.

02 그림은 다이빙 선수가 보드에서 높이 뛰어올라 물에 입수하는 모습을 나타낸 것이다.

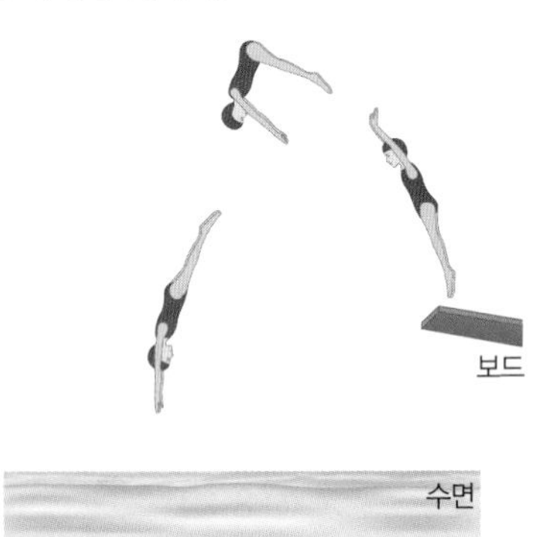

이에 대한 설명으로 옳은 것을 〈보기〉에서 모두 고른 것은?(단, 선수의 크기 및 공기 저항과 마찰은 무시한다.)

보기
ㄱ. 다이빙 선수가 뛰어오르는 보드의 높이가 높아질수록 입수하기 직전의 운동 에너지도 커진다.
ㄴ. 수면을 기준면으로 하면 다이빙 선수가 입수하기 직전의 운동 에너지는 보드에서 뛰어오를 때 역학적 에너지의 $\frac{1}{2}$배이다.
ㄷ. 다이빙 선수가 보드에서 높이 뛰어오를 때는 운동 에너지가 위치 에너지로 전환되고, 최고점에서 물에 입수하기 전까지는 위치 에너지가 운동 에너지로 전환된다.

① ㄱ ② ㄴ ③ ㄷ
④ ㄱ, ㄷ ⑤ ㄴ, ㄷ

중요
03 오른쪽 그림은 반원형 그릇의 A점에서 쇠구슬을 가만히 놓았을 때 쇠구슬이 운동하는 모습을 나타낸 것이다. 이에 대한 설명으로 옳은 것을 〈보기〉에서 모두 고르시오.(단, 공기 저항과 모든 마찰은 무시한다.)

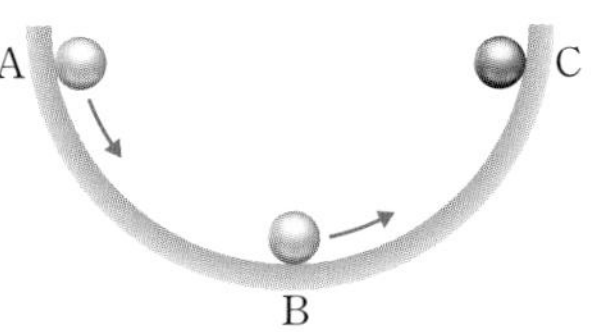

보기
ㄱ. 모든 점에서 운동 에너지는 같다.
ㄴ. 역학적 에너지는 B점에서보다 A점에서 크다.
ㄷ. A에서 B로 이동할 때 감소한 위치 에너지와 B에서 C로 이동할 때 증가한 위치 에너지는 같다.

04 그림 (가)와 (나)는 수평면에서 질량이 m으로 같은 쇠구슬을 v의 속력으로 굴렸을 때 쇠구슬이 레일을 따라 운동하는 모습을 나타낸 것이다. (가)에서 쇠구슬이 올라간 최대 높이는 h이고, (나)의 레일이 (가)의 레일보다 완만하다.

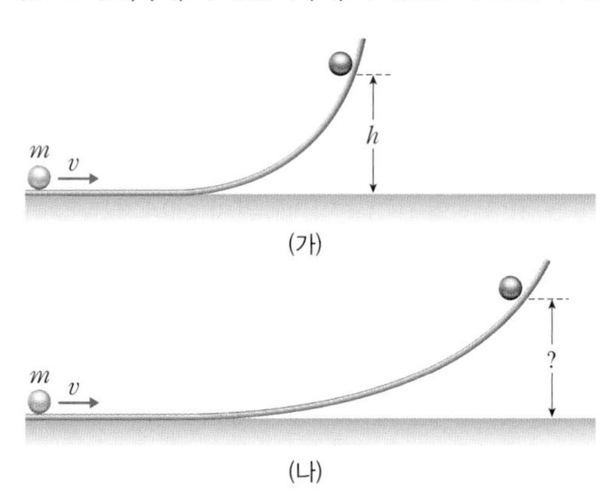

이에 대한 설명으로 옳은 것을 〈보기〉에서 모두 고른 것은?(단, 공기 저항과 모든 마찰은 무시한다.)

보기
ㄱ. (가)에서 쇠구슬의 역학적 에너지는 모든 점에서 $\frac{1}{2}mv^2$으로 같다.
ㄴ. (가)에서 쇠구슬이 올라가는 동안 운동 에너지가 위치 에너지로 전환된다.
ㄷ. (나)에서 쇠구슬이 올라간 최대 높이는 h보다 작다.

① ㄱ ② ㄷ ③ ㄱ, ㄴ
④ ㄴ, ㄷ ⑤ ㄱ, ㄴ, ㄷ

★ 바른답·알찬풀이 52쪽

중요
05 그림은 롤러코스터가 A점을 출발하여 레일을 따라 D점으로 운동하는 모습을 나타낸 것이다.

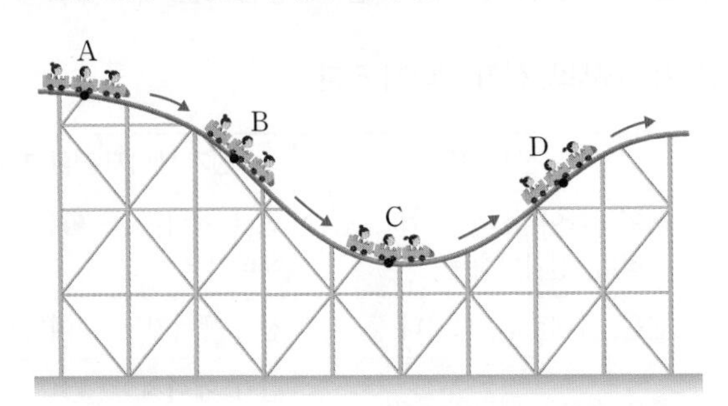

이에 대한 설명으로 옳은 것은?(단, 공기 저항과 모든 마찰은 무시한다.)

① A점에서 운동 에너지가 최대이다.
② C점에서 위치 에너지가 최대이다.
③ 모든 점에서 운동 에너지는 일정하다.
④ B점에서의 역학적 에너지가 D점에서의 역학적 에너지보다 크다.
⑤ C점에서 D점으로 운동할 때 운동 에너지가 위치 에너지로 전환된다.

중요
06 오른쪽 그림은 질량 3 kg인 물체를 지면으로부터 10 m 높이에서 가만히 떨어뜨렸을 때 물체가 운동하는 모습을 나타낸 것이다. 물체가 떨어지는 동안 그 값이 나머지와 다른 것은?(단, 공기 저항과 모든 마찰은 무시한다.)

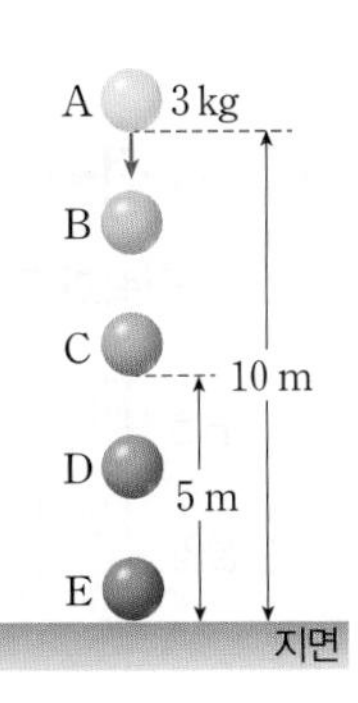

① A점에서의 위치 에너지
② B점에서의 역학적 에너지
③ C점에서의 운동 에너지
④ D점에서의 역학적 에너지
⑤ E점에서의 운동 에너지

07 오른쪽 그림은 A점과 B점 사이를 왕복 운동 하는 추를 나타낸 것이다. A, O, B점 중 운동 에너지가 최대인 점을 고르시오.(단, 공기 저항과 모든 마찰은 무시한다.)

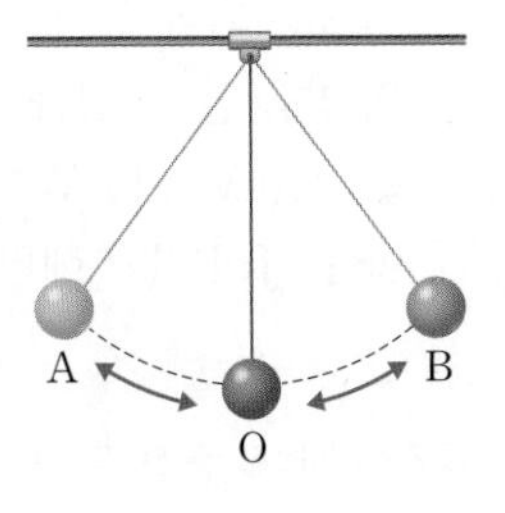

08 오른쪽 그림과 같이 지면에서 공을 연직 위로 4.9 m/s의 속력으로 던져 올렸더니 2 m 높이까지 올라갔다. 같은 공을 9.8 m/s의 속력으로 던져 올렸을 때 공이 올라가는 최고 높이는 몇 m인가?(단, 공기 저항과 모든 마찰은 무시한다.)

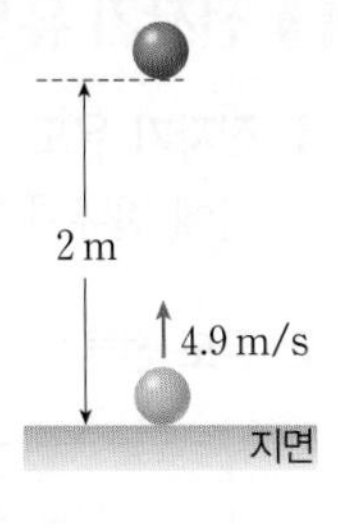

① 2 m ② 4 m ③ 4.9 m
④ 8 m ⑤ 9.8 m

서술형 문제

09 오른쪽 그림은 연직 위로 던진 공이 최고점까지 올라간 후 다시 지면으로 낙하하는 모습을 나타낸 것이다. 이 공의 위치 에너지, 운동 에너지, 역학적 에너지 변화를 설명하시오.(단, 공기 저항과 모든 마찰은 무시한다.)

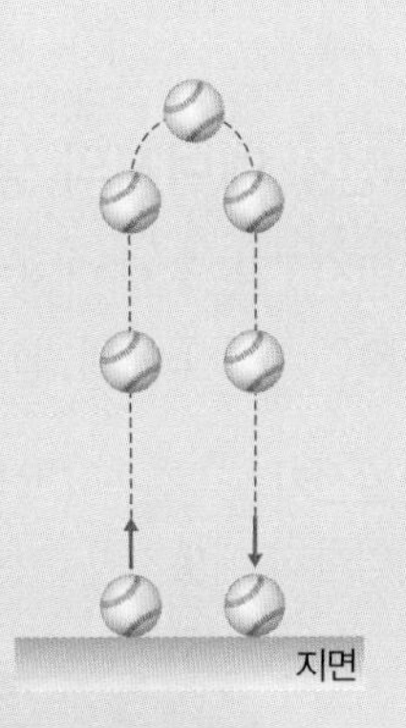

10 연수는 그림과 같은 롤러코스터를 설계하였다.

이 롤러코스터가 제대로 작동할 수 있는지 쓰고, 그렇게 답한 까닭을 설명하시오.

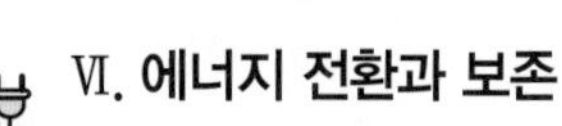

06강 전기 에너지

❶ 전자기 유도

1 전자기 유도 코일을 통과하는 ❶(   )이 변할 때 코일에 전류가 발생하여 흐르는 현상

2 유도 전류 전자기 유도에 의해 코일에 흐르는 전류

유도 전류가 흐르는 경우	유도 전류가 흐르지 않는 경우
가까이 할 때 / 불이 켜진다. 멀리 할 때 / 불이 켜진다.	정지 / 불이 켜지지 않는다.
코일에 자석을 가까이 하거나 멀리 할 때 코일을 통과하는 자기장이 변하여 코일에 유도 전류가 흐른다.	자석이 정지해 있으면 코일에 전류가 흐르지 않는다.

❷ 전기 에너지의 생산

1 발전 운동 에너지나 위치 에너지 등 다른 에너지를 ❷(   ) 에너지로 전환하는 것

2 발전기 발전 과정에서 사용하는 장치로, 발전기에서는 역학적 에너지가 ❸(   ) 에너지로 전환된다.

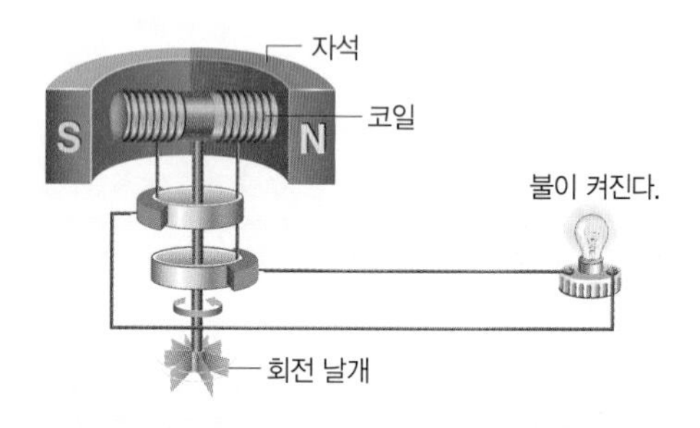

발전기의 회전 날개를 여러 가지 방법으로 회전시킨다. → 자석 안의 코일이 회전한다. → 코일을 통과하는 ❹(   )이 변한다. → 코일에 유도 전류가 흘러 전기 에너지가 생산된다.

3 발전소에서 에너지 전환

① 수력 발전소: 물의 ❺(   ) 에너지 → 발전기의 역학적 에너지 → 전기 에너지

② 화력 발전소: 화석 연료의 화학 에너지 → 수증기의 역학적 에너지 → 발전기의 역학적 에너지 → 전기 에너지

③ 풍력 발전소: ❻(   )의 운동 에너지 → 발전기의 역학적 에너지 → 전기 에너지

❸ 전기 에너지의 전환과 에너지 보존

1 전기 에너지 전류가 흐를 때 공급되는 에너지

2 가정에서의 전기 에너지 전환

전기 기구	전기 에너지 전환 과정
헤어드라이어, 전기난로, 전기다리미, 전기밥솥 등	전기 에너지 → ❼( ) 에너지
전등, 텔레비전, 모니터 등	전기 에너지 → 빛에너지
휴대 전화의 배터리 충전	전기 에너지 → ❽( ) 에너지
선풍기, 세탁기, 전기믹서 등	전기 에너지 → 운동 에너지
오디오, 스피커, 텔레비전 등	전기 에너지 → 소리 에너지

3 에너지 보존 에너지는 전환되는 과정에서 새로 생기거나 없어지지 않고 ❾(   )이 일정하게 보존된다.

❹ 소비 전력과 전력량

1 소비 전력과 전력량

구분	소비 전력	전력량
정의	단위 시간 동안 전기 기구가 사용하는 전기 에너지	전기 기구가 일정 시간 동안 사용한 전기 에너지의 양
식	소비 전력$=\dfrac{\text{전기 에너지}}{\text{시간}}$	전력량$=$전력$\times$시간
단위	• W(와트) • ❿( ): 1초 동안 1 J의 전기 에너지를 사용할 때의 전력	• Wh(와트시) • 1 Wh: 1 W의 전력을 ⓫( ) 동안 사용했을 때의 전력량

2 전기 기구의 소비 전력 전기 기구에는 전압과 ⓬(   )이 표시되어 있어 각 전기 기구가 사용하는 전기 에너지의 양을 알 수 있다.

예 220 V−17 W: 220 V의 전원에 연결할 때 1초 동안 17 J의 전기 에너지를 사용한다는 뜻이다.

답 ❶ 자기장 ❷ 전기 ❸ 전기 ❹ 자기장 ❺ 위치 ❻ 바람 ❼ 열 ❽ 화학 ❾ 총량 ❿ 1 W ⓫ 1시간 ⓬ 소비 전력

★ 바른답·알찬풀이 53쪽

Ⓐ 전자기 유도 알아보기

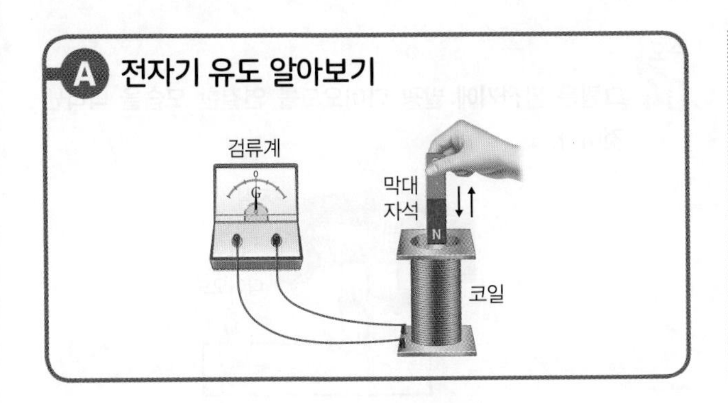

[01~02] 위 그림과 같이 코일과 검류계를 연결하고 코일 근처에서 자석을 움직일 때 검류계 바늘의 움직임을 관찰하는 실험을 하였다. 물음에 답하시오.

01 검류계 바늘이 움직이는 경우는 〈보기〉에서 모두 고르시오.

보기
ㄱ. 자석을 코일에 가까이 할 때
ㄴ. 자석을 코일에서 멀리 할 때
ㄷ. 코일 안에 자석을 넣고 가만히 있을 때

02 자석의 N극을 코일에 가까이 하였더니 검류계 바늘이 오른쪽으로 움직였다. 자석의 N극을 코일에서 멀리 할 때 검류계 바늘의 움직임을 쓰시오.

03 오른쪽 그림과 같이 코일에 두 발광 다이오드 A, B를 긴 다리와 짧은 다리가 서로 엇갈리게 연결하였다. 코일에 자석의 N극을 가까이 하였더니 A에만 불이 들어왔다.

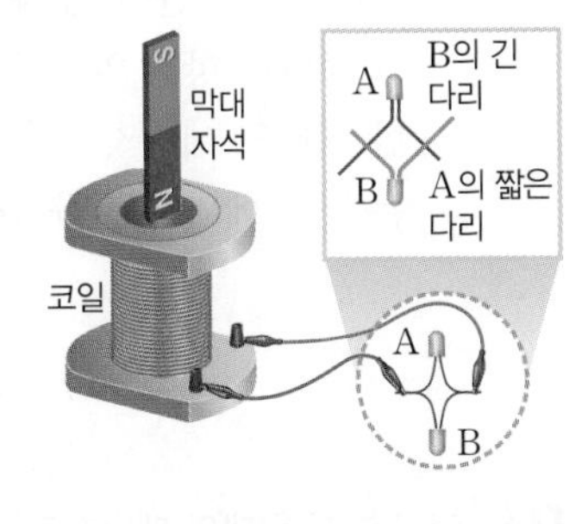

(1) 코일에 자석의 N극을 넣고 가만히 있을 때 어떤 발광 다이오드에 불이 들어오는지 쓰시오.
(2) 코일에서 자석의 N극을 멀리 할 때 어떤 발광 다이오드에 불이 들어오는지 쓰시오.

Ⓑ 소비 전력과 전력량 알아보기

전기 기구	소비 전력	사용 시간
선풍기	40 W	2시간
헤어드라이어	1300 W	30분
LED 전구	10 W	12시간
세탁기	500 W	2시간
진공청소기	1000 W	1시간
냉장고	50 W	24시간

[04~08] 위 표는 어느 가정에서 하루 동안 사용한 전기 기구의 소비 전력과 각 전기 기구를 사용한 시간을 나타낸 것이다. 물음에 답하시오.

04 1초 동안 사용하는 전기 에너지가 가장 작은 전기 기구를 고르시오.

05 1초 동안 사용하는 전기 에너지가 가장 큰 전기 기구를 고르시오.

06 하루 동안 사용한 전력량이 가장 작은 전기 기구를 고르시오.

07 하루 동안 사용한 전력량이 가장 큰 전기 기구를 고르시오.

08 각 전기 기구에서 일어나는 전기 에너지 전환이 나머지와 다른 것은?(단, 헤어드라이어에서는 차가운 바람만 나온다.)

① 선풍기 ② 세탁기
③ LED 전구 ④ 진공청소기
⑤ 헤어드라이어

01 발전에 대한 설명으로 옳은 것을 〈보기〉에서 모두 고른 것은?

보기
ㄱ. 위치 에너지와 운동 에너지 등을 전기 에너지로 전환하는 것을 발전이라고 한다.
ㄴ. 발전할 때 사용하는 장치를 발전기라고 하며, 발전기는 코일로만 이루어져 있다.
ㄷ. 발전기 안의 코일 주위에서 자석이 운동하거나 자석 주위에서 코일이 운동하면 코일에 전류가 흐른다.

① ㄱ ② ㄴ ③ ㄱ, ㄷ
④ ㄴ, ㄷ ⑤ ㄱ, ㄴ, ㄷ

중요
02 오른쪽 그림과 같이 코일에 검류계를 연결하고 코일과 자석을 가까이 하거나 멀리 하였다. 검류계 바늘이 움직이지 않는 경우는?

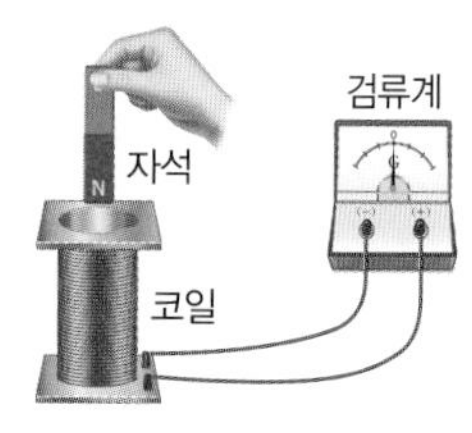

① 코일에 자석을 가까이 할 때
② 코일에서 자석을 멀리 할 때
③ 자석에 코일을 가까이 할 때
④ 자석에서 코일을 멀리 할 때
⑤ 자석과 코일 모두 정지한 상태로 가만히 둘 때

03 그림과 같이 코일을 감은 플라스틱 관 입구에서 자석을 가만히 놓아 낙하시켰더니 A, B 지점에서 자석의 위치 에너지와 운동 에너지가 각각 다음과 같았다.

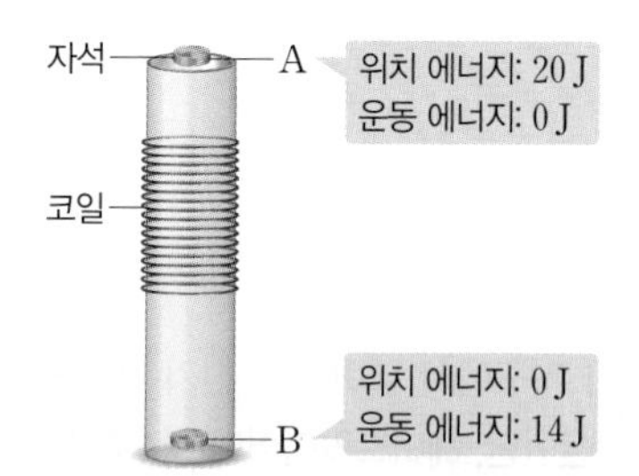

자석이 A 지점에서 B 지점까지 낙하하는 동안 전기 에너지로 전환된 역학적 에너지는 몇 J인지 구하시오.(단, 공기 저항과 모든 마찰은 무시한다.)

중요
04 그림은 발전기에 발광 다이오드를 연결한 모습을 나타낸 것이다.

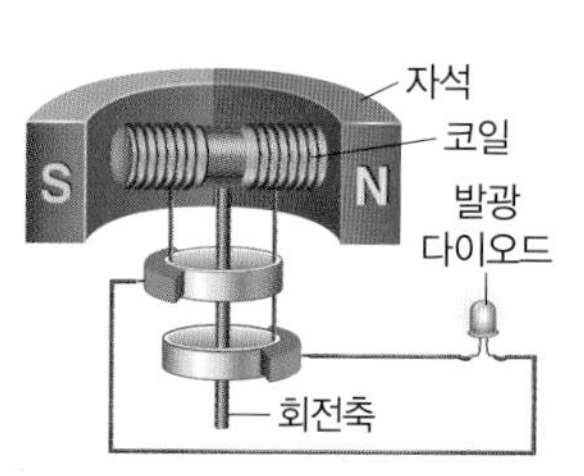

이에 대한 설명으로 옳은 것을 〈보기〉에서 모두 고른 것은?

보기
ㄱ. 회전축을 회전시키면 자석이 회전한다.
ㄴ. 회전축을 회전시키면 발광 다이오드에 불이 들어온다.
ㄷ. 코일이 회전하면 전자기 유도에 의해 코일에 전류가 흐른다.

① ㄱ ② ㄷ ③ ㄱ, ㄴ
④ ㄴ, ㄷ ⑤ ㄱ, ㄴ, ㄷ

05 에너지에 대한 설명으로 옳지 않은 것은?

① 광합성은 빛에너지를 화학 에너지로 전환하는 과정이다.
② 텔레비전에서는 전기 에너지가 소리 에너지로만 전환된다.
③ 전기 에너지는 전기 기구에 전류가 흐를 때 공급되는 에너지이다.
④ 에너지는 전환될 때 새로 생기거나 없어지지 않고 그 총량이 항상 일정하게 보존된다.
⑤ 한 형태의 에너지에서 다른 형태의 에너지로 변하는 것을 에너지 전환이라고 한다.

06 여러 가지 형태의 에너지로 쉽게 전환하여 사용할 수 있는 에너지는?

① 빛에너지 ② 전기 에너지
③ 소리 에너지 ④ 화학 에너지
⑤ 위치 에너지

★ 바른답·알찬풀이 54쪽

07 그림은 전기 에너지를 다양한 형태의 에너지로 전환하여 이용하는 모습을 나타낸 것이다.

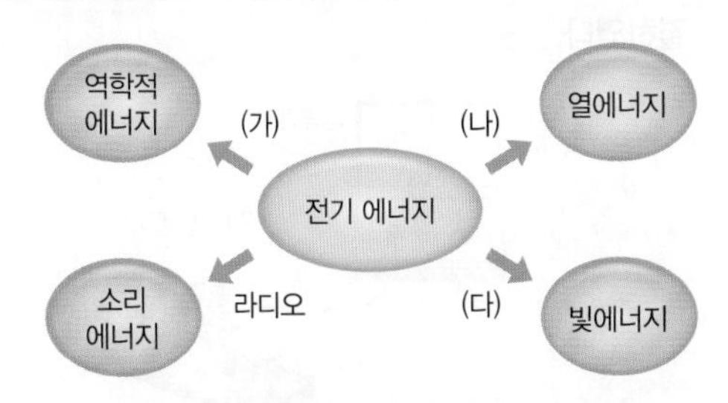

(가)~(다)에 알맞은 전기 기구를 옳게 짝 지은 것은?

	(가)	(나)	(다)
①	선풍기	전기밥솥	오디오
②	세탁기	전기다리미	전등
③	오디오	전등	선풍기
④	전등	오디오	전기밥솥
⑤	전기밥솥	세탁기	전기다리미

중요
08 그림은 자동차에 공급된 화학 에너지가 전환되는 모습이다.

이를 통해 알 수 있는 사실을 모두 고르면?(정답 2개)

① 에너지는 한 형태로만 존재할 수 있다.
② 에너지가 전환될 때 에너지의 총량은 보존된다.
③ 에너지가 전환될 때 에너지의 총량이 증가한다.
④ 에너지가 전환될 때 에너지의 총량이 감소한다.
⑤ 에너지는 한 형태의 에너지에서 다른 형태의 에너지로 전환될 수 있다.

09 표는 여러 가지 전기 기구에 표시되어 있는 소비 전력이다.

전기 기구	A	B	C	D
소비 전력(W)	20	35	200	1050

A~D 중 같은 시간 동안 전기 에너지를 가장 많이 사용하는 것을 고르시오.

중요
10 그림은 밝기가 같은 두 전구 A, B를 1분 동안 사용했을 때 전구에서 방출된 빛에너지와 열에너지의 양을 나타낸 것이다.

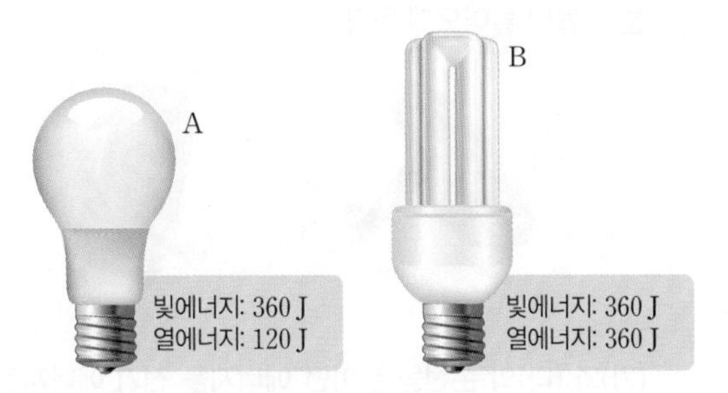

이에 대한 설명으로 옳은 것을 〈보기〉에서 모두 고른 것은?

보기
ㄱ. A의 소비 전력이 B의 소비 전력보다 크다.
ㄴ. B는 1초에 12 J의 전기 에너지를 사용한다.
ㄷ. A가 B보다 전기 에너지를 더 효율적으로 사용한다.

① ㄱ ② ㄷ ③ ㄱ, ㄴ
④ ㄴ, ㄷ ⑤ ㄱ, ㄴ, ㄷ

서술형 문제

11 다음은 전자기 유도에 의해 발생한 유도 전류의 세기에 대한 설명이다.

유도 전류의 세기는 자석이나 코일을 빠르게 움직일수록, 자석의 세기가 셀수록, 코일의 감은 수가 많을수록 더 세다.

그림은 손잡이를 돌려 전구에 불이 들어오게 하는 손 발전기의 구조를 나타낸 것이다.

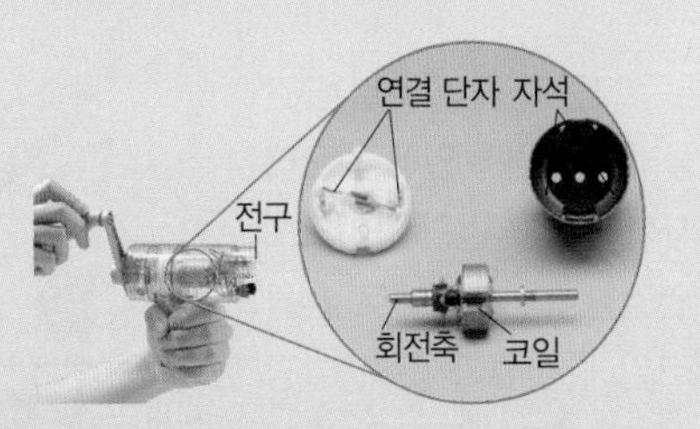

전구의 밝기를 더 밝게 하는 방법 3가지를 설명하시오.

06강 기출 예상 문제로 시험 대비하기 2회

01 그림 (가)와 (나)는 전지 없이 작동하는 휴대용 손전등이다. (가)는 손잡이를 돌려 불이 들어오게 하고, (나)는 손잡이를 눌러 불이 들어오게 한다.

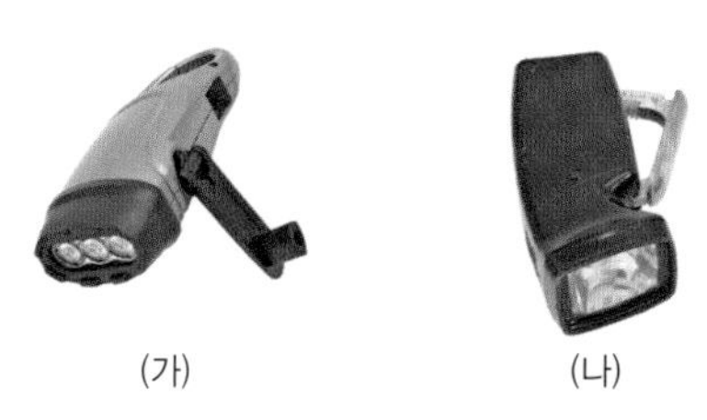
(가) (나)

(가)와 (나)의 손전등은 어떤 에너지를 전기 에너지로 전환하여 불이 들어오게 하는지 쓰시오.

중요

02 오른쪽 그림과 같이 코일에 검류계를 연결하고 자석의 N극을 가까이 하였더니 검류계 바늘이 오른쪽으로 움직였다. 이에 대한 설명으로 옳은 것을 〈보기〉에서 모두 고른 것은?

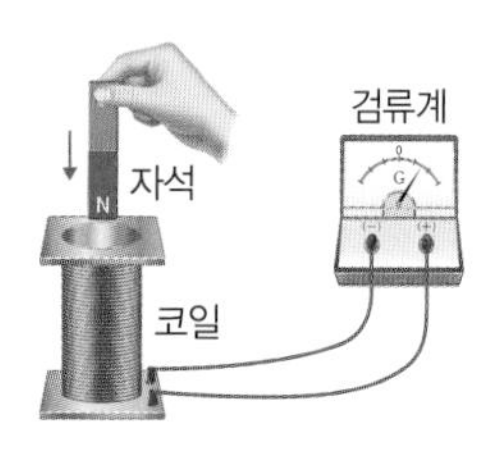

보기

ㄱ. 발전소의 발전기는 이 실험의 원리를 이용한 것이다.

ㄴ. 자석의 N극을 코일에서 멀리 하면 검류계 바늘이 왼쪽으로 움직인다.

ㄷ. 자석을 고정시키고 코일을 위아래로 움직이면 검류계의 바늘이 움직이지 않는다.

① ㄱ ② ㄴ ③ ㄱ, ㄴ
④ ㄱ, ㄷ ⑤ ㄴ, ㄷ

03 오른쪽 그림과 같이 코일을 감은 플라스틱 원통 안에 네오디뮴 자석을 넣고 발광 다이오드를 연결한 후, 위아래로 흔들면 코일에 전류가 흘러 발광 다이오드에 불이 들어온다. 이처럼 코일 안에서 움직이는 자석에 의해 전류가 흐르는 현상을 무엇이라고 하는지 쓰시오.

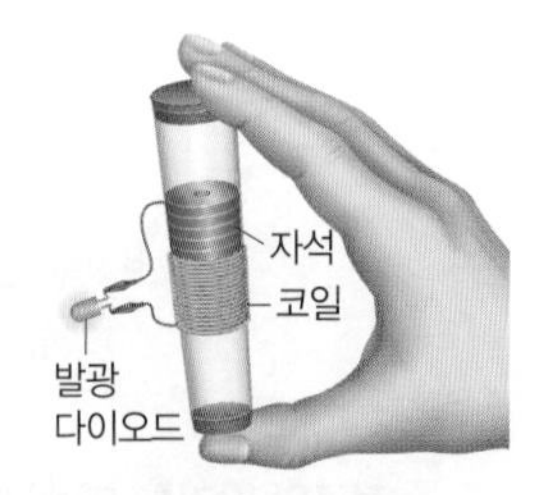

04 그림과 같이 회전 날개를 끼운 간이 발전기를 검류계와 연결하였다.

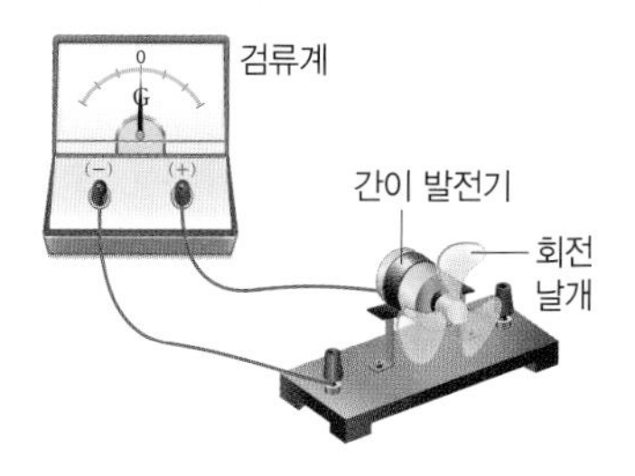

이에 대한 설명으로 옳은 것을 〈보기〉에서 모두 고르시오.

보기

ㄱ. 회전 날개가 움직이면 발전기에서 전자기 유도가 일어난다.

ㄴ. 회전 날개를 입으로 불어서 돌아가게 하면 검류계 바늘이 움직인다.

ㄷ. 풍력 발전소에서 전기가 만들어지는 원리를 설명할 수 있는 실험이다.

05 그림은 양수 발전소를 나타낸 것이다. 양수 발전은 수력 발전의 한 형태로, 전력이 풍부한 밤에 펌프를 가동해 아래쪽 저수지의 물을 위쪽 저수지로 끌어 올렸다가 전력이 필요한 낮에 물을 다시 내려 보내서 발전한다.

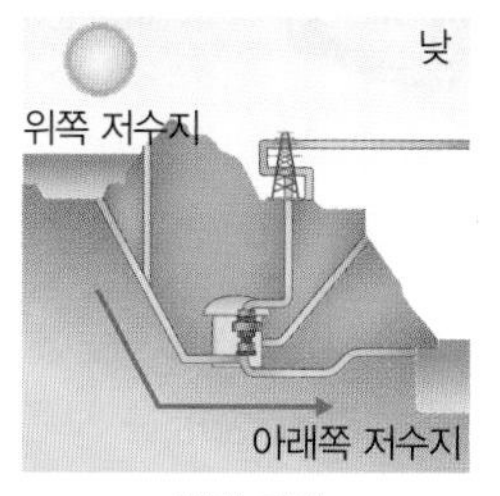

발전 과정

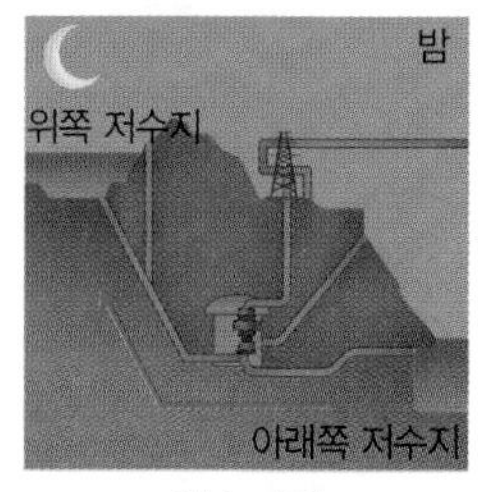

양수 과정

이에 대한 설명으로 옳은 것을 〈보기〉에서 모두 고른 것은?

보기

ㄱ. 발전 과정에서 물의 위치 에너지가 전기 에너지로 전환된다.

ㄴ. 양수 과정에서 물의 위치 에너지가 전기 에너지로 전환된다.

ㄷ. 밤에 남는 전력을 이용하므로 에너지를 저장하는 것과 같은 효과가 나타난다.

① ㄱ ② ㄴ ③ ㄷ
④ ㄱ, ㄷ ⑤ ㄱ, ㄴ, ㄷ

★ 바른답·알찬풀이 55쪽

06 전기 기구에서 일어나는 에너지 전환 과정이 옳지 않은 것은?

① 스피커: 전기 에너지 → 소리 에너지
② 전기밥솥: 전기 에너지 → 열에너지
③ 충전기: 전기 에너지 → 화학 에너지
④ LED 전구: 전기 에너지 → 빛에너지
⑤ 전기모터: 전기 에너지 → 위치 에너지

중요
07 다음은 전기 기구에서 전기 에너지가 전환되는 과정을 나타낸 것이다.

• 형광등: 전기 에너지 → (㉠)에너지
• 선풍기: 전기 에너지 → (㉡) 에너지
• 라디오: 전기 에너지 → (㉢) 에너지

( ) 안에 들어갈 알맞은 말을 옳게 짝 지은 것은?

	㉠	㉡	㉢
①	빛	열	운동
②	빛	운동	소리
③	열	빛	운동
④	열	운동	소리
⑤	소리	운동	빛

08 그림은 세탁기를 사용할 때 전기 에너지가 전환되는 모습이다.

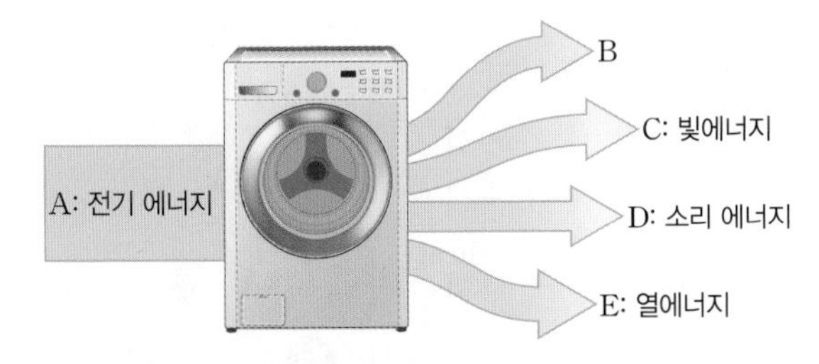

이에 대한 설명으로 옳은 것을 〈보기〉에서 모두 고른 것은?

보기
ㄱ. B는 운동 에너지이다.
ㄴ. B, C, D, E를 모두 합한 값은 A의 값보다 크다.
ㄷ. 세탁기의 전원을 끈 후 세탁조가 회전을 멈출 때까지 운동 에너지는 전기 에너지로 전환된다.

① ㄱ ② ㄴ ③ ㄷ
④ ㄱ, ㄴ ⑤ ㄴ, ㄷ

중요
09 에너지에 대한 설명으로 옳은 것을 〈보기〉에서 모두 고른 것은?

보기
ㄱ. 에너지는 다른 형태의 에너지로 전환될 수 있다.
ㄴ. 에너지는 전환 과정에서 새롭게 생성되거나 소멸하지 않는다.
ㄷ. 에너지의 총량은 항상 일정하게 보존되므로 에너지를 절약할 필요가 없다.

① ㄱ ② ㄴ ③ ㄷ
④ ㄱ, ㄴ ⑤ ㄴ, ㄷ

10 표는 어떤 전기밥솥에 표시된 소비 전력을 나타낸 것이다.

취사를 할 때	1040 W
보온을 할 때	140 W

이에 대한 설명으로 옳은 것을 〈보기〉에서 모두 고른 것은?

보기
ㄱ. 취사 기능을 사용할 때 전기 에너지가 열에너지로 전환된다.
ㄴ. 취사 기능을 30분, 보온 기능을 2시간 동안 사용했을 때 소비한 총 전력량은 590 Wh이다.
ㄷ. 취사 기능과 보온 기능을 같은 시간 동안 사용한다면 두 경우에 소비한 전기 에너지의 양은 같다.

① ㄱ ② ㄴ ③ ㄷ
④ ㄱ, ㄴ ⑤ ㄴ, ㄷ

서술형 문제

11 그림과 같이 코일과 발광 다이오드 A, B를 연결하였다. 코일에 자석을 가까이 할 때는 A에만 불이 들어왔고, 코일에서 자석을 멀리 할 때는 B에만 불이 들어왔다.

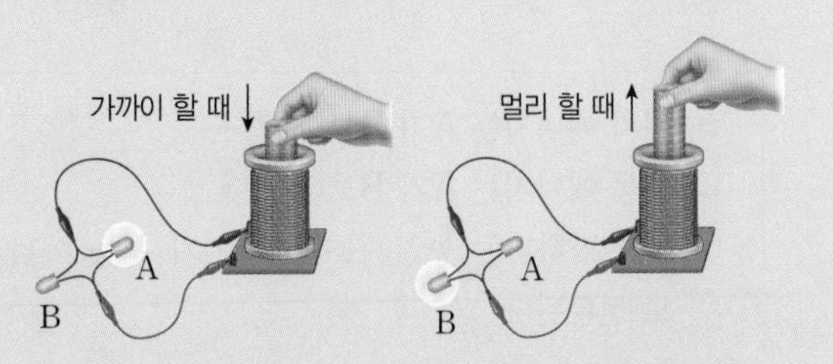

이로부터 알 수 있는 사실은 무엇인지 설명하시오.

Ⅵ 단원 평가하기

맞은 개수: /20

01 역학적 에너지에 대한 설명으로 옳은 것은?

① 위로 올라가는 물체는 위치 에너지가 감소한다.
② 자유 낙하 하는 물체는 운동 에너지가 감소한다.
③ 역학적 에너지는 위치 에너지와 운동 에너지의 차이다.
④ 위치 에너지와 운동 에너지는 서로 전환이 가능하다.
⑤ 마찰이 있을 때에도 위치 에너지와 운동 에너지의 합은 항상 일정하다.

02 역학적 에너지 전환이 일어나지 <u>않는</u> 경우는?

① 공이 자유 낙하 할 때
② 바이킹이 아래로 내려갈 때
③ 레일을 따라 롤러코스터가 올라갈 때
④ 연직 위로 던져 올린 공이 위로 올라갈 때
⑤ 수평면에서 공이 일정한 속력으로 굴러갈 때

03 오른쪽 그림은 나뭇잎에 맺혀 있던 물방울 A, B가 낙하하는 모습을 나타낸 것이다. 이에 대한 설명으로 옳은 것을 〈보기〉에서 모두 고른 것은?(단, 물방울 A, B의 질량은 같고, 크기는 무시한다.)

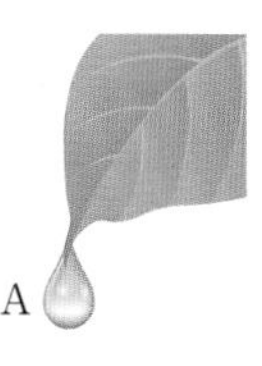

보기
ㄱ. 위치 에너지는 A가 B보다 크다.
ㄴ. 운동 에너지는 A가 B보다 크다.
ㄷ. B가 낙하하는 동안 위치 에너지가 운동 에너지로 전환된다.

① ㄱ ② ㄴ ③ ㄷ
④ ㄱ, ㄷ ⑤ ㄴ, ㄷ

04 그림은 자유 낙하 하는 공의 운동 모습을 일정한 시간 간격으로 나타낸 것이다.

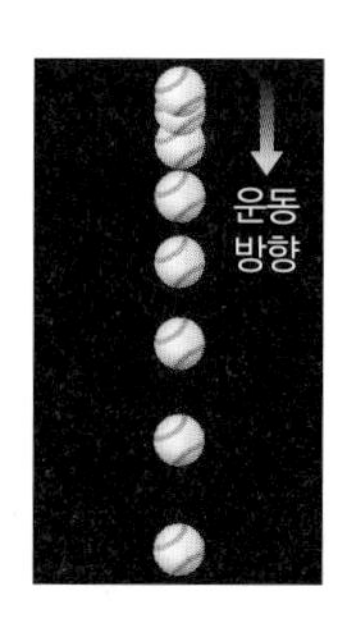

이에 대한 설명으로 옳은 것을 〈보기〉에서 모두 고른 것은?

보기
ㄱ. 공의 속력이 점점 감소하고 있다.
ㄴ. 공의 위치 에너지가 점점 증가하고 있다.
ㄷ. 위치 에너지가 운동 에너지로 전환되고 있다.

① ㄱ ② ㄴ ③ ㄷ
④ ㄱ, ㄷ ⑤ ㄴ, ㄷ

05 그림은 지면으로부터 10 m 높이에서 질량 10 kg인 물체를 가만히 놓았을 때 물체가 운동하는 모습을 나타낸 것이다.

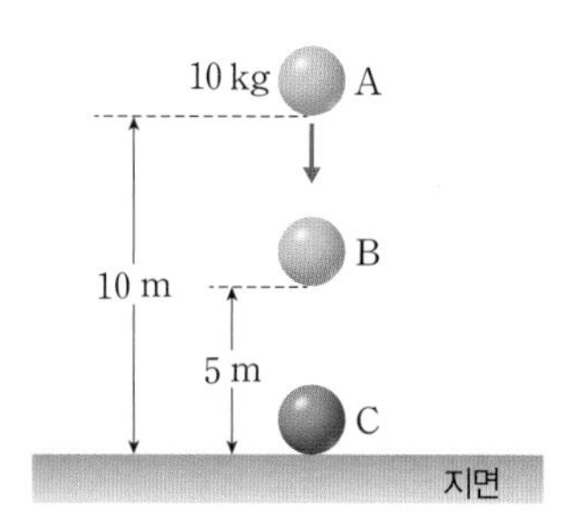

이에 대한 설명으로 옳지 <u>않은</u> 것은?(단, 공기 저항과 모든 마찰은 무시한다.)

① A점에서 물체의 역학적 에너지는 980 J이다.
② B점에서 물체의 운동 에너지는 490 J이다.
③ B점에서 물체의 역학적 에너지는 490 J이다.
④ C점에서 물체의 운동 에너지는 980 J이다.
⑤ C점에서 물체의 역학적 에너지는 980 J이다.

06 그림은 마찰이 없는 비탈길을 따라 운동하고 있는 수레의 모습을 나타낸 것이다.

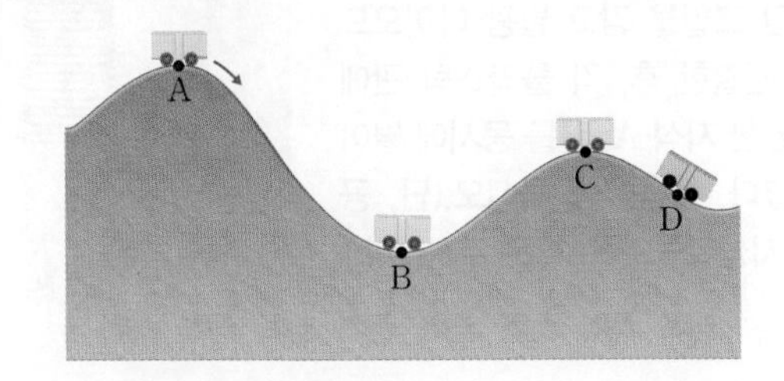

이에 대한 설명으로 옳지 않은 것은?

① A점에서 위치 에너지가 가장 크다.
② A점에서 역학적 에너지가 가장 크다.
③ B점에서 속력이 가장 빠르다.
④ B점에서 운동 에너지가 가장 크다.
⑤ C점에서 위치 에너지는 D점에서 위치 에너지보다 크다.

07 오른쪽 그림과 같이 장치하고 질량 200 g인 공을 O점에 가만히 놓아 떨어뜨리면서 공의 속력을 측정하였더니 공이 A점과 B점을 지날 때의 속력이 각각 1 m/s, 3 m/s이었다. 이에 대한 설명으로 옳은 것을 〈보기〉에서 모두 고른 것은?(단, 공기 저항과 모든 마찰은 무시한다.)

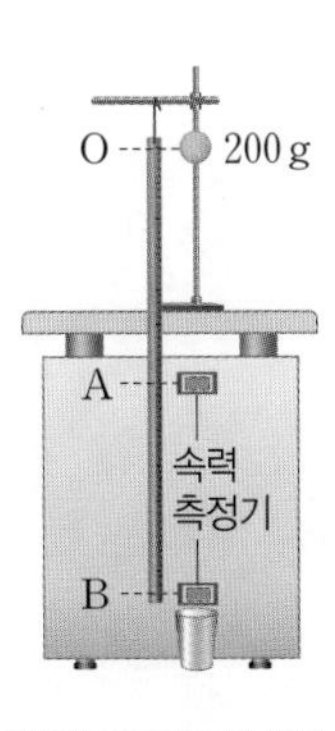

보기
ㄱ. 공이 떨어지는 동안 공의 위치 에너지가 운동 에너지로 전환된다.
ㄴ. B점에서 공의 역학적 에너지는 A점에서보다 크다.
ㄷ. A점에서 B점까지 운동하는 동안 공의 감소한 위치 에너지는 0.8 J이다.

① ㄱ ② ㄴ ③ ㄱ, ㄴ
④ ㄱ, ㄷ ⑤ ㄴ, ㄷ

08 오른쪽 그림과 같이 장치하고 야구공을 가만히 놓아 떨어뜨렸더니 야구공이 바닥으로 떨어졌다. 야구공이 바닥에 닿는 순간의 속력이 1.5 m/s이고, 야구공의 질량이 800 g이라면 야구공의 처음 위치 에너지는 몇 J인지 구하시오.(단, 공기 저항과 모든 마찰은 무시한다.)

09 그림은 롤러코스터가 운동하는 모습을 나타낸 것이다.

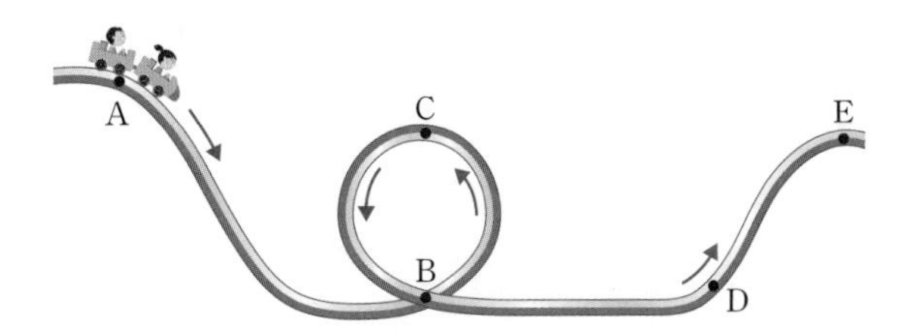

롤러코스터가 운동하는 동안 위치 에너지가 운동 에너지로 전환되는 구간을 〈보기〉에서 모두 고르시오.

보기
ㄱ. A → B 구간 ㄴ. B → C 구간
ㄷ. C → B 구간 ㄹ. D → E 구간

서술형
10 오른쪽 그림과 같이 공을 들고 있다 가만히 놓았더니 바닥에 부딪힌 후 튀어 오르다가 점차 튀어 오른 높이가 낮아지면서 정지하였다.

(1) 공이 낙하할 때와 튀어 오를 때 역학적 에너지 전환을 설명하시오.

(2) 공이 튀어 오르는 높이가 점차 낮아지다가 결국 정지하는 까닭을 설명하시오.

11 그림과 같이 코일에 검류계를 연결하고 자석의 N극을 가까이 하였더니 검류계 바늘이 오른쪽으로 각 θ만큼 움직였다.

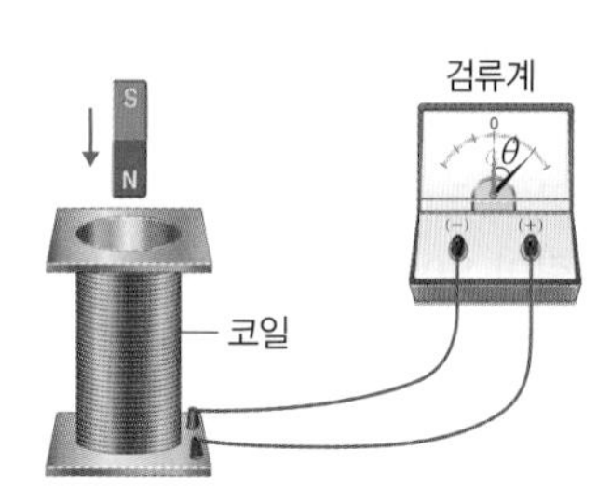

검류계 바늘이 움직인 각을 θ보다 크게 하기 위한 방법으로 옳은 것을 〈보기〉에서 모두 고른 것은?

보기
ㄱ. 자석의 N극을 더 빠르게 가까이 할 때
ㄴ. 자석의 N극을 더 느리게 가까이 할 때
ㄷ. 자석의 N극을 코일 안에 넣고 가만히 있을 때

① ㄱ ② ㄴ ③ ㄷ
④ ㄱ, ㄷ ⑤ ㄴ, ㄷ

12 그림은 자가발전 전조등이 달린 자전거 발전기의 구조를 나타낸 것이다.

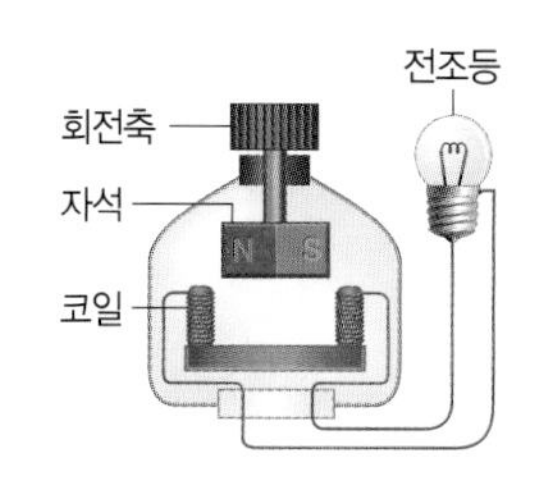

이에 대한 설명으로 옳지 않은 것은?

① 자전거 바퀴를 회전시키면 전조등에 불이 들어온다.
② 코일에 유도 전류가 흐르면 전조등에 불이 들어온다.
③ 자전거 발전기에서는 전기 에너지가 역학적 에너지로 전환된다.
④ 자전거 바퀴가 회전하면 바퀴에 접촉된 회전축이 같이 돌아간다.
⑤ 회전축이 돌아가면 자석이 회전하여 코일 주변의 자기장이 변하게 된다.

[13~14] 오른쪽 그림과 같이 동일한 두 플라스틱 관 중 하나에만 코일을 감고 발광 다이오드를 연결한 후, 각 플라스틱 관에 동일한 자석 A, B를 동시에 떨어뜨렸다. 물음에 답하시오.(단, 공기 저항과 모든 마찰은 무시한다.)

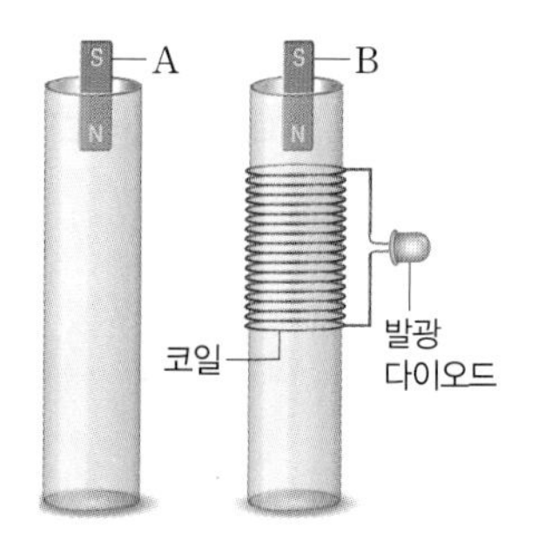

13 A, B 중 지면에 먼저 도달하는 자석을 고르시오.

서술형
14 발광 다이오드에 나타나는 현상을 쓰고, 그렇게 답한 까닭을 설명하시오.

15 전기 에너지에 대한 설명으로 옳은 것을 〈보기〉에서 모두 고른 것은?

보기
ㄱ. 단위는 W(와트)를 사용한다.
ㄴ. 전류가 흐를 때 공급되는 에너지이다.
ㄷ. 다른 형태의 에너지로 쉽게 전환된다.

① ㄱ ② ㄷ ③ ㄱ, ㄴ
④ ㄴ, ㄷ ⑤ ㄱ, ㄴ, ㄷ

★ 바른답·알찬풀이 56쪽

16 그림은 화력 발전소에서의 에너지 전환 과정을 나타낸 것이다.

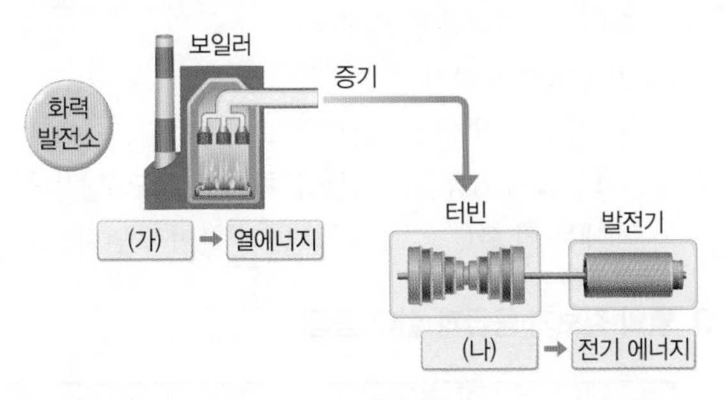

(가)와 (나)에 들어갈 알맞은 말을 옳게 짝 지은 것은?

	(가)	(나)
①	빛에너지	위치 에너지
②	화학 에너지	운동 에너지
③	화학 에너지	소리 에너지
④	위치 에너지	운동 에너지
⑤	운동 에너지	화학 에너지

17 다음은 에너지의 종류에 대한 설명이다.

(가) 화학적인 결합에 의해 음식물이나 화석 연료 등에 저장된 에너지이다.
(나) 온도가 높은 물체에서 온도가 낮은 물체로 이동하는 에너지로, 물체의 온도나 상태를 변화시킬 수 있다.
(다) 식물이 광합성을 통해 각종 영양분을 만들어 내거나 태양 전지를 이용해 전기를 만드는 데 이용되는 에너지이다.

(가)~(다)에 해당하는 에너지를 옳게 짝 지은 것은?

	(가)	(나)	(다)
①	빛에너지	열에너지	역학적 에너지
②	빛에너지	열에너지	소리 에너지
③	열에너지	화학 에너지	소리 에너지
④	화학 에너지	빛에너지	열에너지
⑤	화학 에너지	열에너지	빛에너지

18 우리가 텔레비전을 시청할 때 전기 에너지는 여러 가지 형태의 에너지로 전환된다. 이 과정에서 나타나는 에너지를 〈보기〉에서 모두 고른 것은?

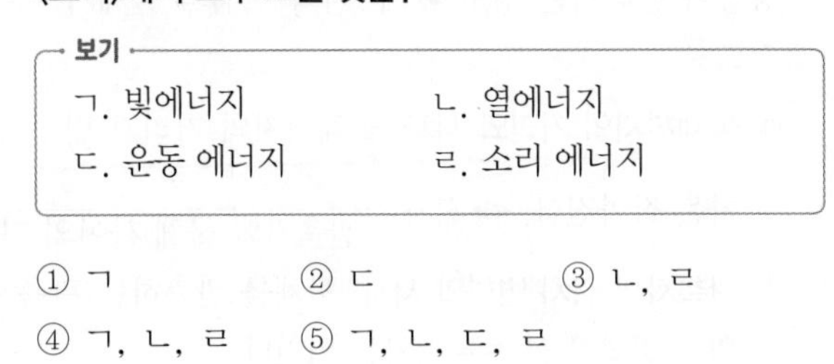

보기
ㄱ. 빛에너지　　ㄴ. 열에너지
ㄷ. 운동 에너지　　ㄹ. 소리 에너지

① ㄱ　② ㄷ　③ ㄴ, ㄹ
④ ㄱ, ㄴ, ㄹ　⑤ ㄱ, ㄴ, ㄷ, ㄹ

19 소비 전력을 모르는 어떤 냉장고를 하루 24시간씩 한 달 동안 사용하였더니 총 전력량이 72 kWh이었다. 이 냉장고의 소비 전력은 몇 W인지 구하시오.(단, 한 달은 30일이며, 냉장고의 소비 전력이 일정하다고 가정한다.)

서술형
20 그림과 같이 전기 요금 고지서에는 사용한 전기 에너지의 양이 전력량의 단위인 kWh로 표시되어 있다.

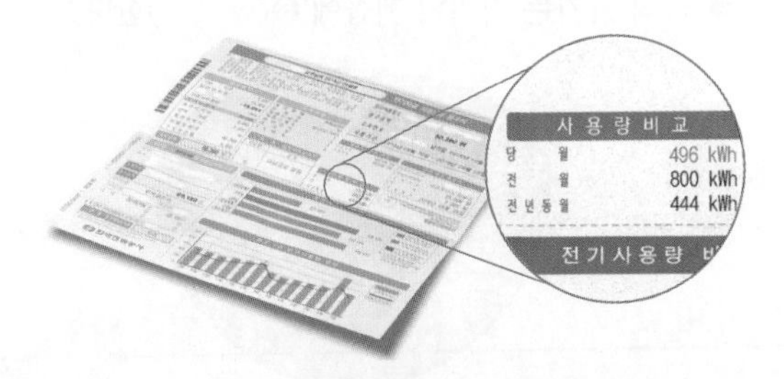

전기 요금 계산에 전기 에너지의 단위인 J(줄)이 아니라 전력량의 단위인 kWh(킬로와트시)를 사용하는 까닭을 설명하시오.

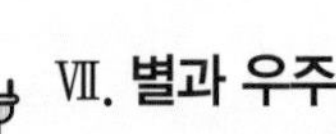

07강 별의 특성

❶ 별까지의 거리

1 ❶(　　　) 관측자의 위치 변화에 따라 물체의 겉보기 방향이 달라지는 정도 ➡ 두 관측 지점과 물체가 이루는 각도

① 물체까지의 거리와 시차: 물체까지의 거리가 멀수록 시차는 작아진다. ➡ 시차∝$\frac{1}{\text{관측자와 물체 사이의 거리}}$

② 관측자의 위치 변화와 시차: 물체를 관측하는 관측자의 위치 변화가 클수록 시차는 커진다.

2 연주 시차 지구 공전 궤도의 양쪽 끝 A, B에서 별 S를 바라볼 때 생기는 시차 ∠ASB의 ❷(　　　)인 p를 연주 시차라고 한다.

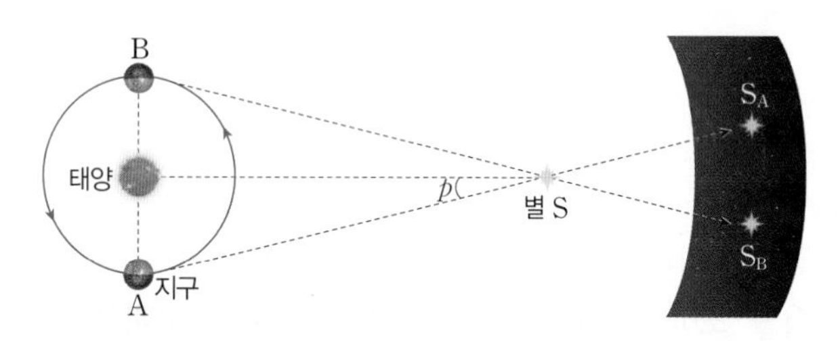

3 별까지의 거리와 연주 시차의 관계 지구로부터 별까지의 거리는 별의 연주 시차에 ❸(　　　)한다.

4 별까지의 거리를 나타내는 단위

① 1 AU(천문단위): 지구에서 태양까지의 평균 거리

② 1 LY(광년): 빛이 1년 동안 이동한 거리

③ 1 pc(파섹): 연주 시차가 1″인 별까지의 거리≒3.26광년

❷ 별의 밝기와 등급

1 별까지의 거리와 밝기 별의 밝기는 거리에 따라 다르게 나타난다. 즉, 같은 밝기의 별이라도 거리가 2배, 3배, …로 멀어지면 별의 밝기는 ❹(　　　)배, ❺(　　　)배, …로 어두워진다.

➡ 별의 밝기는 거리의 제곱에 ❻(　　　)한다.

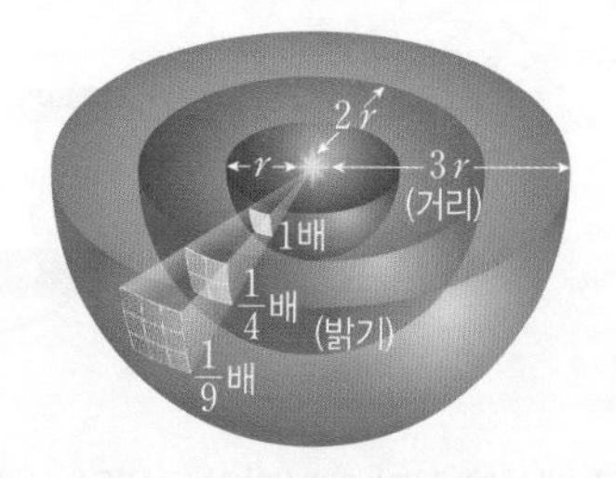

별의 밝기∝$\frac{1}{(\text{거리})^2}$

2 별의 밝기와 등급

① 별의 등급: 별의 밝기는 등급으로 표시하는데, 등급이 ❼(　　　)수록 밝은 별이다.

② 별의 등급과 밝기

- 1등급인 별은 6등급인 별보다 ❽(　　　)배 밝다.
- 1등급과 6등급은 5등급 차이가 나므로 각 등급 간에는 약 ❾(　　　)배의 밝기 차이가 난다.

3 별의 겉보기 등급과 절대 등급

구분	겉보기 등급	절대 등급
정의	별까지의 거리를 고려하지 않고 눈에 보이는 밝기에 따라 정한 등급	모든 별을 ❿(　　　) pc 거리에 두었다고 가정했을 때의 밝기 등급
의미	겉보기 등급이 ⓫(　　　)수록 우리 눈에 밝게 보인다.	절대 등급이 ⓬(　　　)수록 실제로 밝은 별이다.

4 별의 등급과 거리의 관계 (겉보기 등급−절대 등급) 값이 ⓭(　　　)수록 별까지의 거리가 멀다.

구분	별까지의 거리
겉보기 등급<절대 등급	10 pc보다 가까이 있다.
겉보기 등급=절대 등급	10 pc 거리에 있다.
겉보기 등급>절대 등급	10 pc보다 멀리 있다.

❸ 별의 색과 표면 온도

1 물체의 색과 온도 용광로에서 갓 나온 쇳물은 흰색을 띠지만, 쇳물이 식어갈수록 노란색, 붉은색, 검붉은색으로 점차 변해 간다.

2 별의 색이 다른 까닭 별의 색은 별의 ⓮(　　　)에 따라 서로 다르게 나타난다.

① 표면 온도가 높은 별: 주로 ⓯(　　　)을 띤다.

② 표면 온도가 낮은 별: 주로 ⓰(　　　)을 띤다.

청색	청백색	백색	황백색	황색	주황색	적색

⓱(　　　)다. ←── 표면 온도 ──→ ⓲(　　　)다.

답 ❶ 시차 ❷ $\frac{1}{2}$ ❸ 반비례 ❹ $\frac{1}{2^2}$ ❺ $\frac{1}{3^2}$ ❻ 반비례 ❼ 작을 ❽ 100 ❾ 2.5 ❿ 10 ⓫ 작을 ⓬ 작을 ⓭ 클 ⓮ 표면 온도 ⓯ 청색 ⓰ 적색 ⓱ 높 ⓲ 낮

A 별의 밝기와 등급의 관계 알아보기

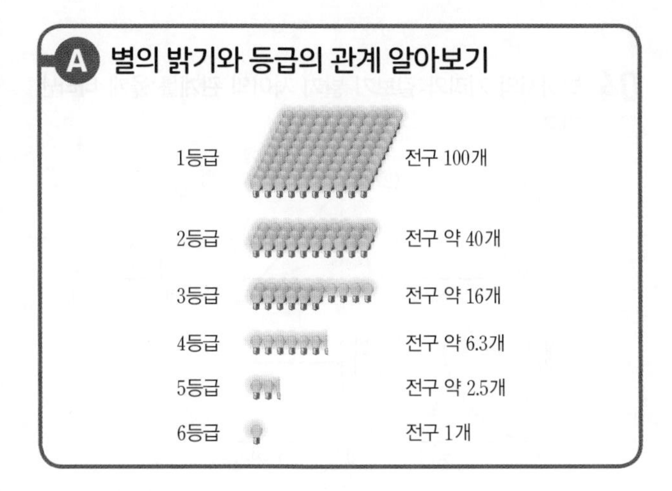

[01~08] 위 그림은 등급과 그에 따른 밝기를 상대적으로 나타낸 것이다. 물음에 답하시오.

01 -3.8등급인 별은 1.2등급인 별보다 몇 배 밝은지 쓰시오.

02 -1.3등급인 별보다 16배 밝은 별은 약 몇 등급인지 쓰시오.

03 6등급인 별보다 2.5배 어두운 별은 약 몇 등급인지 쓰시오.

04 맨눈으로 볼 수 있는 가장 어두운 별은 0등급보다 약 몇 배 어두운지 쓰시오.

05 3등급인 별이 40개가 모여 있다면 약 몇 등급의 별 1개와 밝기가 같은지 쓰시오.

06 5등급의 별이 4000개 모인 성단이 있다면 이 성단의 밝기는 약 몇 등급의 별 1개의 밝기와 같은지 쓰시오.

07 2등급인 별 40개와 같은 밝기를 갖기 위해서는 3등급인 별 약 몇 개가 모여야 하는지 쓰시오.

08 3등급인 별 10000개와 같은 밝기를 갖기 위해서는 -2 등급인 별 몇 개가 모여야 하는지 쓰시오.

B 겉보기 등급과 절대 등급 이해하기

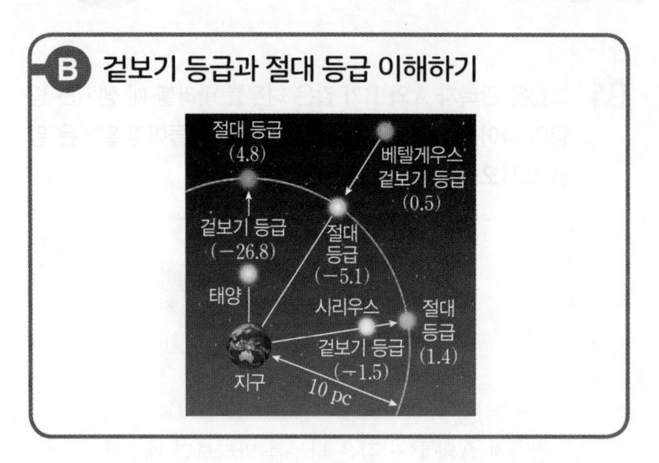

[09~10] 위 그림은 세 별들의 겉보기 등급과 절대 등급을 나타낸 것이다. 물음에 답하시오.

09 태양, 베텔게우스, 시리우스 중에서 실제로 가장 밝은 별을 쓰시오.

10 절대 등급은 별을 지구로부터 약 몇 광년 거리에 두었다고 가정할 때의 별의 밝기 등급인지 쓰시오.

11 1 pc의 거리에 있는 어떤 별의 겉보기 등급이 -2.4등급이라면 이 별의 절대 등급은 얼마인지 쓰시오.

12 3.26광년의 거리에 있는 어떤 별의 겉보기 등급이 2등급이라면 이 별의 절대 등급은 약 얼마인지 쓰시오.

13 겉보기 등급과 절대 등급이 모두 2등급인 어떤 별이 현재보다 10배 가까워진다면 겉보기 등급과 절대 등급은 각각 몇 등급으로 되는지 쓰시오.

14 겉보기 등급이 0등급이고, 절대 등급이 -1등급인 어떤 별까지의 거리가 2.5배 멀어진다면 겉보기 등급과 절대 등급은 각각 몇 등급으로 되는지 쓰시오.

15 지구에서 본 태양의 겉보기 등급이 -26.8등급이라면 토성에서 본 태양의 겉보기 등급은 얼마일지 쓰시오.(단, 태양까지의 거리는 지구가 1 AU이고, 토성은 10 AU라고 가정한다.)

01 그림은 관측자 A와 B가 같은 나무를 바라볼 때 생기는 방향의 차이를 나타낸 것이다. ( ) 안에 들어갈 알맞은 말을 쓰시오.

관측자 A와 B가 같은 나무를 바라보면 배경에 대해서 나무의 위치가 다르게 보인다. 이와 같이 멀리 있는 배경에 대해서 가까운 물체의 위치가 달라져 보이는 방향의 차이를 (   )(이)라고 한다.

02 표는 여러 별의 연주 시차를 나타낸 것이다.

별	A	B	C	D	E
연주 시차(″)	0.01	0.19	0.12	0.07	0.38

위 별 중 지구로부터 거리가 가장 가까운 별과 먼 별을 순서대로 옳게 나열한 것은?

① A, B　② B, C　③ C, D
④ E, A　⑤ E, D

중요
03 그림은 6개월 간격으로 1년 동안 관측한 별의 모습을 순서대로 나타낸 것이다.

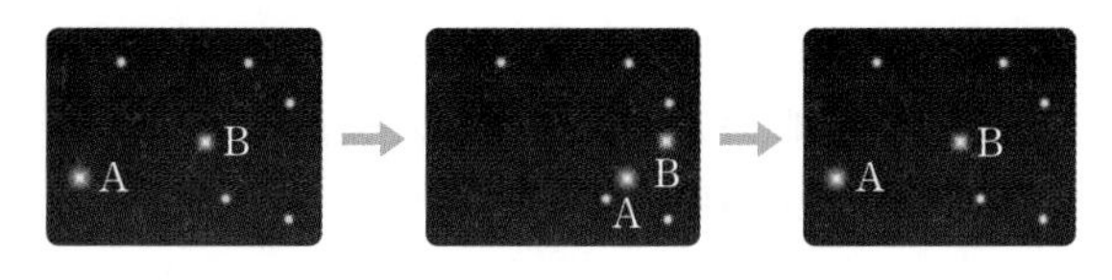

이에 대한 설명으로 옳은 것을 〈보기〉에서 모두 고른 것은?(단, 별 A와 B의 절대 등급은 같다.)

보기
ㄱ. 별 A는 별 B보다 밝게 관측된다.
ㄴ. 별 A는 별 B보다 지구에 가까이 있는 별이다.
ㄷ. 별 A와 별 B의 위치가 배경 별에 대해 달라진 까닭은 지구의 자전 때문이다.

① ㄱ　② ㄷ　③ ㄱ, ㄴ
④ ㄴ, ㄷ　⑤ ㄱ, ㄴ, ㄷ

04 별까지의 거리와 겉보기 밝기 사이의 관계를 옳게 나타낸 것은?

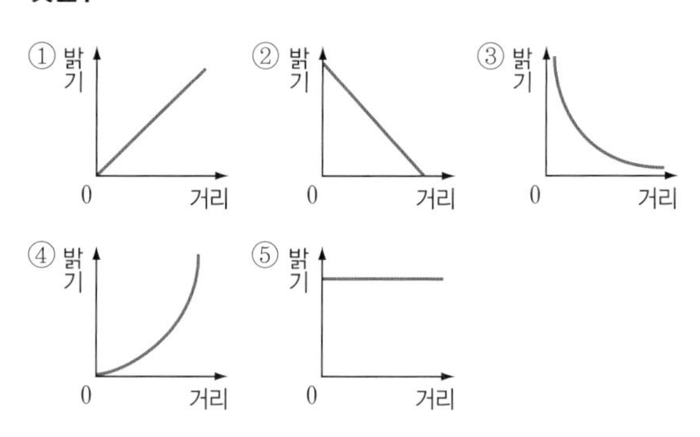

중요
05 겉보기 등급과 절대 등급에 대한 설명으로 옳은 것은?

① 겉보기 등급이 작은 별은 절대 등급도 작다.
② 밤하늘에서 같은 밝기로 보이는 별들은 절대 등급도 같다.
③ 별의 절대 등급이 같을 때, 거리가 먼 별일수록 겉보기 등급이 크다.
④ 별이 10 pc의 거리에 있다고 가정하고 정한 등급을 겉보기 등급이라고 한다.
⑤ 절대 등급이 3등급인 별의 거리가 10배 멀어지면 그 별의 절대 등급은 8등급이 된다.

06 그림은 등급과 밝기와의 관계를 나타낸 것이다.

어떤 별까지의 거리가 현재보다 4배 멀어진다고 가정할 때, 이 별의 겉보기 등급과 절대 등급의 변화에 대한 설명으로 옳은 것을 모두 고르면?(정답 2개)

① 절대 등급은 변화가 없다.
② 절대 등급이 약 3등급 커진다.
③ 겉보기 등급은 변화가 없다.
④ 겉보기 등급은 약 3등급 커진다.
⑤ 겉보기 등급은 약 3등급 작아진다.

★ 바른답·알찬풀이 58쪽

중요

07 그림은 별 A～D의 겉보기 등급과 절대 등급을 나타낸 것이다.

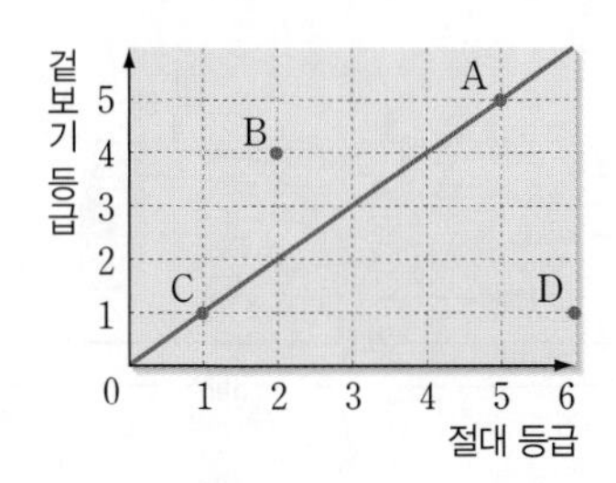

이에 대한 설명으로 옳은 것을 모두 고르면?(정답 2개)

① 실제로 가장 밝은 별은 A이다.
② 별 A와 별 C는 지구로부터 10 pc 거리에 있다.
③ 지구로부터의 거리가 가장 가까운 별은 B이다.
④ 별 C는 별 D보다 100배 밝게 보인다.
⑤ 별 D는 지구로부터 1 pc 거리에 있다.

08 지구로부터 100 pc의 거리에 있는 겉보기 등급이 4등급인 별을 10 pc으로 옮겼을 때, 이 별의 겉보기 등급은 어떻게 변하는가?

① −8등급 ② −5등급 ③ −1등급
④ 1등급 ⑤ 2등급

중요

09 그림은 별 A～D까지의 거리와 겉보기 등급을 나타낸 것이다.

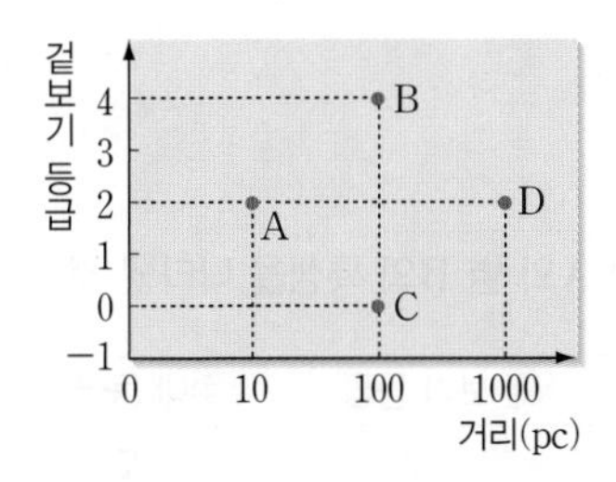

이에 대한 설명으로 옳은 것을 〈보기〉에서 모두 고른 것은?

보기
ㄱ. 가장 밝게 보이는 별은 A이다.
ㄴ. 연주 시차는 별 C가 별 D보다 크다.
ㄷ. 실제 밝기가 가장 밝은 별은 B이다.

① ㄱ ② ㄴ ③ ㄷ
④ ㄴ, ㄷ ⑤ ㄱ, ㄴ, ㄷ

10 별의 색을 통해 알 수 있는 것은?

① 별의 모양 ② 별의 위치
③ 별의 질량 ④ 별의 크기
⑤ 별의 표면 온도

서술형 문제

[11~14] 표는 별 (가)~(라)의 색과 등급을 나타낸 것이다. 물음에 답하시오.

별	(가)	(나)	(다)	(라)
색	청색	백색	황색	적색
겉보기 등급	−1.4	1.6	1.8	−4.3
절대 등급	−1.4	−3.1	−3.2	−4.3

11 별 (가)~(라)를 표면 온도가 높은 별부터 낮은 별까지 순서대로 쓰고, 그렇게 생각한 까닭을 설명하시오.

12 표면 온도가 태양과 비슷한 별을 고르고, 그렇게 생각한 까닭을 설명하시오.

13 지구로부터의 거리가 10 pc인 별을 모두 고르고, 그렇게 생각한 까닭을 설명하시오.

14 (다)는 지구로부터 약 몇 광년 거리에 있는지 쓰고, 그렇게 생각한 까닭을 설명하시오.

07강 기출 예상 문제로 시험 대비하기 2회

01 물체와의 거리와 시차의 관계를 옳게 나타낸 것은?

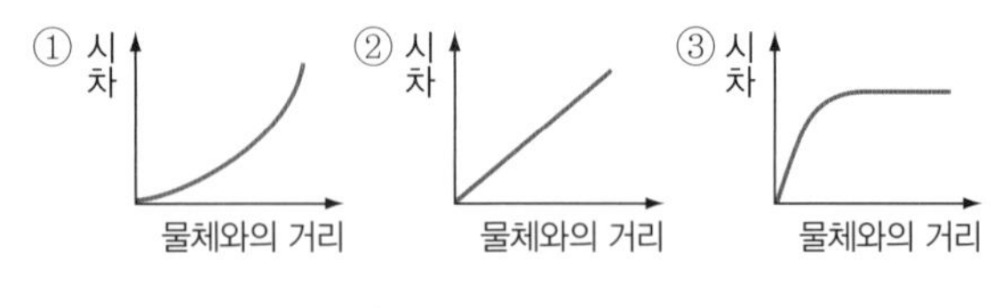

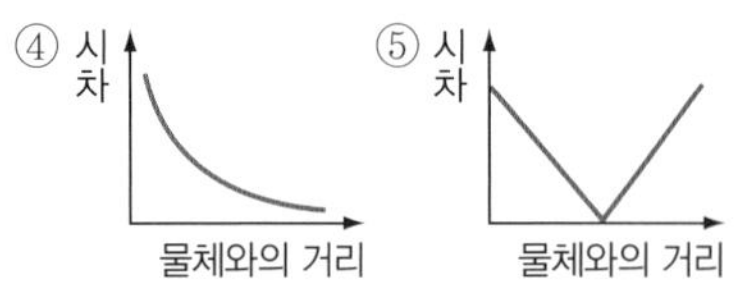

02 오른쪽 그림은 6개월 간격으로 별 S를 관측한 결과를 나타낸 것이다. 이에 대한 설명으로 옳지 않은 것은?

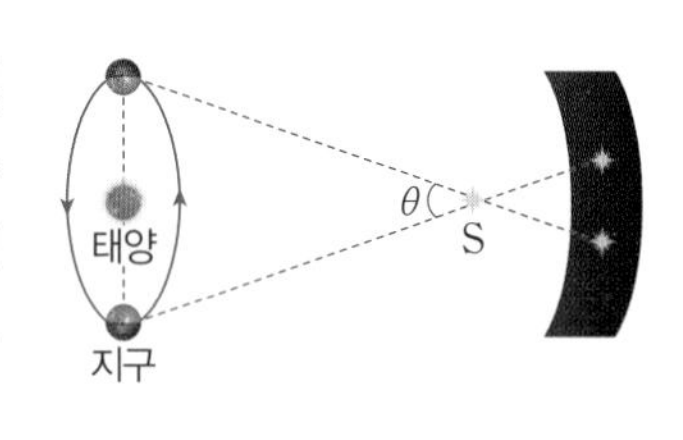

① 별 S의 연주 시차는 θ의 $\frac{1}{2}$이다.
② 별 S보다 먼 별은 θ가 더 커진다.
③ 별 S까지의 거리가 가까울수록 θ는 커진다.
④ 연주 시차를 이용하여 별까지의 거리를 구할 수 있다.
⑤ 연주 시차가 나타나는 까닭은 지구가 공전하면서 지구의 위치가 변하기 때문이다.

중요
03 그림은 6개월 간격으로 관측한 별 A와 별 B의 위치 변화를 나타낸 것이다.

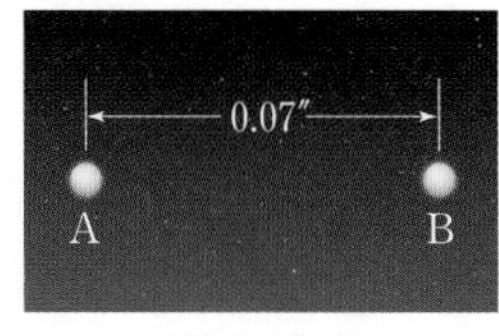

(가) 6개월 전

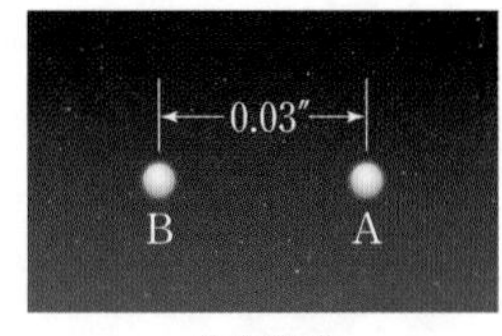

(나) 현재

이에 대한 설명으로 옳은 것을 〈보기〉에서 모두 고른 것은?(단, 별 B는 배경 별에 대해 상대적인 위치 변화가 없었고, 별 A와 별 B의 겉보기 등급은 서로 같다.)

보기
ㄱ. 별 A의 연주 시차는 0.1″이다.
ㄴ. 실제 밝기는 별 B가 별 A보다 밝다.
ㄷ. 별 A는 별 B보다 지구로부터의 거리가 가깝다.

① ㄱ ② ㄴ ③ ㄷ
④ ㄴ, ㄷ ⑤ ㄱ, ㄴ, ㄷ

04 그림은 별의 밝기와 거리의 관계를 나타낸 것이다.

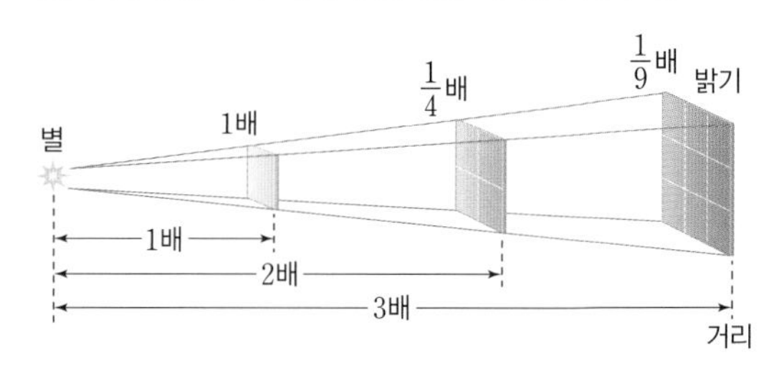

만일 어떤 별까지의 거리가 현재보다 40배 멀어진다면, 이 별의 겉보기 등급은 현재에 비해 어떻게 변하겠는가?

① 약 5등급 커진다. ② 약 5등급 작아진다.
③ 약 8등급 커진다. ④ 약 40등급 커진다.
⑤ 변화가 없다.

중요
05 별의 등급에 대한 설명으로 옳은 것은?

① 거리가 멀어지면 절대 등급은 커진다.
② 1등급 차는 약 5.2배의 밝기 차가 난다.
③ 0등급인 별은 6등급인 별보다 약 250배 밝다.
④ 10광년 거리에 두었을 때의 밝기 등급은 절대 등급이다.
⑤ 히파르코스는 맨눈으로 보이는 가장 어두운 별을 1등급으로 정했다.

06 표는 별 A와 별 B의 특성을 나타낸 것이다.

별	겉보기 등급	절대 등급	색
A	−2	−7	백색
B	−3	2	황색

이에 대한 설명으로 옳은 것은?

① 별 A는 별 B보다 더 밝게 관측된다.
② 별 A는 별 B보다 표면 온도가 더 낮다.
③ 별 A는 별 B보다 실제 밝기가 더 어둡다.
④ 별 A는 지구로부터 100 pc의 거리에 있다.
⑤ 별 A는 별 B보다 지구로부터의 거리가 더 가깝다.

07 별의 등급 차와 밝기 비 사이의 관계를 옳게 나타낸 것은?

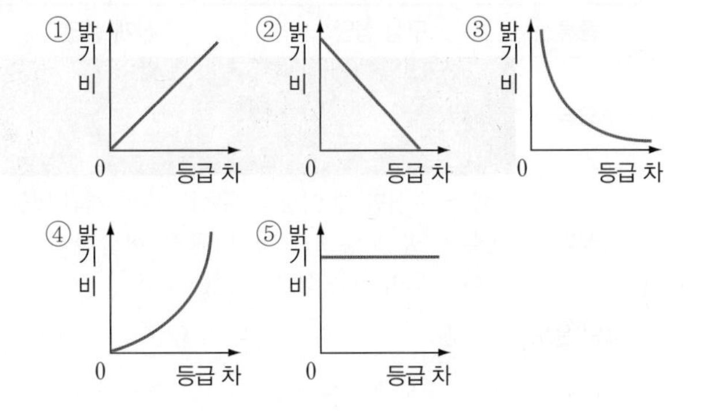

[08~09] 표는 여러 별들의 절대 등급과 겉보기 등급을 나타낸 것이다. 물음에 답하시오.

별	절대 등급	겉보기 등급
베텔게우스	−5.1	0.5
데네브	−8.7	1.3
시리우스	1.4	−1.5
북극성	−3.6	2.1
아크투르스	−0.3	−0.1

08 위 별들 중 지구로부터의 거리가 10 pc보다 가까운 별은 몇 개인지 쓰시오.

09 북극성은 시리우스보다 실제 몇 배 밝은지 쓰시오.

10 겉보기 등급과 절대 등급이 2등급으로 같은 별이 있다. 지구로부터 이 별까지의 거리로 옳은 것을 모두 고르면? (정답 2개)

① 1 pc　② 5 pc
③ 10 pc　④ 약 3.26 광년
⑤ 약 32.6 광년

11 그림 (가)는 전등의 밝기를 변화시키면서 색을 관찰하는 모습을 나타낸 것이고, (나)는 실험 결과이다.

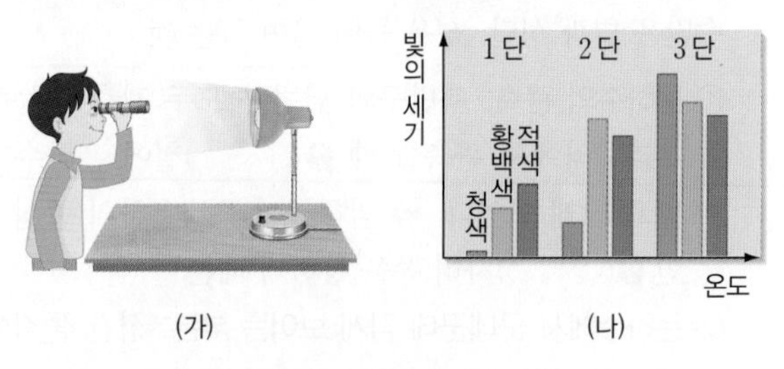

이에 대한 설명으로 옳은 것을 〈보기〉에서 모두 고른 것은?

보기
ㄱ. 전등이 1단일 때 청색의 빛을 가장 많이 방출한다.
ㄴ. 전등의 빛이 어두울수록 전구는 청색을 띠게 된다.
ㄷ. 별은 표면 온도가 높을수록 청색이 상대적으로 강해질 것이다.

① ㄱ　② ㄷ　③ ㄱ, ㄴ
④ ㄴ, ㄷ　⑤ ㄱ, ㄴ, ㄷ

서술형 문제

[12~14] 표는 여러 별의 연주 시차, 거리, 색을 나타낸 것이다. 물음에 답하시오.

별	연주 시차(″)	거리(pc)	색
A	0.01	100	청색
B	0.13	7.7	적색
C	0.19	5.3	청색
D	0.38	2.6	청백색
E	0.77	1.3	주황색

12 표를 보고 연주 시차와 거리 사이의 관계를 설명하시오.

13 태양은 황색 별이다. 표의 별 중에서 태양보다 표면 온도가 낮은 별을 모두 쓰고, 그렇게 생각한 까닭을 설명하시오.

14 표의 별 중에서 겉보기 등급이 절대 등급보다 큰 별을 찾아 쓰고, 그렇게 생각한 까닭을 설명하시오.

08강 은하와 우주

❶ 우리은하

1 ❶(　　　) 지구에서 우리은하의 일부를 본 모습으로, 수많은 별과 성단, 성운 등이 모여 있는 것

① **은하수의 관측:** 북반구와 남반구 모두 관측 가능하고, 우리나라에서 관측할 때 ❷(　　　)철에 은하수가 더 넓고 밝게 보인다. ➡ 밤하늘이 우리은하의 중심 방향인 ❸(　　　)자리 쪽을 향하기 때문

② **은하수에서 군데군데 검게 보이는 부분:** 성간 물질에 의해 뒤쪽에서 오는 별빛이 가로막힌 것

▲ 여름철 은하수

▲ 겨울철 은하수

2 우리은하 태양계가 속해 있는 은하로, 형태상으로 볼 때 ❹(　　　) 은하에 속한다.

크기	지름이 약 ❺(　　　)만 광년(약 30 kpc)
태양계의 위치	은하 중심에서 약 3만 광년(약 8.5 kpc) 떨어진 ❻(　　　)에 위치

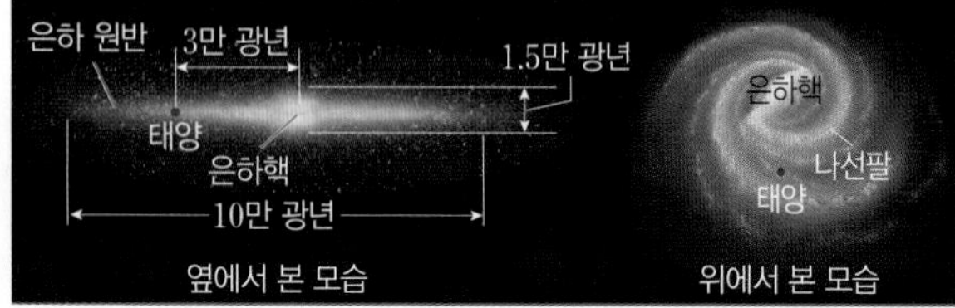

❷ 우리은하를 이루는 천체

1 성운 성간 물질이 모여 구름처럼 보이는 것

종류	모습	특징
❼(　　　) 성운		가스와 티끌이 밀집되어 있어 뒤쪽에서 오는 별빛을 차단하여 검게 보이는 성운
❽(　　　) 성운		성운 안에 있는 고온의 별에서 나오는 강한 빛에 의해 기체가 가열되어 스스로 빛을 내며 밝게 보이는 성운
❾(　　　) 성운		밝은 별 주위의 가스나 티끌이 별빛을 반사시켜 밝게 보이는 성운

2 성단 별들이 모여 집단을 이루고 있는 것

종류	구상 성단	산개 성단
모습		
정의	수만~수십만 개 이상의 별들이 공 모양으로 빽빽하게 모여 있는 성단	수십~수만 개의 별들이 비교적 허술하게 모여 있는 성단
표면 온도	❿(　　　)다.	⓫(　　　)다.
색	주로 붉은색	주로 파란색
분포 영역	중심핵, 원반 주위를 둘러싸고 있는 둥근 구형의 공간(헤일로)	주로 ⓬(　　　)

❸ 외부 은하

우리은하 밖의 우주 공간에 흩어져 있는 은하를 외부 은하라 하며, 허블은 외부 은하를 ⓭(　　　)에 따라 타원 은하, 정상 나선 은하, 막대 나선 은하, 불규칙 은하로 분류하였다.

타원 은하	정상 나선 은하	⓮(　　　) 은하	⓯(　　　) 은하
구형에 가깝거나 납작한 타원체 형태의 은하	은하 중심에서 나선팔이 휘어져 나온 은하	막대 모양의 양 끝에서 나선팔이 휘어져 나온 은하	규칙적인 모양이 없는 은하

❹ 우주의 팽창

1 우주의 팽창 대부분의 외부 은하들은 우리은하와의 거리가 멀어지고 있으며, 멀리 있는 은하일수록 ⓰(　　　) 속도로 멀어지고 있다. ➡ 현재 우주가 팽창하고 있으며, 우주 팽창의 중심은 없다.

2 ⓱(　　　) 이론(대폭발 이론) 약 138억 년 전 하나의 작은 점에서 탄생한 우주가 팽창하여 현재의 우주를 이루었다는 이론 ➡ 우주의 총 질량은 일정하며, 우주가 팽창하면서 온도는 하강하고, 밀도는 감소한다.

답 ❶ 은하수 ❷ 여름 ❸ 궁수 ❹ 막대 나선 ❺ 10 ❻ 나선팔 ❼ 암흑 ❽ 방출 ❾ 반사 ❿ 낮 ⓫ 높 ⓬ 나선팔 ⓭ 모양(형태) ⓮ 막대 나선 ⓯ 불규칙 ⓰ 빠른 ⓱ 빅뱅

A 성단과 성운의 특징 구분하기

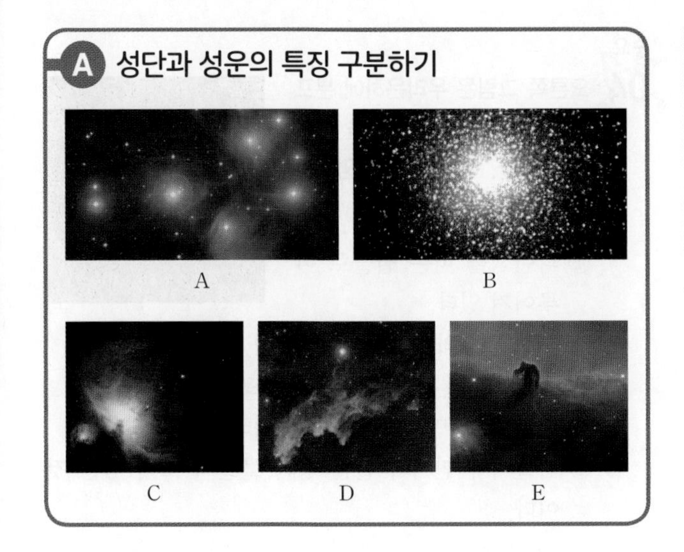

[01~06] 위 그림의 A와 B는 우리은하를 구성하는 2가지 종류의 성단을 나타낸 것이고, C~E는 우리은하를 구성하는 3가지 종류의 성운을 나타낸 것이다. 물음에 답하시오.

01 A 성단과 B 성단의 종류를 각각 쓰시오.

02 C~E 성운의 종류를 각각 쓰시오.

03 A와 B 중에서 수만~수십만 개의 별들이 모여 있는 성단을 고르시오.

04 A와 B 중에서 주로 우리은하의 나선팔에 있으며 대부분이 고온의 젊은 별들로 이루어진 성단을 고르시오.

05 그림 (가)와 (나)는 성운이 관측되는 원리를 나타낸 것이다.

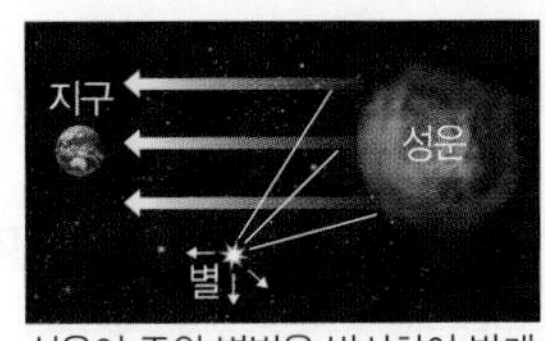

성운이 주위 별빛을 반사하여 밝게 보인다.
(가)

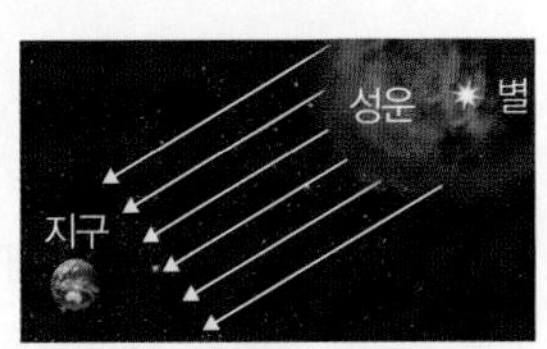

성운 내 고온의 별이 기체(성운)를 가열시킨다.
(나)

(가)와 (나)는 각각 위 그림의 C~E 성운 중 어느 성운의 관측 원리인지 쓰시오.

06 오른쪽 그림은 C~E 성운 중 어떤 성운과 관측되는 원리가 같은지 고르시오.

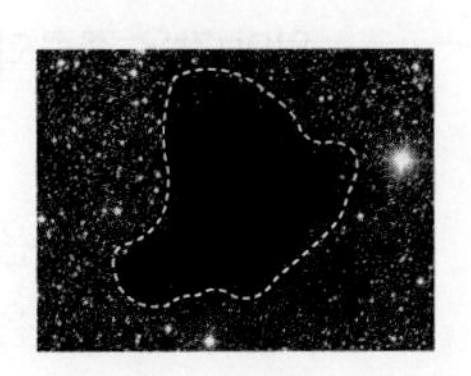

B 외부 은하의 분류 기준과 특징 알아보기

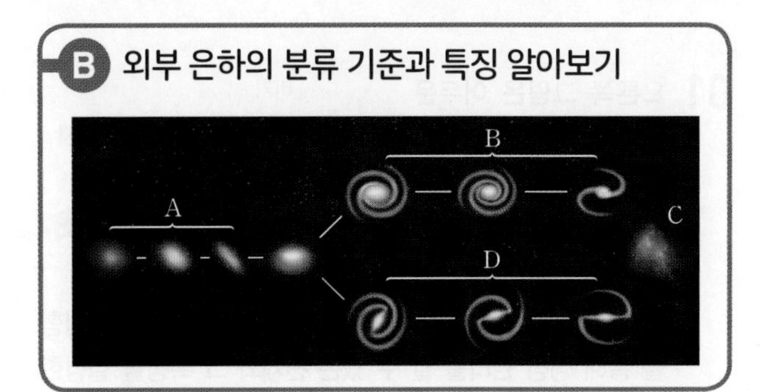

[07~10] 위 그림은 외부 은하를 허블의 은하 분류 기준에 따라 A~D 그룹으로 분류한 것이다. 물음에 답하시오.

07 허블의 외부 은하 분류 기준을 쓰고, A~D 중 (가)와 (나)에 해당하는 은하의 종류를 각각 고르시오.

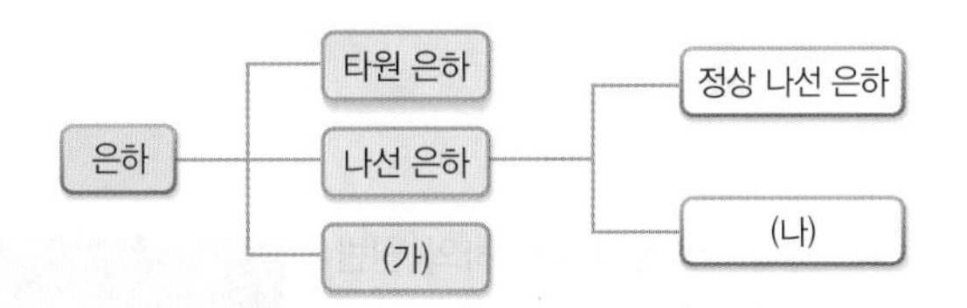

08 A~D 은하의 종류를 각각 쓰시오.

09 A~D 중에서 우리은하가 속한 은하를 고르시오.

10 B 은하와 D 은하의 공통점과 차이점을 각각 쓰시오.

11 다음은 외부 은하를 일정한 기준에 따라 분류한 것을 모식도로 나타낸 것이다.

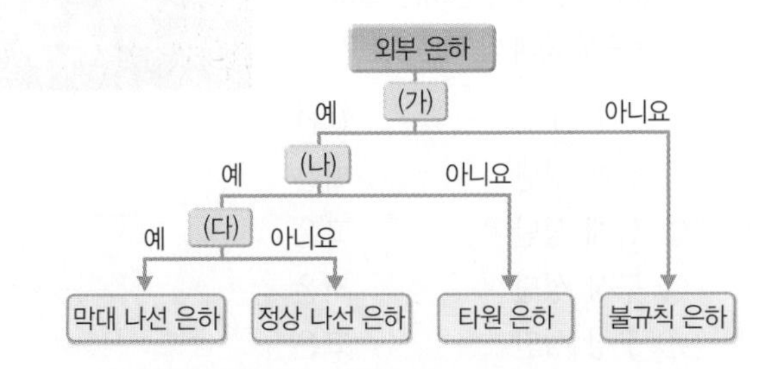

(가)~(다)에 들어갈 알맞은 분류 기준을 각각 쓰시오.

08강 기출 예상 문제로 시험 대비하기 1회

01 오른쪽 그림은 어두운 방에서 향 연기를 피운 후 비커로 덮고 손전등으로 비커의 옆면을 셀로판지를 통해 비추면서 향 연기의 색을 관찰하는 실험을 나타낸 것이다. 위 실험을 통해 생성 원리를 알 수 있는 천체와 그 특징을 설명한 것으로 옳은 것은?

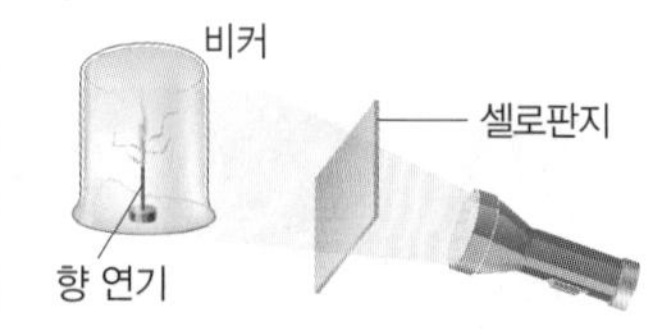

① 구상 성단, 별들이 빽빽하게 모여 있다.
② 산개 성단, 붉은색을 띠는 별들이 모여 있다.
③ 방출 성운, 성간 물질이 스스로 밝게 보인다.
④ 반사 성운, 주위 별빛을 반사하여 밝게 보인다.
⑤ 암흑 성운, 뒤쪽의 별빛을 차단하여 어둡게 보인다.

02 오른쪽 그림은 우리은하의 원반부에 위치한 어느 성운을 나타낸 것이다. 이에 대한 설명으로 옳은 것을 〈보기〉에서 모두 고른 것은?

보기
ㄱ. 방출 성운이다.
ㄴ. 스스로 빛을 내는 성운이다.
ㄷ. 가스나 티끌 등이 다른 곳에 비해 많이 모인 곳이다.

① ㄱ ② ㄴ ③ ㄷ
④ ㄱ, ㄴ ⑤ ㄴ, ㄷ

중요 **03** 오른쪽 그림은 플레이아데스 성단의 모습이다. (가) 이 성단의 종류와 (나) 성단을 구성하는 별의 표면 온도를 옳게 짝 지은 것은?

	(가)	(나)
①	산개 성단	저온
②	산개 성단	고온
③	구상 성단	저온
④	구상 성단	고온
⑤	구상 성단	표면 온도가 다양

중요 **04** 오른쪽 그림은 우리은하에 분포하는 어느 천체의 모습을 나타낸 것이다. 이에 대한 설명으로 옳은 것은?

① 파란색을 띠는 별들로 이루어져 있다.
② 구성 별들의 표면 온도가 높다.
③ 주로 우리은하의 나선팔에 분포한다.
④ 수만~수십만 개의 별들이 빽빽하게 모여 있다.
⑤ 티끌이나 먼지와 같은 성간 물질이 모여 있는 것이다.

05 그림은 우리은하를 옆에서 본 모습을 나타낸 것이다.

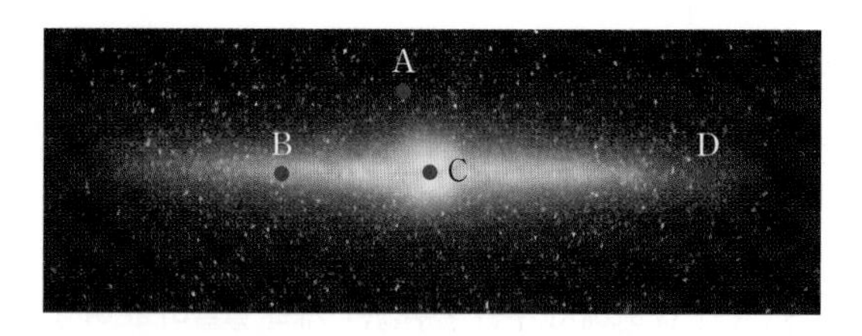

위 그림에서 태양계의 위치와, 우리은하 중심에서 태양계까지의 거리를 옳게 짝 지은 것은?

① A, 약 3만 광년 ② B, 약 3만 광년
③ C, 약 3만 광년 ④ C, 약 5만 광년
⑤ D, 약 5만 광년

06 다음은 외부 은하에 대한 설명과 모습을 나타낸 것이다.

• 나선팔이 없다.
• 구형에 가깝거나 납작한 타원체 모양이다.

위와 같은 종류의 은하는 무엇인가?

① 타원 은하 ② 전파 은하
③ 막대 나선 은하 ④ 불규칙 은하
⑤ 정상 나선 은하

★ 바른답·알찬풀이 62쪽

중요
07 그림 (가)와 (나)는 서로 다른 은하의 모습을 나타낸 것이다.

(가)

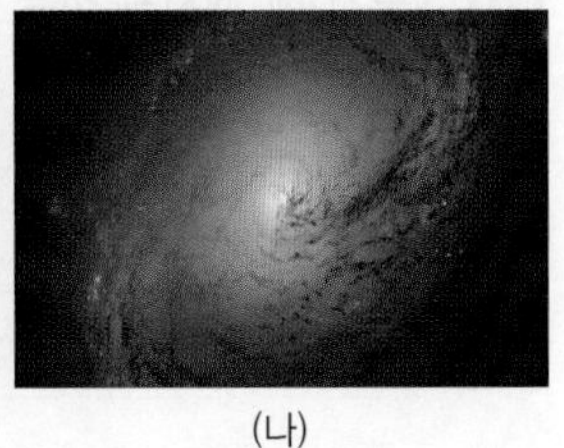
(나)

이에 대한 설명으로 옳은 것은?

① (가)는 정상 나선 은하이다.
② (나)는 막대 나선 은하이다.
③ 두 은하 모두 나선팔을 가진다.
④ 우리은하의 모습은 (가)보다 (나)에 가깝다.
⑤ 두 은하 모두 은하 중심부에 막대 모양의 구조가 있다.

[08~09] 그림은 풍선의 표면에 붙임딱지를 붙인 다음, 풍선을 크게 불어 붙임딱지 사이의 거리 변화를 관찰하는 실험을 나타낸 것이다. 물음에 답하시오.

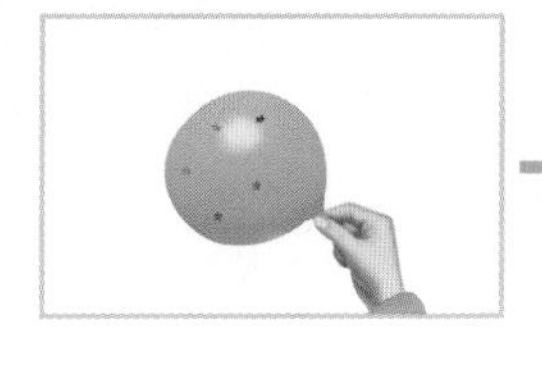
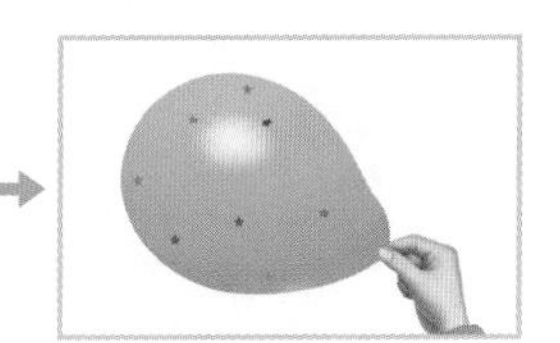

08 위 실험을 우주의 팽창에 비유할 때 (가) 풍선 표면과 (나) 붙임딱지가 실제 우주에서 나타내는 것을 옳게 짝 지은 것은?

	(가)	(나)		(가)	(나)
①	은하	우주	②	우주	성단
③	성단	은하	④	우주	은하
⑤	성운	성단			

09 위 실험을 통해 알 수 있는 사실로 가장 적절한 것은?

① 은하 사이의 거리는 일정하다.
② 모든 은하는 한 점으로 모인다.
③ 은하는 서로 다른 속도로 이동한다.
④ 한 점을 중심으로 모든 은하는 서로 멀어진다.
⑤ 은하가 서로 멀어짐을 통해 우주의 팽창을 알 수 있다.

중요
10 우주가 팽창하고 있을 때 우리은하로부터 멀리 있는 은하일수록 어떻게 관측되는가?

① 더 빠른 속도로 멀어진다.
② 더 빠른 속도로 가까워진다.
③ 더 느린 속도로 멀어진다.
④ 더 느린 속도로 가까워진다.
⑤ 일정한 속도로 멀어진다.

서술형 문제

[11~13] 그림 (가)는 우리은하를 옆에서 본 모식도이고, (나)와 (다)는 태양계의 위치에서 A와 B 방향을 바라보았을 때 관측되는 은하수 모습을 순서 없이 나타낸 것이다. 물음에 답하시오.

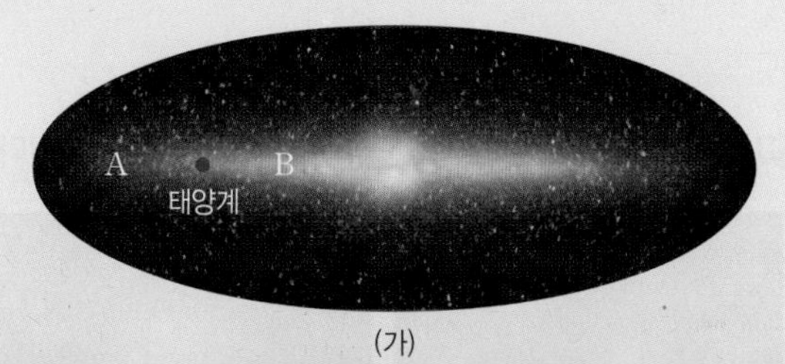

(가)

(나) (다)

11 그림 (가)의 태양계 위치에서 A 방향을 바라본 은하수의 모습은 그림 (나)와 (다) 중에서 어느 것인지 고르고, 그렇게 판단한 근거를 설명하시오.

12 우리나라의 경우 여름철과 겨울철 중 은하수가 더 밝고 두껍게 관측되는 계절을 쓰고, 그 까닭을 설명하시오.

13 만약 태양계가 우리은하의 중심부에 있다면 은하수의 모양이 어떻게 보일지 설명하시오.

08강 기출 예상 문제로 시험 대비하기 2회

중요

01 다음은 성운의 특징을 설명한 것이다.

(가) 스스로 빛을 내어 밝게 보인다.
(나) 별빛을 차단하여 어둡게 보인다.
(다) 주변 별빛을 반사하여 밝게 보인다.

위 설명에 해당하는 성운을 각각 옳게 짝 지은 것은?

	(가)	(나)	(다)
①	방출 성운	반사 성운	암흑 성운
②	방출 성운	암흑 성운	반사 성운
③	반사 성운	방출 성운	암흑 성운
④	반사 성운	암흑 성운	방출 성운
⑤	암흑 성운	반사 성운	방출 성운

중요

02 그림 (가)와 (나)는 망원경으로 관측한 두 성단의 모습이다.

(가)

(나)

성단 (가)와 (나)에 대한 설명으로 옳지 않은 것은?

① (가)는 주로 고온의 별들로 이루어져 있다.
② (가)는 대부분 은하 중심과 은하 원반을 둘러싼 공간에 분포한다.
③ (나)는 주로 붉은색 별들로 이루어져 있다.
④ (나)는 주로 나이가 많은 별들로 이루어져 있다.
⑤ (가)는 (나)보다 구성 별의 개수가 적다.

03 우리나라에서 관측할 때 (가) 은하수가 가장 넓고 밝게 관측되는 계절과 (나) 우리은하의 중심 방향에 있는 별자리를 옳게 짝 지은 것은?

	(가)	(나)		(가)	(나)
①	봄	백조자리	②	여름	궁수자리
③	가을	독수리자리	④	겨울	오리온자리
⑤	겨울	큰개자리			

04 〈보기〉에 제시된 것을 규모가 작은 것부터 순서대로 나열하시오.

보기
ㄱ. 태양 ㄴ. 목성 ㄷ. 성단
ㄹ. 은하 ㅁ. 우주 ㅂ. 태양계

05 우리은하에 대한 설명으로 옳은 것을 〈보기〉에서 모두 고른 것은?

보기
ㄱ. 은하수는 밤하늘에서 띠 모양으로 보인다.
ㄴ. 은하수는 궁수자리 방향이 가장 어둡게 보인다.
ㄷ. 우리은하의 중심 부근에는 막대 구조가 발달해 있다.

① ㄱ ② ㄴ ③ ㄱ, ㄷ
④ ㄴ, ㄷ ⑤ ㄱ, ㄴ, ㄷ

중요

06 그림은 우리은하를 옆에서 본 모습을 나타낸 것이다.

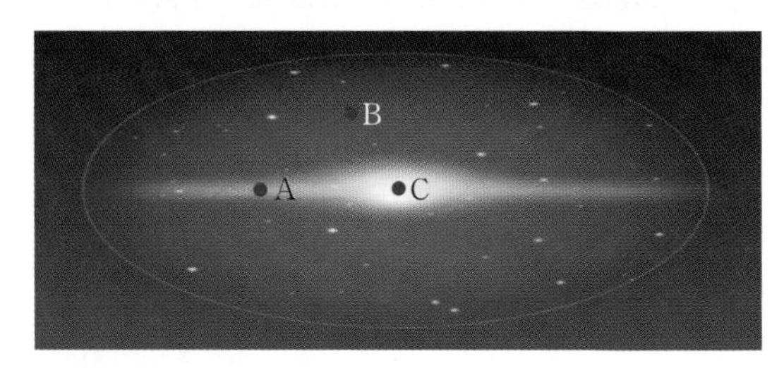

이에 대한 설명으로 옳은 것을 〈보기〉에서 모두 고른 것은?(단, 태양계는 A~C 중 어느 한 곳에 위치하고 있다.)

보기
ㄱ. A에는 태양계가 위치하고 있다.
ㄴ. B에는 산개 성단이 주로 분포한다.
ㄷ. C는 은하의 중심으로 태양계에서 볼 때 궁수자리 방향이다.

① ㄱ ② ㄴ ③ ㄱ, ㄷ
④ ㄴ, ㄷ ⑤ ㄱ, ㄴ, ㄷ

★ 바른답·알찬풀이 64쪽

[07~09] 그림은 여러 가지 외부 은하의 모습을 나타낸 것이다. 물음에 답하시오.

07 (가)~(바) 중 나선 은하를 모두 고른 것은?

① (가), (나) ② (나), (라) ③ (다), (바) ④ (나), (라), (바) ⑤ (다), (마), (바)

08 위 은하 중 우리은하와 같은 종류의 은하는?

① (가) ② (나) ③ (다) ④ (라) ⑤ (마)

09 위 은하 중 모양이 일정하지 않은 은하는?

① (가) ② (나) ③ (다) ④ (라) ⑤ (마)

10 우주에 대한 설명으로 옳은 것을 <보기>에서 모두 고른 것은?

보기
ㄱ. 우주는 계속 수축하고 있다.
ㄴ. 우주는 우리은하를 중심으로 팽창하고 있다.
ㄷ. 우주를 구성하고 있는 은하들 사이의 거리는 대부분 멀어지고 있다.

① ㄱ ② ㄴ ③ ㄷ ④ ㄱ, ㄴ ⑤ ㄴ, ㄷ

중요
11 그림은 같은 평면상에서 서로 멀리 떨어져 있는 은하의 모습을 나타낸 것이다.

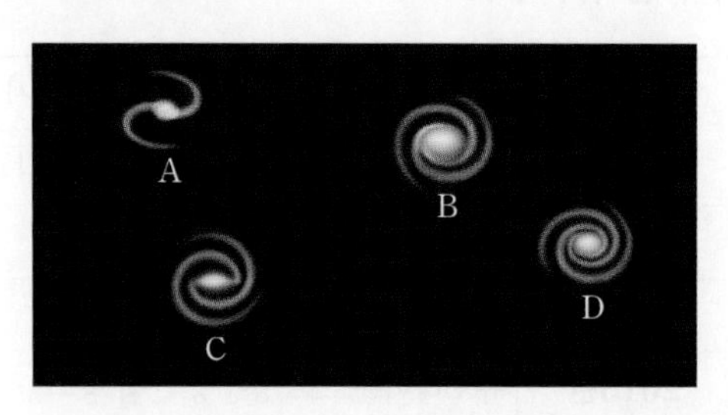

이에 대한 설명으로 옳은 것을 <보기>에서 모두 고른 것은?

보기
ㄱ. A 은하와 B 은하는 서로 가까워지고 있다.
ㄴ. C 은하를 중심으로 우주가 팽창하고 있다.
ㄷ. D 은하에서 관측한다면 A 은하가 B 은하보다 더 빠른 속도로 멀어질 것이다.

① ㄱ ② ㄴ ③ ㄷ ④ ㄱ, ㄴ ⑤ ㄴ, ㄷ

서술형 문제

12 우리은하의 중심부와 나선팔 중에서 파란색이 더 강하게 나타나는 곳은 어느 부분인지 쓰고, 그 까닭을 우리은하를 구성하는 성단의 분포와 관련지어 설명하시오.

13 그림은 빅뱅 우주론에서 시간의 흐름에 따라 우주가 팽창해 왔음을 나타낸 것이다.

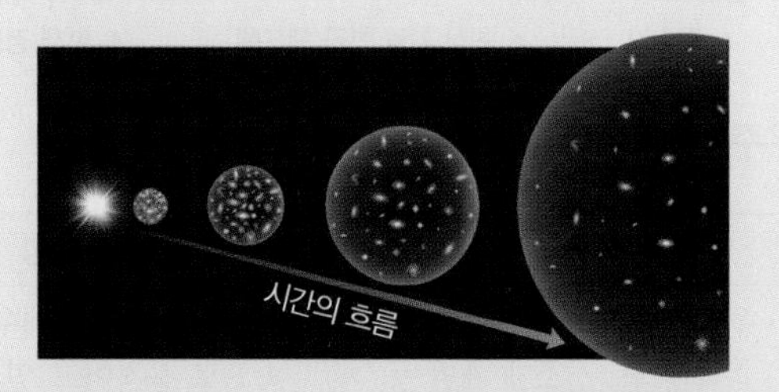

이 이론에 근거할 때 대폭발 이후 우주의 총 질량, 밀도, 온도는 각각 어떻게 변해왔을지 설명하시오.

09강 우주 탐사

❶ 우주 탐사의 역사와 의의

1 우주 탐사의 역사

연도	내용
1957년	최초의 인공위성인 ❶(　　　) 발사
1969년	아폴로 11호가 최초로 달에 유인 착륙
1990년	허블 우주 망원경 발사
2012년	탐사 로봇 큐리오시티 화성 탐사
2015년	뉴호라이즌스호 명왕성 근접 통과

2 우주 탐사의 목적과 의의

① 과학적 목적과 의의: 지구의 과거와 미래, 우주 환경을 이해하고, 외계 행성의 존재를 탐사할 수 있다.

② 경제적 목적과 의의: 지구에서 얻기 어렵거나 고갈되어 가는 ❷(　　　)을 채취할 수 있다.

3 우주 탐사 방법

① ❸(　　　)에 의한 방법: 행성, 소행성, 위성, 혜성 등에 접근하거나 착륙하여 천체들의 특성을 탐사한다.

② 천체 망원경에 의한 탐사: 지상에 설치한 광학 망원경이나 전파 망원경, 지구 궤도에 쏘아 올린 우주 망원경을 통해 태양계 천체, 별, 은하 등을 탐사한다.

❷ 우주 탐사 기술의 활용과 우주 탐사의 영향

1 우주 탐사 기술이 실생활에 이용된 사례 GPS, 형상 기억 합금, 타이타늄 합금, 자기 공명 영상(MRI), 컴퓨터 단층 촬영(CT), 기능성 옷감, 정수기, 공기 청정기, 에어쿠션 운동화, 화재 경보기 등

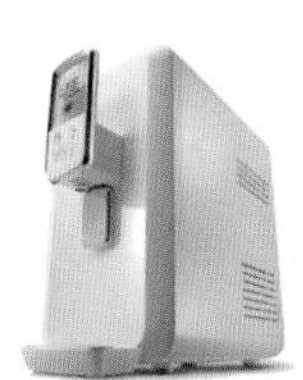

▲ 정수기

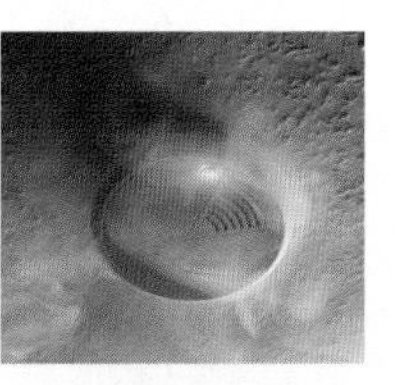

▲ 형상 기억 합금 헤드셋

▲ 화재 경보기

2 우주 탐사의 영향

긍정적인 영향	부정적인 영향
• 우주 환경 이용 → 천체 관측, 과학 실험, 신소재 개발 등 • 우주 개발과 관련된 산업 분야의 발달	• ❹(　　　) → 매우 빠른 속도로 움직이고 있으므로 인공위성이나 탐사선, 우주인과 충돌할 수 있다.

답 ❶ 스푸트니크 1호 ❷ 자원 ❸ 우주 탐사선 ❹ 우주 쓰레기

틀리기 쉬운 유형 집중연습하기

★ 바른답·알찬풀이 65쪽

A 우주 탐사 방법 알아보기

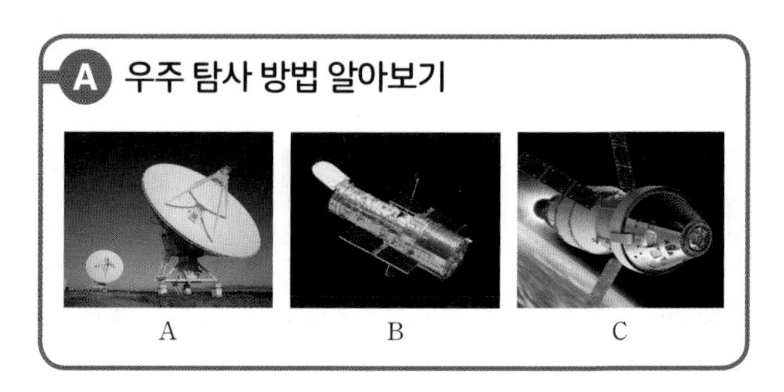

A　　B　　C

[01~05] 위 그림의 A~C는 우주 망원경, 우주 탐사선, 전파 망원경에 의한 우주 탐사 방법을 순서 없이 나타낸 것이다. 물음에 답하시오.

01 A~C는 각각 어떤 우주 탐사 방법인지 쓰시오.

02 A~C 중 지상에서 직접 천체를 탐사할 수 있는 방법을 고르시오.

03 A~C 중 천체에 가장 가까이 접근하여 탐사할 수 있는 방법을 고르시오.

04 B는 지상에서 천체를 관측할 때의 어떤 문제점을 극복하기 위한 우주 탐사 방법인지 설명하시오.

05 표의 (가)~(다)는 A~C에 의한 탐사 방법의 장점과 단점을 나타낸 것이다.

구분	장점	단점
(가)	밤낮 구별 없이 24시간 관측할 수 있다.	선명한 상을 얻기 위해서는 망원경의 구경이 매우 커야 한다.
(나)	천체에 접근하거나 착륙하여 탐사하므로 자세하게 천체를 관측할 수 있다.	비용이 많이 들고, 지구에서 천체까지 이동하는 데 걸리는 기간이 길다.
(다)	대기의 영향을 받지 않으므로 지상 망원경보다 더 선명한 천체의 상을 얻을 수 있다.	지구 궤도에 쏘아 올려야 하므로 비용이 많이 들고, 고장이 날 경우 수리하기 위한 접근이 쉽지 않다.

(가)~(다)는 각각 A~C 중 어떤 탐사 방법의 장점과 단점인지 쓰시오.

기출 예상 문제로 시험 대비하기 1회

★ 바른답·알찬풀이 66쪽

중요
01 인류가 우주를 탐사해 온 과정에 대한 설명으로 옳은 것을 〈보기〉에서 모두 고른 것은?

보기
ㄱ. 1957년 인류 최초의 인공위성 스푸트니크 1호가 발사되었다.
ㄴ. 1975년 최초의 유인 화성 탐사선 바이킹 1호가 화성 표면에 착륙하여 탐사한 후 지구로 귀환하였다.
ㄷ. 2018년 최초의 수성 탐사선 파커호가 발사되었다.

① ㄱ ② ㄷ ③ ㄱ, ㄴ
④ ㄴ, ㄷ ⑤ ㄱ, ㄴ, ㄷ

02 우주 탐사선이나 우주 탐사 로봇이 탐사한 천체를 옳게 짝 지은 것은?

	탐사선(탐사 로봇)	천체
①	스피릿	금성
②	주노호	명왕성
③	큐리오시티	혜성
④	딥 임팩트호	소행성
⑤	카시니 - 하위헌스호	토성

03 뉴호라이즌스호의 탐사에 대한 설명으로 옳은 것을 〈보기〉에서 모두 고른 것은?

보기
ㄱ. 명왕성을 탐사하였다.
ㄴ. 지구로 사진 자료를 전송하였다.
ㄷ. 천체의 표면에 착륙하여 탐사 활동을 하였다.

① ㄱ ② ㄷ ③ ㄱ, ㄴ
④ ㄴ, ㄷ ⑤ ㄱ, ㄴ, ㄷ

04 다음에서 설명하는 인공 구조물의 이름을 쓰시오.

- 사람들이 우주에 오래 머무르면서 과학 실험이나 천체 관측 등 다양한 임무를 수행하기 위해 개발된 구조물이다.
- 건설에 따른 비용을 줄이기 위해 16개 나라가 기술을 공유하고 협력하였다.
- 축구장 정도의 크기로 우주에 떠 있는 가장 큰 인공 구조물이다.

중요
05 우주 쓰레기에 대한 설명으로 옳은 것을 〈보기〉에서 모두 고른 것은?

보기
ㄱ. 매우 빠른 속도로 움직이고 있다.
ㄴ. 크기가 매우 다양하고 그 수도 많다.
ㄷ. 우주 탐사선이나 인공위성과 충돌할 가능성이 있다.

① ㄱ ② ㄴ ③ ㄷ
④ ㄱ, ㄴ ⑤ ㄱ, ㄴ, ㄷ

서술형 문제

06 그림 (가)와 (나)는 우주를 탐사하는 서로 다른 방법을 나타낸 것이다.

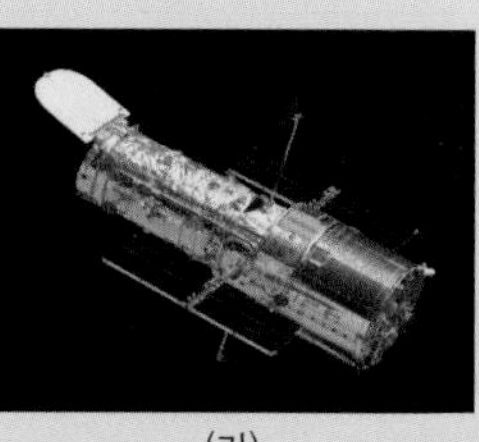
(가)

(나)

(가)와 비교하여 (나)의 탐사 방법이 가지는 장점과 단점을 각각 1가지씩 설명하시오.

09강 기출 예상 문제로 시험 대비하기 2회

01 우주 개발의 목적과 관련이 없는 것은?

① 미래 자원을 확보한다.
② 첨단 산업을 개발한다.
③ 과학 기술을 발전시킨다.
④ 지구의 해양 오염을 해결한다.
⑤ 우주에 대한 이해의 폭을 넓힌다.

중요
02 우주 탐사 과정에서 얻은 첨단 기술로 개발된 것을 〈보기〉에서 모두 고른 것은?

보기
ㄱ. 만년필　　ㄴ. 정수기
ㄷ. 인공 관절　　ㄹ. 미술 작품
ㅁ. 기능성 옷감　　ㅂ. 진공 청소기

① ㄱ, ㄴ, ㄹ　② ㄷ, ㄹ, ㅁ
③ ㄴ, ㄷ, ㅁ, ㅂ　④ ㄷ, ㄹ, ㅁ, ㅂ
⑤ ㄱ, ㄴ, ㄹ, ㅁ, ㅂ

03 다음은 우주 탐사 과정에서 발사한 탐사선 또는 인공위성에 대한 내용이다.

(가) 인류 최초의 인공위성
(나) 인류 최초 유인 달 탐사선
(다) 우리나라 최초의 인공위성

(가)~(다)에 해당하는 탐사선 또는 인공위성을 옳게 짝 지은 것은?

① (가) - 아폴로 11호　② (가) - 스푸트니크 1호
③ (나) - 컬럼비아호　④ (다) - 무궁화 1호
⑤ (다) - 천리안 위성

04 〈보기〉는 우주 탐사 과정에서 일어난 일들이다.

보기
ㄱ. 국제 우주 정거장 건설
ㄴ. 최초로 인간이 달에 착륙
ㄷ. 인류 최초로 인공위성 발사
ㄹ. 허블 우주 망원경을 이용한 탐사

〈보기〉 중 (가) 가장 먼저 일어난 일과 (나) 가장 나중에 일어난 일을 옳게 짝 지은 것은?

	(가)	(나)		(가)	(나)
①	ㄱ	ㄴ	②	ㄱ	ㄹ
③	ㄴ	ㄷ	④	ㄷ	ㄱ
⑤	ㄹ	ㄱ			

05 오른쪽 그림은 화성 탐사선 바이킹 1호의 모습을 나타낸 것이다. 이에 대한 설명으로 옳은 것을 〈보기〉에서 모두 고른 것은?

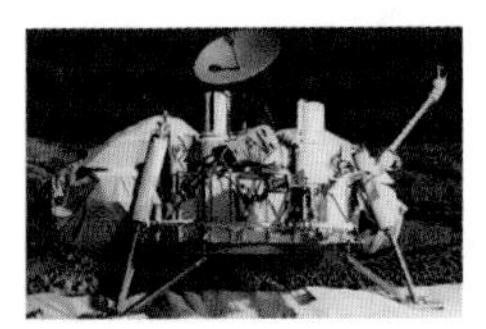

보기
ㄱ. 무인 탐사선이다.
ㄴ. 한번 발사되고 나면 회수가 어렵다.
ㄷ. 직접 천체까지 날아가 천체 표면에 착륙 또는 근접 통과하면서 탐사한다.

① ㄱ　② ㄴ　③ ㄱ, ㄷ
④ ㄴ, ㄷ　⑤ ㄱ, ㄴ, ㄷ

중요
06 오늘날 우주 탐사의 목적에 대한 설명으로 옳지 않은 것은?

① 지하자원을 채취할 수 있다.
② 우주 환경을 이해할 수 있다.
③ 지구의 과거와 미래를 이해할 수 있다.
④ 외계 생명체의 존재 유무를 알 수 있다.
⑤ 별에서 생성되는 유용한 원소를 채취할 수 있다.

★ 바른답·알찬풀이 66쪽

07 오른쪽 그림은 우주 왕복선의 모습을 나타낸 것이다. 이에 대한 설명으로 옳지 않은 것은?

① 연료를 넣어주면 계속 사용할 수 있다.
② 지구와 우주 사이를 왔다 갔다 할 수 있다.
③ 한번 발사되고 나면 회수하여 다시 사용할 수 없다.
④ 우주에서 우주 망원경을 설치하는 일을 할 때 이용된다.
⑤ 우주 정거장에 필요한 여러 부품을 실어 나르는 역할을 한다.

중요
08 다음에서 설명하는 것은 무엇인지 쓰시오.

> 고장이 나거나 더는 사용하지 않는 인공위성, 로켓이나 우주 왕복선의 몸체에서 떨어져 나온 작은 조각 등이 우주 공간을 떠돌아 다니는 것

09 우주 정거장에 대한 설명으로 옳은 것을 〈보기〉에서 모두 고른 것은?

보기
ㄱ. 추진 장치와 착륙 설비가 잘 갖추어져 있다.
ㄴ. 우주 개발을 위한 중간 기지로는 사용할 수 없다.
ㄷ. 우주인이 거주하면서 다양한 임무를 수행할 수 있다.
ㄹ. 내부의 무중력 상태를 이용하여 다양한 과학 실험을 할 수 있다.

① ㄱ, ㄹ ② ㄴ, ㄷ ③ ㄷ, ㄹ
④ ㄱ, ㄴ, ㄷ ⑤ ㄴ, ㄷ, ㄹ

중요
10 오른쪽 그림은 인공위성의 모습을 나타낸 것이다. 이와 같은 인공위성이 사용되는 경우가 아닌 것은?

① 기상 정보를 제공한다.
② 이동 통신 기술에 이용된다.
③ 목성이나 화성과 같은 행성을 탐사한다.
④ 스마트폰을 이용하여 손쉽게 길을 찾을 수 있다.
⑤ 위성 위치 확인 시스템(GPS) 서비스를 제공한다.

11 인공위성으로 인해 발생하는 문제에 대한 설명으로 옳은 것은?

① 정확한 지도를 만들기 위한 정보를 얻는다.
② 바다 표면의 온도나 지하자원의 분포 등을 조사한다.
③ 수명이 다한 인공위성이 우주 공간의 탐사선과 충돌한다.
④ 구름의 분포를 알아내어 태풍과 같은 기상 재해에 관한 정보를 제공한다.
⑤ 지표의 온도나 색채 변화 등을 살펴서 농작물의 작황이나 산림 상태를 조사한다.

서술형 문제

12 과학자들은 우주 정거장에서 주로 어떤 과학 활동을 하는지 설명하시오.

13 우주 쓰레기를 효율적으로 제거하는 방법을 2가지만 설명하시오.

맞은 개수: /23

[01~02] 그림은 지구에서 관측한 별 A의 시차를 나타낸 것이다. 물음에 답하시오.

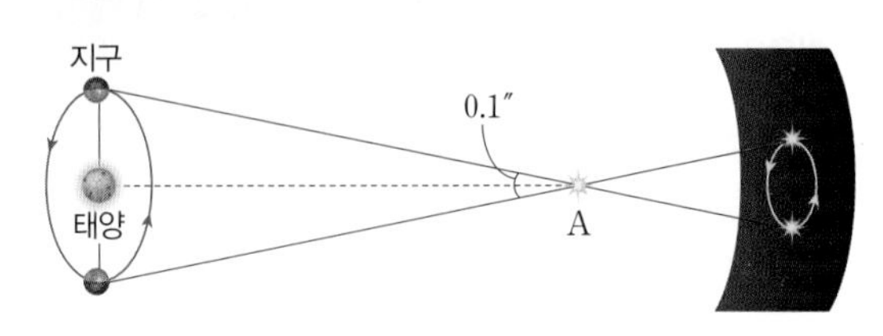

01 별 A의 연주 시차는 얼마인가?

① 0.05″ ② 1″ ③ 0.05′
④ 1′ ⑤ 1°

02 화성에 있는 관측자가 화성이 태양 주위를 공전하는 동안 별 A의 시차를 관측하였다면 별 A의 시차는 얼마일지 쓰시오.(단, 화성에서 태양까지의 거리는 1.5 AU이다.)

[03~04] 실제 밝기가 같은 두 별 A와 B의 연주 시차가 각각 0.2″와 0.02″이다. 물음에 답하시오.

03 우리 눈에 보이는 두 별의 밝기를 옳게 비교한 것은?

① 똑같은 밝기로 보인다.
② A가 B보다 10배 밝게 보인다.
③ A가 B보다 10배 어둡게 보인다.
④ A가 B보다 100배 밝게 보인다.
⑤ A가 B보다 100배 어둡게 보인다.

04 지구로부터 별 A와 B의 거리 비(A : B)는?

① 1 : 2 ② 1 : 4 ③ 2 : 1
④ 4 : 1 ⑤ 1 : 10

05 표는 여러 별의 겉보기 등급과 절대 등급을 나타낸 것이다.

별	겉보기 등급	절대 등급
스피카	1.0	−3.2
견우성	0.8	2.2
직녀성	0.0	0.6
북극성	2.1	−3.7

위 표의 별들에 대한 설명으로 옳은 것을 〈보기〉에서 모두 고른 것은?

보기
ㄱ. 실제로 가장 밝은 별은 스피카이다.
ㄴ. 가장 어둡게 보이는 별은 북극성이다.
ㄷ. 지구에서 가장 가까이 있는 별은 견우성이다.
ㄹ. 스피카는 직녀성에 비해 약 2.5배 밝게 보인다.

① ㄱ, ㄴ ② ㄱ, ㄹ ③ ㄴ, ㄷ
④ ㄱ, ㄴ, ㄹ ⑤ ㄴ, ㄷ, ㄹ

06 그림은 별 S에서 방출되는 빛이 퍼져 나가 A와 B 위치에 도달하는 모습을 나타낸 것이다.

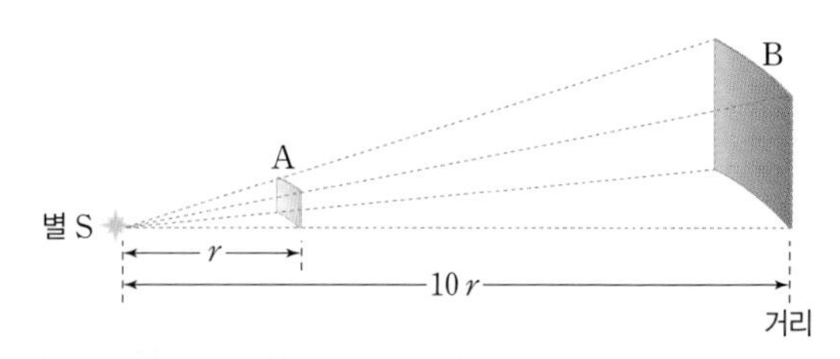

A 위치에서 별 S가 −0.7등급으로 보였다면, B 위치에서는 몇 등급으로 보이겠는가?

① −5.7 ② −0.7 ③ 0.7
④ 4.3 ⑤ 9.3

★ 바른답·알찬풀이 67쪽

07 별의 밝기와 등급에 대한 설명으로 옳은 것을 〈보기〉에서 모두 고른 것은?

보기
ㄱ. 1등급인 별은 6등급인 별에 비해 5배 밝다.
ㄴ. 밤하늘에서 같은 밝기로 보이는 별은 절대 등급이 같다.
ㄷ. 별까지의 거리가 달라진다 하더라도 별의 절대 등급은 변하지 않는다.

① ㄱ ② ㄷ ③ ㄱ, ㄴ
④ ㄴ, ㄷ ⑤ ㄱ, ㄴ, ㄷ

08 표는 A~C 세 별의 절대 등급과 연주 시차 및 색을 나타낸 것이다.

별	절대 등급	연주 시차(″)	색
A	−1.4	0.1	적색
B	3.6	0.01	백색
C	1.8	0.2	황색

위 표의 별들에 대한 설명으로 옳은 것을 〈보기〉에서 모두 고른 것은?

보기
ㄱ. 별 A는 별 B보다 실제로 100배 더 밝다.
ㄴ. 세 별 중에서 C 별의 표면 온도가 가장 낮다.
ㄷ. 지구로부터 32.6광년에 가장 가까이 있는 별은 B이다.

① ㄱ ② ㄱ, ㄴ ③ ㄱ, ㄷ
④ ㄴ, ㄷ ⑤ ㄱ, ㄴ, ㄷ

09 어느 별이 견우성과 같이 백색을 띠고 있다. 이 별은 견우성과 어떤 물리량이 같은가?

① 질량 ② 밀도 ③ 반지름
④ 표면 온도 ⑤ 지구로부터의 거리

10 그림은 시리우스와 베텔게우스를 촬영한 것을 나타낸 것이다.

시리우스

베텔게우스

시리우스와 베텔게우스의 색이 다른 까닭은?

① 별의 반지름이 다르기 때문이다.
② 별의 표면 온도가 다르기 때문이다.
③ 별의 절대 등급이 다르기 때문이다.
④ 지구에서 별까지의 거리가 다르기 때문이다.
⑤ 지구에서 관측되는 방향이 다르기 때문이다.

[11~12] 그림 (가)와 (나)는 두 종류의 성단을 나타낸 것이다. 물음에 답하시오.

(가)

(나)

11 (가)와 (나) 두 성단의 특징을 옳게 비교한 것은?

		(가)	(나)
①	이름	산개 성단	구상 성단
②	별의 수	수십~수만 개	수만~수십만 개
③	별의 색	파란색	붉은색
④	별의 온도	높다.	낮다.
⑤	분포 지역	은하핵, 헤일로	나선팔

12 (가)와 (나) 성단의 색이 다른 것은 각 성단을 구성하는 별들의 어떤 차이 때문인가?

① 크기 ② 밀도
③ 별의 개수 ④ 표면 온도
⑤ 성단까지의 거리

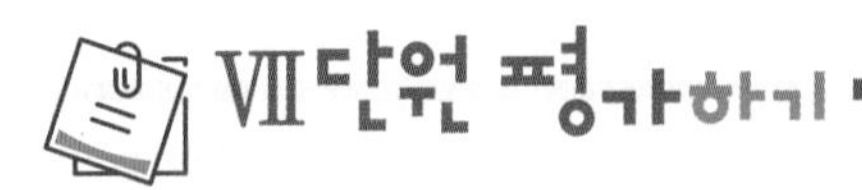

13 고온의 별로부터 에너지를 받아 스스로 빛을 내는 성운을 나타낸 것은?

① 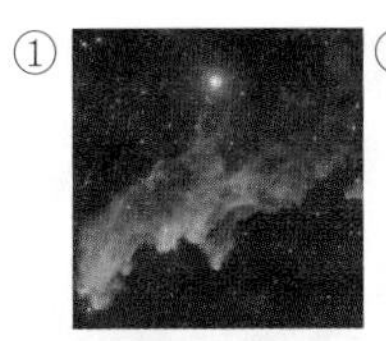
② 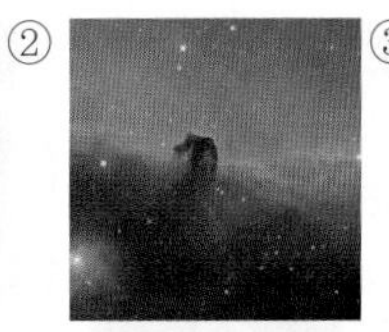
③ 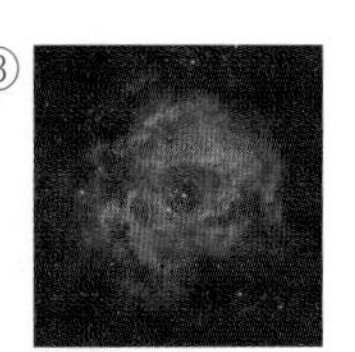
④ 
⑤ 

14 그림은 우리은하의 모양을 나타낸 것이다.

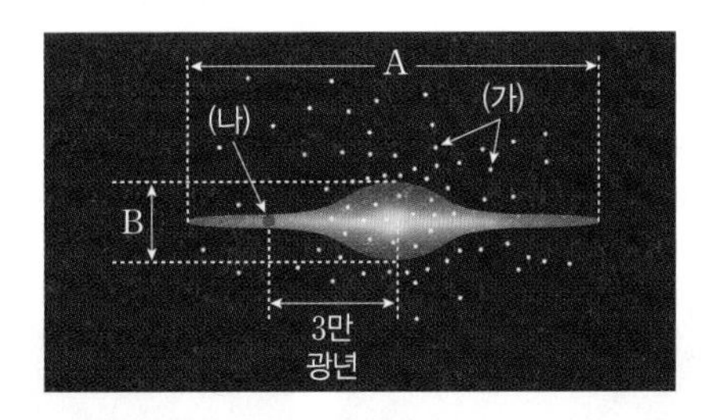

이에 대한 설명으로 옳은 것을 〈보기〉에서 모두 고른 것은?

보기
ㄱ. 우리은하를 위에서 본 모양이다.
ㄴ. A는 약 10만 광년, B는 약 1.5만 광년이다.
ㄷ. (가)는 산개 성단이고, (나)는 태양계이다.

① ㄱ ② ㄴ ③ ㄱ, ㄷ
④ ㄴ, ㄷ ⑤ ㄱ, ㄴ, ㄷ

15 우리은하에 대한 설명으로 옳은 것을 〈보기〉에서 모두 고른 것은?

보기
ㄱ. 은하의 중심은 궁수자리 방향에 있다.
ㄴ. 많은 수의 성단과 성운이 포함되어 있다.
ㄷ. 태양은 우리은하의 중심부에 위치하고 있다.

① ㄱ ② ㄷ ③ ㄱ, ㄴ
④ ㄴ, ㄷ ⑤ ㄱ, ㄴ, ㄷ

서술형
16 그림은 외부 은하를 몇 가지 기준에 따라 분류한 것이다.

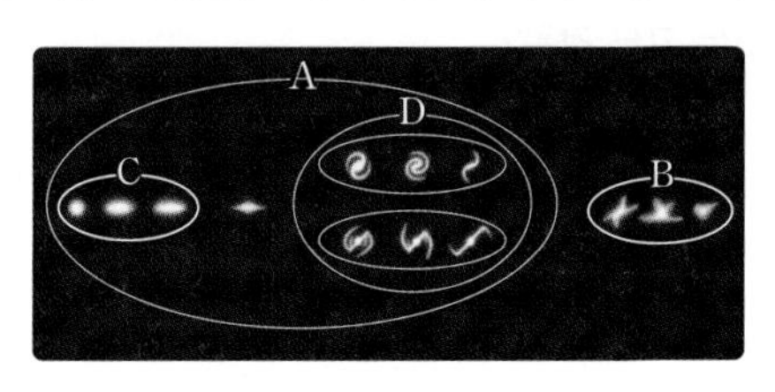

외부 은하를 A와 B, C와 D로 분류한 기준을 각각 쓰시오.

17 외부 은하에 대한 설명으로 옳은 것을 〈보기〉에서 모두 고르시오.

보기
ㄱ. 우리은하 밖에 있는 다른 은하들을 말한다.
ㄴ. 외부 은하는 크기와 나이에 따라 분류한다.
ㄷ. 타원 은하와 나선 은하는 중심부의 막대 구조 유무에 따라 구분한다.
ㄹ. 나선 은하는 나선팔이 감긴 정도에 따라 막대 나선 은하와 정상 나선 은하로 구분한다.

18 은하와 우주에 대한 설명으로 옳은 것을 〈보기〉에서 모두 고른 것은?

보기
ㄱ. 은하의 모양은 다양하다.
ㄴ. 우주에는 수많은 은하가 존재한다.
ㄷ. 우리은하에서 멀리 있는 은하일수록 더 느리게 멀어진다.

① ㄱ ② ㄷ ③ ㄱ, ㄴ
④ ㄴ, ㄷ ⑤ ㄱ, ㄴ, ㄷ

★ 바른답·알찬풀이 67쪽

19 그림은 허블이 우리은하 밖에 있는 외부 은하를 분류한 것을 표현한 것이다.

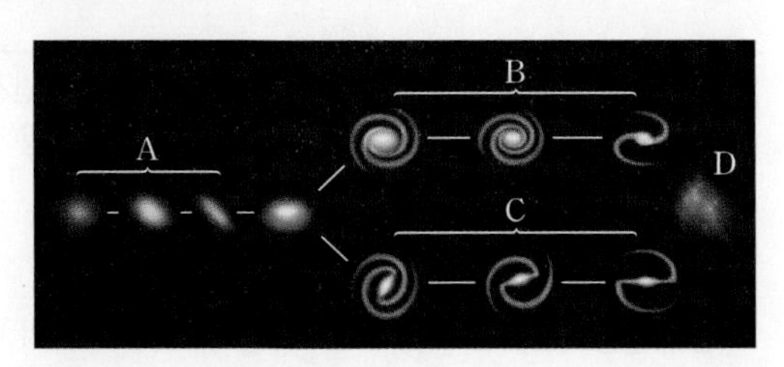

이에 대한 설명으로 옳은 것을 〈보기〉에서 모두 고른 것은?

보기
ㄱ. 우리은하는 A에 속한다.
ㄴ. B와 C에는 공통적으로 나선팔이 존재한다.
ㄷ. D는 크기와 모양이 불규칙하고 비대칭적이다.

① ㄱ ② ㄴ ③ ㄷ
④ ㄱ, ㄴ ⑤ ㄴ, ㄷ

20 그림은 풍선에 붙인 단추를 은하라고 가정하고 풍선을 불어 보는 실험을 나타낸 것이다.

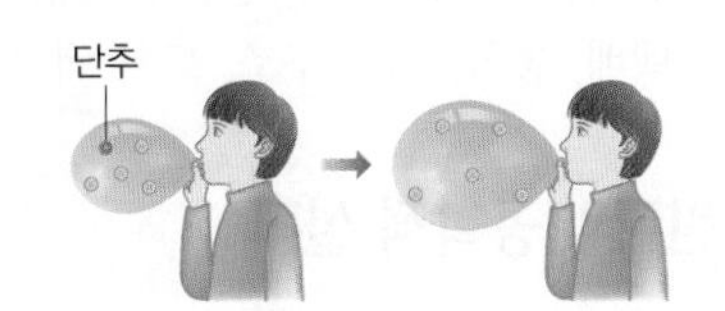

이 실험과 관련된 우주 팽창에 대한 설명으로 옳지 않은 것은?

① 우주의 크기는 계속 팽창한다.
② 우주의 밀도는 계속 증가한다.
③ 우주의 질량은 일정하게 유지된다.
④ 은하 사이의 거리는 계속 멀어지고 있다.
⑤ 멀리 있는 은하일수록 멀어지는 속도가 빠르다.

21 오늘날 우주 개발의 목적으로 옳지 않은 것은?

① 첨단 과학 기술을 개발하기 위해
② 우주 관광과 같은 상업적 용도를 위해
③ 지구에서 고갈된 자원을 확보하기 위해
④ 태양계를 비롯한 우주에 대해 깊이 이해하기 위해
⑤ 세계 각국에서 발생하는 생활 쓰레기를 처리하기 위해

22 우주 개발 과정에서 개발된 기술로 만들어진 제품을 〈보기〉에서 모두 고른 것은?

보기
ㄱ. 냉장고 ㄴ. 유선 전화기
ㄷ. 수은 기압계 ㄹ. 인체 공학 의자
ㅁ. 자동차의 에어백 ㅂ. 휴대용 혈압 측정기
ㅅ. 형상 기억 합금 안경테

① ㄱ, ㄴ, ㄷ, ㄹ ② ㄱ, ㄴ, ㄹ, ㅁ
③ ㄴ, ㅁ, ㅂ, ㅅ ④ ㄷ, ㄹ, ㅂ, ㅅ
⑤ ㄹ, ㅁ, ㅂ, ㅅ

23 오른쪽 그림은 지구를 둘러싸고 있는 우주 쓰레기를 나타낸 것이다. 이와 같은 우주 쓰레기에 대한 설명으로 옳은 것을 〈보기〉에서 모두 고른 것은?

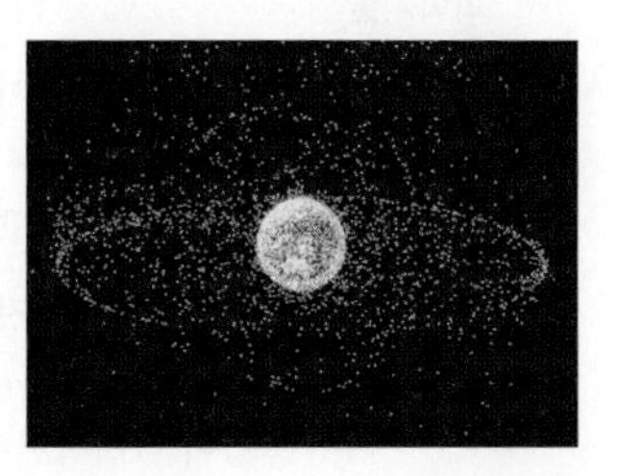

보기
ㄱ. 일정한 궤도를 따라 매우 느린 속도로 공전하고 있다.
ㄴ. 수명을 다한 인공위성이나 로켓 등에서 떨어져 나온 파편들이다.
ㄷ. 다른 인공위성과 충돌하거나 지상으로 떨어지는 등의 피해를 입힌다.

① ㄱ ② ㄷ ③ ㄱ, ㄴ
④ ㄴ, ㄷ ⑤ ㄱ, ㄴ, ㄷ

10강 과학과 기술의 발달 ~ 11강 과학과 기술의 활용

❶ 과학 원리의 발견

1 불의 발견과 금속의 이용 인류는 불을 다루면서 광석으로부터 구리, 철 등의 금속을 분리할 수 있게 되었고, 얻어 낸 금속으로 도구를 만들어 이용하면서 인류 문명이 발달하였다.

2 인류 문명에 영향을 미친 과학 원리

과학 원리	과학자	인류 문명에 미친 영향
태양 중심설	코페르니쿠스	인류의 우주관 변화
만유인력 법칙	뉴턴	천체의 운동과 지구상에서 물체의 운동을 같은 원리로 설명하여 과학이 발전하는 토대 마련
전자기 유도 법칙	❶(　　　)	발전기를 이용하여 전기 에너지를 대량으로 생산하여 이용
❷(　　　) 합성법	하버	질소 비료의 대량 생산이 가능해지면서 식량 생산량이 증가하여 인류의 식량 문제 해결
백신	파스퇴르	여러 가지 백신과 의약품이 개발되면서 인류의 평균 수명 증가
항생제	플레밍	

❷ 기술의 발달과 기기의 발명

1 인류 문명에 영향을 미친 과학기술

과학기술	인류 문명에 미친 영향
인쇄술	❸(　　　)를 이용한 활판 인쇄술 발달 ➡ 책의 대량 생산으로 지식의 유통 증가 ➡ 르네상스 확산, 근대 과학의 발전, 종교 개혁 등에 영향
증기 기관	증기 기관을 공장 기계에 도입하여 제품 대량 생산, 증기 기관차 등 교통수단 발달 ➡ 여러 가지 공업이 발전하면서 산업 혁명에 영향
통신 기술	전화기, 무선 통신의 개발로 멀리 떨어진 곳까지 정보를 전달할 수 있게 되었으며, 최근에는 인공위성을 이용한 원거리 통신이나 인터넷을 통해 전 세계의 정보를 실시간으로 이용

2 인류 문명에 영향을 미친 기기

① ❹(　　　): 맨눈으로는 볼 수 없었던 여러 가지 관측 자료를 수집하면서 천문학이 발전하게 되었다.

② 현미경: 세포, 미생물 등이 발견되면서 생물학과 의학이 발전하고 백신, 항생제 등의 의약품을 개발할 수 있게 되었다.

❸ 생활을 편리하게 하는 과학기술

1 ❺(　　　) 기술

나노 반도체	기존 반도체보다 저전력, 저비용이면서 크기가 매우 작아 초소형 전자 기기에 사용
나노 표면 소재	연잎 효과(잎이 물방울에 젖지 않는 현상)에 착안하여 물에 젖지 않는 소재 제작
유기 발광 다이오드 (OLED)	얇고 투명하며 구부리거나 휠 수 있어 매우 얇은 모니터, 휘어지는 디스플레이, 접을 수 있는 스마트폰 화면에 사용

2 생명 공학 기술

❻(　　　)	특정 생물의 유용한 유전자를 다른 생물의 DNA에 끼워 넣어 재조합 DNA를 만드는 기술 ➡ 제초제 저항성 콩, 바이타민 A 강화 쌀 등 제작
세포 융합	다른 특징을 가진 두 종류의 세포를 융합하여 하나의 세포로 만드는 기술 ➡ 당도 높은 감귤(귤+오렌지), 포마토(감자+토마토) 등 제작
바이오 의약품	생물체에서 유래한 단백질이나 호르몬, 유전자 등을 사용하여 만든 의약품
바이오칩	생물 소재와 반도체를 조합하여 제작된 칩으로 빠르고 정확하게 질병 예측

3 정보 통신 기술 정보의 수집, 생산, 가공, 보존, 전달, 활용과 관련된 모든 기술 ➡ 인공지능, 사물 인터넷, 증강 현실(AR), 가상 현실(VR), 빅데이터 기술 등

4 미래 사회에 활용될 과학기술

① ❼(　　　): 주변의 정보를 인식, 처리하여 스스로 주행하는 자동차

② 드론: 전파를 통해 원격으로 조종하는 항공기 ➡ 항공 촬영, 택배, 농업, 재난 구조, 드론 택시 등에 활용

❹ 과학 원리와 공학적 설계

1 공학적 설계 과학 원리를 바탕으로 인간의 생활을 편리하게 만들기 위한 제품을 개발하는 과정

2 공학적 설계 과정 문제점 인식 및 목표 설정하기 → 정보 수집하기 → 다양한 해결책 탐색하기 → 해결책 분석 및 결정하기 → ❽(　　　) 작성하기 → 제품 제작하기 → 평가 및 개선하기

답 ❶ 패러데이 ❷ 암모니아 ❸ 금속 활자 ❹ 망원경 ❺ 나노 ❻ 유전자 재조합 기술 ❼ 자율 주행 자동차 ❽ 설계도

A 과학 원리와 기기의 발명 알아보기

(가) 백신 (나) 금속 활자 (다) 태양 중심설
(라) 증기 기관 (마) 암모니아 합성법 (바) 전화기

[01~04] 위 그림은 과학 원리와 인류가 발명한 기기를 나타낸 것이다. 물음에 답하시오.

01 인류의 평균 수명 연장에 기여한 과학 원리 또는 기기를 고르시오.

02 우주를 인식하는 가치관의 변화를 가져온 과학 원리 또는 기기를 고르시오.

03 책의 대량 보급을 통해 정보와 지식의 유통이 활발해졌고, 근대 과학이 발전하는 계기가 되었던 과학 원리 또는 기기를 고르시오.

04 (라)~(바)에 대한 설명으로 옳은 것을 〈보기〉에서 모두 고르시오.

보기
ㄱ. (라)의 이용은 산업 혁명에 영향을 미쳤다.
ㄴ. (마)는 인류의 식량 문제 해결에 기여하였다.
ㄷ. (바)의 발명으로 세포와 미생물을 관찰할 수 있게 되었다.

B 생활을 편리하게 하는 과학기술 알아보기

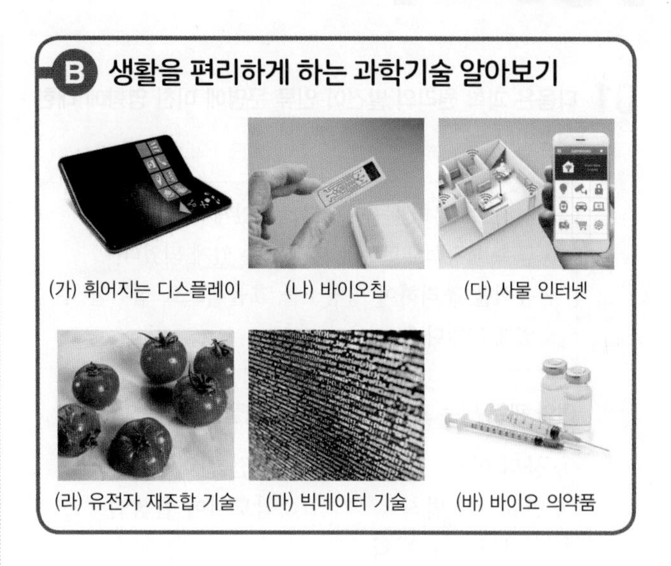
(가) 휘어지는 디스플레이 (나) 바이오칩 (다) 사물 인터넷
(라) 유전자 재조합 기술 (마) 빅데이터 기술 (바) 바이오 의약품

[05~08] 위 그림은 여러 가지 과학기술을 나타낸 것이다. 물음에 답하시오.

05 생명 공학 기술과 나노 반도체 기술이 접목된 과학기술을 고르시오.

06 제초제 저항성 콩, 바이타민 A 강화 쌀 등을 만드는 데 사용되는 과학기술을 고르시오.

07 사용자의 성향을 분석하여 기업의 마케팅 분야에 활용할 수 있는 과학기술 분야를 고르시오.

08 (가)~(바)에 대한 설명으로 옳지 않은 것은?

① (가)는 웨어러블 기기에 활용할 수 있다.
② (나)를 이용하여 질병을 빠르게 예측할 수 있다.
③ (다)가 적용되면 집에 전등을 켜 놓고 외출했을 때 유용하다.
④ (라)를 적용한 결과물과 (바)는 부작용이 없어서 널리 이용된다.
⑤ (마)는 인터넷에서 검색한 적이 있는 물건의 광고가 자주 보이는 것과 관련이 있다.

10강 기출 예상 문제로 시험 대비하기

01 다음은 과학 원리의 발견이 인류 문명에 미친 영향에 대한 설명이다.

- 천적으로부터 몸을 보호할 수 있게 되었다.
- 금속을 광석으로부터 분리할 수 있게 되었다.
- 음식을 조리하여 영양소를 효율적으로 섭취할 수 있게 되었다.

이와 관련 있는 과학 원리로 가장 적절한 것은?

① 불의 이용　② 유전 원리
③ 만유인력 법칙　④ 암모니아 합성법
⑤ 전자기 유도 법칙

중요
02 다음은 인류 문명에 영향을 준 과학 원리에 대한 설명이다.

- 코페르니쿠스는 지구가 태양 주위를 돌고 있다는 (가)태양 중심설을 주장하였다.
- 뉴턴은 질량을 가진 모든 물체 사이에 끌어당기는 힘이 작용한다는 (나)만유인력 법칙을 발표하였다.

(가)와 (나)의 공통점으로 옳은 것은?

① 식량난을 해결하였다.
② 산업 혁명의 원동력이 되었다.
③ 인류의 평균 수명을 연장시켰다.
④ 지식의 유통이 활발해지는 데 기여하였다.
⑤ 사람들이 세상을 이해하는 방식을 변화시켰다.

03 인류 문명에 영향을 미친 과학기술에 대한 설명으로 옳은 것을 〈보기〉에서 모두 고른 것은?

보기
ㄱ. 파스퇴르는 백신이 질병을 예방할 수 있음을 증명하였다.
ㄴ. 하버는 암모니아 합성법을 개발하여 비료의 대량 생산이 가능하게 하였다.
ㄷ. 레이우엔훅은 자신이 만든 망원경으로 목성의 위성을 관측하여 천문학 발전에 기여하였다.

① ㄱ　② ㄷ　③ ㄱ, ㄴ
④ ㄴ, ㄷ　⑤ ㄱ, ㄴ, ㄷ

04 다음은 인류의 문명과 문화 발달에 영향을 준 과학기술에 대한 설명이다.

(　　　)의 발달로 책의 대량 생산이 가능해지면서 새로운 사상이나 지식이 빠르게 퍼질 수 있었다.

(　　) 안에 들어갈 알맞은 말은?

① 현미경　② 인쇄술
③ 항생제　④ 증기 기관
⑤ 통신 기술

05 그림 (가)는 인류 문명에 영향을 준 과학기술을, 그림 (나)는 (가)를 적용한 교통수단을 나타낸 것이다.

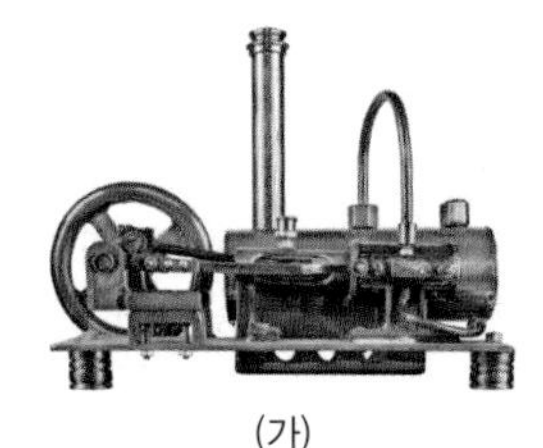
(가)

(나)

이에 대한 설명으로 옳은 것을 〈보기〉에서 모두 고른 것은?

보기
ㄱ. (가)가 공장의 기계에 도입되면서 생산성이 향상되었다.
ㄴ. (나)가 이용되면서 거리가 먼 지역 간의 교류가 감소하였다.
ㄷ. (가)와 (나)의 발달은 산업 혁명이 일어나는 데 영향을 미쳤다.

① ㄱ　② ㄴ　③ ㄷ
④ ㄱ, ㄷ　⑤ ㄴ, ㄷ

★ 바른답·알찬풀이 70쪽

중요
06 다음은 과학기술의 발달에 대한 설명이다.

과거에는 편지를 보내거나 봉화를 피워 정보를 전달하였지만, 전화기가 발명되고 무선 통신이 개발되면서 멀리 떨어진 곳까지 빠르게 정보를 전달할 수 있게 되었다. 최근에는 인공위성의 개발과 인터넷의 발달로 (가)

(가)에 들어갈 내용으로 가장 적절한 것은?

① 인류의 평균 수명이 증가하였다.
② 지식과 정보의 유통이 감소하였다.
③ 인구 증가에 따른 식량 문제가 해결되었다.
④ 세계 어디서든 정보를 빠르게 공유할 수 있게 되었다.
⑤ 많은 사람들이 저렴하고 질 좋은 옷을 입을 수 있게 되었다.

07 오른쪽 그림은 우주 망원경을 나타낸 것이다. 이에 대한 설명으로 옳은 것을 모두 고르면?(정답 2개)

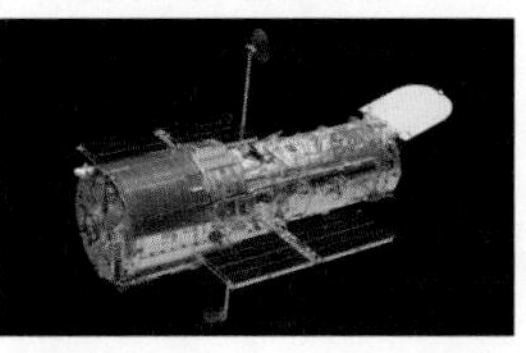

① 관측 시 대기의 영향을 받는다.
② 기권 밖에서 관측 자료를 수집한다.
③ 물체를 원자 단위까지 관찰할 수 있다.
④ 백신과 항생제의 개발이 가능하게 하였다.
⑤ 천문학과 우주 항공 기술의 발전에 기여하였다.

08 다음 설명과 가장 관련 있는 과학기술이나 기기는?

눈에 보이지 않는 세포, 미생물의 존재가 밝혀지면서 생물학과 의학이 발달하였다.

①  ②  ③ 

④ 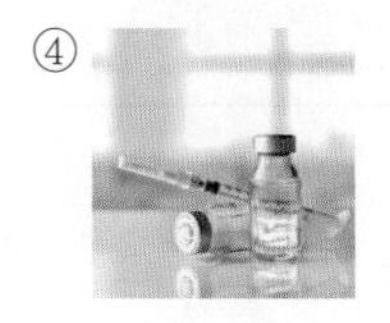 ⑤ 

서술형 문제

09 다음은 인류의 문명에 영향을 준 어떤 과학 원리에 대한 설명이다.

패러데이는 코일 주위에서 자석을 움직이면 코일 내부의 자기장이 변하고, 이에 따라 코일에 전류가 흐른다는 법칙을 발견하였다.

위에서 설명한 과학 원리가 인류 문명에 미친 영향을 설명하시오.

10 그림은 어떤 과학기술의 작동 원리를 나타낸 것이다.

(1) 위 과학기술이 무엇인지 쓰시오.

(2) 위 과학기술이 인류 문명에 미친 영향을 다음 용어를 모두 사용하여 설명하시오.

기계, 대량 생산, 산업 혁명

11강 기출 예상 문제로 시험 대비하기

01 다음은 과학기술을 이용하여 만든 어떤 물질을 설명한 내용이다.

- 형광성 물질에 전류를 흘려 주면 스스로 빛을 내는 현상을 이용한 것이다.
- 얇고 투명하며 구부리거나 휠 수 있다.

이 물질에 대한 설명으로 옳은 것을 〈보기〉에서 모두 고른 것은?

보기
ㄱ. 나노 기술을 이용하여 만든 물질이다.
ㄴ. 휘어지는 디스플레이의 소재로 사용할 수 있다.
ㄷ. 연잎 효과에 착안하여 만든 물에 젖지 않는 소재이다.

① ㄱ ② ㄴ ③ ㄱ, ㄴ
④ ㄱ, ㄷ ⑤ ㄴ, ㄷ

02 다음과 같은 옥수수를 만드는 방법으로 옳은 것은?

유전자 재조합 기술을 이용하여 새로운 옥수수 종을 만들었다. 이 옥수수는 옥수수를 먹는 해충을 죽여서 자신을 스스로 보호할 수 있다.

① 해충의 유전자를 옥수수에 삽입한다.
② 옥수수 세포와 해충 세포를 융합한다.
③ 옥수수의 수분이 해충을 통해 이루어지게 한다.
④ 옥수수에 많은 퇴비를 주어 돌연변이가 일어나게 한다.
⑤ 해충에게 치명적인 물질을 생성하는 유전자를 옥수수의 DNA에 삽입한다.

03 다음은 일상생활에서 과학기술이 이용되는 예를 나타낸 것이다.

학교에 가기 위해 집을 나서기 전 (가)지문 인식으로 스마트폰의 잠금을 해제하고, 날씨 앱을 실행하여 바깥 날씨를 확인했다. 비 소식이 있어 우산을 챙겼다. 학교에 가는 도중 비가 내려 우산을 쓰느라 스마트폰을 조작할 수 없어서 목소리로 (나)스마트폰 비서를 불러 친구에게 전화를 걸어 달라고 했다.

(가)와 (나)에 적용된 과학기술을 옳게 짝 지은 것은?

	(가)	(나)
①	인공지능	생체 인식
②	인공지능	전자 결제
③	생체 인식	인공지능
④	생체 인식	사물 인터넷
⑤	사물 인터넷	전자 결제

중요
04 오른쪽 그림은 어떤 정보 통신 기술이 적용된 기기를 쓰고 영화를 감상하는 모습을 나타낸 것이다. 이 기술에 대한 설명으로 옳은 것을 〈보기〉에서 모두 고른 것은?

보기
ㄱ. 가상의 세계를 실제처럼 체험하는 기술이다.
ㄴ. 막대한 양의 정보를 수집하여 분석하고 활용하는 기술이다.
ㄷ. 영화 감상뿐만 아니라 게임, 학습, 운동 등 여러 분야에 활용된다.

① ㄱ ② ㄴ ③ ㄱ, ㄷ
④ ㄴ, ㄷ ⑤ ㄱ, ㄴ, ㄷ

★ 바른답·알찬풀이 71쪽

05 다음은 일상생활에서 과학기술을 이용하는 사례이다.

> (가) 겨울철 집에 들어가기 전 스마트폰으로 난방기를 미리 작동시킨다.
> (나) 로봇 청소기가 청소를 끝마치면 공기 청정기가 스스로 작동한다.
> (다) 정수기의 필터 수명이 다하면 자동으로 필터의 주문이 이루어져 집으로 배송된다.

(가)~(다)에서 공통적으로 이용된 과학기술은?

① 언어 번역 ② 증강 현실 ③ 전자 결제
④ 가상 현실 ⑤ 사물 인터넷

중요

06 그림은 공학적 설계의 일반적인 과정을 나타낸 것이다.

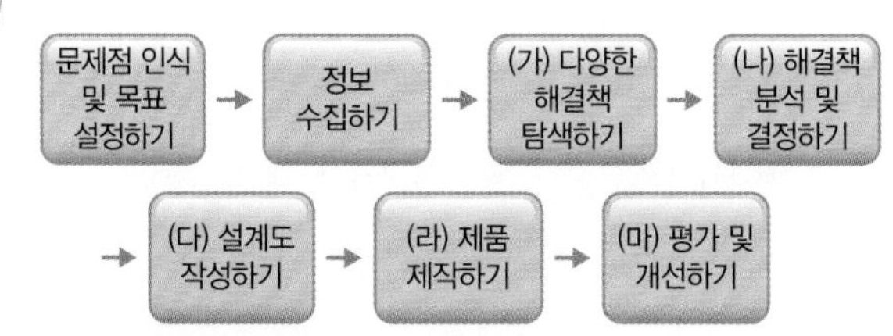

이를 설명한 내용으로 옳지 않은 것은?

① (가)에서 브레인스토밍 등을 활용한다.
② (나)에서 가장 적합한 해결책을 선택한다.
③ (다)에서 설계도는 최대한 간략하게 그린다.
④ (라)에서 설계도를 기반으로 제품을 제작한다.
⑤ (마) 과정 후 설계 과정을 처음부터 반복할 수 있다.

07 공학적 설계 과정을 통해 전기 자동차를 개발하려고 할 때 고려해야 할 조건으로 옳지 않은 것은?

① 예상 소비자층의 취향에 맞는 외형을 갖추어야 한다.
② 보행자의 안전보다는 소음을 줄이는 것을 우선으로 한다.
③ 배기가스를 배출하지 않도록 전기 에너지를 주요 동력원으로 사용한다.
④ 제작 과정에서 드는 비용을 줄이기 위해 기존 자동차의 부품을 활용한다.
⑤ 한 번 충전하면 먼 거리를 운행할 수 있도록 엔진의 효율성을 높이도록 한다.

서술형 문제

08 그림은 생명 공학 기술을 이용하여 만든 대표적인 작물이다.

이와 같은 작물의 장점과 단점을 각각 1가지씩 설명하시오.

09 다음은 과학 원리를 이용하여 고안한 제품을 설명한 자료의 일부분이다.

> • 제품명: 잘 열리는 우유갑
> • 제작 동기: 우유갑이 잘 열리지 않아 양쪽을 모두 열거나 열다가 우유갑이 찢어지는 것을 방지하고 싶다.
> • 이용한 과학 원리: 우유갑 입구에 절취선을 넣어 쉽게 열리도록 한다.
> • 고려해야 할 점: ______________________

(1) 위 자료에서 '제작 동기'는 다음 공학적 설계 과정의 어느 단계에 해당하는지 쓰시오.

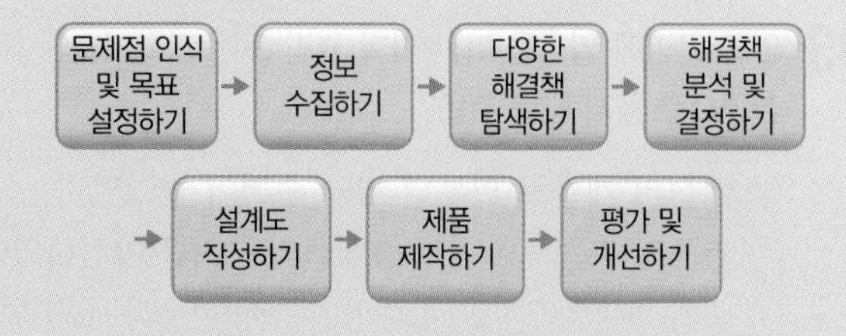

(2) '잘 열리는 우유갑'을 제작할 때 고려해야 할 점을 1가지만 설명하시오.

맞은 개수: /11

01 인류 문명에 영향을 준 과학 원리와 그 원리를 발견한 과학자를 짝 지은 것으로 옳지 않은 것은?

	과학 원리	과학자
①	백신	멘델
②	태양 중심설	코페르니쿠스
③	만유인력 법칙	뉴턴
④	전자기 유도 법칙	패러데이
⑤	암모니아 합성법	하버

02 그림은 금속 활자를 나타낸 것이다.

이와 관련 있는 사회의 변화로 옳은 것을 〈보기〉에서 모두 고른 것은?

보기
ㄱ. 르네상스의 확산
ㄴ. 근대 과학의 발달
ㄷ. 지식과 정보의 유통 증가
ㄹ. 기계를 이용한 면직물의 대량 생산

① ㄱ, ㄴ ② ㄴ, ㄹ ③ ㄱ, ㄴ, ㄷ
④ ㄱ, ㄷ, ㄹ ⑤ ㄴ, ㄷ, ㄹ

03 인류 문명에 영향을 미친 과학 원리 또는 과학기술에 대한 설명으로 옳지 않은 것은?

① 백신의 개발로 인류의 평균 수명이 늘어났다.
② 천체의 관측으로 지구 중심설의 근거를 마련하였다.
③ 증기 기관의 발명으로 대량 수송이 가능하게 되었다.
④ 전자기 유도 원리의 발견으로 전기 에너지를 생산하게 되었다.
⑤ 전화기의 발명으로 멀리 떨어진 지역과 빠르게 정보를 교환할 수 있게 되었다.

04 그림은 증기 기관을 나타낸 것이다.

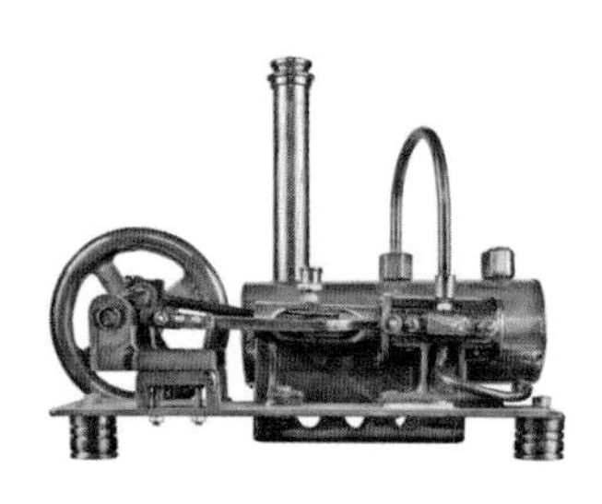

이와 관련 있는 사회의 변화로 옳은 것을 〈보기〉에서 모두 고른 것은?

보기
ㄱ. 먼 거리를 쉽게 이동할 수 있게 되었다.
ㄴ. 농업 중심 사회에서 공업 중심 사회로 변화하였다.
ㄷ. 같은 시간에 생산할 수 있는 제품의 양이 크게 증가하였다.

① ㄱ ② ㄴ ③ ㄱ, ㄷ
④ ㄴ, ㄷ ⑤ ㄱ, ㄴ, ㄷ

서술형
05 인터넷의 발달에 따른 인류 생활의 긍정적 변화를 2가지 설명하시오.

06 다음에서 설명하는 첨단 과학기술은?

- 제품의 경량화, 소형화가 가능해졌다.
- 나노미터 크기의 물질을 다루는 기술이다.
- 전자, 의료, 기계 분야 등에서 다양한 제품이 개발되고 있다.

① 정보 기술 ② 나노 기술 ③ 우주 기술
④ 통신 기술 ⑤ 생명 공학 기술

07 다음에서 설명하는 생명 공학 기술의 활용 예로 가장 적합한 것은?

> • 최근 나노 기술의 발달로 가능해진 기술이다.
> • DNA, 단백질 등과 같은 생물 소재와 반도체를 조합하여 제작하였다.

① 특정 제초제에 죽지 않는 콩
② 질병을 진단하고 예측하는 칩
③ 연잎 효과를 모방한 표면 소재
④ 호르몬을 가공하여 만든 의약품
⑤ 열매는 토마토, 뿌리는 감자인 식물

08 다음은 생명 공학 기술과 관련된 신문 기사의 일부이다.

> 농업 연구소에서는 귤과 오렌지의 특징을 융합한 식물체를 생산하는 데 성공했다. 이 식물체의 열매는 오렌지 모양이지만 껍질이 얇아 귤처럼 손으로 벗길 수 있으며, 오렌지보다 신맛이 약하고 당도가 높다.

이와 관련 있는 생명 공학 기술의 적용 분야로 가장 적절한 것은?

① 세포 융합 ② 바이오칩
③ 사물 인터넷 ④ 바이오 의약품
⑤ 유전자 재조합 기술

서술형
09 다음은 일상생활에서 정보 통신 기술이 활용되는 예를 나타낸 것이다.

> (가) 스마트 손목시계를 착용하고 공원에서 달리기를 했다. 운동을 끝내자 달린 거리와 심박수가 스마트폰에 자동으로 저장되었다. 집으로 돌아와 (나) 지문을 이용해 문을 열고 들어갔다.

(가)와 (나)가 다음 정보 통신 기술의 활용 분야 중 각각 무엇에 해당하는지 쓰고, 그 내용을 간단히 설명하시오.

> 증강 현실, 생체 인식, 빅데이터 기술, 웨어러블 기기

서술형
10 다음은 과학기술이 발달하면서 여러 분야의 기술이 융합되어 등장한 사례를 나타낸 것이다.

(가)	(나)
사람이 직접 운전하지 않아도 다양한 감지기로 주변 상황을 인식하고, 인식한 정보를 처리하여 스스로 주행하는 자동차이다.	조종사가 탑승하지 않고 전파를 통해 원격으로 조종하는 항공기이다.

(1) (가)와 (나)는 각각 무엇인지 쓰시오.

(2) (가)의 상용화에 따른 장점과 단점을 각각 1가지씩 설명하시오.

11 공학적 설계를 설명한 내용으로 옳지 않은 것은?

① 과학 원리를 바탕으로 한다.
② 과학 지식, 창의성, 분석력 등이 필요하다.
③ 적합한 결과물이 나올 때까지 설계 과정을 반복할 수 있다.
④ 인간의 생활을 편리하게 만들기 위한 제품을 개발하는 과정이다.
⑤ 여러 사람이 협력하는 것보다 한 사람이 설계하는 것이 더 효과적이다.

오답노트

오답노트로 틀린 문제를 다시 점검하여 실력을 쌓아 보세요.

날짜:

단원명:

페이지:

복습횟수: ❶ ❷ ❸ ❹ ❺

KEYPOINT

문제 붙이기

풀이 >

자르는 선

날짜:

단원명:

페이지:

복습횟수: ❶ ❷ ❸ ❹ ❺

KEYPOINT

문제 붙이기

풀이 >

Contact Mirae-N
www.mirae-n.com
(우) 06532 서울시 서초구 신반포로 321
1800-8890

수학 EASY 개념서

개념수다

개념이 수학의 전부다! 술술 읽으며 개념 잡는 EASY 개념서

수학 0_초등 핵심 개념,
1_1(상), 2_1(하),
3_2(상), 4_2(하),
5_3(상), 6_3(하)

수학 필수 유형서

유형완성

체계적인 유형별 학습으로 실전에서 더욱 강력하게!

수학 1(상), 1(하), 2(상), 2(하), 3(상), 3(하)

미래엔 교과서 연계 도서

자습서

자습서

핵심 정리와 적중 문제로 완벽한 자율학습!

국어 1-1, 1-2, 2-1, 2-2, 3-1, 3-2
영어 1, 2, 3
수학 1, 2, 3
사회 ①, ②
역사 ①, ②
도덕 ①, ②
과학 1, 2, 3
기술・가정 ①, ②
생활 일본어, 생활 중국어, 한문

평가 문제집

평가 문제집

정확한 학습 포인트와 족집게 예상 문제로 완벽한 시험 대비!

국어 1-1, 1-2, 2-1, 2-2, 3-1, 3-2
영어 1-1, 1-2, 2-1, 2-2, 3-1, 3-2
사회 ①, ②
역사 ①, ②
도덕 ①, ②
과학 1, 2, 3

내신 대비 문제집

시험직보 문제집

내신 만점을 위한 시험 직전에 보는 문제집

국어 1-1, 1-2, 2-1, 2-2, 3-1, 3-2

예비 고1을 위한 고등 도서

룩 LOOK

이미지 연상으로 필수 개념을 쉽게 익히는
비주얼 개념서

국어 문법
영어 분석독해

손쉬운

작품 이해에서 문제 해결까지
손쉬운 비법을 담은 문학 입문서

현대 문학, 고전 문학

수학중심

개념과 유형을 한 번에 잡는
개념 기본서

고등 수학(상), 고등 수학(하),
수학 Ⅰ, 수학 Ⅱ, 확률과 통계, 미적분, 기하

유형중심

체계적인 유형별 학습으로
실전에서 더욱 강력한 문제 기본서

고등 수학(상), 고등 수학(하),
수학 Ⅰ, 수학 Ⅱ, 확률과 통계, 미적분

탄탄한 개념 설명, 자신있는 실전 문제

사회 통합사회, 한국사
과학 통합과학

바른답·알찬풀이

중등 **과학 3-2**

빠른 정답 확인

V. 생식과 유전

11쪽 기본 문제로 개념 다지기
01 세포 분열 **02** ㉠ 작을수록, ㉡ 커지는 **03** (1) × (2) ○ (3) ○ (4) × **04** A: DNA, B: 단백질, C: 염색체, D: 염색 분체 **05** (1) ○ (2) ○ (3) × (4) × **06** 상동 염색체 **07** ㉠ 46, ㉡ 상, ㉢ 성 **08** (1) ㉣ (2) ㉠ (3) ㉢ (4) ㉡ **09** (라) → (나) → (다) → (가) **10** (1) × (2) ○ (3) × (4) ○ (5) × **11** (1) 2 (2) 1 (3) 2 (4) 감 (5) 감 **12** (가) 감수 2분열 중기, (나) 감수 1분열 중기 **13** ㉠ 연속 2, ㉡ 2, ㉢ 형성 안 함, ㉣ 절반으로 감소함

14쪽 탐구 올리드 돋보기
01 (1) × (2) ○ (3) ○ **02** (다) **03** (가)

15쪽 탐구 올리드 돋보기
01 생장점 **02** 아세트올세인 용액 **03** A: 전기, B: 말기, C: 분열하기 전, D: 후기, E: 중기 **04** C → A → E → D → B

16쪽 대표 문제로 실력 확인하기
01 ② **02** ③ **03** ③ **04** ⑤ **05** ⑤ **06** (다) **07** ③ **08** ㉠ 12개, ㉡ 12개 **09** ⑤ **10** ③ **11** (1) (가) 체세포 분열, (나) 감수 분열 (2) (가)에서는 1회 분열이 일어나 2개의 딸세포가 형성되며, 분열 전과 후의 염색체 수가 변하지 않는다. (나)에서는 연속 2회 분열이 일어나 4개의 딸세포가 형성되며, 분열 후 염색체 수는 분열 전의 절반으로 줄어든다.

19쪽 기본 문제로 개념 다지기
01 (1) ○ (2) × (3) ○ **02** (1) ㉠ 23, ㉡ 23, ㉢ 46 (2) (가) 감수 분열, (나) 체세포 분열 **03** 난할 **04** ㉠ 체세포 분열, ㉡ 작아진다 **05** (1) ㉡ (2) ㉢ (3) ㉠ **06** 태아

20쪽 자료 올리드 돋보기
01 (1) ○ (2) × (3) × (4) × **02** (다) → (가) → (나) → (라)

21쪽 대표 문제로 실력 확인하기
01 ④ **02** ③ **03** ⑤ **04** A: 배아를 이루는 세포의 총 수, B: 배아 전체의 크기, C: 세포 1개당 크기 **05** ② **06** (1) A: 난할, B: 수정 (2) 배아는 모체로부터 양분과 산소를 공급받으며 자라고, 여러 기관을 형성하여 사람의 모습을 갖춘 태아가 된다.

23쪽 기본 문제로 개념 다지기
01 (1) ㄹ (2) ㄱ (3) ㅁ (4) ㄴ (5) ㄷ **02** (1) 순 (2) 잡 (3) 잡 (4) 순 **03** ㉠ 짧다, ㉡ 많고 **04** ㉠ 둥근 완두, ㉡ Rr **05** (가) 초록색, (나) 흰색 **06** (1) ○ (2) × (3) × **07** ㉠ 대립유전자, ㉡ 분리 **08** 분리 **09** (1) RrYy (2) RY, Ry, rY, ry (3) ㉢ RRyy, 둥글고 초록색, ㉣ rrYY, 주름지고 노란색, ㉤ rryy, 주름지고 초록색 (4) 9 : 3 : 3 : 1 **10** (1) ○ (2) × (3) ○ (4) ○ **11** 300개 **12** RrYy, Rryy, rrYy, rryy

26쪽 탐구 올리드 돋보기
01 (1) ○ (2) × (3) × **02** R, r **03** 수정

27쪽 대표 문제로 실력 확인하기
01 ① **02** ③ **03** ③ **04** ② **05** ④ **06** 400개 **07** ② **08** ④ **09** ⑤ **10** ① **11** ③ **12** ③ **13** A와 C, 주름진 완두는 열성 순종인데 D가 나타났으므로 A는 잡종이며, C는 B로부터 주름진 모양 대립유전자를 물려받았으므로 C도 잡종이다. **14** ③ **15** (나), 독립의 법칙이 성립되기 위해서는 두 쌍의 대립유전자가 서로 다른 상동 염색체에 위치해야 한다. **16** (1) A: RrYy, B: rryy (2) 잡종 1대의 주름지고 노란색인 완두는 A로부터 유전자 구성이 rY인 생식세포를, B로부터 유전자 구성이 ry인 생식세포를 물려받았다. **17** ㄱ, ㄷ

31쪽 기본 문제로 개념 다지기
01 ㄴ, ㄷ **02** 가계도 조사 **03** (1) ○ (2) ○ (3) × **04** ㉠ 2란성, ㉡ 다르다 **05** ㉠ 상, ㉡ 없다 **06** (1) ○ (2) × (3) × (4) ○ **07** (1) 혀를 말 수 있는 형질: 우성, 혀를 말 수 없는 형질: 열성 (2) 1: Aa, 4: aa **08** (1) ㉠ 4, ㉡ 6 (2) 열성 (3) 한 쌍 (4) 3 (5) 상 **09** A형 **10** ㉠ 성, ㉡ X, ㉢ Y, ㉣ X **11** 반성유전 **12** (1) ㄱ, ㄹ (2) ㄱ, ㄹ (3) ㄱ, ㄴ, ㄷ, ㄹ, ㅁ (4) ㄱ, ㄴ, ㄷ, ㄹ, ㅁ **13** (1) ○ (2) × (3) × (4) ○ **14** 2

34쪽 자료 올리드 돋보기
01 (1) ○ (2) × (3) ○ (4) × **02** Tt **03** ㉠ t, ㉡ t

35쪽 자료 올리드 돋보기
01 (1) × (2) ○ (3) × (4) × (5) ○ **02** XX′ **03** 남자, 색맹

36쪽 대표 문제로 실력 확인하기
01 ① **02** ㉠ 낫 모양 적혈구 빈혈증, ㉡ 카페인 중독 **03** ② **04** ⑤ **05** ⑤ **06** ③ **07** ② **08** ③ **09** 상염색체, 정상인 1과 2 사이에서 유전병을 가진 자녀(5)가 태어났으므로 유전병은 정상에 대해 열성이다. 유전병 유전자가 X 염색체에 있다면 우성인 정상 대립유전자를 가진 아버지(1)는 딸(5)에게 정상 대립유전자가 있는 X 염색체를 물려주기 때문에 딸(5)은 반드시 정상이어야 하는데 유전병을 가진다. 따라서 유전병 유전자는 상염색체에 있다.

39쪽 실전 문제로 V단원 마무리하기
01 ① **02** ④ **03** ② **04** ③ **05** ㉠ 에탄올, ㉡ 염산, ㉢ 아세트올세인 **06** ③ **07** (나), 상동 염색체끼리 결합하여 형성된 2가 염색체가 관찰되기 때문이다. **08** ② **09** ① **10** ⑤ **11** 노란색 **12** ⑤ **13** ㄴ **14** ④ **15** 대립유전자 O는 A와 B에 대해 열성이고, A와 B는 우열 관계가 없으므로, 대한이는 어머니(2)로부터 대립유전자 O를, 미래는 어머니(4)로부터 대립유전자 B를 물려받았다. **16** ④

VI. 에너지 전환과 보존

45쪽 기본 문제로 개념 다지기
01 ㉠ 증가, ㉡ 감소, ㉢ 운동, ㉣ 위치 **02** (1) 감소 (2) 증가 (3) ㉠ 위치, ㉡ 운동 **03** (1) ㉡ (2) ㉠ **04** 102 J **05** (1) ○ (2) × (3) ○ **06** 98 J **07** (1) ㉠ 위치, ㉡ 운동, ㉢ 운동, ㉣ 위치 (2) 역학적 (3) 위치

46쪽 탐구 올리드 돋보기
01 (1) × (2) × (3) ○ (4) × (5) ○ **02** ⑤

47쪽 대표 문제로 실력 확인하기
01 223 J **02** ⑤ **03** ①, ③ **04** ③ **05** ① **06** ③ **07** ⑤ **08** ㄷ, ㄹ **09** ④ **10** ③ **11** 117.6 J **12** ② **13** ⑤ **14** ⑤ **15** 196 J **16** ② **17** 14 m/s **18** ③ **19** ④ **20** ② **21** 15 m **22** 10 m **23** ③ **24** 2 : 1 **25** (1) 운동 에너지 → 위치 에너지 (2) 4배, 공을 던질 때의 운동 에너지가 최고점에서의 위치 에너지로 전환되며, 속력이 2배가 되면 운동 에너지가 4배가 되어 최고점에서의 위치 에너지는 4배가 된다. 따라서 공이 올라간 최고 높이는 4배가 된다. **26** (1) (가)=(나)=(다) (2) (가)=(나)=(다) (3) 공기 저항과 모든 마찰을 무시하면 역학적 에너지가 보존되어 최저점에서 운동 에너지가 모두 같으므로 속력도 모두 같다. **27** ② **28** ⑤

53쪽 기본 문제로 개념 다지기
01 ㉠ 전자기 유도, ㉡ 유도 전류 **02** (1) ○ (2) ○ (3) × **03** 발전기 **04** 역학적 에너지 → 전기 에너지 **05** 코일 **06** (다)-(나)-(가) **07** (1) 위치 (2) 운동 (3) 화학 **08** (1) 쉬운 (2) 변하지 않는다 (3) 화학 **09** (1) ㉣ (2) ㉢ (3) ㉡ (4) ㉠ **10** (1) × (2) × (3) × **11** ㉠ 빛, ㉡ 같다 **12** (1) 전력량 (2) 전력 (3) 전력량 (4) 전력 **13** 1000 J **14** 135 Wh **15** (1) × (2) ○ (3) ×

56쪽 탐구 올리드 돋보기
01 (1) ○ (2) ○ (3) ○ (4) × **02** ㄱ, ㄴ

57쪽 자료 올리드 돋보기
01 ㉠ 빛, ㉡ 소리, ㉢ 열 **02** 30대

58쪽 대표 문제로 실력 확인하기

01 ①, ② **02** ④ **03** ① **04** ① **05** ㉠ 자기장, ㉡ 유도 전류 **06** 발전기 **07** ② **08** ⑤ **09** ③ **10** ④ **11** 전기 에너지 **12** ④ **13** ③ **14** ② **15** ② **16** 25 % **17** ① **18** ⑤ **19** ① **20** ② **21** 에너지 보존 법칙 **22** ② **23** 18000 J **24** ⑤ **25** A **26** ② **27** 3365 Wh **28** ④ **29** (1) 역학적 에너지 (2) 역학적 에너지 → 열에너지, 빛에너지 (3) 공기 저항이 있으면 역학적 에너지가 열에너지와 빛에너지로 전환되므로 역학적 에너지는 보존되지 않지만 전체 에너지는 보존된다. **30** ① **31** (1) 뜨거운 바람이 나오도록 사용했을 때 (2) 차가운 바람이 나오는 경우에는 전기 에너지가 운동 에너지로 전환되어야 하고, 뜨거운 바람이 나오는 경우에는 전기 에너지가 운동 에너지와 열에너지로 전환되어야 한다. 따라서 뜨거운 바람이 나오는 경우에 더 많은 전기 에너지를 사용하므로 소비 전력이 더 크다.

65쪽 실전 문제로 Ⅵ단원 마무리하기

01 C **02** ⑤ **03** ① **04** A=B=C **05** ④ **06** 최고점에서의 위치 에너지는 기준면에서의 운동 에너지와 같으므로 $(9.8\times30)\ \text{N}\times h\ \text{m}=\frac{1}{2}\times30\ \text{kg}\times(7\ \text{m/s})^2$에서 $h=2.5$ m이다. 따라서 재호가 탄 그네가 올라가는 최고점의 높이는 2.5 m이다. **07** ② **08** ① **09** ② **10** ㉠ 전류, ㉡ 전자기 유도 **11** ① **12** ⑤ **13** ① **14** 1000 J **15** ⑤ **16** (1) A>B>C (2) 공이 공기 중에서 운동할 때나 바닥과 충돌할 때 역학적 에너지의 일부가 열에너지와 소리 에너지로 전환된다. 따라서 역학적 에너지가 점점 감소하여 튀어 오르는 높이도 낮아진다. **17** ⑤ **18** ④

Ⅶ. 별과 우주

71쪽 기본 문제로 개념 다지기

01 (1) ㉠ (2) ㉡ **02** (1) 작 (2) 커 **03** (1) × (2) ○ (3) × (4) ○ (5) ○ **04** D-C-B-A **05** (1) ㉠ (2) ㉢ (3) ㉡ **06** 3배 **07** (1) ○ (2) ○ (3) × **08** (1) 1 : 4 : 9 (2) 1 : 1 : 1 (3) 36 : 9 : 4 **09** (1) × (2) ○ (3) × (4) ○ (5) ○ **10** (1) ㉠ (2) ㉡ **11** ㉠ 2.5, ㉡ 16, ㉢ 100 **12** (1) 아크투르스 (2) 리겔 (3) 견우성 (4) 리겔 (5) 3개 **13** 표면 온도 **14** (나), (가)

74쪽 탐구 올리드 돋보기

01 ㉠ 시차, ㉡ 작아 **02** 0.15″ **03** ㄱ, ㄴ, ㄷ

75쪽 자료 올리드 돋보기

01 반비례 **02** 약 6.3배 어두워진다. **03** 16배 밝아진다. **04** 10000배 **05** 1등급 **06** D, E **07** E-D-A-B-C **08** 3등급

76쪽 대표 문제로 실력 확인하기

01 ② **02** 0.2″ **03** 0.1″ **04** ① **05** ⑤ **06** ① **07** ⑤ **08** ⑤ **09** ④ **10** ① **11** ③ **12** ⑤ **13** A, C **14** ② **15** ③ **16** ② **17** ① **18** A-B-C **19** ① **20** ④ **21** ⑤ **22** C **23** ① **24** ② **25** (1) 멀다. 북극성은 겉보기 등급이 절대 등급보다 5.8등급 더 크므로 현재 거리에서의 밝기가 10 pc에서 밝기의 100배보다 더 어두워 보인다. 밝기 비가 100배 차이가 나면 거리는 10배 차이가 나므로 북극성은 10 pc의 10배보다 더 멀리 위치해 있다. 따라서 북극성은 지구로부터의 거리가 100 pc보다 멀리 위치해 있다. (2) −5.9등급 (3) −3.7등급 **26** 100 pc의 거리에 있는 별 S를 10 pc으로 옮기면 별까지의 거리는 $\frac{1}{10}$배가 되므로, 밝기는 100배 밝아진다. 따라서 별의 겉보기 등급은 5등급 작아진 0등급이 된다. **27** (1) B (2) B (3) A, (겉보기 등급−절대 등급) 값이 클수록 지구로부터의 거리가 멀고, 연주 시차도 작아지기 때문이다.

81쪽 기본 문제로 개념 다지기

01 ㉠ 은하, ㉡ 우리은하 **02** (1) × (2) ○ (3) × (4) ○ (5) ○ (6) ○ **03** (1) ○ (2) ○ (3) × (4) ○ **04** ② **05** (1) ○ (2) × (3) ○ **06** (1) (가) 반사 성운, (나) 암흑 성운, (다) 방출 성운 (2) (가) (3) (다) (4) (나) **07** (1) ○ (2) ○ (3) ○ **08** (1) ㉡ (2) ㉠ (3) ㉢ **09** (1) (다), (아) (2) (가), (라), (바), (3) (나), (마) (4) (사), (자) **10** (1) 고무풍선의 표면: 우주, 붙임딱지: 은하 (2) 우주의 팽창 **11** (1) 멀어지고 (2) 빠르다 (3) 팽창 **12** (1) ○ (2) × (3) × (4) ○ (5) ○ (6) × (7) ○

84쪽 탐구 올리드 돋보기

01 (1) × (2) × (3) ○ (4) ○ (5) ○ **02** (1) C (2) C

85쪽 대표 문제로 실력 확인하기

01 ② **02** ① **03** ⑤ **04** ② **05** ③ **06** ㄱ, ㄴ, ㄷ, ㄹ **07** ① **08** ① **09** ⑤ **10** ④ **11** ③ **12** ③ **13** (가) **14** ② **15** ③ **16** ③ **17** (1) 향 연기: 성간 물질, 손전등의 불빛: 주변 별빛 (2) 반사 성운 (3) 향 연기가 셀로판지를 통과하여 나오는 손전등의 불빛을 반사시켜 셀로판지의 색과 같은 색으로 보이는 것처럼, 성간 물질이 주위의 별빛을 반사시켜 반사 성운으로 관측된다. **18** (1) A: 타원 은하, B: 정상 나선 은하, C: 막대 나선 은하, D: 불규칙 은하 (2) 나선팔의 유무 (3) B와 C의 공통점은 모두 나선팔을 가지고 있다는 것이고, 차이점은 C의 중심부에는 B와 달리 막대 모양의 구조가 있다는 것이다.

89쪽 기본 문제로 개념 다지기

01 (1) ㅁ (2) ㄹ (3) ㄱ (4) ㅇ (5) ㅅ (6) ㄷ (7) ㅂ (8) ㄴ **02** (1) A (2) C (3) B (4) C **03** (1) ㅂ (2) ㄱ (3) ㄷ (4) ㅁ (5) ㄴ (6) ㄹ **04** (1) 우주 망원경 (2) 우주 정거장 **05** (1) ○ (2) × (3) ×

92쪽 대표 문제로 실력 확인하기

01 ④ **02** 스푸트니크 1호 **03** ④ **04** ② **05** ① **06** ③ **07** ⑤ **08** 화성 **09** ④ **10** ㄷ **11** ④ **12** ① **13** C-B-A **14** ① **15** (1) 허블 우주 망원경 (2) 대기의 영향을 받지 않기 때문이다.

95쪽 실전 문제로 Ⅶ단원 마무리하기

01 ⑤ **02** ② **03** ③ **04** ⑤ **05** ② **06** ④ **07** 겉보기 등급: 1등급, 절대 등급: −2등급 **08** ② **09** ③ **10** ② **11** 방출 성운, 성운 안에 있는 고온의 별에 의해 성간 물질이 가열되어 스스로 빛을 내기 때문에 밝게 보인다. **12** 구상 성단 **13** ⑤ **14** ⑤ **15** ①, ⑤ **16** ② **17** ㄷ **18** ③ **19** ② **20** 우주 쓰레기는 우주 개발 과정에서 폐기된 인공위성, 로켓 발사체, 우주 임무 수행 중 발생한 부산물 등을 말한다. **21** ⑤

Ⅷ. 과학기술과 인류 문명

101쪽 기본 문제로 개념 다지기

01 불 **02** 만유인력 법칙, 뉴턴 **03** ㉠ ㄴ, ㉡ ㄷ, ㉢ ㄱ, ㉣ ㄹ **04** ㄱ, ㄴ, ㅁ **05** (1) × (2) ○ (3) × **06** 망원경

102쪽 대표 문제로 실력 확인하기

01 ⑤ **02** ⑤ **03** ② **04** ② **05** ④ **06** ①, ② **07** ③ **08** ③ **09** 백신, 질병을 예방할 수 있게 되어 인류의 평균 수명이 증가하였다. **10** ③

105쪽 기본 문제로 개념 다지기

01 (1) × (2) × (3) ○ (4) ○ **02** (1) ㉡ (2) ㉠ (3) ㉣ (4) ㉢ **03** 자율 주행 자동차 **04** 다양한 해결책 탐색하기

106쪽 대표 문제로 실력 확인하기

01 ② **02** ② **03** ⑤ **04** ⑤ **05** ② **06** ⑤ **07** ③ **08** (가) **09** ③ **10** (1) 유전자 재조합 기술, 특정 생물의 유용한 유전자를 다른 생물의 DNA에 끼워 넣어 재조합 DNA를 만드는 기술이다. (2) 제초제 저항성 콩, 비타민 A 강화 쌀, 병충해에 강한 옥수수 등

109쪽 실전 문제로 Ⅷ단원 마무리하기

01 ⑤ **02** ④ **03** ⑤ **04** ⑤ **05** ⑤ **06** 현미경-세포, 미생물을 관찰하여 백신, 항생제 등 의약품이 개발되었다, 전화기-정보 교환이 빨라지고, 인류의 활동 영역이 넓어졌다 등 **07** ⑤ **08** ① **09** (1) ㄴ (2) 소비자가 선호하는 정보나 서비스를 제공한다, 개인의 관심사에 맞추어 선별한 광고를 제공한다, 공공 기관의 민원 처리에 활용한다, 교통 체증 예방에 활용한다, 재해·재난 방지 시스템 구축에 이용한다 등 **10** ② **11** ③ **12** ④

V. 생식과 유전

01강 세포 분열

기본 문제로 개념 다지기 11쪽, 13쪽

01 세포 분열 **02** ㉠ 작을수록, ㉡ 커지는 **03** (1) × (2) ○ (3) ○ (4) × **04** A: DNA, B: 단백질, C: 염색체, D: 염색 분체 **05** (1) ○ (2) ○ (3) × (4) × **06** 상동 염색체 **07** ㉠ 46, ㉡ 상, ㉢ 성 **08** (1) ㉣ (2) ㉠ (3) ㉢ (4) ㉡ **09** (라) → (나) → (다) → (가) **10** (1) × (2) ○ (3) × (4) ○ (5) × **11** (1) 2 (2) 1 (3) 2 (4) 감 (5) 감 **12** (가) 감수 2분열 중기, (나) 감수 1분열 중기 **13** ㉠ 연속 2, ㉡ 2, ㉢ 형성 안 함, ㉣ 절반으로 감소함

01 다세포 생물에서 일정 크기에 도달한 하나의 세포가 2개의 세포로 나누어지는 것을 세포 분열이라고 한다.

02 세포막을 통한 물질 교환이 원활하게 일어나기 위해서는 세포의 단위 부피당 표면적의 비율이 높아야 하므로 세포 분열을 하여 세포의 크기를 작게 만드는 것이 유리하다.

03 (1) 몸집이 큰 동물은 작은 동물에 비해 세포의 수가 많고, 세포의 크기는 거의 비슷하다.
(2) 단세포 생물은 세포 분열을 통해 개체 수를 늘리고, 다세포 생물은 대부분 세포 분열을 통해 정자, 난자와 같은 생식세포를 만든다.
(3), (4) 다세포 생물은 체세포 분열로 세포의 수가 늘어나 몸집이 커지거나 상처가 아문다.

04 A는 생물의 특징을 결정하는 여러 유전 정보를 저장하고 있는 DNA, B는 단백질, C는 세포가 분열할 때 나타나는 막대나 끈 모양의 구조물인 염색체, D는 염색 분체이다.

05 (1), (4) 염색체는 DNA와 단백질로 구성되며, 염색체를 구성하는 물질 중 생물의 특징을 결정하는 여러 유전 정보를 저장하고 있는 것은 DNA이다.
(2) 염색 분체는 하나의 염색체를 이루는 각각의 가닥으로, 세포가 분열하기 전에 유전 물질(DNA)이 복제되어 형성된 것이다. 그러므로 두 가닥의 염색 분체는 유전 정보가 같다.
(3) 염색체는 세포가 분열하기 시작하면 굵고 짧게 뭉쳐져 막대나 끈 모양으로 나타나지만, 세포가 분열하지 않을 때에는 핵 속에 가는 실처럼 풀어져 있다.

06 사람의 체세포에서 쌍을 이루고 있는 크기와 모양이 같은 2개의 염색체를 상동 염색체라고 한다.

07 사람의 체세포에는 46개(23쌍)의 염색체가 들어 있으며, 그중 남녀에게 공통적으로 들어 있는 상염색체는 44개(22쌍), 성을 결정하는 성염색체는 2개(1쌍)이다. 남자의 성염색체 구성은 XY, 여자의 성염색체 구성은 XX이다.

08 체세포 분열 전기에 두 가닥의 염색 분체로 이루어진 염색체가 나타나고, 중기에 염색체가 세포의 중앙에 배열되며, 후기에 염색 분체가 분리되고, 말기에 염색체가 풀어지고 핵막이 나타나면서 2개의 핵이 만들어진다.

09 (가)는 염색 분체가 분리되는 후기, (나)는 두 가닥의 염색 분체로 이루어진 염색체가 나타나는 전기, (다)는 염색체가 세포의 중앙에 배열되는 중기의 모습이다. (라)는 염색체가 핵 속에 가는 실처럼 풀어져 있으므로 세포가 분열하기 전의 모습이다. 따라서 체세포 분열은 (라) → (나) → (다) → (가) 순으로 진행된다.

10 (1) 세포질 분열은 핵분열 말기에 일어난다.
(2) 세포는 체세포 분열을 하기 전에 유전 물질(DNA)을 복제하여 유전 물질의 양이 2배로 늘어난다.
(3) 동물 세포는 세포막이 바깥쪽에서 안쪽으로 잘록하게 들어가면서 세포질이 나누어진다.
(4) 체세포 분열에서 핵분열은 염색체의 행동에 따라 전기, 중기, 후기, 말기로 구분한다.
(5) 체세포 분열 결과 유전 정보와 염색체 수가 모세포와 같은 2개의 딸세포가 형성된다.

11 (1) 감수 1분열에서는 상동 염색체가 분리되므로 염색체 수가 절반으로 줄어들고, 감수 2분열에서는 염색 분체가 분리되므로 염색체 수가 변하지 않는다.
(2) 상동 염색체끼리 결합한 2가 염색체는 감수 1분열 전기에 나타나 감수 1분열 중기까지 관찰된다.
(3) 감수 2분열 후기에 각 세포에서 염색 분체가 분리되어 세포의 양쪽 끝으로 이동한다.
(4) 감수 1분열과 2분열 시 각각 세포질 분열이 일어난다.
(5) 감수 분열 결과 형성된 딸세포의 염색체 수는 모세포의 절반이다. 감수 1분열에서 상동 염색체가 분리될 때, 감수 2분열에서 염색 분체가 분리될 때 각각 유전 물질(DNA)의 양이 절반으로 줄어든다.

12 (가)는 염색체가 세포의 중앙에 배열된 감수 2분열 중기의 세포이고, (나)는 2가 염색체가 세포의 중앙에 배열된 감수 1분열 중기의 세포이다.

13 체세포 분열에서는 2가 염색체가 형성되지 않으며, 분열 결과 2개의 딸세포가 만들어진다. 감수 분열에서는 연속 2회 분열이 일어나며 상동 염색체가 분리되므로 분열 결과 염색체 수가 절반으로 줄어든다.

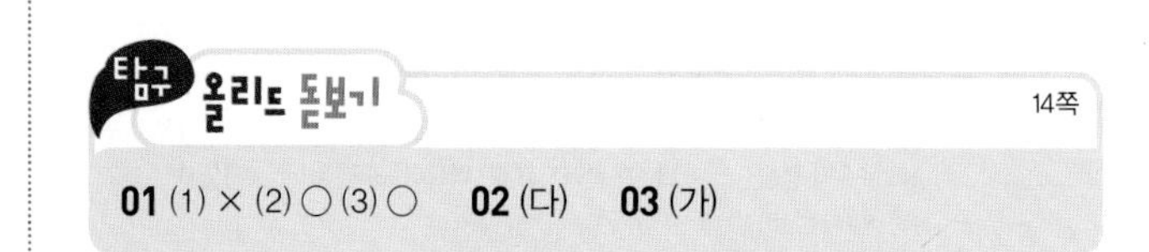

탐구 올리드 돋보기 14쪽

01 (1) × (2) ○ (3) ○ **02** (다) **03** (가)

01 (1) 제시된 실험은 세포가 물질 교환을 원활하게 하기 위한 세포 분열의 필요성을 알아보기 위한 것이다.

(2), (3) 한천 조각의 한 변의 길이가 짧을수록 $\frac{표면적}{부피}$의 값이 커지므로, 한 변의 길이가 짧을수록 같은 시간 동안 중심 부분까지 붉은색이 퍼지는 데 유리하다. 따라서 과정 ❹의 결과에서 중심 부분까지 붉은색이 퍼진 것은 한 변의 길이가 1 cm인 한천 조각이다.

02 한 변의 길이가 길수록 단위 부피당 표면적이 작다.

03 세포의 크기가 작을수록 단위 부피당 표면적이 커서 물질 교환을 효율적으로 할 수 있으므로, (가)~(다) 중 (가)가 물질 교환에 가장 유리하다.

탐구 올리드 돋보기 15쪽

01 생장점 **02** 아세트올세인 용액 **03** A: 전기, B: 말기, C: 분열하기 전, D: 후기, E: 중기 **04** C → A → E → D → B

01 생장점에서 체세포 분열이 활발하게 일어나 양파 뿌리가 길게 자란다.

02 아세트올세인 용액에 의해 핵이나 염색체가 붉은색으로 염색된다.

03 A는 염색체가 나타나기 시작하므로 전기, B는 2개의 핵이 만들어지므로 말기, C는 세포가 분열하기 전, D는 염색 분체가 세포의 양쪽 끝으로 이동하므로 후기, E는 염색체가 세포의 중앙에 배열되어 있으므로 중기이다.

04 체세포 분열은 분열하기 전(C) → 전기(A) → 중기(E) → 후기(D) → 말기(B) 순으로 진행된다.

대표 문제로 실력 확인하기 16~17쪽

01 ② **02** ③ **03** ③ **04** ⑤ **05** ⑤ **06** (다) **07** ③ **08** ㉠ 12개, ㉡ 12개 **09** ⑤

고난도·서술형 문제

10 ③ **11** (1) (가) 체세포 분열, (나) 감수 분열 (2) (가)에서는 1회 분열이 일어나 2개의 딸세포가 형성되며, 분열 전과 후의 염색체 수가 변하지 않는다. (나)에서는 연속 2회 분열이 일어나 4개의 딸세포가 형성되며, 분열 후 염색체 수는 분열 전의 절반으로 줄어든다.

01 ② 적혈구가 혈관을 따라 이동하는 것은 혈액 순환이 일어나기 때문으로, 세포 분열의 결과로 나타나는 현상과는 관련이 없다.

오답 피하기 ①, ③, ④, ⑤ 사람과 식물의 생장, 도마뱀 꼬리의 재생, 생식세포의 형성은 모두 세포 분열의 결과로 나타나는 현상이다.

02 제시된 실험을 통해 세포는 일정한 크기가 되면 분열하여 세포의 크기를 작게 해야 물질 교환을 하는 데 유리하다는 것을 알 수 있다.

03 ③ B는 하나의 염색체를 이루는 두 가닥의 염색 분체이다.

오답 피하기 ① (가)는 분열하지 않는 세포에서 관찰되는 염색체의 모양이고, (나)는 분열 중인 세포에서 관찰되는 염색체의 모양이다.

② A는 핵 속에 가는 실처럼 풀어져 있으므로 염색체이며, 염색체는 DNA와 단백질로 구성된다.

④ C는 크기와 모양이 같은 2개의 염색체이므로 상동 염색체이다.

⑤ 염색체는 분열하지 않는 세포 (가)에서는 A와 같이 가는 실처럼 풀어져 있고, 분열 중인 세포 (나)에서는 굵고 짧게 뭉쳐져 있다.

04 A는 DNA, B는 단백질, C는 분열하는 세포에서 관찰되는 염색체, D는 염색 분체이다. 염색 분체(D)는 세포가 분열하기 전에 유전 물질(DNA)이 복제되어 형성된 것으로 두 가닥의 염색 분체는 유전 정보가 같다.

05 ⑤ (가)와 (나) 모두 1~22번의 상염색체가 쌍으로 존재하고 성염색체가 한 쌍 있으며, 각 염색체는 두 가닥의 염색 분체로 이루어져 있다.

오답 피하기 ① (가)는 성염색체 구성이 XX이므로 여자의 염색체이고, (나)는 성염색체 구성이 XY이므로 남자의 염색체이다.

② (가)에서 상염색체 수는 22쌍(44개)이다.

③ (나)에서 성염색체는 X 염색체와 Y 염색체로, 2개이다.

④ (가)와 (나)에서 성염색체는 각각 2개로, 성염색체 수는 서로 같다.

06 (가)는 후기, (나)는 전기, (다)는 중기, (라)는 말기이다. 염색체의 수와 모양이 가장 뚜렷하게 관찰되는 시기는 중기 (다)이다.

07 ㄱ. A는 새로운 2개의 핵 사이에 만들어진 세포판으로, 나중에 새로운 세포벽과 세포막이 된다.

ㄴ, ㄹ. 동물 세포는 세포막이 바깥쪽에서 안쪽으로 잘록하게 들어가면서 세포질이 나누어지고, 식물 세포는 새로운 2개의 핵 사이에 안쪽에서 바깥쪽으로 세포판이 만들어지면서 세포질이 나누어진다. 따라서 (가)는 동물 세포, (나)는 식물 세포의 세포질 분열 과정이다.

오답 피하기 ㄷ. 세포질 분열은 핵분열 말기에 일어난다.

08 체세포 분열 결과 형성된 두 딸세포의 염색체 수는 모세포와 같다. 따라서 ㉠과 ㉡의 염색체 수는 각각 12개이다.

09 ⑤ 감수 분열 결과 염색체 수가 절반으로 감소하므로, 분열 결과 형성된 딸세포의 염색체 수는 2개이다.

오답 피하기 ① (가)는 감수 1분열 전기로, A는 상동 염색체끼리 결합한 2가 염색체이다.

② (나)는 2가 염색체가 세포의 중앙에 배열된 모습이므로, 감수 1분열 중기이다.

③ (다)는 상동 염색체가 분리되므로 감수 1분열 후기이다.

④ 감수 분열은 생식세포 형성 과정에서 일어나는 세포 분열이며, 생식세포는 생식 기관에서 만들어진다.

10 ③ (다) 과정은 세포들이 뭉치지 않도록 떼어 내기 위해서이다.

오답 피하기 ① (가)에서 아세트올세인 용액은 염색체를 붉게 염색하는 염색액이다. (가) 과정을 통해 핵이나 염색체를 붉게 염색하여 뚜렷이 관찰할 수 있다.

② (나) 과정은 뿌리 조직을 연하게 만들기 위해서이다.

④ (라) 과정은 세포 분열을 멈추게 하고 세포를 살아 있을 때와 같은 상태로 고정하여 다양한 시기의 세포를 관찰하기 위해서이다.

⑤ 양파 뿌리 끝에서 일어나는 체세포 분열을 관찰하려면 고정(라) → 해리(나) → 염색(가) → 분리(다) → 압착 순서를 거쳐 현미경 표본을 만들어야 한다.

통합형 문제 분석

양파 뿌리의 체세포 분열 관찰 실험

(가) 뿌리 끝부분에 아세트올세인 용액을 한 방울 떨어뜨린다. 핵과 염색체를 염색함.

(나) 뿌리 조각을 50 ℃~60 ℃의 묽은 염산에 8분 정도 담가 둔다. 뿌리 조직을 연하게 만듦.

(다) 뿌리 끝을 해부 침으로 잘게 찢은 후, 덮개유리를 덮고 고무 달린 연필로 가볍게 두드린다. 세포들이 뭉치지 않도록 떼어 냄.

(라) 뿌리 조각을 에탄올과 아세트산을 3 : 1로 섞은 용액에 하루 정도 담가 둔다. 세포 분열을 멈추게 하고 세포를 살아 있을 때와 같은 상태로 고정함.

11 (1) (가)는 분열 전과 후의 염색체 수 변화가 없으므로 체세포 분열이다. (나)는 분열 후 염색체 수가 분열 전에 비해 절반으로 줄어들었으므로 감수 분열이다.

(2) 예시 답안 (가)에서는 1회 분열이 일어나 2개의 딸세포가 형성되며, 분열 전과 후의 염색체 수가 변하지 않는다. (나)에서는 연속 2회 분열이 일어나 4개의 딸세포가 형성되며, 분열 후 염색체 수는 분열 전의 절반으로 줄어든다.

채점 기준	배점(%)
(가)와 (나)의 차이점을 제시된 특징과 연관 지어 모두 옳게 설명한 경우	100
(가)와 (나)의 차이점을 분열 횟수, 딸세포의 수, 분열 전과 후의 염색체 수 변화 중 1가지만 포함하여 옳게 설명한 경우	30

02강 발생

기본 문제로 개념 다지기 19쪽

01 (1) ○ (2) × (3) ○ **02** (1) ㉠ 23, ㉡ 23, ㉢ 46 (2) (가) 감수 분열, (나) 체세포 분열 **03** 난할 **04** ㉠ 체세포 분열, ㉡ 작아진다 **05** (1) ㉡ (2) ㉢ (3) ㉠ **06** 태아

01 (1) 정자의 핵과 난자의 핵이 결합하여 수정란을 형성하는 과정을 수정이라고 한다.

(2) 수정 과정을 거쳐 형성된 수정란의 염색체 수(46개)는 난자의 염색체 수(23개)의 2배이다.

(3) 수정란이 하나의 개체가 되기까지의 과정을 발생이라고 한다.

02 (1) 정자나 난자와 같은 생식세포는 감수 분열 결과 형성되므로 염색체 수가 체세포의 절반인 23개이며, 태아의 체세포 염색체 수는 46개이다.

(2) 정자나 난자와 같은 생식세포가 형성되는 과정에서 일어나는 세포 분열(가)은 감수 분열이고, 수정란이 하나의 개체가 되는 과정에서 일어나는 세포 분열(나)은 세포의 수를 늘리는 체세포 분열이다.

03 사람의 발생 초기에 일어나는 수정란의 체세포 분열은 난할이다.

04 난할은 수정란의 초기 발생 과정에서 빠르게 일어나는 체세포 분열로, 난할이 일어나는 동안 세포의 크기는 자라지 않고 분열만 빠르게 반복되므로 난할을 거듭할수록 세포 하나의 크기는 점점 작아진다.

05 A는 수정이 일어나는 장소인 수란관, B는 난자가 형성되는 장소인 난소, C는 착상이 일어나는 장소인 자궁이다.

06 착상 후 배아는 모체로부터 양분과 산소를 공급받으며 자라고, 수정 후 8주 정도가 되면 대부분의 기관을 형성하여 사람의 모습을 갖춘 태아가 된다.

20쪽

01 (1) ○ (2) × (3) × (4) × **02** (다) → (가) → (나) → (라)

01 (1) 하나의 정자와 하나의 난자만 수정에 참여할 수 있다.

(2) 수정란의 염색체 수는 46개, 생식세포 1개의 염색체 수는 23개이다.

(3) 수정란의 초기 발생 과정에서 빠르게 일어나는 체세포 분열을 난할이라고 한다.

(4) 수정란이 여러 가지 조직과 기관을 형성하여 하나의 개체가 되기까지의 과정을 발생이라고 한다.

02 정자와 난자의 결합으로 형성된 수정란은 난할을 하여 세포 수를 늘리고(다), 난할을 거친 배아가 자궁 안쪽 벽에 파묻힌다.(가) 배아는 모체로부터 양분과 산소를 공급받고 여러 기관을 형성하여 태아가 되고(나), 태아는 수정된 지 약 266일이 지나면 출산 과정을 거쳐 모체 밖으로 나온다.(라)

대표 문제로 실력 확인하기 21쪽

01 ④ **02** ③ **03** ⑤

고난도·서술형 문제

04 A: 배아를 이루는 세포의 총 수, B: 배아 전체의 크기, C: 세포 1개당 크기 **05** ② **06** (1) A: 난할, B: 수정 (2) 배아는 모체로부터 양분과 산소를 공급받으며 자라고, 여러 기관을 형성하여 사람의 모습을 갖춘 태아가 된다.

01 수정란이 체세포 분열을 통해 세포 수가 늘어나고, 여러 조직과 기관을 형성하여 하나의 개체가 되기까지의 과정을 발생이라고 한다.

02 ③ 난할은 체세포 분열이므로 분열 전과 후의 염색체 수는 변하지 않는다. 따라서 세포 A와 B의 염색체 수는 같다.

오답 피하기 ① 이 과정은 수정란의 초기 발생 과정에서 빠르게 일어나는 체세포 분열인 난할이다.

② 난할은 여자의 생식 기관인 수란관을 따라 자궁에 이르는 동안 진행된다.

④ 난할은 세포의 크기가 자라지 않고 분열만 반복되므로 ㉠에서 ㉡으로 될 때 각 세포의 크기가 작아진다.

⑤ ㉡ 이후에도 세포 분열은 계속 일어나 여러 조직과 기관을 형성한다.

03 ㄱ. A는 수란관으로, 수정란이 수란관을 따라 자궁으로 이동하면서 난할이 일어난다.

ㄴ. B는 난자가 형성되는 장소인 난소이다.

ㄷ. 난할을 거친 배아는 자궁(C)의 안쪽 벽에 파묻혀 착상되며, 착상 후 배아는 모체로부터 양분과 산소를 공급받으며 태아로 자란다.

04 난할이 진행될 때 배아 전체의 크기는 거의 변화 없이 수정란과 비슷하다.

05 난할이 일어나는 동안 세포의 크기는 자라지 않고 분열만 반복되므로 난할을 거듭할수록 세포 수는 많아지고, 세포 하나의 크기는 점점 작아진다.

통합형 문제 분석

난할 진행 시 변화 요소

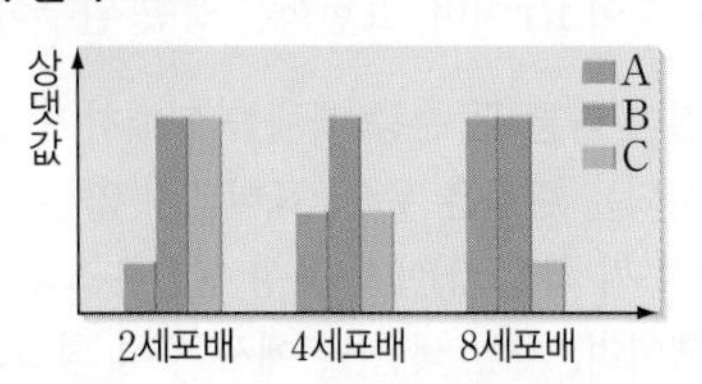

- A: 난할이 진행될수록 증가함. ➡ 배아를 이루는 세포의 총 수
- B: 난할이 진행되어도 변화 없음. ➡ 배아 전체의 크기
- C: 난할이 진행될수록 감소함. ➡ 세포 1개당 크기

06 (1) 수란관에서 일어나는 정자와 난자의 결합은 수정이며, 수정란의 초기 발생 과정에서 빠르게 일어나는 체세포 분열은 난할이다.

(2) 예시 답안 배아는 모체로부터 양분과 산소를 공급받으며 자라고, 여러 기관을 형성하여 사람의 모습을 갖춘 태아가 된다.

채점 기준	배점(%)
양분과 산소를 공급받고 태아로 성장한다는 내용을 모두 포함하여 옳게 설명한 경우	100
양분과 산소를 공급받고 태아로 성장한다는 내용 중 1가지만 포함하여 옳게 설명한 경우	50

03강 멘델 유전

기본 문제로 개념 다지기 23쪽, 25쪽

01 (1) ㄹ (2) ㄱ (3) ㅁ (4) ㄴ (5) ㄷ **02** (1) 순 (2) 잡 (3) 잡 (4) 순 **03** ㉠ 짧다, ㉡ 많고 **04** ㉠ 둥근 완두, ㉡ Rr **05** (가) 초록색, (나) 흰색 **06** (1) ○ (2) × (3) × **07** ㉠ 대립유전자, ㉡ 분리 **08** 분리 **09** (1) RrYy (2) RY, Ry, rY, ry (3) ㉢ RRyy, 둥글고 초록색, ㉣ rrYY, 주름지고 노란색, ㉤ rryy, 주름지고 초록색 (4) 9 : 3 : 3 : 1 **10** (1) ○ (2) × (3) ○ (4) ○ **11** 300개 **12** RrYy, Rryy, rrYy, rryy

01 (1), (3) 겉으로 드러나는 형질을 표현형, 표현형을 결정하는 대립유전자 구성을 알파벳 기호로 나타낸 것을 유전자형이라고 한다.

(4) 한 형질을 나타내는 대립유전자 구성이 RR, YY와 같이 같으면 순종이다.

02 RR, rrYY는 대립유전자 구성이 서로 같으므로 순종, Rr, RrYy는 대립유전자 구성이 서로 다르므로 잡종이다.

03 완두는 한 세대가 짧고 자손의 수가 많으며, 자가 수분과 타가 수분의 조절이 쉬워 실험자가 인위적인 교배 실험을 할 수 있어 유전 연구에 적합하다.

04 잡종 1대는 어버이인 둥근 완두(RR)로부터 대립유전자 R를, 주름진 완두(rr)로부터 대립유전자 r를 물려받았으므로 유전자형이 Rr이며, 표현형은 둥근 완두이다.

05 대립 형질이 다른 두 순종 개체를 교배하여 얻은 잡종 1대에서 표현되는 형질은 우성, 표현되지 않는 형질은 열성이다. 따라서 씨 색깔(가)에서 우성 형질은 노란색, 열성 형질은 초록색이며, 꽃잎 색깔(나)에서 우성 형질은 보라색, 열성 형질은 흰색이다.

06 (2) 유전자형이 Rr인 완두는 R를 가진 생식세포와 r를 가진 생식세포가 1 : 1의 비율로 만들어진다.
(3) 잡종 2대에서는 표현형이 둥근 완두(RR, 2Rr)와 주름진 완두(rr)가 3 : 1의 비율로 나타난다.

07 생식세포가 만들어질 때 쌍으로 존재하던 대립유전자가 분리되어 서로 다른 생식세포로 하나씩 나뉘어 들어가는 현상을 분리의 법칙이라고 한다.

08 독립의 법칙은 두 쌍의 대립 형질 유전에서 각각 독립적으로 분리의 법칙이 적용되는 것이다.

09 (1) 잡종 1대(㉠)는 둥글고 노란색인 완두(RRYY)로부터 RY를, 주름지고 초록색인 완두(rryy)로부터 ry를 물려받았으므로, 잡종 1대(㉠)의 유전자형은 RrYy이다.
(2) ㉡의 유전자형은 RrYy이므로 유전자 구성이 RY, Ry, rY, ry인 생식세포가 1 : 1 : 1 : 1의 비율로 만들어진다.
(3) R는 r에 대해, Y는 y에 대해 각각 우성이다. 따라서 ㉢의 유전자형은 RRyy이므로 표현형은 둥글고 초록색이며, ㉣의 유전자형은 rrYY이므로 표현형은 주름지고 노란색이다. ㉤의 유전자형은 rryy이므로 표현형은 주름지고 초록색이다.
(4) 잡종 2대의 표현형 분리비는 둥글고 노란색, 둥글고 초록색, 주름지고 노란색, 주름지고 초록색인 완두가 9 : 3 : 3 : 1이다.

10 (1) 순종의 둥글고 노란색 완두(RRYY)에서는 유전자 구성이 RY인 생식세포만, 순종의 주름지고 초록색 완두(rryy)에서는 유전자 구성이 ry인 생식세포만 만들어진다.
(2) 잡종 1대인 ㉢의 유전자형은 RrYy이다.
(3) 잡종 2대의 완두에서 나타날 수 있는 표현형은 둥글고 노란색, 둥글고 초록색, 주름지고 노란색, 주름지고 초록색이므로 최대 4가지이다.
(4) 잡종 2대의 완두가 형성되는 과정에서 분리의 법칙이 적용되므로, 잡종 2대에서는 표현형이 노란색 완두와 초록색 완두가 3 : 1의 비율로 나타난다.

11 자손에서 둥글고 초록색인 완두의 비율은 $\frac{3}{16}$이므로 둥글고 초록색인 완두는 이론적으로 $1600 \times \frac{3}{16} = 300$(개)이다.

12 둥글고 노란색인 완두(RrYy)에서는 유전자 구성이 RY, Ry, rY, ry인 생식세포가 만들어지고, 주름지고 초록색인 완두(rryy)에서는 유전자 구성이 ry인 생식세포가 만들어지므로 두 완두의 교배 결과 자손의 유전자형은 RrYy, Rryy, rrYy, rryy가 1 : 1 : 1 : 1의 비율로 나타난다.

탐구 올리드 돋보기

26쪽

01 (1) ○ (2) × (3) × **02** R, r **03** 수정

01 (2), (3) 이 실험은 유전자형이 Rr인 완두를 자가 수분한 경우를 가정한 것으로, 멘델의 분리의 법칙을 확인하기 위한 것이다.

02 대립유전자 R와 r는 생식세포 형성 과정에서 분리되어 서로 다른 생식세포로 나뉘어 들어간다. 따라서 유전자형이 Rr인 완두에서 만들어질 수 있는 꽃가루의 유전자 구성은 R와 r로 2가지이다.

03 바둑알은 암수 생식세포의 대립유전자이며, 생식세포의 대립유전자가 쌍을 이루는 것은 수정을 의미한다.

대표 문제로 실력 확인하기

27~29쪽

01 ① **02** ③ **03** ③ **04** ② **05** ④ **06** 400개 **07** ②
08 ④ **09** ⑤ **10** ① **11** ③ **12** ③

고난도·서술형 문제

13 A와 C, 주름진 완두는 열성 순종인데 D가 나타났으므로 A는 잡종이며, C는 B로부터 주름진 모양 대립유전자를 물려받았으므로 C도 잡종이다. **14** ③ **15** (나), 독립의 법칙이 성립되기 위해서는 두 쌍의 대립유전자가 서로 다른 상동 염색체에 위치해야 한다. **16** (1) A: RrYy, B: rryy (2) 잡종 1대의 주름지고 노란색인 완두는 A로부터 유전자 구성이 rY인 생식세포를, B로부터 유전자 구성이 ry인 생식세포를 물려받았다. **17** ㄱ, ㄷ

01 ① 부모의 형질이 자손에게 전달되는 현상을 유전이라고 한다.
오답 피하기 ② 부모의 유전자는 생식세포를 통해 자손에게 전달된다.
③ 대립 형질은 한 형질에 대해 뚜렷하게 구별되는 형질로, 완두 씨 모양에서 대립 형질은 둥근 것과 주름진 것이다.
④ 여러 세대를 자가 수분하여도 계속 같은 형질의 자손만 나타나면 이 자손은 순종이다.

⑤ 대립 형질이 다른 두 순종 개체를 교배하여 얻은 잡종 1대에 표현되는 형질은 우성, 표현되지 않는 형질은 열성이다.

02 완두는 대립 형질이 뚜렷하여 유전 연구의 재료로 적합하다.

03 ③ 완두의 씨 색깔에서 우성 형질은 노란색이므로, 노란색 완두가 노란색 대립유전자와 초록색 대립유전자를 모두 가지고 있으면 노란색을 나타내지만 잡종이다.

오답 피하기 ① 꽃잎 색깔에서 우성 형질은 보라색이므로, 잡종인 완두의 꽃잎 색깔은 보라색이다.

② 주름진 완두는 열성 형질이므로, 씨 모양이 주름진 완두는 모두 순종이다.

④ 씨 색깔은 노란색이 우성 형질이므로, 노란색 완두 중에 잡종이 있을 수 있다.

⑤ 씨 색깔은 초록색이 열성 형질이므로, 초록색 완두는 모두 초록색 대립유전자를 쌍으로 가지고 있다.

04 ㄷ. 순종의 둥근 완두(㉠)와 순종의 주름진 완두를 타가 수분하여 잡종인 둥근 완두(㉢)만 얻었으므로, 둥근 완두는 우성, 주름진 완두는 열성이다.

오답 피하기 ㄱ. ㉠은 순종이므로, 둥근 모양 대립유전자를 쌍으로 가지고 있다. ㉡은 잡종이므로, 둥근 모양 대립유전자와 주름진 모양 대립유전자를 모두 가지고 있다.

ㄴ. (나)는 타가 수분 과정이다.

05 ④ 잡종 1대의 둥근 완두(Rr)를 자가 수분하면 생식세포의 결합으로 잡종 2대가 만들어지며, 잡종 2대에서는 유전자형이 RR, Rr, rr인 완두가 1 : 2 : 1의 비율로 나타난다.

오답 피하기 ① 잡종 1대는 어버이로부터 R와 r를 물려받았으므로, 잡종 1대의 유전자형은 Rr이다.

② 잡종 1대에서 표현되는 형질이 우성이므로, 둥근 완두가 주름진 완두에 대해 우성이다.

③ 잡종 2대에서 유전자형의 분리비는 RR : Rr : rr = 1 : 2 : 1이고, RR와 rr는 순종, Rr는 잡종이다. 따라서 잡종 2대에서 순종과 잡종은 1 : 1의 비율로 나타난다.

⑤ 잡종 2대에서 RR와 Rr는 둥근 완두, rr는 주름진 완두이므로, 표현형의 분리비는 둥근 완두 : 주름진 완두 = 3 : 1이다.

자료 분석

한 쌍의 대립 형질의 유전

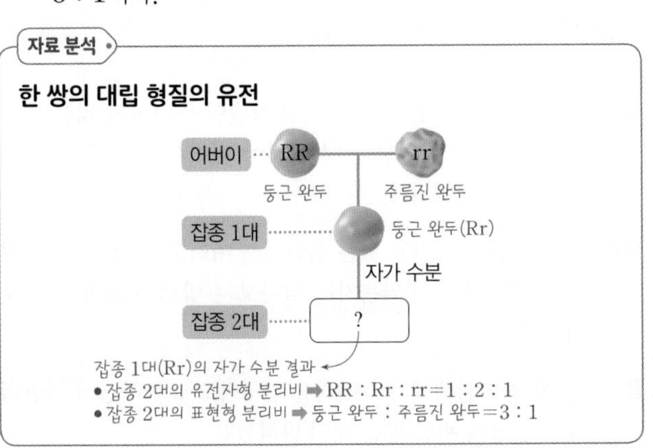

06 잡종 2대에서 잡종 1대(Rr)와 유전자형이 같은 완두가 나타날 확률은 $\frac{2}{4}$로, $800 \times \frac{2}{4} = 400$(개)이다.

07 ㄴ. (가)에서 노란색 완두(A)와 초록색 완두(B)의 교배 결과 모두 노란색 완두만 나타났으므로 노란색 완두는 초록색 완두에 대해 우성임을 알 수 있다.

오답 피하기 ㄱ. (가)에서 완두 A와 B의 교배 결과 모두 노란색 완두만 나타났으므로 A와 B는 모두 순종이다. (나)에서 완두 C와 D의 교배 결과 노란색 완두와 초록색 완두가 3 : 1의 비율로 나타났으므로 C와 D는 모두 노란색을 나타내지만 잡종이다. A는 순종, D는 잡종이므로 A와 D의 유전자형은 다르다.

ㄷ. B는 순종, C는 잡종이다.

08 키 작은 완두는 모두 순종(tt)이므로 자손에서 키 큰 완두와 키 작은 완두가 1 : 1의 비율로 나타나려면 어버이 중 하나는 잡종인 키 큰 완두(Tt), 다른 하나는 키 작은 완두(tt)이어야 한다.

09 어버이가 모두 순종이므로 잡종 1대의 유전자형은 RrYy이다. 대립유전자 R와 r, Y와 y는 각각 상동 염색체의 같은 위치에 존재하고, 독립의 법칙을 따르므로 대립유전자 R(r)와 대립유전자 Y(y)는 서로 다른 염색체에 존재한다.

10 ① 대립 형질이 다른 두 순종 개체를 교배하여 얻은 잡종 1대에서 표현되는 형질은 우성이다.

오답 피하기 ② 잡종 2대에서 둥근 완두와 주름진 완두의 표현형 분리비는 3 : 1이므로, 둥근 완두가 나타날 확률은 $\frac{3}{4} \times 100 = 75$(%)이다.

③ R와 y는 대립유전자 관계가 아니므로 상동 염색체의 같은 위치에 존재하지 않는다.

④ 잡종 2대에서는 표현형이 초록색 완두와 노란색 완두가 1 : 3의 비율로 나타난다.

⑤ 잡종 2대에서는 표현형이 둥글고 노란색인 완두, 둥글고 초록색인 완두, 주름지고 노란색인 완두, 주름지고 초록색인 완두가 9 : 3 : 3 : 1의 비율로 나타난다.

11 잡종 1대 완두(RrYy)에서 생식세포가 만들어질 때 대립유전자 R와 r, Y와 y가 각각 독립적으로 분리되므로 유전자 구성이 RY, Ry, rY, ry인 생식세포가 1 : 1 : 1 : 1의 비율로 만들어진다.

12 잡종 1대의 유전자형은 RrYy이므로 잡종 2대의 완두에서 잡종 1대와 유전자형이 같은 완두의 비율은 $\frac{1}{4}$이다.

13 둥근 완두는 주름진 완두에 대해 우성이다. 둥근 완두(A)와 주름진 완두(B)의 교배 결과 둥근 완두(C)와 주름진 완두(D)가 1 : 1의 비율로 나타났으므로 어버이인 둥근 완두(A)는 잡종임을 알 수 있다.

예시 답안 A와 C, 주름진 완두는 열성 순종인데 D가 나타났으므로 A는 잡종이며, C는 B로부터 주름진 모양 대립유전자를 물려받았으므로 C도 잡종이다.

채점 기준	배점(%)
잡종을 모두 쓰고, 그렇게 판단한 까닭을 옳게 설명한 경우	100
잡종만 모두 옳게 쓴 경우	30

자료 분석

둥근 완두와 주름진 완두의 교배

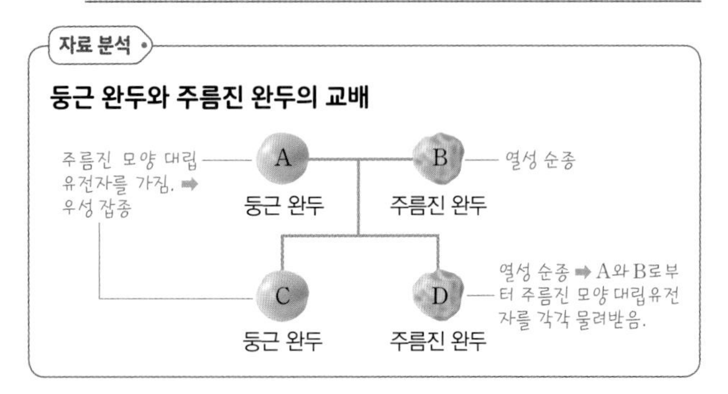

14 ③ 노란색 꼬투리 완두의 유전자형은 aa이므로 유전자 구성이 a인 생식세포만 만들어진다.

오답 피하기 ① 순종의 초록색 꼬투리 완두와 순종의 노란색 꼬투리 완두의 교배 결과 자손에서 초록색 꼬투리 완두만 나타났으므로 초록색 꼬투리가 우성 형질이다.

② ㉡의 유전자형은 Aa이다.

④ ㉡(Aa)을 자가 수분하면 초록색 꼬투리 완두와 노란색 꼬투리 완두가 3 : 1의 비율로 나타난다.

⑤ ㉠(aa)과 ㉡(Aa)을 교배하면 초록색 꼬투리 완두(Aa)와 노란색 꼬투리 완두(aa)가 1 : 1의 비율로 나타난다.

15 각각의 형질을 나타내는 대립유전자 쌍이 서로 다른 상동 염색체에 존재하는 경우에만 독립의 법칙이 성립한다.

예시 답안 (나), 독립의 법칙이 성립되기 위해서는 두 쌍의 대립유전자가 서로 다른 상동 염색체에 위치해야 한다.

채점 기준	배점(%)
(나)를 쓰고, 독립의 법칙이 성립되기 위한 조건을 옳게 설명한 경우	100
(나)만 쓴 경우	30

16 (1) 잡종 1대 완두의 표현형 분리비가 1 : 1 : 1 : 1이므로 A는 잡종(RrYy)이다.

(2) 잡종 1대의 주름지고 노란색인 완두는 A에서 만든 생식세포(rY)와 B에서 만든 생식세포(ry)의 수정으로 만들어졌다.

예시 답안 잡종 1대의 주름지고 노란색인 완두는 A로부터 유전자 구성이 rY인 생식세포를, B로부터 유전자 구성이 ry인 생식세포를 물려받았다.

채점 기준	배점(%)
A로부터 rY를, B로부터 ry를 물려받은 것을 모두 옳게 설명한 경우	100
A와 B 중 한 쪽에게서 물려받은 생식세포만 옳게 쓴 경우	50

17 대립 형질이 다른 두 순종 완두를 교배하여 얻은 ㉠의 유전자형은 RrYy이며, 생식세포는 RY : Ry : rY : ry=1 : 1 : 1 : 1의 비율로 만들어진다. 유전자형이 RrYY인 완두의 생식세포는 RY : rY=1 : 1의 비율로 만들어진다. 유전자형이 RrYy인 완두(㉠)와 유전자형이 RrYY인 완두의 교배 결과 RRYY, RRYy, 2RrYY, 2RrYy, rrYY, rrYy가 만들어진다. 이 중 잡종 1대인 ㉠(RrYy)과 유전자형이 같은 완두가 나타날 확률은 $\frac{2}{8}\times100=25(\%)$이다.

완두 씨의 모양과 색깔 유전

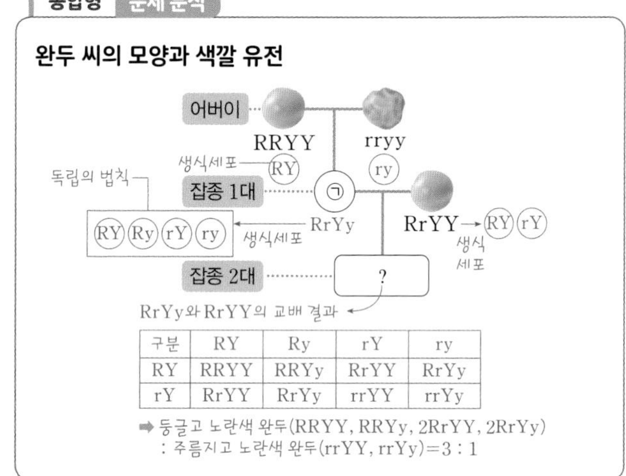

구분	RY	Ry	rY	ry
RY	RRYY	RRYy	RrYY	RrYy
rY	RrYY	RrYy	rrYY	rrYy

➡ 둥글고 노란색 완두(RRYY, RRYy, 2RrYY, 2RrYy) : 주름지고 노란색 완두(rrYY, rrYy)=3 : 1

04강 사람의 유전

기본 문제로 개념 다지기 31쪽, 33쪽

01 ㄴ, ㄷ **02** 가계도 조사 **03** (1) ○ (2) ○ (3) × **04** ㉠ 2란성, ㉡ 다르다 **05** ㉠ 상, ㉡ 없다 **06** (1) ○ (2) × (3) × (4) ○ **07** (1) 혀를 말 수 있는 형질: 우성, 혀를 말 수 없는 형질: 열성 (2) 1: Aa, 4: aa **08** (1) ㉠ 4, ㉡ 6 (2) 열성 (3) 한 쌍 (4) 3 (5) 상 **09** A형 **10** ㉠ 성, ㉡ X, ㉢ Y, ㉣ X **11** 반성유전 **12** (1) ㄱ, ㄹ (2) ㄱ, ㄹ (3) ㄱ, ㄴ, ㄷ, ㄹ, ㅁ (4) ㄱ, ㄴ, ㄷ, ㄹ, ㅁ **13** (1) ○ (2) × (3) × (4) ○ **14** 2

01 사람의 유전 형질 중에는 대립 형질이 뚜렷하지 않은 것이 있으며, 환경의 영향을 받는 것이 있어서 이 형질에 대한 유전 연구가 어렵다.

02 특정 형질을 가지고 있는 집안에서 여러 세대에 걸쳐 이 형질이 어떻게 유전되는지를 알아보는 방법은 가계도 조사이다.

03 (3) 사람의 염색체와 유전자를 연구하고 분석하면서 사람의 유전 현상에 관한 많은 것이 밝혀졌다.

04 2란성 쌍둥이는 각기 다른 2개의 수정란이 동시에 발생한 것으로, 두 사람의 유전 정보가 서로 다르다.

05 상염색체 유전은 형질을 결정하는 대립유전자가 상염색체에 존재하므로 남녀에 따라 형질이 나타나는 빈도에 차이가 없다.

06 (2) 귓불 모양을 결정하는 대립유전자는 상염색체에 존재한다.
(3), (4) 부착형 귓불이 분리형 귓불에 대해 열성이므로, 부착형 귓불을 가진 부모 사이에서는 부착형 귓불을 가진 자녀만 태어날 수 있다.

07 (1) 혀를 말 수 있는 1과 2 사이에서 혀를 말 수 없는 자녀(4)가 태어났으므로 혀를 말 수 있는 형질은 혀를 말 수 없는 형질에 대해 우성이다.
(2) 우성인 혀를 말 수 있는 대립유전자는 A, 열성인 혀를 말 수 없는 대립유전자는 a이므로, 1의 유전자형은 Aa, 4의 유전자형은 aa이다.

08 (1) ABO식 혈액형의 표현형은 A형, B형, AB형, O형으로 4종류이고, 유전자형은 AA, AO, BB, BO, AB, OO로 6종류이다.
(2), (4) ABO식 혈액형을 결정하는 대립유전자의 종류는 A, B, O 3가지이다. 대립유전자 A와 B는 우열 관계가 없으며, 대립유전자 O는 A와 B에 대해 열성이다.
(3), (5) ABO식 혈액형은 상염색체에 존재하는 한 쌍의 대립유전자에 의해 결정된다.

09 이 사람의 ABO식 혈액형 유전자형은 AO이므로 표현형은 A형이다.

10 아들은 어머니로부터 X 염색체를, 아버지로부터 Y 염색체를 물려받으며, 딸은 어머니와 아버지로부터 X 염색체를 하나씩 물려받는다.

11 유전자가 성염색체에 있어 유전 형질이 나타나는 빈도가 남녀에 따라 차이가 나는 유전 현상은 반성유전이다.

12 혀 말기, 귓불 모양, PTC 미맹은 상염색체 유전을 하므로 형질이 나타나는 빈도가 남녀에 따라 차이가 없다. 혈우병, 적록 색맹은 성염색체 유전을 하므로 형질이 나타나는 빈도가 남녀에 따라 차이가 있다.

13 (1) 색맹은 정상에 대해 열성 형질이다.
(2) 어머니가 색맹(X′X′)이어도 아버지가 정상(XY)이면 딸은 어머니로부터 색맹 대립유전자(X′)를, 아버지로부터 정상 대립유전자(X)를 물려받아 정상(XX′)이다.
(3) 색맹 대립유전자는 성염색체인 X 염색체에 있다.
(4) 남자(XY)는 색맹 대립유전자가 1개만 있어도 색맹이지만, 여자(XX)는 2개의 X 염색체에 색맹 대립유전자가 모두 있어야 색맹이다.

14 정상인 2는 3에게 X′를, 5에게 X를 물려주었으므로 2의 색맹 유전자형은 XX′이다. 4의 색맹 유전자형은 XX 또는 XX′이다.

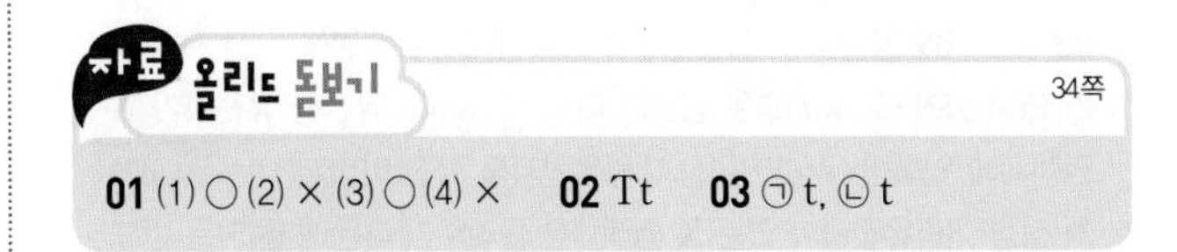

01 (1) PTC 미맹 유전은 멘델의 우열의 원리와 분리의 법칙을 따른다.
(2), (3) 미맹은 PTC 용액의 쓴맛을 느끼는 경우와 쓴맛을 느끼지 못하는 경우로 대립 형질이 명확하게 구분된다.
(4) 미맹 유전자가 상염색체에 있기 때문에 남녀에 따라 나타나는 빈도에 차이가 없다.

02 미맹은 열성 형질이므로, 정상 대립유전자는 T, 미맹 대립유전자는 t이다. 정상인 부모 사이에서 미맹인 자녀 (가)가 태어났으므로 부모의 유전자형은 모두 Tt이다.

03 미맹인 (가)의 유전자형은 tt이므로, 상동 염색체의 같은 위치에 t가 존재한다.

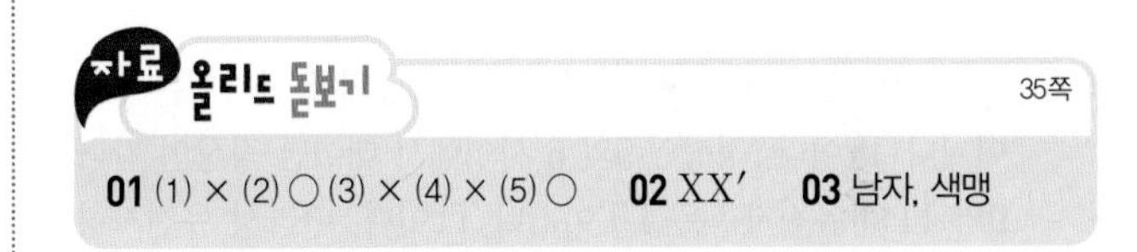

01 (1) 색맹은 멘델의 우열의 원리와 분리의 법칙에 따라 유전된다.
(2) 색맹 유전자는 X 염색체에 있으며, 색맹은 정상에 대해 열성이다.
(3), (4) 남자는 성염색체 구성이 XY이므로 1개의 X 염색체에 색맹 대립유전자가 있어도 색맹이 되지만, 여자는 성염색체 구성이 XX이므로 2개의 X 염색체에 색맹 대립유전자가 모두 있어야 색맹이 된다. 따라서 색맹은 여자보다 남자에서 더 많이 나타난다.
(5) 적록 색맹과 혈우병은 반성유전의 대표적인 예이다.

02 유전자형이 XX인 딸은 아버지와 어머니로부터 X를 하나씩 물려받았고, XX′인 딸은 정상인 아버지(XY)로부터 X를, 어머니로부터 X′를 물려받았다. 따라서 어머니의 색맹 유전자형은 XX′이다.

03 ㉠은 아버지로부터 Y 염색체를, 어머니로부터 색맹 대립유전자가 있는 X 염색체를 물려받았다. 따라서 ㉠의 성염색체 구성이 X′Y이므로 성별은 남자이고, 색맹 대립유전자가 있으므로 표현형은 색맹이다.

대표 문제로 **실력 확인하기** 36~37쪽

01 ① **02** ㉠ 낫 모양 적혈구 빈혈증, ㉡ 카페인 중독 **03** ②
04 ⑤ **05** ⑤ **06** ③ **07** ②

고난도·서술형 문제

08 ③ **09** 상염색체, 정상인 1과 2 사이에서 유전병을 가진 자녀(5)가 태어났으므로 유전병은 정상에 대해 열성이다. 유전병 유전자가 X 염색체에 있다면 우성인 정상 대립유전자를 가진 아버지(1)는 딸(5)에게 정상 대립유전자가 있는 X 염색체를 물려주기 때문에 딸(5)은 반드시 정상이어야 하는데 유전병을 가진다. 따라서 유전병 유전자는 상염색체에 있다.

01 사람뿐만 아니라 초파리 등 많은 생물의 성별이 구분되는데, 이는 유전 연구가 어려운 까닭과 관계가 없다.

02 낫 모양 적혈구 빈혈증은 유전 정보가 같은 1란성 쌍둥이에서 일치율이 1.0이므로 유전에 의해서만 형질이 결정된다. 카페인 중독은 치매나 낫 모양 적혈구 빈혈증에 비해 1란성 쌍둥이에서 일치율이 낮으므로 환경의 영향을 가장 많이 받는 형질이다.

03 부착형 귓불을 가진 자녀는 부모로부터 부착형 귓불 대립유전자(t)를 하나씩 물려받으므로 분리형 귓불을 가진 부모의 유전자형은 Tt이다. 대립유전자 T와 t는 상동 염색체의 같은 위치에 존재한다.

04 ⑤ 정상인 1의 자녀가 모두 정상이므로 1의 유전자형은 TT이거나 Tt이다. 정상인 5와 6 사이에서 태어난 정상인 자녀 9와 11의 유전자형은 TT이거나 Tt이다. 따라서 유전자형을 확실히 알 수 없는 사람은 1, 9, 11로 총 3명이다.

오답 피하기 ① 정상인 부모(5와 6) 사이에서 미맹인 자녀(10)가 태어났으므로 미맹은 정상에 대해 열성이다.
② 정상 대립유전자는 T, 미맹 대립유전자는 t이다. 2와 3은 모두 미맹이므로 유전자형은 tt이다.
③ 어머니(3)가 미맹이지만 7이 정상인 것은 아버지(4)로부터 정상 대립유전자 T를 물려받았기 때문이다.
④ 10이 미맹인 것은 정상인 5와 6으로부터 미맹 대립유전자 t를 하나씩 물려받았기 때문이다.

자료 분석

PTC 미맹 유전의 가계도 분석

TT 또는 Tt 1, tt 2, tt 3, 4 Tt, Tt 5, 6 Tt, 7 Tt, 8 tt, 9, 10 tt, 11 TT 또는 Tt

정상인 부모 사이에서 미맹인 자녀가 태어났으므로 미맹이 정상에 대해 열성이다.

정상 여자 / 정상 남자 / 미맹 여자 / 미맹 남자

05 ⑤ M자형 이마선(Vv)과 일자형 이마선(vv)을 가진 부모 사이에서 M자형 이마선(Vv)과 일자형 이마선(vv)을 가진 자녀가 1 : 1의 비율로 나타난다.

오답 피하기 ① 자녀의 이마선 모양 유전자형은 Vv, vv 중 하나이다.
②, ③ 이마선 모양을 결정하는 유전자는 상염색체에 있으므로 남녀에서 나타나는 빈도에 차이가 없다. 따라서 자녀의 이마선 모양은 M자형 이마선이거나 일자형 이마선이다.
④ Vv×vv → Vv, vv이므로 일자형 이마선(vv)을 가진 자녀가 태어날 확률은 50 %이다.

06 ㄱ. B형인 대한이는 어머니로부터 대립유전자 O를, 아버지로부터 대립유전자 B를 물려받았으므로 ABO식 혈액형 유전자형은 BO이다.
ㄷ. 대한이의 ABO식 혈액형 유전자형은 BO, AB형인 미래의 ABO식 혈액형 유전자형은 AB이다. 이들 사이에서 태어난 아이가 가질 수 있는 ABO식 혈액형 유전자형(표현형)은 AB(AB형), BB(B형), AO(A형), BO(B형)이다. 따라서 B형인 아이가 태어날 확률은 $\frac{1}{2}$, 딸이 태어날 확률은 $\frac{1}{2}$이므로, 대한이와 미래 사이에서 B형인 딸이 태어날 확률은 $\frac{1}{2}\times\frac{1}{2}\times100=25(\%)$이다.

오답 피하기 ㄴ. 대한이 아버지(B형)의 ABO식 혈액형 유전자형은 BB인지 BO인지 확실히 알 수 없다.

07 ② 정상인 3과 4 사이에서 색맹인 아들이 태어났으므로 4의 유전자형은 XX′이다. 4는 어머니(1)로부터 X′를, 아버지(2)로부터 X를 물려받았다.

오답 피하기 ① 정상인 부모 사이에서 색맹인 자녀가 태어났으므로 색맹은 정상에 대해 열성이다.
③ 색맹 유전자는 X 염색체에 있으며, 색맹은 정상에 대해 열성이므로 정상 대립유전자는 X, 색맹 대립유전자는 X′이다. 따라서 색맹인 남자는 어머니로부터 X′를 물려받았다.
④ 3의 유전자형은 XY, 4의 유전자형은 XX′이므로, 이들 사이에서 색맹(X′Y)인 자녀가 태어날 확률은 25 %이다.
⑤ 5는 색맹 유전자형이 XX인지 XX′인지 확실히 알 수 없다.

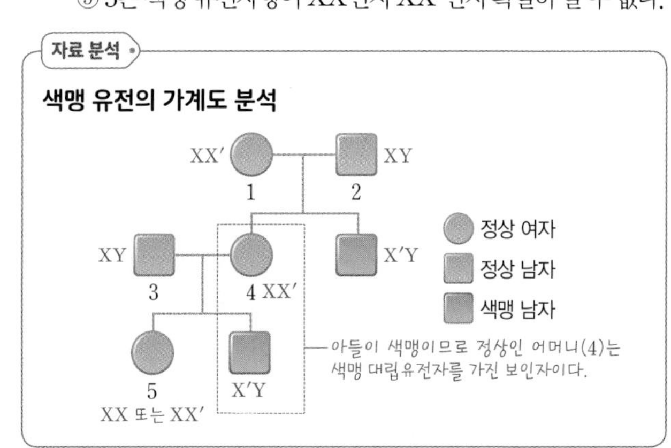

08 ③ Ⅰ~Ⅲ 중 2명은 1란성 쌍둥이이므로 유전 정보가 서로 같아 ABO식 혈액형과 성별이 같은 Ⅰ과 Ⅲ이 1란성 쌍둥이이다.

오답 피하기 ① (가)는 1개의 수정란이 발생 초기에 둘로 나뉜 후 각각 발생한 것으로, 유전 정보가 서로 같은 1란성 쌍둥이의 발생 과정이다.

② (나)는 각기 다른 2개의 수정란이 동시에 발생한 것으로, 유전 정보가 서로 다른 2란성 쌍둥이의 발생 과정이다.

④ Ⅰ과 Ⅱ는 쌍둥이가 아니므로 유전과 환경의 영향에 의해 키가 다르다.

⑤ Ⅰ과 Ⅲ은 1란성 쌍둥이로 유전 정보가 서로 같아 환경의 영향에 의해 키가 다르다.

통합형 문제 분석

1란성 쌍둥이의 형질 비교

유전에 의해 형질이 결정됨.
유전과 환경에 의해 형질이 결정됨.

사람	ABO식 혈액형	키(cm)	성별
Ⅰ	A형	165	남
Ⅱ	A형	158	여
Ⅲ	A형	170	남

Ⅰ과 Ⅲ은 ABO식 혈액형과 성별이 같다. ➡ 유전 정보가 서로 같으므로 Ⅰ과 Ⅲ은 1란성 쌍둥이이다.

09 성염색체인 X 염색체 유전에서는 아버지가 우성이면 딸은 반드시 우성이다.

(예시 답안) 상염색체, 정상인 1과 2 사이에서 유전병을 가진 자녀(5)가 태어났으므로 유전병은 정상에 대해 열성이다. 유전병 유전자가 X 염색체에 있다면 우성인 정상 대립유전자를 가진 아버지(1)는 딸(5)에게 정상 대립유전자가 있는 X 염색체를 물려주기 때문에 딸(5)은 반드시 정상이어야 하는데 유전병을 가진다. 따라서 유전병 유전자는 상염색체에 있다.

채점 기준	배점(%)
상염색체를 쓰고, 그렇게 판단한 까닭을 가족 구성원 1, 2, 5와 연관 지어 옳게 설명한 경우	100
상염색체만 쓴 경우	30

실전 문제로 Ⅴ 단원 마무리하기

39~41쪽

01 ① **02** ④ **03** ② **04** ③ **05** ㉠ 에탄올, ㉡ 염산, ㉢ 아세트올세인 **06** ③ **07** (나), 상동 염색체끼리 결합하여 형성된 2가 염색체가 관찰되기 때문이다. **08** ② **09** ① **10** ⑤ **11** 노란색 **12** ⑤ **13** ㄴ **14** ④ **15** 대립유전자 O는 A와 B에 대해 열성이고, A와 B는 우열 관계가 없으므로, 대한이는 어머니(2)로부터 대립유전자 O를, 미래는 어머니(4)로부터 대립유전자 B를 물려받았다. **16** ④

01 ㄱ. (가)~(다) 중 단위 부피당 표면적은 (가)가 가장 크다.

오답 피하기 ㄴ. 중심 부분까지 붉은색이 퍼지는 속도는 (가)~(다)에서 모두 같다.

ㄷ. 세포의 크기가 작을수록 단위 부피당 표면적이 커서 물질 교환에 유리하다. 따라서 한천 조각을 하나의 세포라고 가정할 때, 물질 교환에 가장 효율적인 크기는 (가)~(다) 중 (가)이다.

02 ④ ㉠과 ㉡은 염색 분체이다. 감수 1분열에서 상동 염색체가 분리되고, 체세포 분열과 감수 2분열에서 각각 염색 분체가 분리된다.

오답 피하기 ①, ⑤ 사람의 체세포에는 46개(23쌍)의 염색체가 들어 있다. 상염색체는 1~22번까지 22쌍, 성염색체는 1쌍이다. 이 사람은 성염색체 구성이 XY이므로 남자이다.

②, ③ A는 유전 물질인 DNA, B는 단백질이다.

03 ② 염색체는 두 가닥의 염색 분체로 이루어져 있다. 상동 염색체는 크기와 모양이 같은 2개의 염색체이다.

오답 피하기 ① 염색체는 DNA와 단백질로 구성된다.

③ 남녀의 성을 결정하는 염색체는 성염색체, 남녀 공통으로 들어 있는 염색체는 상염색체이다.

④ 사람의 체세포에는 46개(23쌍)의 염색체가 들어 있다.

⑤ 염색체는 세포가 분열하지 않을 때에는 핵 속에 가는 실처럼 풀어져 있고, 세포가 분열하기 시작하면 굵고 짧게 뭉쳐져 막대나 끈 모양으로 나타난다.

04 ③ 염색 분체의 분리가 일어나고, 세포판이 형성되므로 식물에서 일어나는 체세포 분열 과정이다.

오답 피하기 ① A와 B는 염색 분체이다.

② 체세포 분열 결과 2개의 딸세포가 만들어진다.

④ (나)에서 4개의 염색체가 세포의 중앙에 배열되어 있다.

⑤ 체세포 분열은 세포가 분열하기 전(라) → 전기(다) → 중기(나) → 후기(가) → 말기(마) 순으로 진행된다.

05 (가)는 세포 분열을 멈추게 하고 세포를 살아 있을 때와 같은 상태로 고정하는 과정이며, (나)는 뿌리 조직을 연하게 만들기 위한 과정이다. (다)는 핵이나 염색체를 붉게 염색하여 뚜렷이 관찰하기 위한 과정이다.

06 ③ 감수 분열에서는 연속 2회 분열하여 4개의 딸세포를 형성한다.

오답 피하기 ① 체세포 분열은 생장 및 재생을 위한 분열 과정이고, 감수 분열은 생식세포 형성을 위한 분열 과정이다.

② A 과정에서는 유전 물질(DNA)이 복제되어 그 양이 2배로 늘어나지만 염색체 수는 변하지 않는다.

④ (다) → (라) 과정에서 상동 염색체의 분리가 일어나므로 염색체 수가 절반으로 줄어든다.

⑤ (라) → (마) 과정에서 염색 분체의 분리가 일어나므로 염색체 수가 변하지 않는다.

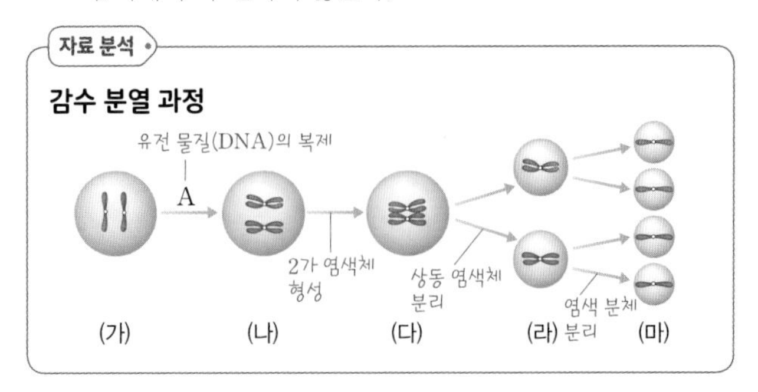

07 (가)는 분열 전과 후의 염색체 수 변화가 없으므로 체세포 분열, (나)는 분열 후 염색체 수는 분열 전의 절반으로 감소하였으므로 감수 분열이다.

예시 답안 (나), 상동 염색체끼리 결합하여 형성된 2가 염색체가 관찰되기 때문이다.

채점 기준	배점(%)
(나)를 쓰고, 그렇게 판단한 까닭을 상동 염색체, 2가 염색체를 모두 포함하여 옳게 설명한 경우	100
(나)만 쓴 경우	30

08 난할이 진행될수록 값이 작아지는 A는 세포 1개당 크기 변화나 배아를 이루는 세포 하나의 표면적, 값에 변화가 없는 B는 세포 1개당 염색체 수나 배아 전체의 크기, 값이 커지는 C는 배아를 이루는 세포의 총 수에 각각 해당한다.

09 ㄱ. (나)는 난할이며, 수정란은 난할을 진행하면서 수란관(A)을 따라 자궁(C)으로 이동한다.

오답 피하기 ㄴ. 착상의 장소는 자궁(C)이다.

ㄷ. 난할을 거듭하여도 배아 전체의 크기는 수정란(세포 X)과 비슷하다.

10 한 형질을 결정하는 대립유전자는 상동 염색체의 같은 위치에 존재한다.

11 잡종인 우성 형질의 완두를 자가 수분하면 자손에서 우성 형질의 완두와 열성 형질의 완두가 3 : 1의 비율로 나타난다. 따라서 노란색이 우성 형질이고, 초록색이 열성 형질이므로 ㉠은 노란색이다.

12 ⑤ 대립유전자 구성(유전자형)은 RR, Rr, rr이므로 표현형은 2가지이다. 이 실험은 분리의 법칙을 확인하기 위한 것으로 RR : Rr(㉢) : rr(㉣)=1 : 2 : 1의 비율로 나타난다. 따라서 ㉢은 Rr, ㉣은 rr이다.

오답 피하기 ① 이 실험은 분리의 법칙을 확인하기 위한 것이다.

② RR와 Rr는 표현형이 같으므로 실험 결과 나타난 표현형은 2가지이다.

③ 바둑알은 암수 생식세포의 대립유전자로, ㉠은 대립유전자가 있는 생식세포가 무작위로 선택되는 과정을 의미한다.

④ 암수 생식세포의 대립유전자가 수정란에서 쌍을 이룬다. 따라서 ㉡은 수정을 의미한다.

13 ㄴ. 주름진 완두와 초록색 완두는 모두 열성 형질이다. 따라서 열성 순종인 주름지고 초록색인 완두(㉡)를 자가 수분하여 얻은 자손은 모두 주름지고 초록색인 완두이다.

오답 피하기 ㄱ, ㄷ. ㉠은 순종이므로 유전자형이 RRYY, ㉢은 유전자형이 RrYy, ㉣은 생식세포 RY의 수정으로 만들어졌으므로 유전자형이 RRYY인 순종이다.

14 정상인 부모 사이에서 유전병을 가진 딸이 태어났으므로 유전병은 정상에 대해 열성이다. 유전병이 반성유전을 하는 형질이라면 정상인 아버지는 딸에게 우성인 정상 대립유전자가 있는 X 염색체를 물려주므로 딸은 항상 정상이어야 한다. 그러나 유전병 가계도에서 정상인 아버지로부터 유전병을 가진 딸이 태어났으므로, 유전병 유전자는 상염색체에 있다. 따라서 유전병은 반성유전을 하지 않는다.

15 대립유전자 O는 A와 B에 대해 열성이고, 대립유전자 A와 B는 우열 관계가 없다. 대한이는 아버지(1)로부터 대립유전자 A를, 어머니(2)로부터 대립유전자 O를 물려받아 A형이다. 미래는 아버지(3)로부터 대립유전자 O를, 어머니(4)로부터 대립유전자 B를 물려받아 B형이다.

예시 답안 대립유전자 O는 A와 B에 대해 열성이고, A와 B는 우열 관계가 없으므로, 대한이는 어머니(2)로부터 대립유전자 O를, 미래는 어머니(4)로부터 대립유전자 B를 물려받았다.

채점 기준	배점(%)
대한이와 미래가 각자의 어머니로부터 물려받은 ABO식 혈액형 대립유전자를 우열 관계를 포함하여 옳게 설명한 경우	100
대한이와 미래가 각자의 어머니로부터 물려받은 ABO식 혈액형 대립유전자만 옳게 쓴 경우	40

자료 분석

ABO식 혈액형 유전과 색맹 유전의 가계도 분석

BO/XX 또는 XX′ BB 또는 BO/XX 또는 XX′
AB형 1 AB/XY, B형 2, A형 3 AO/X′Y, B형 4
A형 대한 AO/XY, B형 미래 BO/XX′
?
정상 여자, 정상 남자, 색맹 남자

16 대한이와 미래의 ABO식 혈액형 유전자형은 각각 AO, BO이므로 자녀의 ABO식 혈액형 유전자형은 AB, AO, BO, OO 중 하나이다. 대한이와 미래의 색맹 유전자형은 각각 XY, XX′이므로 자녀의 색맹 유전자형은 XX, XX′, XY, X′Y 중 하나이다. 따라서 둘 사이의 자녀가 A형(AO)이며 색맹인 아들(X′Y)일 확률은 $\frac{1}{4} \times \frac{1}{4} = \frac{1}{16}$이다.

Ⅵ. 에너지 전환과 보존

05강 역학적 에너지

기본 문제로 개념 다지기 45쪽

01 ㉠ 증가, ㉡ 감소, ㉢ 운동, ㉣ 위치 **02** (1) 감소 (2) 증가 (3) ㉠ 위치, ㉡ 운동 **03** (1) ㉡ (2) ㉠ **04** 102 J **05** (1) ○ (2) × (3) ○ **06** 98 J **07** (1) ㉠ 위치, ㉡ 운동, ㉢ 운동, ㉣ 위치 (2) 역학적 (3) 위치

01 물체를 연직 위로 던져 올리면 물체의 높이는 높아지고 속력은 느려진다. 따라서 위치 에너지는 증가하고 운동 에너지는 감소하면서 운동 에너지가 위치 에너지로 전환된다.

02 물체가 자유 낙하 할 때 높이는 낮아지고 속력은 빨라진다. 따라서 위치 에너지는 감소하고 운동 에너지는 증가하므로 위치 에너지가 운동 에너지로 전환된다.

04 역학적 에너지=위치 에너지+운동 에너지$=(9.8\times2)\ \text{N}\times5\ \text{m}+\frac{1}{2}\times2\ \text{kg}\times(2\ \text{m/s})^2=98\ \text{J}+4\ \text{J}=102\ \text{J}$

05 (2) 공기 저항이나 마찰이 없을 때 역학적 에너지는 어느 지점에서나 같다.

06 자유 낙하를 시작하는 1 m 높이에서 물체의 위치 에너지는 $(9.8\times10)\ \text{N}\times1\ \text{m}=98\ \text{J}$이고, 운동 에너지는 0이다. 따라서 위치 에너지와 운동 에너지의 합인 역학적 에너지는 98 J이고, 역학적 에너지는 보존되므로 지면에 도달하는 순간의 역학적 에너지도 98 J이다.

07 (1) 높이가 낮아지는 구간에서는 위치 에너지가 운동 에너지로 전환되고, 높이가 높아지는 구간에서는 운동 에너지가 위치 에너지로 전환된다.
(2) 역학적 에너지는 보존되므로 어느 지점에서나 같다.
(3) A 지점에서 B 지점까지 운동하는 동안 감소한 위치 에너지만큼 운동 에너지가 증가한다. 따라서 B 지점에서의 운동 에너지는 A 지점과 B 지점 사이의 위치 에너지 차와 같다.

탐구 올리드 돋보기 46쪽

01 (1) × (2) × (3) ○ (4) × (5) ○ **02** ⑤

01 낙하하는 동안 쇠구슬의 높이는 낮아지고 속력은 빨라지므로 위치 에너지는 감소하고 운동 에너지는 증가한다. 따라서 위치 에너지가 운동 에너지로 전환된다. 또한 공기 저항과 모든 마찰을 무시하므로 역학적 에너지는 일정하다.

02 역학적 에너지는 보존되므로 어느 지점에서나 역학적 에너지는 같다.

대표 문제로 실력 확인하기 47~51쪽

01 223 J **02** ⑤ **03** ①, ③ **04** ③ **05** ① **06** ③ **07** ⑤ **08** ㄷ, ㄹ **09** ④ **10** ③ **11** 117.6 J **12** ② **13** ⑤ **14** ⑤ **15** 196 J **16** ② **17** 14 m/s **18** ③ **19** ④ **20** ② **21** 15 m **22** 10 m **23** ③ **24** 2 : 1

고난도·서술형 문제

25 (1) 운동 에너지 → 위치 에너지 (2) 4배, 공을 던질 때의 운동 에너지가 최고점에서의 위치 에너지로 전환되며, 속력이 2배가 되면 운동 에너지가 4배가 되어 최고점에서의 위치 에너지는 4배가 된다. 따라서 공이 올라간 최고 높이는 4배가 된다. **26** (1) (가)=(나)=(다) (2) (가)=(나)=(다) (3) 공기 저항과 모든 마찰을 무시하면 역학적 에너지가 보존되어 최저점에서 운동 에너지가 모두 같으므로 속력도 모두 같다. **27** ② **28** ⑤

01 역학적 에너지=위치 에너지+운동 에너지$=(9.8\times10)\ \text{N}\times1\ \text{m}+\frac{1}{2}\times10\ \text{kg}\times(5\ \text{m/s})^2=223\ \text{J}$이다.

02 역학적 에너지는 위치 에너지와 운동 에너지의 합이므로 각 물체의 역학적 에너지는 다음과 같다.

A: $9.8\times1\times2+\frac{1}{2}\times1\times2^2=21.6(\text{J})$

B: $9.8\times1\times1+\frac{1}{2}\times1\times4^2=17.8(\text{J})$

C: $9.8\times2\times1+\frac{1}{2}\times2\times2^2=23.6(\text{J})$

D: $9.8\times2\times0.5+\frac{1}{2}\times2\times1^2=10.8(\text{J})$

E: $9.8\times3\times0+\frac{1}{2}\times3\times4^2=24(\text{J})$

따라서 역학적 에너지가 가장 큰 물체는 E이다.

03 ①, ③ 운동하는 물체의 높이가 낮아지면서 속력이 빨라지면 위치 에너지가 운동 에너지로 전환된다.
오답 피하기 ② 물체의 높이가 높아지면서 속력이 느려지므로 운동 에너지가 위치 에너지로 전환되는 경우이다.
④, ⑤ 수평면에서 운동하므로 물체의 높이가 변하지 않는다. 물체의 높이가 변하지 않는 경우 위치 에너지와 운동 에너지 사이의 에너지 전환이 일어나지 않는다.

04 비탈길을 내려갈수록 위치 에너지가 운동 에너지로 전환된다. 따라서 출발점인 A 지점에서 운동 에너지는 최소이고, 위치 에너지는 최대이다. 역학적 에너지는 어느 지점에서나 일정하다.

자료 분석

역학적 에너지 전환

눈썰매가 내려올 때 가장 높은 위치인 A 지점에서는 위치 에너지가 최대이고, 운동 에너지는 최소이다. 가장 낮은 위치인 C 지점에서는 위치 에너지가 최소이고, 운동 에너지는 최대이다. 즉, 눈썰매가 내려오는 동안 위치 에너지가 운동 에너지로 전환된다.

05 A 지점에서 C 지점으로 내려오는 동안 높이는 낮아지고, 속력은 빨라지므로 위치 에너지는 감소하고, 운동 에너지는 증가한다.

06 ㄱ, ㄴ. 바이킹이 아래에서 위로 올라갈 때에는 속력이 느려지면서 높이가 높아진다. 즉, 운동 에너지는 감소하고, 위치 에너지는 증가한다.

오답 피하기 ㄷ. 바이킹이 아래에서 위로 올라갈 때 운동 에너지는 감소하고, 위치 에너지는 증가한다. 이는 운동 에너지가 위치 에너지로 전환되기 때문이다.

07 자유 낙하 하는 물체는 높이가 낮아지면서 위치 에너지가 감소하고, 속력이 빨라지면서 운동 에너지가 증가한다.

08 ㄷ, ㄹ. 진자의 높이가 높아지면서 속력이 느려지는 O → A, O → B 구간에서 운동 에너지가 위치 에너지로 전환된다.

오답 피하기 ㄱ, ㄴ. 진자의 높이가 낮아지면서 속력이 빨라지는 A → O, B → O 구간에서는 위치 에너지가 운동 에너지로 전환된다.

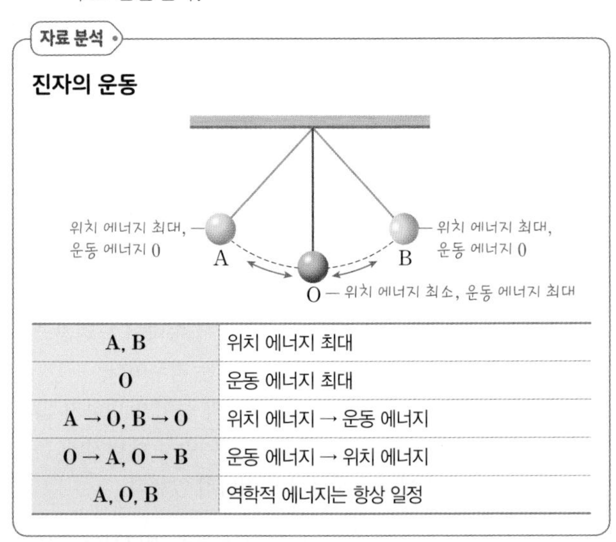

A, B	위치 에너지 최대
O	운동 에너지 최대
A → O, B → O	위치 에너지 → 운동 에너지
O → A, O → B	운동 에너지 → 위치 에너지
A, O, B	역학적 에너지는 항상 일정

09 운동 에너지가 감소하고 위치 에너지가 증가하는 구간은 높이가 높아지는 구간이므로 O → C, C → D, O → B, B → A이다.

자료 분석

반원형 곡면에서의 운동

10 ③ 공의 높이가 낮아질 때 공의 위치 에너지가 운동 에너지로 전환된다.

오답 피하기 ① A → B 구간에서는 위치 에너지가 운동 에너지로 전환되므로 공의 속력이 증가한다.

② B → C 구간에서는 공의 속력이 느려지면서 높이가 높아지므로 공의 운동 에너지가 위치 에너지로 전환된다.

④ D → E 구간에서는 운동 에너지가 위치 에너지로 전환되므로 공의 속력이 감소한다.

⑤ 높이가 변하는 구간에서는 역학적 에너지 전환이 일어난다.

11 6 m 높이에서 물체의 역학적 에너지 = 위치 에너지 = (9.8 × 2) N × 6 m = 117.6 J이다. 자유 낙하 하는 물체의 역학적 에너지는 보존되므로 3 m 높이에서 역학적 에너지도 117.6 J이다.

12 공이 자유 낙하 할 때 역학적 에너지는 보존되므로 위치 에너지가 감소한 만큼 운동 에너지가 증가한다. 따라서 0.2초일 때 운동 에너지 = 0.2초 동안 감소한 위치 에너지 = 4.9 J − 4.2 J = 0.7 J이다.

13 ⑤ 위로 올라가는 동안 높이가 높아지고 속력이 감소하므로 운동 에너지가 위치 에너지로 전환되어 최고점에 도달하는 순간 야구공의 운동 에너지는 0이 된다.

오답 피하기 ① 높이가 높아지므로 위치 에너지는 증가한다.

② 공기 저항과 모든 마찰은 무시하므로 역학적 에너지는 일정하게 보존된다.

③, ④ 공이 위로 올라가는 동안 운동 에너지가 위치 에너지로 전환된다. 이때 역학적 에너지가 보존되므로 운동 에너지가 감소한 만큼 위치 에너지가 증가한다.

14 ⑤ 공기 저항과 모든 마찰을 무시하면 역학적 에너지는 모든 지점에서 일정하다.

오답 피하기 ① 높이가 높아지므로 위치 에너지가 증가한다.

② 속력이 느려지므로 운동 에너지가 감소한다.

③ 최고점에서는 속력이 0으로 운동 에너지가 0이므로 위치 에너지만 가진다.

④ 올라가는 동안 속력은 느려지고 높이는 높아지므로 운동 에너지가 위치 에너지로 전환된다.

15 역학적 에너지는 보존되므로 각 지점에서의 역학적 에너지는 같다. 따라서 A 지점에서의 역학적 에너지=D 지점에서의 역학적 에너지이므로 196 J+0=0+운동 에너지(E)에서 D 지점에서의 운동 에너지 E=196 J이다.

16 ㄱ. 낙하하는 동안 위치 에너지가 운동 에너지로 전환되므로 위치 에너지는 감소하고 운동 에너지는 증가한다.
ㄴ. 위치 에너지가 감소한 만큼 운동 에너지가 증가한다. 따라서 최고점인 O점에서 위치 에너지는 최저점인 B점에서 운동 에너지와 같다.
오답 피하기 ㄷ. 역학적 에너지는 보존되므로 A점과 B점에서 쇠구슬의 역학적 에너지는 같다.

17 역학적 에너지는 보존되므로 10 m 낙하하는 동안 감소한 위치 에너지만큼 운동 에너지가 증가한다. 따라서 (9.8×4) N×10 m=$\frac{1}{2}$×4 kg×v^2이므로 10 m 높이에서 물체의 속력 v=14 m/s이다.

18 ③ 위치 에너지는 지면으로부터의 높이에 비례하고, 위치 에너지가 감소한 만큼 운동 에너지가 증가한다. C 지점까지의 낙하 높이와 지면으로부터의 높이가 4 m로 같으므로 C 지점에서 위치 에너지와 운동 에너지는 같다.
오답 피하기 ① 역학적 에너지는 보존되므로 모든 지점에서 역학적 에너지는 같다.
② B 지점의 지면으로부터의 높이는 6 m이므로 B 지점에서 위치 에너지는 (9.8×1) N×6 m=58.8 J이다.
④ D 지점에서 위치 에너지 : 운동 에너지=지면으로부터의 높이 : 낙하 높이=2 m : 6 m=1 : 3이다.
⑤ 낙하하는 동안 위치 에너지가 운동 에너지로 전환된다.

자료 분석

낙하하는 물체의 역학적 에너지 전환과 보존

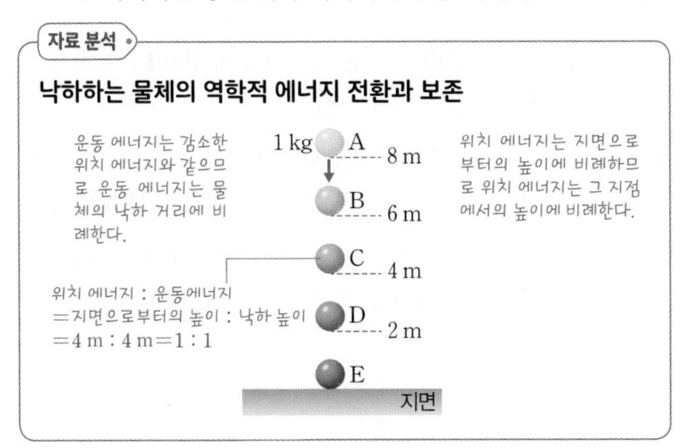

19 공기 저항이 없으면 물체의 역학적 에너지는 보존되므로 어느 지점에서나 역학적 에너지는 같다.

20 물체가 낙하할수록 위치 에너지는 점점 감소하고, 운동 에너지는 점점 증가하며, 역학적 에너지는 높이에 관계없이 일정하다. 따라서 위치 에너지의 크기를 비교하면 A>B>C>D, 운동 에너지의 크기를 비교하면 A<B<C<D, 역학적 에너지의 크기를 비교하면 A=B=C=D이다.

21 역학적 에너지가 보존되므로 위치 에너지가 감소한 만큼 운동 에너지가 증가한다. 따라서 운동 에너지는 낙하 거리에 비례한다. 즉, 위치 에너지 : 운동 에너지=지면으로부터의 높이(h) : 낙하 높이(25−h)=3 : 2에서 h=15 m이므로 지면으로부터의 높이는 15 m이다.

22 역학적 에너지는 보존되므로 최고점에서의 위치 에너지는 던진 순간의 운동 에너지와 같다. 따라서 (9.8×1) N×h =$\frac{1}{2}$×1 kg×(14 m/s)^{2}에서 지면으로부터의 높이 h=10 m이다.

23 ㄱ. 공기 저항과 모든 마찰을 무시하므로 쇠구슬의 역학적 에너지는 보존되어 항상 같다.
ㄴ. 쇠구슬이 레일을 내려갈 때는 높이가 낮아지고 속력이 빨라지므로 위치 에너지가 운동 에너지로 전환된다.
오답 피하기 ㄷ. 처음 쇠구슬을 놓았을 때의 위치 에너지가 O점에서의 위치 에너지보다 커야 O점을 통과할 수 있다. 따라서 쇠구슬을 놓는 높이가 O점보다 낮으면 쇠구슬은 O점을 통과하지 못한다.

자료 분석

역학적 에너지 전환과 보존

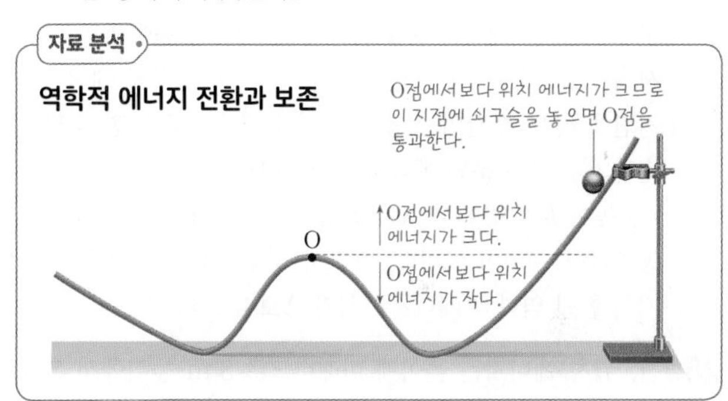

24 역학적 에너지는 보존되므로 위치 에너지가 감소한 만큼 운동 에너지가 증가한다. 따라서 B점과 C점에서 운동 에너지의 비는 내려간 높이의 비와 같은 8 m : 2 m=4 : 1이다. 운동 에너지는 속력의 제곱에 비례하므로 속력의 비는 2 : 1이다.

25 (1) 공이 올라가는 동안 높이는 높아지고 속력은 느려진다. 따라서 운동 에너지가 위치 에너지로 전환된다.
(2) 운동 에너지는 $\frac{1}{2}mv^2$으로 속력의 제곱에 비례하고, 위치 에너지는 $9.8mh$로 높이에 비례한다.
예시 답안 4배, 공을 던질 때의 운동 에너지가 최고점에서의 위치 에너지로 전환되며, 속력이 2배가 되면 운동 에너지가 4배가 되어 최고점에서의 위치 에너지는 4배가 된다. 따라서 공이 올라간 최고 높이는 4배가 된다.

채점 기준	배점(%)
4배라고 쓰고, 그 까닭을 옳게 설명한 경우	100
4배라고는 썼으나 설명이 미흡한 경우	70
4배라고만 쓴 경우	40

26 (1) 공기 저항과 모든 마찰을 무시하면 역학적 에너지는 보존된다. 처음 높이와 질량이 같으므로 최저점에서의 역학적 에너지도 같다.
(2) 처음의 위치 에너지가 모두 같고, 역학적 에너지가 보존되므로 최저점에서의 운동 에너지도 모두 같다. 따라서 속력도 모두 같다.
(3) 예시 답안 공기 저항과 모든 마찰을 무시하면 역학적 에너지가 보존되어 최저점에서 운동 에너지가 모두 같으므로 속력도 모두 같다.

채점 기준	배점(%)
역학적 에너지가 보존되어 최저점에서 운동 에너지가 모두 같으므로 속력이 모두 같다고 설명한 경우	100
역학적 에너지가 보존되기 때문이라고만 설명한 경우	50

27 ㄴ. 질량이 같을 때 위치 에너지는 높이에 비례하므로 높이 h인 곳에서 A와 B의 위치 에너지는 같다.
오답 피하기 ㄱ. A와 B의 역학적 에너지는 각각 보존된다. 높이 h인 곳에서 A와 B의 위치 에너지는 같고, A의 운동 에너지는 0이지만 B는 속력 v로 연직 위로 던져 올려졌으므로 B의 운동 에너지는 0이 아니다. 따라서 높이 h인 곳에서 역학적 에너지는 B가 A보다 크다. 이 역학적 에너지가 지면에 닿는 순간의 운동 에너지와 같으므로 지면에 닿는 순간의 속력은 운동 에너지가 더 큰 B가 A보다 크다.
ㄷ. 높이 h인 곳에서 A의 운동 에너지는 0이지만 B의 운동 에너지는 0이 아니다. 따라서 운동 에너지와 위치 에너지의 합인 역학적 에너지는 B가 A보다 크다.

28 ㄱ. 위치 에너지는 높이에 비례하므로 3 m 높이에서 위치 에너지가 30 J이면, 2 m 높이인 A 지점에서 위치 에너지는 20 J이다.
ㄴ. 공기 저항을 무시하면 역학적 에너지는 보존되므로 위치 에너지가 감소한 만큼 운동 에너지가 증가한다. 따라서 1 m 높이인 B 지점에서 운동 에너지는 20 J이다.
ㄷ. 역학적 에너지는 보존되므로 B 지점에서의 역학적 에너지는 높이 3 m의 위치 에너지와 같은 30 J이다.

통합형 문제 분석

역학적 에너지 전환과 보존

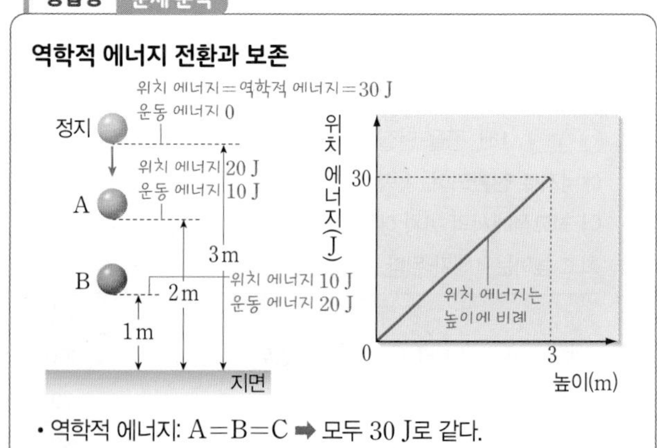

• 역학적 에너지: A=B=C ➡ 모두 30 J로 같다.

06강 전기 에너지

기본 문제로 개념 다지기 53, 55쪽

01 ㉠ 전자기 유도, ㉡ 유도 전류 **02** (1) ○ (2) ○ (3) × **03** 발전기 **04** 역학적 에너지 → 전기 에너지 **05** 코일 **06** (다)-(나)-(가) **07** (1) 위치 (2) 운동 (3) 화학 **08** (1) 쉬운 (2) 변하지 않는다 (3) 화학 **09** (1) ㉣ (2) ㉢ (3) ㉡ (4) ㉠ **10** (1) × (2) × (3) × **11** ㉠ 빛, ㉡ 같다 **12** (1) 전력량 (2) 전력 (3) 전력량 (4) 전력 **13** 1000 J **14** 135 Wh **15** (1) × (2) ○ (3) ×

02 (1), (2) 코일을 통과하는 자기장에 변화가 생기면 코일에 유도 전류가 흐르게 된다.
(3) 코일 안에 자석을 넣고 가만히 있을 때는 자기장의 변화가 없어서 유도 전류가 흐르지 않는다.

04 손 발전기의 손잡이를 돌리는 역학적 에너지로 인해 원통형 자석 안에서 코일이 회전하여 전기 에너지가 생산된다.

06 발전기의 회전 날개를 여러 가지 방법으로 회전시키면 자석 안의 코일이 회전한다. 이때 코일을 통과하는 자기장이 변하므로 코일에 유도 전류가 흘러 전기 에너지가 생산된다.

10 (1) 에너지는 보존되더라도 이용 가능한 형태의 에너지가 다시 사용할 수 없는 형태의 에너지로 전환되기 때문에 에너지를 아껴 써야 한다.
(2) 공기 저항이나 마찰이 있으면 역학적 에너지가 보존되지 않는다.
(3) 역학적 에너지는 보존되지 않더라도 에너지 총량은 보존된다.

13 소비 전력이 1000 W라는 것은 1초에 1000 J의 전기 에너지를 사용한다는 의미이다.

14 소비 전력이 45 W이므로 3시간 동안 사용했을 때의 전력량=소비 전력×시간=45 Wh×3 h=135 Wh이다.

15 (1), (3) 전기 에너지를 효율적으로 이용하려면 대기전력이 작은 제품이나 에너지 소비 효율이 1등급에 가까운 제품을 사용해야 한다.

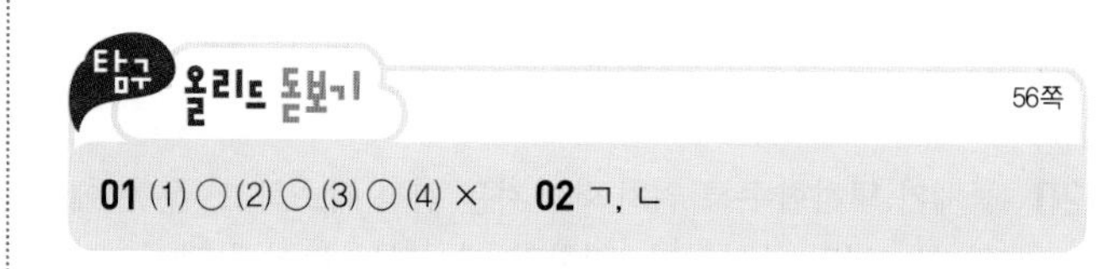

01 (1) ○ (2) ○ (3) ○ (4) × **02** ㄱ, ㄴ

01 (4) 코일을 통과하는 자기장이 변할 때만 유도 전류가 흘러서 발광 다이오드에 불이 들어온다. 자석을 나무 도막으로 교체하면 자기장이 발생하지 않는다.

02 ㄱ. 간이 발전기를 흔들면 전기 에너지가 발생하고 전기 에너지가 발광 다이오드에서 빛에너지로 전환되므로 발광 다이오드에 불이 들어온다.
ㄴ. 자석이 코일 사이를 왕복 운동 하면 전자기 유도에 의해 코일에 전류가 유도되어 흐른다.
오답 피하기 ㄷ. 간이 발전기를 흔들면 자석의 역학적 에너지가 전기 에너지로 전환된다.

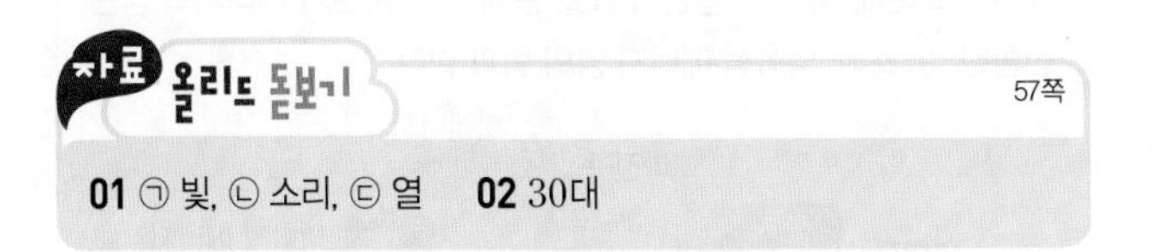

01 ㉠ 빛, ㉡ 소리, ㉢ 열 **02** 30대

01 전기 에너지가 형광등에서는 빛에너지로, 스피커에서는 소리 에너지로, 전기밥솥에서는 열에너지로 전환된다.

02 에어컨의 소비 전력이 선풍기의 소비 전력의 30배이다. 이는 같은 시간 동안 소비하는 전기 에너지가 30배라는 것을 의미한다.

대표 문제로 실력 확인하기 58~63쪽

01 ①, ② **02** ④ **03** ① **04** ① **05** ㉠ 자기장, ㉡ 유도 전류
06 발전기 **07** ② **08** ⑤ **09** ③ **10** ④ **11** 전기 에너지
12 ④ **13** ③ **14** ② **15** ② **16** 25 % **17** ① **18** ⑤
19 ① **20** ② **21** 에너지 보존 법칙 **22** ② **23** 18000 J
24 ⑤ **25** A **26** ② **27** 3365 Wh

고난도·서술형 문제

28 ④ **29** (1) 역학적 에너지 (2) 역학적 에너지 → 열에너지, 빛에너지 (3) 공기 저항이 있으면 역학적 에너지가 열에너지와 빛에너지로 전환되므로 역학적 에너지는 보존되지 않지만 전체 에너지는 보존된다.
30 ① **31** (1) 뜨거운 바람이 나오도록 사용했을 때 (2) 차가운 바람이 나오는 경우에는 전기 에너지가 운동 에너지로 전환되어야 하고, 뜨거운 바람이 나오는 경우에는 전기 에너지가 운동 에너지와 열에너지로 전환되어야 한다. 따라서 뜨거운 바람이 나오는 경우에 더 많은 전기 에너지를 사용하므로 소비 전력이 더 크다.

01 ①, ② 자석을 코일에 가까이 할 때와 멀리 할 때 전자기 유도에 의해 코일에 유도 전류가 흘러 검류계 바늘이 움직인다.
오답 피하기 ③, ⑤ 자석을 코일 속에 넣고 정지해 있으면 유도 전류가 흐르지 않아 검류계 바늘이 움직이지 않는다.
④ 자석을 코일에 가까이 할 때와 멀리 할 때 흐르는 유도 전류의 방향이 반대이므로 검류계 바늘이 움직이는 방향은 반대이다.

02 ㄴ. (가)에서는 발광 다이오드에 불이 들어오지 않았으므로 유도 전류가 발생하지 않았고, (나)에서는 발광 다이오드에 불이 들어왔으므로 유도 전류가 발생하였다.
ㄷ. (나)에서 자석을 더 빨리 움직이면 코일 내부의 자기장 변화가 커진다. 따라서 전환되는 전기 에너지도 커져 발광 다이오드의 밝기가 더 밝아진다.
오답 피하기 ㄱ. (가)에서는 자석이 움직이지 않으므로 역학적 에너지 전환이 일어나지 않는다.

03 ① (가)와 (다)에서 코일에 흐르는 유도 전류의 방향이 반대이므로 검류계 바늘은 반대 방향으로 움직인다.
오답 피하기 ② (나)에서와 같이 자석을 움직이지 않으면 유도 전류가 발생하지 않아 검류계 바늘이 움직이지 않는다.
③, ④, ⑤ 자석을 움직이는 역학적 에너지가 전기 에너지로 전환되어 검류계 바늘이 움직인다. 자석을 빠르게 움직이면 자기장 변화가 커져 (가)에서보다 센 유도 전류가 흘러 검류계 바늘이 움직이는 폭이 (가)에서보다 커진다. 자석을 느리게 움직이면 자기장 변화가 작아져 (가)에서보다 약한 유도 전류가 흘러 바늘이 움직이는 폭이 (가)에서보다 작아진다.

04 ㄱ. 역학적 에너지가 전기 에너지로 전환되어 코일에 유도 전류가 흐르는 경우 발광 다이오드에 불이 들어온다.
오답 피하기 ㄴ. 간이 발전기를 바닥에 가만히 두면 자기장의 변화가 일어나지 않아 전류가 발생하지 않는다.
ㄷ. 간이 발전기를 흔드는 빠르기가 빨라질수록 자기장의 변화가 커지므로 발생하는 전기 에너지도 커진다. 따라서 간이 발전기에서 발생하는 전류의 세기는 커진다.

05 코일을 감은 철심이 자석 주위를 회전하면 코일을 통과하는 자기장이 변하면서 유도 전류가 흐른다. 이러한 전자기 유도에 의해 발광 킥보드에 불이 들어온다.

06 일상생활에서 우리가 사용하는 전기는 대부분 발전소의 발전기로부터 얻는다.

07 수력 발전소에서는 높은 곳에 있는 물이 떨어지면서 물의 위치 에너지가 터빈을 돌리는 운동 에너지로 전환된다. 그리고 이 운동 에너지가 발전기에서 전기 에너지로 전환된다.

08 수력, 화력, 풍력 발전소에서는 발전기의 회전 날개를 회전시켜 역학적 에너지가 전기 에너지로 전환되는 과정이 공통적으로 포함된다.

09 ③ 태양광 발전소는 태양 전지판에서 태양의 빛에너지를 직접 전기 에너지로 전환한다.
오답 피하기 ①, ② 발전소의 발전기에서 역학적 에너지가 전기 에너지로 전환된다.
④, ⑤ 인라인스케이트나 자전거의 바퀴가 굴러가면 자가 발전기 내부의 코일이 회전하면서 유도 전류가 흐른다. 즉, 역학적 에너지가 전기 에너지로 전환된다.

10 ㄱ. 태양광 발전소에서는 태양의 빛에너지가 태양 전지를 통해 전기 에너지로 전환된다.
ㄷ. 화력 발전소에서는 화석 연료를 태워 물을 가열할 때 발생하는 수증기로 발전기를 회전시켜 전기를 생산한다. 즉, 화석 연료의 화학 에너지가 전기 에너지로 전환된다.
오답 피하기 ㄴ. 풍력 발전소에서는 바람의 운동 에너지가 전기 에너지로 전환된다.

개념 더하기

태양광 발전

발전기에서 역학적 에너지를 전기 에너지로 전환하는 과정없이 태양 전지를 이용하여 태양의 빛에너지를 직접 전기 에너지로 전환하는 발전이다.

11 촛불이 연소할 때 화학 에너지가 열에너지로 전환되며, 열전 소자를 통해 열에너지가 전기 에너지로 전환된다. 그리고 최종적으로 LED에서 빛에너지로 전환된다.

개념 더하기

촛불로 작동하는 LED 전등

촛불을 태우면 빛에너지뿐만 아니라 열에너지도 발생한다. 이 열에너지를 전기 에너지로 전환시켜 LED 전구에 불이 들어오게 만든 조명 장치이다. 이 조명은 작은 촛불 하나로 4시간 정도 LED 전구를 작동시킬 수 있어 전기가 없는 오지 마을에서 유용하게 사용하고 있다.

12 ④ 전기 에너지가 화학 에너지로 전환되는 경우의 예로는 배터리를 충전할 때를 들 수 있다.
오답 피하기 세탁기에 표시된 시작 버튼을 누르면 버튼에 불이 들어오고 세탁조가 회전하면서 윙윙 거리는 소리도 발생하며, 작동 중인 세탁기를 손으로 만져 보면 따뜻하다. 따라서 전기 에너지가 빛에너지, 운동 에너지, 소리 에너지, 열에너지 등으로 전환되는 것을 알 수 있다.

13 ㄱ. 전지에 화학 에너지의 형태로 저장해 휴대하고 다니면서 쉽게 사용할 수 있다.
ㄴ. 전기 에너지는 전선을 이용하여 먼 곳까지 전달할 수 있으므로 다른 에너지에 비해 비교적 수송이 쉽다.
오답 피하기 ㄷ. 각종 전기 기구들을 통해 다른 형태의 에너지로 쉽게 전환된다.

14 (가)에서는 전기 에너지가 소리 에너지로, (나)에서는 전기 에너지가 빛에너지로, (다)에서는 전기 에너지가 운동 에너지로 전환된다.

15 A의 손잡이를 돌리는 역학적 에너지가 전자기 유도에 의해 전기 에너지로 전환된 후 꼬마전구에서 빛에너지로, 버저에서 소리 에너지로, B에서 역학적 에너지로 전환된다.
따라서 (가)와 같이 S_1, S_2를 모두 연 경우 A를 돌리는 역학적 에너지가 B를 돌리는 역학적 에너지로만 전환되므로 B의 손잡이가 돌아가는 횟수가 가장 크다. 반면 (라)와 같이 S_1, S_2를 모두 닫은 경우 A를 돌리는 역학적 에너지가 빛에너지, 소리 에너지, B를 돌리는 역학적 에너지로 전환되므로 B의 손잡이가 돌아가는 횟수가 가장 작다.

자료 분석

두 발전기 사이의 에너지 전환

에너지 보존에 의해 손 발전기 A를 통해 공급된 전기 에너지의 양은 전환된 빛, 소리, 역학적 에너지 양의 합과 같다.

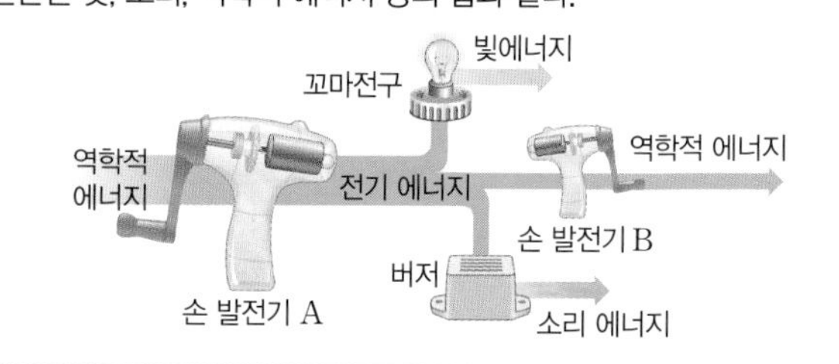

16 에너지 보존 법칙에 의해 공급된 에너지의 총량과 전환된 에너지의 총량은 같다. 따라서 운동 에너지로 전환된 양은 $100-5-70=25(\%)$이다.

17 ㄱ. 마찰이 없을 경우 역학적 에너지는 보존된다.
오답 피하기 ㄴ. 공이 수평면에서 운동하는 동안 높이의 변화가 없으므로 역학적 에너지 전환이 일어나지 않는다. 따라서 공은 처음의 운동 에너지를 가지고 계속해서 일정한 속력으로 운동한다.
ㄷ. 공이 처음에 가지고 있던 에너지는 마찰에 의해 열에너지 등으로 전환되어 멈추게 되는데, 이때 에너지 보존에 의해 전환되기 전후의 에너지의 총량은 일정하게 보존된다.

18 마찰이나 공기 저항이 있으면 역학적 에너지가 열에너지로 전환되므로 역학적 에너지는 점점 감소한다. 따라서 운동하는 물체는 결국 멈추게 된다.

19 ① 역학적 에너지는 보존되지 않더라도 에너지 총량은 일정하게 보존된다.
오답 피하기 ②, ⑤ 바닥에서 튕겨 올라갈 때마다 최고 높이가 점점 감소하므로 역학적 에너지는 보존되지 않는다.
③ 역학적 에너지가 점점 감소하므로 마지막에는 바닥에서 옆으로 굴러가다 정지하게 된다.
④ 역학적 에너지는 바닥과의 충돌에 의해 소리 에너지와 열에너지로도 전환된다.

20 에너지 보존에 의해 에너지 전환 전후 에너지의 총량은 보존된다. 따라서 B, C, D를 모두 합한 값은 A와 같다.

21 에너지 전환 전후 에너지의 총량은 항상 일정하게 보존된다. 이를 에너지 보존 법칙이라고 한다.

22 ㄷ. 정격 전압이 220 V, 소비 전력이 44 W라는 것은 선풍기를 220 V의 전원에 연결할 때 소비 전력이 44 W라는 의미이다. 따라서 선풍기는 1초당 44 J의 전기 에너지를 사용한다.

오답 피하기 ㄱ. 선풍기가 회전할 때 바람이 생길 뿐만 아니라 소리와 열도 발생한다.(작동 중인 선풍기 몸체를 손으로 만지면 뜨겁다.) 따라서 선풍기에서는 전기 에너지가 운동 에너지 외에도 소리 에너지와 열에너지로도 전환된다.

ㄴ. 전력량은 소비 전력과 시간의 곱이다. 따라서 선풍기를 2시간 동안 사용했을 때의 전력량은 44 W×2 h =88 Wh이다.

23 소비 전력이 5 W인 라디오는 1초당 5 J의 전기 에너지를 사용한다. 따라서 1시간 동안 사용한 전기 에너지는 5 J/s ×3600 s=18000 J이다.

24 ⑤ 1초 동안 전기 기구가 사용하는 전기 에너지는 소비 전력이라 하고, 일정 시간 동안 전기 기구가 사용하는 전기 에너지의 양은 전력량이라고 한다.

오답 피하기 ① 소비 전력의 단위로는 W(와트)를 사용한다. Wh(와트시)와 kWh(킬로와트시)는 전력량의 단위이며, 1 kWh=1000 Wh이다.

② 1 W는 1초 동안 1 J의 전기 에너지를 사용한다는 의미이다. 1 Wh는 1 W의 전력을 1시간 동안 사용했을 때의 전력량이다.

③ 전력량계로 측정된 전력량은 kWh 단위로 고지된다.

④ 전기 에너지는 다양한 형태의 에너지로 동시에 전환될 수 있다.

25 A는 1초 동안 총 6 J+6 J=12 J의 에너지를 방출하고, B는 6 J+2 J=8 J의 에너지를 방출한다. 소비 전력은 전기 기구가 1초당 소비하는 전기 에너지이므로 A의 소비 전력은 12 W이고, B의 소비 전력은 8 W이다.

자료 분석

소비 전력과 전기 에너지 전환

두 전구 A, B는 1초 동안 같은 양의 빛에너지를 방출하지만, 방출하는 열에너지의 양이 다르다. 따라서 두 전구의 밝기가 같더라도 1초 동안 사용하는 전기 에너지의 양, 즉 소비 전력이 다른 것이다. 같은 밝기를 내는 전구라도 소비 전력이 더 작은 전구를 사용할 경우 더 적은 전기 에너지를 소비하게 된다. 이 경우 소비 전력이 작은 B가 더 효율적인 전구라고 할 수 있다.

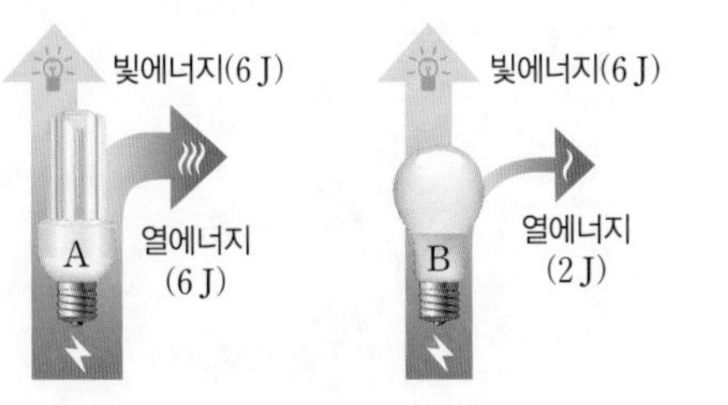

26 ② 형광등의 소비 전력이 LED 전등의 소비 전력보다 크다. 이는 같은 밝기를 내는 데 형광등이 더 많은 전기 에너지를 소비한다는 의미이므로 형광등의 에너지 효율이 LED 전등보다 나쁘다는 것을 알 수 있다.

오답 피하기 ① 전기밥솥의 소비 전력은 1000 W이다. 이는 전기밥솥이 1초당 1000 J의 전기 에너지를 사용한다는 의미이다.

③ 1초 동안 가장 많은 전기 에너지를 소비하는 전기 기구는 소비 전력이 가장 큰 전기다리미이다.

④ LED 전등, 형광등과 같이 전기 에너지를 빛에너지로 전환하는 기구보다 전기다리미, 전기밥솥과 같이 전기 에너지를 열에너지로 전환하는 기구의 소비 전력이 더 크다. 이는 전기 에너지를 열에너지로 전환하는 기구가 더 많은 에너지를 사용한다는 의미이다.

⑤ 에어컨의 소비 전력이 선풍기의 소비 전력의 30배이다. 따라서 에어컨을 1시간 동안 작동했을 때 사용하는 전기 에너지와 선풍기를 30시간 동안 작동했을 때 사용하는 전기 에너지의 양은 같다.

27 전력량은 소비 전력과 사용 시간의 곱이므로 하루 동안의 총 소비 전력량은 1500 W×0.5 h+10 W×12 h+40 W×3 h+35 W×5 h+1000 W×1 h+1200 W ×1 h=3365 Wh이다.

28 ㄴ. 관 A를 통과하면서 자석의 높이는 낮아지고 속력은 빨라지므로 자석의 위치 에너지는 운동 에너지로 전환된다.

ㄷ. 관 B를 통과하면서 전자기 유도에 의해 발광 다이오드에 불이 들어왔다. 따라서 자석의 위치 에너지는 운동 에너지와 전기 에너지로 전환되었다는 것을 알 수 있다.

오답 피하기 ㄱ. 관 B를 통과하면서 자석의 위치 에너지는 운동 에너지 외에도 발광 다이오드에 불이 들어오게 하는 전기 에너지로도 전환된다. 따라서 자석이 관 A를 통과하는 경우보다 운동 에너지가 작아 속력이 느리므로 더 늦게 떨어진다.

통합형 문제 분석

역학적 에너지 전환

자석
A
B
코일이 연결되어 있지 않으므로 전자기 유도가 일어나지 않는다.
자석이 코일을 통과하면 코일 주변의 자기장이 변하게 된다. 따라서 전자기 유도가 일어난다.
발광 다이오드

29 (1) 떨어지고 있는 우주 암석은 높이와 속력을 가지므로 위치 에너지와 운동 에너지를 동시에 가지고 있다.

(2) 우주 암석이 지구로 떨어질 때 공기와의 마찰로 인해 열과 빛이 발생한다.

(3) 예시 답안 공기 저항이 있으면 역학적 에너지가 열에너지와 빛에너지로 전환되므로 역학적 에너지는 보존되지 않지만 전체 에너지는 보존된다.

채점 기준	배점(%)
역학적 에너지 보존과 에너지 보존을 모두 옳게 설명한 경우	100
역학적 에너지 보존과 에너지 보존 중 1가지만 옳게 설명한 경우	50

30 ① 발광 다이오드는 한쪽 방향으로만 전류를 흐르게 한다. 따라서 (가)에서는 A, (나)에서는 B에만 불이 들어오는 것은 (가)와 (나)에서 코일에 흐르는 전류의 방향이 반대임을 의미한다.

오답 피하기 ② (가)에서 A에만 불이 들어왔으므로 A에는 전류가 흐르고 B에는 전류가 흐르지 않는다.

③ (나)에서 B에만 불이 들어왔으므로 A에는 전류가 흐르지 않고 B에는 전류가 흐른다.

④ (가)와 (나)에서 모두 자석을 움직이는 역학적 에너지가 전기 에너지로 전환된다.

⑤ (가)와 (나)에서 모두 전자기 유도가 일어나 유도 전류가 발생했으므로 발광 다이오드에 불이 들어오는 것이다. 단지 유도 전류의 방향이 달라 A, B 중 하나만 불이 들어오는 것이다.

자료 분석

전자기 유도

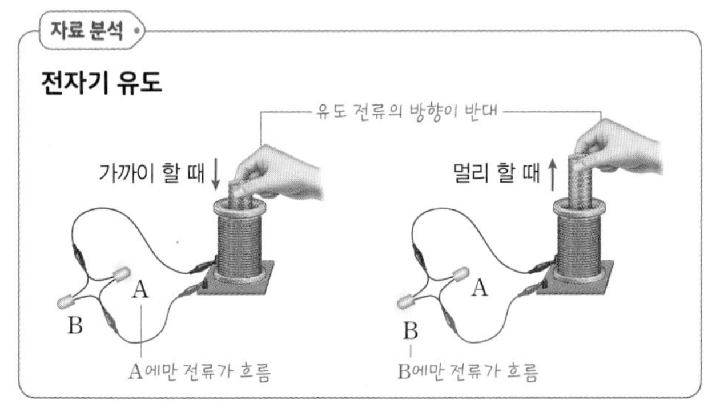

31 (1) 같은 시간 동안 전기 에너지를 더 많이 사용한 경우가 소비 전력이 더 큰 것이다.

(2) 예시 답안 차가운 바람이 나오는 경우에는 전기 에너지가 운동 에너지로 전환되어야 하고, 뜨거운 바람이 나오는 경우에는 전기 에너지가 운동 에너지와 열에너지로 전환되어야 한다. 따라서 뜨거운 바람이 나오는 경우에 더 많은 전기 에너지를 사용하므로 소비 전력이 더 크다.

채점 기준	배점(%)
에너지 전환을 이용해 까닭을 옳게 설명한 경우	100
뜨거운 바람이 나올 때 더 많은 전기 에너지를 소비한다고만 설명한 경우	40

실전 문제로 Ⅵ 단원 마무리하기

65~67쪽

01 C **02** ⑤ **03** ① **04** A=B=C **05** ④ **06** 최고점에서의 위치 에너지는 기준면에서의 운동 에너지와 같으므로 $(9.8\times30)\text{ N}\times h\text{ m}=\frac{1}{2}\times30\text{ kg}\times(7\text{ m/s})^2$에서 $h=2.5$ m이다. 따라서 재호가 탄 그네가 올라가는 최고점의 높이는 2.5 m이다. **07** ② **08** ① **09** ② **10** ㉠ 전류, ㉡ 전자기 유도 **11** ① **12** ⑤ **13** ① **14** 1000 J **15** ⑤ **16** (1) A>B>C (2) 공이 공기 중에서 운동할 때나 바닥과 충돌할 때 역학적 에너지의 일부가 열에너지와 소리 에너지로 전환된다. 따라서 역학적 에너지가 점점 감소하여 튀어 오르는 높이도 낮아진다. **17** ⑤ **18** ④

01 스키 점프대를 내려오면서 A 지점에서의 위치 에너지가 운동 에너지로 전환된다. 따라서 높이가 가장 낮은 C 지점에서의 운동 에너지가 가장 크다.

02 ⑤ B → C 구간에서는 운동 에너지가 위치 에너지로 전환되므로 운동 에너지가 감소한 만큼 위치 에너지가 증가하고, C → D 구간에서는 위치 에너지가 운동 에너지로 전환되므로 위치 에너지가 감소한 만큼 운동 에너지가 증가한다. 따라서 B → C 구간에서 증가한 위치 에너지는 C → D 구간에서 증가한 운동 에너지와 같다.

오답 피하기 ① 최고점인 C점에서 공의 속력은 0이다.

② B 지점과 D 지점의 높이가 같으므로 B 지점과 D 지점에서 공의 운동 에너지는 같다. 따라서 공의 속력도 같다.

③ 높이가 높아지는 A → B 구간에서는 운동 에너지가 위치 에너지로 전환된다.

④ 높이가 낮아지는 D → E 구간에서는 위치 에너지가 운동 에너지로 전환된다.

03 역학적 에너지는 보존되므로 위치 에너지가 감소한 만큼 운동 에너지가 증가한다. 운동 에너지 : 위치 에너지 = 낙하 높이 : 지면으로부터의 높이 $=(5-h):h=4:1$에서 지면으로부터의 높이 $h=1$ m이다.

04 위치 에너지가 감소한 만큼 운동 에너지가 증가한다. 각 구간마다 낙하 높이는 5 m로 모두 같으므로 위치 에너지 감소량이 같아 운동 에너지 증가량도 같다.

자료 분석

역학적 에너지 전환과 보존

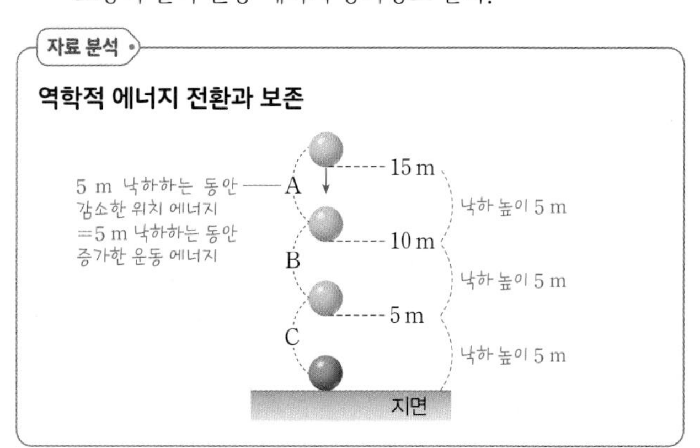

05 ㄴ. 공기 저항과 모든 마찰을 무시하므로 역학적 에너지는 보존된다. 최고점에서의 역학적 에너지=위치 에너지 $=(9.8\times50)\ \text{N}\times2.5\ \text{m}=1225\ \text{J}$이고, 이 위치 에너지는 기준면에서 모두 운동 에너지로 전환된다. 따라서 $1225\ \text{J}=\frac{1}{2}\times50\ \text{kg}\times v^2$이므로 기준면에서 속력 $v=7\ \text{m/s}$이다.
ㄷ. 기준면에서 최고점까지 위로 올라가는 동안 운동 에너지가 위치 에너지로 전환되고, 다시 최고점에서 기준면까지 내려오는 동안 위치 에너지가 운동 에너지로 전환된다.
오답 피하기 ㄱ. 최고점에서 순간적으로 정지하였다가 다시 내려오므로 최고점에서 운동 에너지는 0이다.

06 (예시 답안) 최고점에서의 위치 에너지는 기준면에서의 운동 에너지와 같으므로 $(9.8\times30)\ \text{N}\times h\ \text{m}=\frac{1}{2}\times30\ \text{kg}\times(7\ \text{m/s})^2$에서 $h=2.5\ \text{m}$이다. 따라서 재호가 탄 그네가 올라가는 최고점의 높이는 2.5 m이다.

채점 기준	배점(%)
그네가 올라가는 최고점의 높이를 풀이 과정과 함께 모두 옳게 구한 경우	100
그네가 올라가는 최고점의 높이만 풀이 과정 없이 쓴 경우	50

07 ② B점에서는 운동 에너지가 0이다.
오답 피하기 ①, ③ 역학적 에너지는 보존되므로 A점에서의 위치 에너지=O점에서 운동 에너지=B점에서 위치 에너지=A, O, B점에서의 역학적 에너지이다.
④, ⑤ A → O 구간을 이동하는 동안 A점에서의 위치 에너지는 O점에서 모두 운동 에너지로 전환되고, O → B 구간을 이동하는 동안 O점에서의 운동 에너지는 B점에서 모두 위치 에너지로 전환된다. 따라서 A점에서 위치 에너지=A → O 구간을 이동하는 동안 감소한 위치 에너지=O → B 구간을 이동하는 동안 증가한 위치 에너지이다.

08 낙하 거리가 길어질수록 높이가 낮아지므로 위치 에너지가 감소한다. 공기 저항을 무시할 때 낙하하는 물체의 역학적 에너지는 항상 일정하게 보존되며, 낙하하면서 감소한 위치 에너지만큼 운동 에너지가 증가한다.

09 ② 높이가 가장 낮은 D점에서 운동 에너지가 가장 크다.
오답 피하기 ① 높이가 가장 높은 A점에서 위치 에너지가 가장 크다.
③ 공기 저항과 마찰을 무시하므로 모든 지점에서 역학적 에너지는 같다.
④ 높이가 낮아지는 A → B 구간에서 위치 에너지가 운동 에너지로 전환된다.
⑤ 높이가 높아지는 B → C 구간에서 운동 에너지가 위치 에너지로 전환된다.

10 코일을 통과하는 자기장이 변하면 전자기 유도에 의해 코일에 전류가 유도되어 흐르게 된다.

11 ㄱ. 코일에 자석을 넣거나 뺄 때, 즉 코일을 통과하는 자기장이 변해야 유도 전류가 흘러 검류계 바늘이 움직인다.
오답 피하기 ㄴ, ㄷ. 자석이 가만히 정지해 있으면 자기장이 변하지 않아 코일에 유도 전류가 흐르지 않는다.

12 코일을 통과하는 자기장이 변하면 전자기 유도에 의해 유도 전류가 발생한다. 따라서 전원 장치 없이도 전류를 흐르게 할 수 있다.

13 스피커에서는 전기 에너지가 소리 에너지로 전환된다.

14 헤어드라이어에 공급된 전기 에너지는 열에너지, 운동 에너지, 소리 에너지 등으로 전환된다. 이때 전환된 에너지의 총량은 헤어드라이어에 공급된 전기 에너지의 양과 같으므로 헤어드라이어에 공급된 전기 에너지의 양은 $120\ \text{J}+180\ \text{J}+300\ \text{J}+400\ \text{J}=1000\ \text{J}$이다.

15 ⑤ 에너지는 전환 과정에서 새로 생기거나 없어지지 않으며, 그 총량은 항상 일정하게 보존된다.
오답 피하기 ① 에너지는 다른 형태의 에너지로 전환될 수 있다.
②, ③ 에너지는 전환될 때 새로 생성되거나 소멸하지 않는다.
④ 공기 저항이나 마찰이 있을 때 물체의 역학적 에너지는 보존되지 않는다.

16 (1) A, B, C 지점으로 갈수록 튀어 오를 때 최고점의 높이가 낮아지므로 역학적 에너지가 점점 감소하고 있다. 따라서 역학적 에너지의 크기는 A>B>C이다.
(2) (예시 답안) 공이 공기 중에서 운동할 때나 바닥과 충돌할 때 역학적 에너지의 일부가 열에너지와 소리 에너지로 전환된다. 따라서 역학적 에너지가 점점 감소하여 튀어 오르는 높이도 낮아진다.

채점 기준	배점(%)
역학적 에너지가 소리 에너지와 열에너지로 전환되어 감소하기 때문이라고 설명한 경우	100
역학적 에너지가 감소하기 때문이라고만 설명한 경우	50

17 ㄱ. 선풍기를 작동시키면 바람이 발생한다. 따라서 선풍기에서는 전기 에너지가 주로 운동 에너지로 전환된다.
ㄴ. 세탁기를 0.5시간 동안 사용했을 때 사용한 전력량은 $600\ \text{W}\times0.5\ \text{h}=300\ \text{Wh}$이다.
ㄷ. 세탁기의 소비 전력이 선풍기의 소비 전력의 10배이므로 세탁기는 같은 시간 동안 선풍기보다 전기 에너지를 10배 더 사용한다.

18 각각의 전력량을 알아보면 다음과 같다.
(가) $1\ \text{kWh}=1000\ \text{Wh}$
(나) $500\ \text{W}\times5\ \text{h}=2500\ \text{Wh}$
(다) $2000\ \text{W}\times1\ \text{h}=2000\ \text{Wh}$
따라서 전력량을 비교하면 (나)>(다)>(가) 순으로 전력량이 크다.

Ⅶ. 별과 우주

07강 별의 특성

기본 문제로 개념 다지기 71쪽, 73쪽

01 (1) ㉠ (2) ㉡ **02** (1) 작 (2) 커 **03** (1) × (2) ○ (3) × (4) ○ (5) ○ **04** D-C-B-A **05** (1) ㉠ (2) ㉢ (3) ㉡ **06** 3배 **07** (1) ○ (2) ○ (3) × **08** (1) 1 : 4 : 9 (2) 1 : 1 : 1 (3) 36 : 9 : 4 **09** (1) × (2) ○ (3) × (4) ○ (5) ○ **10** (1) ㉠ (2) ㉡ **11** ㉠ 2.5, ㉡ 16, ㉢ 100 **12** (1) 아크투르스 (2) 리겔 (3) 견우성 (4) 리겔 (5) 3개 **13** 표면 온도 **14** (나), (가)

02 관측자의 위치에 따라 가까운 물체의 위치가 배경에 대해 달라져 보이는 각도를 시차라고 한다. 시차는 관측자와 물체 사이의 거리가 가까울수록, 관측자의 위치 변화가 클수록 커진다.

03 (1) 별의 연주 시차는 지구가 태양 주위를 공전하면서 별을 관측하는 관측자의 위치가 달라지기 때문에 나타나는 현상이다.
(3) 별의 연주 시차는 지구로부터 별까지의 거리와 관련이 있는 성질이다. 즉, 연주 시차가 클수록 지구로부터 별까지의 거리가 가깝다. 별의 연주 시차와 별의 반지름은 전혀 관련이 없다.

04 지구로부터 거리가 먼 별일수록 연주 시차가 작아진다. 따라서 연주 시차가 가장 큰 D가 가장 가까이 위치해 있고, 연주 시차가 가장 작은 A가 가장 멀리 위치해 있다.

05 지구에서 태양까지의 평균 거리는 1 AU이고, 빛이 진공 상태에서 1년 동안 진행하는 거리는 1광년이며, 연주 시차가 1″인 별까지의 거리는 1 pc이다. 이때 1 pc은 약 3.26 광년과 동일한 거리이다.

06 물체까지의 거리가 충분히 멀 때 시차는 물체까지의 거리에 반비례하므로 C는 B보다 약 3배 먼 거리에 있다.

07 (1) 별 S를 6개월 간격으로 관측한 시차는 관측자의 위치 변화가 지구 공전 궤도의 양 끝이다. 따라서 이때 관측된 별 S의 시차는 0.4″이다.
(2) 연주 시차는 시차의 $\frac{1}{2}$이다.
(3) 별까지의 거리와 연주 시차는 반비례 관계에 있으므로 거리가 현재보다 10배 멀어진다면 연주 시차는 $\frac{1}{10}$배인 0.02″로 줄어든다.

08 (1) 전구에서 방출되는 빛은 사방으로 퍼져 나가므로 거리가 2배, 3배, …로 되면 빛이 퍼지는 면적은 4배, 9배, …로 된다.
(2) 거리에 따라 도달하는 빛의 면적은 거리의 제곱에 비례하고, 단위 면적당 도달하는 빛의 양은 거리의 제곱에 반비례하므로 $\frac{1}{4}$배, $\frac{1}{9}$배, …로 된다. 이때 단위 면적당 도달하는 빛의 양과 해당 거리의 전체 표면적을 곱하면 빛의 총량이 나오며 이 값은 거리에 관계없이 일정하다.
(3) 전구의 밝기는 전구로부터의 거리의 제곱에 반비례하므로 전구의 밝기는 $\frac{1}{1}:\frac{1}{4}:\frac{1}{9}=36:9:4$가 된다.

09 (1) 별의 밝기는 등급으로 표현하며, 등급이 작을수록 밝은 별이다.
(3) 1등급 간의 밝기 차는 약 2.5배이므로 5등급인 별은 1등급인 별보다 약 40배 어둡다.

12 (1) 우리 눈에 가장 밝게 보이는 별은 겉보기 등급이 가장 작은 별이므로 아크투르스이다.
(2) 실제로 가장 밝은 별은 절대 등급이 가장 작은 리겔이다.
(3) 지구로부터의 거리가 10 pc 이내에 있는 별은 (겉보기 등급−절대 등급) 값이 0보다 작은 별이다.
(4) 지구로부터의 거리가 가장 먼 별은 (겉보기 등급−절대 등급) 값이 가장 큰 별이다.
(5) 연주 시차가 0.1″보다 작은 별은 지구로부터의 거리가 10 pc보다 멀리 위치한 별이므로 (겉보기 등급−절대 등급) 값이 0보다 큰 별이다.

13 별의 색은 별의 표면 온도와 밀접한 관련이 있다. 즉, 청색 – 청백색 – 백색 – 황백색 – 황색 – 주황색 – 적색 쪽으로 갈수록 별의 표면 온도가 낮아진다.

14 별의 표면 온도는 청색 – 청백색 – 백색 – 황백색 – 황색 – 주황색 – 적색 순으로 갈수록 낮아진다.

탐구 올리드 돋보기 74쪽

01 ㉠ 시차, ㉡ 작아 **02** 0.15″ **03** ㄱ, ㄴ, ㄷ

01 관측자의 위치가 변하면 관측자로부터의 거리가 가까운 물체가 멀리 있는 물체를 배경으로 위치가 달라져 보인다. 이때 가까운 물체의 위치가 먼 배경에 대해 이동한 각도를 시차라고 하고, 관측자와 물체 사이의 거리가 멀수록 물체의 시차는 작아진다.

02 연주 시차는 시차의 $\frac{1}{2}$이다.

03 눈과 연필 사이의 거리가 멀수록 시차가 작아지므로 팔을 쭉 펴고 같은 실험을 하면 시차(B)는 더 작아진다.

자료 올리드 돋보기 75쪽

01 반비례 **02** 약 6.3배 어두워진다. **03** 16배 밝아진다. **04** 10000배 **05** 1등급 **06** D, E **07** E-D-A-B-C **08** 3등급

01 별의 밝기는 별까지 거리의 제곱에 반비례한다.

02 별의 밝기는 별까지 거리의 제곱에 반비례하므로 거리가 2.5배 멀어지면 밝기는 약 6.3(≒2.5^2)배 어두워진다.

03 별의 밝기는 별까지 거리의 제곱에 반비례하므로 거리가 4배 가까워지면 밝기는 16배 밝아진다.

04 1등급 간의 밝기 비는 약 2.5배이므로 밝기 비=$2.5^{등급\ 차}$이다. 따라서 6등급의 별은 −4등급의 별보다 10000(≒2.5^{10})배 어둡다.

05 동일한 밝기의 별이 10000개가 모이면 밝기가 10000배 밝아진다. 따라서 10000≒2.5^{10}이므로 10등급이 작아진다.

06 10 pc보다 가까이 있는 별은 (겉보기 등급−절대 등급) 값이 0보다 작은 별이다.

07 (겉보기 등급−절대 등급) 값이 큰 별일수록 지구로부터의 거리가 먼 별이다.

08 거리가 4배 멀어지면 별의 밝기는 16(≒2.5^3)배 어두워지므로 이 별의 겉보기 등급은 3등급이 커진다.

대표 문제로 실력 확인하기 76~79쪽

01 ② **02** 0.2″ **03** 0.1″ **04** ① **05** ⑤ **06** ① **07** ⑤ **08** ⑤ **09** ④ **10** ① **11** ③ **12** ⑤ **13** A, C **14** ② **15** ③ **16** ② **17** ① **18** A-B-C **19** ① **20** ④ **21** ⑤ **22** C **23** ① **24** ②

고난도·서술형 문제

25 (1) 멀다. 북극성은 겉보기 등급이 절대 등급보다 5.8등급 더 크므로 현재 거리에서의 밝기가 10 pc에서 밝기의 $\frac{1}{100}$배보다 더 어두워 보인다. 밝기 비가 100배 차이가 나면 거리는 10배 차이가 나므로 북극성은 10 pc의 10배보다 더 멀리 위치해 있다. 따라서 북극성은 지구로부터의 거리가 100 pc보다 멀리 위치해 있다. (2) −5.9등급 (3) −3.7등급 **26** 100 pc의 거리에 있는 별 S를 10 pc으로 옮기 면 별까지의 거리는 $\frac{1}{10}$배가 되므로, 밝기는 100배 밝아진다. 따라서 별의 겉보기 등급은 5등급 작아진 0등급이 된다. **27** (1) B (2) B (3) A, (겉보기 등급−절대 등급) 값이 클수록 지구로부터의 거리가 멀고, 연주 시차도 작아지기 때문이다.

01 시차는 물체까지의 거리에 반비례하므로, 관측자와 나무 사이의 거리가 가까울수록 시차는 커지고, 멀수록 작아진다.

02 지구 공전 궤도의 양 끝과 별을 연결한 선이 이루는 각도가 별의 시차이므로 별 S의 시차는 0.2″이다.

03 별의 연주 시차는 시차의 $\frac{1}{2}$이므로 별 S의 연주 시차는 0.1″이다.

04 별의 연주 시차는 별까지의 거리에 반비례한다. 따라서 연주 시차가 0.1″인 별 S까지의 거리가 현재보다 4배 멀어지면 연주 시차는 0.025″(=0.1″×$\frac{1}{4}$)가 된다.

05 별까지의 거리는 연주 시차와 반비례하므로, 지구로부터 거리가 먼 별일수록 연주 시차가 작다.

06 ㄱ. 연주 시차가 큰 별 A가 연주 시차가 나타나지 않는 별 B보다 지구로부터의 거리가 가깝다.

오답 피하기 ㄴ. 별 A의 시차가 0.1″(=0.06″+0.04″)이므로 연주 시차는 0.05″이다.

ㄷ. 별의 연주 시차는 지구가 공전하기 때문에 나타나는 현상이다.

자료 분석

별의 연주 시차

- 지구가 공전하면서 별을 관측하는 지구의 위치가 변하면 지구에 가까이 위치한 별은 시차가 나타난다.
  ➡ 별의 시차는 지구의 공전 때문에 나타나는 현상이며, 먼 거리에 위치한 별일수록 별의 시차는 작아진다. 즉, 별의 시차는 별의 거리에 반비례한다.
- 별 A는 먼 배경 별을 기준으로 6개월 동안 0.1″ 이동하였고, 별 B는 배경 별에 대한 상대적인 위치 변화가 없다.
  ➡ 별 A는 지구로부터 가까이 위치해 있고, 별 B는 매우 멀리 떨어져 있다.
- 별 A의 시차는 0.1″이므로 연주 시차는 $\frac{1}{2}$×0.1″=0.05″이다.

07 별까지의 거리는 연주 시차와 반비례한다. 즉, 별까지의 거리가 멀어질수록 연주 시차는 작아진다.

08 10등급 차이의 밝기 비는 $2.5^{10}=(2.5^5)^2$≒100×100=10000배이다.

09 3등급인 별이 100개 모여 있으면 3등급보다 100배 밝게 보인다. 따라서 밝기는 5등급이 작아져서 −2등급으로 관측된다.

10 밝기가 10000($=100\times100\fallingdotseq2.5^5\times2.5^5=2.5^{10}$)배 어두워지면 등급은 10등급 더 커진다.

11 ㄴ. 별의 밝기는 등급으로 나타내며, 등급이 작을수록 밝은 별이다.
ㄷ. 1등급 간의 밝기 비는 약 2.5배이다. 0등급인 별은 5등급인 별보다 5등급 작으므로 100배 밝다.
ㅁ. 별의 밝기는 지구로부터 별까지의 거리의 제곱에 반비례하므로 실제 밝기가 같은 두 별을 맨눈으로 볼 때 멀리 있는 별일수록 더 어둡게 보인다.
오답 피하기 ㄱ. 별의 밝기는 거리의 제곱에 반비례한다.
ㄹ. 별의 실제 밝기를 비교하기 위해서는 절대 등급을 이용한다.

개념 더하기

겉보기 등급과 절대 등급

겉보기 등급	절대 등급
눈에 보이는 별의 밝기를 등급으로 나타낸 것	별을 10 pc(≒32.6 광년)의 거리에 두었다고 가정했을 때의 별의 밝기를 등급으로 나타낸 것
• 동일한 별을 관측할 때 별까지의 거리가 멀어지면 겉보기 등급은 커진다. • 겉보기 등급이 작을수록 밝게 관측된다.	• 별의 실제 밝기를 비교할 수 있다. • 절대 등급이 작을수록 실제로 밝은 별이다.

12 ⑤ 지구로부터 거리가 먼 별일수록 (겉보기 등급－절대 등급) 값이 커진다.
오답 피하기 ① 절대 등급이 작을수록 실제 밝기가 밝다.
② 겉보기 등급이 작을수록 우리 눈에 밝게 보인다.
③ 절대 등급은 지구로부터 10 pc의 거리에 별을 이동시켜 놓았다고 가정했을 때의 별의 밝기에 의한 등급이므로, 어느 별이 10 pc의 거리에 있으면 겉보기 등급과 절대 등급이 같게 된다.
④ (겉보기 등급－절대 등급) 값이 클수록 별까지의 거리가 멀다. 즉, 겉보기 등급과 절대 등급을 비교하면 별까지의 거리를 비교할 수 있다.

13 지구에서 맨눈으로 보았을 때 가장 밝게 보이는 별은 겉보기 등급이 가장 작은 별 A이고, 실제로 가장 밝은 별은 절대 등급이 가장 작은 별 C이다.

14 ㄴ. 현재 10 pc 이내에 위치하고 있으므로 이 별을 10 pc의 거리로 이동시켰을 때의 밝기는 현재 위치에서의 밝기보다 어둡게 보일 것이다.
오답 피하기 ㄱ. (겉보기 등급－절대 등급) 값이 0보다 작으므로 지구로부터 10 pc 이내의 거리에 위치한 별임을 알 수 있다.
ㄷ. (겉보기 등급－절대 등급) 값이 0보다 작으므로 10 pc보다 가까운 곳에 위치하며, 거리가 달라져도 별의 절대 등급은 변하지 않는다.

15 별까지의 거리와 연주 시차는 반비례하므로 연주 시차가 가장 큰 별은 지구로부터의 거리가 가장 가까운 별이다. 한편, 별까지의 거리는 (겉보기 등급－절대 등급) 값으로 비교하면 되는데, 이 값이 클수록 지구로부터 멀리 있는 별이다. 따라서 연주 시차가 가장 큰 별은 시리우스이고, 가장 멀리 있는 별은 데네브이다.

개념 더하기

별의 등급과 거리

• (겉보기 등급 > 절대 등급)인 별: 10 pc보다 먼 별
• (겉보기 등급＝절대 등급)인 별: 10 pc에 있는 별
• (겉보기 등급 < 절대 등급)인 별: 10 pc보다 가까운 별
➡ (겉보기 등급－절대 등급) 값이 클수록 별까지의 거리가 멀다.

16 (겉보기 등급－절대 등급) 값이 0보다 작으면 10 pc보다 가까운 거리에 위치한 별이다.

17 별의 밝기는 거리의 제곱에 반비례한다. 따라서 별의 거리가 현재보다 10배 더 가까워지면 100배 밝아지므로 겉보기 등급은 5등급이 작아진다.

18 A는 1 pc, B는 2 pc, C는 약 10 pc의 거리에 위치한 별이다.

19 별은 표면 온도에 따라 색이 달라진다.

20 ㄱ. 별은 표면 온도에 따라 색이 달라진다.
ㄴ. 별의 색이 청색－청백색－백색－황백색－황색－주황색－적색 쪽으로 갈수록 별의 표면 온도는 낮아진다.
오답 피하기 ㄷ. 적색 별은 황색 별보다 표면 온도가 낮다.

개념 더하기

별의 색과 표면 온도

별의 색은 겉보기 등급이나 절대 등급과 관계없이 별의 표면 온도에 따라 달라진다. 이때 표면 온도가 높은 별일수록 청색을 띠고, 표면 온도가 낮은 별일수록 적색을 띤다.

별의 색깔	표면 온도	예
청색	높다.	나오스
청백색	↑	스피카, 리겔
백색		견우성, 직녀성
황백색		프로키온, 북극성
황색		태양, 카펠라
주황색	↓	아크투르스, 알데바란
적색	낮다.	베텔게우스, 안타레스

21 별의 표면 온도는 별의 색이 청색－청백색－백색－황백색－황색－주황색－적색 쪽으로 갈수록 낮아진다. 따라서 황색인 별 C보다 표면 온도가 낮은 별은 적색을 띠는 D, E이다.

자료 분석

별의 표면 온도

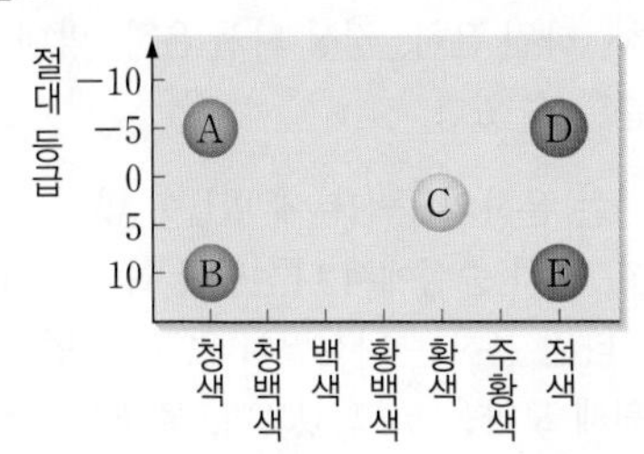

- 별의 실제 밝기 비교: A=D>C>B=E ➡ 절대 등급이 작을수록 실제 밝기가 밝다.
- 별의 표면 온도 비교: A=B>C>D=E ➡ 별의 표면 온도는 별의 색과 관련이 있으며, 청색-청백색-백색-황백색-황색-주황색-적색 쪽으로 갈수록 표면 온도가 낮다.

22 별의 표면 온도는 별의 색과 관련이 있으며, 태양은 황색인 별이므로 별 C와 표면 온도가 가장 비슷할 것이다.

23 별의 시차는 지구로부터 별까지의 거리가 가까울수록 커진다. 따라서 같은 배경 별을 기준으로 시차가 가장 큰 별 A가 가장 가까이 있는 별이고, 시차가 가장 작은 별 C가 가장 멀리 있는 별이다.

24 ㄴ. 지구로부터의 거리는 S_1이 S_2보다 2배 더 가까우며, 별의 밝기는 별까지 거리의 제곱에 반비례한다. 따라서 겉보기 밝기는 S_1이 S_2보다 4배 밝다.

오답 피하기 ㄱ. 별 S_1과 S_2는 절대 등급이 같으므로 실제 밝기는 같다.

ㄷ. 시차는 별까지의 거리에 반비례하므로 지구로부터의 거리는 S_1이 S_2보다 2배 더 가깝다.

자료 분석

별의 시차와 별의 밝기

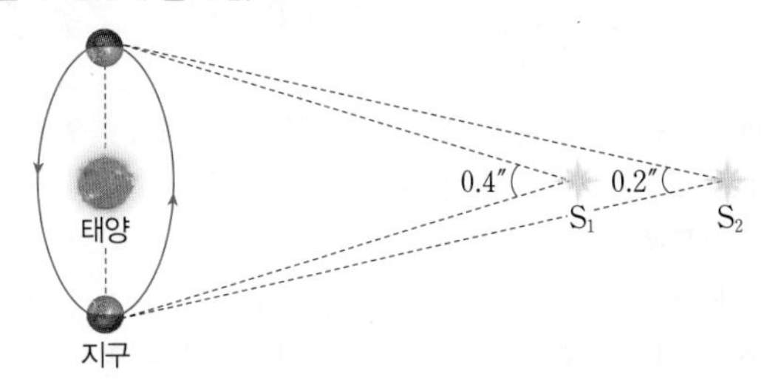

- 별의 시차: 별 S_1의 시차는 0.4″이고, 별 S_2의 시차는 0.2″이다.
  ➡ 별 S_1의 연주 시차는 0.2″이고, 별 S_2의 연주 시차는 0.1″이다.
  ➡ 별 S_2의 거리는 별 S_1의 거리의 2배이다.
- 별의 실제 밝기 비교: 절대 등급이 같으므로 별 S_1과 별 S_2의 실제 밝기는 같다.
- 별의 겉보기 밝기 비교: 별 S_1과 별 S_2는 실제 밝기가 같으며, 별 S_2가 별 S_1보다 2배 멀리 있으므로 별 S_1이 별 S_2보다 4배 밝게 보인다. ➡ 별의 밝기는 거리의 제곱에 반비례한다.

25 (1) 예시 답안 멀다. 북극성은 겉보기 등급이 절대 등급보다 5.8등급 더 크므로 현재 거리에서의 밝기가 10 pc에서 밝기의 $\frac{1}{100}$배보다 더 어둡게 보인다. 밝기 비가 100배 차이가 나면 거리는 10배 차이가 나므로 북극성은 10 pc의 10배보다 더 멀리 위치해 있다. 따라서 북극성은 지구로부터의 거리가 100 pc보다 멀리 위치해 있다.

채점 기준	배점(%)
북극성의 거리와 그렇게 판단한 근거를 모두 옳게 설명한 경우	100
북극성의 거리와 그렇게 판단한 근거 중 1가지만 옳게 설명한 경우	50

(2) 거리가 40배 가까워지면 밝기는 $1600(=2.5^8)$배 밝아지므로 겉보기 등급은 8등급 작아진다. 따라서 북극성의 겉보기 등급은 $2.1-8=-5.9$등급이 된다.

(3) 절대 등급은 지구로부터의 거리가 10 pc에 위치할 때의 밝기에 의한 등급이므로 지구로부터 별까지의 거리가 달라진다고 해도 별의 절대 등급은 변하지 않는다.

26 예시 답안 100 pc의 거리에 있는 별 S를 10 pc으로 옮기면 별까지의 거리는 $\frac{1}{10}$배가 되므로, 밝기는 100배 밝아진다. 따라서 별의 겉보기 등급은 5등급 작아진 0등급이 된다.

채점 기준	배점(%)
별의 밝기 변화와 겉보기 등급 변화를 모두 옳게 설명한 경우	100
별의 밝기가 밝아져 등급이 작아진다라고만 설명한 경우	40

27 (1) 겉보기 등급이 작은 별 B가 별 A보다 맨눈으로 보았을 때 더 밝게 보인다.

(2) 별의 표면 온도는 별의 색이 청색-청백색-백색-황백색-황색-주황색-적색 쪽으로 갈수록 낮아진다.

자료 분석

별의 밝기와 표면 온도

별	겉보기 등급	절대 등급	색
A	2	−7	백색
B	1	−1	적색

- 별의 겉보기 밝기 비교: 별 A<별 B ➡ 별의 겉보기 밝기는 겉보기 등급으로 판단한다.
- 별의 실제 밝기 비교: 별 A>별 B ➡ 별의 실제 밝기는 절대 등급으로 판단한다.
- 별의 표면 온도 비교: 별 A>별 B ➡ 별의 표면 온도는 별의 색으로 판단한다.

(3) (겉보기 등급−절대 등급) 값이 클수록 별까지의 거리가 멀므로 연주 시차가 작아진다.

예시 답안 A, (겉보기 등급−절대 등급) 값이 클수록 지구로부터의 거리가 멀고, 연주 시차도 작아지기 때문이다.

채점 기준	배점(%)
별과 판단 근거를 모두 옳게 설명한 경우	100
연주 시차가 더 작은 별만 쓴 경우	40

08강 은하와 우주

기본 문제로 개념 따지기 81쪽, 83쪽

01 ㉠ 은하, ㉡ 우리은하 **02** (1) × (2) ○ (3) × (4) ○ (5) ○ (6) ○ **03** (1) ○ (2) ○ (3) × (4) ○ **04** ② **05** (1) ○ (2) × (3) ○ **06** (1) (가) 반사 성운, (나) 암흑 성운, (다) 방출 성운 (2) (가) (3) (다) (4) (나) **07** (1) ○ (2) ○ (3) ○ **08** (1) ㉡ (2) ㉠ (3) ㉢ **09** (1) (다), (아) (2) (가), (라), (바), (3) (나), (마) (4) (사), (자) **10** (1) 고무풍선의 표면: 우주, 붙임딱지: 은하 (2) 우주의 팽창 **11** (1) 멀어지고 (2) 빠르다 (3) 팽창 **12** (1) ○ (2) × (3) × (4) ○ (5) ○ (6) × (7) ○

01 태양계가 속해 있는 은하를 우리은하라 하고, 우리은하 이외의 다른 모든 은하를 외부 은하라고 한다.

02 (1) 우리은하의 지름은 약 30 kpc이고, 중심부 두께는 약 4 kpc이다.
(3) 우리은하를 옆에서 보면 중심부가 부풀어 있는 납작한 원반 모양으로 보인다.

03 은하수는 남반구와 북반구 어디서나 관측되며, 우리나라에서 관측할 때 은하수는 겨울철보다 여름철에 폭이 넓고 선명하게 보인다.

04 우리은하는 중심부가 부풀어 오른 막대 나선 은하이므로, 우리은하의 중심 방향(B)을 바라볼 때 은하수의 폭이 가장 넓고 뚜렷하게 보인다.

05 구상 성단(가)은 나이가 많은 붉은색 별들이 수만~수십만 개 공 모양으로 모여 있고, 우리은하의 중심부와 중심부를 둘러싼 구형의 공간(헤일로)에 주로 분포하고 있으며, 현재까지 약 150여 개가 발견되었다. 산개 성단(나)은 나이가 적은 파란색 별들이 수십~수만 개 모여 있고, 우리은하의 나선팔에 주로 분포하고 있으며, 현재까지 약 1000여 개가 발견되었다.

06 반사 성운(가)은 밝은 별 주위의 가스나 티끌이 별빛을 반사시켜 밝게 보이는 성운이고, 암흑 성운(나)은 가스와 티끌 등의 성간 물질이 밀집되어 있어 뒤쪽에서 오는 별빛을 차단하여 검게 보이는 성운이며, 방출 성운(다)은 성운 안에 있는 고온의 별에서 나오는 강한 빛에 의해 기체가 가열되어 스스로 빛을 내며 밝게 보이는 성운이다.

07 외부 은하는 우리은하와 안드로메다은하처럼 크기가 큰 은하도 있고, 크기가 작은 은하도 많다. 또한, 모양에 따라 불규칙 은하, 타원 은하, 정상 나선 은하, 막대 나선 은하 등으로 구분할 수 있다.

08 나선 은하는 은하의 중심부에 별들이 많이 모여 있는 중심핵이 있고, 은하 중심에서 나선팔이 휘어져 나온 모양을 하고 있다. 타원 은하는 나선팔이 없고, 구형에 가깝거나 납작한 타원체 모양을 하고 있으며, 불규칙 은하는 비대칭적이거나 규칙적인 형태가 없는 모양을 하고 있다.

09 (1) 불규칙 은하는 비대칭적이거나 규칙적인 형태가 없는 모양의 은하이다.
(3) 타원 은하는 나선팔이 없고, 구형이나 타원체 모양의 은하이다.
(4) 우리은하는 중심을 가로지르는 막대 구조 끝에서 나선팔이 휘어져 나온 모양을 하고 있으므로 막대 나선 은하에 속한다.

10 고무풍선을 이용한 우주 팽창 모형실험에서 고무풍선의 표면은 우주, 붙임딱지는 우주를 구성하는 은하에 해당한다.

11 우주는 공간 자체가 팽창하고 있으므로 대부분의 은하들은 서로 멀어지며, 멀리 있는 은하일수록 더 빠른 속도로 멀어지는 것으로 관측된다.

12 (2) 우주는 현재도 계속 팽창하고 있다.
(3) 팽창하는 우주의 중심은 없다.
(6) 우주는 팽창하고 있으므로 과거의 우주 크기는 현재보다 작았다.

탐구 올리드 돋보기 84쪽

01 (1) × (2) × (3) ○ (4) ○ (5) ○ **02** (1) C (2) C

01 (1) 고무풍선을 이용한 우주 팽창 모형실험에서 붙임딱지가 아닌 고무풍선의 표면이 우주에 해당한다.
(2) 고무풍선이 부풀어 오를 때 두 붙임딱지 사이의 간격에 따라 풍선이 부풀어 오른 후 붙임딱지 사이의 거리 차이는 달라진다. 즉, 붙임딱지 사이의 간격이 클수록 멀어진 거리 차이가 더 커진다.
(5) 우주가 팽창한다 하더라도 은하를 구성하는 천체들의 중력에 의해 은하 자체의 크기가 커지는 것은 아니다.

02 (1) 우주는 팽창하고 있으므로 멀리 있는 은하일수록 더 빠른 속도로 멀어지는 것처럼 붙임딱지 사이의 간격이 클수록 더 빨리 멀어진다. 따라서 A를 기준으로 볼 때 붙임딱지 C가 B보다 더 멀리 있으므로 C가 B보다 더 빠르게 멀어진다.

(2) B를 기준으로 볼 때 C는 A보다 더 멀리 있기 때문에 더 빠른 속도로 멀어진다.

대표 문제로 실력 확인하기

85~87쪽

01 ② 02 ① 03 ⑤ 04 ② 05 ③ 06 ㄱ, ㄴ, ㄷ, ㄹ
07 ① 08 ① 09 ⑤ 10 ④ 11 ③ 12 ③ 13 (가)
14 ② 15 ③ 16 ③

고난도·서술형 문제

17 (1) 향 연기: 성간 물질, 손전등의 불빛: 주변 별빛 (2) 반사 성운 (3) 향 연기가 셀로판지를 통과하여 나오는 손전등의 불빛을 반사시켜 셀로판지의 색과 같은 색으로 보이는 것처럼, 성간 물질이 주위의 별빛을 반사시켜 반사 성운으로 관측된다. **18** (1) A: 타원 은하, B: 정상 나선 은하, C: 막대 나선 은하, D: 불규칙 은하 (2) 나선팔의 유무 (3) B와 C의 공통점은 모두 나선팔을 가지고 있다는 것이고, 차이점은 C의 중심부에는 B와 달리 막대 모양의 구조가 있다는 것이다.

01 ② 우리은하의 지름은 약 30 kpc이다.

오답 피하기 ①, ④ 우리은하는 은하 중심에 막대 모양의 구조가 있고, 그 끝에서 나선팔이 휘어져 나온 막대 나선 은하이므로 나선팔을 가지고 있다.

③ 우리은하의 지름은 약 30 kpc이고, 중심부 두께는 약 4 kpc이다.

⑤ 우리은하는 옆에서 관측하면 가운데가 볼록한 원반 모양이다.

02 태양계는 우리은하의 중심부으로부터 약 8.5 kpc 떨어진 나선팔에 위치하고 있다.

자료 분석

우리은하의 모습

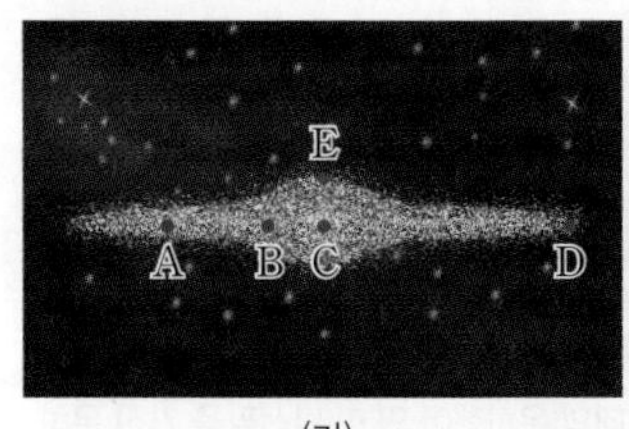

(가)

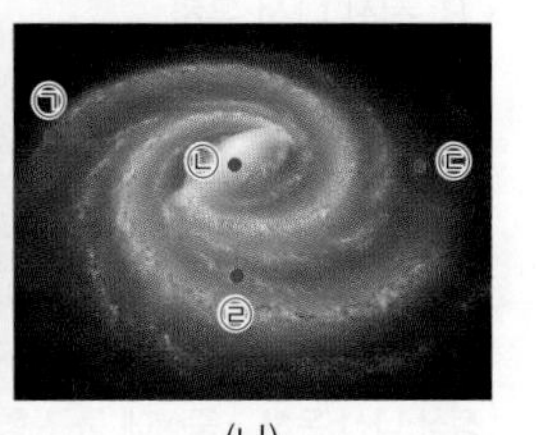

(나)

- 옆에서 본 모양: 은하 중심부가 약간 부풀어 있는 원반 모양
- 위에서 내려다 본 모양: 은하 중심부를 지나는 막대 모양의 구조 끝에서 나온 나선팔이 감겨 있는 모양
- 크기: 지름이 약 30 kpc
- 태양계는 우리은하의 원반부에 위치하며 우리은하의 중심부에서 약 8.5 kpc 떨어진 나선팔에 위치해 있다.

03 ⑤ 은하수는 우리은하의 중심 방향인 궁수자리 방향에서 가장 폭이 두껍고 밝게 보인다.

오답 피하기 ① 은하수는 우리은하의 원반부로, 이곳에는 수많은 별과 성운, 성단, 성간 물질이 포함되어 있다.

② 은하수는 우리은하의 다른 부분에 비해 수많은 별과 성운, 성간 물질 등이 모여 있으므로 뿌연 띠 모양으로 보인다.

③ 우리은하의 원반부 두께는 궁수자리 방향이 다른 방향에 비해 두껍다. 우리나라의 여름철 밤하늘에서는 궁수자리 방향을 관측하고, 겨울철에는 궁수자리의 반대편 방향을 관측하므로, 계절에 따라 은하수가 관측되는 폭과 밝기가 달라진다.

④ 은하수는 지구에서 우리은하의 원반부를 본 모습이다.

04 ㄱ, ㄷ. A는 우리은하의 중심부로, 이곳에는 구상 성단이 많이 분포하고 있다. 구상 성단은 나이가 많고, 표면 온도가 낮아 붉은색으로 보이는 별들로 구성되어 있다.

오답 피하기 ㄴ. 구상 성단을 이루는 별들은 나이가 비교적 많다.

ㄹ. 구상 성단은 수만~수십만 개의 별들이 공 모양으로 빽빽하게 모여 있다.

05 B는 우리은하의 나선팔 부분으로, 이곳에 분포하는 성단은 대부분 산개 성단이다. 산개 성단은 주로 표면 온도가 높은 파란색 별들로 구성되어 있다.

06 마젤란은하와 안드로메다은하는 외부 은하이다.

07 태양계는 우리은하 중심에서 약 8.5 kpc(3만 광년) 떨어진 나선팔에 위치하므로 은하 중심에서 출발한 빛이 지구까지 오는 데는 약 3만 년이 걸린다.

08 (가)는 구상 성단, (나)는 산개 성단이다. 구상 성단은 은하 원반을 둘러싸고 있는 구형의 공간과 은하 중심에 주로 분포하고, 산개 성단은 나선팔에 주로 분포한다. 또한, 구상 성단은 현재까지 약 150여 개, 산개 성단은 약 1000여 개가 발견되었다.

개념 더하기

구상 성단과 산개 성단

구분	산개 성단	구상 성단
구성 별의 개수	적다. (수십~수만 개)	많다. (수만~수십만 개 이상)
구성 별의 분포 모양	불규칙한 모양	공 모양
구성 별의 색	파란색	붉은색
구성 별의 표면 온도	고온	저온
구성 별의 나이	적다.	많다.
분포 지역	나선팔	은하핵, 헤일로

09 산개 성단의 별들은 비교적 최근에 생성되어 표면 온도가 높아 파란색을 띠지만, 구상 성단에 속한 별들은 생성된 지 오래되어 에너지를 많이 소모하였으므로 표면 온도가 낮아 붉은색을 띤다.

10 성운은 가스나 작은 티끌 등이 다른 곳에 비해 많이 모여 구름처럼 보이는 것이다.

개념 더하기

성운과 성단의 비교

- 성운: 가스나 티끌 등의 성간 물질로 이루어져 있다.
- 성단: 별들로 이루어져 있다. ➡ 보통 성단의 별들은 저온 · 고밀도의 거대한 성운 내에서 거의 같은 시기에 만들어졌기 때문에 같은 성단을 구성하는 별들은 나이, 화학 조성, 지구로부터의 거리가 비슷하다.

11 (가)는 밝게 보이는 반사 성운이고, (나)는 어둡게 보이는 암흑 성운이며, (다)는 밝게 보이는 방출 성운이다. 따라서 (나)만 어두운 성운이고, (가)와 (다)는 밝은 성운이다.

개념 더하기

성운의 관측 원리

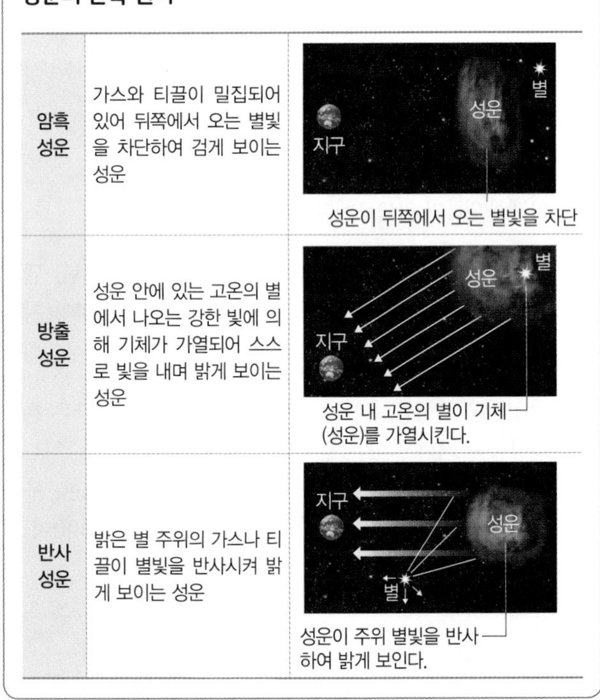

암흑 성운	가스와 티끌이 밀집되어 있어 뒤쪽에서 오는 별빛을 차단하여 검게 보이는 성운	별 / 성운 / 지구 성운이 뒤쪽에서 오는 별빛을 차단
방출 성운	성운 안에 있는 고온의 별에서 나오는 강한 빛에 의해 기체가 가열되어 스스로 빛을 내며 밝게 보이는 성운	별 / 성운 / 지구 성운 내 고온의 별이 기체(성운)를 가열시킨다.
반사 성운	밝은 별 주위의 가스나 티끌이 별빛을 반사시켜 밝게 보이는 성운	지구 / 성운 / 별 성운이 주위 별빛을 반사하여 밝게 보인다.

12 (가)는 막대 나선 은하, (나)는 불규칙 은하, (다)는 정상 나선 은하, (라)는 타원 은하이다.

13 중심부에 막대 모양의 구조가 있고, 나선팔이 발달한 은하는 막대 나선 은하이다.

14 ㄴ. 은하 속에는 수많은 별들과 성운, 성단, 성간 물질 등이 포함되어 있다.

오답 피하기 ㄱ. 외부 은하는 모양에 따라 네 가지로 구분한다.

ㄷ. 외부 은하의 분포 비율은 나선 은하 약 75 %, 타원 은하 약 20 %, 불규칙 은하 약 5 %이다.

15 우주가 팽창함에 따라 우주의 온도는 계속 하강하였고, 우주의 밀도는 감소하였으며, 우주의 총 질량은 일정하다.

16 팽창하는 우주는 특별한 중심이 없으며, 공간의 팽창으로 외부 은하들은 서로 멀어지고 있다.

17 (1) 성간 물질이 모여 있는 성운이 성운 주변에 있는 별에서 방출되어 나오는 별빛을 반사하여 밝게 보이는 성운이 반사 성운이다. 따라서 향 연기는 성간 물질에, 손전등의 불빛은 별빛에 해당한다.

(2) 반사 성운은 성간 물질이 주위의 별빛을 반사시켜 밝게 보인다.

(3) 예시 답안 향 연기가 셀로판지를 통과하여 나오는 손전등의 불빛을 반사시켜 셀로판지의 색과 같은 색으로 보이는 것처럼, 성간 물질이 주위의 별빛을 반사시켜 반사 성운으로 관측된다.

채점 기준	배점(%)
예시 답안과 같이 설명한 경우	100
성간 물질이 주변 별빛을 반사시킴으로 인해 밝게 관측된다라고만 설명한 경우	70

18 (1) 허블은 은하를 모양에 따라 타원 은하, 정상 나선 은하, 막대 나선 은하, 불규칙 은하로 분류하였다.

(2) 타원 은하와 정상 나선 은하의 차이는 나선팔의 유무이다.

자료 분석

은하의 분류

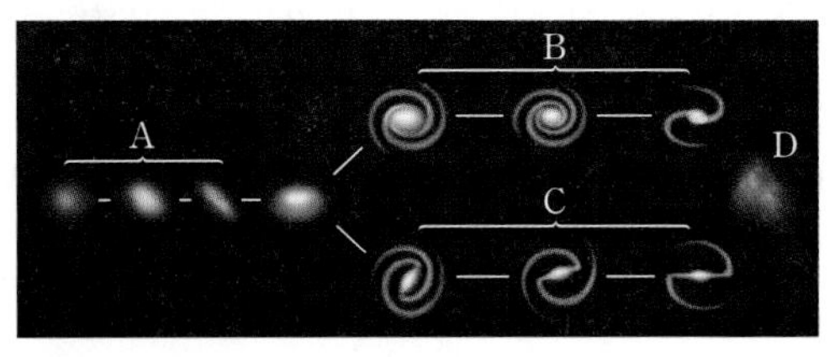

- A: 타원 은하
- B: 정상 나선 은하
- C: 막대 나선 은하
- D: 불규칙 은하

은하	특징
타원 은하	나선팔이 없는 구형이나 타원형의 은하
정상 나선 은하	중심에 둥근 형태의 은하핵이 있고, 나선팔을 가진 은하
막대 나선 은하	중심부를 가로지르는 막대 구조가 있고, 나선팔이 뻗어 나온 은하
불규칙 은하	규칙적인 구조가 없는 은하

(3) 예시 답안 B와 C의 공통점은 모두 나선팔을 가지고 있다는 것이고, 차이점은 C의 중심부에는 B와 달리 막대 모양의 구조가 있다는 것이다.

채점 기준	배점(%)
공통점과 차이점을 모두 옳게 설명한 경우	100
공통점과 차이점 중 1가지만 옳게 설명한 경우	50

09강 우주 탐사

기본 문제로 개념 다지기 89쪽

01 (1) ㅁ (2) ㄹ (3) ㄱ (4) ㅇ (5) ㅅ (6) ㄷ (7) ㅂ (8) ㄴ **02** (1) A (2) C (3) B (4) C **03** (1) ㅂ (2) ㄱ (3) ㄷ (4) ㅁ (5) ㄴ (6) ㄹ **04** (1) 우주 망원경 (2) 우주 정거장 **05** (1) ○ (2) × (3) ×

01 컬럼비아호는 1981년, 파커 탐사선은 2018년, 큐리오시티는 2012년, 아폴로 11호는 1969년, 스푸트니크 1호는 1957년, 뉴호라이즌스호는 2006년, 국제 우주 정거장은 1998년, 허블 우주 망원경은 1990년에 발사되었다.

02 A는 전파 망원경, B는 우주 망원경, C는 우주 탐사선을 나타낸 것이다.

03 우주 탐사 기술을 실생활에 이용한 사례로는 GPS, 형상 기억 합금, 타이타늄 합금, 자기 공명 영상(MRI), 컴퓨터 단층 촬영(CT), 기능성 옷감, 정수기, 공기 청정기, 에어쿠션 운동화, 화재 경보기 등이 있다.

05 (1) 우주 쓰레기는 우주 공간에서 매우 빠른 속도로 움직이고 있다.
(2) 우주 쓰레기를 작은 크기로 파괴하면 더 많은 파편이 발생하여 우주 쓰레기가 급증할 수 있다.
(3) 우주 쓰레기 중 크기가 매우 작은 것도 지구 주위를 매우 빠른 속도로 움직이고 있으므로 운행 중인 인공위성이나 탐사선에 치명적인 피해를 입힐 수 있다.

대표 문제로 실력 확인하기 92~93쪽

01 ④ **02** 스푸트니크 1호 **03** ④ **04** ② **05** ① **06** ③ **07** ⑤ **08** 화성 **09** ④ **10** ㄷ **11** ④ **12** ①

고난도·서술형 문제

13 C-B-A **14** ① **15** (1) 허블 우주 망원경 (2) 대기의 영향을 받지 않기 때문이다.

01 (가)는 1980년대의 우주 왕복선, (나)는 1957년 발사된 스푸트니크 1호, (다)는 1969년 인류가 최초로 달에 착륙한 아폴로 11호, (라)는 1990년대 후반에 건설한 우주 정거장에 대한 내용이다.

02 인류가 쏘아 올린 최초의 인공위성은 1957년 구소련에서 발사한 스푸트니크 1호이다.

> 개념 더하기
>
> **스푸트니크 1호**
>
> 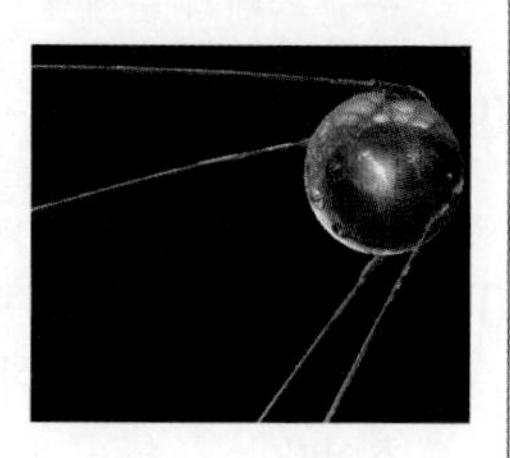
>
> 스푸트니크 1호는 1957년 10월 4일에 구소련에서 발사한 최초의 인공위성이다. 스푸트니크 1호의 성공은 미국인에게 스푸트니크 쇼크를 일으켜, 우주 탐사 경쟁을 촉발시켰으며, 이로 인해 군사, 기술 및 과학 발전을 이끌었다고 평가된다.
> 스푸트니크 1호는 3개월 동안 약 6천만 km를 비행한 뒤, 1958년 1월 4일에 대기권에 재진입하여 불타버렸다.

03 ④ 목성형 행성 등과 같이 지구 이외의 행성까지 직접 가서 탐사하는 것은 우주 탐사선이다.
오답 피하기 ①, ②, ⑤ 인공위성은 일정한 주기로 지구 주위를 공전하면서 내비게이션, 위성 위치 확인 시스템(GPS), 기상 관측 등 특정한 임무를 수행하는 인공 구조물이다.
③ 최초의 인공위성은 1957년 구소련에서 발사한 스푸트니크 1호이다.

04 우주 정거장은 우주 탐사선과 달리 우주인이 장기간 동안 우주에 머물면서 다양한 실험을 할 수 있는 인공 구조물이다.

> 개념 더하기
>
> **국제 우주 정거장(ISS)**
>
> 
>
> 국제 우주 정거장(International Space Station, ISS)은 미국, 러시아, 프랑스, 독일, 일본, 이탈리아, 영국, 벨기에, 덴마크, 스웨덴, 스페인, 노르웨이, 네덜란드, 스위스 등 세계 각국이 참여하여 1998년에 건설이 시작되어 2010년에 완공된 다국적 우주 정거장이다. ISS는 지표면으로부터 약 400 km 고도에 떠 있으며, 27743.8 km/h의 속도로 매일 지구를 15.7바퀴 돌고 있다. ISS는 부피가 약 1000 m^3, 질량이 약 400000 kg, 길이는 약 108.4 m, 모듈 길이는 74 m이고, 6명의 승무원이 생활할 수 있다.

05 ㄱ. 우주 개발을 하면 우주 개발과 관련된 첨단 산업을 발전시켜 우리의 일상생활에 적용할 수 있다.
ㄴ. 우주 공간은 무중력 상태이므로 지상에서 실시하기 어려운 과학 실험이나 신약 개발, 신소재 개발 등을 수행할 수 있다.
오답 피하기 ㄷ. 우주 공간은 무중력 상태이므로 우주 공간에 장기간 머무는 우주인의 뼈와 근육이 약해질 수 있다.
ㄹ. 지상에서 발생하는 폐기물을 우주 공간으로 내보내면 우주 쓰레기 문제가 더욱 심각해 질 수 있다.

06 1969년 발사된 아폴로 11호는 유인 달 탐사선으로 인류가 최초로 달 표면에 착륙한 탐사선이다.

07 우주 망원경은 허블 우주 망원경, 우주 정거장은 ISS, 우주 왕복선은 컬럼비아호, 최초의 인공위성은 스푸트니크 1호이다.

08 1960년대 이후 궤도 위성, 탐사선, 탐사 로버 등 여러 종류의 우주 탐사선이 화성으로 보내졌다. 대표적인 화성 탐사선에는 마스호, 바이킹호, 패스파인더호 등이 있고, 탐사로봇에는 오퍼튜니티, 큐리오시티 등이 있다.

09 ㄱ, ㄴ, ㄹ. 인공위성은 특정한 임무를 수행하기 위해 일정한 주기로 지구 주위를 도는 인공 구조물로, 위성 통신 산업에 매우 중요한 역할을 한다. 특히 현대 사회에서 일상생활에 직접적인 영향을 준다. 그 예로 위성 위치 확인 시스템, 내비게이션, 이동 통신, 일기 예보 등에 인공위성이 이용된다.
오답 피하기 ㄷ. 인공위성에서 우주 탐사선을 직접 발사하기는 힘들다.

10 형상 기억 합금을 처음으로 실용화한 것은 1969년 아폴로 11호의 안테나를 니켈과 타이타늄의 합금으로 만들면서부터이다. 그 뒤 형상 기억 합금을 기계 부품, 의료 기기, 측정 기기, 옷과 같은 여러 분야에 이용하기 위한 연구가 계속되었다. 형상 기억 합금을 치아 교정용 보철기에 사용할 경우, 보철기를 느슨하게 설치해도 보철기의 온도가 체온까지 올라가면 원래 모습으로 되돌아가 꽉 죄어 주는 작용을 한다. 그 밖에도 파이프의 이음쇠, 자동으로 닫히는 온실 문, 인공 심장의 인공 근육과 같이 그 쓰임새가 점점 늘어나고 있다.

11 다양한 색으로 표현되는 미술품은 우주 탐사 과정에서 얻을 수 있는 첨단 기술과는 관련성이 부족하다.

12 ㄱ, ㄷ. 수많은 위성과 고장 난 위성이 다른 위성체와 충돌하는 사고가 발생하기도 하고, 고장 난 인공위성이 지구로 떨어지기도 하는 문제점이 있다.
오답 피하기 ㄴ, ㄹ. 난시청 지역 해소와 바다의 표면 온도, 조류의 방향 파악 등의 정보 획득은 인공위성을 유용하게 활용한 예이다.

13 뉴호라이즌스호(A)는 2006년, 오퍼튜니티(B)는 2003년, 보이저 2호(C)는 1970년대 발사한 우주 탐사선이다.

14 ① 우리나라 최초의 인공위성은 우리별 1호이고, 천리안 위성은 그 후 발사된 기상 관측 위성이다.
오답 피하기 ② ISS는 국제 우주 정거장으로, 러시아와 미국을 비롯한 세계 각국이 참여하여 1998년에 건설이 시작된 후 2010년 완공된 다국적 우주 정거장이다.
③ 인류 최초의 인공위성은 1957년 구소련에서 발사한 스푸트니크 1호이다.
④ 최초의 유인 달 착륙 탐사선은 1969년에 발사한 아폴로 11호이다.
⑤ GPS는 인공위성을 이용한 위치 확인 시스템이다.

개념 더하기

GPS(Global Positioning System)

GPS는 세계 어느 곳에서든지 인공위성을 이용하여 자신의 위치를 정확히 알 수 있게 해 주는 위성 위치 확인 시스템이다. GPS는 미국에서 개발하여 관리하고 있으며, 전 세계에서 무료로 사용할 수 있다. GPS는 24개의 인공위성에서 발신하는 마이크로파를 GPS 수신기에서 수신함으로 인해 수신기의 위치를 결정할 수 있게 해 준다.

15 (1) 허블 우주 망원경은 1990년 발사되었으며, 천문학의 발전에 큰 기여를 하였다.
(2) 예시 답안 대기의 영향을 받지 않기 때문이다.

채점 기준	배점(%)
예시 답안과 같이 설명한 경우	100
예시 답안 이외의 설명을 한 경우	0

실전 문제로 Ⅶ단원 **마무리하기** 95~97쪽

01 ⑤ **02** ② **03** ③ **04** ⑤ **05** ② **06** ④ **07** 겉보기 등급: 1등급, 절대 등급: −2등급 **08** ② **09** ③ **10** ② **11** 방출 성운, 성운 안에 있는 고온의 별에 의해 성간 물질이 가열되어 스스로 빛을 내기 때문에 밝게 보인다. **12** 구상 성단 **13** ⑤ **14** ⑤ **15** ①, ⑤ **16** ② **17** ㄷ **18** ③ **19** ② **20** 우주 쓰레기는 우주 개발 과정에서 폐기된 인공위성, 로켓 발사체, 우주 임무 수행 중 발생한 부산물 등을 말한다. **21** ⑤

01 별까지의 거리는 연주 시차에 반비례하므로 연주 시차가 작을수록 별까지의 거리는 멀다. 따라서 지구에서 별까지의 거리는 C>B>A 순이다.

02 별까지의 거리와 연주 시차는 반비례한다. 현재 별 S의 연주 시차는 0.1″이다. 따라서 거리가 5배 멀어지면 연주 시차는 $\frac{1}{5}$배로 줄어들므로 별 S의 연주 시차는 0.02″가 된다.

자료 분석

별의 연주 시차와 거리

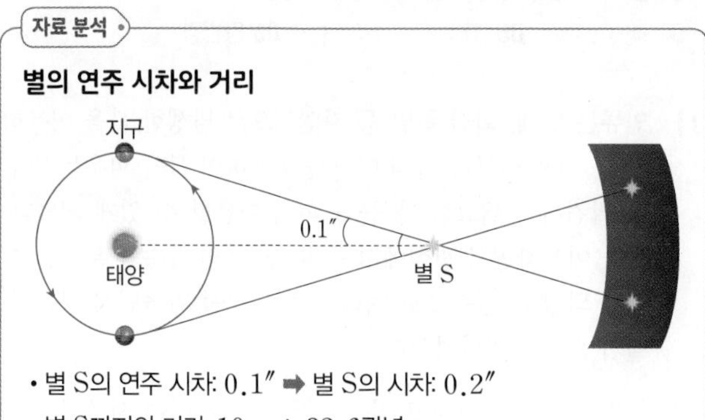

- 별 S의 연주 시차: 0.1″ ➡ 별 S의 시차: 0.2″
- 별 S까지의 거리: 10 pc≒32.6광년
- 연주 시차가 나타나는 까닭: 지구의 공전
- 별까지의 거리와 연주 시차는 반비례한다.

03 ㄱ. 절대 등급은 지구로부터 10 pc의 거리에 별을 두었다고 가정했을 때의 별의 밝기에 의한 등급이므로 절대 등급이 작을수록 실제로 밝은 별이다.
ㄴ. 1등급 간의 밝기 비는 약 2.5배이므로 1등급의 별은 6등급의 별보다 100배 더 밝다.
오답 피하기 ㄷ. 맨눈으로 관측할 수 있는 가장 어두운 별은 겉보기 등급이 6등급인 별이다.

04 겉보기 등급은 맨눈으로 볼 때의 별의 밝기 등급으로, 겉보기 등급이 작을수록 밝게 보인다. 따라서 맨눈으로 볼 때 가장 밝게 보이는 별은 겉보기 등급이 가장 작은 별 C이고, 가장 어둡게 보이는 별은 겉보기 등급이 가장 큰 별 A이다.

05 별의 실제 밝기는 절대 등급으로 비교할 수 있다. 절대 등급이 작을수록 실제 밝기가 밝은 별이다. 따라서 실제로 가장 밝은 별은 A이고, 가장 어두운 별은 C이다.

06 겉보기 등급이 절대 등급보다 큰 별은 10 pc보다 먼 거리에 위치한다. 즉, (겉보기 등급−절대 등급) 값이 0보다 큰 별이 10 pc보다 먼 거리에 위치한다.

07 별까지의 거리가 변하는 경우 별의 밝기는 거리의 제곱에 반비례한다. 따라서 거리가 2.5배 가까워지면 밝기는 2.5^2배 밝아지므로, 겉보기 등급은 2등급 작아진다. 한편, 절대 등급은 별의 거리를 이동시켜도 변하지 않는다.

08 별의 표면 온도는 별의 색이 청색−청백색−백색−황백색−황색−주황색−적색 쪽으로 갈수록 낮아진다. 따라서 별의 표면 온도는 B>D>A>E>C 순이다.

09 (가)는 구상 성단, (나)는 암흑 성운, (다)는 방출 성운, (라)는 산개 성단이다. 성간 물질이 구름처럼 모여 있는 천체는 성운이다.

10 수많은 별들의 집단은 구상 성단 (가)와 산개 성단 (라)이다.

11 (다)는 붉은색으로 보이는 방출 성운이다. 방출 성운은 성운 안에 있는 고온의 별이 성간 물질을 가열하여 성간 물질이 스스로 빛을 내기 때문에 밝게 보인다.
예시 답안 방출 성운, 성운 안에 있는 고온의 별에 의해 성간 물질이 가열되어 스스로 빛을 내기 때문에 밝게 보인다.

채점 기준	배점(%)
성운과 까닭을 모두 옳게 설명한 경우	100
성운과 까닭 중 1가지만 옳게 설명한 경우	50

12 수많은 별들이 모여 있는 것을 성단이라고 하며, 성단에는 구상 성단과 산개 성단이 있다. 이 중 구상 성단은 비교적 표면 온도가 낮고, 나이가 많은 붉은색 별들이 공 모양으로 빽빽하게 모여 있는 성단이고, 산개 성단은 표면 온도가 높고, 나이가 적은 파란색 별들이 듬성듬성 모여 있는 성단이다.

13 ㄴ, ㄷ. 우리은하는 중심부(궁수자리 방향)가 부풀어 있는 원반 모양이고, 태양계는 우리은하의 중심으로부터 약 8.5 kpc 떨어진 나선팔(원반부)에 위치한다. 따라서 지구에서 우리은하를 관측하면 원반부 부분이 뿌연 띠 형태로 관측되는데 이러한 띠를 은하수라고 한다. 우리나라에서는 여름철 밤에 우리은하의 중심부를 관측할 수 있기 때문에 다른 계절에 비해 은하수의 폭이 더 넓고 뚜렷하게 보인다.
오답 피하기 ㄱ. 은하수는 지구에서 우리은하의 일부인 원반부를 본 모습이다.

14 ㄴ. 우리은하는 형태상 막대 나선 은하이므로 중심부에 막대 구조가 있고, 주변부에는 나선팔이 휘감고 있다.
ㄷ. 태양계는 우리은하의 중심으로부터 약 8.5 kpc 떨어진 나선팔에 위치해 있다.
오답 피하기 ㄱ. 우리은하는 옆에서 보면 중심부가 볼록한 원반 모양이다.

15 ①, ⑤ 은하 중심부를 가로지르는 막대 구조가 있고, 이를 나선팔이 휘감고 있으므로 막대 나선 은하이다.
오답 피하기 ② 막대 나선 은하이다.
③ 외부 은하는 우리은하 바깥에 존재한다.
④ 우리은하는 막대 나선 은하이므로 이 은하와 같은 종류에 속하지만, 안드로메다은하는 정상 나선 은하에 속한다.

16 ㄷ. 빅뱅 우주론에 따르면 우주는 지금으로부터 약 138억 년 전에 우주의 모든 물질과 에너지가 모인 한 점에서 대폭발로 시작되었으며 지금도 팽창하고 있다.

오답 피하기 ㄱ, ㄴ. 우주가 팽창하면 대부분의 은하들 사이의 거리는 멀어진다. 그러나 우주가 팽창한다고 해도 은하의 크기가 커지는 것은 아니다.

17 ㄷ. 팽창하는 우주에서 시간을 거슬러 올라가면 우주의 크기는 점차 작아지므로 과거에는 은하들 사이의 거리가 현재보다 더 가까웠을 것이다.

오답 피하기 ㄱ. 팽창하는 우주의 중심은 특별히 없다.

ㄴ. 멀리 있는 은하일수록 빠른 속도로 멀어지므로 은하 B에서 보면 은하 D의 멀어지는 속도가 가장 빠르다.

자료 분석

우주 팽창과 은하 사이의 거리

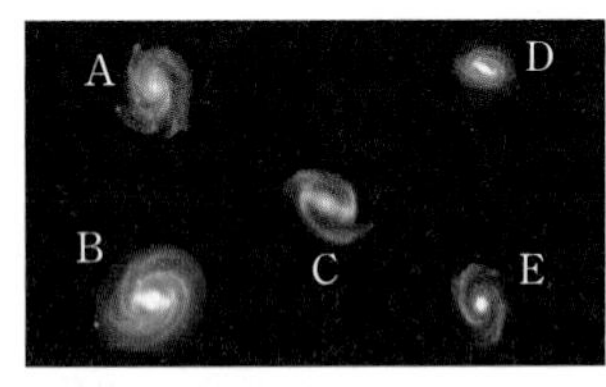

- 우주는 공간 자체가 팽창한다.
  - ➡ 대부분의 은하들은 서로 멀어진다.
  - ➡ 우주 팽창의 중심은 없다.
  - ➡ 우주가 팽창할 때 은하 자체의 크기가 커지는 것은 아니다.
- 우주가 팽창한다면 멀리 있는 은하일수록 더 빠른 속도로 멀어진다.

18 ㄱ, ㄴ. 태양계를 비롯한 우주를 탐사함으로써 지구의 과거와 미래, 우주 환경을 이해하고, 외계 행성의 존재를 탐사할 수 있으며, 미래에는 지구에서 얻기 어렵거나 고갈되어 가는 지하자원을 채취할 수 있다.

오답 피하기 ㄷ. 현재의 과학 기술로는 아직까지 외부 은하까지 직접적인 탐사는 하지 못하고 있다.

19 ② 백열 전구는 우주 탐사가 시작되기 전에 이미 실생활에서 사용하고 있던 것이다.

오답 피하기 ①, ③, ④, ⑤ 우주 탐사 기술이 실생활에 이용된 사례에는 GPS, 형상 기억 합금, 타이타늄 합금, 자기 공명 영상(MRI), 컴퓨터 단층 촬영(CT), 기능성 옷감, 정수기, 공기 청정기, 화재 경보기 등이 있다.

20 예시 답안 우주 쓰레기는 우주 개발 과정에서 폐기된 인공위성, 로켓 발사체, 우주 임무 수행 중 발생한 부산물 등을 말한다.

채점 기준	배점(%)
예시 답안과 같이 설명한 경우	100
우주 공간에 떠 있는 작은 물체들이라고만 설명한 경우	20

21 인공위성은 지구 주위를 일정한 주기로 돌면서 특정한 임무를 수행하는 인공 구조물로, 최초의 인공위성은 1957년 구소련에서 발사한 스푸트니크 1호이다. 인공위성은 내비게이션, 위성 위치 확인 시스템(GPS) 등에 이용되면서 우리 생활을 더욱 편리하게 해 준다.

Ⅷ. 과학기술과 인류 문명

10강 과학과 기술의 발달

기본 문제로 개념 다지기 101쪽

01 불 **02** 만유인력 법칙, 뉴턴 **03** ㉠ ㄴ, ㉡ ㄷ, ㉢ ㄱ, ㉣ ㄹ
04 ㄱ, ㄴ, ㅁ **05** (1) × (2) ○ (3) × **06** 망원경

01 인류는 번개, 화산 폭발 등 자연적으로 발생한 불을 이용하다가, 이후 나무나 돌의 마찰을 이용하여 불을 피우는 방법을 발견하여 필요할 때 불을 피워 이용할 수 있게 되었다. 불을 이용하면서 광석에서 구리, 철 등의 금속을 분리할 수 있게 되었고, 금속으로 여러 가지 도구를 만들면서 청동기, 철기 문명이 발달하였다.

02 뉴턴은 질량을 가지고 있는 모든 물체 사이에 서로 끌어당기는 힘이 작용한다는 만유인력 법칙을 발표하였다. 뉴턴은 만유인력 법칙을 통해 천체의 운동과 지구상에서 물체의 운동을 같은 원리로 설명할 수 있다는 것을 보였고, 수학을 이용하여 자연을 객관적으로 설명하는 방법을 제시하였다. 이러한 생각은 과학 발전의 토대가 되었다.

03 파스퇴르는 백신 접종을 통해 질병을 예방할 수 있음을 입증하였고, 플레밍은 최초의 항생제인 페니실린을 발견하였다. 이후 여러 가지 백신, 항생제 등의 의약품이 개발되면서 인류의 평균 수명이 연장되었다. 하버는 암모니아 합성법을 개발하였고, 암모니아의 대량 생산에도 성공하였다. 이 암모니아를 이용하여 질소 비료를 대량 생산함으로써 식량 생산량을 획기적으로 늘릴 수 있었고, 인류는 식량 부족에서 벗어날 수 있게 되었다.

04 증기 기관이 공장의 동력으로 이용되면서 제품을 대량으로 생산할 수 있게 되었고, 이로 인해 여러 가지 공업이 발전하였다. 또한 증기 기관은 증기 기관차와 증기선에도 이용되어 교통수단이 크게 발달하였고, 물건을 먼 곳까지 빠르게 운송할 수 있게 되었다.

05 (1) 금속 활자의 발명으로 인쇄술이 발달하면서 책의 대량 생산이 가능해졌고, 지식과 정보의 유통이 활발해졌다.
(2) 증기 기관차가 개발되어 물건을 빠르게 운송할 수 있게 되었고, 먼 지역과의 교류가 활발해졌다.
(3) 컴퓨터의 발달로 정보를 빠르게 처리하고 전달할 수 있게 되었다.

06 갈릴레이는 망원경으로 목성의 위성 4개를 발견하였고, 은하수가 별의 집단임을 처음으로 알아내었으며, 태양의 흑점, 토성의 고리, 금성의 위상 변화, 달 표면의 크레이터 등을 발견하였다.

대표 문제로 실력 확인하기

102~103쪽

01 ⑤ 02 ⑤ 03 ② 04 ② 05 ④ 06 ①, ② 07 ③ 08 ③

고난도·서술형 문제

09 백신, 질병을 예방할 수 있게 되어 인류의 평균 수명이 증가하였다.
10 ③

01 하버의 암모니아 합성법 개발로 비료를 대량 생산할 수 있게 되면서 농작물의 생산량이 늘어나 식량 문제를 해결할 수 있었다.

02 ⑤ 코페르니쿠스가 태양 중심설을 주장한 이후 우주에 관한 사람들의 생각이 달라지기 시작했다.

오답 피하기 ① 돌턴이 원자설을 주장하면서 연금술이 불가능하다는 것이 밝혀졌고, 화학 반응의 여러 가지 법칙을 설명할 수 있게 되었다.
② 멘델은 유전 원리를 발견하였고, 이는 오늘날의 생명 공학 기술 분야에 기여하였다.
③ 패러데이는 전자기 유도 법칙을 발견하고 초기의 발전기를 만들었다.
④ 파스퇴르는 백신이 질병을 예방할 수 있다는 것을 입증하여 인류의 평균 수명 연장에 기여하였다.

개념 더하기

태양 중심설

- 중세 시대 대부분의 사람들은 지구가 우주의 중심이라고 생각하였으나, 16세기 코페르니쿠스는 지구가 태양 주위를 돌고 있다는 태양 중심설을 주장하였다.
- 태양 중심설은 처음에는 받아들여지지 않았으나, 이후 갈릴레이, 케플러 등의 과학자들이 태양 중심설을 뒷받침하는 여러 가지 관측 결과를 제시하면서 점차 인정받게 되었다.

03 ② 플레밍이 최초의 항생제인 페니실린을 발견하면서 여러 가지 질병을 치료할 수 있게 되었고, 이로 인해 인류의 평균 수명이 연장되었다.

오답 피하기 ①, ③, ④ 돌턴이 원자설을 주장하면서 연금술이 불가능하다는 것이 밝혀졌고, 질량 보존 법칙, 일정 성분비 법칙 등 화학 반응의 법칙을 설명할 수 있게 되었다.
⑤ 뉴턴은 만유인력 법칙으로 천체의 운동과 지구상에서 물체의 운동을 같은 원리로 설명할 수 있음을 보여 과학이 발전하는 토대를 마련하였다.

04 금속 활자의 발명으로 활판 인쇄술이 발달하면서 책의 대량 생산이 가능해졌고, 이로 인해 사람들이 책을 쉽게 접하게 되면서 새로운 사상이나 지식이 널리 퍼져 나갈 수 있게 되었다. 이는 르네상스가 유럽 전역으로 퍼지는 데 영향을 미쳤다.

05 ㄱ, ㄴ. 증기 기관이 공장의 동력으로 이용되면서 제품의 대량 생산이 가능해졌고, 여러 가지 공업이 발전하여 산업 혁명이 일어났다.
ㄹ. 증기 기관차가 개발되어 먼 곳까지 빠른 시간에 이동할 수 있게 되었고, 제품을 빠르게 운송할 수 있게 되었다.

오답 피하기 ㄷ. 멀리 떨어진 사람과 실시간으로 대화가 가능해진 것은 통신 기술의 발달이 미친 영향이다.

06 ①, ② 인쇄술의 발달로 책이 대량으로 출판되면서 새로운 사상이나 지식이 널리 퍼지게 되었다. 또한, 인터넷의 발달로 전 세계의 정보를 실시간으로 공유할 수 있게 되었다.

오답 피하기 ③ 우주 망원경으로 천체를 더 자세히 관측하게 되면서 천문학이 발달하였다.
④ 현미경의 발달로 생물학, 의학이 발전하고, 여러 가지 의약품을 개발할 수 있게 되었다.
⑤ 암모니아 합성법을 활용한 비료의 대량 생산으로 작물 생산량이 증가하였고, 이로 인해 인류의 식량 문제가 해결되었다.

07 ㄱ. 훅은 현미경으로 세포를 관찰하였고, 레이우엔훅은 현미경으로 원생생물, 조류, 효모, 세균 등의 미생물을 발견하였다. 이후 과학기술이 발전하면서 오늘날에는 물체를 원자 수준까지 관찰할 수 있는 현미경도 등장하였다.
ㄴ. 현미경의 발명으로 맨눈으로는 볼 수 없었던 세포, 미생물 등을 발견하면서 생물학과 의학이 발전하였다.

오답 피하기 ㄷ. 자율 주행 자동차는 정보 통신 기술, 나노 기술, 인공지능 기술 등의 발달로 개발되었다.

개념 더하기

현미경의 발달

- 훅의 현미경: 1665년 훅은 자신이 만든 현미경을 사용하여 세포를 발견하였다.
- 레이우엔훅의 현미경: 레이우엔훅은 자신이 만든 현미경으로 원생생물, 조류, 효모, 세균 등의 미생물을 발견하여 1673년경 이 사실을 발표하였다.
- 전자 현미경: 1931년 크놀과 루스카가 최초의 전자 현미경을 개발하였고, 그 후 점점 더 성능이 뛰어난 전자 현미경이 개발되어 광학 현미경으로 관찰할 수 없었던 세포 내 구조물을 관찰할 수 있게 되었다.
- 주사 터널링 현미경: 1981년에 개발된 주사 터널링 현미경을 이용하면 물체 표면의 이미지를 원자 수준으로 얻을 수 있다.

08 ㄱ, ㄴ. 갈릴레이는 자신이 만든 망원경을 이용하여 목성의 위성 4개를 발견하였고, 은하수가 수많은 별로 이루어져 있음을 알아냈으며, 금성의 위상 변화, 태양의 흑점 등 여러 가지 관측 자료를 수집하여 천문학의 발달에 기여하였다.

오답 피하기 ㄷ. 뉴턴은 오목 거울을 사용하여 기존의 망원경보다 배율이 높은 망원경을 만들었다.

09 파스퇴르는 탄저병 백신을 이용한 실험을 통해 백신이 질병을 예방할 수 있다는 것을 증명하였다. 이후 오늘날까지 여러 종류의 백신이 개발되어 많은 질병을 예방할 수 있게 되었고, 이로 인해 인류의 평균 수명이 증가하였다.

예시 답안 **백신, 질병을 예방할 수 있게 되어 인류의 평균 수명이 증가하였다.**

채점 기준	배점(%)
백신이라고 쓰고, 인류 문명의 발달에 미친 영향을 옳게 설명한 경우	100
백신이라고 썼으나, 인류 문명의 발달에 미친 영향을 설명한 내용이 미흡한 경우	50

10 ㄷ. 물을 끓여 얻은 수증기로 기관을 작동시키는 증기 기관은 공장의 기계에 사용되어 제품의 대량 생산을 가능하게 하였다.

오답 피하기 ㄱ. 증기 기관차와 증기선이 개발되어 먼 곳과의 교류가 증가하였다.

ㄴ. 증기 기관의 이용으로 여러 가지 공업이 발전하면서 산업 혁명이 일어나게 되었다.

11강 과학과 기술의 활용

기본 문제로 **개념 다지기** 105쪽

01 (1) × (2) × (3) ○ (4) ○ **02** (1) ㉡ (2) ㉠ (3) ㉣ (4) ㉢
03 자율 주행 자동차 **04** 다양한 해결책 탐색하기

01 (1) 나노 반도체는 기존 반도체보다 전력 소모량이 적고 크기가 작아 초소형 전자 기기 등 다양한 분야에 이용된다.

(2) 유전자 재조합 기술을 통해 바이타민 A를 강화한 쌀처럼 유용한 기능을 가진 생물체를 만들 수 있다. 세포 융합 기술로는 포마토처럼 두 생물의 특징을 모두 가진 생물체를 만들 수 있다.

(3) 가상 현실은 가상의 세계를 시각, 청각, 촉각 등 오감을 통해 마치 현실처럼 체험하도록 하는 기술이다.

(4) 빅데이터 기술을 이용하여 소비자의 성향을 분석한 맞춤형 서비스를 제공할 수 있게 되었다.

02 (1) 드론은 항공 촬영, 택배, 농업, 재난 구조, 드론 택시 등에 활용한다.

(2) 세포 융합은 두 종류의 세포를 융합하여 두 생물의 기능을 모두 갖게 하는 것으로, 포마토(감자+토마토)와 같은 식물을 만들 수 있다.

(3) 유기 발광 다이오드(OLED)는 얇고 투명하며, 구부리거나 휠 수 있어 휘어지는 디스플레이나 접을 수 있는 스마트폰 화면에 사용한다.

(4) 유전자 재조합 기술은 특정 유전자를 생물의 DNA에 끼워 넣어서 필요한 기능을 강화하는 것으로, 이를 이용하여 제초제 저항성 콩을 만들 수 있다.

03 사람이 직접 운전하지 않아도 다양한 감지기를 통해 주변 상황을 인식하여 스스로 주행하는 자동차를 자율 주행 자동차라고 한다.

04 공학적 설계 과정에서는 관련 정보를 수집한 후 다양한 해결책을 탐색하고, 그중 가장 적합한 해결책을 정하여 구체적인 설계도를 작성한다.

대표 문제로 **실력 확인하기** 106~107쪽

01 ② **02** ② **03** ⑤ **04** ⑤ **05** ② **06** ⑤ **07** ③
08 (가)

고난도·서술형 문제

09 ③ **10** (1) 유전자 재조합 기술, 특정 생물의 유용한 유전자를 다른 생물의 DNA에 끼워 넣어 재조합 DNA를 만드는 기술이다.
(2) 제초제 저항성 콩, 바이타민 A 강화 쌀, 병충해에 강한 옥수수 등

01 나노 기술의 발달로 제품의 소형화, 경량화가 가능해져 전자, 의료, 기계 등 다양한 분야에서 제품이 개발되고 있다.

02 ㄴ. 연잎 효과에 착안하여 만든 나노 표면 소재는 물에 젖지 않는 제품을 만드는 데 이용된다.

오답 피하기 ㄱ. 휘어지는 디스플레이는 유기 발광 다이오드(OLED)나 그래핀 등의 소재를 이용하여 만든다.

ㄷ. 몸속의 혈관을 따라 이동하면서 산소를 공급하는 로봇은 나노 로봇을 활용한 것이다.

03 ㄷ, ㄹ, ㅁ. 생명 공학 기술이 적용되는 예로 유전자 재조합 기술, 세포 융합, 바이오 의약품, 바이오칩 등이 있다.

오답 피하기 ㄱ, ㄴ. 나노 기술의 발달과 관련이 있다.

04 ⑤ 세포 융합을 활용하여 토마토와 감자의 세포를 융합하면 열매는 토마토가 열리고 뿌리는 감자인 포마토를 만들 수 있다.

오답 피하기 ① 나노 기술의 활용 분야이다.

②, ③ 특정 기능을 강화한 작물은 유전자 재조합 기술을 활용하여 만든다.

④ 생명 공학 기술과 나노 기술을 접목하여 만든 바이오칩을 설명한 것이다.

> 개념 더하기
>
> **생명 공학 기술의 적용 분야**
>
> - 유전자 재조합 기술: 특정 생물의 유용한 유전자를 다른 생물의 DNA에 끼워 넣어 재조합 DNA를 만드는 기술 ➡ 제초제 저항성 콩, 바이타민 A 강화 쌀, 잘 무르지 않는 토마토 등을 만들 수 있다.
> - 세포 융합: 서로 다른 특징을 가진 두 종류의 세포를 융합하여 하나의 세포로 만드는 기술 ➡ 당도 높은 감귤(귤+오렌지), 포마토(감자+토마토), 무추(무+배추) 등을 만들 수 있다.
> - 바이오 의약품: 생물체에서 유래한 단백질이나 호르몬, 유전자 등을 사용하여 만든 의약품 ➡ 화학 약품에 비해 부작용이 적고 특정 질환에 효과가 뛰어나다.
> - 바이오칩: 단백질, DNA, 세포 조직 등과 같은 생물 소재와 반도체를 조합하여 제작된 칩 ➡ 빠르고 정확하게 질병을 예측할 수 있다.

05 (가) 인간이 가진 지적 능력을 컴퓨터를 통해 구현하는 것은 인공지능이다. 인공지능은 스마트폰의 인공지능 비서, 인공지능 스피커, 빅데이터 분석, 자율 주행 자동차 등에 이용한다.

(나) 현실 세계에서 가상의 정보가 실제로 존재하는 것처럼 보이게 구현하는 것은 증강 현실(AR)이다. 증강 현실은 게임, 관광지 안내, 가상 실험 등의 분야에 이용한다.

(다) 지문, 홍채, 정맥, 얼굴 등 개인의 고유한 신체적 특성으로 사용자를 인증하는 기술은 생체 인식이다. 생체 인식은 스마트 기기의 잠금 해제, 건물의 출입 통제, 전자 결제 등에 활용한다.

06 민지는 전자 결제를 활용해 버스 요금을 결제하고, 인공지능 스마트폰 비서를 이용해 음악을 들었다. 또한, 언어 번역을 통해 외국인과 의사소통을 하였고, 무선 인터넷을 이용하여 사진을 SNS에 올렸다. 사물 인터넷은 제품에 지능형 컴퓨터를 장착하고 네트워크와 연결하여 사용자가 원격으로 제어하거나 제품 간 콘텐츠를 공유할 수 있는 기술로, 일기에는 등장하지 않았다.

07 공학적 설계는 절차나 답이 정해진 과정이 아니므로 적합한 산출물이 나올 때까지 과정을 반복하여 수행할 수 있다.

> 개념 더하기
>
> **공학적 설계의 특징**
>
> - 여러 분야가 연계된 매우 복잡한 과정이다.
> - 창의성과 분석력이 필요하다.
> - 여러 사람이 상호 작용 하면서 과정을 반복한다.
> - 단계나 절차가 정해져 있지 않다.
> - 정답이 없는 개방형 과정이다.

08 우유갑의 정보를 검색하는 것은 해결책을 탐색하기 전 설계에 필요한 정보를 수집하는 과정이다.

09 무선 네트워크, 인공지능, 빅데이터 등 여러 가지 정보 통신 기술과 나노 기술이 융합된 사례이다.

10 (1) 잘 무르지 않는 토마토처럼 특정 생물의 유전자를 다른 생물의 DNA에 끼워 넣어 유용한 기능을 나타내는 생물을 만드는 기술을 유전자 재조합 기술이라고 한다.

예시 답안 유전자 재조합 기술, 특정 생물의 유용한 유전자를 다른 생물의 DNA에 끼워 넣어 재조합 DNA를 만드는 기술이다.

채점 기준	배점(%)
유전자 재조합 기술이라고 쓰고, 원리를 옳게 설명한 경우	100
유전자 재조합 기술이라고 썼으나, 원리를 설명한 내용이 미흡한 경우	50

(2) 예시 답안 제초제 저항성 콩, 바이타민 A 강화 쌀, 병충해에 강한 옥수수 등

채점 기준	배점(%)
옳은 답을 1가지 쓴 경우	100

실전 문제로 VIII단원 마무리하기

109~110쪽

01 ⑤ **02** ④ **03** ⑤ **04** ⑤ **05** ⑤ **06** 현미경-세포, 미생물을 관찰하여 백신, 항생제 등 의약품이 개발되었다. 전화기-정보 교환이 빨라지고, 인류의 활동 영역이 넓어졌다 등 **07** ⑤ **08** ① **09** (1) ㄴ (2) 소비자가 선호하는 정보나 서비스를 제공한다. 개인의 관심사에 맞추어 선별한 광고를 제공한다. 공공 기관의 민원 처리에 활용한다. 교통 체증 예방에 활용한다. 재해·재난 방지 시스템 구축에 이용한다 등 **10** ② **11** ③ **12** ④

01 코페르니쿠스가 태양 중심설을 주장한 이후 우주에 관한 사람들의 생각이 달라지기 시작하였다.

> 개념 더하기
>
> **인류 문명에 영향을 미친 과학 원리**
>
> - 원자설: 돌턴은 모든 물질이 기본 입자인 원자로 이루어져 있다고 주장하였다. ➡ 연금술이 불가능함을 설명하고, 질량 보존 법칙, 일정 성분비 법칙 등 화학 반응의 규칙을 과학적으로 설명할 수 있게 되었다.
> - 유전 원리: 멘델은 자손은 부모로부터 유전 원리에 따라 유전자를 물려받는다는 것을 발견하였다. ➡ 유전자에 관한 연구가 발달하였으며, 오늘날의 생명 공학 기술 분야에도 기여하였다.
> - 전자기 유도 법칙: 패러데이는 전자기 유도 법칙을 발견하고 이를 응용한 초기의 발전기를 만들었다. ➡ 발전기를 이용하여 전기 에너지를 생산하고 활용할 수 있게 되었다.
> - 백신 개발: 파스퇴르는 백신 접종을 통해 질병을 예방할 수 있다는 것을 입증하였다. ➡ 여러 가지 백신과 의약품이 개발되면서 인류의 평균 수명이 증가하였다.

02 ④ 암모니아 합성법의 개발로 질소 비료를 대량으로 생산할 수 있게 되면서 식량 생산량이 증가하여 인류의 식량 문제가 해결되었다.

오답 피하기 ①, ② 파스퇴르가 백신을 개발하고, 플레밍이 항생제를 발견한 이후 여러 가지 의약품이 개발되면서 의학이 발달하여 인류의 평균 수명이 연장되었다.

③ 불의 발견으로 인류는 음식을 조리하고 조명을 밝혔으며, 광석에서 금속을 분리하여 이용할 수 있게 되었다.

⑤ 망원경의 발명으로 여러 가지 관측 결과가 수집되면서 천문학이 발달하였다.

03 금속 활자의 발명으로 활판 인쇄술이 발달하면서 책의 대량 인쇄가 가능해졌고, 새로운 사상이나 지식이 활발하게 전파되어 사회가 변화하는 데 영향을 미쳤다.

개념 더하기

금속 활자와 인쇄술의 발달

- 과거에는 책을 손으로 옮겨 적어서 만들었으므로 소수의 사람만 지식을 접할 수 있었으나, 금속 활자를 이용한 활판 인쇄술의 발달로 책의 대량 생산이 가능해지면서 많은 사람들이 책을 통해 지식을 접할 수 있게 되었다.
- 책을 통해 새로운 사상과 지식이 널리 퍼져 나가면서 르네상스가 유럽 전역으로 확산되고, 개인의 연구가 가능하게 되어 근대 과학이 발전하였으며, 종교 개혁 등의 사회적 변혁이 일어났다.

04 ㄱ. 증기 기관의 발명으로 증기 기관차, 증기선 등 교통수단이 발달하였다.

ㄴ, ㄷ. 증기 기관이 공장의 기계에 도입되면서 제품의 대량 생산이 가능해졌고, 이로 인해 여러 가지 공업이 발전하여 산업 혁명이 일어났다.

05 플라스틱과 합성 섬유의 사용량이 증가하면서 미세 플라스틱이 발생하여 해양 생태계에 악영향을 미치는 것은 과학기술이 인류의 삶에 미친 부정적인 영향이다.

06 예시 답안 현미경 – 세포, 미생물을 관찰하여 백신, 항생제 등 의약품이 개발되었다, 전화기 – 정보 교환이 빨라지고, 인류의 활동 영역이 넓어졌다 등

채점 기준	배점(%)
기기의 이름을 쓰고, 기기의 발명으로 발전한 인류의 모습을 옳게 설명한 경우	100
기기의 이름을 썼으나, 기기의 발명으로 발전한 인류의 모습을 설명한 내용이 미흡한 경우	50

07 생명 공학 기술은 생물체가 가지고 있는 특성이나 기능을 활용하거나, 생물체의 기능 자체를 인위적으로 조작하여 이용하는 기술이다.

08 장기 이식을 위한 인간 복제는 생명 경시 현상에 따른 윤리적 문제가 있으므로 바람직한 변화로 보기 어렵다.

09 (1) 빅데이터 기술은 정보를 수집하고 처리하는 기술인 정보 통신 기술과 관련이 있다.

(2) 예시 답안 소비자가 선호하는 정보나 서비스를 제공한다, 개인의 관심사에 맞추어 선별한 광고를 제공한다, 공공 기관의 민원 처리에 활용한다, 교통 체증 예방에 활용한다, 재해·재난 방지 시스템 구축에 이용한다 등

채점 기준	배점(%)
2가지를 모두 옳게 설명한 경우	100
1가지만 옳게 설명한 경우	50

10 ㄴ. 과학기술의 발달은 인류의 생활을 편리하고 풍요롭게 만들어 준다.

오답 피하기 ㄱ. 과학기술의 발달로 직업이 사라지거나 새로 생겨나기도 한다.

ㄷ. 과학기술은 인류의 생활에 긍정적 영향을 미치기도 했지만, 환경 파괴, 생명 경시 현상, 사생활 침해 등 부정적 영향도 미쳤다. 따라서 미래의 과학기술은 인류와 환경에 미칠 부정적 영향을 최소화하면서 인류의 생활을 풍요롭게 하는 방향으로 발전해야 한다.

11 공학적 설계를 수행할 때는 경제성, 안전성, 편리성, 환경적 요인, 외형적 요인 등을 고려해야 한다.

개념 더하기

공학적 설계 시 고려해야 할 요소

- 경제성: 경제적으로 이득이 있는가?
- 안전성: 안전에 대비하였는가?
- 편리성: 사용이 편리한가?
- 환경적 요인: 환경 오염을 유발하지 않는가?
- 외형적 요인: 외형이 아름다운가?

12 해결책 탐색 단계에서는 브레인스토밍 등을 통해 다양한 아이디어를 수집하고 해결책을 찾는다.

자료 분석

공학적 설계 과정

(1) 문제점 인식 및 목표 설정하기: 해결하고자 하는 문제를 파악하고 목표를 설정한다.
(2) 정보 수집하기: 필요한 정보를 수집한다.
(3) 다양한 해결책 탐색하기: 브레인스토밍 등을 통해 다양한 아이디어를 수집하고 해결책을 찾는다.
(4) 해결책 분석 및 결정하기: 도출한 해결책을 분석하여 최적의 방법을 선택하고 구체화한다.
(5) 설계도 작성하기: 구체적인 설계도를 그린다.
(6) 제품 제작하기: 설계도를 기반으로 제품을 제작한다.
(7) 평가 및 개선하기: 제품이 설계 목표에 맞게 제작되었는지 평가하고 수정할 점과 보완점을 찾는다.

V. 생식과 유전

01강 세포 분열

틀리기 쉬운 유형 집중연습하기

3쪽

A **01** A: 단백질, B: DNA **02** 염색 분체 **03** 여자 **04** 22쌍 **05** ㄱ, ㄴ

B **06** (가) 체세포 분열, (나) 감수 분열 **07** A: 6개, B: 6개, C: 3개 **08** ㄱ, ㄴ, ㄹ **09** (나)

01 염색체는 DNA(B)와 단백질(A)로 구성된다.

02 세포가 분열하기 전에 유전 물질(DNA)이 복제되면 하나의 염색체는 두 가닥의 염색 분체로 이루어진다. 그러므로 ㉠과 ㉡은 염색 분체이다.

03 남자의 성염색체 구성은 XY, 여자의 성염색체 구성은 XX이다. (나)에서 성염색체 구성이 XX이므로, (나)와 같은 염색체를 가진 사람은 여자이다.

04 남녀에게 공통적으로 들어 있는 염색체는 상염색체로, 1~22번까지 22쌍이다.

05 ㄱ. (가)에서 A와 B 중 유전 물질은 B(DNA)이다.
ㄴ. ㉠과 ㉡은 세포가 분열하기 전에 유전 물질(DNA)이 복제되어 형성된 염색 분체이다.
오답 피하기 ㄷ. 상동 염색체는 크기와 모양이 같은 한 쌍의 염색체이다. (나)에서 상동 염색체는 1~22번까지 22쌍의 상염색체와 XX인 1쌍의 성염색체로 총 23쌍이다.

06 (가)는 분열이 1회 일어나고 분열 전과 후의 염색체 수가 변하지 않으므로 체세포 분열이다. (나)는 연속 2회 분열이 일어나고 분열 후 염색체 수가 분열 전에 비해 절반으로 줄어들므로 감수 분열이다.

07 A에는 염색체가 6개 있고, B에는 두 가닥의 염색 분체로 이루어진 염색체가 6개 있다. C는 감수 1분열이 완료된 세포로 3개의 염색체를 가진다.

08 ㄱ. ㉠ 과정에서 유전 물질(DNA)이 복제되어 하나의 염색체는 두 가닥의 염색 분체로 이루어져 있다.
ㄴ. 체세포 분열 후기와 감수 2분열 후기에서 각각 염색 분체가 분리되어 세포의 양쪽 끝으로 이동한다.
ㄹ. (나)에서는 핵분열이 연속 2회 일어나며, 감수 1분열과 감수 2분열로 구분한다.
오답 피하기 ㄷ. (가)에서 만들어진 딸세포의 염색체 수는 모세포와 같다.

09 2가 염색체는 상동 염색체끼리 결합한 것으로, 감수 1분열 전기에 형성되어 감수 1분열 중기까지 관찰된다.

01강 기출 예상 문제로 시험 대비하기 1회

4~5쪽

01 ⑤ **02** ① **03** (가) 23개, (나) 46개, (다) 46개 **04** ②
05 ④ **06** ② **07** ③ **08** ② **09** ②

서술형 문제

10 (가)는 여자, (나)는 남자이다. (가)는 성염색체 구성이 XX이고, (나)는 성염색체 구성이 XY이기 때문이다. **11** ㉠에서는 상동 염색체가 분리되므로 염색체 수가 절반으로 줄어든다. ㉡에서는 염색 분체가 분리되므로 염색체 수가 변하지 않는다.

01 ⑤ 적혈구가 몸의 각 부위로 산소를 운반하는 것은 혈액 순환과 관련이 있다.
오답 피하기 ① 어린아이의 키가 자라는 것은 세포 분열 결과 세포 수가 많아졌기 때문이다.
② 새살이 돋아 상처가 아문 것은 세포 분열 결과 새로운 세포나 조직이 생성되었기 때문이다.
③ 잘린 도마뱀의 꼬리가 새로 자라는 것은 세포 분열 결과 새로운 세포나 조직이 생성되었기 때문이다.
④ 난할은 체세포 분열의 일종으로, 난할을 거듭할수록 세포 수가 증가한다.

02 ㄱ. 단위 부피당 표면적은 (가)에서 6, (나)에서 3, (다)에서 2이다.
오답 피하기 ㄴ. 한천 조각을 하나의 세포라고 가정할 때, 물질 교환에 가장 유리한 것은 크기가 가장 작은 (가)이다.
ㄷ. 실험 결과를 통해 세포가 물질 교환을 효율적으로 하기 위해서는 세포의 크기가 작아야 하며, 세포의 크기를 작게 하기 위해 세포 분열이 일어나야 한다는 것을 알 수 있다.

자료 분석

한천 조각 (가)~(다)의 단위 부피당 표면적

구분	(가)	(나)	(다)
붉은색으로 물든 부분의 표시			
표면적(cm^2)	6	24	54
부피(cm^3)	1	8	27
$\frac{표면적(cm^2)}{부피(cm^3)}$	6	3	2

➡ 세포의 크기가 작을수록 단위 부피당 표면적이 커서 물질 교환이 더 효율적으로 일어난다.

03 사람의 난자는 감수 분열 결과 형성된 생식세포이므로 난자의 염색체 수는 체세포의 절반인 23개이다. 사람의 피부 세포는 체세포이므로 피부 세포의 염색체 수는 46개이다. 체세포 분열에서는 염색체 수가 변하지 않으므로 체세포 분열 결과 형성된 딸세포의 염색체 수는 46개이다.

04 ㄴ. 염색체의 수와 모양이 가장 뚜렷하게 관찰되는 시기는 염색체가 세포의 중앙에 나란히 배열되는 중기(나)이다.
오답 피하기 ㄱ. (라)는 체세포 분열 전기로, 유전 물질(DNA)이 복제된 후이다.
ㄷ. 체세포 분열은 전기(라) → 중기(나) → 후기(다) → 말기(가) 순으로 일어난다.

05 ④ 뿌리 조직을 연하게 만들기 위한 과정은 (가)이다.
오답 피하기 ① 양파의 뿌리 끝부분에는 체세포 분열이 활발히 일어나는 생장점이 있다.
② 세포 분열을 멈추게 하고 세포를 살아 있을 때와 같은 상태로 고정하는 과정은 (나)이다.
③ 아세트올세인 용액에 의해 핵과 염색체가 붉은색으로 염색된다.
⑤ 현미경 표본을 만드는 과정은 고정(나) → 해리(가) → 염색(다) → 분리(라) → 압착 순이다.

06 ② ㉠, ㉡은 각각 크기와 모양이 같은 염색체가 있으므로 상염색체이고, ㉢은 크기와 모양이 같은 염색체가 없으므로 성염색체이다. ㉡은 상염색체이므로 암컷과 수컷이 공통으로 가지고 있다.
오답 피하기 ① ㉠은 상염색체이다.
③ ㉢은 ㉠과 상동 염색체가 아니다.
④ 제시된 각 염색체는 두 가닥의 염색 분체로 이루어져 있지 않다.
⑤ 이 동물의 체세포에 들어 있는 염색체 수는 8개이며, 염색체 수가 체세포의 절반인 생식세포에는 4개의 염색체가 들어 있다.

07 ③ 감수 1분열 후기에 상동 염색체가 분리되고, 감수 2분열 후기에 염색 분체가 분리된다.
오답 피하기 ① 상동 염색체가 분리되어 세포의 양쪽 끝으로 이동하므로 감수 1분열 후기이다.
② 상동 염색체가 분리되므로 2가 염색체가 관찰되지 않는다.
④ 이 생물의 체세포에는 6개(3쌍)의 염색체가 들어 있다.
⑤ 감수 분열 결과 형성된 딸세포의 염색체 수는 모세포의 절반인 3개이다.

08 (가)는 체세포 분열로, 분열 결과 염색체 수에 변화가 없는 2개의 딸세포가 형성된다. (나)는 감수 분열로, 염색체 수가 절반으로 줄어든 4개의 딸세포가 형성된다.

09 ② (가)는 감수 1분열로, 2가 염색체가 관찰된다.
오답 피하기 ① (가)는 감수 1분열, (나)는 체세포 분열이다.
③ (가)에서 상동 염색체의 분리가 일어난다.
④ (가) 과정에서는 염색체 수가 절반으로 줄어들고, (나) 과정에서는 염색체 수가 변하지 않으므로 (가)와 (나)의 분열 결과 형성된 딸세포의 염색체 수는 서로 다르다.
⑤ 감수 분열은 생식세포를 형성할 때, 체세포 분열은 생장이나 재생 과정에서 일어나는 세포 분열이다.

10 성을 결정하는 한 쌍의 염색체가 성염색체이며, 남자의 성염색체 구성은 XY, 여자의 성염색체 구성은 XX이다.
예시 답안 (가)는 여자, (나)는 남자이다. (가)는 성염색체 구성이 XX이고, (나)는 성염색체 구성이 XY이기 때문이다.

채점 기준	배점(%)
(가)와 (나)의 성별을 옳게 쓰고, 그렇게 생각한 까닭을 성염색체 구성과 관련지어 옳게 설명한 경우	100
(가)와 (나)의 성별만 옳게 쓴 경우	30

11 ㉠은 상동 염색체의 분리가 일어나는 감수 1분열, ㉡은 염색 분체의 분리가 일어나는 감수 2분열이다.
예시 답안 ㉠에서는 상동 염색체가 분리되므로 염색체 수가 절반으로 줄어든다. ㉡에서는 염색 분체가 분리되므로 염색체 수가 변하지 않는다.

채점 기준	배점(%)
㉠과 ㉡의 차이점을 염색체의 행동, 염색체 수의 변화와 관련지어 옳게 설명한 경우	100
㉠과 ㉡의 차이점을 염색체의 행동, 염색체 수의 변화 중 하나만 관련지어 옳게 설명한 경우	50

01강 기출 예상 문제로 시험 대비하기 2회

6~7쪽

01 ③ **02** ③ **03** ② **04** ⑤ **05** ⑤ **06** ② **07** ③ **08** ④ **09** ②

서술형 문제

10 세포의 크기가 커지면 단위 부피당 표면적이 작아져 물질 교환이 효율적으로 일어나지 못한다. 따라서 세포가 어느 정도 커지면 2개의 세포로 나누어지는 세포 분열이 일어나야 한다. **11** (가)는 식물 세포, (나)는 동물 세포이다. 식물 세포에서는 새로운 2개의 핵 사이에 안쪽에서 바깥쪽으로 세포판이 만들어지면서 세포질이 나누어지고, 동물 세포에서는 세포막이 바깥쪽에서 안쪽으로 잘록하게 들어가면서 세포질이 나누어지기 때문이다.

01 세포의 크기가 작을수록 단위 부피당 표면적이 커서 물질 교환이 효율적으로 일어난다. 따라서 다세포 생물에서 세포가 물질 교환을 원활히 하기 위해서는 세포가 어느 정도 커지면 세포 분열을 해야 한다.

02 A는 DNA, B는 단백질이며, ㉠과 ㉡은 염색 분체이다.
ㄱ. 세포가 분열하기 전에 유전 물질(DNA)이 복제되어 체세포 분열 전기에 두 가닥의 염색 분체(㉠, ㉡)로 이루어진 염색체가 나타난다.
ㄷ. 염색 분체(㉠, ㉡)는 체세포 분열 후기에 각각 분리되어 2개의 딸세포로 들어간다.
오답 피하기 ㄴ. 유전 정보를 저장하고 있는 유전 물질은 DNA(A)이다.

03 ② 염색체는 세포가 분열하지 않을 때는 핵 속에 가는 실처럼 풀어져 있다.

오답 피하기 ① 성염색체 중 Y 염색체는 남자에게만, X 염색체는 남자와 여자 모두에게 있다.

③ 체세포에는 크기와 모양이 같은 2개의 염색체가 쌍을 이루고 있는데, 이를 상동 염색체라고 한다.

④ 사람의 염색체에서 남녀에게 공통적으로 들어 있는 상염색체는 1~22번까지 22쌍이다.

⑤ 염색체는 DNA와 단백질로 구성되며, DNA에는 유전자가 있어 부모의 유전 형질을 자손에게 전달한다.

04 ㄱ. (가)와 (나)는 크기와 모양이 같은 상동 염색체로, 부모로부터 하나씩 물려받은 것이다.

ㄴ. ㉠과 ㉡은 유전 정보가 같은 염색 분체이다.

ㄷ. 유전 물질(DNA)이 복제되어 염색 분체가 형성된다.

05 ⑤ (다)와 (라)의 염색체 수는 3개로 같다.

오답 피하기 ① (가)와 (나)의 염색체 수는 6개로 같다.

② (가)와 (다)에서 각 염색체는 두 가닥의 염색 분체로 이루어져 있다. (가)의 염색 분체 수는 $6 \times 2 = 12$(개)이고, (다)의 염색 분체 수는 $3 \times 2 = 6$(개)이다. 따라서 (가)의 염색 분체 수는 (다)의 2배이다.

③ (나)의 염색체 수는 6개, (다)의 염색체 수는 3개이다.

④ (나)에는 상동 염색체가 있고, (라)에는 상동 염색체가 없다.

자료 분석

염색체 수와 염색 분체 수의 확인

	상동 염색체가 있음.		상동 염색체가 없음.	
	(가)	(나)	(다)	(라)
염색체 수 ➡	6개	6개	3개	3개
염색 분체 수 ➡	12개	6개	6개	3개

06 체세포 분열은 유전 물질(DNA)의 복제로 형성된 염색 분체가 분리되어 2개의 딸세포로 들어가므로 모세포와 딸세포의 유전 정보가 같다.

07 ③ C는 2개의 핵이 만들어졌으므로 핵분열 말기이며, 핵분열 말기에 식물 세포에서는 세포판이 만들어지면서 세포질이 나누어진다.

오답 피하기 ① 체세포 분열에서는 염색체 수가 변하지 않으므로 전기(A)와 중기(E)의 염색체 수는 같다.

② B는 염색 분체가 세포의 양쪽 끝으로 이동하므로 체세포 분열 후기이다.

④ D는 세포가 분열하기 전으로 유전 물질(DNA)이 복제되어 그 양이 2배로 늘어난다.

⑤ 체세포 분열 과정을 세포가 분열하기 전부터 순서대로 나열하면 D(세포가 분열하기 전) → A(전기) → E(중기) → B(후기) → C(말기)이다.

08 ④ 유전 물질(DNA)의 복제는 감수 분열이 일어나기 전에 1회 일어난다. 감수 1분열이 끝난 후 유전 물질(DNA)의 복제 없이 감수 2분열이 시작된다.

오답 피하기 ① 감수 분열에서는 2번의 핵분열이 일어난다.

② 감수 분열 결과 4개의 딸세포를 형성한다.

③ 감수 분열은 감수 1분열 전기(가) → 감수 1분열 중기(다) → 감수 1분열 후기(마) → 감수 2분열 중기(나) → 감수 2분열 후기(바) → 감수 2분열 말기(라) 순으로 일어난다.

⑤ 감수 분열 결과 염색체 수가 체세포의 절반인 생식세포가 만들어지며, 생식세포의 수정으로 자손이 태어난다. 따라서 세대를 거듭하여도 수정란의 염색체 수가 일정하게 유지되어 자손의 염색체 수는 부모와 동일하다.

09 ㄴ. ㉠과 ㉡은 상동 염색체이다. ㉠과 ㉡ 중 하나는 아버지로부터, 다른 하나는 어머니로부터 물려받은 것이기 때문에 ㉠과 ㉡은 유전 정보가 다르다.

오답 피하기 ㄱ. 감수 1분열에서 상동 염색체가 분리될 때, 감수 2분열에서 염색 분체가 분리될 때 각각 유전 물질(DNA)의 양이 절반으로 감소하므로 구간 A는 세포가 분열하기 전이고, B는 감수 1분열이며, C는 감수 2분열에 해당한다. (나)는 감수 1분열 후기의 세포로 구간 B에서 관찰된다.

ㄷ. 감수 1분열(B)에서는 염색체 수가 절반으로 줄어들고, 감수 2분열(C)에서는 염색체 수가 변하지 않으므로 구간 B의 세포는 구간 C의 세포보다 염색체 수가 2배이다.

10 한 변의 길이가 짧을수록 단위 부피당 표면적이 커서 물질 교환이 효율적으로 일어난다. 따라서 세포의 크기가 작아야 물질 교환에 유리하므로 다세포 생물은 세포 분열을 통해 세포 수를 늘린다.

예시 답안 세포의 크기가 커지면 단위 부피당 표면적이 작아져 물질 교환이 효율적으로 일어나지 못한다. 따라서 세포가 어느 정도 커지면 2개의 세포로 나누어지는 세포 분열이 일어나야 한다.

채점 기준	배점(%)
표를 참고로 하여 세포 분열의 필요성을 옳게 설명한 경우	100
표를 참고하지 않고 세포 분열의 필요성을 설명한 경우	50

11 식물 세포의 체세포 분열 말기에 새로운 2개의 핵 사이에 세포판이 만들어지면서 세포질이 나누어진다.

예시 답안 (가)는 식물 세포, (나)는 동물 세포이다. 식물 세포에서는 새로운 2개의 핵 사이에 안쪽에서 바깥쪽으로 세포판이 만들어지면서 세포질이 나누어지고, 동물 세포에서는 세포막이 바깥쪽에서 안쪽으로 잘록하게 들어가면서 세포질이 나누어지기 때문이다.

채점 기준	배점(%)
(가)와 (나)가 각각 어떤 세포인지 쓰고, 그렇게 판단한 까닭을 세포질 분열 방식과 관련지어 옳게 설명한 경우	100
(가)와 (나)가 각각 어떤 세포인지만 옳게 쓴 경우	30

02강 발생

틀리기 쉬운 유형 집중연습하기 8쪽

A 01 수정 02 난할 03 ㄷ 04 ㄱ, ㄴ

01 A는 정자와 난자가 만나 정자의 핵과 난자의 핵이 결합하는 과정이므로 수정이다.

02 B는 수정란이 분열을 거듭하여 많은 수의 세포를 가진 배아가 되는 과정이므로 난할이다.

03 ㄷ. 난할을 거듭할수록 배아를 구성하는 세포의 수는 많아지고, 세포 하나의 크기는 점점 작아진다.

오답 피하기 ㄱ. 난할(B)은 수정란이 수란관을 따라 자궁으로 이동하면서 일어난다.

ㄴ. 난할은 수정란의 초기 발생 과정에서 빠르게 일어나는 체세포 분열이므로, 감수 분열은 일어나지 않는다.

04 ㄱ, ㄴ. 배아는 착상 후 모체로부터 양분과 산소를 공급받으며 자라고, 수정 후 8주 정도가 되면 대부분의 기관을 형성하여 사람의 모습을 갖춘 태아가 된다.

오답 피하기 ㄷ. 태아는 일반적으로 수정된 지 약 266일이 지나면 출산 과정을 거쳐 모체 밖으로 나온다.

02강 기출 예상 문제로 시험 대비하기 9쪽

01 ⑤ 02 A: 46개, B: 46개 03 C, 자궁 04 ③

서술형 문제

05 난할, 8세포배 전체의 크기는 2세포배와 같다. 8세포배를 이루는 세포 하나의 크기는 2세포배를 이루는 세포 하나의 크기보다 작다.

01 ⑤ 수정란은 하나의 정자와 하나의 난자가 결합하여 형성된다. 하나의 난자에 여러 개의 정자가 들어가면 염색체 수가 정상 체세포보다 많아지므로 수정과 발생이 정상적으로 진행되지 않는다.

오답 피하기 ① A는 운동성이 있는 정자, B는 운동성이 없는 난자이다.

② A와 B의 염색체 수는 각각 23개로 같다.

③ 유전 물질은 DNA이며, A와 B에 모두 들어 있다.

④ 정자와 난자의 수정은 수란관에서 일어난다.

02 난할은 수정란의 초기 발생 과정에서 빠르게 일어나는 체세포 분열이므로 난할을 거듭하여도 세포 하나의 염색체 수는 변하지 않는다. 2세포배를 이루는 세포 A와 B의 염색체 수는 각각 수정란과 같은 46개이다.

자료 분석

난할 과정

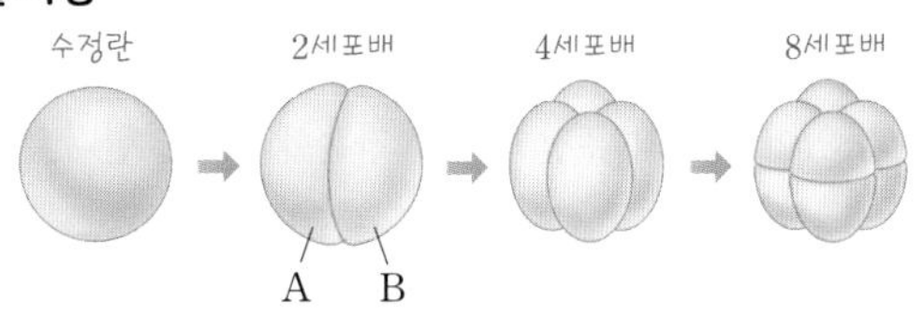

- 난할을 거듭할수록 세포 수는 많아지고, 세포 하나의 크기는 점점 작아진다.
- 난할을 거듭하여도 배아 전체의 크기는 수정란과 비슷하고, 각 세포의 염색체 수는 수정란과 같은 46개이다.

03 A는 수란관, B는 난소, C는 자궁이다. 태아는 자궁(C) 속에서 체세포 분열을 계속하면서 자라며, 일반적으로 수정된 지 약 266일이 지나면 출산 과정을 거쳐 모체 밖으로 나온다.

자료 분석

여자의 생식 기관

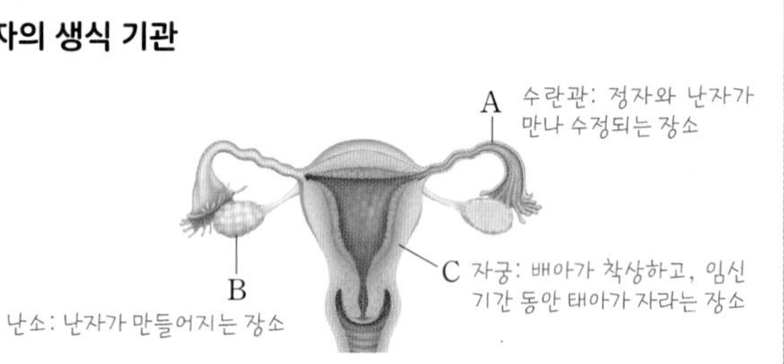

04 ③ 발생은 수정란이 하나의 개체가 되기까지의 과정으로, 체세포 분열(㉢) 과정을 통해 일어난다.

오답 피하기 ① 감수 분열(㉠) 과정을 통해 정자와 난자가 형성된다.

② ㉡은 정자와 난자가 만나 정자의 핵과 난자의 핵이 결합하여 수정란을 형성하는 수정 과정이다.

④ 정자와 난자의 염색체 수는 각각 23개이므로 정자의 핵과 난자의 핵이 결합한 수정란의 염색체 수는 46개이다.

⑤ 태아는 일반적으로 수정된 지 약 266일이 지나면 출산 과정을 거쳐 모체 밖으로 나온다.

05 수정란의 초기 발생 과정에서 빠르게 일어나는 체세포 분열을 난할이라고 한다. 난할이 진행될수록 세포 수는 증가하고, 세포 하나의 크기는 점점 작아지지만, 배아 전체의 크기는 수정란과 비슷하다.

예시 답안 난할, 8세포배 전체의 크기는 2세포배와 같다. 8세포배를 이루는 세포 하나의 크기는 2세포배를 이루는 세포 하나의 크기보다 작다.

채점 기준	배점(%)
난할을 쓰고, 같은 점과 다른 점을 모두 옳게 설명한 경우	100
난할만 쓴 경우	20

03강 멘델 유전

틀리기 쉬운 유형 집중연습하기

11쪽

A **01** 노란색 **02** ㉠ YY, ㉡ yy, ㉢ Yy **03** ③ **04** 2종류 **05** 노란색 완두 : 초록색 완두=3 : 1

B **06** ㉠ RY, ㉡ ry **07** RrYy **08** RY : Ry : rY : ry =1 : 1 : 1 : 1 **09** 40개 **10** 둥글고 노란색 : 둥글고 초록색 : 주름지고 노란색 : 주름지고 초록색=1 : 1 : 1 : 1

01 잡종 1대에서 표현되는 형질이 우성이므로, 완두 씨 색깔의 대립 형질에서 노란색은 우성 형질, 초록색은 열성 형질이다.

02 ㉠과 ㉡은 모두 순종이므로 우성인 ㉠의 유전자형은 YY, 열성인 ㉡의 유전자형은 yy이다. ㉢은 ㉠으로부터 대립유전자 Y를, ㉡으로부터 대립유전자 y를 물려받아 ㉢의 유전자형이 Yy이다.

03 한 형질을 결정하는 대립유전자는 상동 염색체의 같은 위치에 존재한다. ㉢의 유전자형은 Yy이므로, 대립유전자 Y와 y는 상동 염색체의 같은 위치에 존재한다.

04 ㉢의 유전자형은 Yy이며, 대립유전자 Y와 y는 생식세포 형성 과정에서 분리되어 서로 다른 생식세포로 하나씩 나뉘어 들어간다. 따라서 ㉢에서는 2종류의 생식세포(Y를 가진 생식세포, y를 가진 생식세포)가 만들어진다.

05 ㉢을 자가 수분하여 얻은 잡종 2대에서는 유전자형이 YY, Yy, yy인 완두가 1 : 2 : 1의 비율로 나타나므로, 노란색 완두(YY, Yy)와 초록색 완두(yy)는 3 : 1의 비율로 나타난다.

06 생식세포 형성 과정인 감수 분열에서 상동 염색체의 분리가 일어나므로 생식세포는 대립유전자 쌍 중 하나만 가진다. 따라서 유전자형이 RRYY인 완두의 생식세포(㉠)의 유전자 구성은 RY, 유전자형이 rryy인 완두의 생식세포(㉡)의 유전자 구성은 ry이다.

07 잡종 1대는 유전자 구성이 RY인 생식세포와 ry인 생식세포의 수정으로 만들어졌으므로 유전자형이 RrYy이다.

08 잡종 1대의 완두(RrYy)에서 생식세포가 만들어질 때 대립유전자 R와 r, Y와 y가 각각 독립적으로 분리되므로 유전자 구성이 RY, Ry, rY, ry인 생식세포가 1 : 1 : 1 : 1의 비율로 만들어진다.

09 잡종 1대의 둥글고 노란색인 완두(RrYy)를 자가 수분하면 생식세포의 결합으로 수정이 일어나 잡종 2대가 만들어지며, 잡종 2대에서는 표현형이 둥글고 노란색, 둥글고 초록색, 주름지고 노란색, 주름지고 초록색인 완두가 9 : 3 : 3 : 1의 비율로 나타난다. 따라서 잡종 2대에서 주름지고 초록색인 완두가 나타날 확률은 $\frac{1}{16}$이므로 $640\times\frac{1}{16}$ $=40$(개)이다.

10 잡종 1대 완두에서 만들어지는 생식세포의 종류는 RY, Ry, rY, ry이고, 주름지고 초록색인 완두(rryy)에서 만들어지는 생식세포의 종류는 ry이다. 따라서 잡종 1대의 완두와 주름지고 초록색인 완두를 교배하여 얻은 자손에서 나타나는 표현형 분리비는 둥글고 노란색 : 둥글고 초록색 : 주름지고 노란색 : 주름지고 초록색=1 : 1 : 1 : 1이다.

03강 기출 예상 문제로 시험 대비하기 1회

12~13쪽

01 ㄴ, ㄷ, ㄹ **02** ④ **03** 키 큰 완두 : 키 작은 완두=3 : 1 **04** ① **05** ③ **06** ④ **07** RY, rY **08** ④ **09** ④ **10** 독립 **11** ②

서술형 문제

12 R : R*=1 : 1, 생식세포가 만들어질 때 쌍으로 존재하던 대립유전자 R와 R*는 분리되어 서로 다른 생식세포로 하나씩 나뉘어 들어가기 때문이다.

01 한 형질을 결정하는 대립유전자 구성이 같으면 순종, 다르면 잡종이다. 따라서 유전자형 AA, RRyy, rryy는 순종이며, Tt, AaTt, RrYy는 잡종이다.

02 키 큰 완두(A)와 키 작은 완두(B)를 교배하여 잡종 1대에서 모두 키 큰 완두(C)만 얻었으므로 어버이인 A와 B는 모두 순종이다. 대립 형질이 다른 두 순종 완두를 교배하여 얻은 잡종 1대에서 표현된 키 큰 완두가 키 작은 완두에 대해 우성이다. 따라서 키가 큰 대립유전자는 T, 키가 작은 대립유전자는 t이므로 순종인 A와 B는 각각 TT와 tt이고, 잡종인 C는 Tt이다.

03 완두 C(Tt)를 자가 수분하면 자손에서 키 큰 완두(TT, 2Tt) : 키 작은 완두(tt)=3 : 1의 비율로 나타난다.

04 ㄱ. 체세포에는 아버지와 어머니로부터 각각 물려받은 대립유전자가 쌍으로 존재한다.

오답 피하기 ㄴ. 자손의 유전자형은 잡종이므로 자손에서 겉으로 표현되는 형질이 우성, 겉으로 표현되지 않는 형질이 열성이다. ㄷ. 한 쌍의 대립유전자는 생식세포 형성 과정에서 분리되어 서로 다른 생식세포로 하나씩 나뉘어 들어간다.

05 ㄱ. ㉠과 ㉡은 상동 염색체이며, 대립유전자 구성이 R와 r로 다르므로, 이 둥근 완두는 잡종이다.
ㄴ. R와 r는 상동 염색체의 같은 위치에 존재하므로 R의 대립유전자는 r이다.
오답 피하기 ㄷ. ㉠과 ㉡은 크기와 모양이 같은 상동 염색체이다.

06 순종인 완두의 대립유전자 구성은 같으며, 상동 염색체의 같은 위치에 존재한다. 또한 대립유전자는 쌍으로 존재하므로, 순종인 완두의 유전자형은 TT 또는 tt이다.

07 생식세포 형성 과정에서 대립유전자 R와 r, Y와 Y가 각각 독립적으로 분리되므로 유전자 구성이 RY, rY인 생식세포가 1 : 1의 비율로 만들어진다.

08 ④ 노란색 완두(㉠)와 초록색 완두(㉡)를 교배하여 잡종 1대에서 노란색 완두(㉢)만 얻었으므로 ㉠과 ㉡은 모두 순종이며, ㉢은 잡종이다. 대립 형질이 다른 두 순종 완두(㉠과 ㉡)를 교배하여 얻은 잡종 1대에서 표현된 노란색 완두가 초록색 완두에 대해 우성이다. 따라서 ㉠의 유전자형은 YY, ㉡의 유전자형은 yy이다. ㉢의 유전자형은 ㉠으로부터 대립유전자 Y를, ㉡으로부터 대립유전자 y를 물려받아 Yy이다.
오답 피하기 ① ㉠과 ㉡은 모두 순종이다.
②, ③ 노란색 완두가 초록색 완두에 대해 우성이므로 초록색 완두(㉡)의 유전자형은 yy이다.
⑤ ㉢(Yy)을 자가 수분하여 얻은 잡종 2대에서 노란색 완두 : 초록색 완두=3 : 1의 비율로 나타난다.

09 완두 씨 모양과 완두 씨 색깔은 독립적으로 유전된다. 따라서 잡종 2대에서는 둥글고 노란색 완두 : 둥글고 초록색 완두 : 주름지고 노란색 완두 : 주름지고 초록색 완두=9 : 3 : 3 : 1의 비율로 나타나며, 둥근 완두 : 주름진 완두=3 : 1, 노란색 완두 : 초록색 완두=3 : 1의 비율로 나타난다.

10 2가지 이상의 형질이 함께 유전될 때, 한 형질을 나타내는 대립유전자 쌍이 다른 형질을 나타내는 대립유전자 쌍에 의해 영향을 받지 않고 독립적으로 분리되어 유전되는 현상을 독립의 법칙이라고 한다.

11 ㄷ. 이 식물(PpQq)을 자가 수분하여 얻은 자손의 표현형 분리비는 노란색 씨, 둥근 잎 : 노란색 씨, 길쭉한 잎 : 초록색 씨, 둥근 잎 : 초록색 씨, 길쭉한 잎=9 : 3 : 3 : 1이므로 노란색 씨, 둥근 잎을 가진 자손이 나타날 확률은 $\frac{9}{16}$이다.
오답 피하기 ㄱ, ㄴ. 이 식물의 유전자형은 PpQq이며, 표현형은 노란색 씨, 둥근 잎이다. 씨의 색깔과 잎의 모양 대립유전자가 서로 다른 상동 염색체에 존재하므로 독립의 법칙에 따라 유전된다.

12 대립 형질이 다른 두 순종 완두를 교배하여 얻은 잡종 1대에서 보라색 꽃 완두만 나타났으므로 잡종 1대의 유전자형은 RR*이다.

예시 답안 R : R*=1 : 1, 생식세포가 만들어질 때 쌍으로 존재하던 대립유전자 R와 R*는 분리되어 서로 다른 생식세포로 하나씩 나뉘어 들어가기 때문이다.

채점 기준	배점(%)
생식세포의 유전자 구성과 그 분리비를 옳게 쓰고, 그렇게 판단한 까닭을 옳게 설명한 경우	100
생식세포의 유전자 구성과 그 분리비만 옳게 쓴 경우	40

03강 기출 예상 문제로 시험 대비하기 2회

14~15쪽

01 (가) 자가 수분, (나) 타가 수분 **02** ③ **03** ㉠ 암수 생식세포의 대립유전자, ㉡ 분리의 법칙 **04** ⑤ **05** ③ **06** ② **07** ① **08** ③

서술형 문제

09 잡종 2대 완두의 표현형 분리비는 둥글고 노란색 : 둥글고 초록색 : 주름지고 노란색 : 주름지고 초록색=9 : 3 : 3 : 1이다. 잡종 2대에서 주름지고 노란색인 완두의 비율은 $\frac{3}{16}$이므로, 주름지고 노란색인 완두는 이론적으로 $640\times\frac{3}{16}=120$(개)이다. **10** 씨의 색깔은 노란색이며, 잎의 모양은 길쭉하다. 자손의 유전자형은 AAbb, Aabb, aabb이며, AA와 Aa의 표현형은 모두 노란색 씨, aa의 표현형은 초록색 씨, bb의 표현형은 길쭉한 잎이다. 따라서 자손의 표현형은 노란색 씨, 길쭉한 잎과 초록색 씨, 길쭉한 잎으로 2가지이다.

01 (가)는 수술의 꽃가루를 같은 그루의 꽃에 있는 암술머리에 묻혔으므로 자가 수분이고, (나)는 수술의 꽃가루를 다른 그루의 꽃에 있는 암술머리에 묻혔으므로 타가 수분이다.

02 ㄱ. 어버이의 대립유전자 구성이 같으므로 모두 순종이다.
ㄷ. ㉠(Rr)을 자가 수분하여 얻은 잡종 2대 완두의 유전자형은 3가지(RR, Rr, rr)이다.
오답 피하기 ㄴ. ㉠은 RR인 어버이로부터 대립유전자 R를, rr인 어버이로부터 대립유전자 r를 물려받았다.

03 (나)에서 꺼낸 바둑알은 수정에 참여한 암수 생식세포의 대립유전자를 의미한다. 이 실험은 생식세포가 만들어질 때 쌍으로 존재하던 대립유전자가 분리되어 서로 다른 생식세포로 하나씩 나뉘어 들어가는 분리의 법칙을 확인하기 위한 것이다.

04 ⑤ (나)에서 초록색 완두의 암술머리에 노란색 완두의 꽃가루를 묻혔으므로, 타가 수분이 일어났다.
오답 피하기 ① ㉠과 ㉡은 모두 순종이다.
② 꽃가루(생식세포)에는 대립유전자 쌍 중 하나만 있다.
③ ㉠은 순종, ㉢은 잡종이므로, ㉠과 ㉢의 유전자형은 서로 다르다.

④ (다)에서 잡종 1대가 모두 노란색 완두(㉢)라는 것을 알 수 있다. 따라서 잡종 1대에서 표현된 노란색 완두는 초록색 완두에 대해 우성이다.

05 ㄱ, ㄷ. 생식세포가 만들어질 때 쌍으로 존재하던 대립유전자가 분리되어 서로 다른 생식세포로 하나씩 나뉘어 들어가는 현상은 분리의 법칙이다. 2가지 이상의 형질이 함께 유전될 때, 한 형질을 나타내는 대립유전자 쌍이 다른 형질을 나타내는 대립유전자 쌍에 의해 영향을 받지 않고 독립적으로 분리되어 유전되는 현상은 독립의 법칙이다.

오답 피하기 ㄴ. 우성 순종과 열성 순종인 개체를 교배하여 얻은 잡종 1대에서는 우성 형질만 나타나며, 이를 우열의 원리라고 한다.

06 ㄴ. 주름지고 초록색인 완두는 열성 대립유전자만 가지고 있으므로 순종이다.

오답 피하기 ㄱ. 잡종 1대인 ㉠에서는 우성 형질이 나타나므로, ㉠의 표현형은 둥글고 노란색이다.

ㄷ. 잡종 2대의 표현형 분리비가 약 9 : 3 : 3 : 1이므로 완두 씨의 모양을 나타내는 대립유전자와 완두 씨의 색깔을 나타내는 대립유전자가 서로 다른 염색체에 있어 독립의 법칙에 따라 유전된다는 것을 알 수 있다.

07 ㄱ. 자손의 표현형 분리비가 1 : 1 : 1 : 1이므로 ㉠은 잡종이며, 완두 씨의 모양 형질과 완두 씨의 색깔 형질이 독립의 법칙에 따라 유전된다는 것을 알 수 있다.

오답 피하기 ㄴ. ㉠을 자가 수분하여 얻은 자손의 표현형 분리비는 둥글고 노란색 : 둥글고 초록색 : 주름지고 노란색 : 주름지고 초록색=9 : 3 : 3 : 1이다. 따라서 자손에서 주름지고 노란색인 완두가 나타날 확률은 $\frac{3}{16}$이다.

ㄷ. ㉡(주름지고 초록색 완두)은 열성 순종이므로 생식세포의 유전자 구성은 1가지이다.

08 ㄱ. ㉠의 유전자 구성은 RY, ㉡의 유전자 구성은 ry이다.

ㄴ. 잡종 1대 완두의 유전자형은 RrYy이다.

오답 피하기 ㄷ. 잡종 1대에서 만들어진 생식세포의 유전자 구성은 RY, Ry, rY, ry이다. RY를 가진 생식세포끼리 또는 ry를 가진 생식세포끼리 수정되면 잡종 2대에서 어버이의 유전자형(RRYY, rryy)과 같은 완두가 나타난다.

09 잡종 1대 완두의 유전자형은 RrYy이며, 잡종 2대의 표현형 분리비는 둥글고 노란색, 둥글고 초록색, 주름지고 노란색, 주름지고 초록색인 완두가 9 : 3 : 3 : 1이다.

예시 답안 잡종 2대 완두의 표현형 분리비는 둥글고 노란색 : 둥글고 초록색 : 주름지고 노란색 : 주름지고 초록색=9 : 3 : 3 : 1이다. 잡종 2대에서 주름지고 노란색인 완두의 비율은 $\frac{3}{16}$이므로, 주름지고 노란색인 완두는 이론적으로 $640 \times \frac{3}{16}=120$(개)이다.

채점 기준	배점(%)
개수를 잡종 2대 완두의 표현형 분리비를 포함하여 옳게 설명한 경우	100
개수만 옳게 쓴 경우	30

10 식물 (가)의 유전자형이 Aabb이면 A가 a에 대해 우성이므로 씨의 색깔은 노란색이고, 잎의 모양은 길쭉하다. (가)에서 만들어지는 생식세포의 유전자 구성은 Ab, ab이므로 (가)의 자가 수분 결과 AAbb, Aabb, aabb가 1 : 2 : 1의 비율로 나타난다.

예시 답안 씨의 색깔은 노란색이며, 잎의 모양은 길쭉하다. 자손의 유전자형은 AAbb, Aabb, aabb이며, AA와 Aa의 표현형은 모두 노란색 씨, aa의 표현형은 초록색 씨, bb의 표현형은 길쭉한 잎이다. 따라서 자손의 표현형은 노란색 씨, 길쭉한 잎과 초록색 씨, 길쭉한 잎으로 2가지이다.

채점 기준	배점(%)
(가)의 씨의 색깔과 잎의 모양을 옳게 쓰고, 자가 수분하여 얻은 자손의 표현형은 몇 가지인지 옳게 설명한 경우	100
(가)의 씨의 색깔과 잎의 모양만 옳게 쓴 경우	30

04강 사람의 유전

틀리기 쉬운 유형 집중연습하기 17쪽

A **01** ㉠ AO, ㉡ BO **02** A형, O형 **03** ㄴ, ㄷ, ㄹ, ㅁ **04** ㄷ, ㄹ, ㅁ

B **05** ㉠ XY, ㉡ X′X′ **06** 2명 **07** 반성유전 **08** ㉠ X′Y, ㉡ XX′

01 ㉠과 ㉡ 사이에서 태어난 딸의 ABO식 혈액형이 O형(OO)인 것은 ㉠과 ㉡이 딸에게 대립유전자 O를 물려주었기 때문이다. 따라서 ㉠의 혈액형 유전자형은 AO, ㉡의 혈액형 유전자형은 BO이다.

02 ㉢의 아버지는 할아버지로부터 대립유전자 A를, 할머니로부터 대립유전자 O를 물려받았다. 따라서 ㉢의 아버지의 ABO식 혈액형 유전자형은 AO이다. O형(OO)과 A형(AO)인 부모 사이에서 태어나는 자녀의 ABO식 혈액형 유전자형(표현형)은 AO(A형), OO(O형)이다.

03 귓불 모양을 결정하는 유전자는 상염색체에 있으므로 남녀에 따라 귓불 모양 형질이 나타나는 빈도에 차이가 없다.

04 ABO식 혈액형을 결정하는 유전자는 상염색체에 있으며, 대립유전자의 종류는 A, B, O로 3가지이다.

05 ㉠은 정상인 남자이므로 ㉠의 색맹 유전자형은 XY이고, ㉡은 색맹인 여자이므로 ㉡의 색맹 유전자형은 X′X′이다.

06 ㉠과 ㉡의 딸은 모두 아버지(㉠)로부터 정상 대립유전자(X)를, 어머니(㉡)로부터 색맹 대립유전자(X′)를 물려받았다. 따라서 ㉠과 ㉡의 딸은 정상이지만 색맹 대립유전자를 가지므로 색맹 유전자형이 XX′인 보인자이다.

07 형질을 결정하는 대립유전자가 성염색체에 있어 남녀에 따라 유전 형질이 나타나는 빈도가 차이가 나는 유전 현상을 반성유전이라고 한다.

08 정상 대립유전자는 X, 색맹 대립유전자는 X′이며, 색맹은 반성유전을 하는 유전 형질이다. 따라서 색맹인 남자의 유전자형은 X′Y, 보인자인 여자의 유전자형은 XX′이다.

04강 기출 예상 문제로 시험 대비하기 1회

18~19쪽

01 ㉠ 쌍둥이, ㉡ 가계도 **02** (가) **03** ③ **04** ① **05** ② **06** (가) 상염색체, (나) ㉡ 열성, ㉢ 우성 **07** ① **08** ⑤ **09** ㄱ, ㅁ **10** ⑤ **11** 25 %

서술형 문제

12 B형, BO, 대한이 부모의 ABO식 혈액형이 AB형과 O형이므로 대한이의 혈액형 유전자형은 AO 또는 BO인데, 대한이가 B형(BO)일 경우에만 A형인 미래와의 사이에서 B형과 O형인 자녀가 태어날 수 있기 때문이다.

01 사람의 유전 연구 방법에는 쌍둥이(㉠) 조사, 가계도(㉡) 조사, 집단 조사 등이 있다.

02 (가)는 1란성 쌍둥이, (나)는 2란성 쌍둥이의 발생 과정이며, 1란성 쌍둥이의 유전 정보는 같고, 2란성 쌍둥이의 유전 정보는 다르다. 따라서 쌍둥이의 ABO식 혈액형이 일치할 확률이 100 %인 경우는 1란성 쌍둥이(가)이다.

03 ③ 1과 2의 딸이 미맹인 것은 아버지(1)와 어머니(2)로부터 미맹 대립유전자를 물려받았기 때문이다. 4의 딸이 정상인 것은 아버지로부터 미맹 대립유전자를, 어머니(4)로부터 정상 대립유전자를 물려받았기 때문이다.

오답 피하기 ① 정상인 아버지(1)로부터 미맹인 딸이 태어났으므로 미맹 유전자는 상염색체에 있다.

② 정상인 부모 1과 2 사이에서 미맹인 딸이 태어났으므로 미맹은 정상에 대해 열성 형질이다.

④ 2와 3의 어머니는 미맹이므로 미맹 대립유전자만 가지고 있다. 따라서 정상인 2와 3은 모두 어머니로부터 미맹 대립유전자를, 아버지로부터 정상 대립유전자를 물려받았다.

⑤ 정상인 5의 미맹 유전자형은 우성 순종이거나 우성 잡종이다.

04 혈우병은 형질을 결정하는 대립유전자가 성염색체에 있어 반성유전을 하는 유전 형질이다.

05 ㄷ. 정상인 부모 사이에서 유전병을 가진 딸(4)이 태어났으므로 이 유전병은 열성 형질이며 유전병 유전자가 상염색체에 있다는 것을 알 수 있다. 만약 유전병 유전자가 성염색체인 X 염색체에 있다면 우성인 정상 아버지로부터 열성인 유전병을 가진 딸(4)이 태어날 수 없다.

오답 피하기 ㄱ. 2는 유전병을 나타내므로 유전병 대립유전자만 가지고 있다.

ㄴ. 정상인 부모 사이에서 유전병을 가진 자녀 2와 4가 태어났으므로 유전병이 정상에 대해 열성임을 알 수 있다.

06 유전병이 나타나는 빈도가 남녀에서 비슷하므로, 유전병 유전자는 상염색체에 존재한다. 부모가 모두 유전병이 있어도 유전병이 없는 자녀가 태어날 수 있으므로 유전병은 정상에 대해 우성 형질이다. 따라서 정상 대립유전자(㉡)는 열성, 유전병 대립유전자(㉢)는 우성이다.

07 ① B형인 ㉠은 A형인 어머니로부터 대립유전자 O를, AB형인 아버지로부터 대립유전자 B를 물려받았다. 따라서 ㉠은 대립유전자 O를 가진다.

오답 피하기 ② ㉠의 어머니는 ABO식 혈액형 유전자형이 AO이다.

③ ㉡의 아버지는 딸에게 대립유전자 B를, 어머니는 대립유전자 A 또는 O를 물려주었다.

④ ㉡의 아버지는 AB형으로 ABO식 혈액형 대립유전자 A와 B 2개를 가지고 있다.

⑤ ㉠의 ABO식 혈액형 유전자형은 BO이고, ㉡의 ABO식 혈액형 유전자형은 AA 또는 AO이다. ㉡의 유전자형이 AA인 경우 자녀에서 나타날 수 있는 혈액형은 AB형과 A형으로 2가지이고, AO인 경우 자녀에서 나타날 수 있는 혈액형은 AB형, A형, B형, O형으로 4가지이다.

08 ⑤ 아들이 가진 X 염색체는 어머니로부터, Y 염색체는 아버지로부터 물려받은 것이다.

오답 피하기 ① 정자는 X 염색체를 가지거나 Y 염색체를 가진다.

② 딸은 어머니와 아버지로부터 X 염색체를 하나씩 물려받는다.

③ 사람의 성별은 1쌍의 성염색체에 의해 결정된다.

④ 정자가 가진 성염색체에 의해 자녀의 성별이 결정된다.

09 혈우병과 적록 색맹의 유전자는 성염색체에 있어 남녀에 따라 유전 형질이 나타나는 빈도가 다르다.

10 ⑤ (가)에서 색맹인 딸은 부모로부터 색맹 대립유전자를 하나씩 물려받았으므로 정상인 어머니는 보인자이다. (나)에서 색맹인 아들(㉡)은 어머니로부터 색맹 대립유전자를 물려받았으므로 정상인 어머니는 보인자이다.

오답 피하기 ① 정상인 부모 사이에서 색맹인 아들이 태어났으므로 색맹은 정상에 대해 열성이다.

② ㉠은 아버지로부터 대립유전자 X′를 물려받았다.
③ ㉠의 어머니는 색맹 대립유전자가 있는 보인자이므로, ㉠의 부모 사이에서는 색맹인 아들이 태어날 수 있다.
④ ㉡은 어머니로부터 색맹 대립유전자가 있는 X 염색체를, 아버지로부터 Y 염색체를 물려받았다.

11 ㉠은 유전자형이 XX′이고, ㉡은 유전자형이 X′Y이므로 이 둘 사이에서 유전자형이 XX′, X′X′, XY, X′Y인 자녀가 태어날 수 있다. 따라서 태어난 아이가 정상인 딸(XX′)일 확률은 $\frac{1}{4}\times100=25(\%)$이다.

12 대한이의 혈액형 유전자형이 AO이면 A형(AO)인 미래와의 사이에서 B형인 자녀는 태어날 수 없다.
예시 답안 B형, BO, 대한이 부모의 ABO식 혈액형이 AB형과 O형이므로 대한이의 혈액형 유전자형은 AO 또는 BO인데, 대한이가 B형(BO)일 경우에만 A형인 미래와의 사이에서 B형과 O형인 자녀가 태어날 수 있기 때문이다.

채점 기준	배점(%)
대한이의 ABO식 혈액형 표현형과 유전자형을 모두 쓰고, 그렇게 생각한 까닭을 옳게 설명한 경우	100
대한이의 ABO식 혈액형 표현형과 유전자형만 옳게 쓴 경우	40

04강 기출 예상 문제로 시험 대비하기 2회

20~21쪽

01 ② **02** ⑤ **03** 1, 2 **04** ③ **05** ④ **06** $\frac{1}{4}$ **07** ② **08** ① **09** ④

서술형 문제

10 당뇨병, 1란성 쌍둥이가 2란성 쌍둥이에 비해 일치율이 훨씬 높기 때문이다. **11** 유전병 A가 없는 부모 사이에서 유전병 A를 가진 자녀가 태어나므로 유전병 A는 열성이다. 또, 딸이 유전병 A를 가지면 아버지도 항상 유전병 A를 가지므로 유전병 A 유전자는 성염색체인 X 염색체에 존재한다.

01 사람은 한 세대가 길어서 여러 세대에 걸쳐 특정 형질이 유전되는 방식을 관찰하기 어렵다.

02 ⑤ 분리형 귓불을 가진 아버지(1)와 부착형 귓불을 가진 어머니(2) 사이에서 태어난 자녀 4가 부착형 귓불을 가질 확률은 $\frac{1}{2}$, 여자일 확률은 $\frac{1}{2}$이므로, 4가 부착형 귓불을 가진 여자일 확률은 $\frac{1}{2}\times\frac{1}{2}\times100=25(\%)$이다.
오답 피하기 ①, ② 분리형 귓불은 부착형 귓불에 대해 우성이며, 귓불 모양은 상염색체 유전을 한다.
③ 1과 3의 귓불 모양 유전자형은 잡종으로 서로 같다.
④ 2가 부착형 귓불인 것은 부모로부터 부착형 귓불 대립유전자를 하나씩 물려받았기 때문이다.

03 미맹은 정상에 대해 열성이므로 T는 정상 대립유전자, t는 미맹 대립유전자이다. 정상인 1과 2 사이에서 미맹인 자녀가 태어났으므로 1과 2의 미맹 유전자형은 모두 Tt이지만, 5와 6의 미맹 유전자형은 TT 또는 Tt이다.

04 눈꺼풀과 보조개는 모두 상염색체 유전을 하며, 부모가 모두 열성 형질을 가지면 자녀는 우성 형질을 가질 수 없다. 따라서 Ⅰ은 A, Ⅱ는 C, Ⅲ은 D, Ⅳ는 B의 부모이다.

05 ㄴ. 귓불 모양 유전은 멘델의 분리의 법칙을 따른다.
ㄷ. 귓불 모양의 대립 형질은 분리형 귓불, 부착형 귓불로 2가지이며, 귓불 모양 형질은 한 쌍의 대립유전자에 의해 결정된다.
오답 피하기 ㄱ. 귓불 모양의 유전자형은 3가지(우성 순종, 잡종, 열성 순종)이다.

06 A형과 B형인 부모 사이에서 태어난 A형 자녀의 ABO식 혈액형 유전자형은 AO이고, AB형인 부모 사이에서 태어난 B형 자녀의 ABO식 혈액형 유전자형은 BB이다. AO × BB → AB, BO이므로, ㉠이 AB형일 확률×남자일 확률$=\frac{1}{2}\times\frac{1}{2}=\frac{1}{4}$이다.

07 ② ㉠과 ㉡은 1란성 쌍둥이이므로 유전 정보가 같다.
오답 피하기 ① ㉠의 아버지는 정상(XY)이고, 어머니는 색맹(X′X′)이므로 색맹 유전자형(표현형)이 XX′(정상), X′Y(색맹)인 자녀가 태어날 수 있다. 따라서 ㉠이 색맹일 확률은 50 %이다.
③ 1은 정상이며 색맹인 자녀가 없으므로 보인자일 수도 있고 아닐 수도 있다.
④ ㉠의 아버지는 할머니(1)로부터 정상 대립유전자가 있는 X 염색체를, 할아버지(2)로부터 Y 염색체를 물려받았다.
⑤ ㉡의 어머니는 색맹이므로, ㉡의 외할머니인 3은 색맹 대립유전자를 가지고 있다.

08 ㄱ. 색맹 유전자는 X 염색체에 있으며 색맹은 정상에 대해 열성이고, 색맹 유전은 멘델의 분리의 법칙을 따른다.
오답 피하기 ㄴ. 색맹은 반성유전을 하며, 여자보다 남자에서 더 많이 나타난다.
ㄷ. 색맹인 어머니로부터 태어난 아들이 색맹일 확률은 100 %이다.

09 ④ 어머니가 정상이어도 보인자인 경우 아들에게 유전병 대립유전자가 있는 X 염색체를 물려줄 수 있다. 따라서 어머니가 정상이어도 유전병을 가진 아들이 태어날 수 있다.
오답 피하기 ①, ②, ⑤ 정상인 부모 사이에서 유전병을 가진 아들이 태어나므로 유전병은 정상에 대해 열성이다. 어머니가 유전병을 가지면 아들도 항상 유전병을 가지므로 이 유전병 유전자는 X 염색체에 있다. 따라서 이 유전병을 가질 확률은 여자에서보다 남자에서 높다.

③ 정상은 우성 형질이므로 아버지가 정상이면 딸은 아버지로부터 정상 대립유전자가 있는 X 염색체를 물려받으므로 항상 정상이다.

10 1란성 쌍둥이는 유전 정보가 서로 같고, 2란성 쌍둥이는 유전 정보가 서로 다르다. 어떤 형질이 1란성 쌍둥이에서는 일치율이 높지만, 2란성 쌍둥이에서는 일치율이 낮으면 그 형질은 유전의 영향을 많이 받는 것이다.

(예시 답안) 당뇨병, 1란성 쌍둥이가 2란성 쌍둥이에 비해 일치율이 훨씬 높기 때문이다.

채점 기준	배점(%)
당뇨병을 쓰고, 그렇게 생각한 까닭을 일치율과 연관 지어 옳게 설명한 경우	100
당뇨병만 쓴 경우	30

11 유전병 A가 여자보다 남자에서 더 많이 나타나며, 유전병 A가 없는 부모 사이에서 유전병 A를 가진 자녀가 태어난다. 이를 통해 유전병 A는 반성유전을 하며, 유전병 A는 정상에 대해 열성 형질임을 알 수 있다.

(예시 답안) 유전병 A가 없는 부모 사이에서 유전병 A를 가진 자녀가 태어나므로 유전병 A는 열성이다. 또, 딸이 유전병 A를 가지면 아버지도 항상 유전병 A를 가지므로 유전병 A 유전자는 성염색체인 X 염색체에 존재한다.

채점 기준	배점(%)
유전병 A가 열성이고, 유전병 A 유전자가 성염색체에 존재한다는 것을 그렇게 생각한 까닭과 함께 설명한 경우	100
유전병 A가 열성이고, 유전병 A 유전자가 성염색체에 존재한다고만 쓴 경우	50

Ⅴ 단원 평가하기

22~27쪽

01 ③ **02** ② **03** ③ **04** ⑤ **05** ④ **06** ④ **07** ③ **08** (가) → (마) → (라) → (다) → (나) **09** ⑤ **10** 전기 **11** (다) → (라) 과정에서는 상동 염색체가 분리되므로 염색체 수가 절반으로 줄어들고, (라) → (마) 과정에서는 염색 분체가 분리되므로 염색체 수가 변하지 않는다. **12** ㉠ 2가 염색체, ㉡ 감수 1분열 전기 **13** ④ **14** ⑤ **15** (가) C, (나) ㉢ **16** ④ **17** ③ **18** ⑤ **19** ③ **20** 우열의 원리 **21** ④ **22** 100개 **23** 잡종 1대의 보라색 꽃은 흰색 꽃에 대해 우성 형질이다. 잡종 2대에서 우성 형질(보라색 꽃)의 개체 수는 300개이고, 순종과 잡종의 비율은 1 : 2이므로, 잡종 2대의 보라색 꽃 완두 중 순종의 개체 수는 100개이다. **24** ⑤ **25** ④ **26** ⑤ **27** ⑤ **28** ③ **29** ① **30** ④ **31** ③ **32** ⑤ **33** AB형, A형, B형, O형, ABO식 혈액형 유전자형은 대한이가 BO이고, 미래가 AO이므로 대한이와 미래 사이에서 셋째 아이가 태어날 때 BO×AO → AB, AO, BO, OO로, 이 아이가 가질 수 있는 ABO식 혈액형은 AB형, A형, B형, O형이다. **34** ⑤ **35** ③ **36** ③ **37** ③

01 ㄱ. 일정 크기에 도달한 하나의 세포가 2개의 세포로 나누어지는 것을 세포 분열이라고 한다.
ㄷ. 세포의 크기가 커지면 단위 부피당 표면적이 작아져 세포에서 물질 교환이 원활히 일어나지 못하므로 세포 분열이 일어나야 한다.
오답 피하기 ㄴ. 난자가 만들어질 때 감수 분열이 일어난다.

02 세포가 분열하기 전 유전 물질(DNA)이 복제되어 두 가닥의 염색 분체가 형성되므로, 염색체가 항상 두 가닥의 염색 분체로 이루어져 있는 것은 아니다.

03 A와 B, C와 D는 각각 염색 분체이다. ㉠은 세포가 분열하기 전에 유전 물질(DNA)이 복제되어 유전 정보가 동일한 두 가닥의 염색 분체가 형성되는 과정이다. 생식세포에는 상동 염색체를 이루는 1쌍의 염색체 중 하나만 들어 있으므로, B와 C가 같이 들어 있지 않다.

04 ⑤ 염색체는 세포가 분열하지 않을 때에는 핵 속에 가는 실처럼 풀어져 있지만, 세포가 분열하기 시작하면 굵고 짧게 뭉쳐져 막대나 끈 모양으로 나타난다.
오답 피하기 ① (가)는 성염색체 구성이 XX이므로 여자이다.
②, ③ (가)와 (나)에서 상염색체는 1~22번으로 44개(22쌍)가 있다.
④ (나)의 Y 염색체는 아버지로부터 물려받은 것이다.

05 ④ 체세포 분열은 핵분열과 세포질 분열로 구분되며, 핵분열 과정에서 염색 분체의 분리가 일어난다.
오답 피하기 ① 2가 염색체는 감수 1분열 전기에 형성된다.
② 모세포와 딸세포의 염색체 수는 같다.
③ 핵분열과 세포질 분열은 각각 1회 일어난다.
⑤ 동물 세포에서는 세포막이 바깥쪽에서 안쪽으로 잘록하게 들어가면서 세포질이 나누어지고, 식물 세포에서는 새로운 2개의 핵 사이에 안쪽에서 바깥쪽으로 세포판이 만들어지면서 세포질이 나누어진다.

06 에탄올과 아세트산 혼합액에 양파 뿌리 조각을 넣으면 세포를 살아 있을 때와 같은 상태로 멈추게 한다.

07 ㄱ. A와 B는 크기와 모양이 같은 상동 염색체이다.
ㄴ. 감수 1분열 전기에 상동 염색체(A, B)가 결합한 2가 염색체가 형성된다.
오답 피하기 ㄷ. 체세포 분열 결과 형성된 딸세포는 모세포와 염색체 수가 같으므로 A와 B가 모두 있지만, 감수 분열 결과 형성된 딸세포는 염색체 수가 모세포의 절반이므로 딸세포에는 A와 B 중 하나만 있다.

08 체세포 분열은 세포가 분열하기 전(가) → 전기(마) → 중기(라) → 후기(다) → 말기(나) 순으로 일어난다.

09 식물 세포와 동물 세포에서 일어나는 핵분열 방식은 동일하고, 세포질 분열 방식은 다르다.

10 체세포 분열의 핵분열은 전기, 중기, 후기, 말기로 구분하며, 핵막이 사라지는 시기는 전기이다.

11 (가) → (나) 과정에서는 유전 물질(DNA)이 복제되고, (나) → (다) 과정에서는 2가 염색체가 형성된다.

(예시 답안) (다) → (라) 과정에서는 상동 염색체가 분리되므로 염색체 수가 절반으로 줄어들고, (라) → (마) 과정에서는 염색 분체가 분리되므로 염색체 수가 변하지 않는다.

채점 기준	배점(%)
(다) → (라) 과정과 (라) → (마) 과정의 차이점을 염색체의 행동, 염색체 수의 변화와 연관 지어 모두 옳게 설명한 경우	100
(다) → (라) 과정과 (라) → (마) 과정의 차이점을 염색체의 행동, 염색체 수의 변화 중 1가지만 연관 지어 설명한 경우	50

12 A는 상동 염색체끼리 결합한 2가 염색체이다. 2가 염색체는 감수 1분열 전기에 나타난다.

13 상동 염색체가 없고 각 염색체가 세포의 중앙에 배열되어 있으므로 이 세포는 감수 2분열 중기에 해당한다.

14 체세포 분열에서는 2가 염색체가 형성되지 않고, 감수 분열에서는 2가 염색체가 형성된다.

15 A는 감수 분열, B는 수정, C는 발생 과정이며, ㉠, ㉡, ㉣, ㉤의 염색체 수는 모두 46개, ㉢의 염색체 수는 23개이다.

16 난할이 진행될수록 세포의 수는 많아지고 세포 하나의 크기는 점점 작아지지만, 배아 전체의 크기는 거의 변화 없다. 분열 횟수가 증가할수록 ㉠이 증가하므로 ㉠은 배아 전체의 세포 수이다.

(오답 피하기) 난할은 체세포 분열이므로 분열 전과 후에 염색체 수는 변하지 않는다. 따라서 세포 1개당 DNA양과 염색체 수는 변화 없다.

17 ㄱ. 수정란의 초기 발생 과정에서 빠르게 일어나는 체세포 분열을 난할이라고 한다.

ㄷ. 난할이 진행될수록 세포 하나의 크기는 점점 작아지므로 수정란의 크기는 배아를 이루는 세포 하나의 크기보다 크다.

(오답 피하기) ㄴ. 배아를 이루는 세포(A) 하나의 염색체 수는 체세포와 같은 46개이다.

18 대립 형질이 다른 두 순종 개체를 교배하여 얻은 잡종 1대에서 표현되는 형질은 우성, 표현되지 않는 형질은 열성이다.

19 완두는 암술과 수술이 한 꽃 속에 같이 있다.

20 잡종 1대에 표현된 볼록한 꼬투리를 가진 완두는 우성이다. 이와 같이 대립 형질이 다른 두 순종 개체를 교배하여 얻은 잡종 1대에서 표현되는 형질을 우성, 표현되지 않는 형질을 열성이라고 하며, 이를 우열의 원리라고 한다.

21 ㄱ. 잡종 1대의 노란색 완두(Yy)에서 만들어지는 생식세포의 종류는 2가지(Y, y)이다.

ㄷ. 잡종 1대의 노란색 완두(Yy)를 자가 수분하여 얻은 잡종 2대의 유전자형 분리비는 YY : Yy : yy=1 : 2 : 1이다. 따라서 잡종 2대에서 유전자형이 Yy인 완두가 나타날 확률은 $\frac{2}{4} \times 100 = 50(\%)$이다.

(오답 피하기) ㄴ. 어버이의 노란색 완두는 순종(YY), 잡종 1대의 노란색 완두는 잡종(Yy)이므로, 유전자형이 서로 다르다.

22 완두의 꽃 색깔 유전에는 우열의 원리와 분리의 법칙이 적용된다. 보라색 꽃 대립유전자를 B, 흰색 꽃 대립유전자를 b라고 하면 잡종 1대의 보라색 꽃 완두의 유전자형은 Bb이다. 잡종 1대의 완두(Bb)를 자가 수분하여 얻은 잡종 2대에서 완두의 꽃 색깔 유전자형은 BB : Bb : bb=1 : 2 : 1의 비율로 나타난다. 대립유전자 B는 b에 대해 우성이므로 유전자형이 BB와 Bb인 것은 보라색 꽃 완두이고, bb인 것은 흰색 꽃 완두이므로 잡종 2대에서는 보라색 꽃 : 흰색 꽃=3 : 1의 비율로 나타난다. 따라서 잡종 2대에서 흰색 꽃 완두의 개체 수는 이론적으로 $400 \times \frac{1}{4} = 100$(개)이다.

23 잡종 2대에서 보라색 꽃 : 흰색 꽃=3 : 1의 비율로 나타나며, 잡종 2대의 보라색 꽃 완두에서 순종과 잡종의 비율은 1 : 2이다.

(예시 답안) 잡종 1대의 보라색 꽃은 흰색 꽃에 대해 우성 형질이다. 잡종 2대에서 우성 형질(보라색 꽃)의 개체 수는 300개이고, 순종과 잡종의 비율은 1 : 2이므로, 잡종 2대의 보라색 꽃 완두 중 순종의 개체 수는 100개이다.

채점 기준	배점(%)
잡종 2대의 보라색 꽃 완두 중 순종의 개체 수를 구하는 과정을 옳게 설명한 경우	100
잡종 2대의 보라색 꽃 완두 중 순종의 개체 수만 쓴 경우	30

24 생식세포 형성 과정에서 대립유전자 A와 a, D와 d가 각각 독립적으로 분리되므로 유전자 구성이 AD, Ad, aD, ad인 생식세포가 1 : 1 : 1 : 1의 비율로 만들어진다.

25 ㄱ. 완두 씨의 모양과 색깔 유전은 서로 영향을 받지 않고 독립적으로 유전된다.

ㄷ. ㉢(RrYy)과 ㉣(RRYY)을 교배하여 얻은 자손은 유전자형이 RRYY, RRYy, RrYY, RrYy이므로, 모두 둥글고 노란색인 완두이다.

(오답 피하기) ㄴ. ㉠의 유전자 구성은 RY, ㉡의 유전자 구성은 ry이다.

26 완두를 교배한 결과 자손에서 모두 열성인 초록색 완두만 나오려면 완두 씨 색깔에서 어버이는 모두 열성 순종(yy)이어야 한다. 따라서 yyTT(마)와 yyTt(바)의 교배로 얻은 자손의 유전자형은 yyTT, yyTt이므로, 표현형은 모두 초록색 씨, 키 큰 완두이다.

27 잡종 2대의 표현형 분리비가 9 : 3 : 3 : 1인 것은 완두 씨의 모양을 나타내는 대립유전자와 완두 씨의 색깔을 나타내는 대립유전자가 서로 다른 염색체에 있기 때문이다.

28 ㄷ. 정상인 어머니(1)는 미맹인 자녀(2)에게 미맹 대립유전자를 물려주었으므로 1은 미맹 대립유전자를 1개 가지고 있고, 2는 미맹이므로 미맹 대립유전자를 2개 가지고 있다. 따라서 미맹 대립유전자의 수는 2에서가 1에서의 2배이다.

오답 피하기 ㄱ. 정상인 부모 사이에서 미맹인 자녀(2)가 태어났으므로 미맹은 정상에 대해 열성 형질이다.
ㄴ. 미맹은 상염색체에 의한 유전 형질로 남녀에서 나타나는 빈도에 차이가 없다.

29 혈우병을 결정하는 유전자는 성염색체인 X 염색체에 있어, 혈우병은 반성유전을 한다.

30 ㄴ. 정상인 부모로부터 유전병을 가진 아들이 태어났으므로 유전병은 정상에 대해 열성 형질이다.
ㄷ. 정상 대립유전자를 T, 유전병 대립유전자를 t라고 하면, 영희 부모의 유전병 유전자형은 모두 Tt이므로 영희가 가질 수 있는 유전병 유전자형은 TT : Tt : tt= 1 : 2 : 1의 비율로 나타난다. 따라서 영희가 유전병(tt)을 가질 확률은 $\frac{1}{4}$이다.

오답 피하기 ㄱ. 이 유전병은 유전자가 상염색체에 있으므로 반성유전을 하지 않는다.

31 ㄷ. (가)는 상염색체 유전 형질, (나)는 성염색체 유전 형질이며, (가)와 (나)는 모두 멘델의 분리의 법칙을 따른다.

오답 피하기 ㄱ. (가)는 상염색체 유전 형질이므로 반성유전을 하지 않는다.
ㄴ. (나)의 형질을 결정하는 유전자는 성염색체에 있고, (가)의 형질을 결정하는 유전자는 상염색체에 있다.

32 ⑤ O형(OO)인 아버지는 자녀에게 대립유전자 O만 물려주므로, AB형(AB)인 자녀는 태어날 수 없다.

오답 피하기 ① ABO식 혈액형을 결정하는 대립유전자의 종류는 A, B, O로 3가지이다.
②, ③ 대립유전자 A와 B는 우열 관계가 없고, 대립유전자 A와 B는 각각 대립유전자 O에 대해 우성이다.
④ 부모가 모두 AB형(AB)이면 자녀의 ABO식 혈액형 유전자형은 AA, AB, BB이므로 자녀가 가질 수 있는 ABO식 혈액형은 A형, AB형, B형이다.

33 미래가 A형(AO)이므로 대한이가 B형(BO)일 경우에만 대한이와 미래 사이에서 B형과 O형인 자녀가 태어날 수 있다. BO×AO → AB, AO, BO, OO이므로 셋째 아이가 가질 수 있는 ABO식 혈액형은 AB형, A형, B형, O형이다.

예시 답안 AB형, A형, B형, O형, ABO식 혈액형 유전자형은 대한이가 BO이고, 미래가 AO이므로 대한이와 미래 사이에서 셋째 아이가 태어날 때 BO×AO → AB, AO, BO, OO로, 이 아이가 가질 수 있는 ABO식 혈액형은 AB형, A형, B형, O형이다.

채점 기준	배점(%)
셋째 아이가 가질 수 있는 ABO식 혈액형을 쓰고, 그렇게 생각한 까닭을 대한이와 미래의 ABO식 혈액형 유전자형을 모두 포함하여 옳게 설명한 경우	100
셋째 아이가 가질 수 있는 ABO식 혈액형만 쓴 경우	40

34 ⑤ 혀 말기가 가능한 ㉣은 어머니로부터 혀를 말 수 없는 대립유전자를, 아버지로부터 혀를 말 수 있는 대립유전자를 물려받았다.

오답 피하기 ①, ② 혀 말기가 가능한 부모 사이에서 혀 말기가 불가능한 딸(㉢)이 태어났으므로 혀 말기 가능은 혀 말기 불가능에 대해 우성 형질이며, 혀 말기의 유전자는 상염색체에 있다.
③ 혀 말기가 가능한 ㉠과 ㉡ 사이에서 혀 말기가 불가능한 자녀가 태어났으므로 ㉠과 ㉡의 혀 말기 유전자형은 잡종으로 같다.
④ 혀를 말 수 있는 대립유전자를 R, 혀를 말 수 없는 대립유전자를 r라고 하면 ㉢의 부모는 혀 말기 유전자형이 모두 Rr이다. ㉢의 동생이 태어날 때, 이 동생이 가질 수 있는 혀 말기 유전자형 분리비는 RR : Rr : rr=1 : 2 : 1이므로 혀 말기가 불가능할(rr) 확률은 $\frac{1}{4}\times100=25(\%)$이다.

35 반성유전은 형질을 결정하는 대립유전자가 성염색체에 있어 남녀에 따라 형질이 나타나는 빈도에 차이가 있으며, 멘델의 분리의 법칙을 따른다. 반성유전을 하는 유전 형질의 예로는 적록 색맹, 혈우병이 있다.

36 ㄱ. 혈우병은 반성유전을 하므로, 혈우병 대립유전자는 X 염색체에 있다.
ㄴ. 빅토리아 여왕은 정상이지만 혈우병 대립유전자를 가지고 있으므로 보인자이다.

오답 피하기 ㄷ. 혈우병은 반성유전을 하며, 혈우병 대립유전자를 2개 가진 여자는 대부분 태어나기 전에 죽으므로 혈우병은 여자에게는 거의 나타나지 않는다. 따라서 혈우병은 여자보다 남자에서 더 많이 나타난다.

37 ㄱ. 1의 아들(5)이 색맹인 것은 어머니(1)로부터 색맹 대립유전자가 있는 X 염색체를 물려받았기 때문이다. 따라서 1은 색맹 대립유전자를 가지고 있는 보인자(XX′)이다.
ㄴ. 색맹 유전자는 X 염색체에 있으며, 정상인 아들(3)은 1로부터 정상 대립유전자가 있는 X 염색체를, 2로부터 Y 염색체를 물려받았다.

오답 피하기 ㄷ. 색맹 대립유전자는 X 염색체에 있으므로, 5의 색맹 대립유전자는 어머니(1)로부터 물려받았다.

Ⅵ. 에너지 전환과 보존

05강 역학적 에너지

틀리기 쉬운 유형 집중연습하기 29쪽

Ⓐ 01 117.6 J　02 58.8 J　03 58.8 J　04 117.6 J　05 4 m

Ⓑ 06 ㄱ, ㄴ　07 ㄷ　08 A　09 C　10 같다.

01 위치 에너지=(9.8×1) N×12 m=117.6 J

02 기준면으로부터의 높이가 처음의 $\frac{1}{2}$일 때 높이는 6 m이므로 위치 에너지=(9.8×1) N×6 m=58.8 J이다.

03 6 m 낙하하는 동안 감소한 위치 에너지가 운동 에너지로 전환되므로 운동 에너지=(9.8×1) N×6 m=58.8 J이다.

04 처음 높이에서 물체가 가지는 위치 에너지는 지면에 도달하는 순간 모두 운동 에너지로 전환된다.

05 감소한 위치 에너지만큼 운동 에너지가 증가하므로 어느 지점에서의 운동 에너지는 그 지점까지 낙하하는 동안 감소한 위치 에너지와 같다. 높이 h인 곳에서 운동 에너지 : 위치 에너지=$(12-h)$: h=2 : 1이므로 h=4 m이다.

06 롤러코스터가 위에서 아래로 운동할 때 높이는 낮아지고, 속력은 빨라지므로 위치 에너지가 운동 에너지로 전환된다.

07 롤러코스터가 아래에서 위로 운동할 때 속력은 느려지고, 높이는 높아지므로 운동 에너지가 위치 에너지로 전환된다.

08 높이가 가장 높은 A점에서 위치 에너지가 최대이다.

09 롤러코스터가 내려가면 위치 에너지가 운동 에너지로 전환되므로 높이가 가장 낮은 C점에서 운동 에너지가 최대이다.

10 B점과 D점의 높이가 같다면 위치 에너지가 같고, 역학적 에너지가 보존되므로 운동 에너지도 같고 속력도 같다.

05강 기출 예상 문제로 시험 대비하기 1회 30~31쪽

01 ㉠ 운동, ㉡ 위치, ㉢ 위치, ㉣ 운동　02 ④　03 ④　04 ④　05 ④　06 39.2 J　07 ⑤　08 A=B=C=D=E　09 ⑤　10 ③

서술형 문제

11 역학적 에너지가 보존되므로 공이 처음 높이보다 더 높이 올라가지 않기 때문이다.

01 사람이 올라갈 때는 높이가 높아지고 속력이 느려지므로 ㉠ 운동 에너지가 ㉡ 위치 에너지로 전환된다. 사람이 내려올 때는 높이가 낮아지고 속력이 빨라지므로 ㉢ 위치 에너지가 ㉣ 운동 에너지로 전환된다.

02 ㄱ, ㄴ. 운동하는 물체의 높이가 낮아질 때 위치 에너지가 운동 에너지로 전환된다.
오답 피하기 ㄷ. 운동하는 물체의 높이가 높아질 때는 운동 에너지가 위치 에너지로 전환된다.

03 ㄱ. 물체가 올라가는 동안 운동 에너지는 점점 감소하므로 속력이 점점 느려진다.
ㄷ. 가장 높은 지점에 도달하는 순간 물체의 속력은 순간적으로 0이 되므로 이때 물체의 운동 에너지도 0이 된다.
오답 피하기 ㄴ. 역학적 에너지는 일정하게 보존된다.

04 ㉠은 높이 h_1인 곳에서의 운동 에너지이다. 높이 h_1인 곳에서의 공의 속력은 v_1이므로 운동 에너지는 $\frac{1}{2}mv_1^2$이다.

자료 분석

자유 낙하 하는 공의 위치 에너지와 운동 에너지

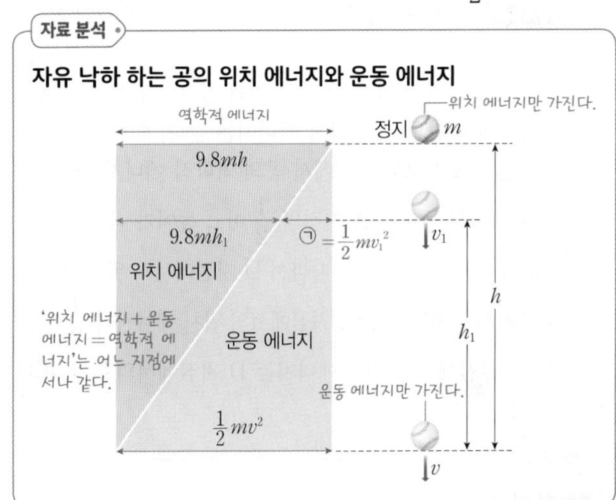

05 자유 낙하 운동 하는 공의 역학적 에너지는 낙하 거리에 관계없이 일정하다.

06 공이 4 m 낙하하는 동안 감소한 위치 에너지가 운동 에너지로 전환된다. 따라서 6 m 높이인 곳에서의 운동 에너지는 (9.8×1) N×4 m=39.2 J이다.

07 ⑤ 0.1초에서 0.2초까지 높이가 높아지면서 증가한 위치 에너지는 0.2초에서 0.3초까지 높이가 낮아지면서 증가한 운동 에너지와 같다.
오답 피하기 ① 물체가 0.2초일 때 최고점에 도달하므로 0.2초일 때 물체의 위치 에너지가 최대이다.
②, ③ 역학적 에너지는 보존되므로 높이가 같으면 위치 에너지와 운동 에너지도 각각 같다. 따라서 0.1초와 0.3초일 때 물체의 높이가 같으므로 물체의 위치 에너지와 운동 에너지도 각각 같다.
④ 역학적 에너지는 보존되므로 0.4초일 때 역학적 에너지는 0초일 때 역학적 에너지와 같다.

시험대비편

자료 분석

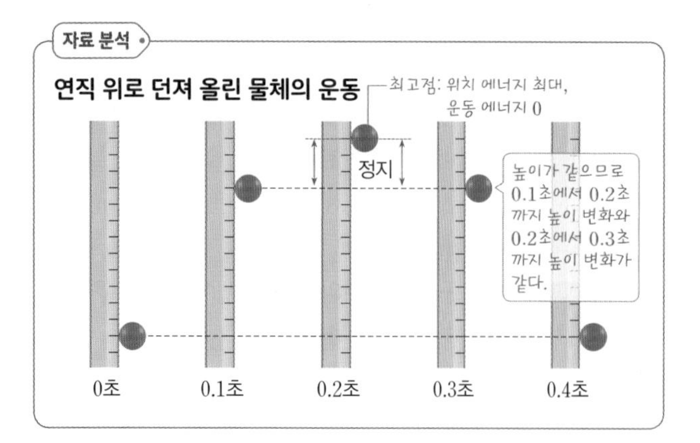

08 역학적 에너지는 보존되므로 모든 점에서 같다.

09 ⑤ 질량과 처음 높이가 같으므로 어느 지점에서나 역학적 에너지는 같다. 또한 위치 에너지가 감소한 만큼 운동 에너지가 증가하므로 높이가 같은 C, D 지점에서의 운동 에너지는 같다.

오답 피하기 ① A, B 지점에서 높이와 질량이 같으므로 두 공의 위치 에너지는 같다.

②, ④ A, B의 높이가 같고 두 공의 질량이 같으므로 A와 B 지점에 놓인 공의 역학적 에너지는 같다. 역학적 에너지는 보존되므로 모든 지점에서 공의 역학적 에너지는 같다.

③ D 지점의 높이는 A 지점의 $\frac{1}{2}$이고 높이가 감소한 만큼 운동 에너지로 전환된다. 따라서 D 지점에서의 위치 에너지와 운동 에너지는 모두 A 지점에서의 위치 에너지의 $\frac{1}{2}$이다. 즉, A 지점에서의 위치 에너지는 D 지점에서의 운동 에너지의 2배이다.

자료 분석

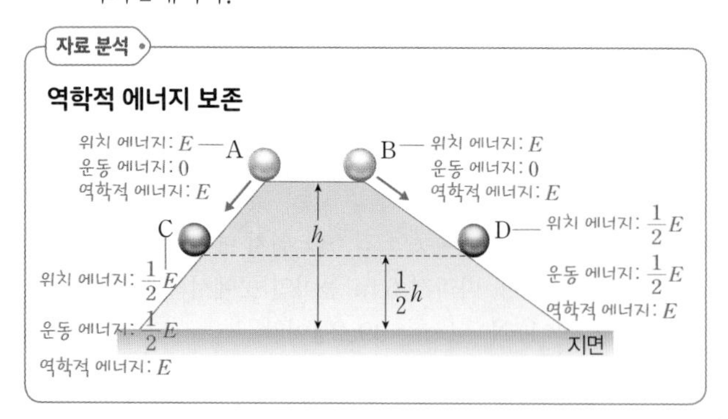

10 역학적 에너지가 보존되므로 위치 에너지가 감소한 만큼 운동 에너지가 증가한다. 따라서 위치 에너지 : 운동 에너지=지면으로부터의 높이 : 낙하 거리=8 m : 12 m=2 : 3이다.

11 예시 답안 역학적 에너지가 보존되므로 공이 처음 높이보다 더 높이 올라가지 않기 때문이다.

채점 기준	배점(%)
공의 역학적 에너지가 보존되기 때문이라고 설명한 경우	100
공의 에너지가 보존되기 때문이라고 설명한 경우	50

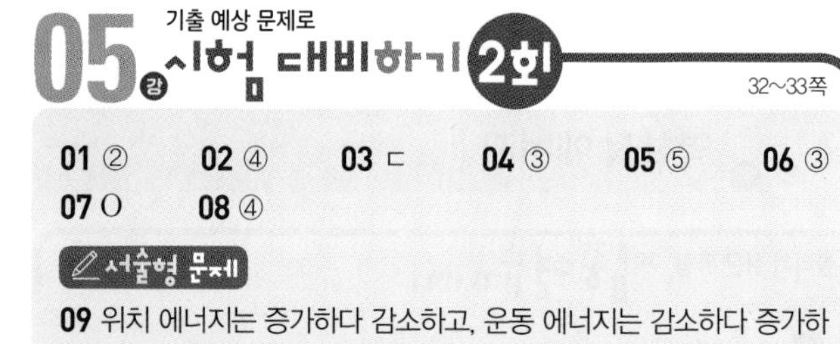

01 ② 02 ④ 03 ㄷ 04 ③ 05 ⑤ 06 ③ 07 ○ 08 ④

서술형 문제

09 위치 에너지는 증가하다 감소하고, 운동 에너지는 감소하다 증가하며, 역학적 에너지는 항상 일정하다. **10** 제대로 작동할 수 없다. 역학적 에너지 보존 법칙에 의해 처음에 가진 위치 에너지보다 더 큰 위치 에너지가 필요한 지점까지 올라갈 수 없기 때문이다.

01 ② 역학적 에너지는 보존되므로 자유 낙하 하는 물체가 바닥에 닿을 때 운동 에너지는 처음의 위치 에너지와 같다.

오답 피하기 ① 역학적 에너지는 위치 에너지와 운동 에너지의 합이다.

③ 자유 낙하 하는 물체의 역학적 에너지는 보존되므로 위치 에너지가 감소한 만큼 운동 에너지가 증가한다.

④ 롤러코스터의 운동 에너지는 가장 낮은 지점을 지날 때 가장 크고, 가장 높은 지점을 지날 때 가장 작다.

⑤ 역학적 에너지는 보존되므로 물체를 위로 던질 때의 운동 에너지는 최고점에서의 위치 에너지와 같다. 따라서 물체를 위로 던진 속력이 빠를수록 운동 에너지가 커지므로 물체가 올라가는 최고점의 높이가 높다.

02 ㄱ. 보드의 높이가 높아질수록 다이빙 선수가 처음에 가지는 역학적 에너지가 커진다. 이 역학적 에너지가 운동 에너지로 전환되므로 보드의 높이가 높아질수록 입수하기 직전의 운동 에너지도 커진다.

ㄷ. 다이빙 선수가 보드에서 높이 뛰어오를 때는 높이가 높아지므로 운동 에너지가 위치 에너지로 전환되고, 최고점에서 물에 입수하기 전까지는 높이가 낮아지므로 위치 에너지가 운동 에너지로 전환된다.

오답 피하기 ㄴ. 역학적 에너지는 보존되므로 입수하기 직전의 운동 에너지는 보드에서 뛰어오를 때의 역학적 에너지와 같다.

자료 분석

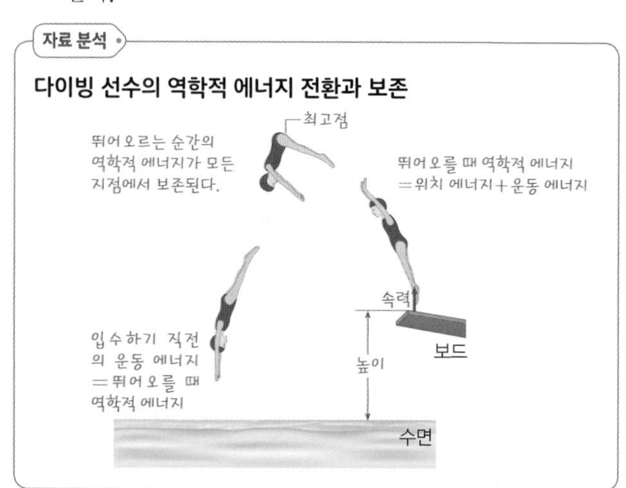

03 ㄷ. 역학적 에너지는 보존되므로 A에서 B로 이동할 때 감소한 위치 에너지와 B에서 C로 이동할 때 증가한 위치 에너지는 같다.

오답 피하기 ㄱ, ㄴ. 역학적 에너지는 모든 점에서 같고, 운동 에너지는 B점에서 최대이다.

자료 분석

반원형 그릇을 왕복 운동 하는 쇠구슬의 역학적 에너지

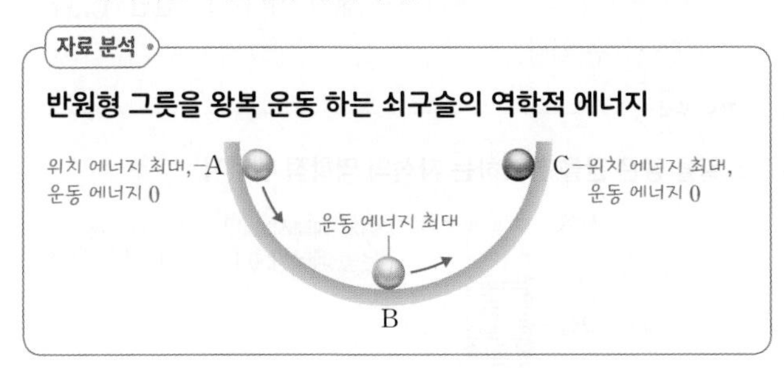

04 ㄱ. (가)에서 처음 출발할 때 쇠구슬의 운동 에너지는 $\frac{1}{2}mv^2$이고, 위치 에너지는 0이므로 역학적 에너지는 $\frac{1}{2}mv^2$이다. 역학적 에너지는 보존되므로 쇠구슬의 역학적 에너지는 모든 지점에서 $\frac{1}{2}mv^2$으로 같다.

ㄴ. (가)에서 쇠구슬이 올라가는 동안 쇠구슬의 속력이 느려지면서 높이가 높아진다. 따라서 운동 에너지가 위치 에너지로 전환된다.

오답 피하기 ㄷ. (나)에서 쇠구슬의 처음 역학적 에너지는 $\frac{1}{2}mv^2$으로 (가)에서 쇠구슬의 처음 역학적 에너지와 같다. 따라서 쇠구슬이 올라간 최대 높이는 (가)에서와 같은 h이다.

자료 분석

레일을 따라 올라가는 쇠구슬의 역학적 에너지

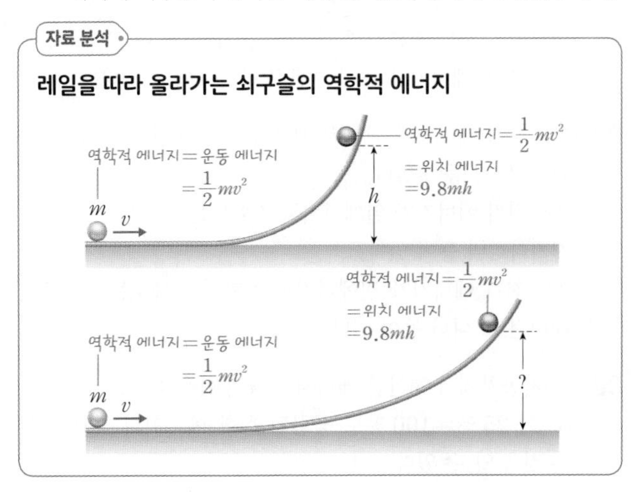

05 ⑤ 롤러코스터가 아래에서 위로 운동할 때는 운동 에너지가 위치 에너지로 전환되고, 위에서 아래로 운동할 때는 위치 에너지가 운동 에너지로 전환된다.

오답 피하기 ① 높이가 가장 높은 A점에서 위치 에너지가 최대이고, 운동 에너지가 최소이다.

② 높이가 가장 낮은 C점에서 위치 에너지가 최소이고, 운동 에너지가 최대이다.

③, ④ 모든 점에서 역학적 에너지는 일정하다.

06 각 점에서 역학적 에너지는 모두 같으므로 'A점에서의 위치 에너지=B점에서의 역학적 에너지=C점에서의 역학적 에너지=D점에서의 역학적 에너지=E점에서의 운동 에너지'이다.

07 추가 아래로 내려갈 때 위치 에너지가 운동 에너지로 전환되므로 추의 높이가 가장 낮은 곳에서 운동 에너지가 가장 크다.

08 역학적 에너지는 보존되므로 최고점에서의 위치 에너지는 던진 순간의 운동 에너지와 같다. 따라서 던진 순간의 속력이 2배가 되면 운동 에너지가 4배가 되어 최고점에서의 위치 에너지도 4배가 된다. 그러므로 공이 올라가는 최고 높이도 4배인 8 m가 된다.

09 예시 답안 위치 에너지는 증가하다 감소하고, 운동 에너지는 감소하다 증가하며, 역학적 에너지는 항상 일정하다.

채점 기준	배점(%)
위치 에너지, 운동 에너지, 역학적 에너지의 변화에 대해 모두 옳게 설명한 경우	100
위치 에너지, 운동 에너지, 역학적 에너지의 변화 중 2가지만 옳게 설명한 경우	60

10 예시 답안 제대로 작동할 수 없다. 역학적 에너지 보존 법칙에 의해 처음에 가진 위치 에너지보다 더 큰 위치 에너지가 필요한 지점까지 올라갈 수 없기 때문이다.

채점 기준	배점(%)
제대로 작동할 수 없다고 쓰고, 그 까닭을 옳게 설명한 경우	100
제대로 작동할 수 없다고만 쓴 경우	30

06강 전기 에너지

틀리기 쉬운 유형 집중연습하기 35쪽

A **01** ㄱ, ㄴ **02** 왼쪽으로 움직인다. **03** (1) A, B 모두 불이 들어오지 않는다. (2) B에만 불이 들어온다.

B **04** LED 전구 **05** 헤어드라이어 **06** 선풍기 **07** 냉장고 **08** ③

01 ㄱ, ㄴ. 유도 전류가 발생한 경우에만 검류계 바늘이 움직인다. 자석을 가까이 하거나 멀리 할 때처럼 자석의 움직임이 있어야 자기장의 변화가 생겨 코일에 유도 전류가 흐른다.

오답 피하기 ㄷ. 코일 안에 자석을 넣고 가만히 있으면 자기장의 변화가 없어 유도 전류가 흐르지 않는다.

02 자석의 N극을 코일에 가까이 할 때와 멀리 할 때 코일에 흐르는 유도 전류의 방향은 반대이다. 따라서 검류계 바늘이 반대 방향으로 움직인다.

03 (1) 코일에 자석을 넣고 가만히 있으면 유도 전류가 발생하지 않아 A, B 모두 불이 들어오지 않는다.
(2) 발광 다이오드에는 긴 다리에서 짧은 다리로만 전류가 흐른다. 따라서 A, B의 다리를 서로 엇갈리게 연결하면 유도 전류의 방향에 따라 둘 중 하나의 발광 다이오드에만 불이 들어온다. 자석의 N극을 가까이 할 때와 멀리 할 때 유도 전류의 방향이 반대이므로 가까이 할 때 A에만 불이 들어왔다면, 멀리 할 때는 B에만 불이 들어온다.

04 소비 전력이 작을수록 1초 동안 사용하는 전기 에너지가 작다.

05 소비 전력이 클수록 1초 동안 사용하는 전기 에너지가 크다.

06 전력량은 소비 전력과 사용 시간의 곱이다.
- 선풍기: 40 W×2 h=80 Wh
- 헤어드라이어: 1300 W×0.5 h=650 Wh
- LED 전구: 10 W×12 h=120 Wh
- 세탁기: 500 W×2 h=1000 Wh
- 진공청소기: 1000 W×1 h=1000 Wh
- 냉장고: 50 W×24 h=1200 Wh

선풍기가 사용한 전력량이 80 Wh로 가장 작다.

07 냉장고가 사용한 전력량이 1200 Wh로 가장 크다.

08 LED 전구에서는 전기 에너지가 빛에너지로 전환되고, 나머지 전기 기구에서는 전기 에너지가 운동 에너지로 전환된다.

36~37쪽

01 ③ **02** ⑤ **03** 6 J **04** ④ **05** ② **06** ② **07** ②
08 ②, ⑤ **09** D **10** ④

서술형 문제

11 손잡이를 더 빠르게 돌린다. 세기가 더 센 자석으로 바꾼다. 코일을 더 많이 감는다.

01 ㄱ. 발전 과정에서 위치 에너지와 운동 에너지 등 다른 에너지가 전기 에너지로 전환된다.
ㄷ. 발전기 안의 코일 주위에서 자석이 운동하거나 자석 주위에서 코일이 운동하면 코일을 통과하는 자기장이 변하게 되어 유도 전류가 흐른다.
오답 피하기 ㄴ. 발전기는 코일과 자석으로 이루어져 있다.

02 코일이나 자석이 움직일 경우에 코일을 통과하는 자기장의 변화가 생겨 유도 전류가 발생한다.

03 코일을 통과하기 전 역학적 에너지는 20 J이고 코일을 통과한 후 역학적 에너지는 14 J이다. 따라서 코일을 통과하면서 6 J의 역학적 에너지가 전기 에너지로 전환되었다는 것을 알 수 있다.

자료 분석

코일을 감은 관을 통과하는 자석의 역학적 에너지

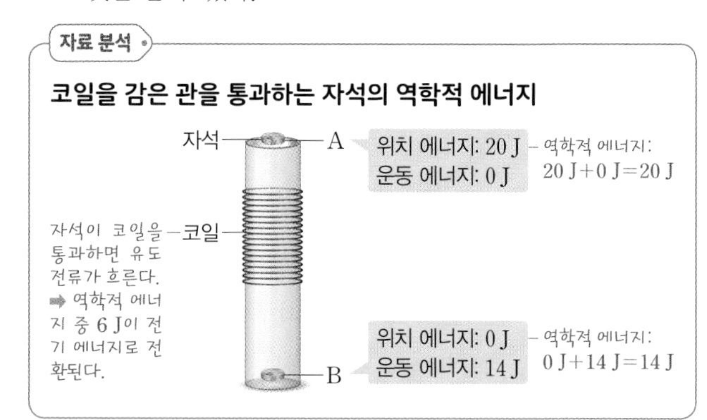

04 ㄴ, ㄷ. 회전축을 회전시키면 회전축과 연결된 코일이 회전하게 된다. 따라서 전자기 유도에 의해 코일에 유도 전류가 흘러 발광 다이오드에 불이 들어온다.
오답 피하기 ㄱ. 회전축을 회전시키면 회전축과 연결된 코일이 회전한다. 문제의 그림과 같은 발전기에서 자석은 고정되어 있고 코일만 회전한다.

05 텔레비전에서는 전기 에너지가 소리 에너지, 빛에너지, 열에너지 등으로 전환된다.

06 전기 에너지는 전류가 흐를 때 공급되는 에너지로, 여러 가지 형태의 에너지로 쉽게 전환하여 사용할 수 있다.

07 (가) 전기 에너지가 역학적 에너지로 전환되는 예로는 선풍기, 세탁기 등이 있다.
(나) 전기 에너지가 열에너지로 전환되는 예로는 전기밥솥, 전기다리미 등이 있다.
(다) 전기 에너지가 빛에너지로 전환되는 예로는 전등, 텔레비전, 모니터 등이 있다.

08 ② 자동차에서 전환된 에너지 총량의 합은 40 %+30 %+5 %+25 %=100 %로 공급된 화학 에너지의 양과 같다는 것을 알 수 있다.
⑤ 화학 에너지가 다양한 형태의 에너지로 전환되는 것처럼 에너지는 한 형태의 에너지에서 다른 형태의 에너지로 전환될 수 있다.
오답 피하기 ① 에너지는 다양한 형태의 에너지로 전환되어 존재할 수 있다.
③, ④ 에너지가 전환될 때 에너지의 총량은 보존된다.

09 소비 전력이 클수록 같은 시간 동안 사용하는 전기 에너지가 많다.

10 A, B 모두 전구에서 방출된 빛에너지와 열에너지의 합이 소비한 전기 에너지와 같다.

ㄴ. B는 1분 동안 360 J+360 J=720 J의 전기 에너지를 소비한다. 따라서 1초 동안 12 J의 전기 에너지를 소비한다.

ㄷ. 밝기는 같지만 A가 B보다 소비 전력이 더 작다. 따라서 A가 B보다 전기 에너지를 더 효율적으로 사용한다는 것을 알 수 있다.

오답 피하기 ㄱ. A는 1분 동안 360 J+120 J=480 J의 전기 에너지를 소비하므로 1초 동안 8 J의 전기 에너지를 소비하고, B는 1초 동안 12 J의 전기 에너지를 소비한다. 따라서 A의 소비 전력이 B의 소비 전력보다 작다.

11 전구에 흐르는 유도 전류의 세기가 셀수록 전구의 밝기가 더 밝아진다.

예시 답안 손잡이를 더 빠르게 돌린다. 세기가 더 센 자석으로 바꾼다. 코일을 더 많이 감는다.

채점 기준	배점(%)
3가지를 모두 옳게 설명한 경우	100
2가지만 옳게 설명한 경우	60
1가지만 옳게 설명한 경우	30

06강 기출 예상 문제로 시험 대비하기 2회

38~39쪽

01 역학적 에너지 **02** ③ **03** 전자기 유도 **04** ㄱ, ㄴ, ㄷ **05** ④ **06** ⑤ **07** ② **08** ① **09** ④ **10** ①

서술형 문제

11 자석을 코일에 가까이 할 때와 멀리 할 때 코일에 흐르는 유도 전류의 방향은 반대이다.

01 휴대용 손전등 안에는 자석과 코일이 있으므로 회전축과 연결된 코일이 자석 근처에서 움직이면 코일에 전류가 흐른다. 즉, 역학적 에너지가 전기 에너지로 전환되어 불이 들어오게 된다.

02 ㄱ. 이 실험은 전자기 유도에 대해 알아보는 실험으로, 발전소의 발전기는 전자기 유도를 이용한 것이다.

ㄴ. 자석의 N극을 코일에 가까이 할 때와 멀리 할 때 유도 전류의 방향은 반대이다. 따라서 자석의 N극을 코일에서 멀리 하면 검류계 바늘이 왼쪽으로 움직인다.

오답 피하기 ㄷ. 자석을 고정시키고 코일을 위아래로 움직여도 코일을 통과하는 자기장이 변하므로 유도 전류가 발생하여 검류계 바늘이 움직인다.

03 코일 근처에서 자석을 움직일 때 코일을 통과하는 자기장이 변하여 전류가 흐르는 현상을 전자기 유도라고 한다.

04 ㄱ. 회전 날개가 움직이면 발전기에서 코일이 회전하여 코일을 통과하는 자기장이 변하므로 전자기 유도가 일어난다.

ㄴ. 회전 날개를 입으로 불어서 돌아가게 하면 전자기 유도가 일어나 유도 전류가 흐르므로 검류계 바늘이 움직인다.

ㄷ. 풍력 발전소에서는 바람의 운동 에너지로 회전 날개를 돌려 전기를 생산한다. 따라서 이 실험을 통해 풍력 발전소에서 전기가 만들어지는 원리를 설명할 수 있다.

05 ㄱ. 발전 과정에서 위쪽 저수지의 물을 낙하시켜 발전기를 돌린다. 따라서 발전 과정에서 물의 위치 에너지가 전기 에너지로 전환된다.

ㄷ. 낮에는 발전을 통해 전기를 생산하고 밤에는 남는 전력을 이용하여 위쪽 저수지에 다시 물을 채운다. 따라서 에너지를 저장하는 것과 같은 효과가 나타난다.

오답 피하기 ㄴ. 양수 과정에서 전기를 이용해 아래쪽 저수지의 물을 위쪽 저수지로 끌어 올린다. 따라서 양수 과정에서는 전기 에너지가 물의 위치 에너지로 전환된다.

개념 더하기

양수 발전

전력 소비가 적은 밤에 남는 전기를 이용하여 높은 곳에 있는 위쪽 저수지로 물을 끌어 올려 저장한 후 전력 소비가 많은 낮 시간에 이 물을 떨어뜨려 발전하는 방식이다. 보통 수력 발전소는 발전에 사용한 물을 흘려 보내지만, 양수 발전소는 이 물을 버리지 않고 아래쪽에 저수지를 만들어 저장해 두었다가 에너지가 남는 밤에 다시 위로 끌어 올려 이용하므로 전기 에너지를 저장하는 것과 같은 효과를 가져온다.

06 전기모터에서는 전기 에너지가 운동 에너지로 전환된다.

07 형광등에서는 전기 에너지가 ㉠ 빛에너지로, 선풍기에서는 전기 에너지가 ㉡ 운동 에너지로, 라디오에서는 전기 에너지가 ㉢ 소리 에너지로 전환된다.

08 ㄱ. 세탁기에서는 전기 에너지가 주로 운동 에너지로 전환된다.

오답 피하기 ㄴ. 에너지는 보존되므로 B, C, D, E를 모두 합한 값은 A의 값과 같다.

ㄷ. 세탁기의 전원을 끈 후 세탁조가 회전을 멈출 때까지 운동 에너지는 열에너지와 소리 에너지 등으로 전환된다.

09 ㄱ, ㄴ. 에너지는 다른 형태의 에너지로 전환될 수 있으며, 이러한 에너지 전환 과정에서 에너지는 새롭게 생성되거나 소멸하지 않는다.

오답 피하기 ㄷ. 에너지의 총량은 보존되지만 우리가 유용하게 사용할 수 있는 에너지는 점점 감소하므로 에너지를 절약해야 한다.

10 ㄱ. 취사나 보온 기능을 사용할 때 모두 전기 에너지가 열 에너지로 전환된다.

오답 피하기 ㄴ. 취사 기능을 30분 동안 사용했을 때 소비 전력량은 1040 W×0.5 h=520 Wh이고, 보온 기능을 2시간 동안 사용했을 때 소비 전력량은 140 W×2 h=280 Wh이다. 따라서 소비한 총 전력량은 800 Wh이다.
ㄷ. 취사 기능을 사용할 때의 소비 전력이 보온 기능을 사용할 때의 소비 전력보다 크다. 따라서 같은 시간 동안 사용한다면 취사 기능을 사용할 때 소비한 전기 에너지의 양이 더 크다.

11 예시 답안 자석을 코일에 가까이 할 때와 멀리 할 때 코일에 흐르는 유도 전류의 방향은 반대이다.

채점 기준	배점(%)
자석을 코일에 가까이 할 때와 멀리 할 때 유도 전류의 방향이 반대라고 옳게 설명한 경우	100
자석을 코일에 가까이 할 때와 멀리 할 때 유도 전류의 방향이 달라진다고 설명한 경우	70

Ⅵ 단원 평가하기

40~43쪽

01 ④ **02** ⑤ **03** ④ **04** ③ **05** ③ **06** ② **07** ④
08 0.9 J **09** ㄱ, ㄷ **10** (1) 공이 낙하할 때는 위치 에너지가 운동 에너지로 전환되고, 튀어 오를 때는 운동 에너지가 위치 에너지로 전환된다. (2) 역학적 에너지가 보존되지 않기 때문이다. **11** ①
12 ③ **13** A **14** 발광 다이오드에 불이 들어온다. 자석이 코일을 통과할 때 전자기 유도에 의해 코일에 유도 전류가 흐르기 때문이다.
15 ④ **16** ② **17** ⑤ **18** ④ **19** 100 W **20** 전기 에너지의 경우 소비 전력에 초(s) 단위를 곱하여 사용하기 때문에 숫자가 너무 커지므로 소비 전력에 시(h) 단위를 곱한 전력량을 사용한다.

01 ④ 운동하는 물체의 높이가 변할 때 위치 에너지와 운동 에너지는 서로 전환된다.

오답 피하기 ① 위로 올라가는 물체는 높이가 높아지므로 위치 에너지가 증가한다.
② 자유 낙하 하는 물체는 속력이 빨라지므로 운동 에너지가 증가한다.
③ 역학적 에너지는 위치 에너지와 운동 에너지의 합이다.
⑤ 위치 에너지와 운동 에너지의 합인 역학적 에너지는 공기 저항과 모든 마찰을 무시할 때 일정하게 보존된다.

02 ⑤ 높이와 속력이 변하지 않으면 역학적 에너지 전환이 일어나지 않는다.

오답 피하기 ①, ② 위치 에너지가 운동 에너지로 전환된다.
③, ④ 운동 에너지가 위치 에너지로 전환된다.

03 ㄱ. A의 높이가 B보다 높으므로 위치 에너지는 A가 B보다 크다.
ㄷ. B가 낙하하는 동안 높이는 낮아지고 속력은 빨라진다. 즉, 위치 에너지가 운동 에너지로 전환된다.

오답 피하기 ㄴ. 물방울이 낙하하면서 위치 에너지가 운동 에너지로 전환된다. 따라서 운동 에너지는 더 많이 낙하한 B가 A보다 크다.

04 ㄷ. 공이 자유 낙하 하면서 공의 높이가 낮아지고 속력이 빨라진다. 이는 위치 에너지가 운동 에너지로 전환되고 있기 때문이다.

오답 피하기 ㄱ. 공과 공 사이의 간격이 점점 넓어지므로 공의 속력이 점점 증가하고 있다는 것을 알 수 있다.
ㄴ. 공의 높이가 점점 낮아지므로 위치 에너지가 점점 감소하고 있다.

05 ③ 공기 저항과 모든 마찰을 무시하므로 역학적 에너지는 보존된다. 따라서 B점에서 물체의 역학적 에너지는 A점에서의 역학적 에너지와 같은 980 J이다.

오답 피하기 ① A점에서 물체의 역학적 에너지=A점에서 물체의 위치 에너지=(9.8×10) N×10 m=980 J이다.
② 물체가 낙하하는 동안 감소한 위치 에너지만큼 운동 에너지가 증가한다. 따라서 B점에서 물체의 운동 에너지=5 m 낙하하는 동안 감소한 물체의 위치 에너지=(9.8×10) N×5 m=490 J이다.
④ A점에서의 위치 에너지가 C점에서 모두 운동 에너지로 전환되므로 C점에서 물체의 운동 에너지=A점에서의 위치 에너지=980 J이다.
⑤ C점에서 물체의 역학적 에너지는 A점에서의 역학적 에너지와 같은 980 J이다.

06 ② 마찰이 없는 비탈면에서 운동하므로 모든 점에서 역학적 에너지는 같다.

오답 피하기 ① A점의 높이가 가장 높으므로 A점에서 위치 에너지가 가장 크다.
③, ④ B점의 높이가 가장 낮으므로 B점에서 속력이 가장 빠르고, 운동 에너지가 가장 크다.
⑤ C점의 높이가 D점보다 높으므로 C점에서 위치 에너지는 D점에서 위치 에너지보다 크다.

07 ㄱ. 공이 떨어지는 동안 높이는 낮아지고 속력은 빨라진다. 이는 공의 위치 에너지가 운동 에너지로 전환되었기 때문이다.
ㄷ. A점에서 B점까지 운동하는 동안 감소한 위치 에너지=증가한 운동 에너지=$\frac{1}{2}\times0.2\ \text{kg}\times(3\ \text{m/s})^2-\frac{1}{2}\times0.2\ \text{kg}\times(1\ \text{m/s})^2=0.8\ \text{J}$이다.

오답 피하기 ㄴ. 역학적 에너지는 보존되므로 B점에서 공의 역학적 에너지는 A점에서와 같다.

자료 분석

자유 낙하 하는 물체의 역학적 에너지

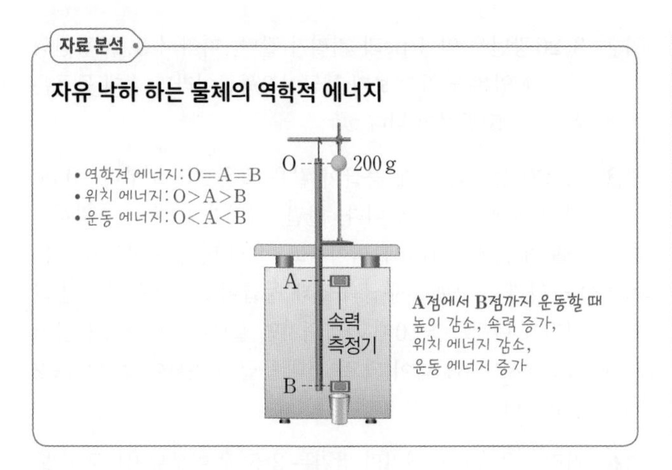

자료 분석

전기 에너지가 만들어지는 원리

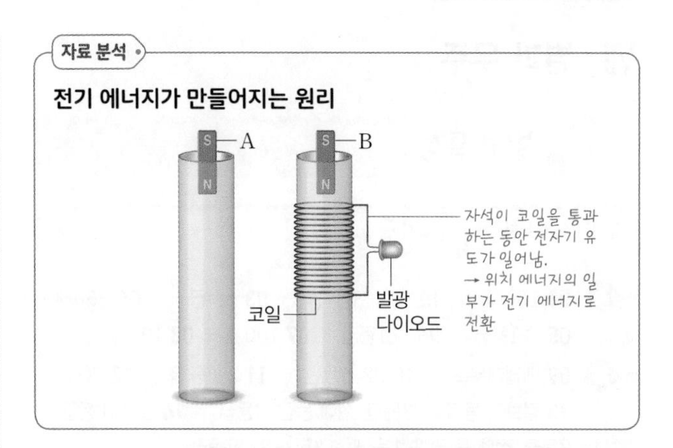

08 처음의 위치 에너지=바닥에 닿는 순간의 운동 에너지= $\frac{1}{2}\times0.8\text{ kg}\times(1.5\text{ m/s})^2=0.9\text{ J}$이다.

09 ㄱ, ㄷ. 롤러코스터가 내려오는 구간인 A → B 구간, C → B 구간에서는 위치 에너지가 운동 에너지로 전환된다.

오답 피하기 ㄴ, ㄹ. 롤러코스터가 올라가는 구간인 B → C 구간, D → E 구간에서는 운동 에너지가 위치 에너지로 전환된다.

10 (1) 예시 답안 공이 낙하할 때는 위치 에너지가 운동 에너지로 전환되고, 튀어 오를 때는 운동 에너지가 위치 에너지로 전환된다.

채점 기준	배점(%)
공이 낙하할 때와 튀어 오를 때 모두 옳게 설명한 경우	100
공이 낙하할 때와 튀어 오를 때 중 1가지만 옳게 설명한 경우	50

(2) 예시 답안 역학적 에너지가 보존되지 않기 때문이다.

채점 기준	배점(%)
역학적 에너지가 보존되지 않기 때문이라고 설명한 경우	100
역학적 에너지가 감소하기 때문이라고 설명한 경우	100

11 ㄱ. 자석을 더 빠르게 가까이 하면 유도 전류의 세기가 커진다. 따라서 검류계 바늘이 θ보다 크게 움직인다.

오답 피하기 ㄴ. 자석을 더 느리게 가까이 하면 유도 전류의 세기가 작아져 검류계 바늘이 θ보다 작게 움직인다.
ㄷ. 자석을 코일 안에 넣고 가만히 있으면 유도 전류가 흐르지 않아 검류계 바늘이 움직이지 않는다.

12 ③ 발전기에서는 역학적 에너지가 전기 에너지로 전환된다.

오답 피하기 ①, ② 자전거 바퀴를 회전시키면 전자기 유도에 의해 코일에 유도 전류가 흐르면서 전조등에 불이 들어온다.
④, ⑤ 자전거 바퀴가 회전하면 바퀴에 접촉된 회전축이 같이 돌아가 자석이 회전하게 된다. 이렇게 자석이 회전하면 코일 주변의 자기장이 변하여 유도 전류가 흐르게 된다.

13 A는 자석의 위치 에너지가 모두 운동 에너지로 전환되고, B는 자석의 위치 에너지가 운동 에너지와 발광 다이오드의 불을 밝히는 전기 에너지로 전환된다. 따라서 A의 운동 에너지가 더 커서 A가 지면에 먼저 도달한다.

14 예시 답안 발광 다이오드에 불이 들어온다. 자석이 코일을 통과할 때 전자기 유도에 의해 코일에 유도 전류가 흐르기 때문이다.

채점 기준	배점(%)
발광 다이오드에 불이 들어온다고 쓰고, 그 까닭을 옳게 설명한 경우	100
발광 다이오드에 불이 들어온다고만 쓴 경우	30

15 ㄴ, ㄷ. 전류가 흐를 때 공급되는 전기 에너지는 전기 기구 등을 통해 다른 형태의 에너지로 쉽게 전환될 수 있다.

오답 피하기 ㄱ. 전기 에너지의 단위로는 J(줄)을 사용한다. W(와트)는 소비 전력의 단위이다.

16 화력 발전소에서는 화석 연료가 연소되어 화학 에너지가 열에너지로 전환되며, 이 열에너지로 물을 끓여 고온·고압의 증기를 만들고 이 증기의 힘으로 터빈을 돌린다. 이 과정에서 열에너지가 운동 에너지로 전환되며, 마지막으로 발전기에서 운동 에너지가 전기 에너지로 전환된다.

17 (가)는 화학 에너지, (나)는 열에너지, (다)는 빛에너지에 대한 설명이다.

18 텔레비전을 시청할 때 전기 에너지가 빛에너지, 열에너지, 소리 에너지 등으로 전환된다.

19 전력량=소비 전력×사용 시간이고, 한 달 동안 냉장고를 사용한 시간은 24 h×30=720 h이다. 따라서 72000 Wh=소비 전력×720 h에서 냉장고의 소비 전력은 100 W이다.

20 전기 에너지는 전력에 초(s) 단위의 시간을 곱한 값이며, 전력량은 전력에 시(h) 단위의 시간을 곱한 값이다.

예시 답안 전기 에너지의 경우 소비 전력에 초(s) 단위를 곱하여 사용하기 때문에 숫자가 너무 커지므로 소비 전력에 시(h) 단위를 곱한 전력량을 사용한다.

채점 기준	배점(%)
전기 에너지의 경우 소비 전력에 초 단위를 곱하므로 숫자가 너무 커지기 때문이라고 옳게 설명한 경우	100
전력량은 전력에 시(h) 단위의 시간을 곱한 값이기 때문이라고만 설명한 경우	50

Ⅶ. 별과 우주

07강 별의 특성

틀리기 쉬운 유형 집중연습하기

45쪽

A **01** 100배 **02** −4.3등급 **03** 7등급 **04** 250배 **05** −1등급 **06** −4등급 **07** 100개 **08** 100개

B **09** 베텔게우스 **10** 32.6광년 **11** 2.6등급 **12** 7등급 **13** 겉보기 등급: −3등급, 절대 등급: 2등급 **14** 겉보기 등급: 2등급, 절대 등급: −1등급 **15** −21.8등급

01 −3.8등급인 별은 1.2등급인 별보다 5등급이 작으므로 100배 밝다.

02 밝기가 16배 차이 나면 등급은 약 3등급 차이가 난다. 따라서 −1.3등급보다 16배 밝은 별은 약 −4.3등급이다.

03 밝기가 2.5배 차이 나면 등급은 약 1등급 차이가 난다. 따라서 6등급인 별보다 2.5배 어두운 별은 약 7등급인 별이다.

04 맨눈으로 볼 수 있는 가장 어두운 별은 6등급이며, 6등급은 0등급과 6등급 차이가 나므로 밝기는 약 250배 차이가 난다.

05 밝기가 40배 차이면 등급은 약 4등급 차가 난다. 따라서 3등급인 별이 40개가 모여 있다면 약 −1등급인 별 1개의 밝기와 같다.

06 밝기가 4000($\fallingdotseq 2.5^4 \times 100$)배 차이면 등급은 9등급 차가 난다. 따라서 5등급의 별이 4000개 모인 성단이 있다면 이것은 약 −4등급 별 1개의 밝기와 같다.

07 2등급인 별은 3등급인 별보다 약 2.5배 밝으므로 2등급인 별 40개가 모이면 3등급인 별 약 100($=2.5 \times 40$)개의 밝기와 같다.

08 3등급인 별은 −2등급인 별보다 100배 어둡다. 따라서 3등급인 별 10000개와 같은 밝기를 갖기 위해서는 −2등급인 별 100개가 모여야 한다.

09 실제로 가장 밝은 별은 절대 등급이 가장 작은 별이므로 세 별 중 베텔게우스가 이에 해당한다.

10 절대 등급은 별을 지구로부터 10 pc의 거리에 두었다고 가정했을 때 별의 밝기를 나타낸 등급이다. 10 pc은 약 32.6광년과 거리가 같다.

11 10 pc은 1 pc 거리보다 10배 멀므로 별의 밝기는 1 pc보다 10 pc에서 100배 어두워진다. 따라서 1 pc의 거리에 있는 어떤 별의 겉보기 등급이 −2.4등급이라면 이 별의 절대 등급은 5등급 큰 2.6등급이 된다.

12 3.26광년은 약 1 pc과 거리가 같다. 따라서 3.26광년의 거리에 있는 별의 겉보기 등급이 2등급이라면 절대 등급은 7($=2+5$)등급이 된다.

13 겉보기 등급과 절대 등급이 같은 별은 지구로부터 10 pc의 거리에 위치한 별이다. 한편, 거리가 10배 가까워지면 겉보기 밝기는 100배 밝아지고, 실제 밝기는 변하지 않는다. 따라서 겉보기 등급과 절대 등급이 모두 2등급인 별의 거리가 현재보다 10배 가까워지면 겉보기 등급은 5등급이 작아져서 −3등급이 되고, 절대 등급은 변함이 없으므로 2등급이다.

14 거리가 2.5배 멀어지면 밝기는 2.5^2배 어두워지므로 겉보기 등급은 약 2등급 커진다. 반면 절대 등급은 별의 실제 밝기를 나타낸 것이므로 거리를 변화시켜도 절대 등급은 변하지 않는다. 따라서 겉보기 등급이 0등급이고, 절대 등급이 −1등급인 별이 2.5배 멀어진다면 겉보기 등급은 2등급이 되고, 절대 등급은 −1등급 그대로이다.

15 태양까지의 거리는 토성이 지구보다 10배 멀다. 거리가 10배 멀어지면 밝기는 100배 어두워지므로 겉보기 등급은 5등급 커지게 된다. 따라서 토성에서 본 태양의 겉보기 등급은 $-26.8+5=-21.8$등급이 된다. 다만, 태양의 절대 등급은 지구에서 관측하든 토성에서 관측하든 동일한 값을 나타낸다.

07강 기출 예상 문제로 시험 대비하기 1회

46~47쪽

01 시차 **02** ④ **03** ③ **04** ③ **05** ③ **06** ①, ④ **07** ②, ⑤ **08** ③ **09** ② **10** ⑤

서술형 문제

11 (가)-(나)-(다)-(라), 별의 표면 온도는 별의 색과 관련이 있고, 별의 색이 청색-청백색-백색-황백색-황색-주황색-적색 순으로 갈수록 표면 온도가 낮아지기 때문이다. **12** (다), 별의 표면 온도는 별의 색과 관련이 있다. 따라서 태양과 표면 온도가 비슷한 별은 태양과 같은 색을 띠는 (다) 별이 된다. **13** (가), (라), 지구로부터 10 pc의 거리에 있는 별은 겉보기 등급과 절대 등급이 같기 때문이다. **14** 326광년, 별 (다)는 겉보기 등급이 절대 등급보다 5등급 커서, 10 pc에서의 밝기보다 100배 어둡게 관측된다. 또한, 밝기가 100배 어두워지면 등급이 5등급 커지므로 현재 별 (다)는 100 pc의 거리에 있음을 알 수 있다. 100 pc은 약 326광년과 거리가 같다.

01 관측자의 위치 변화에 따라 먼 배경에 대해 가까운 물체의 위치가 달라져 보이는 방향의 차이를 시차라고 한다.

자료 분석

시차

- 시차: 서로 다른 두 지점에서 물체를 바라보았을 때 생기는 각도
- 물체까지의 거리와 시차: 거리가 멀수록 시차는 작아진다.

➡ 시차$\propto \frac{1}{\text{물체까지의 거리}}$

- 관측자의 위치 변화와 시차: 물체를 관측하는 관측자의 위치 변화가 클수록 시차는 커진다.

02 연주 시차와 별까지의 거리는 반비례한다. 즉, 연주 시차가 클수록 지구로부터의 거리가 가깝고, 연주 시차가 작을수록 지구로부터의 거리가 멀다.

03 ㄱ, ㄴ. 별 A와 별 B는 절대 등급이 같으므로 실제 밝기가 같은 별이다. 한편, 6개월 동안 먼 배경 별에 대해 이동한 정도가 별 A가 별 B보다 큰 것으로 보아 별 A가 별 B보다 지구로부터의 거리가 더 가까운 별임을 알 수 있다. 따라서 우리 눈에 보이는 겉보기 밝기는 별 A가 별 B보다 더 밝게 보인다.

오답 피하기 ㄷ. 별 A와 별 B의 위치가 배경 별에 대해 달라지는 시차 현상은 지구의 공전 때문에 나타나는 현상이다.

자료 분석

별의 연주 시차

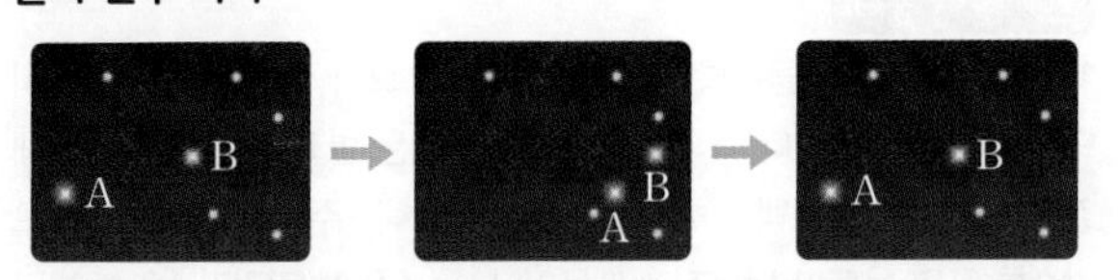

- 배경 별을 기준으로 1년 후에 별 A와 별 B가 원래의 위치로 되돌아왔다. 그 까닭은 별 자체의 움직임이 아니라 지구의 공전 때문에 나타나는 시차 때문이다.
- 별 A가 별 B보다 시차가 더 큰 까닭은 별 A가 별 B보다 지구로부터의 거리가 가깝기 때문이다.
- 별 A와 별 B의 절대 등급이 같으므로 실제 밝기는 서로 같다.
- 별 B는 별 A보다 더 멀리 위치해 있으므로 겉보기 밝기는 별 B가 더 어둡게 관측된다. ➡ 겉보기 등급: A<B

04 별에서 방출되는 빛은 사방으로 퍼져 나가므로 별로부터 거리가 멀어지면 빛이 퍼지는 총 면적이 거리의 제곱에 비례하여 커지게 된다. 따라서 단위 면적당 들어오는 별빛의 세기는 거리의 제곱에 반비례한다.

05 ③ 별까지의 거리가 달라지면 겉보기 등급은 달라지지만 절대 등급은 변하지 않는다. 별의 실제 밝기가 같다면, 지구로부터 별까지의 거리가 먼 별일수록 겉보기 등급이 크다.

오답 피하기 ① 절대 등급이 같은 별이라고 하더라도 지구로부터 별까지의 거리가 달라지면 겉보기 등급도 달라지므로, 겉보기 등급이 작은 별이 절대 등급도 작다고 할 수 없다.

② 밤하늘에서 같은 밝기로 보이는 별은 겉보기 등급이 같지만 절대 등급은 별까지의 거리를 모르면 알 수 없다.

④ 별이 10 pc의 거리에 있다고 가정했을 때의 밝기에 의한 등급을 절대 등급이라고 한다.

⑤ 동일한 별의 경우 지구로부터 별까지의 거리가 달라진다 하더라도 절대 등급은 변하지 않는다.

개념 더하기

별의 겉보기 등급과 절대 등급

구분	겉보기 등급	절대 등급
정의	별까지의 거리를 생각하지 않고 눈에 보이는 밝기에 따라 정한 등급	모든 별을 10 pc의 거리에 두었다고 가정했을 때의 밝기 등급
의미	겉보기 등급이 작을수록 우리 눈에 밝게 보인다.	절대 등급이 작을수록 실제로 밝은 별이다.

06 지구로부터 별까지의 거리가 현재보다 4배 멀어지면 겉보기 밝기는 16배 어두워지므로 겉보기 등급은 약 3등급이 커진다. 그러나 절대 등급은 변하지 않는다.

07 ② 별 A와 별 C는 겉보기 등급과 절대 등급이 각각 같으므로 지구로부터 10 pc 거리에 있다.

⑤ 별 D는 10 pc에 있을 때의 밝기보다 현재의 위치에서 100배 더 밝게 보이므로 거리는 10 pc보다 10배 더 가까운 1 pc의 거리에 있다.

오답 피하기 ① 실제로 가장 밝은 별은 절대 등급이 가장 작은 별 C이다.

③ 지구로부터의 거리가 가장 가까운 별은 (겉보기 등급−절대 등급) 값이 가장 작은 별 D이다.

④ 육안으로 어느 별이 더 밝게 보이는지의 판단 여부는 두 별의 겉보기 등급을 서로 비교해 보면 된다. 별 C와 별 D는 겉보기 등급이 1등급으로 동일하므로 같은 밝기로 보인다.

자료 분석

별의 등급과 밝기

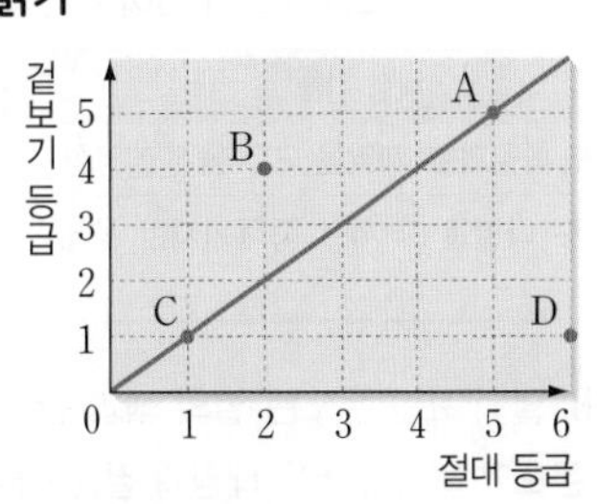

- 겉보기 밝기: C=D>B> A
- 실제 밝기: C>B>A>D
- 지구로부터의 거리: B>A=C=10 pc>D
- 겉보기 등급=절대 등급 → 10 pc 거리의 별

08 별의 밝기는 거리의 제곱에 반비례하므로 100 pc의 거리에 있는 별을 10 pc의 거리로 옮긴다면 거리가 10배 가까워졌으므로 겉보기 밝기가 100배 밝아진다. 따라서 별의 겉보기 등급은 5등급 작아진다.

09 ㄴ. 연주 시차와 별까지의 거리는 반비례한다. 따라서 연주 시차는 거리가 더 가까운 별 C가 별 D보다 크다.
오답 피하기 ㄱ. 가장 밝게 보이는 별은 겉보기 등급이 가장 작은 별 C이다.
ㄷ. A~D 별의 절대 등급은 각각 2등급, −1등급, −5등급, −8등급이므로 실제 밝기는 절대 등급이 가장 작은 별 D가 제일 밝다.

자료 분석

별의 등급과 밝기

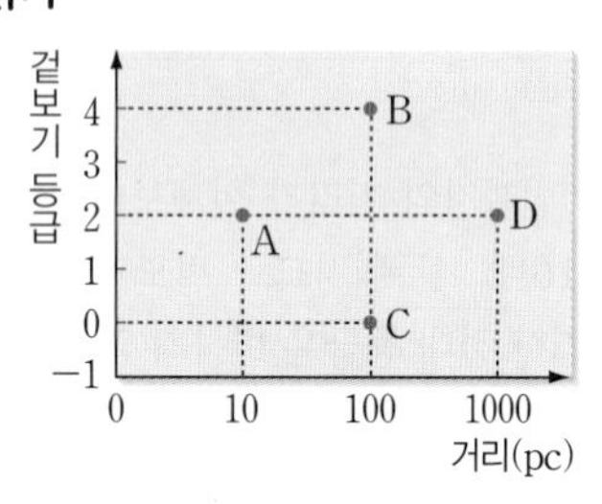

- 겉보기 밝기: C > A = D > B
- 연주 시차: A > B = C > D
- 절대 등급
  - A: 2등급 ➡ 10 pc에서는 겉보기 등급 = 절대 등급
  - B: −1등급 ➡ 100 pc에서는 겉보기 등급 = 절대 등급 + 5
  - C: −5등급 ➡ 100 pc에서는 겉보기 등급 = 절대 등급 + 5
  - D: −8등급 ➡ 1000 pc에서는 겉보기 등급 = 절대 등급 + 10
- 실제 밝기: D > C > B > A

10 별의 표면 온도는 별의 색과 관계가 있다. 즉, 별의 색이 청색 – 청백색 – 백색 – 황백색 – 황색 – 주황색 – 적색 쪽으로 갈수록 표면 온도가 낮아진다.

11 예시 답안 (가) – (나) – (다) – (라), 별의 표면 온도는 별의 색과 관련이 있고, 별의 색이 청색 – 청백색 – 백색 – 황백색 – 황색 – 주황색 – 적색 순으로 갈수록 표면 온도가 낮아지기 때문이다.

채점 기준	배점(%)
별의 표면 온도 나열과 그 까닭을 모두 옳게 설명한 경우	100
별의 표면 온도 나열과 그 까닭 중 1가지만 옳게 설명한 경우	50

12 예시 답안 (다), 별의 표면 온도는 별의 색과 관련이 있다. 따라서 태양과 표면 온도가 비슷한 별은 태양과 같은 색을 띠는 (다) 별이 된다.

채점 기준	배점(%)
해당 별을 옳게 고르고, 그 까닭도 옳게 설명한 경우	100
해당 별과 까닭 중 1가지만 옳게 설명한 경우	50

13 예시 답안 (가), (라), 지구로부터 10 pc의 거리에 있는 별은 겉보기 등급과 절대 등급이 같기 때문이다.

채점 기준	배점(%)
해당 별을 옳게 고르고, 그 까닭도 옳게 설명한 경우	100
해당 별과 까닭 중 1가지만 옳게 설명한 경우	50

14 예시 답안 326광년, 별 (다)는 겉보기 등급이 절대 등급보다 5등급 커서 10 pc에서의 밝기보다 100배 어둡게 관측된다. 또한, 밝기가 100배 어두워지면 등급이 5등급 커지므로 현재 별 (다)는 100 pc의 거리에 있음을 알 수 있다. 100 pc은 약 326광년과 거리가 같다.

채점 기준	배점(%)
거리와 그 까닭을 모두 옳게 설명한 경우	100
거리와 그 까닭 중 1가지만 옳게 설명한 경우	50

07강 기출 예상 문제로 시험 대비하기 2회

48~49쪽

01 ④ **02** ② **03** ④ **04** ③ **05** ③ **06** ④ **07** ④ **08** 1개 **09** 100배 **10** ③, ⑤ **11** ②

서술형 문제

12 연주 시차가 작을수록 거리가 먼 것으로 보아 연주 시차와 별까지의 거리는 반비례한다. **13** B, E, 별의 색은 별의 표면 온도에 의해 결정되고, 청색 – 청백색 – 백색 – 황백색 – 황색 – 주황색 – 적색 쪽으로 갈수록 표면 온도가 낮아지기 때문이다. **14** A, 거리가 10 pc보다 먼 별은 겉보기 등급이 절대 등급보다 크기 때문이다.

01 물체와의 거리가 멀수록 시차가 작아지므로 반비례 그래프가 된다.

02 ② 지구로부터 별까지의 거리가 멀수록 별의 시차(θ)는 작아진다.
오답 피하기 ① 그림에서 θ는 별 S의 시차이므로 연주 시차는 θ의 $\frac{1}{2}$이다.
③ 별까지의 거리가 멀수록 θ는 감소하므로 별 S까지의 거리가 가까울수록 θ는 커진다.
④ 연주 시차를 측정하면 별까지의 거리를 구할 수 있다.
⑤ 연주 시차가 나타나는 까닭은 지구가 공전하면서 별을 관측하는 관측자의 위치가 달라지기 때문이다.

03 지구로부터의 거리가 가까운 별일수록 연주 시차가 크고, 멀수록 작아진다. 따라서 지구로부터 매우 멀리 떨어진 별은 연주 시차 측정이 힘들다. 현재 별 B는 배경 별에 대한 상대적인 위치가 바뀌지 않았으므로 지구로부터 매우 멀리 있는 별이고, 별 A는 상대적으로 가까이 위치한 별이다.

ㄴ. 별 B는 별 A보다 지구로부터의 거리가 먼데도 불구하고 서로 같은 밝기로 관측된다는 것은 별 B가 별 A보다 실제 밝기가 더 밝다는 것을 의미한다.
ㄷ. 연주 시차가 큰 별은 지구로부터의 거리가 가깝다. 따라서 별 A는 별 B보다 지구로부터의 거리가 가깝다.
오답 피하기 ㄱ. 6개월 동안 별 A가 배경 별에 대해 이동한 각도는 별 A의 시차이며, 시차의 $\frac{1}{2}$이 연주 시차이다. 따라서 별 A의 연주 시차는 0.05″이다.

자료 분석

별의 연주 시차

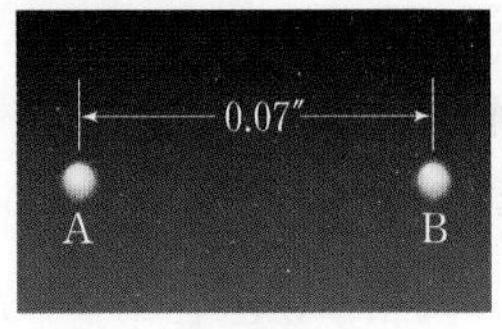

(가) 6개월 전

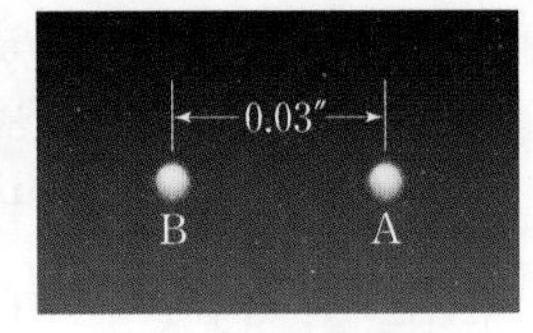

(나) 현재

- 별 A의 시차가 0.1″ → 별 A의 연주 시차는 0.05″
- 겉보기 밝기 비교: 별 A=별 B
- 겉보기 등급: 별 A=별 B
- 별의 실제 밝기: 별 A<별 B → 별의 절대 등급: 별 A>별 B
- 별의 연주 시차는 지구의 공전 때문에 나타나는 현상이다.

04 거리가 40배 멀어지면 밝기는 1600($\fallingdotseq 2.5^3 \times 100$)배 어두워지므로 겉보기 등급은 약 8등급 커진다.

개념 더하기

별의 거리와 등급 차

- 별의 밝기$\propto \frac{1}{(\text{거리})^2}$
- 별의 밝기 비$=2.5^{\text{등급 차}}$
- 거리가 2.5배 ➡ 밝기가 2.5^2배 감소 ➡ 겉보기 등급은 약 2등급 증가
- 거리가 2.5^2배 ➡ 밝기가 $(2.5^2)^2$배 감소 ➡ 겉보기 등급은 약 4등급 증가
- 거리가 2.5^3배 ➡ 밝기가 $(2.5^3)^2$배 감소 ➡ 겉보기 등급은 약 6등급 증가
- 거리가 10배 ➡ 밝기가 10^2배 감소 ➡ 겉보기 등급은 5등급 증가
- 거리가 40배 ➡ 밝기가 40^2배 감소 ➡ 겉보기 등급은 약 8등급 증가

05 ③ 0등급인 별은 6등급인 별보다 6등급 작다. 1등급 간의 밝기 비는 약 2.5배이므로 6등급 차이는 2.5^6배$\fallingdotseq$250배 밝기 차가 난다.
오답 피하기 ①, ④ 절대 등급은 지구로부터 10 pc(≒32.6광년)의 거리에 두었다고 가정했을 때의 등급이므로 거리를 변화시켜도 절대 등급은 변하지 않는다.
② 1등급 간의 밝기 비는 약 2.5배이다.
⑤ 히파르코스는 맨눈으로 보이는 가장 어두운 별을 6등급으로 정했다.

06 ④ 별 A는 겉보기 등급이 −2등급, 절대 등급이 −7등급이므로 현재 거리에서의 밝기가 10 pc 거리에 있을 때의 밝기보다 100배 어둡다. 따라서 10 pc보다 10배 멀리 떨어진 100 pc의 거리에 있다.
오답 피하기 ① 별 A는 별 B보다 겉보기 등급이 크므로 별 A가 별 B보다 더 어둡게 관측된다.
② 별의 색이 청색–청백색–백색–황백색–황색–주황색–적색 쪽으로 갈수록 별의 표면 온도가 낮아진다. 따라서 백색 별인 A가 황색 별인 B보다 표면 온도가 더 높다.
③ 별 A는 별 B보다 절대 등급이 작으므로 실제 밝기가 더 밝다.
⑤ (겉보기 등급−절대 등급) 값이 클수록 지구로부터의 거리가 멀므로 별 A는 별 B보다 지구로부터 더 먼 거리에 있다.

07 별의 밝기 비는 $2.5^{\text{등급 차}}$에 비례하므로 ④번의 그래프와 같이 나타난다.

08 10 pc보다 가까운 별은 (겉보기 등급−절대 등급) 값이 0보다 작다. 따라서 시리우스만 지구로부터의 거리가 10 pc보다 가깝고, 나머지 별들은 지구로부터 10 pc보다 먼 거리에 위치해 있다.

개념 더하기

별의 등급과 거리 관계

구분	별까지의 거리
겉보기 등급<절대 등급	10 pc보다 가까이 있다.
겉보기 등급=절대 등급	10 pc 거리에 있다.
겉보기 등급>절대 등급	10 pc보다 멀리 있다.

09 별의 실제 밝기는 절대 등급을 비교해 보면 된다. 북극성은 시리우스보다 절대 등급이 5등급 작으므로 실제 밝기는 북극성이 100배 더 밝다.

10 10 pc의 거리에서는 겉보기 등급과 절대 등급이 같다. 또한, 10 pc은 약 32.6광년과 거리가 같다.

11 ㄷ. 전등은 온도가 높을수록 청색, 낮을수록 적색 빛을 많이 방출한다. 마찬가지로 별도 표면 온도가 높을수록 청색, 낮을수록 적색이 강해진다.
오답 피하기 ㄱ. 1단에서는 전등 빛의 세기가 가장 약하며, 이때는 적색의 빛을 가장 많이 방출한다.
ㄴ. 전등 빛의 세기는 1단 → 2단 → 3단으로 갈수록 강해지며, 전등 빛이 어두울수록 전구는 적색 빛을 띠게 됨을 확인할 수 있다.

시험대비편

12 예시 답안 연주 시차가 작을수록 거리가 먼 것으로 보아 연주 시차와 별까지의 거리는 반비례한다.

채점 기준	배점(%)
모범 답안과 같이 설명한 경우	100
모범 답안 이외의 것으로 설명한 경우	0

13 예시 답안 B, E, 별의 색은 별의 표면 온도에 의해 결정되고, 청색–청백색–백색–황백색–황색–주황색–적색 쪽으로 갈수록 표면 온도가 낮아지기 때문이다.

채점 기준	배점(%)
해당 별을 옳게 고르고, 그 까닭도 옳게 설명한 경우	100
해당 별과 까닭 중 1가지만 옳게 설명한 경우	50

14 예시 답안 A, 거리가 10 pc보다 먼 별은 겉보기 등급이 절대 등급보다 크기 때문이다.

채점 기준	배점(%)
해당 별을 옳게 고르고, 그 까닭도 옳게 설명한 경우	100
해당 별과 까닭 중 1가지만 옳게 설명한 경우	50

08강 은하와 우주

틀리기 쉬운 유형 집중연습하기 51쪽

A **01** A: 산개 성단, B: 구상 성단 **02** C: 방출 성운, D: 반사 성운, E: 암흑 성운 **03** B **04** A **05** (가) D, (나) C **06** E

B **07** 은하의 분류 기준: 은하의 모양(형태), (가) C, (나) D **08** A: 타원 은하, B: 정상 나선 은하, C: 불규칙 은하, D: 막대 나선 은하 **09** D **10** 공통점: 나선팔이 있다., 차이점: 중심부의 막대 구조 유무 **11** (가) 일정한 모양이 있는가?, (나) 나선팔이 있는가?, (다) 중심부에 막대 구조가 있는가?

01 A는 고온의 푸른색 별들이 수십~수만 개 모여 있는 산개 성단이고, B는 저온의 붉은색 별들이 수만~수십만 개 모여 있는 구상 성단이다.

02 성운은 가스와 티끌이 모여 구름처럼 보이는 천체를 말하며, 성운의 종류에는 방출 성운, 반사 성운, 암흑 성운이 있다. 일반적으로 방출 성운은 붉은색, 반사 성운은 파란색, 암흑 성운은 검은색을 띤다.

03 구상 성단은 수만~수십만 개의 별들이 공 모양으로 빽빽하게 모여 있는 성단이다.

04 산개 성단은 주로 우리은하의 나선팔에 분포하고, 구상 성단은 주로 우리은하의 중심핵과 원반을 둘러싸고 있는 둥근 구형의 공간(헤일로)에 분포한다.

05 (가)는 성운이 주변 별빛을 반사하여 밝게 보이므로 반사 성운(D), (나)는 성운 내에 분포하는 고온의 별이 성운을 가열시켜 밝게 보이는 방출 성운(C)이다.

06 성운이 검게 보이는 것으로 보아 암흑 성운임을 알 수 있다. 암흑 성운은 가스와 티끌이 밀집되어 있어 뒤쪽에서 오는 별빛을 차단하기 때문에 검게 보인다. 따라서 이 성운과 관측되는 원리가 같은 성운은 E이다.

07 허블은 외부 은하를 모양(형태)에 따라 타원 은하, 정상 나선 은하, 막대 나선 은하, 불규칙 은하로 구분하였다.

08 A는 구형이나 타원체 모양의 타원 은하, B는 둥근 형태의 은하 중심부와 나선팔이 있는 정상 나선 은하, C는 규칙적인 모양이 없는 불규칙 은하, D는 막대 모양의 은하 중심부와 나선팔이 있는 막대 나선 은하이다.

09 우리은하는 중심부에 막대 구조가 발달한 은하핵이 있고, 막대 구조의 양 끝에서 나선팔이 휘어져 나온 막대 나선 은하이다.

10 정상 나선 은하와 막대 나선 은하의 공통점은 옆에서 보면 가운데가 부풀어 오른 원반 모양이고, 위에서 보면 나선팔이 발달해 있는 형태를 띤다는 것이다. 한편, 두 은하의 차이점은 정상 나선 은하는 은하 중심부에 막대 구조가 없으나, 막대 나선 은하는 은하 중심부에 막대 구조가 발달해 있다.

11 타원 은하, 정상 나선 은하, 막대 나선 은하의 공통점은 일정한 모양이 있고, 불규칙 은하는 일정한 모양이 없다. 한편, 타원 은하는 나선팔이 없지만 정상 나선 은하와 막대 나선 은하는 나선팔이 발달해 있다. 또한, 나선 은하 중에서 중심부에 막대 구조가 발달한 것은 막대 나선 은하, 막대 구조가 없는 것은 정상 나선 은하이다.

08강 기출 예상 문제로 시험 대비하기 1회 52~53쪽

01 ④ **02** ③ **03** ② **04** ④ **05** ② **06** ① **07** ③ **08** ④ **09** ⑤ **10** ①

서술형 문제

11 (나), A 방향은 B 방향에 비해 우리은하를 구성하는 천체의 수가 적으며, (나)에서 관측되는 은하수는 (다)에서 관측되는 은하수에 비해 폭이 좁고 어둡게 보이기 때문이다. **12** 여름철, 우리나라의 여름철 밤하늘에는 은하수의 폭이 다른 곳에 비해 넓고 밝은 우리은하의 중심 방향을 관측하기 때문이다. **13** 태양계가 우리은하의 중심부에 위치한다고 해도 은하면을 바라보면 뿌연 띠 모양의 은하수를 관측할 수 있다. 다만 별이 가장 많이 모여 있는 은하의 중심에서 바라보기 때문에 지금처럼 두꺼운 부분이 나타나지 않고 두께가 비교적 일정한 희미한 띠 모양으로 관측될 것이다.

01 실험에서 향 연기는 성간 물질에 해당하고, 셀로판지를 통과해 온 손전등의 불빛은 별빛에 해당한다. 이때, 손전등의 빛이 향 연기에 반사되어 향 연기가 셀로판지와 동일한 색깔을 띤다. 이는 주변 별빛을 반사하여 밝게 보이는 반사 성운과 생성 원리가 같다고 볼 수 있다.

개념 더하기

성운의 특징

성운은 우주 공간에 성간 물질이 밀집하여 구름처럼 보이는 천체이다.

종류	특징
암흑 성운	• 가스와 티끌이 밀집되어 있어 뒤쪽에서 오는 별빛을 차단하여 검게 보이는 성운
방출 성운	• 성운 안에 있는 고온의 별에서 나오는 강한 빛에 의해 기체가 가열되어 스스로 빛을 내며 밝게 보이는 성운 • 관측되는 성운의 색이 대체로 붉은색
반사 성운	• 밝은 별 주위의 가스나 티끌이 별빛을 반사시켜 밝게 보이는 성운 • 관측되는 성운의 색이 대체로 파란색

02 ㄷ. 성운은 가스나 티끌 등이 다른 곳에 비해 많이 모여 구름처럼 보이는 천체를 말한다. 문제의 그림에 나타난 성운은 파란색을 띠고 있는 것으로 보아 반사 성운임을 알 수 있다.

오답 피하기 ㄱ. 방출 성운은 온도가 낮아 대체로 붉은색을 띤다.
ㄴ. 스스로 빛을 내는 성운은 붉은색의 방출 성운이다.

03 성단을 구성하는 별의 개수가 적으며, 별들이 대부분 파란색으로 보이는 것으로 보아 산개 성단임을 알 수 있다. 산개 성단은 주로 표면 온도가 높은 파란색 별들로 이루어져 있다.

04 ④ 성단을 구성하는 별의 개수가 매우 많으며, 붉은색으로 보이는 것으로 보아 구상 성단임을 알 수 있다. 구상 성단은 수만~수십만 개의 별들이 빽빽하게 공 모양으로 모여 있다.

오답 피하기 ① 구상 성단을 구성하는 별들은 붉은색을 띠는 별들이 대부분이다. 이는 구상 성단을 구성하는 별들은 대체로 나이가 많아서 표면 온도가 낮기 때문이다.

② 구상 성단은 주로 표면 온도가 낮은 늙은 별들로 이루어져 있다.

③ 구상 성단은 우리은하의 중심핵이나 원반 주위를 둘러싸고 있는 구형의 공간 속에 주로 분포한다.

⑤ 티끌이나 먼지와 같은 성간 물질이 모여 있는 것은 성단이 아닌 성운이다.

05 태양계는 우리은하의 중심에서 약 3만 광년(약 8.5 kpc) 떨어진 나선팔(B)에 위치하며, 우리은하의 크기는 약 10만 광년(약 30 kpc)이다.

자료 분석

우리은하

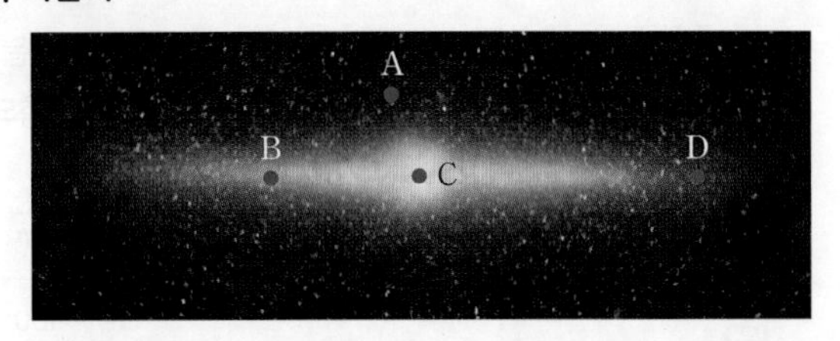

• A: 우리은하의 원반을 둘러싸고 있는 구형의 공간(헤일로) ➡ 이곳에는 구상 성단이 주로 분포
• B: 우리은하의 나선팔 부분 ➡ 태양계가 위치
• C: 우리은하의 중심부 ➡ 우리은하를 옆에서 보았을 때 원반 모양의 두께가 가장 두꺼운 부분 → 은하수의 폭이 가장 두꺼운 부분 → 궁수자리 방향
• D: 우리은하의 나선팔 끝부분

06 타원 은하는 나선팔이 없고 구형에 가깝거나 납작한 타원체 모양이다.

07 ③ 두 은하 모두 나선팔이 있으며, 은하 중심을 가로지르는 막대 구조는 (가)에만 나타난다. 따라서 (가)는 막대 나선 은하, (나)는 정상 나선 은하이다.

오답 피하기 ① (가)는 막대 나선 은하이다.

② (나)는 정상 나선 은하이다.

④ 우리은하는 막대 나선 은하로, (나)보다 (가)에 가까운 모습이다.

⑤ 은하 중심부에 막대 모양의 구조는 (가) 은하에만 있고, (나) 은하에는 없다.

개념 더하기

외부 은하

타원 은하	나선팔이 없는 타원 모양의 은하
정상 나선 은하	중심에 은하핵이 있고, 중심에서 나선팔이 휘어져 나온 은하
막대 나선 은하	중심부를 가로지르는 막대 모양의 구조가 있고, 막대 구조의 양 끝에서 나선팔이 휘어져 나온 은하
불규칙 은하	규칙적인 모양이 없는 은하

08 풍선을 불 때 부풀어 오르는 풍선 표면은 우주, 붙임딱지는 서로 멀어지는 외부 은하에 해당한다.

09 풍선이 부풀어 오르면 붙임딱지 사이의 거리가 멀어지듯이 우주가 팽창하면 은하와 은하 사이의 거리는 멀어지며, 멀리 있는 은하일수록 더 빠른 속도로 멀어진다.

10 허블은 외부 은하가 지구로부터 멀어지는 속도와 외부 은하까지의 거리를 측정하여 멀리 있는 은하일수록 더 빠른 속도로 멀어지고 있는 것을 관측하였다. 이를 통해 그는 우주가 팽창하고 있다는 사실을 발표하게 되었다.

허블의 관측에 따르면 우주는 팽창하며, 멀리 있는 은하일수록 더 빠른 속도로 멀어진다.

11 예시 답안 (나), A 방향은 B 방향에 비해 우리은하를 구성하는 천체의 수가 적으며, (나)에서 관측되는 은하수는 (다)에서 관측되는 은하수에 비해 폭이 좁고 어둡게 보이기 때문이다.

채점 기준	배점(%)
은하수의 모습을 옳게 고르고, 그 까닭도 모두 옳게 설명한 경우	100
은하수의 모습만 옳게 고른 경우	20

12 예시 답안 여름철, 우리나라의 여름철 밤하늘에서는 은하수의 폭이 다른 곳에 비해 넓고 밝은 우리은하의 중심 방향을 관측하기 때문이다.

채점 기준	배점(%)
계절을 옳게 고르고, 그 까닭도 옳게 설명한 경우	100
계절만 옳게 쓴 경우	20

13 예시 답안 태양계가 우리은하의 중심부에 위치한다고 해도 은하면을 바라보면 뿌연 띠 모양의 은하수를 관측할 수 있다. 다만 별이 가장 많이 모여 있는 은하의 중심에서 바라보기 때문에 지금처럼 두꺼운 부분이 나타나지 않고 두께가 비교적 일정한 희미한 띠 모양으로 관측될 것이다.

채점 기준	배점(%)
모범 답안과 같이 설명한 경우	100
은하수의 두께가 일정하다라고만 설명한 경우	70

08강 기출 예상 문제로 시험 대비하기 2회

54~55쪽

01 ② 02 ② 03 ② 04 ㄴ-ㄱ-ㅂ-ㄷ-ㄹ-ㅁ 05 ③
06 ③ 07 ④ 08 ② 09 ① 10 ③ 11 ③

서술형 문제

12 나선팔, 우리은하의 나선팔에는 표면 온도가 높은 파란색 별들로 구성된 산개 성단이 많이 분포하고, 중심부에는 표면 온도가 낮은 붉은색 별들로 구성된 구상 성단이 많이 분포하기 때문이다. **13** 우주의 총 질량은 변하지 않으며, 밀도는 작아졌고 온도는 하강하였을 것이다.

01 방출 성운과 반사 성운은 밝은 성운이고, 암흑 성운은 어두운 성운이다. 이때 주변 별빛을 반사하여 밝게 보이는 성운은 반사 성운이고, 주변에 있는 고온의 별로부터 열을 받아 스스로 빛을 내어 밝게 보이는 성운은 방출 성운이다.

02 ② (가)는 산개 성단으로, 주로 우리은하의 나선팔에 분포한다.

오답 피하기 ① 산개 성단을 구성하는 별들은 대부분 고온의 젊은 별들이어서 파란색을 띤다.
③, ④ (나)는 성단을 구성하는 별의 개수가 매우 많으므로 구상 성단이며, 구상 성단을 구성하는 별들은 대부분 저온의 늙은 별들이어서 붉은색을 띤다.
⑤ (가)는 수십~수만 개의 별들이 비교적 허술하게 모여 있는 산개 성단이고, (나)는 수만~수십만 개의 별들이 공 모양으로 빽빽하게 모여 있는 구상 성단이다.

자료 분석

산개 성단과 구상 성단

산개 성단	구상 성단
수십~수만 개의 별들이 비교적 허술하게 모여 있는 성단	수만~수십만 개의 별들이 공 모양으로 빽빽하게 모여 있는 성단
주로 나선팔에 분포	주로 은하의 중심부와 은하 원반을 둘러싼 구형의 공간에 분포
별의 표면 온도가 높다.	별의 표면 온도가 낮다.
주로 파란색 별들로 구성	주로 붉은색 별들로 구성
별의 나이가 적다.	별의 나이가 많다.

03 은하수는 우리은하의 원반부를 지구에서 관측할 때 나타나는 뿌연 띠를 의미한다. 한편, 우리나라의 밤하늘에서 별들이 밀집한 은하의 중심 방향(궁수자리 방향)을 볼 수 있는 계절은 여름이다. 따라서 여름에는 다른 계절에 비해 은하수의 폭이 넓고 밝게 보인다. 반면, 은하수의 가장자리를 관측하는 겨울에는 은하수가 희미하게 보인다.

04 우주를 구성하는 기본 단위는 은하이며, 은하는 태양과 같은 별과 성단, 성운 등으로 구성되어 있다.

05 ㄱ. 은하수는 지구에서 관측한 우리은하의 원반부이다. 우리은하는 가운데가 부푼 원반형이므로 은하수는 밤하늘에서 띠 모양으로 보인다.
ㄷ. 우리은하는 형태상 막대 나선 은하이므로 중심부에 막대 구조가 발달해 있다.
오답 피하기 ㄴ. 우리은하의 중심 방향에 궁수자리가 있으므로 은하수는 궁수자리 방향이 가장 밝게 보인다.

06 ㄱ. A는 우리은하의 나선팔 부분이며, 태양계는 우리은하의 중심부에서 약 3만 광년 떨어진 나선팔에 위치한다. 따라서 태양계가 위치한 곳은 A이다.

ㄷ. C는 우리은하의 중심부로, 이곳은 우리은하의 다른 부분에 비해 매우 많은 별들이 분포하며, 은하수의 폭이 더 두껍고 밝게 보이는 궁수자리 방향이다.

오답 피하기 ㄴ. 산개 성단은 은하 중심부나 헤일로 부분이 아닌 나선팔에 주로 분포한다.

07 (가)는 불규칙 은하, (나)는 막대 나선 은하, (다)는 타원 은하, (라)는 정상 나선 은하, (마)는 타원 은하, (바)는 정상 나선 은하이다. 따라서 나선 은하는 (나), (라), (바)이다.

08 우리은하는 막대 나선 은하이므로 형태상 (나)와 같은 종류의 은하이다.

개념 더하기

외부 은하

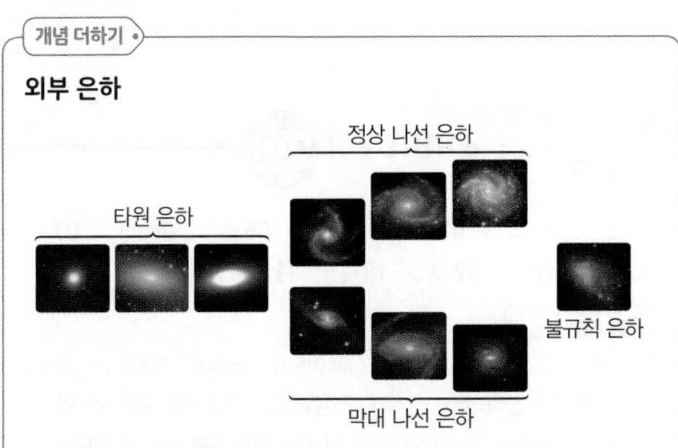

- 허블은 외부 은하를 모양에 따라 타원 은하, 나선 은하(정상 나선 은하, 막대 나선 은하), 불규칙 은하로 분류하였다.
- 나선 은하는 중심부에 있는 막대 모양 구조의 유무에 따라 정상 나선 은하와 막대 나선 은하로 분류한다.
- 우리은하는 막대 나선 은하로 분류된다.
- 안드로메다은하는 정상 나선 은하이다.
- 대마젤란은하와 소마젤란은하는 불규칙 은하이다.

09 모양이 일정하지 않은 은하는 불규칙 은하이므로 (가)가 이에 해당한다.

10 ㄷ. 우주는 팽창하고 있으므로 우주를 구성하고 있는 은하들 사이의 거리는 대부분 멀어지고 있다.

오답 피하기 ㄱ. 우주는 계속 팽창하고 있다.

ㄴ. 우주는 공간 자체가 팽창하므로 팽창하는 우주의 중심은 없다.

개념 더하기

우주의 팽창

- 대부분의 외부 은하들은 우리은하와의 거리가 멀어지고 있다.
- 은하들 사이의 거리가 멀어지는 까닭은 우주가 팽창하여 공간이 늘어나기 때문이며, 팽창하는 우주에는 특별한 중심이 없다.
- 멀리 있는 은하일수록 빠르게 멀어지고 있다.

11 ㄷ. D 은하에서 관측하면 A 은하는 B 은하보다 더 멀리 떨어져 있으므로 A 은하가 B 은하보다 더 빠른 속도로 멀어지는 것처럼 관측될 것이다.

오답 피하기 ㄱ. 대부분의 은하들은 서로 멀어지며, 멀리 떨어진 은하일수록 더 빠른 속도로 멀어진다.

ㄴ. 팽창하는 우주에서 특별한 중심은 없다.

12 예시 답안 나선팔, 우리은하의 나선팔에는 표면 온도가 높은 파란색 별들로 구성된 산개 성단이 많이 분포하고, 중심부에는 표면 온도가 낮은 붉은색 별들로 구성된 구상 성단이 많이 분포하기 때문이다.

채점 기준	배점(%)
파란색이 강하게 나타나는 곳과 그 까닭을 모두 옳게 설명한 경우	100
파란색이 강하게 나타나는 곳만 옳게 쓴 경우	20

13 예시 답안 우주의 총 질량은 변하지 않으며, 밀도는 작아졌고 온도는 하강하였을 것이다.

채점 기준	배점(%)
총 질량, 밀도, 온도 변화를 모두 옳게 설명한 경우	100
3가지 중 2가지만 옳게 설명한 경우	70
3가지 중 1가지만 옳게 설명한 경우	30

09강 우주 탐사

틀리기 쉬운 유형 집중연습하기 56쪽

A **01** A: 전파 망원경, B: 우주 망원경 C: 우주 탐사선 **02** A **03** C **04** 우주 망원경은 지표에 도달하지 않는 별빛의 파장을 관측할 수 있고, 대기의 영향을 받지 않아 선명한 천체의 상을 얻을 수 있다. **05** (가) A, (나) C, (다) B

01 A는 전파 영역을 관측하는 전파 망원경, B는 우주 망원경, C는 우주 탐사선의 모습을 나타낸 것이다.

02 전파 망원경은 지상에 설치하므로 지상에서 직접 천체를 관측할 수 있다.

03 천체에 가장 가까이 접근하여 탐사할 수 있는 방법은 우주 탐사선(C)을 이용하는 방법이다.

04 예시 답안 우주 망원경은 지표에 도달하지 않는 별빛의 파장을 관측할 수 있고, 대기의 영향을 받지 않아 선명한 천체의 상을 얻을 수 있다.

채점 기준	배점(%)
예시 답안과 같이 설명한 경우	100
대기의 영향을 받지 않는다고만 설명한 경우	70

05 (가)는 관측 시간의 제약이 적은 전파 망원경, (나)는 천체에 가까이 접근하여 탐사하는 우주 탐사선, (다)는 지구 대기권 밖에서 천체를 관측하는 우주 망원경의 장단점을 설명한 것이다.

09강 기출 예상 문제로 시험 대비하기 1회

57쪽

01 ① 02 ⑤ 03 ③ 04 국제 우주 정거장(ISS) 05 ⑤

서술형 문제

06 (나)는 천체에 접근하거나 착륙하여 탐사하므로 자세하게 천체를 관측할 수 있지만 비용이 많이 들고, 지구에서 천체까지 이동하는 데 시간이 오래 걸린다.

01 ㄱ. 1957년 구소련이 발사한 스푸트니크 1호는 인류 최초의 인공위성이다.

오답 피하기 ㄴ. 유인 우주 탐사선은 1969년 발사되었던 아폴로 11호이다.

ㄷ. 파커호는 최초의 태양 탐사선으로 태양의 외부 코로나를 조사하기 위해 2018년 발사된 탐사선이다.

개념 더하기

우주 탐사의 역사

1957년	구소련이 인류 최초의 인공위성인 스푸트니크 1호 발사 성공
1969년	미국의 유인 우주 탐사선 아폴로 11호가 최초로 달에 착륙
1970년대	• 베네라호, 마리너호, 바이킹호 등의 무인 탐사선이 수성, 금성, 화성 등을 탐사 • 파이오니어호, 보이저호 등이 목성, 토성, 천왕성 등의 외행성을 탐사
1981년	미국이 최초의 우주 왕복선 컬럼비아호 발사
1990년	허블 우주 망원경 발사
1992년	우리나라 최초의 인공위성 우리별 1호 발사
1990년대 후반	• 탐사 로봇인 소저너, 스피릿, 오퍼튜니티 등이 화성 탐사 • 1998년부터 국제 우주 정거장(ISS) 건설
2010년	통신 해양 기상 위성인 천리안 위성 발사
2012년	화성 탐사 로봇 큐리오시티 화성 탐사
2015년	뉴호라이즌스호 명왕성 통과
2018년	최초의 태양 탐사선 파커호 발사

02 큐리오시티와 스피릿은 화성 탐사 로봇, 주노호는 목성, 딥임팩트호는 혜성 탐사선이다.

03 뉴호라이즌스호는 명왕성을 근접 통과하면서 명왕성에 관한 자료를 지구로 전송하였다.

04 국제 우주 정거장은 여러 국가가 기술을 공유하고 협력하여 건설한 우주에 떠 있는 가장 큰 인공 구조물이다.

05 우주 쓰레기는 매우 빠른 속도로 움직이고 있어서 우주를 유영 중인 우주인이나 탐사선 또는 인공위성과 충돌할 가능성이 있다.

06 예시 답안 (나)는 천체에 접근하거나 착륙하여 탐사하므로 자세하게 천체를 관측할 수 있지만 비용이 많이 들고, 지구에서 천체까지 이동하는 데 시간이 오래 걸린다.

채점 기준	배점(%)
장점과 단점을 모두 옳게 설명한 경우	100
장점과 단점 중에서 1가지만 옳게 설명한 경우	50

09강 기출 예상 문제로 시험 대비하기 2회

58~59쪽

01 ④ 02 ③ 03 ② 04 ④ 05 ⑤ 06 ⑤ 07 ③
08 우주 쓰레기 09 ③ 10 ③ 11 ③

서술형 문제

12 우주 정거장 내부는 무중력 상태이므로 지상에서 실시하기 어려운 과학 실험이나 신약 개발, 신소재 개발을 하고, 우주 환경 등을 연구한다.

13 지구 대기권에 진입시켜 태워 없앤다, 레이저를 이용해 궤도를 이탈시킨다, 그물망을 이용하여 쓰레기를 회수한다 등

01 우주 개발을 통해 우주에 대한 이해의 폭을 넓히고, 과학 기술을 발전시켜 첨단 산업을 개발할 수 있지만, 지구의 오염 문제 해결은 우주 개발의 목적이 아니다.

02 우주 탐사 기술이 응용된 예는 매우 많다. 예를 들어 우주복을 만들 때 사용된 기능성 옷감, 우주인의 생활 편의를 돕는 정수기와 진공 청소기, 인공위성 안테나를 만들 때 사용한 형상 기억 합금을 이용한 인공 관절과 안테나는 우리의 생활 수준 향상에 기여하고 있다.

03 (가)는 스푸트니크 1호, (나)는 아폴로 11호, (다)는 우리별 1호이다.

04 1998년에 국제 우주 정거장이 건설되기 시작하였고, 1969년에 최초로 인류가 달에 착륙하였으며, 1957년에는 최초의 인공위성 스푸트니크 1호가 발사되었다. 허블 우주 망원경은 1990년에 발사되었다.

05 ㄱ. 화성 탐사선 바이킹 1호는 무인 탐사선이다.

ㄴ. 탐사선은 한번 발사되고 나면 회수하여 다시 사용하기 어려우므로 영구적으로 사용할 수 없다.

ㄷ. 우주 탐사선은 직접 천체까지 날아가 천체 표면에 착륙하거나 근접 통과하면서 자료를 지구로 전송해 준다.

06 현재의 과학 기술로는 별에 착륙하지 못하므로 별에서 유용한 원소를 채취할 수는 없다.

07 우주 왕복선은 비행기처럼 연료만 넣어주면 계속해서 다시 사용할 수 있다.

08 우주 쓰레기는 매우 빠른 속도로 움직이고 있고, 그 크기도 다양하고 수도 많아서 작동 중인 인공위성 등과의 충돌로 인한 피해가 우려된다.

개념 더하기

우주 쓰레기

- 우주 쓰레기: 인공위성이나 우주 탐사선을 발사한 후 지구 궤도에 버려진 로켓의 본체와 부품, 운행 중인 인공위성에서 벗겨진 페인트 조각이나 나사, 인공위성끼리 충돌하여 생겨난 수많은 파편 등이 우주 쓰레기가 된다.
- 우주 쓰레기는 지구 궤도를 매우 빠른 속도로 돌면서 운행 중인 인공위성이나 탐사선에 치명적인 피해를 입히기도 한다.

09 우주 정거장은 우주 비행선과는 달리 추진 장치와 착륙 설비가 없으며, 지구 주위를 돌면서 우주 개발을 위한 중간 기지로 활용되고 있다.

10 인공위성은 지구 주위를 주기적으로 돌면서 과학, 군사, 기상, 방송 등의 목적에 이용되고 있다. 목성이나 화성과 같은 행성 탐사는 탐사선을 발사하여 수행한다.

11 지구를 돌면서 다양한 활동을 하는 인공위성은 최근 숫자가 늘어나면서 여러 가지 문제를 일으키기도 한다. 수많은 위성과 고장 난 위성이 충돌하는 사고가 발생하기도 하고, 고장 난 인공위성이 지구로 떨어지기도 한다.

12 예시 답안 우주 정거장 내부는 무중력 상태이므로 지상에서 실시하기 어려운 과학 실험이나 신약 개발, 신소재 개발을 하고, 우주 환경 등을 연구한다.

채점 기준	배점(%)
예시 답안과 같이 설명한 경우	100
다양한 과학 실험을 한다라고만 설명한 경우	30

13 예시 답안 지구 대기권에 진입시켜 태워 없앤다, 레이저를 이용해 궤도를 이탈시킨다, 그물망을 이용하여 쓰레기를 회수한다 등

채점 기준	배점(%)
우주 쓰레기 제거 방법을 2가지 모두 옳게 설명한 경우	100
우주 쓰레기 제거 방법을 1가지만 옳게 설명한 경우	50

Ⅶ단원 평가하기

60~63쪽

01 ① **02** 0.15″ **03** ④ **04** ⑤ **05** ③ **06** ④ **07** ② **08** ① **09** ④ **10** ② **11** ⑤ **12** ④ **13** ③ **14** ② **15** ③ **16** A와 B: 모양이 규칙적인가?, C와 D: 나선팔을 가지고 있는가? **17** ㄱ **18** ③ **19** ⑤ **20** ② **21** ⑤ **22** ⑤ **23** ④

01 별 A의 시차가 0.1″이므로 연주 시차는 시차의 절반인 0.05″이다.

자료 분석

별의 연주 시차와 거리

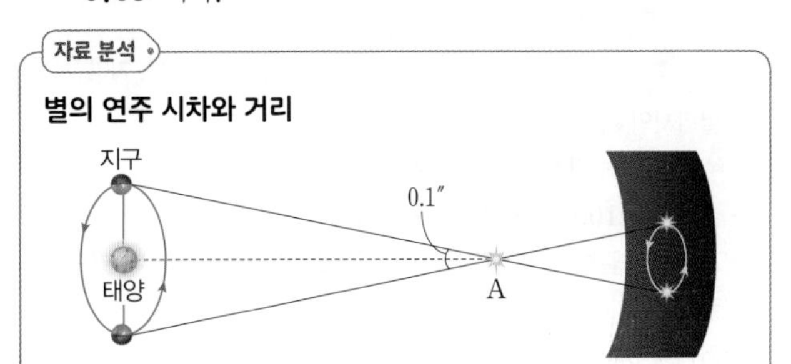

- 별 A의 시차: 0.1″
- 별 A의 연주 시차: 0.05″
- 연주 시차가 0.1″보다 작다. → 10 pc보다 멀리 떨어져 있다.
  → 별 A의 등급: 겉보기 등급 > 절대 등급

02 시차를 측정하는 관측자의 위치 변화가 클수록 시차는 커진다. 따라서 화성에 있는 관측자가 측정한 별 A의 시차는 지구에서 측정한 값의 1.5배가 된다. 즉, 화성에서 측정한 별 A의 시차는 0.1″×1.5=0.15″가 된다.

03 별 A와 별 B의 연주 시차가 0.2″와 0.02″이므로 지구로부터 별 A의 거리 : 별 B의 거리=1 : 10이다. 또한, 별 A와 별 B의 실제 밝기는 같은데 거리가 10배 차이가 나므로 겉보기 밝기는 100배 차이가 나고, 겉보기 등급은 별 A가 별 B보다 5등급 작다.

04 별의 연주 시차와 지구로부터의 거리는 반비례한다. 따라서 별 A의 연주 시차 : 별 B의 연주 시차=10 : 1이므로 거리의 비는 1 : 10이 된다.

05 ㄴ. 가장 어둡게 보이는 별은 겉보기 등급이 가장 큰 별이므로 북극성이 이에 해당한다.
ㄷ. 지구에서 가장 가까이 있는 별은 (겉보기 등급−절대 등급) 값이 가장 작은 별이므로 견우성이 이에 해당한다.
오답 피하기 ㄱ. 실제로 가장 밝은 별은 절대 등급이 가장 작은 별이므로 북극성이 이에 해당한다.
ㄹ. 스피카는 직녀성에 비해 겉보기 등급이 1등급 크다. 1등급 간의 밝기 비는 약 2.5배이므로 스피카는 직녀성에 비해 약 2.5배 어둡게 보인다.

06 B는 A보다 별 S로부터의 거리가 10배 멀므로 B에서는 A에서보다 별 S의 밝기가 100배 어두워 보인다. 별의 밝기가 100배 어두워지면 겉보기 등급은 5등급 커진다.

자료 분석

별의 거리와 등급

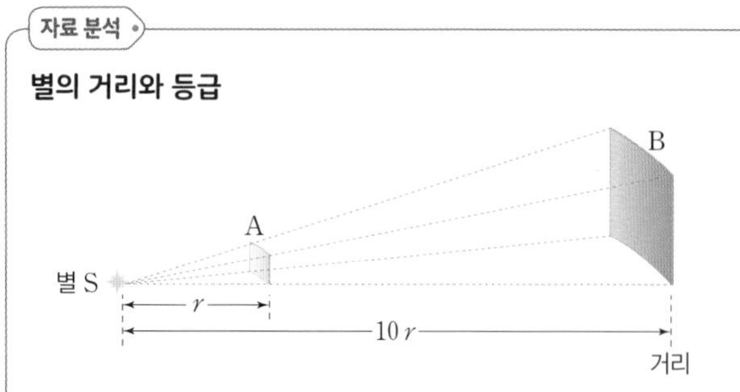

- 별까지의 거리 비=1 : 10
  ➡ 별의 겉보기 밝기 비=100 : 1
- 밝기 비=100 : 1 ➡ 등급 차: 5등급
- A에서의 겉보기 밝기가 B에서의 겉보기 밝기보다 100배 밝으므로 A 위치에서 −0.7등급으로 보였다면 B 위치에서는 5등급이 커진 4.3등급으로 관측된다.

07 ㄷ. 절대 등급은 별을 지구로부터 10 pc의 거리로 이동시켜 놓았다고 가정할 때의 밝기에 의한 등급이므로 지구로부터 별까지의 거리가 달라진다고 하더라도 절대 등급은 변하지 않는다.

오답 피하기 ㄱ. 1등급인 별은 6등급인 별보다 100배 밝다.
ㄴ. 밤하늘에서 같은 밝기로 보이는 별은 겉보기 등급이 같다.

08 ㄱ. 별 A는 별 B보다 절대 등급이 5등급 작으므로 별 A의 실제 밝기는 별 B의 실제 밝기보다 100배 밝다.

오답 피하기 ㄴ. 세 별 중에서 별 A의 표면 온도가 가장 낮다.
ㄷ. 32.6광년은 약 10 pc과 같은 거리이고, 10 pc에서는 연주 시차가 0.1″이다. 이때, A 별은 연주 시차가 0.1″, B 별은 0.01″, C 별은 0.2″이므로 지구로부터 32.6광년에 가장 가까이 있는 별은 A이다.

09 별의 색은 표면 온도와 관련이 있다.

개념 더하기

별의 색과 표면 온도

별의 색	표면 온도	예
청색	높다.	나오스
청백색	↑	스피카, 리겔
백색		견우성, 직녀성
황백색		프로키온, 북극성
황색		태양, 카펠라
주황색	↓	아크투르스, 알데바란
적색	낮다.	베텔게우스, 안타레스

10 별의 색은 별의 표면 온도에 의해 결정된다. 즉, 별의 색이 청색 – 청백색 – 백색 – 황백색 – 황색 – 주황색 – 적색 쪽으로 갈수록 표면 온도가 낮다. 따라서 시리우스가 베텔게우스보다 표면 온도가 더 높다.

11 하나의 성단을 구성하는 별들은 같은 성운에서 생겨난 별들로 이루어져 있기 때문에 지구로부터 거리, 화학 조성, 나이 등이 비슷하다. 구상 성단(가)은 수만~수십만 개의 나이가 많고, 저온의 붉은색 별들로 이루어져 있으며 주로 은하핵과 헤일로에 분포한다. 이에 비해 산개 성단(나)은 수십~수만 개의 나이가 젊고, 고온의 파란색 별들로 이루어져 있으며 주로 나선팔에 분포한다. 현재까지 구상 성단은 약 150여 개, 산개 성단은 약 1000여 개가 발견되었다.

12 성단은 별들의 집단이고, 성단을 구성하고 있는 별들의 표면 온도에 따라 성단의 색이 달라진다. 즉, 구상 성단은 나이가 많은 저온의 별들로 이루어져 있으므로 붉은색을 띠고, 산개 성단은 나이가 젊은 고온의 별들로 이루어져 있으므로 파란색을 띤다.

13 고온의 별로부터 에너지를 받아 스스로 빛을 내는 성운은 방출 성운이다. 일반적으로 방출 성운은 색이 붉은색이고, 반사 성운은 파란색, 암흑 성운은 검은색이다. ①은 반사 성운, ②는 암흑 성운, ③은 방출 성운, ④는 구상 성단, ⑤는 정상 나선 은하이다.

14 ㄴ. A는 우리은하의 지름으로 약 10만 광년이다. 또한, B는 우리은하의 두께로 그 거리는 약 1.5만 광년이다.

오답 피하기 ㄱ. 그림은 가운데가 부푼 원반 모양이므로 우리은하를 옆에서 본 모양이다.
ㄷ. (가)는 우리은하의 원반을 둘러싸고 있는 구형의 공간에 분포하는 성단이므로 구상 성단이고, (나)는 은하의 중심에서 약 3만 광년 떨어진 나선팔에 위치하므로 태양계가 분포한다고 볼 수 있다.

자료 분석

우리은하

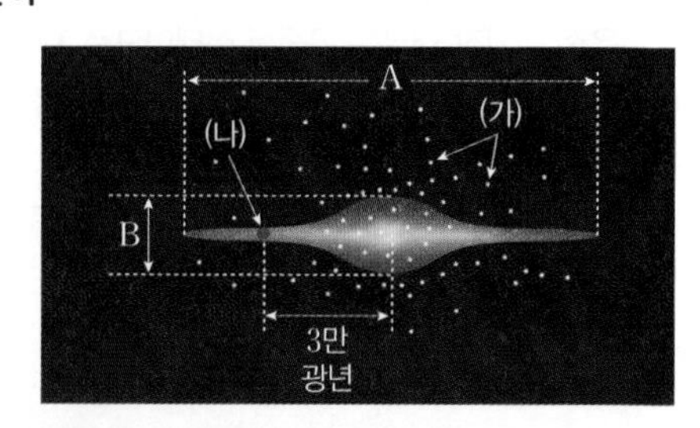

- 우리은하를 옆에서 본 모습: 가운데가 부푼 원반 모양
- A: 10만 광년, B: 1.5만 광년
- (가) 헤일로 부분: 구상 성단이 분포
- (나) 나선팔 부분: 태양계가 위치, 산개 성단과 성운이 많이 분포
- 우리은하에는 수많은 별, 성단, 성운 등이 분포한다.

15 ㄱ. 우리은하의 중심 방향은 은하수가 가장 밝고 폭이 가장 두껍게 보이는 부분이며, 그 방향에 있는 별자리가 궁수자리이다.
ㄴ. 우리은하 속에는 수많은 별과 성단, 성운 등이 포함되어 있다.
오답 피하기 ㄷ. 대부분의 별들은 우리은하의 중심부에 모여 있고, 태양은 우리은하의 중심으로부터 약 3만 광년 떨어진 나선팔에 위치한다.

16 예시 답안 A와 B: 모양이 규칙적인가?, C와 D: 나선팔을 가지고 있는가?

채점 기준	배점(%)
구분 기준 2가지를 모두 옳게 설명한 경우	100
구분 기준 2가지 중 1가지만 옳게 설명한 경우	50

자료 분석

은하의 분류

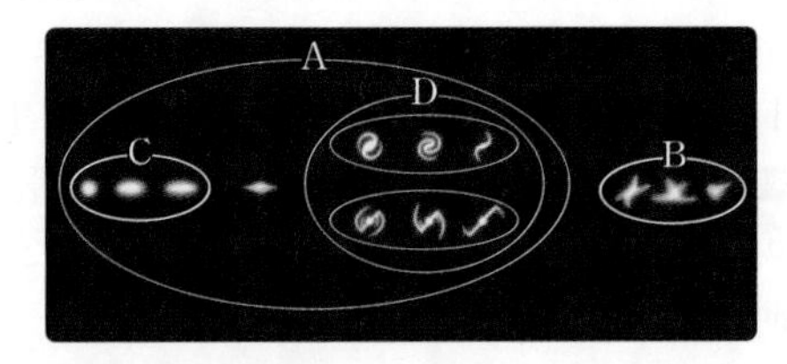

- A: 모양이 규칙적인 은하
- B: 모양이 불규칙적인 은하 ➡ 불규칙 은하
- C: 타원 은하
- D: 나선 은하: 정상 나선 은하(위), 막대 나선 은하(아래)

17 ㄱ. 우리은하 밖의 모든 은하를 외부 은하라고 한다.
오답 피하기 ㄴ. 외부 은하는 모양(형태)에 따라 타원 은하, 정상 나선 은하, 막대 나선 은하, 불규칙 은하로 분류한다.
ㄷ. 타원 은하와 나선 은하는 나선팔의 유무에 따라 구분한다.
ㄹ. 나선 은하는 중심부의 막대 구조 유무에 따라 정상 나선 은하와 막대 나선 은하로 구분된다.

18 ㄱ, ㄴ. 우주 공간에는 수많은 은하들이 다양한 모양과 크기로 존재한다.
오답 피하기 ㄷ. 은하와 은하 사이의 거리가 멀어지는 것은 우주 공간의 팽창 때문이다. 따라서 멀리 있는 은하일수록 더 빠른 속도로 멀어지게 된다.

19 A는 타원 은하, B는 정상 나선 은하, C는 막대 나선 은하, D는 불규칙 은하이다.
ㄴ. B와 C는 모두 나선팔을 가지고 있으며, 중심부의 막대 구조 유무에 따라 구분한다.
ㄷ. D는 불규칙 은하로, 크기와 모양이 비대칭적이다.
오답 피하기 ㄱ. 우리은하는 막대 나선 은하이므로 C에 속한다.

20 ② 문제의 그림은 대폭발 우주론의 모형실험이다. 대폭발 우주론에 의하면 우주가 팽창하면 우주의 밀도는 감소한다.
오답 피하기 ① 풍선 모형실험에서 풍선의 표면은 우주, 단추는 은하를 의미한다. 따라서 풍선이 부풀어 오르는 것은 우주의 크기가 팽창하고 있음을 의미한다.
③ 대폭발 우주론에서 우주의 총 질량은 일정하게 유지된다.
④ 풍선이 부풀어 오를 때 단추 사이의 거리가 멀어지듯이 은하 사이의 거리는 계속 멀어지게 된다.
⑤ 우주가 팽창한다면 멀리 있는 은하일수록 더 빠른 속도로 멀어지게 된다.

자료 분석

우주 팽창 모형실험

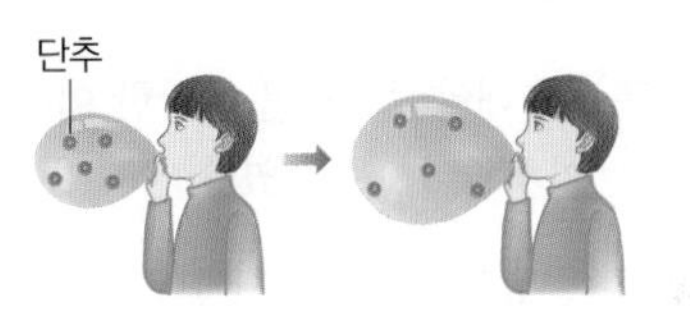

- 고무풍선 표면은 우주, 단추는 은하에 해당한다.
- 우주 팽창의 중심은 특별히 없다.
- 풍선이 부풀어 오른다고 해도 단추의 크기는 변하지 않는 것처럼, 우주가 팽창해도 은하 자체의 크기가 커지는 것은 아니다. 다만 은하들 사이의 거리가 멀어질 뿐이다.
- 풍선이 부풀어 오를 때 멀리 떨어진 단추일수록 더 빠른 속도로 멀어진다.
- 우주가 팽창할 때 시간이 지남에 따라 우주의 총 질량은 일정, 온도는 하강, 밀도는 감소한다.

21 생활 쓰레기 처리는 우주 개발의 목적에 해당하지 않는다.

22 냉장고, 유선 전화기, 수은 기압계 등은 우주 개발이 시작되기 전에 만들어진 제품이다.

23 ㄴ. 우주 쓰레기는 수명을 다한 인공위성이나 로켓 등에서 떨어져 나온 파편들을 말한다.
ㄷ. 우주 쓰레기는 매우 빠른 속도로 지구 둘레를 공전하면서 다른 인공위성과 충돌하거나 지상으로 떨어지는 등의 피해를 입힌다.
오답 피하기 ㄱ. 우주 쓰레기는 속도가 매우 빠르며, 궤도가 일정하지 않아 지상의 통제에서 벗어나 있다.

개념 더하기

우주 쓰레기 제거 방안

- 지구 대기권에 진입시켜 태워 없앤다.
- 지상에서 레이저를 발사하여 궤도를 이탈시킨 후 대기권에 진입시켜 태워 없앤다.
- 그물망을 이용해 쓰레기를 회수한다.
- 인공위성에 전자기 사슬을 부착하여 수명이 다하면 스스로 대기권으로 떨어지게 한다.

Ⅷ. 과학기술과 인류 문명

10강 과학과 기술의 발달 ~ 11강 과학과 기술의 활용

틀리기 쉬운 유형 집중연습하기

65쪽

A 01 (가) 02 (다) 03 (나) 04 ㄱ, ㄴ
B 05 (나) 06 (라) 07 (마) 08 ④

01 백신의 개발로 질병을 예방하고 치료하여 인류의 평균 수명이 연장되었다.

02 코페르니쿠스가 태양 중심설을 주장한 이후 사람들이 우주를 인식하는 가치관이 변화하였다.

03 금속 활자의 발명으로 인쇄술이 발달하였고, 책의 대량 보급이 가능해지면서 근대 과학이 발전하였다.

04 (바) 전화기가 발명되어 멀리 떨어진 곳까지 정보를 전달할 수 있게 되었다.

05 바이오칩은 단백질, DNA, 세포 조직 등과 같은 생물 소재와 반도체를 조합하여 제작된 칩으로, 빠르고 정확하게 질병을 예측할 수 있다.

06 유전자 재조합 기술은 특정 생물의 유용한 유전자를 다른 생물의 DNA에 끼워 넣어 재조합 DNA를 만드는 기술이다.

07 빅데이터 기술은 막대한 양의 정보 집합 활용 기술로, 소비자 맞춤형 서비스 제공, 민원 처리, 교통 체증 예방, 재난 방지 등에 활용된다.

08 유전자 재조합 기술을 이용하여 만든 유전자 변형 생물체는 부작용이 명확하게 밝혀지지 않아 제한적으로 이용된다.

10강 기출 예상 문제로 시험 대비하기

66~67쪽

01 ① 02 ⑤ 03 ③ 04 ② 05 ④ 06 ④ 07 ②, ⑤
08 ②

서술형 문제

09 발전기를 이용하여 전기 에너지를 대량으로 생산하고 활용할 수 있게 되었다. **10** (1) 증기 기관 (2) 증기 기관이 공장의 기계에 사용되면서 제품의 대량 생산이 가능해졌고, 이로 인해 여러 가지 공업이 발전하면서 산업 혁명이 일어나게 되었다.

01 불의 이용으로 인류는 천적으로부터 몸을 보호하고, 음식을 조리하여 영양소를 효율적으로 섭취할 수 있게 되었다. 또한 금속을 광석으로부터 분리하여 이용할 수 있게 되어 인류의 문명이 크게 발전하였다.

개념 더하기

불의 이용과 인류 문명
- 불을 사용하여 맹수 등의 천적을 쫓아낼 수 있었다.
- 광석을 가열하여 금속을 분리하는 제련 기술이 발달하였다.
- 음식을 불로 익혀 먹음으로써 기생충 등의 감염이 줄어들고, 영양소 섭취 효율이 늘어났다.

02 태양 중심설은 인류의 우주관을 변화시켰고, 만유인력 법칙은 천체의 운동과 지구상에서 물체의 운동이 같은 원리로 설명할 수 있는 물리적 현상임을 보였다.

03 ㄱ. 파스퇴르는 백신이 질병을 예방할 수 있음을 증명하여 인류의 평균 수명 연장에 기여하였다.
ㄴ. 하버가 암모니아 합성법을 개발하면서 비료의 대량 생산이 가능해졌고, 이로 인해 인류의 식량난이 해결되었다.
오답 피하기 ㄷ. 레이우엔훅은 현미경으로 원생생물, 세균 등의 미생물을 발견하였다. 자신이 만든 망원경으로 목성의 위성을 관측한 과학자는 갈릴레이이다.

04 인쇄술이 발달하면서 책의 대량 생산이 가능해지고, 지식과 정보의 유통이 활발해졌다. 이로 인해 르네상스가 유럽 전역으로 퍼지고, 근대 과학이 발전하였으며, 종교 개혁 등의 사회 변혁이 일어났다.

05 ㄱ, ㄷ. (가) 증기 기관이 공장의 기계에 도입되면서 대량 생산이 가능해졌고, (나) 증기 기관차가 발달하여 물건을 먼 곳까지 운송할 수 있게 되었다. 이로 인해 사회의 산업 구조가 농업에서 공업 위주로 변화하는 산업 혁명이 일어났다.
오답 피하기 ㄴ. (나) 증기 기관차를 이용하여 먼 곳까지 빠르게 이동할 수 있게 되었으므로 먼 지역 간의 교류가 증가하였다.

06 인공위성, 인터넷 등 통신 기술의 발달로 인해 전 세계의 정보를 빠르게 공유할 수 있게 되어 세계가 하나의 공간으로 재구성되고 있다.

07 ②, ⑤ 우주 망원경은 기권 밖에서 지상에서 관측할 수 없던 관측 자료를 수집하여 천문학과 우주 항공 기술을 발전시켰다.
오답 피하기 ① 우주 망원경은 기권 밖에 떠 있으므로 대기의 영향을 받지 않아 지상에서보다 정밀한 관측이 가능하다.
③ 현미경의 일종인 주사 터널링 현미경(STM)을 설명한 내용이다.
④ 백신과 항생제의 개발은 현미경의 발명과 관련 있다.

08 현미경의 발달로 눈에 보이지 않는 세포, 미생물 등이 발견되면서 생물학과 의학이 발전하고 백신, 항생제 등의 의약품을 개발할 수 있게 되었다.

09 예시 답안 발전기를 이용하여 전기 에너지를 대량으로 생산하고 활용할 수 있게 되었다.

채점 기준	배점(%)
발전기를 이용하여 전기를 생산하고 활용하게 되었음을 설명한 경우	100
전기를 이용하게 되었다고만 설명한 경우	50

10 (1) 물을 끓여 발생한 수증기를 이용하여 기계를 작동시키는 장치인 증기 기관이다.

(2) 예시 답안 증기 기관이 공장의 기계에 사용되면서 제품의 대량 생산이 가능해졌고, 이로 인해 여러 가지 공업이 발전하면서 산업 혁명이 일어나게 되었다.

채점 기준	배점(%)
3가지 용어를 모두 사용하여 옳게 설명한 경우	100
2가지 용어만 사용하여 설명한 경우	60
1가지 용어만 사용하여 설명한 경우	30

11강 기출 예상 문제로 시험 대비하기

68~69쪽

01 ③ **02** ⑤ **03** ③ **04** ③ **05** ⑤ **06** ③ **07** ②

서술형 문제

08 • 장점: 인류의 식량 문제를 해결할 수 있다, 농약 및 살충제의 사용량을 줄여 환경을 보호할 수 있다, 농산물의 부가 가치를 높여 농가 소득을 올릴 수 있다 등 • 단점: 생태계를 교란시킬 수 있다, 독점에 따른 식량의 빈익빈 부익부 현상을 초래할 수 있다, 장기간 섭취했을 때의 안전성이 확보되지 않았다 등 **09** (1) 문제점 인식 및 목표 설정하기 (2) 적은 비용으로 제작할 수 있어야 한다, 손에 힘이 없는 사람도 쉽게 열 수 있어야 한다, 기존 우유갑의 형태를 크게 변형시키지 않아야 한다, 인체에 유해하지 않은 재료를 사용해야 한다, 환경을 오염시키지 않는 재료를 사용해야 한다 등

01 ㄱ, ㄴ. 유기 발광 다이오드(OLED)는 나노 기술을 이용하여 만든 물질 중 하나로, 얇고 투명하며 구부리거나 휠 수 있어 휘어지는 디스플레이의 소재로 사용할 수 있다.

오답 피하기 ㄷ. 연잎 효과에 착안하여 만든 소재는 나노 표면 소재이다.

02 유전자 재조합 기술을 이용하여 다른 동물에는 해가 없고 해충에는 치명적인 물질을 만드는 유전자를 옥수수에 삽입하면 해충 저항성 옥수수를 만들 수 있다.

03 (가) 지문, 홍채, 정맥, 얼굴 등 신체의 고유한 특성으로 사용자를 인증하는 것을 생체 인식이라고 한다.

(나) 인간이 가진 지적 능력을 컴퓨터로 구현하는 기술을 인공지능이라고 한다. 인공지능은 스마트폰의 인공지능 비서, 인공지능 스피커 등에 이용된다.

04 ㄱ. 가상 현실(VR)은 가상의 세계를 오감을 통해 현실처럼 체험하도록 하는 기술이다.

ㄷ. 가상 현실을 이용하면 영화를 실감 나게 감상할 수 있을 뿐만 아니라, 실제 상황처럼 게임을 즐기거나 인체 탐험, 우주 여행과 같은 가상의 학습 콘텐츠를 실제처럼 체험할 수 있다.

오답 피하기 ㄴ. 빅데이터 기술을 설명한 내용이다.

개념 더하기

가상 현실과 증강 현실

- 가상 현실(VR): 가상의 세계를 시각, 청각, 촉각 등 오감을 통해 마치 현실처럼 체험하도록 하는 기술
- 증강 현실(AR): 현실 세계에서 가상의 정보가 실제 존재하는 것처럼 보이게 하는 기술

05 사물 인터넷 기술은 제품에 지능형 컴퓨터를 장착하고 네트워크와 연결하여 사용자가 원격으로 제품을 제어하거나 제품 간 콘텐츠를 공유하는 기술이다.

06 공학적 설계 과정에서는 다양한 아이디어 중 가장 적합한 해결책을 선택하고, 이를 구현하기 위해 제품의 제작이 가능하도록 설계도를 구체적으로 그린다. 제품을 제작한 후에는 제품이 설계 목표에 맞게 제작되었는지 평가하고 수정 또는 보완할 점을 찾는다. 이 과정에서 적합한 결과가 나올 때까지 설계 과정을 처음부터 반복할 수도 있다.

07 전기 자동차를 개발할 때는 소음을 줄이는 것만 우선으로 하지 않고, 보행자가 자동차의 접근을 인지할 수 있도록 알리는 방법을 함께 고려해야 한다.

자료 분석

공학적 설계 시 고려해야 할 요소

① 예상 소비자층의 취향에 맞는 외형을 갖추어야 한다. ➡ 외형적 요인
② 보행자의 안전보다는 소음을 줄이는 것을 우선으로 한다. ➡ 안전성을 고려하지 않고 있으므로 옳지 않다.
③ 배기가스를 배출하지 않도록 전기 에너지를 주요 동력원으로 사용한다. ➡ 환경적 요인
④ 제작 과정에서 드는 비용을 줄이기 위해 기존 자동차의 부품을 활용한다. ➡ 경제성
⑤ 한 번 충전하면 먼 거리를 운행할 수 있도록 엔진의 효율성을 높이도록 한다. ➡ 편리성

08 예시 답안 • 장점: 인류의 식량 문제를 해결할 수 있다, 농약 및 살충제의 사용량을 줄여 환경을 보호할 수 있다, 농산물의 부가 가치를 높여 농가 소득을 올릴 수 있다 등
• 단점: 생태계를 교란시킬 수 있다, 독점에 따른 식량의 빈익빈 부익부 현상을 초래할 수 있다, 장기간 섭취했을 때의 안전성이 확보되지 않았다 등

채점 기준	배점(%)
장점과 단점을 모두 옳게 설명한 경우	100
장점과 단점 중 1가지만 옳게 설명한 경우	50

09 (1) 제작 동기에서 기존의 우유갑을 사용할 때 발생하는 문제점을 서술하였으므로 '문제점 인식 및 목표 설정하기' 단계에 해당한다.
(2) 예시 답안 적은 비용으로 제작할 수 있어야 한다, 손에 힘이 없는 사람도 쉽게 열 수 있어야 한다, 기존 우유갑의 형태를 크게 변형시키지 않아야 한다, 인체에 유해하지 않은 재료를 사용해야 한다, 환경을 오염시키지 않는 재료를 사용해야 한다 등

채점 기준	배점(%)
공학적 설계 시 고려해야 할 점을 구체적으로 설명한 경우	100
설명한 내용이 미흡한 경우	50

VIII단원 평가하기

70~71쪽

01 ① **02** ③ **03** ② **04** ⑤ **05** 지식을 빠르게 공유할 수 있다, SNS로 전 세계 사람들과 소통할 수 있다, 전자 신문으로 전 세계 뉴스를 접할 수 있다 등 **06** ② **07** ② **08** ① **09** (가) 웨어러블 기기-컴퓨터 기능이 탑재된 손목시계, 의류, 안경 등이다. (나) 생체 인식-지문, 홍채, 정맥 등 개인의 고유한 신체적 특성으로 사용자를 인증한다. **10** (1) (가) 자율 주행 자동차, (나) 드론(무인 항공기) (2) • 장점: 교통사고가 감소할 것이다, 장애인 또는 노인과 같은 운전 약자들의 사용자 편의성이 증가할 것이다 등 • 단점: 인터넷을 기반으로 이용하므로 해킹과 보안의 문제점이 발생할 수 있다, 사고 발생 시 법적 책임 소재의 문제가 생길 수 있다 등 **11** ⑤

01 ① 백신을 개발한 과학자는 파스퇴르이다.
오답 피하기 ② 코페르니쿠스는 태양 중심설을 주장하였고, ③ 뉴턴은 만유인력 법칙을 발견하였으며, ④ 패러데이는 전자기 유도 법칙을 발견하였고, ⑤ 하버는 암모니아 합성법을 개발하였다.

02 ㄱ, ㄴ, ㄷ. 금속 활자의 발명으로 활판 인쇄술이 발달하면서 책의 대량 인쇄가 가능해졌고, 지식과 정보의 유통이 활발해졌다. 이로 인해 르네상스가 유럽 전역으로 확산되었고, 근대 과학이 발달하였다.
오답 피하기 ㄹ. 증기 기관이 공장 기계에 적용되면서 면직물과 같은 제품이 대량 생산될 수 있었다.

03 천체의 관측을 통해 태양 중심설의 근거가 마련되어 지구 중심설을 믿고 있던 사람들의 우주관이 변하는 계기가 되었다.

04 증기 기관의 발명으로 제품의 대량 생산이 가능해지면서 공업이 발달하여 농업 중심의 사회가 공업 중심의 사회로 변화하였다. 또한 증기 기관차, 증기선 등의 발명으로 수송 기술이 발전하여 먼 거리도 쉽게 이동할 수 있게 되었다.

05 예시 답안 지식을 빠르게 공유할 수 있다, SNS로 전 세계 사람들과 소통할 수 있다, 전자 신문으로 전 세계 뉴스를 접할 수 있다 등

채점 기준	배점(%)
긍정적 변화를 2가지 모두 옳게 설명한 경우	100
긍정적 변화를 1가지만 옳게 설명한 경우	50

06 나노 기술의 발달로 제품의 경량화, 소형화가 가능해졌고, 전자, 의료, 기계 분야 등에서 다양한 제품이 개발되고 있다.

07 ② 바이오칩으로 빠르고 정확하게 질병을 예측할 수 있다.
오답 피하기 ① 유전자 재조합 기술을 이용하여 만들 수 있다.
③ 나노 기술의 활용 예 중 하나인 나노 표면 소재이다.
④ 바이오 의약품의 예이다.
⑤ 세포 융합을 이용하여 만들 수 있다.

08 세포 융합은 서로 다른 특징을 가진 두 종류의 세포를 융합하여 하나의 세포로 만드는 기술이다. 이를 이용하여 두 가지 식물의 특징을 모두 나타내는 식물을 만들 수 있다.

09 예시 답안 (가) 웨어러블 기기-컴퓨터 기능이 탑재된 손목시계, 의류, 안경 등이다.
(나) 생체 인식-지문, 홍채, 정맥 등 개인의 고유한 신체적 특성으로 사용자를 인증한다.

채점 기준	배점(%)
(가)와 (나)를 모두 옳게 설명한 경우	100
(가)와 (나) 중 1가지만 옳게 설명한 경우	50

10 (1) 사람이 직접 운전하지 않아도 스스로 주행하는 자동차는 자율 주행 자동차이고, 조종사가 탑승하지 않고 원격으로 조종하는 항공기는 드론이다.
(2) 예시 답안 • 장점: 교통사고가 감소할 것이다, 장애인 또는 노인과 같은 운전 약자들의 사용자 편의성이 증가할 것이다 등
• 단점: 인터넷을 기반으로 이용하므로 해킹과 보안의 문제점이 발생할 수 있다, 사고 발생 시 법적 책임 소재의 문제가 생길 수 있다 등

채점 기준	배점(%)
장점과 단점을 모두 옳게 설명한 경우	100
장점과 단점 중 1가지만 옳게 설명한 경우	50

11 공학적 설계 과정은 일반적으로 여러 사람이 협력하여 아이디어를 도출하는 것이 더 효과적이다.